Probabilistic Machine Learning
概率机器学习

朱军◎著

清華大学出版社
北京

内 容 简 介

随着深度学习、大规模预训练模型和生成式人工智能的进展，机器学习已成为解决很多工程和科学问题的首选方案。本书从概率建模和统计推断的角度系统介绍机器学习的基本概念、经典算法及前沿进展。本书是一本系统论述概率机器学习的中文专著，主要内容包括概率机器学习基础、学习理论、概率图模型、近似概率推断、高斯过程、深度生成模型、强化学习等。本书从实例出发，由浅入深，直观与严谨相结合，并提供了延伸阅读内容和丰富的参考文献。

本书的读者对象是相关专业的高年级本科生、研究生和从业人员。

图书在版编目(CIP)数据

概率机器学习/朱军著. —北京：清华大学出版社，2023.5 (2024. 7重印)
ISBN 978-7-302-63184-2

Ⅰ. ①概⋯ Ⅱ. ①朱⋯ Ⅲ. ①机器学习 Ⅳ. ①TP181

中国国家版本馆 CIP 数据核字(2023)第 052614 号

责任编辑：张 玥 常建丽
封面设计：吴 刚
责任校对：时翠兰
责任印制：杨 艳

出版发行：清华大学出版社
网 址：https://www.tup.com.cn, https://www.wqxuetang.com
地 址：北京清华大学学研大厦 A 座 邮 编：100084
社 总 机：010-83470000 邮 购：010-62786544
投稿与读者服务：010-62776969, c-service@tup.tsinghua.edu.cn
质 量 反 馈：010-62772015, zhiliang@tup.tsinghua.edu.cn
课 件 下 载：https://www.tup.com.cn，010-83470236
印 装 者：三河市君旺印务有限公司
经 销：全国新华书店
开 本：203mm×260mm **印 张**：24 **插 页**：1 **字 数**：546 千字
版 次：2023 年 7 月第 1 版 **印 次**：2024 年 7 月第 3 次印刷
定 价：99.00 元

产品编号：096521-01

序　一

机器学习在各个不同领域有着广泛的应用，已经成为广大读者普遍使用的工具，因此系统介绍机器学习的书籍有很大的需求。但对于初学者来讲，机器学习的模型和算法由于种类多，内容繁杂，造成入门和学习的困难。本书作者基于在清华大学已经开设十多年机器学习课程的教学经验，以及近二十年在机器学习领域的研究工作，从概率建模和推断的角度，有选择地介绍概率机器学习的核心内容，本着从基础入门、逐步深入的原则撰写这部书，在一定程度上克服了上述困难，便于读者学习与掌握。

本书在概率机器学习统一的理论框架下，使各章节的内容保持紧密的联系。大家知道，机器学习分为有监督学习、无监督学习和强化学习 3 大类，彼此不尽相同。本书引入以下机器学习的定义，即“如果一个计算机程序在任务 T 上的性能 P 随着经验数据 $\mathcal{D}$ 的增加不断提升，那么我们认为该计算机程序在任务 T 和性能 P 上从经验数据 $\mathcal{D}$ 中进行了学习”，这个定义把以上 3 类学习方法统一起来，体现了它们之间的共性。也就是说，它们都以“经验数据 $\mathcal{D}$”为基础，构造计算机程序，以达到“在任务 T 上的性能 P 随着经验数据 $\mathcal{D}$ 的增加不断提升”的目的，它们的差别只是完成的任务 T 不同。其中，有监督学习如分类（第 4 章），其任务是预测新特征数据下的标签。无监督学习如聚类（第 8 章），其任务是预测数据的聚类结构。强化学习（第 17 章）则是从与环境交互获取的数据中预测最佳的行动策略。机器学习通常由建模与推断两个阶段组成，这两个阶段都深受数据的有限性和不确定性的影响，造成推断结果的不确定性，同时也是导致机器学习模型和算法种类繁多的原因。数据的不确定性不可避免，是机器学习必须要面对的。它来自以下两个方面：一是客观的随机性，如传感器测量中的随机噪声；二是主观认知的局限性带来的不确定性，即认知不确定性，比如由于知识缺乏造成的信息缺失（不完整性），由于精力限制（懒惰）导致错误信息等。幸运的是，数据的有限性和不确定性都可以用“概率”这一数学工具加以刻画。因此，从概率建模和推断的角度出发，可以建立一个概率机器学习的统一理论框架，凭借这个框架可以深入理解机器学习的本质，厘清各种学习模型与算法之间的关系，便于读者阅读与理解。

下面以有监督机器学习中的分类为例，说明本书是如何通过概率机器学习这一理论框架把各种学习模型和算法联系起来的。给定训练数据 $\mathcal{D}=\{(\boldsymbol{x}_i,y_i)\}_{i=1}^N$，其中，$\boldsymbol{x}_i$ 为特征向量，y_i 为标签。有监督学习最直接的建模方法是构建映射（预测）函数 $f:\boldsymbol{x}\rightarrow y$。为了构建这个函数，首先需要选取合适的损失函数作为优化的目标；然后依据给定的训练数据和损失函数，通过不同的优化算法寻找最优的函数 $f\in F$，其中 F 称为假设空间。如传统的线性回归模型（第 3 章）、支持向量机（第 7 章）、深度神经网络（第 6 章）等均属于这一类。建模的目的是为测试数据做类别预测，因此在建模过程中，还需要根据模型泛化能力的要求选取合适的候选函数类型 $f\in F$，本书在机器学习理论（第 11 章）中详细讨论了候选函数的复杂性与分类器泛化能力的关系。如果映射函数采用参数化的表示，那么机器学习的建模就变为通过优化方法寻找最优参数的参数估计问题。由于数据具有不确定性和存在噪声，映射函数模型都可以做相应的等价概率描述，如基于最小二乘法的线性回归模型与最大似然法之间的某种等价关系。此外，这些模型通过扩展可以构造新的概率学习方法，如支持向量机通过 Platt 校准扩展为最大熵判别学习法等。由此可见，概率机器学习理论框架同样适用于确定性的映射函数模型。

下面集中讨论概率建模和推断方法。给定数据集 $\mathcal{D}=\{(\boldsymbol{x}_i,y_i)\}_{i=1}^N$，概率建模分为生成式模型和判别式模型两种。生成式模型在建模阶段学习一个关于输入变量 $\boldsymbol{x}$ 与类别标签 y 的联合概率分布 $p(\boldsymbol{x},y)$。推断阶段对新输入数据进行分类时，利用学习到的联合概率分布 $p(\boldsymbol{x},y)$ 计算出后验分布 $p(y|\boldsymbol{x})$，并对 y 做出预测，朴素贝叶斯回归（第 4 章）属于这一类。判别式模型对后验概率分布 $p(y|\boldsymbol{x})$ 直接建模，对数几率回归模型（第 5 章）属于这一类。生成式与判别式模型各有优缺点，判别式模型对后验概率分布建模，对分类任务来讲直接而且简单。生成式模型先对联合概率分布建模，然后从联合概率分布计算出后验概率分布，再对分类进行预测，多出一个对 $\boldsymbol{x}$ 的建模 $p(\boldsymbol{x})$，对分类来讲有些多余。但生成式模型对数据的联合概率分布做出细致的刻画，对于无监督学习、半监督学习以及复杂数据（如图像、文本）的生成式建模却十分有用。本书分别通过降维、编解码（第 9 章）等，从数据压缩与重构的角度以及流模型讨论了复杂生成模型（第 16 章）的原理与性质。如上所述，在概率建模中，在经验数据的基础上，找到了模型参数的后验概率分布 $p(w|\mathcal{D})$，但在推断时并不直接使用这个带不确定性的模型，而是根据某种准则如最大后验估计（MAP），从中选择一个带最优参数 w^* 的模型做预测。利用这种模型做预测，忽略了模型本身的不确定性，导致预测结果不够理想，比如对预测置信度的估计过于乐观等。第 15 章讨论高斯过程——一种表示函数概率分布的模型。在贝叶斯神经网络中，阐述了直接利用带参数后验概率为 $p(w|\mathcal{D})$ 的不确定模型对分类 y 进行预测，即 $p(y|\mathcal{D},x_*)=\int p(y|x_*,w)p(w|\mathcal{D})\mathrm{d}w$，其中 x_* 为测试数据，可以获得更好的性能。此外，建模中对模型参数后验分布的估计，特别是推断中对类别预测概率的估计，一般都属于难计算的，即便在一定的假设与简化之下，通常也只能有近似解法。书中介绍了多种常见的近似与快速算法，如随机梯度下降法、变分推断（第 13 章）、蒙特卡洛方法（第 14 章）。更加准确、高效的近似推断算法有概率反向传播（PBP）、隐式变分推断、函数空间粒子优化等。

本书从预备知识——概率统计基础（第 2 章）出发，由浅入深地讲解机器学习的基本原理、主要模型和算法，兼顾经典与前沿，包括集成学习（第 10 章）、概率图模型（第 12 章）等，每章均配备了应用举例、延伸阅读和课后习题。本书适合高年级本科生、人工智能相关专业的研究生，以及机器学习相关从业人员自学，也可以随堂学习。

张　钹

2023 年 3 月

序　二

以深度学习为代表的机器学习算法推动人工智能实现从“不可用”到“可以用”的重大突破，已经在科学技术、医疗健康等领域发挥着重要作用。除深度学习之外，学者们提出了多种多样的机器学习算法，如线性回归、支持向量机、朴素贝叶斯、决策树、概率图模型等；与此同时，机器学习的任务也是多种多样的，如有监督学习、无监督学习、强化学习、半监督学习、迁移学习、元学习等。如何将这些丰富多彩的内容进行有机融合，是编写机器学习教材的一个巨大挑战。本书作者进行了一次非常有意义的尝试，很高兴看到《概率机器学习》这本教材的出版。

从本质上说，机器学习算法是一类特殊的计算机可实现的算法（计算机算法），它可以使“在任务 T 上的性能 P 随着经验数据 $\mathcal{D}$ 的增加不断提升”。而“算法”（即算的法则）起源于数学，是指解决某些“类数学”问题规范而完整的方法。在社会信息化、智能化程度不断提高的过程中，计算机算法扮演着越来越重要的角色，发挥着巨大作用。本书作者基于在机器学习领域十多年的一线科研和教学经验，追根溯源，选择从概率建模与统计推断的数学视角出发，抓住不确定性建模与推断的主线，有机地组织了机器学习的核心内容。

首先，几乎所有的机器学习任务都可以描述成从观察数据中“推断”某种缺失信息的问题。例如，人脸识别实质上是利用训练数据推断给定测试图像的未知标签信息；聚类是通过分析经验数据的分布或相似度特性推断未知的分组结构；而强化学习则是通过与环境交互中获得的经验数据推断未知的最优决策策略。

其次，对于机器学习算法来说，不论是数据、任务还是性能评价，每个环节都存在普遍的不确定性。不确定性具体可分为偶然不确定性和认知不确定性两大类，前者是环境和数据中客观存在、不可避免的；而后者是因为有限训练数据下的信息不完全带来的认知局限。合理刻画不确定性是机器学习的一个重要问题，贯穿机器学习的各个算法。例如，经典的最小二乘法可以等价地描述为对高斯噪声线性回归模型的最大似然估计，后者显式地刻画了数据的不确定性；而深度神经网络虽然展示了良好的泛化性，但在开放的实际使用场景中，往往对错误预测赋予过高的置信度，即过度自信（over-confident），为此，机器学习中发展了贝叶斯神经网络、高斯过程等方法，有效刻画待拟合函数的不确定性。

本书的写作遵循由浅入深的原则，兼顾经典方法和前沿进展。第 3～11 章，从机器学习的基础任务——有监督学习和无监督学习出发，介绍机器学习的基础原理以及经典模型和算法，包括如何对数据进行概率建模、如何考虑数据中未观测的隐含变量、如何对模型进行贝叶斯推断、如何利用概率不等式刻画机器学习算法的性能等。第 12～17 章，介绍概率图模型、变分推断、蒙特卡洛方法、高斯过程、深度生成模型以及强化学习，其中，概率图模型、高斯过程和深度生成模型均利用了多个变量之间的结构信息（如图结构、多层次的深度结构等），属于结构化模型。近似概率推断为这类模型提供了一套通用的计算算法。

本书的写作视角独特，所选内容自成体系，逻辑性强，并配套大量典型实例和示意图，深入浅出地介绍机器学习的基本原理、算法和应用。相信本书的出版，可以为计算机、电子信息、自动控制、应用数学等相关专业提供有关机器学习的基础理论理解和实践案例指导，为从事人工智能相关领域的研究和开发人员提供有益参考。

徐宗本

2023 年 3 月

前　言

随着信息化的进展，各个领域都在搜集大量数据。但数据不等于知识。数据量的增加给数据分析带来了前所未有的压力。机器学习是一门从经验数据中不断总结规律、提升任务性能的学科。随着深度学习的进展，机器学习技术已经广泛应用于工程和科学等领域，成为图像识别、语音识别、自然语言处理等任务的首选方案，同时，也在蛋白质结构预测、药物发现、疾病诊断等交叉学科中发挥越来越大的作用。

机器学习的任务多种多样，其中基本任务包括有监督学习（如图像分类）、无监督学习（如聚类、降维）和强化学习，变种任务包括半监督学习、弱监督学习、迁移学习、主动学习等。从根本上讲，机器学习任务都可以理解成从观察数据中"推断"一些缺失信息的问题，例如，图像分类实质上是利用训练数据的经验信息推断给定测试图像的未知标签信息；而聚类是通过分析经验数据的特性（如相似度、分布等）推断未知的聚类结构等。

除了数据之外，机器学习还需要对目标任务做合理的假设，例如，假设数据服从某种具有良好性质的分布或者假设要学习的目标函数具有某种参数化的形式；否则，不可能对数据进行有效的学习和泛化。我们将这种假设统称为模型。随着数据规模和计算算力的提升，构建大规模的预训练基础模型（foundation model）也成为一个研究热点，并在自然语言处理、图像分析、跨模态图像生成等任务上展示了良好的性能。

在推断未观察数据时，任何一个模型都是不确定的。因此，如何合理刻画和计算不确定性是机器学习的核心问题。概率论为刻画不确定性提供了一套严谨的数学工具，并作为主流方法已在工程、科学领域使用了上百年。本书采用概率论描述机器学习中各种形式的不确定性，在统一视角下讲述机器学习中的模型、算法及理论分析等核心内容。

无独有偶，在国际上，从概率的视角理解和看待机器学习正在成为一个重要的趋势。在本书写作过程中，有多本专著已经或即将出版，这些均凸显概率机器学习受到重视。笔者从事机器学习研究多年，觉得有责任把它系统地梳理，以飨国内读者。

本书分为基础篇和高级篇两部分。其中，基础篇包括第 1～11 章，从概率的视角介绍机器学习的基础原理和方法。第 3～7、10 章为有监督学习下的机器学习方法，包括线性回归模型、朴素贝叶斯分类器、对数几率回归及广义线性模型、深度神经网络、支持向量机与核方法、集成学习等内容；第 8、9 章为无监督学习下的机器学习方法，包括聚类、降维等内容。第 11 章介绍学习理论，主要以分类器为例，介绍如何刻画其性能，以及介绍 PAC（Probably Approximately Correct，概率近似正确）学习理论、最大间隔学习理论、VC 维、Rademacher 复杂度、PAC 贝叶斯学习理论等，同时，也简要讨论深度学习在理论上的独特现象（如双重下降、良性过拟合等）及最新的理论进展。基础篇是全书的基础，通过这部分的学习，读者能够充分了解和掌握机器学习的核心思想和主要方法，为后续内容做铺垫。

高级篇包括第 12～17 章。第 12～16 章分别介绍概率图模型、近似概率推断（包括变分推断和蒙特卡洛方法）、高斯过程和深度生成模型。这几章内容的共同点是均充分利用了多个变量之间的结构信息（如图结构、多层次的深度结构等），构建直观简洁的概率模型，并对其进行高效的概率推断。第 17 章介绍决策任务中的机器学习，具体包括单步决策的多臂老虎机、序列决策的马尔可夫决策过程及强化学习等内容。高级篇将基本原理进行发展和应用。

本书的读者对象为相关专业的高年级本科生、研究生和从业人员。笔者选择机器学习的最核心内容，基于自己的科研体会组织编写，与国际上现有的专著相比，本书适合作为概率机器学习的入门教材。同时，本书也可以用于自学，书中不仅详细阐述了机器学习的基本原理，还简要介绍了各种应用实例，同时综述最新研究进展，并提供了丰富的参考文献以便读者进一步深入学习。在内容组织上，本书注重由浅入深，并将概念直观性与理论严谨性相结合，便于读者理解。

本书共 17 章，适合一学期 48 学时（每学时 45 分钟）的课堂讲授，建议至少一半学时用于讲述基础原理、典型模型和算法。当读者掌握了前 10 章的基本原理及学习理论相关知识之后，后面几章内容就相对容易掌握了，它们属于基本原理在结构化模型下的进一步发展。如果课时不足 48 学时，可以在讲授完基本原理和方法之后，有选择地讲授结构化模型与推断或强化学习等内容，其中，近似概率推断的两章有部分内容依赖概率图模型，选择时需要适当考虑；而高斯过程、深度生成模型和强化学习是相对独立的章节，可以任意选择。

本书的筹划始于 2012 年秋。笔者在清华大学开设了机器学习的研究生课程，备课时已为将来把讲稿扩充成书做了许多考虑；同时，多年的教学实践也让概率机器学习的框架更加清晰。本书的具体写作始于 2017 年秋，初稿完成于 2021 年秋。在这个过程中，笔者所带领的 TSAIL 课题组的同学们如石佳欣、吴国强、李崇轩、陈键飞、鲍凡、路程、胡文波、周聿浩、应铖阳、王征翊、汪思为等提出了许多改进意见或参与了部分章节的写作，笔者表示衷心感谢。张钹院士是笔者的博士生导师，徐宗本院士是笔者回国后承担的首个国家 973 计划课题的首席科学家，他们长期指导、关怀和支持笔者的工作，这次又拨冗为本书写序，在此特别感谢。笔者系统学习概率机器学习缘于 2005 年在机器学习国际大会上与 Michael I. Jordan 院士的交流，Jordan 院士推荐了概率图模型的书籍，极大地激励了笔者深入专研；另外，从 2007 年起，笔者在卡内基-梅隆大学邢波（Eric Xing）教授组做访问学者及博士后研究，进一步加深了对概率机器学习的理解，并且有幸合作了多篇论文，在此特别感谢 Jordan 院士和邢教授。同时，也感谢本书的支持者，包括编辑张玥及其同事。此外，还要衷心致谢家人，没有你们的鼎力支持，很难想象本书可以顺利完成。

本书所参考的文献已在书后列出，在此向这些文献的作者表示感谢。同时，对本书写作提供帮助的人员也深表谢意。限于作者水平，书中难免存在不妥之处，殷切期望读者批评指正。

朱 军
2023 年 3 月

目　　录

基　础　篇

高 级 篇

基 础 篇

第1章 绪 论

我们想要的是一台能够从经验中学习的机器（“What we want is a machine that can learn from experience”）。 —— **图灵 (1947)**

机器学习是一个在非显式编程下赋予计算机学习能力的研究领域（“Machine learning is a field of study that gives computers the ability to learn without being explicitly programmed.”）。 —— **塞缪尔 (1959)**

机器学习技术已经在工程、科学等领域发挥重要作用，成为图像识别、语音识别、自然语言处理、信息推荐等任务的首选方案，也为蛋白质结构预测、药物发现等提供数据分析工具。与此同时，随着数据量的增加以及数据类型的不断丰富，各个领域对机器学习的依赖程度也在逐渐增加，机器学习未来可能会变成像微积分、线性代数一样的基础学科。

本书从概率建模和推断的角度，系统讲述机器学习的基本原理、主要模型和算法，由浅入深，兼顾经典与前沿。本章简要介绍机器学习的概念和分类，并且回答何为概率机器学习、为何选择概率的视角等问题，为后续章节提供铺垫。

1.1 机器学习

1.1.1 什么是机器学习

身处信息时代的今天，人和信息系统紧密相连，产生了大量的数据。例如，位于瑞士的大型强子对撞机每年产生 15PB 的数据①[1]；通过各种传感器和智能设备每天收集的数据达到 2.5EB[2]。

然而，数据并不等于知识。为了有效利用数据，需要对其进行有效加工总结出有用的知识和信息，以便用于解决新问题。例如，我们希望从患者的历史医疗病例中发现有价值的规律，并用于新疾病的诊断——对症下药；我们希望从用户浏览互联网的记录中发现用户的上网行为习惯或偏好，并在未来进行有效的信息服务——精

---

① 1PB 等于 10^{15} 比特；1EB 等于 10^{18} 比特，即 1000PB。

准投放；我们也希望从搜集到的流感病例中预估某地区感染人群的规模和传播的风险——疫情管控。

机器学习的基本目的是让计算机能够从数据中自动提取知识，提升其在预测、决策、知识发现等任务上的性能。机器学习的定义有很多种，这里采用如下定义[3]：

定义 1.1.1 (机器学习) 如果一个计算机程序在任务 T 上的性能 P 随着经验数据 $\mathcal{D}$ 的增加不断提升，我们认为该计算机程序在任务 T 和性能 P 上从经验数据 $\mathcal{D}$ 中进行了学习。

我们把这种能够从经验数据中提升性能的计算机程序称为学习算法。根据 T、P 和 $\mathcal{D}$ 的不同，机器学习包含了多种多样的任务和解决这些任务的算法。下面举两个常见的例子。

例 1.1.1 (掷硬币) 任务 T 是要估计一枚硬币在投掷之后出现正面向上的可能性 μ。为此，可以通过多次抛硬币，观察每次投掷之后的情况，搜集经验数据 $\mathcal{D}$。例如，抛 10 次，观察到 $\mathcal{D}=\{H,H,T,H,T,T,H,T,H,H\}$，其中 H 表示正面向上，T 表示反面向上。通过观察数据 $\mathcal{D}$，可以“学习”得到一个估计值 $\hat{\mu}$——一种直观的估计值是数一下 H 出现的频率，即 $\hat{\mu}=N_H/N$，其中 N_H 表示 H 出现的次数，N 表示投掷的总次数。常见的性能指标 P 为二者之间的误差（例如，绝对误差 $|\hat{\mu}-\mu|$ 或平方误差 $(\hat{\mu}-\mu)^2$）。很显然，当 N 比较小时，估计值 $\hat{\mu}$ 可能很不准确；随着投掷次数的增加，$\hat{\mu}$ 变得越来越准确，也越来越可信。

例 1.1.2 (图像分类) 如图 1.1所示，任务 T 是要学习一个分类器，通过输入图片数据识别熊猫和金丝猴两类动物。为此，需要收集经验数据 $\mathcal{D}$（例如，去动物园拍照或者从互联网上通过授权的方式获取），它应包含多个（假设 N 个）已经标注的熊猫图片和金丝猴图片。这里，我们一般用 $\boldsymbol{x}\in\mathbb{R}^d$ 表示图片对应的 d 维特征向量（如每个像素的灰度值或者人工设计的特征组成的向量)，用 y 表示类别标签。在分类任务中，我们一般采用识别精度衡量性能 P。

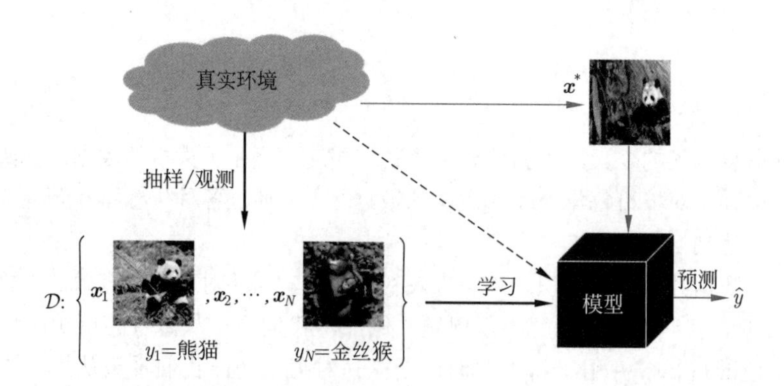

图 1.1 学习一个图像分类器的基本流程，其中，粗黑线表示经验数据获取和模型训练，蓝细线表示模型测试

如果将真实世界中各种可能的熊猫照片和金丝猴照片看作全集，那么，经验数据

$\mathcal{D}$ 实际上是对真实环境（全集）的一个采样（观测）。学习的过程是要建立一个模型，使其尽量"接近"真实世界，以便在给定一个新图片 $\boldsymbol{x}^*$ 时，尽可能准确地识别出是"熊猫"还是"金丝猴"。同样，随着经验数据的增加，在合适的假设条件下，模型往往能学习到真实环境的各种变化，分类精度也将逐渐提升。

我们把学习模型的过程称为"训练"，把使用模型进行预测的过程称为"测试"（也称为推断）。相应地，将训练用的数据集称为训练集，将测试用的数据集称为测试集。

很显然，经验数据 $\mathcal{D}$ 是所有机器学习的一个关键要素，没有数据就谈不上机器学习。但是，只有数据是不够的。

例 **1.1.3** (图像分类，续)　假设给定训练数据集 $\mathcal{D}$，如果不加任何限制，一个在训练集上最优的分类器为"死记硬背"——记住每个训练数据的类别，在其他没有看见的数据上总是预测为某一固定类别。很显然，该分类器在新来的测试数据上可能表现非常糟糕！

因此，我们要根据任务 T 从数据中抽取对其有用的信息，并最终完成任务。其中，P 的作用是明确"有用"信息，在这个过程中，我们需要对数据的产生过程、希望获得的预测/决策等做合理的假设（约束），如图 1.1中的虚线所示，这些假设构成了模型。

在上述图像分类的例子中，我们一般假设要寻找的分类器属于某个函数空间 $f \in \mathcal{F}$。该函数空间可以是简单的或复杂的，例如线性回归、深度神经网络，甚至具有无限多个参数的模型等。在给定数据和模型之后，学习算法通过优化某个目标函数，寻找最优拟合数据的模型。对于掷硬币的例子，由于每次投掷的结果具有随机性，因此一个合理的模型是采用概率分布（例如，描述二值变量的伯努利分布）来刻画所观察数据 $\mathcal{D}$ 的可能性，其中分布中的未知参数可以通过数据估计。

1.1.2　机器学习的基本任务

机器学习的任务有很多种，本书将主要介绍 3 种基本任务——有监督学习、无监督学习和强化学习。

有监督学习（supervised learning）

有监督学习的目标是学习一个从数据特征空间 $\mathcal{X}$ 到标签空间 $\mathcal{Y}$ 的映射函数 $f : \mathcal{X} \to \mathcal{Y}$。例如，前面提到的图像分类就是一个有监督学习任务。在这里，训练数据一般表示为

$$\mathcal{D} = \{(\boldsymbol{x}_i, y_i) : \boldsymbol{x}_i \in \mathcal{X}, y_i \in \mathcal{Y}\}_{i=1}^N. \tag{1.1}$$

机器学习方法在做一些特定的模型假设之后，依据这些假设可以从数据中学习得到模型。学习到的模型可以对新来的数据 $\boldsymbol{x}^*$ 做预测，即 $y^* = f(\boldsymbol{x}^*)$。

有监督学习的其他例子还包括手写体字符识别、文本分类、语音识别等。如图 1.2所示，手写邮编数字识别将已有的手写邮编数字识别为 0~9 数字中的一个。这个任务的数据是已经分割成单个数字的图片和对应的类别标注，图片中的像素点是数据特征空间，类别标注是数据标签空间。以常用的 MNIST 数据集[①]为例，每张图片的像素点为 $28 \times 28 = 784$ 个，一种简单直接的特征表示为 784 维向量，其中每个元素表示对应像素的灰度值。对于文本数据（如新闻网页），分类的类别可能是“政治”“财经”“娱乐”等。文本数据的一种基本特征表示是词袋（bag-of-words）模型——假设字典中有 V 个单词（也用 V 表示字典），统计每篇文章的每个词出现的个数并组成一个 V 维的非负整数向量，将这个向量作为文档的特征表示。

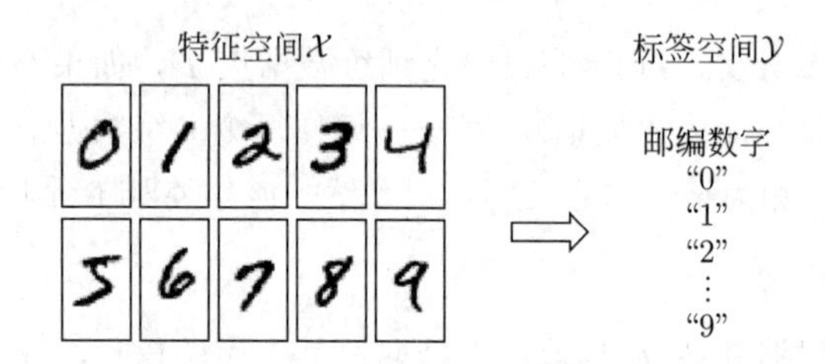

图 1.2　有监督学习的例子：手写邮编数字识别

例 1.1.4　(词袋模型)　假设字典 V 由“我”“爱”“祖”“国”“家”“庭”“幸”“福”“的”共 9 个字组成，则短文本“我爱我家，我爱我的祖国”对应的向量表示为 $\boldsymbol{x} = (4, 2, 1, 1, 1, 0, 0, 0, 1)^\top$, 其中每一个元素表示某个字出现的次数。

由此可见，词袋模型忽略词语的顺序信息，仅仅考虑词语出现的次数。

在有监督学习中，根据标签空间的类型，词袋模型又可细分为分类和回归。具体地，当标签是离散的时候（例如，是/不是垃圾邮件、0~9 数字中的一个），这种任务为分类；当标签是连续的时候（如气温、股票价格等），则为回归任务。对于同一组数据，根据实际需要，可能是分类或回归问题，如例 1.1.5。

例 1.1.5　(分类与回归)　如图 1.3所示，收集到一些健康成年人的身高与体重信息，横轴表示身高，纵轴表示体重。如果希望描述体重随身高的变化情况，将输入的体重映射到连续的输出，这就对应于一个回归问题；如果希望根据一些衡量身材胖瘦的指标将他们的身材分为标准、偏瘦、偏重 3 个类别，将输入的体重对应到离散的 3 个类别，则对应于分类问题。

为了有效评价有监督学习模型的性能（如分类正确率），还需要准备一个测试数据集，要求测试数据不能在训练集中出现。后文将看到很多具体例子。

无监督学习（unsupervised learning）

与有监督学习对应的是无监督学习，二者的区别在于无监督学习任务中，数据的标签是“缺失”的，即它是一种没有“老师”指导的学习方式。无监督学习的训练数

① http://yann.lecun.com/exdb/mnist/.

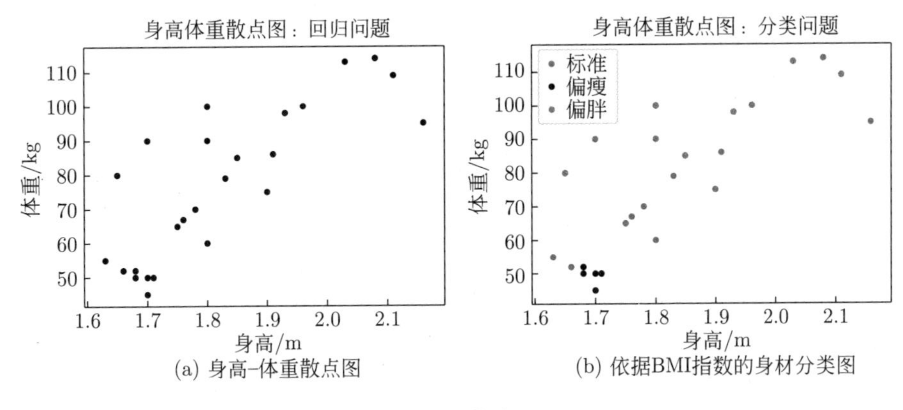

(a) 身高–体重散点图　　(b) 依据BMI指数的身材分类图

图 1.3　散点图

据一般表示为

$$\mathcal{D} = \{\boldsymbol{x}_i : \boldsymbol{x}_i \in \mathcal{X}\}_{i=1}^{N}. \tag{1.2}$$

无监督学习的目的一般是发现数据中紧致的“隐含”规律，增强对数据的理解。进一步，无监督学习可以分为多种具体的任务，包括聚类、降维、密度估计、表示学习等，下面简要介绍。

(1) **聚类**：聚类的目标是将给定的数据 $\mathcal{D}$ 进行划分，将相似度高的数据划分到同一类，将相似度低的数据划分为不同类。例如，在一次长途旅行中，我们会拍很多漂亮的照片，但浏览时可能感觉杂乱无章、存在重复等，此时，聚类算法可以帮我们将类似地点或类似风景的照片自动做一个归类，以方便后续浏览或查询（详见第 8 章）。

(2) **降维**：在现实场景中，数据通常分布在高维空间中，且呈现“稀疏”的特点，例如，一张分辨率为 300×300 像素的人脸图片，如果直接用像素值表示的话，将是一个 90000 维的向量！又如，对于文本数据，如果采用词袋模型，每个文档是 V 维向量，对于常见的应用，V 可能达到上万甚至十万，但每个文档出现的文字个数往往远小于 V，导致向量中有很多元素都是 0。在高维空间中，直接学习往往面临“维数灾”的问题，且计算和存储代价往往随维度增加而增加。降维的目的是通过降低特征的维度，得到一个紧致的低维特征表示，便于存储或进一步进行数据分析。降维往往也能起到抑制噪声，提高信噪比的作用（详见第 9章）。

(3) **密度估计**：根据给定的观察数据，估计产生数据的未知概率分布。例如，截至 2020 年 2 月 17 日，我国某省共发现 339 例流感确诊病例，年龄介于 1~90 岁。据统计，年龄段分布为 10 岁以下 9 例，11~20 岁 16 例，21~30 岁 39 例，31~40 岁 59 例，41~50 岁 63 例，51~60 岁 64 例，61~70 岁 67 例，71~80 岁 15 例，81 岁以上 7 例。我们可以用直方图更直观地表示不同年龄段患者人群的分布，如图 1.4所示。通过机器学习方法估计数据的概率分布 $p(\boldsymbol{x})$ 是很多任务的基础，比如利用深度概率模型 [4–5] 可以有效刻画高维图像数据的概率分布，并生成高质量的新图片。关于密度估计的更多内容，详见第 4 章和第 16 章。

(4) **表示学习**：与降维紧密相关，表示学习的目标是学习一个变换函数，将原始

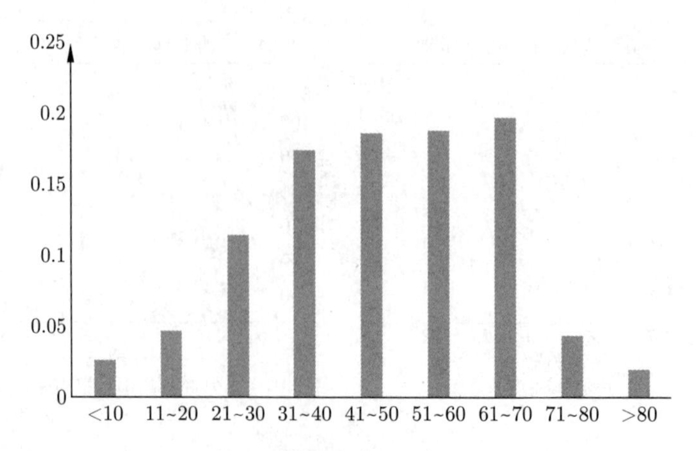

图 1.4 某省流感患者在不同年龄段的分布图

数据映射到一个新的特征空间中，使之具有某些良好的特性，例如，描述单词或文档的语义信息、表示图像数据的低维特征向量等。随着深度学习的进展，具有多层次结构的表示学习方法成为处理图像、文本、语音、图结构等很多种类型数据的首选方案（详见第 6 章）。

值得注意的是，上述任务并不都是无监督的；在有监督的学习任务中，往往也会包含上述这些基本任务，例如，在做图像分类时，适当挖掘数据中的聚类信息往往能提升分类的效果；另外，利用深度神经网络进行图像分类时，很自然地也包括了表示学习。

强化学习（reinforcement learning）

除了上述任务，机器学习中还有很多任务属于决策，其目标是希望习得一种“策略”，能够让决策的收益最大化。例如，中午我们要选择餐厅吃午饭，目标是希望吃到合口的菜肴。一种选择是去曾经去过的最好的餐馆；与此同时，我们还需要兼顾（探索）一些新开的餐馆，因为新餐馆可能有意想不到的、更好的选择。又如，在下棋过程中，我们的目标是希望找到一种策略，能够更高概率地战胜对手。强化学习是解决这类决策任务的有效途径，是区别于有监督和无监督学习的另外一类基本学习任务。

稍微正式一些，强化学习假设环境中有一个智能体，通过观察环境的状态，并采取行动与环境进行交互，获得环境给的收益反馈。智能体的目标是通过多次交互，搜集到经验数据，进行学习，最终目标是找到一个最佳的策略，使得累积的收益最大化。强化学习与环境的交互如图 1.5所示，其中第 t 轮交互时，智能体根据当前状态 S_t，采取行动 A_t，获得奖励 R_t，与此同时，交互使得环境状态从 S_t 转移到 S_{t+1}。由此可见，强化学习与有监督学习或无监督学习有很大不同，后者假设事先给定一个搜集好的数据集，而强化学习的数据是在交互过程中不断搜集的。第 17 章将具体介绍强化学习。

除上述 3 种基本的机器学习任务外，还有半监督学习——部分数据有标注信息而

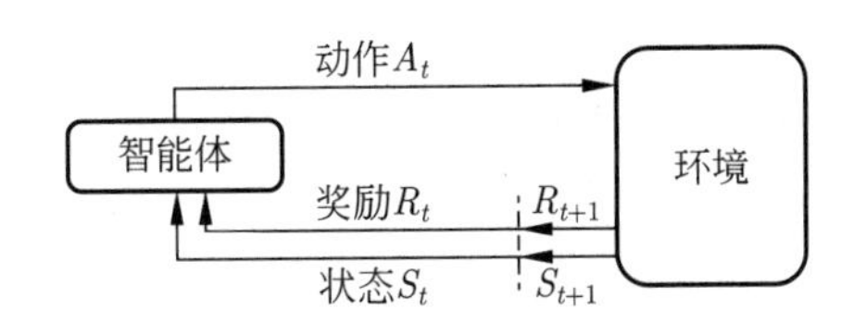

图 1.5 强化学习与环境的交互

大部分数据缺少标注信息，主动学习——从数据中选择一部分进行数据标注，迁移学习——从另外一个领域迁移一些知识到已有数据的领域等。虽然具体任务多种多样，但本书介绍的基本原理和方法具有通用性，可以在不同任务中找到相应的变种。

1.1.3 K-近邻：一种“懒惰”学习方法

每种学习任务下又发展了多种算法。这里举一个用于有监督学习的算法——K-近邻法。它具有简单、易于理解的特点，同时适用于分类和回归任务，且在实际数据集上通常表现良好的性能。

如图 1.6所示，K-近邻法用于分类问题时，采取了很直观的策略：将新的数据点（也称为实例）与训练数据集所有实例进行比较，选出前 K 个最相似的作为分类的依据；其中的相似度则通常由特征空间中的某种距离衡量，距离越小相似度越高。在选取相似数据点时，有多种策略可以选择，例如，算法可能采取将距离从小到大排序后取前 K 个；或者取以新实例为中心一定半径的球内的样本。

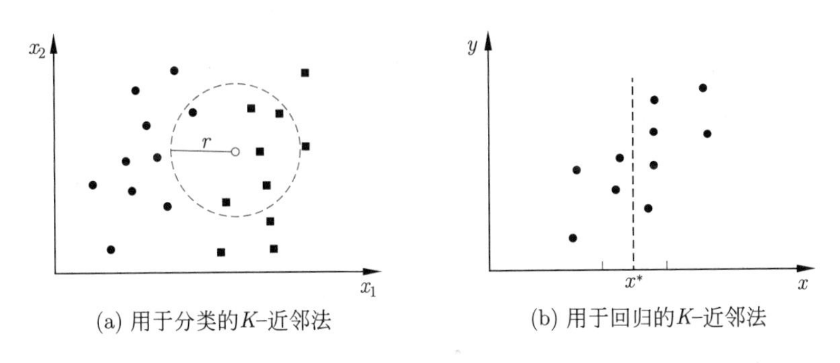

(a) 用于分类的K-近邻法　　(b) 用于回归的K-近邻法

图 1.6 K-近邻法

在相似点选取完成后，K-近邻法根据这 K 个训练数据提供的信息对新实例进行分类。常见的分类规则是将新实例分入被选取的实例中多数实例所在的类别，即“多数表决规则（majority voting)”。图 1.6中，圆形范围内的几个训练样例中正方形较多，于是蓝色新数据点被分类为正方形代表的类别。

K-近邻法简单、易于实现。令人惊奇的是，在训练样本足够多时，K-近邻法具有足够强的理论特性。设训练集的规模为 N，使用 K-近邻法进行分类的测试错误率记为 R_{KNN}，理论最小分类错误率记为 R^*（当数据的分布已知时，贝叶斯分类器的错误率是所有可能分类器中最小的，称为贝叶斯错误率，详见第 4章），则存在如下不等式[6]：

$$R^* \leqslant \lim_{N\to\infty} R_{\mathrm{KNN}} \leqslant R^*\left(2-\frac{M}{M-1}R^*\right), \tag{1.3}$$

其中 M 为类别的个数。由此可见，K-近邻法的错误率不超过最小错误率的两倍。

在回归问题中，算法需要根据从训练集获取的信息将新的数据点赋予一个实数类型的预测值。如图 1.6(b) 所示，横坐标代表特征空间中的坐标 x，纵坐标代表实数预测值 y，K-近邻法以一定的标准找到与测试数据 x^* 在特征空间中最相近的若干训练数据，以它们的 y 值加权作为预测值。具体地，式 (1.4) 是 K-近邻法用于线性回归时加权预测公式的一个例子：

$$\hat{y} = \frac{\sum\limits_{i\in\mathcal{N}_k} w_i y_i}{\sum\limits_{i\in\mathcal{N}_k} w_i} = \sum_{i\in\mathcal{N}_k} r_i y_i, \tag{1.4}$$

其中，$\mathcal{N}_k$ 表示最近邻，例如，$\mathcal{N}_k=\{i|d(x_i,x)<r\}$ 表示选取以测试数据为中心半径 r 的球内的数据点，$d(x_i,x)$ 代表特征空间中两点 x_i,x 的距离；$w_i=\dfrac{1}{d(x_i,x)}$ 表示测试数据与训练数据之间的相似度（与距离成反比）；$r_i=\dfrac{w_i}{\sum\limits_{i\in\mathcal{N}_k} w_i}$ 是归一化的权重。

K-近邻法易上手、理论性能好的特点是当今仍广泛应用的原因，但这种方法也存在以下挑战。

(1) K-近邻法对每个测试数据，均需要计算与所有训练数据的距离（相似度），以选择最近邻，计算复杂度为 $O(dN)$，其中 d 为特征维度。对大规模数据集而言，计算资源开销极大。为了提高计算效率，学者们提出了多种加速的近邻搜索算法，例如，基于 k-d 树等数据结构的分支定界搜索算法[7]以及多种近似搜索算法[8–9]等。

(2) K 值的选择与数据集有关，可能会极大地影响模型效果，需要进行调参。K 值较小时模型对近邻的数据十分敏感，易受噪声影响，出现过拟合现象（具体概念在后文介绍）；K 值过大则会使较远的、不相似的数据发挥作用，影响预测，例如，极端情况下设 $K=N$，此时模型会简单地将任一测试数据预测为训练样本中最多的类，使得大量有用信息被忽略。

(3) 数据的表示以及距离度量的选择会对结果产生重要影响。在实际问题中，不同特征维度表示的物理含义或量纲可能不同，如描述一个人的特征可能有身高、体重、年龄、爱好等，对不同类型的特征适当进行归一化再计算距离，往往能显著提升性能；此外，自动学习合适的距离度量（称为距离度量学习，distance metric learning）（更多内容可参阅文献[10]）往往也能显著提升 K-近邻法的性能。

总体上，K-近邻法是一种“懒惰”的学习方法——在学习时，“死记硬背”训练样本；在测试时，通过简单的查询完成预测。与之不同，很多学习方法属于更加“积极”的学习，通过对问题做一些合理的假设（例如，用一个概率分布描述随机掷硬币的观察值；或者用一个线性平面将不同类型的图片进行分类），学习一个更加紧致的模型（例如图 1.8所示的分类平面），通常这种模型具有某种参数化的形式，后文将介绍很多具体例子。

1.2 概率机器学习

> 当前的逻辑学只能处理确定的、不可能的，或者完全不能确定的事情。（幸运的是）这三者都不需要我们进行推理。因此，符合现实世界的逻辑学是基于概率的演算，计算该概率时需要考虑理性人心中的概率大小（“The actual science of logic is conversant at present only with things either certain, impossible, or entirely doubtful, none of which (fortunately) we have to reason on. Therefore the true logic for this world is the calculus of probabilities, which takes account of the magnitude of the probability which is, or ought to be, in a reasonable man’s mind.”）。　——　**麦克斯韦（1850）**

1.2.1 为什么需要概率机器学习

从根本上讲，机器学习任务都可以形式化成从观察数据中“推断”一些缺失信息（或隐含数据）的问题。例如，图像分类任务实质上是利用训练数据的经验信息推断给定测试图像的未知标签信息；聚类任务是通过分析经验数据的特性（如相似度、分布等）推断未知的聚类结构；而强化学习则是通过与环境交互中获得的经验数据推断未知的最优策略。

在推断未观察信息时，任何一个模型都会是不确定的。因此，如何合理刻画和计算不确定性是机器学习的核心问题。本书将采用概率论描述各种形式的不确定性，在统一视角下，讲述机器学习中的模型、算法以及理论分析等核心内容。

具体来说，机器学习的关键要素——数据、模型以及性能评价，都普遍存在不确定性，需要依赖概率工具进行刻画和计算。

首先，**数据存在不确定性**。就像经典电影《阿甘正传》中的台词：“生活就像一盒巧克力，你永远不知道下一颗是什么味道”一样，我们生活的真实环境是一个多变量的复杂系统，存在普遍的不确定性。例如，海森堡不确定性原理告诉我们：不可能同时精确确定一个基本粒子的位置和动量；而在宏观的物理世界中，我们总是很难预测明天的天气、某个地区的地震情况、金融市场的走势、一个人的健康状况、城市道路上的行人轨迹等。对于机器学习所处理的数据，由于是从不确定性的环境中产生的，因此，自然而然地也具有普遍的随机性。此外，数据的采集过程可能存在随机噪声干扰，[①]或者数据中存在缺失的未知信息等。例如，一辆无人驾驶的汽车根据传感器输入获得周边环境的信息，做出预测和判断，并执行驾驶任务。在现实环境中，不确定性随处可见——汽车的传感器可能失灵或是因老化造成偏差、路边的交通标志可能被风吹过来的树叶遮挡或是在雾霾的天气中变得模糊等，这些不确定的未知因素都

① 物理学中称为观察者效应（observer effect）。

可能给无人驾驶车的行驶带来风险。

其次，**推断数据中隐含信息需要刻画不确定性**。与数据中存在的不确定性紧密相关，在很多任务中，我们只能观察到部分信息，很多信息可能是缺失的或不能完全观察。例如，在疾病诊断中，医生通过观察、问询，以及阅读化验报告等方式，推断病人患某种病的可能性或进行更深入的检查，资深的医生往往能根据有限的输入信息给出更加确信的推断（诊断），并结合病人的倾向对症下药；对于疑难杂症，可能需要综合多位资深医生的推断给出一个综合全面的诊断。①在医疗诊断中，要推断的疾病可以看作隐含变量，一个具体的例子如下。

例 **1.2.1** (心脏病诊断) 某病人在看医生，通过观察和患者自述，医生获知患者具有若干症状，如心慌（记为 S_1）、胸闷（记为 S_2）和呼吸困难（记为 S_3）；通过进一步检查、问询等手段，医生了解到该病人抽烟（记为 X_s）、患有糖尿病（记为 X_d）以及进行了高强度锻炼（记为 X_e）。通过这些数据，有经验的医生能够推断出该患者很大可能患有心脏病，并构建如图 1.7所示的（概率）模型，其中，变量 H（是否患有心脏病）是隐含的，在数据中没有直接观察到。

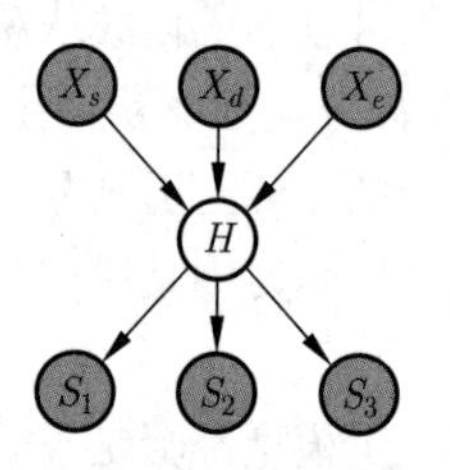

图 **1.7** 一个包含隐变量 H 的疾病诊断模型

又如，在多人扑克游戏（如斗地主）中，每个玩家只能看到自己的手牌以及公开的牌，其他玩家的手牌是未知信息，有经验的玩家可以推断其他玩家手牌的可能情况，并作出对己方更有利的选择（出牌）。在这些例子中，我们需要对缺失信息进行合理的建模和推断，这时概率机器学习可以发挥重要作用，后文将看到，图 1.7所示模型为典型的贝叶斯网络，我们将会学习如何定量地刻画变量之间的依赖关系，并进行概率推断，计算隐含变量取不同值的可能性（即概率分布）。

第三，**模型存在不确定性**。对于给定的训练数据，不管规模有多大，它们的大小总是有限的，因此会存在多个模型都能很好地拟合训练数据的情况，如图 1.8所示（这里为了简化，假设图片数据都投影到一个二维的特征空间上），但它们在测试数据上的表现可能存在很大不同，这带来了模型的不确定性，即在给定数据下，哪个模型比较适合是不确定的。由于给定的训练集是固定的，因此这种不确定性在模型的复杂度②变大（例如，深度神经网络）的情况下将变得更加显著。模型的不确定性还可以

① 现代医学之父威廉·奥斯勒爵士（Sir William Osler）：“Medicine is a science of uncertainty and an art of probability.”

② 后续章节中将具体定义模型复杂度的度量方式，直观上看，一个非线性的神经网络要比一个线性模型复杂。

进一步分为参数的不确定性（例如，同样结构的神经网络，使用哪一组参数）和结构的不确定性（例如，使用什么结构的神经网络）。

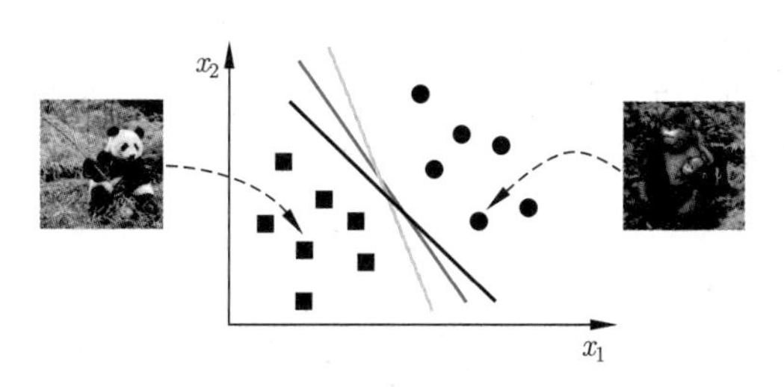

图 1.8 存在多个在给定训练集上表现良好的分类器（每条直线对应一个分类器），但它们在测试集上的性能可能差别很大

最后，**刻画模型的性能需要考虑不确定性**。对任意一个可以学习的计算机程序（算法）$\mathcal{A}$，通过输入经验数据 $\mathcal{D}$ 学习得到一个模型，该模型的性能显然是依赖于训练数据的，记为 $P(\mathcal{D};\mathcal{A})$。如前所述，数据 $\mathcal{D}$ 是真实环境的一个采样（观测），存在不确定性，因此，即使是固定程序（算法）$\mathcal{A}$，所得模型的性能 $P(\mathcal{D};\mathcal{A})$ 也仍然是一个具有不确定性的随机变量。这里还以投掷硬币为例：

例 1.2.2 (掷硬币，续) 假设在第一次试验中投掷了 10 次，得到经验数据 $\mathcal{D}_1 = \{H,T,H,H,T,T,H,T,H,H\}$，进而学习得到 $\hat{\mu}_1 = 0.6$；直观上，这与我们的先验“0.5”偏差稍大，因此我们可能对该估计的结果有所“怀疑”，于是又重复一次试验，得到经验数据 $\mathcal{D}_2 = \{H,H,T,H,T,T,H,T,T,H\}$，利用同样的学习算法得到 $\hat{\mu}_2 = 0.5$。如果重复多次，会发现学习的结果 $\hat{\mu}$ 是落在某个区间范围内的一个具有不确定性的变量。

因此，为了全面刻画 $\mathcal{A}$ 的性能，需要充分考虑不确定性，利用合理的工具进行计算。这方面的具体内容将在第 11 章（学习理论）中具体介绍。

综上，概率机器学习（probabilistic machine learning，PML）采用概率论作为统一的理论框架对各种不确定性进行严谨的建模和计算，为机器学习提供一个统一的视角。在直观概念上，概率机器学习将未知信息看作随机变量，采用概率论对其进行刻画（具体表现为概率分布），并利用概率统计的基本工具进行推断；对于学习任务，概率机器学习通过结合先验分布和观察数据，综合计算未知变量的后验分布。这个过程是直观简单的，后文将看到，其推断和学习均存在通用的算法进行实现。此外，概率机器学习具有极强的灵活性，例如，可以通过图结构考虑多个变量之间的依赖关系、可以充分利用神经网络的函数拟合能力刻画变量之间的复杂变化关系等。本书将由浅入深，逐步介绍相关内容。

1.2.2 概率机器学习包含的内容

概率机器学习包含了丰富的内容，一本书很难覆盖全部内容。本书基于作者在清华大学已经开设十多年的机器学习课程，有选择性地介绍概率机器学习的核心内容，本着从基础入门、逐步深入的原则，重点介绍机器学习的基本原理、典型模型和算法，同时兼顾图模型、深度学习等前沿进展，具体讲述内容如下。

(1) **基础知识**：介绍概率论、统计推断、贝叶斯推断以及信息论的基础知识，包括常见的概率分布、独立性和条件独立性、最大似然估计、贝叶斯推断、熵、互信息等内容，为后续章节做准备（熟悉的读者可以选择跳过该部分）。

(2) **基础原理**：从机器学习的基础任务——有监督学习和无监督学习出发，介绍概率机器学习的基础原理以及经典模型和算法，包括如何对数据进行概率建模、如何考虑数据中未观测的隐含变量、如何进行贝叶斯推断等。具体地，对于有监督学习任务，将介绍线性回归和稀疏正则化方法（第 3 章）、朴素贝叶斯分类器（第 4 章）、对数几率回归和随机梯度下降（第 5 章）、深度神经网络（第 6 章）、支持向量机与核方法（第 7 章）、集成学习（第 10 章）等。对于无监督学习任务，将介绍聚类（第 8 章）和降维（第 9 章），在聚类部分，将介绍确定性的 K-均值方法、基于概率建模的高斯混合模型，以及期望最大化（EM）算法等，同时，分析 K-均值与 EM 算法之间的内在联系；在降维部分，将介绍线性降维的主成分分析（PCA）方法，以及非线性降维的自编码器、局部线性嵌入、用于文本数据的词嵌入等。值得一提的是，本书所介绍的绝大部分内容（在少量调整的情况下）既适用于有监督学习任务，也适用于无监督学习任务。

(3) **学习理论**：以分类器为例，主要介绍如何刻画其性能，并利用概率统计的工具，定量刻画分类器的泛化性能（第 11 章），具体包括概率不等式、经验风险最小化、结构风险最小化、PAC（probably approximately correct，概率近似正确）学习理论、最大间隔学习理论、VC 维、Rademacher 复杂度、PAC 贝叶斯学习理论等，并简要讨论深度学习在理论上的独特现象（如双重下降、良性过拟合等）以及最新的理论进展。

(4) **概率图模型**：机器学习任务通常涉及多个随机变量，概率图模型将概率论与图论相结合，为包含多个随机变量的问题提供了一个直观、通用的建模语言和相应的推断方法。本书将具体讲述概率图模型的基本原理，包括概率图模型的表示、推断和学习。在模型表示方面，将介绍贝叶斯网络、马尔可夫随机场、条件随机场等典型模型；在推断方面，将主要介绍变量消减法、消息传递等精确推断算法；在学习方面，将介绍参数学习和结构学习等内容（第 12 章）。

(5) **近似概率推断**：对于一般的概率模型，精确推断通常是不可行的，因此需要更加高效、可行的近似概率推断，本书将介绍两类近似概率推断方法——变分推断和蒙特卡洛采样。对于变分推断（第 13 章），将介绍其基本原理、变分 EM、变分贝叶斯，以及期望传播等；对于蒙特卡洛采样（第 14 章），将主要介绍基础采样算法、马尔可夫链蒙特卡洛（MCMC）、Gibbs 采样、辅助变量采样、基于动力学系统的 MCMC 采样和随机梯度 MCMC 采样等。

(6) **高斯过程**：直观上，高斯过程可以看作多元高斯分布在无限维情况下的扩展；在严格意义下，高斯过程是定义在函数空间上的一种非参数化贝叶斯方法。高斯过程与本书介绍的核方法（第 7 章）、神经网络（第 6 章）均存在紧密关系：一方面，高斯

过程可以看作核方法的贝叶斯版本；另一方面，高斯过程是对神经网络进行贝叶斯推断（即贝叶斯神经网络）在一定条件下（如网络宽度趋于无穷）的极限。由于多元高斯分布的良好性质，高斯过程是一类广受欢迎的机器学习方法，本书将主要介绍高斯过程的基本原理、贝叶斯神经网络、高斯过程回归模型、高斯过程分类模型，以及高效的稀疏高斯过程等（第 15 章）。

(7) **深度生成模型**：类似于神经网络的“深度”变革，经典概率模型也向深度化方向发展，充分利用神经网络的函数拟合能力，提升概率模型的建模灵活性，已在（跨模态）样本生成、小样本学习、持续学习等任务中取得突出成果，其中，深度生成模型是较重要的进展之一。本书将介绍深度生成模型的基本原理以及多个典型的模型（第 16 章），具体包括：基于可逆变换的流模型、自回归生成模型、变分自编码器、生成对抗网络、扩散概率模型等，对于每种模型，将介绍其原理以及推断/学习算法。

(8) **强化学习**：如前所述，在决策任务中，往往存在多种不确定因素（如环境噪声、信息缺失等），概率机器学习发挥了重要作用。本书将介绍用于决策的概率模型，包括单步决策的多臂老虎机、序列决策的马尔可夫决策过程以及强化学习等（第 17 章）。对于多臂老虎机模型，将介绍上置信度区间算法和汤普森采样算法等；对于马尔可夫决策过程，将介绍贝尔曼方程、值函数迭代和策略迭代算法等；对于强化学习，将介绍蒙特卡洛采样法、时序差分学习、Q-学习、值函数近似等多种算法。

本书的主要内容和组织结构如图 1.9所示，其中，概率图模型、近似概率推断、高斯过程和深度生成模型均充分利用了多个变量之间的结构信息（如图结构、多层次的深度结构等），因此，归属于结构化模型与推断这一类。强化学习面向决策任务，具有独特性，单独归属一类。

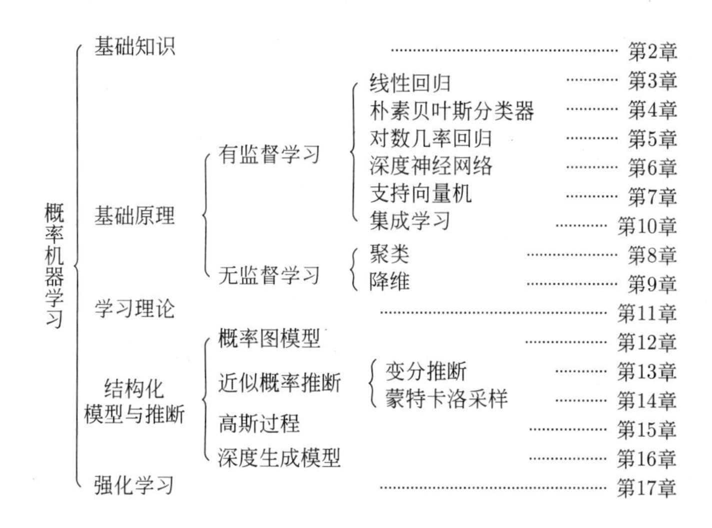

图 1.9　本书的主要内容和组织结构

1.3 延伸阅读

艾伦·图灵在 1947 年的公开报告中表示："我们想要的是一台能够从经验中学习的机器"，并在 1950 年发表的论文《计算机器与智能》[11] 中构想了学习机器（learning machine）的概念，同时也提出鉴别人工智能的著名测试——图灵测试。在随后的几年中，众多科学家纷纷投入这一领域，促使了人工智能和机器学习的诞生。一个标志性事件是 1956 年的达特茅斯会议，约翰·麦卡锡、马文·明斯基、艾伦·纽厄尔、赫伯特·西蒙、克劳德·香农等在这次会议上讨论了机器、算法、智能等问题，并产生了"机器学习"的基本理念的设想："学习或者智能的任何其他特性的每一个方面都应能被精确地加以描述，使得机器可以对其进行模拟。"1959 年，亚瑟·塞缪尔发表了第一个计算机跳棋程序，并首次使用了"机器学习"这个术语，表示程序或者机器学习知识并完成特定应用的过程[12]。

20 世纪 50—80 年代，人工智能的发展经历了多次热潮和低谷（详见文献 [13]），在此期间，研究者们研发了机器证明程序 SAINT、对话机器人 ELIZA 等 AI 程序，同时还产生了一些影响深远的奠基性工作，例如，人工神经网络的原型感知机（perceptron）[14]、描述动态规划最优解条件的贝尔曼方程、学习多层神经网络的反向传播算法[15]、XCON 专家系统[16] 等。研究者们寄希望于人工智能解决智能的根本问题和其带来的应用，但是受到计算能力、数据资源等多方面的限制，人工智能算法的发展受到挫折和公众的质疑，也导致人工智能的多次低谷。

到 20 世纪 80 年代以后，概率统计方法逐步被引入人工智能领域，由此极大地促进了机器学习的发展。这一领域的开拓者朱迪亚·珀尔[17] 也因为贝叶斯网络、概率统计方法在人工智能的应用而获得 2011 年的图灵奖，其颁奖词表示："珀尔创建了不确定性环境下信息处理的表示和计算基础"。另一位开拓者是理论计算机科学家莱斯利·瓦利安特，他提出概率近似正确（probably approximately correct，PAC）学习理论，将计算复杂性引入机器学习，为分析机器学习算法的性能提供了基础理论框架。由于在计算理论方面的变革性贡献，瓦利安特于 2010 年获得图灵奖。基于概率统计理论而发展的代表性机器学习方法还包括 Boosting[18]、支持向量机[19] 等①。目前，概率机器学习已被广泛应用于医疗诊断、基因预测、自然语言处理、机器人等众多领域。

进入 21 世纪，随着大数据的获得和计算能力的增强，具有深层结构的神经网络模型开始发挥更大的作用。深度学习方法使用多层特征对数据进行表征和计算[20–21]。在大数据和并行计算能力的驱动下，深度学习方法在文本、语音、图像等方面带来了较好的效果[22–24]。基于深度学习开发的计算机围棋程序 AlphaGo 在 2016 年首次战胜人类顶尖高手[25]，使得深度学习的概念深入人心。由于在深度神经网络概念和工

① Boosting 的发明者罗伯特·夏皮雷和约夫·弗雷德获得 2003 年计算机理论最高奖——哥德尔奖；支持向量机发明人弗拉基米尔·瓦普尼克获得神经网络先驱奖、冯·诺依曼奖章等大奖。

程方面的突破性贡献，深度学习之父约书亚·本吉奥、杰弗里·辛顿和杨立昆共同获得 2018 年的图灵奖。

虽然机器学习取得的进展显著，但仍然面临很多前沿挑战，机器学习的研究仍然十分活跃。为了帮助读者了解前沿进展，每章最后都会对未来的发展方向进行简要探讨。学有余力的读者也可以通过阅读机器学习主要会议或期刊论文，更深入地了解最新进展。机器学习的主要会议包括国际机器学习大会（International Conference on Machine Learning，ICML）、神经信息处理系统大会（Neural Information Processing Systems，NeurIPS）、国际表示学习大会（International Conference on Learning Representations，ICLR）、学习理论会议（Conference on Learning Theory，COLT）等；期刊包括机器学习研究期刊（Journal of Machine Learning Research，JMLR）、机器学习期刊（Machine Learning Journal，MLJ）、模式分析与机器智能期刊（IEEE Transaction of Pattern Analysis and Machine Intelligence，PAMI）等。

最后，本书源自作者在清华大学十多年的课堂教学以及近二十年的机器学习相关科研心得，所节选的内容也是通过课堂实践综合而定的。在撰写过程中受到多部经典机器学习著作的启发，在此列出致谢并推荐给学有余力的读者，其中，人工智能先驱尼尔斯·尼尔森在 1965 年撰写图书《学习机器》（*Learning Machines*）[26] 是最早系统介绍机器学习研究的代表性著作，主要集中在模式分类相关的机器学习；理查德·杜达和皮特·哈特也撰写了模式分类的经典教材[27]；卡内基–梅隆大学机器学习系创始人汤姆·米切尔写的《机器学习》(*Machine Learning*)[28] 是最著名的一本经典教材，给了机器学习一个更加形式化、可操作性的定义，本书采用米切尔的定义[3]。《模式识别与机器学习》（*Pattern Recognition and Machine Learning*）[29] 和《统计学习基础》（*The Elements of Statistical Learning*）[30] 是两本综合介绍机器学习的经典教科书，虽然成书时间较早，但机器学习的核心思想和经典方法仍不过时。特别值得一提的是，凯文·墨菲博士撰写的《机器学习：一种概率视角》（*Machine Learning: A Probabilistic Perspective*）[31] 和 2022 年出版的《概率机器学习：导论》（*Probabilistic Machine Learning: An Introduction*）[32] 是最早正式成书提出从概率的视角讲述机器学习的经典教材，特别是《概率机器学习：导论》与本书的设想不谋而合，系统阐述概率机器学习的思想，二者的区别在于内容的节选、组织方式以及具体内容的介绍，有余力的读者可以参考墨菲博士的图书进行比较学习。达芙妮·科勒和尼尔·弗雷德曼撰写的《概率图模型》[33] 是一本进阶介绍概率图模型的专著，内容翔实、理论完善，是进一步学习概率机器学习的必读书籍。最后，本书还参考了一些经典的中文教材，包括南京大学周志华教授的“西瓜书”《机器学习》[34] 和李航博士的《统计机器学习》[35]。

1.4　习题

习题 1　分别举出 1~2 个有监督学习和无监督学习的例子。

习题 2　举出 1~2 个需要处理不确定性的任务。

习题 3 编程实现 K-近邻算法，并在 MNIST 手写字符识别数据集上进行实验：

(1) 分析比较不同的 K 取值（如 $K=1,3,5,7$）对分类正确率[①]的影响；

(2) 在 K-近邻法中分别采用 L_2-范数距离 $\left(d(x_i,x_j)=\sqrt{\sum_{k=1}^{d}(x_{ik}-x_{jk})^2}\right)$ 和 L_1-范数距离（$d(x_i,x_j)=\sum_{k=1}^{d}|x_{ik}-x_{jk}|$），并比较分类正确率（设 $K=1,3$）；

(3) 分析不同训练集大小（每类样本数设为 100、500、1000）对分类结果的影响。

① 对测试集中的每个图像数据，使用 K-近邻法进行预测，并与真实类别进行比较，统计预测正确的比率。

第 2 章　概率统计基础

本章介绍概率统计和信息论基础知识，为后续章节做铺垫。

2.1　概率

真实世界具有不确定性，如掷硬币的向上面、明天的天气情况、火星上是否曾经存在生命等。概率论提供了一套定量刻画不确定性的数学语言。

2.1.1　事件空间与概率

在概率论中，随机试验是指事先不能完全预知其结果的试验。随机试验所有可能的观测结果称为样本空间，记为 Ω，其中每一个元素 $\omega \in \Omega$ 称为一个样本点或原子事件。Ω 的一个子集称为事件。Ω 所有子集组成的空间称为事件空间，记为 $\mathcal{A}$。

例 **2.1.1** (掷硬币)　该试验是连续掷硬币两次，则 $\Omega = \{HH, HT, TH, TT\}$，其中，第二次投掷为正面朝上的事件为 $A = \{HH, TH\}$，$\mathcal{A}$ 则包含了所有的事件（如第一次投掷为正面朝上、第一次投掷为背面朝上等事件）。

概率给每个事件 A 赋予一个定量的值 $P(A) \in \mathbb{R}$，以度量该事件发生的可能性。在数学上，其定义如下。

定义 **2.1.1** (概率)　概率是从事件空间到实数空间的一个映射：

$$P : \mathcal{A} \to \mathbb{R}, \tag{2.1}$$

且满足性质：①非负性：$\forall A \subseteq \Omega,\ P(A) \geqslant 0$；②规范性：$P(\Omega) = 1$；③可加性：$A, B \subseteq \Omega$ 且 $A \cap B = \varnothing$，$P(A \cup B) = P(A) + P(B)$。

根据定义，可以推导出很多关于概率的性质，如任意一个事件 A 的概率小于或等于 1：$P(A) \leqslant P(\Omega \cup A) = P(\Omega) = 1$；以及如下的全概率公式。

例 **2.1.2** (全概率公式)　假设事件 $A_1, A_2, \cdots, A_n$ 两两不交，且它们的并构成了整个样本空间 Ω，即 $A_i \cap A_j = \varnothing$，对任意 $i \neq j$，且 $A_1 \cup A_2 \cup \cdots \cup A_n = \Omega$。那么，对任意的事件 B，都有

$$P(B) = \sum_{i=1}^{n} P(A_i) P(B|A_i). \tag{2.2}$$

全概率公式告诉我们，当要求某个事件的概率时，可以首先将整个事件空间分解为若干个子事件，然后在这些子事件下分别求出条件概率。根据这些条件概率最后再求出事件的概率。

关于概率，存在多种解释，其中最常见、与本书密切相关的有两种——频率和信度。在基于频率的解释中，$P(A)$ 被认为是无限次重复试验时事件 A 发生的频率，例如，当我们说随机抛硬币出现头像的概率为 1/2，是指当重复抛硬币足够多次时，出现头像的频率趋近于 1/2。这种解释在一些重复试验困难的问题中面临挑战，例如，假如我们要刻画明天下雨的概率或者判断火星上曾经存在生命的可能性，频率的解释就无能为力了——显然，明天的天气或火星的历史都是不可重复的。而基于信度的解释认为 $P(A)$ 是观察者认为事件 A 发生的可信程度。这两种解释实际上分别对应了频率学派和贝叶斯学派，后文将看到更加具体的例子。

对于机器学习来说，我们观察到的是数据，并不直接是样本空间或事件。为了将它们关联起来，需要引入随机变量的概念。

定义 2.1.2 (随机变量) 随机变量 X 是一个从样本空间到实数域的映射：$X:\Omega\to\mathbb{R}$，即将任意一个样本 $\omega\in\Omega$ 映射到一个实数值 $X(\omega)$。

给定任意实数值 $x\in\mathbb{R}$，定义其逆映射 $X^{-1}(x)=\{\omega\in\Omega:X(\omega)=x\}$，即随机变量取值为 x 的事件。更一般的情况，对任意子集 $A\subseteq\mathbb{R}$，定义 $X^{-1}(A)=\{\omega\in\Omega:X(\omega)\in A\}$，即随机变量 X 取值属于 A 的事件。根据这种对应关系，可以利用事件的概率刻画随机变量的概率：

$$
\begin{aligned}
P(X=x)&=P(X^{-1}(x))=P(\{\omega\in\Omega:X(\omega)=x\})\\
P(X\in A)&=P(X^{-1}(A))=P(\{\omega\in\Omega:X(\omega)\in A\}).
\end{aligned}
$$

例 2.1.3 将一个硬币投掷两次，定义 X 为正面朝上的次数，则 X 的各种取值的概率为：$P(X=0)=P(\{TT\})=1/4$、$P(X=1)=P(\{HT,TH\})=1/2$、$P(X=2)=P(\{HH\})=1/4$。

定义 2.1.3 (累积分布函数) 随机变量 X 的累积分布函数是一个映射 $F_X:\mathbb{R}\to[0,1]$，具体为

$$
F_X(x)=P(X\leqslant x).
$$

例 2.1.4 (掷硬币) 如图 2.1(a) 所示，对于例 2.1.3的随机变量 X，其累积分布函数为

$$
F_X(x)=\begin{cases}0 & x<0\\ 1/4 & 0\leqslant x<1\\ 3/4 & 1\leqslant x<2\\ 1 & x\geqslant 2\end{cases}
$$

累积分布函数可以唯一确定随机变量，即如果两个随机变量 X 和 Y 的累积分布函数相同，则对任意 A，$P(X\in A)=P(Y\in A)$。同时，可以看到 $F_X(x)$ 满足如下性

质：①单调非降，对任意 $x_1 < x_2$，有 $F(x_1) \leqslant F(x_2)$；②归一化：$\lim_{x\to-\infty}F_X(x) = 0$ 且 $\lim_{x\to\infty}F_X(x) = 1$；③右连续：$F_X(X) = F_X(x^+)$，其中 $F_X(x^+) \triangleq \lim_{y\to x,y>x}F_X(y)$。

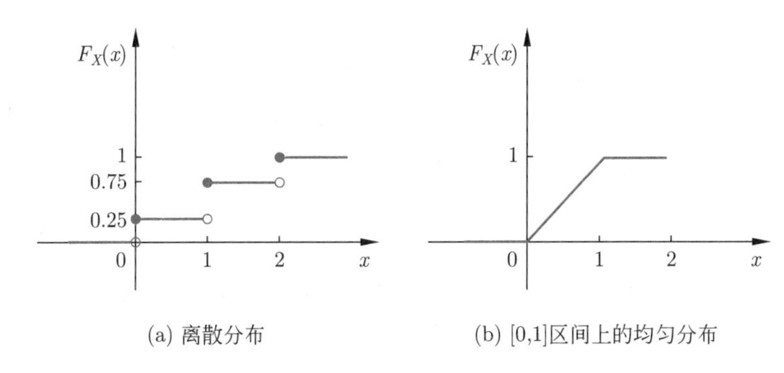

(a) 离散分布　　(b) [0,1]区间上的均匀分布

图 2.1　累积分布函数示意图

2.1.2　连续型和离散型随机变量

随机变量有两种基本的类型——连续型和离散型。

定义 2.1.4 (离散型随机变量)　如果随机变量 X 的取值为可数多个，记为 $\{x_1, x_2, \cdots\}$，则称其为离散型随机变量，$P(x) \triangleq P(X = x)$ 为其概率分布函数。

对于离散型随机变量 X，其累积分布函数为 $F_X(x) = P(X \leqslant x) = \sum\limits_{x_i\leqslant x} P(x_i)$。

定义 2.1.5 (连续型随机变量)　如果存在一个函数 $p(x)$ 满足：$p(x) \geqslant 0$ 且 $\int_{-\infty}^{\infty} p(x)\mathrm{d}x = 1$，使得对于任意 $a \leqslant b$，式 (2.3) 成立：

$$P(a < X < b) = \int_a^b p(x)\mathrm{d}x, \tag{2.3}$$

则称 X 为连续型随机变量，$p(x)$ 为其概率密度函数。

对于连续型随机变量，其累积分布函数为 $F_X(x) = \int_{-\infty}^{x} p(t)\mathrm{d}t$。反过来，对任意 F_X 可微分的点 x，有 $p(x) = F'_X(x)$。图 2.1(b) 展示的是 $[0, 1]$ 区间上均匀分布对应的累积分布函数。

值得注意的是，对于连续型随机变量，对任意值 x，其概率均等于 0，即 $P(X = x) = 0$。此外，概率密度函数的取值可以大于 1。事实上，概率密度函数的取值甚至可以是无界的，例如：定义在区间 $(0, 1)$ 上的 $p(x) = \dfrac{2}{3}x^{-1/3}$，可以证明 $\int_0^1 p(x)\mathrm{d}x = 1$，因此是一个概率密度函数（这实际上是指数分布）。

定义 2.1.6 (分位函数)　设随机变量 X 的累积分布函数为 F，其逆函数被称为分位函数：

$$F_X^{-1}(q) = \inf\{x : F_X(x) \leqslant q\}, \tag{2.4}$$

其中 $q \in [0,1]$。

特别地，我们称 $F_X^{-1}(1/4)$ 为第一四分位数、$F_X^{-1}(1/2)$ 为第二四分位数（也称中位数）、$F_X^{-1}(3/4)$ 为第三四分位数。

一些数学对象能够充分刻画出随机变量的分布特性，例如概率映射、累积分布函数、概率密度函数。许多教材会用概率分布统称这些数学对象，在本教材中也将沿用此约定。

2.1.3 变量变换

当一个简单分布的随机变量 X（比如均匀分布或标准高斯分布）经过一个函数变换之后，可以得到一个复杂分布的变量 $Y = f(X)$，在一定条件下，可以得到如下结论。

引理 2.1.1 (变量变换) 给定一个连续型随机变量 X，在支撑集 (c_1, c_2) 上的概率密度函数为 $p(x)$，令 $Y = f(X)$ 是一个可逆变换，记逆函数为 $X = g(Y)$，则随机变量 Y 的概率密度函数为

$$p(y) = p(x)\left|\frac{\mathrm{d}g}{\mathrm{d}y}\right|, \tag{2.5}$$

其中支撑集为 $(f(c_1), f(c_2))$。

对于多元的随机向量 $\boldsymbol{X}$，令 $\boldsymbol{Y} = f(\boldsymbol{X})$，当 $f(\cdot)$ 为可逆函数时，记逆函数为 $\boldsymbol{X} = g(\boldsymbol{Y})$，则 $\boldsymbol{Y}$ 的概率密度函数为

$$p(\boldsymbol{y}) = p(\boldsymbol{x})\left|\det\frac{\partial g}{\partial \boldsymbol{y}}\right|, \tag{2.6}$$

其中 $\det\frac{\partial g}{\partial \boldsymbol{y}}$ 表示函数 $g(\cdot)$ 的雅克比矩阵的行列式。

2.1.4 联合分布、边缘分布和条件分布

现实生活中多个随机变量往往相互影响（例如，明天的天气和温度）。上述概率分布的定义可以扩展到多个随机变量。

用 $\boldsymbol{X}$ 表示由多个随机变量 $X_1, X_2, \cdots, X_d$ 组成的随机向量（也称为多元随机变量）。类似地，考虑离散型和连续型两种情况。对于离散型随机向量，$P(\boldsymbol{X} = \boldsymbol{x}) = P(X_1 = x_1, X_2 = x_2, \cdots, X_d = x_d)$ 表示所有随机变量同时取一组值 $\boldsymbol{x}$ 时的概率，称为联合概率分布。

例 2.1.5 (掷硬币) 同时投掷两枚硬币各 2 次，分别用 X_1 和 X_2 表示硬币 1 和硬币 2 出现正面朝上的次数，则其联合概率分布 $P(X_1, X_2)$ 刻画了各种可能组合值的概率。对于任意一个具体取值 $\boldsymbol{x} = (x_1, x_2)$，其概率值为 $P(X_1 = x_1, X_2 = x_2)$。通常为了方便，我们用 $P(\boldsymbol{x})$ 表示。

对于连续型随机向量 $\boldsymbol{X}$，其联合累积分布函数为

$$F_{\boldsymbol{X}}(x_1,x_2,\cdots,x_d)=P(X_1\leqslant x_1\cap X_2\leqslant x_2\cap\cdots\cap X_d\leqslant x_d). \tag{2.7}$$

类似地，可以定义 $\boldsymbol{X}$ 的联合概率密度函数 $p(x_1,x_2,\cdots,x_d)$，其满足非负性和如下等式：

$$F_{\boldsymbol{X}}(x_1,x_2,\cdots,x_d)=\int_{-\infty}^{x_1}\int_{-\infty}^{x_2}\cdots\int_{-\infty}^{x_d}p(u_1,u_2,\cdots,u_d)\mathrm{d}\boldsymbol{u}. \tag{2.8}$$

已知一个随机向量 $\boldsymbol{X}$ 的联合分布，可以得到任意变量子集 $\boldsymbol{X}'$ 的概率分布，称为边缘分布。

例 2.1.6　已知离散变量 X 和 Y 的联合分布 $P(x,y)$，我们可以计算边缘分布：$P(x)=\sum_y P(x,y)$、$P(y)=\sum_x P(x,y)$。

对于连续型变量 X 和 Y，可以通过联合概率密度函数 $p(x,y)$ 得到任一变量的边缘概率密度函数：

$$p(x)=\int p(x,y)\mathrm{d}y. \tag{2.9}$$

上述定义可以扩展用于任意两组随机向量 $\boldsymbol{X}$ 和 $\boldsymbol{Y}$。

很多情况下，我们关心在一些随机变量 $\boldsymbol{X}$ 的取值给定[①]的情况下，其他变量 $\boldsymbol{Y}$ 的概率。例如，一个人出门带伞的概率在已知今天下雨和不知道今天天气的情况下是不一样的。这种概率称为条件概率。对于离散型变量，记为 $P(\boldsymbol{Y}|\boldsymbol{X}=\boldsymbol{x})$，简记为 $P(\boldsymbol{Y}|\boldsymbol{x})$，其计算公式为

$$P(\boldsymbol{Y}=\boldsymbol{y}|\boldsymbol{X}=\boldsymbol{x})=\frac{P(\boldsymbol{Y}=\boldsymbol{y},\boldsymbol{X}=\boldsymbol{x})}{P(\boldsymbol{X}=\boldsymbol{x})}. \tag{2.10}$$

对于连续型变量，用条件概率密度函数 $p(\boldsymbol{Y}|\boldsymbol{X}=\boldsymbol{x})$ 刻画条件分布，简记为 $p(\boldsymbol{Y}|\boldsymbol{x})$，其计算公式为

$$p(\boldsymbol{Y}|\boldsymbol{x})=\frac{p(\boldsymbol{x},\boldsymbol{Y})}{p(\boldsymbol{x})}. \tag{2.11}$$

值得注意的是，条件概率也是概率，符合概率的三条性质：非负性、规范性和可加性。另外，作为条件的随机变量取值（即事件发生）的概率不能等于 0——我们不能将从未发生的事件作为条件。

利用条件概率的定义，可以将联合概率分解为多个条件概率的乘积：

$$P(x_1,x_2,\cdots,x_d)=P(x_1)\prod_{i=2}^{d}P(x_i|x_1,x_2,\cdots,x_{i-1}). \tag{2.12}$$

这种分解称为概率的链式法则。同样，对于连续型变量的概率密度函数，上述形式也是成立的。

① 随机变量的取值对应于某个事件发生。

2.1.5 独立与条件独立

两个随机变量 X 和 Y 称为相互（边缘）独立，记为 $X \perp Y$，如果式 (2.13) 成立：

$$p(X, Y) = p(X)p(Y). \tag{2.13}$$

观察到 Y 的某个取值 y，则由式 (2.13) 可得 $p(X) = p(X|Y = y)$，即变量 Y 的取值不会改变 X 的概率分布；同样，X 的观察值也不会改变 Y 变量的概率分布。更一般地，我们称随机变量 $X_1, X_2, \cdots, X_d$ 相互（边缘）独立，如果

$$p(X_1, X_2, \cdots, X_d) = p(X_1)p(X_2)\cdots p(X_d). \tag{2.14}$$

考虑 3 个随机变量 X, Y 和 Z，假设 $p(Z = z) > 0$，我们称 X 和 Y 在给定 Z 时相互条件独立，记为 $X \perp Y|Z$，如果式 (2.15) 成立：

$$p(X, Y|Z = z) = p(X|Z = z)p(Y|Z = z). \tag{2.15}$$

其直观含义是指，在给定 Z 变量的观察值的情况下，对于 Y 变量的观察不影响 X 变量的概率分布；同样，对于 X 变量的观察也不会影响 Y 变量的概率分布。

值得注意的是，边缘独立性意味着条件独立性，但条件独立性并不意味着边缘独立性。在后文介绍概率模型时，会经常用到这两个概念。

2.1.6 贝叶斯公式

在机器学习的很多任务中，已知条件概率 $P(\boldsymbol{x}|\boldsymbol{y})$ 和边缘概率 $P(\boldsymbol{y})$，想知道条件概率 $P(\boldsymbol{y}|\boldsymbol{x})$。这种任务可以通过贝叶斯定理（也称贝叶斯准则）完成：

$$P(\boldsymbol{y}|\boldsymbol{x}) = \frac{P(\boldsymbol{y})P(\boldsymbol{x}|\boldsymbol{y})}{P(\boldsymbol{x})}. \tag{2.16}$$

例 2.1.7 假设有 1 号和 2 号两个箱子，1 号箱子有 2 个白球和 8 个黑球，2 号箱子有 8 个白球和 2 个黑球。首先按等概率随机选择一个箱子，再从这个箱子中随机取出一个球，发现取出的球是白球，求问这个球来自 1 号箱子的概率。分析这个场景，我们用 X 表示取出的球的颜色（白色或黑色，分别用 0 和 1 表示），用 Y 表示箱子的编号（取值为 1 或 2）。根据问题描述，可知：$P(Y = 1) = 0.5$，$P(X = 0|Y = 1) = 0.2$。同时，用全概率公式可以得到：$P(X = 0) = P(X = 0|Y = 1)P(Y = 1) + P(X = 0|Y = 2)P(Y = 2) = 0.5$。再利用贝叶斯公式可以计算得到 $P(Y = 1|X = 0) = 0.2$，即当观测到取出的球为白球时，它来自 1 号箱子的概率为 0.2。

对于连续型概率密度，也有相应的贝叶斯公式：

$$p(\boldsymbol{Y}|\boldsymbol{X}) = \frac{p(\boldsymbol{X}|\boldsymbol{Y})p(\boldsymbol{Y})}{p(\boldsymbol{X})}. \tag{2.17}$$

后文将介绍具体的例子。

2.2　常见概率分布及其数字特征

2.2.1　随机变量的常用数字特征

概率分布能够充分刻画随机变量的特征，它可以细致到评估出变量在任何范围出现的概率。但有时候我们需要评估随机变量的一些数字特征，例如它取值的平均（数学期望）、它取值的分散程度（方差）等。

定义 2.2.1 (数学期望)　对于离散型随机变量 X，设其可能取值为 $x_1, x_2, \cdots, x_n$，那么它的数学期望为

$$\mathbb{E}[X] = \sum_{i=1}^{n} x_i P(X = x_i). \tag{2.18}$$

对于连续型随机变量 X，设它的概率密度函数为 $p(x)$，则 X 的数学期望为

$$\mathbb{E}[X] = \int_{-\infty}^{+\infty} x p(x) \mathrm{d}x. \tag{2.19}$$

数学期望和我们生活中平均值的概念是一致的。

定义 2.2.2 (方差)　设 X 为一维的随机变量 (离散型或连续型)，则 X 的方差为

$$V(X) = \mathbb{E}[(X - \mathbb{E}[X])^2]. \tag{2.20}$$

这里需要注意的是，$(X - \mathbb{E}[X])^2$ 是关于随机变量 X 的函数，也是随机变量。同时，可以看到随机变量 $(X - \mathbb{E}[X])^2$ 是 X 到 $\mathbb{E}[X]$ 距离的平方，因此，它表示的是一次试验结果与均值的偏离程度，那么它的期望（即方差）表示的便是在平均意义下，试验结果与均值的偏离程度。经过简单计算，可以得到 $V(X) = \mathbb{E}[X^2] - (\mathbb{E}[X])^2$。

定义 2.2.3 (协方差)　设 X 和 Y 为两个随机变量，则它们的协方差定义为

$$\begin{aligned}\mathrm{Cov}(X, Y) &= \mathbb{E}\left[(X - \mathbb{E}[X])(Y - \mathbb{E}[Y])\right] \\ &= \mathbb{E}[XY] - \mathbb{E}[X]\mathbb{E}[Y]\end{aligned} \tag{2.21}$$

值得注意的是，这里出现了两个随机变量的乘积 XY，我们可以这么理解，考虑一个二维的随机变量 $Z = (X, Y)$，那么 XY 为 Z 的函数。因此，只要知道 Z 的分布，就能知道 XY 的分布。换句话说，只要知道 X 和 Y 的联合分布，就能求出 XY 的分布。然而，当仅知道 X 和 Y 各自的分布时，无法直接求出 XY 的分布。

协方差衡量的是两个随机变量的相关性。如果协方差为正，意味着随机变量 X 和 Y 正相关，即试验观察到的 X 和 Y 值往往拥有相同的大小变化趋势；反之亦然。

定义 2.2.4 (协方差矩阵)　对于 d 维随机变量 $\boldsymbol{X} = (X_1, X_2, \cdots, X_d)$，它的协方差矩阵为 $d \times d$ 的矩阵 $\boldsymbol{C}$，其中 $c_{ij} = \mathrm{Cov}(X_i, X_j)$。

协方差矩阵是一个半正定矩阵，它是一系列协方差的汇总。

2.2.2 离散型变量的概率分布

定义 2.2.5 (伯努利分布) 设 X 为随机变量，取值为 0 或 1，它取每个值的概率为

$$P(X=1)=\mu,\ P(X=0)=1-\mu,\ 0<\mu<1. \tag{2.22}$$

则称 X 服从参数为 μ 的伯努利分布，记为 $X\sim \text{Bernoulli}(\mu)$。

伯努利分布又被称为两点分布，最常见的一个例子就是掷硬币的正反结果，它服从参数为 0.5 的伯努利分布（假设硬币是均匀的）。

假设某个试验的结果服从参数为 μ 的伯努利分布。重复这个试验 n 次，并且记录试验结果为 1 的次数 X，那么 X 为一个随机变量，它的可能取值为 $0,1,\cdots,n$。计算事件 $X=i$ 的概率。设 $a_1\ a_2\ \cdots\ a_n$ 为试验后的结果序列，其中 $a_j=0$ 或 1，并且序列中 1 的数目为 i。那么，它发生的可能性为 $\mu^i(1-\mu)^{n-i}$。而总共有 C_n^i 个序列满足 1 的数目为 i，因此

$$P(X=i)=\mathrm{C}_n^i\mu^i(1-\mu)^{n-i}, \tag{2.23}$$

其中 $i=0,1,\cdots,n$。

定义 2.2.6 (二项分布) 如果随机变量 X 的可能取值为 $0,1,\cdots,n$，并且取值为 i 的概率服从式 (2.23)，则称 X 服从参数为 n,μ 的二项分布，简记为 $X\sim B(n,\mu)$。

对于二项分布，单次试验的结果只有两种可能性。考虑更一般的情况，单次试验的结果有 m 种可能性，分别用 1 到 m 的整数表示，并将每个结果的概率记为 p_i。现在连续做 n 次这样的试验，并将结果 $i(1\leqslant i\leqslant m)$ 出现的次数记为 X_i，那么 X_i 为一维随机变量，$\boldsymbol{X}=(X_1,X_2,\cdots,X_m)$ 是一个 m 维的随机向量。

计算 $\boldsymbol{X}$ 的概率分布 $P(X_1=n_1,X_2=n_2,\cdots,X_m=n_m)$，其中 $\sum\limits_{i=1}^{m}n_i=n$。设 $a_1\ a_2\cdots\ a_n$ 为一次试验的结果序列，其中 $a_i\in\{1,2,\cdots,m\}$，并且序列中 i 的数目为 n_i。那么，这个结果发生的可能性为 $\prod\limits_{i=1}^{m}\mu_i^{n_i}$。而总共有 $\dfrac{n!}{\prod\limits_{i=1}^{m}n_i!}$ 个序列满足 i 的数目为 n_i，因此

$$P(X_1=n_1,X_2=n_2,\cdots,X_m=n_m)=\frac{n!}{\prod\limits_{i=1}^{m}n_i!}\prod_{i=1}^{m}\mu_i^{n_i}. \tag{2.24}$$

定义 2.2.7 (多项分布) 如果 m 元随机向量 $\boldsymbol{X}=(X_1,X_2,\cdots,X_m)$ 的概率分布服从式 (2.24)，则称随机变量 $\boldsymbol{X}$ 服从多项分布，记作 $\boldsymbol{X}\sim \text{Mult}(n;\mu_1,\mu_2,\cdots,\mu_m)$，$n$ 代表单位试验的次数，m 代表可能的结果数目，μ_i 代表单位试验出现结果 i 的概率。

2.2.3 连续型变量的概率分布

定义 2.2.8 (均匀分布) 设 X 为连续型随机变量，如果它的概率密度函数 $p(x)$ 满足

$$p(x)=\begin{cases}\dfrac{1}{b-a}, & a<x<b\\ 0, & \text{其他}\end{cases} \tag{2.25}$$

则称 X 服从区间 (a,b) 上的均匀分布。

均匀分布的取值在区间 (a,b) 拥有相等的可能性，而在实数轴的其他部分的可能性为 0。

定义 2.2.9 (正态分布或高斯分布) 设 X 为连续型随机变量，如果它的概率密度函数 $p(x)$ 满足

$$p(x)=\frac{1}{\sqrt{2\pi\sigma^2}}\exp\left(-\frac{(x-\mu)^2}{2\sigma^2}\right), \tag{2.26}$$

则称 X 服从参数为 μ,σ^2 的正态分布，简记为 $X\sim\mathcal{N}(\mu,\sigma^2)$，并且 X 的数学期望为 $\mathbb{E}[X]=\mu$，方差为 $V(X)=\sigma^2$。图 2.2(a) 展示了标准正态分布的概率密度函数。

定义 2.2.10 (多元正态分布或多元高斯分布) 将正态分布拓展到多维的情形。$\boldsymbol{X}$ 为 d 维连续型随机向量，如果它的概率密度函数满足

$$p(\boldsymbol{x})=\frac{1}{(2\pi)^{d/2}|\boldsymbol{\Sigma}|^{1/2}}\exp\left(-\frac{1}{2}(\boldsymbol{x}-\boldsymbol{\mu})^\top\boldsymbol{\Sigma}^{-1}(\boldsymbol{x}-\boldsymbol{\mu})\right), \tag{2.27}$$

则称 $\boldsymbol{X}$ 服从参数为 $\boldsymbol{\mu},\boldsymbol{\Sigma}$ 的多元正态分布，简记为 $\boldsymbol{X}\sim\mathcal{N}(\boldsymbol{\mu},\boldsymbol{\Sigma})$。其中 $\boldsymbol{\Sigma}$ 是一个半正定矩阵，并且 $\boldsymbol{X}$ 的期望为 $\mathbb{E}[\boldsymbol{X}]=\boldsymbol{\mu}$，协方差为 $\mathrm{Cov}(\boldsymbol{X})=\boldsymbol{\Sigma}$。图 2.2(b) 展示了二元正态分布的概率密度函数。

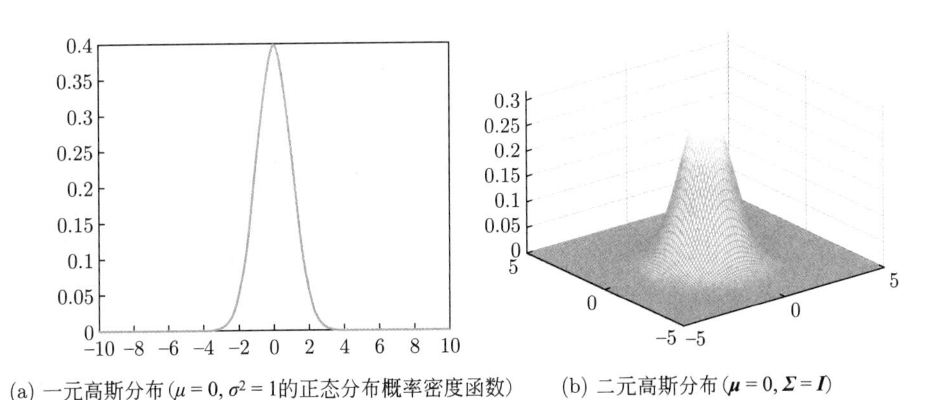

(a) 一元高斯分布 ($\mu=0,\sigma^2=1$的正态分布概率密度函数) (b) 二元高斯分布 ($\boldsymbol{\mu}=0,\boldsymbol{\Sigma}=\boldsymbol{I}$)

图 2.2 高斯分布示意图

2.3 统计推断

概率给我们提供了刻画数据产生过程以及特性分析的数学工具。但在机器学习、数据挖掘等实际应用中，我们往往只能观测到有限的数据样本，因此需要“逆向工程”，推断数据背后的规律（即产生过程），这个过程称为统计推断，也是机器学习的基本任务。概率与统计之间的关系如图 2.3所示。统计推断的基本问题为：

定义 2.3.1 (统计推断) 给定观测数据 $\boldsymbol{x}_1, \boldsymbol{x}_2, \cdots, \boldsymbol{x}_N \sim F$，推断（估计或学习）概率分布 F 或其数字特征（如均值、方差等）。

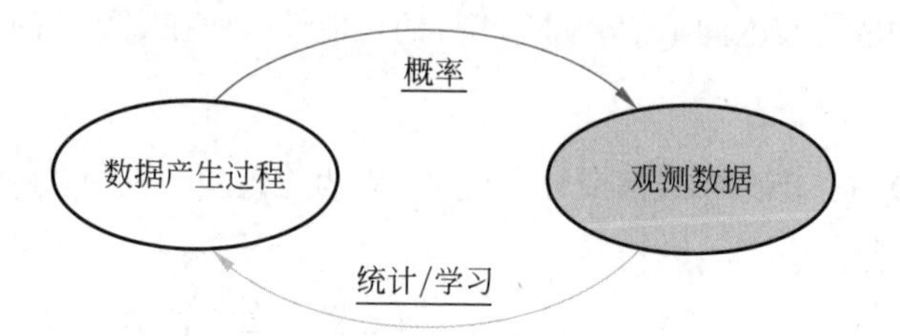

图 2.3 概率与统计之间的关系

在进行统计推断（学习）时，需要对可行的 F 进行适当假设，即构建一个统计模型（简称模型）。统计模型一般分为参数化模型和非参数化模型。

定义 2.3.2 (统计模型) 统计模型是一组分布的集合 $\mathcal{M}$。

定义 2.3.3 (参数化模型) 集合 $\mathcal{M}$ 中的分布可以用有限多个参数进行表示：

$$\mathcal{M} = \{p(\boldsymbol{x}; \boldsymbol{\theta}) : \boldsymbol{\theta} \in \Theta\},$$

其中 $\boldsymbol{\theta}$ 为未知参数，Θ 是可行参数空间。

例如，当假设一维数据 x 服从高斯分布时，相应的统计模型为

$$\mathcal{M} = \left\{\mathcal{N}(x; \mu, \sigma^2) : \mu \in \mathbb{R}, \sigma > 0\right\}.$$

定义 2.3.4 (非参数化模型) 集合 $\mathcal{M}$ 不能用有限个参数进行描述的模型或参数的个数为无限多个。

对于参数化模型，统计推断的目标是估计未知参数 $\boldsymbol{\theta} \in \Theta$；而对于非参数化模型，统计推断的目标是直接估计 F。由于约束更少，因此后者一般更困难。

例 2.3.1 令 $x_1, x_2, \cdots, x_N$ 是独立同分布的 N 个二值数据。假设模型为伯努利分布 Bernoulli(μ)，目标是估计参数 μ。

在例 2.3.1 中，如果不假设模型，直接估计 $p(X)$，则是一个非参数化密度估计的问题。对于非参密度估计，一般对可行的概率密度函数做一些“平滑”假设，例如假设 $p(X)$ 属于索伯列夫空间：$\mathcal{M}_{\text{sob}} = \left\{p : \int (p''(x))^2 \mathrm{d}x < \infty\right\}$。

在统计推断中，有两类主要的方法——频率推断和贝叶斯推断。前者将参数 $\boldsymbol{\theta}$ 看作未知但固定的，通过优化目标函数找到最优逼近 $\hat{\boldsymbol{\theta}}$，这种估计方法也称为点估计。而贝叶斯推断将未知参数看作随机变量，推断其后验概率分布 $p(\boldsymbol{\theta}|\mathcal{D})$。

2.3.1 最大似然估计

最大似然估计（maximum likelihood estimate，MLE）是一种参数估计方法。设模型的概率密度函数为 $p(\boldsymbol{x}|\boldsymbol{\theta})$，其中 $\boldsymbol{\theta} \in \Theta$ 是未知参数向量，Θ 是参数空间。设 $\mathcal{D} = \{\boldsymbol{x}_i\}_{i=1}^N$ 是独立同分布的数据集，其联合概率密度函数为

$$\mathcal{L}(\boldsymbol{\theta}) = \mathcal{L}(\mathcal{D}|\boldsymbol{\theta}) = \prod_{i=1}^{N} p(\boldsymbol{x}_i|\boldsymbol{\theta}). \tag{2.28}$$

$\mathcal{L}(\boldsymbol{\theta})$ 称为数据集 $\mathcal{D}$ 的似然函数。$\boldsymbol{\theta}$ 的最大似然估计为

$$\hat{\boldsymbol{\theta}} = \underset{\boldsymbol{\theta}}{\operatorname{argmax}}\, \mathcal{L}(\boldsymbol{\theta}) = \underset{\boldsymbol{\theta}}{\operatorname{argmax}} \prod_{i=1}^{N} p(\boldsymbol{x}_i|\boldsymbol{\theta}). \tag{2.29}$$

由于连乘操作容易出现数值精度问题，且不易优化，因此常取对数将其转化为累加，得到对数似然 $\log \mathcal{L}(\boldsymbol{\theta})$ 进行等价的计算，寻找使得对数似然函数取最大值的 $\hat{\boldsymbol{\theta}}$。此时，$\boldsymbol{\theta}$ 的最大似然估计为

$$\hat{\boldsymbol{\theta}} = \underset{\boldsymbol{\theta}}{\operatorname{argmax}} \log \mathcal{L}(\boldsymbol{\theta}) = \underset{\boldsymbol{\theta}}{\operatorname{argmax}} \sum_{i=1}^{N} \log p(\boldsymbol{x}_i|\boldsymbol{\theta}). \tag{2.30}$$

例 2.3.2 （掷硬币） 重复投掷一枚硬币 10 次，记录正面出现的次数为 6，反面出现的次数为 4，请问下次投掷出现正面的概率是多少？

这个问题可以用最大似然估计求解。具体地，用随机变量 X 表示投掷硬币可能出现的结果，显然 X 服从二项分布。设投掷次数为 N，出现正面的次数为 N_0，出现反面的次数为 N_1。最大似然估计求解如下问题：

$$\max_{\theta} \sum_{i=1}^{N} \log p(X = x_i) = N_0 \log \theta + N_1 \log(1 - \theta). \tag{2.31}$$

可以得到最优估计为 $\hat{\theta} = \dfrac{N_0}{N}$，即观察到正面的频率。

例 2.3.3 （高斯分布） 给定独立同分布的数据集 $\mathcal{D} = \{x_i\}_{i=1}^N$，其中 x_i 服从高斯分布，即 $x_i \sim \mathcal{N}(\mu, \sigma^2)$。对数似然函数为

$$\mathcal{L}(\mathcal{D}|\mu, \sigma^2) = -\frac{1}{2\sigma^2} \sum_{i=1}^{N} (x_i - \mu)^2 - \frac{N}{2} \log \sigma^2 - \frac{N}{2} \log(2\pi).$$

通过对 μ 取偏导，并令其等于零，可得最大似然估计为 $\hat{\mu} = \dfrac{1}{N} \displaystyle\sum_{i=1}^{N} x_i$，即 μ 的最大似然估计为样本均值。类似地，通过对 σ^2 取偏导，并令其等于零，可得最大似然估计为 $\hat{\sigma}^2 = \dfrac{1}{N} \displaystyle\sum_{i=1}^{N} (x_i - \hat{\mu})^2$，即样本方差。

2.3.2 误差

很显然，点估计 $\hat{\boldsymbol{\theta}}$ 是数据集 $\mathcal{D}$ 的函数。由于数据 $\mathcal{D}$ 是某个分布的采样，$\hat{\boldsymbol{\theta}}$ 本身

也是随机变量，因此需要利用 $\hat{\boldsymbol{\theta}}$ 的一些数字特征评估估计的准确程度。下面以一维的参数为例。

定义 2.3.5 (无偏估计) 设 $\hat{\theta}$ 是 θ 的一个估计，θ 的参数空间为 Θ，若对于任意的 $\theta \in \Theta$，都有 $\mathbb{E}[\hat{\theta}] = \theta$，则称 $\hat{\theta}$ 是 θ 的无偏估计，否则称为有偏估计。

对于无偏估计而言，由于 $\mathbb{E}[\hat{\theta} - \theta] = 0$，因此这一估计的系统误差为 0，无法通过系统误差判断不同的无偏估计的好坏。常用的方法是用无偏估计的方差衡量无偏估计的优劣，该估计围绕参数真实值的波动越小越好。

定义 2.3.6 设 θ_1 和 θ_2 是 θ 的两个无偏估计，若对任意的 $\theta \in \Theta$，都有 $\mathrm{Var}(\hat{\theta}_1) \leqslant \mathrm{Var}(\hat{\theta}_2)$ 且 $\exists\, \theta \in \Theta$ 使得不等号严格成立，则称 $\hat{\theta}_1$ 比 $\hat{\theta}_2$ 更有效。

对于有偏估计而言，往往使用估计值 $\hat{\theta}$ 与参数真实值 θ 的距离评价估计的好坏。由于二者的距离仍然是一个随机变量，因此取这一随机变量的期望作为指标。常用的距离为二者差值的平方（即均方误差）：

$$\mathrm{MSE}(\hat{\theta}) = \mathbb{E}[(\hat{\theta} - \theta)^2]. \tag{2.32}$$

在这一评价指标下，均方误差越小，表明点估计越好。进一步推导，可以得到如下的等式。

$$\begin{aligned}
\mathrm{MSE}(\hat{\theta}) &= \mathbb{E}\big[\big(\hat{\theta} - \mathbb{E}(\hat{\theta})\big) + \big(\mathbb{E}(\hat{\theta}) - \theta\big)\big]^2 \\
&= \mathbb{E}\big(\hat{\theta} - \mathbb{E}(\hat{\theta})\big)^2 + \mathbb{E}\big[\big(\mathbb{E}(\hat{\theta}) - \theta\big)^2\big] + 2\mathbb{E}\big[\big(\hat{\theta} - \mathbb{E}(\hat{\theta})\big)\big(\mathbb{E}(\hat{\theta}) - \theta\big)\big] \\
&= \mathrm{Var}(\hat{\theta}) + \big(\mathbb{E}(\hat{\theta}) - \theta\big)^2 + 2\big(\mathbb{E}(\hat{\theta}) - \theta\big)\big(\mathbb{E}[\hat{\theta}] - \mathbb{E}[\hat{\theta}]\big) \\
&= \mathrm{Var}(\hat{\theta}) + (\mathbb{E}(\hat{\theta}) - \theta)^2.
\end{aligned}$$

因此，均方误差等于点估计的方差与点估计偏差的平方之和。对于无偏估计而言，可得 $\mathrm{MSE}(\hat{\theta}) = \mathrm{Var}(\hat{\theta})$，此时基于方差评价无偏估计与基于均方误差评价无偏估计是等价的。

2.4 贝叶斯推断

前文提到，贝叶斯方法将概率看作对事件（例如，明天会下雨）发生的信度。因此，可以对很多事情进行概率的描述，包括模型的未知参数 $\boldsymbol{\theta}$。此外，当观察到新的数据时，对未知变量的信度也会相应变化，例如，当听到明天的天气预报之后，对明天是否下雨会有更加确信的判断，并选择适当的行程安排。这个过程可以通过贝叶斯推断实现。

2.4.1 基本流程

贝叶斯推断将未知参数 $\boldsymbol{\theta}$ 看作随机变量，按照如下步骤进行：①

① 虽然在统计学中存在很多关于频率和贝叶斯方法的辩论；但在机器学习中，它们二者均被广泛采用[36]。本书将回避二者的哲学讨论，更关注具体方法。

(1) 用 $p(\boldsymbol{\theta})$ 描述在看到数据之前对参数可能取值的信度，称为参数 $\boldsymbol{\theta}$ 的先验分布；

(2) 给定数据集 $\mathcal{D}=\{\boldsymbol{x}_i\}_{i=1}^N$，假设一个统计模型 $p(\boldsymbol{x}|\boldsymbol{\theta})$ 描述在给定参数 $\boldsymbol{\theta}$ 的情况下，生成数据 $\boldsymbol{x}_i$ 的信度，则 $p(\mathcal{D}|\boldsymbol{\theta})$ 称为参数 $\boldsymbol{\theta}$ 的似然函数；

(3) 利用贝叶斯公式，得到给定数据后参数的概率分布 $p(\boldsymbol{\theta}|\mathcal{D})$，称为参数 $\boldsymbol{\theta}$ 的后验分布：

$$p(\boldsymbol{\theta}|\mathcal{D})=\frac{p(\mathcal{D}|\boldsymbol{\theta})p(\boldsymbol{\theta})}{p(\boldsymbol{\mathcal{D}})}, \tag{2.33}$$

其中 $p(\mathcal{D})$ 被称作证据（evidence）。对式 (2.33) 两边同时进行积分运算，可得 $p(\mathcal{D})=\int p(\mathcal{D}|\boldsymbol{\theta})p(\boldsymbol{\theta})\mathrm{d}\boldsymbol{\theta}$。

相比先验 $p(\boldsymbol{\theta})$，后验分布 $p(\boldsymbol{\theta}|\mathcal{D})$ 蕴含了从数据 $\mathcal{D}$ 中观测到的信息，刻画了关于参数 $\boldsymbol{\theta}$ 更新后的概率分布。与频率的方法相比，前者将 $\boldsymbol{\theta}$ 看成未知参数，其值是通过某个估计（如 MLE）确定的；而这个估计本身的不确定性是通过考虑数据集 $\mathcal{D}$ 的分布刻画的（如估计的方差）。在贝叶斯推断中，模型的不确定性是通过参数 $\boldsymbol{\theta}$ 的分布刻画的，数据集 $\mathcal{D}$ 是给定的。

例 **2.4.1** (硬币试验)　利用贝叶斯方法重新考虑例 2.3.2的硬币试验。考虑到 θ 的取值范围为 $(0,1)$，一种常用的先验分布为贝塔（Beta）分布：

$$p_0(\theta|\alpha_1,\alpha_2)=\mathrm{Beta}(\alpha_1,\alpha_2)=\frac{\Gamma(\alpha_1+\alpha_2)}{\Gamma(\alpha_1)\Gamma(\alpha_2)}\theta^{\alpha_1-1}(1-\theta)^{\alpha_2-1} \tag{2.34}$$

这里引入了超参数 α_1,α_2，控制着Beta分布的形式。图 2.4显示了一些 α_1,α_2 取值下Beta分布的概率密度函数的形式，可以看到当 $\alpha_1=\alpha_2=1$ 时Beta分布退化为均匀分布。Beta分布的均值为 $\mathbb{E}[\theta]=\dfrac{\alpha_1}{\alpha_1+\alpha_2}$，因此，当 $\alpha_1=\alpha_2$ 时，θ 的均值为 0.5。同样，考虑 N 次掷硬币试验，其中正面出现的次数为 N_0，反面出现的次数为 N_1。利用贝叶斯定理，可以计算出后验分布：

$$\begin{aligned}p(\theta|\mathcal{D})&\propto p_0(\theta|\alpha_1,\alpha_2)p(\mathcal{D}|\theta)\\&=\frac{\Gamma(\alpha_1+\alpha_2)}{\Gamma(\alpha_1)\Gamma(\alpha_2)}\theta^{\alpha_1-1}(1-\theta)^{\alpha_2-1}\times\theta^{N_0}(1-\theta)^{N_1}\\&\propto\theta^{N_0+\alpha_1-1}(1-\theta)^{N_1+\alpha_2-1}\\&=\mathrm{Beta}(N_0+\alpha_1,N_1+\alpha_2)\end{aligned} \tag{2.35}$$

这里为了方便，省略了常数项 $\dfrac{1}{p(\mathcal{D})}$，最后一个等式用到 Beta 分布的性质。

贝叶斯方法得到后验分布 $p(\theta|\mathcal{D})$，它包括了模型先验分布和数据中的所有信息，同时能够看到先验分布对后验估计的影响。在没有特别说明的情况下，直觉常识告诉我们一个硬币出现正反面的概率几乎是相同的，因此，倾向于选择先验分布使得 θ 的均值为 0.5，在 Beta 分布中，即设置 $\alpha_1=\alpha_2$。根据 Beta 分布的性质，后验分布的

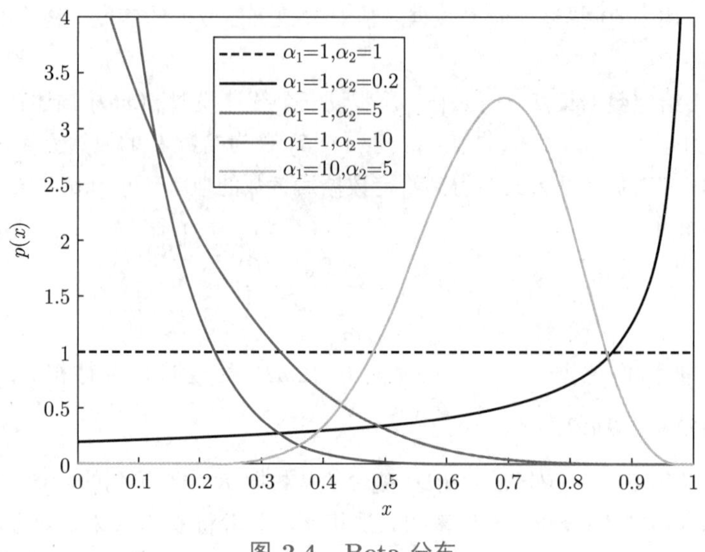

图 2.4 Beta 分布

均值为 $\mathbb{E}_p[\theta] = \dfrac{N_0+\alpha_1}{N_0+N_1+\alpha_1+\alpha_2}$。当先验分布的参数 $\alpha_1 = \alpha_2$ 且比较小时，后验均值 $\mathbb{E}_p[\theta]$ 很接近最大似然估计 $\dfrac{N_0}{N}$；反之，当 $\alpha_1 = \alpha_2$ 且比较大时，后验均值接近于先验均值 0.5。从这个例子里能够看出贝叶斯学习给参数估计带来的影响。

2.4.2 常见应用和方法

后验分布综合考虑了先验信息和数据，利用后验分布 $p(\boldsymbol{\theta}|\mathcal{D})$ 可以完成多个基本任务，包括预测、模型选择以及基于后验分布的点估计等。

1. 预测

设 $\hat{\boldsymbol{x}}$ 为一个新样本，后验预测分布为

$$\begin{aligned} p(\hat{\boldsymbol{x}}|\mathcal{D}) &= \int p(\hat{\boldsymbol{x}},\boldsymbol{\theta}|\mathcal{D})\mathrm{d}\boldsymbol{\theta} \\ &= \int p(\hat{\boldsymbol{x}}|\boldsymbol{\theta},\mathcal{D})p(\boldsymbol{\theta}|\mathcal{D})\mathrm{d}\boldsymbol{\theta} \\ &= \int p(\hat{\boldsymbol{x}}|\boldsymbol{\theta})p(\boldsymbol{\theta}|\mathcal{D})\mathrm{d}\boldsymbol{\theta}, \end{aligned}$$

其中最后一个等式成立是因为在给定模型参数的情况下，数据是独立同分布的，因此，$\hat{\boldsymbol{x}}$ 与 $\mathcal{D}$ 满足在给定 $\boldsymbol{\theta}$ 下的条件独立性。

2. 模型选择

模型选择是统计和机器学习中的一个重要任务，贝叶斯方法还可以用于模型选择[37]。对一个特定的模型族 $\mathcal{M}$，可以计算其边缘似然：

$$p(\mathcal{D}|\mathcal{M}) = \int p(\mathcal{D}|\boldsymbol{\theta})p(\boldsymbol{\theta}|\mathcal{M})\mathrm{d}\boldsymbol{\theta}, \tag{2.36}$$

其中 $p(\boldsymbol{\theta}|\mathcal{M})$ 通常是均匀分布。这一模型似然函数可用于选择更简单的模型[38]。

3. 最大后验估计

在给定参数 $\boldsymbol{\theta}$ 的先验分布和似然函数之后，可以得到式 (2.33) 中的后验分布。与最大似然估计不同，最大后验估计（maximum a posteriori estimate，MAP）是求后验函数式 (2.33) 的最大值：

$$\boldsymbol{\theta}_{\mathrm{MAP}} = \underset{\boldsymbol{\theta}}{\operatorname{argmax}}\, p(\boldsymbol{\theta}) \prod_{i=1}^{N} p(\boldsymbol{x}_i|\boldsymbol{\theta}). \tag{2.37}$$

最大后验估计在考虑似然函数最大的同时还加入了先验函数的信息。

后文将结合具体例子，进一步介绍上述任务。

2.4.3 在线贝叶斯推断

贝叶斯推断的一个良好特性是可以进行增量式在线更新。具体地，在很多应用场景下，数据是逐渐增加的，例如互联网每天的新闻数据。记每次给的数据为 $\mathcal{D}_i$，$i = 1, 2, \cdots, m$，设初始分布为先验分布，那么当前轮次 t 的贝叶斯后验分布为 $p(\boldsymbol{\theta}|\mathcal{D}_1, \mathcal{D}_2, \cdots, \mathcal{D}_t)$。利用贝叶斯公式，可以得到：

$$p(\boldsymbol{\theta}|\mathcal{D}_1, \mathcal{D}_2, \cdots, \mathcal{D}_t) \propto p(\boldsymbol{\theta}|\mathcal{D}_1, \mathcal{D}_2, \cdots, \mathcal{D}_{t-1}) p(\mathcal{D}_t|\boldsymbol{\theta}), \tag{2.38}$$

其中 $p(\boldsymbol{\theta}|\mathcal{D}_1, \mathcal{D}_2, \cdots, \mathcal{D}_{t-1})$ 为上一轮次的后验分布。可以看到，上一轮次的后验分布实际上可以看作当前轮次的先验分布。

2.4.4 共轭先验

从例 2.4.1中还能观察到一个有趣现象。当参数的先验分布为 Beta 分布、数据似然为二项式分布时，其后验分布也是 Beta 分布，与先验分布的形式相同。这种先验分布被称为“共轭先验”①，我们也将 Beta-Binomial 称为一个共轭对。共轭性给计算带来很多便利，因为一旦知道一个先验分布和一个似然函数形成共轭对，就可以直接写出后验分布的形式，剩下的工作是确定参数，这通常是比较容易完成的。后续章节会展示更多的例子。

定义 2.4.1 (共轭先验)　根据后验分布式 (2.33)，如果先验分布 $p(\boldsymbol{\theta})$ 和似然函数 $p(\mathcal{D} \mid \boldsymbol{\theta})$ 能够使先验分布 $p(\boldsymbol{\theta})$ 和后验分布 $p(\boldsymbol{\theta} \mid \mathcal{D})$ 具有相同的函数形式，则称先验分布和似然函数是共轭的，而先验分布为似然函数的共轭先验。

因为先验分布和后验分布有相同的函数形式，使得计算变得方便，所以可以省去复杂函数的数值计算而直接更新分布参数。

例 2.4.2 (高斯共轭)　给定独立同分布的观测数据 $\mathcal{D} = \{x_i\}_{i=1}^{N}$，其中 $x_i \sim \mathcal{N}(\mu, \sigma^2)$，假定数据的均值未知方差已知，用数据 $\mathcal{D}$ 估计均值 μ。假设 μ 服从高斯

① 共轭先验是相对于某个似然来说的。

分布先验 $\mu \sim \mathcal{N}(\mu_0, \sigma_0^2)$，利用贝叶斯公式，其后验分布为

$$\begin{aligned} p(\mu \mid \mathcal{D}) &\propto p(\mathcal{D}|\mu)p(\mu) \\ &\propto \exp\left(\frac{\sum_{i=1}^{N}(x_i-\mu)^2}{2\sigma^2}\right)\cdot\exp\left(\frac{(\mu-\mu_0)^2}{2\sigma_0^2}\right) \\ &\propto \exp\left(\mu^2\left(\frac{N}{2\sigma^2}+\frac{1}{2\sigma_0^2}\right)-\mu\left(\frac{\sum_{i=1}^{N}x_i}{\sigma^2}+\frac{\mu_0}{\sigma_0^2}\right)\right). \end{aligned}$$

可以看到后验分布 $p(\mu \mid \mathcal{D})$ 仍是一个高斯分布 $\mathcal{N}(\mu', (\sigma')^2)$，其中方差为 $(\sigma')^2 = \left(\frac{N}{\sigma^2}+\frac{1}{\sigma_0^2}\right)^{-1}$，均值为 $\mu' = (\sigma')^2\left(\frac{\sum_{i=1}^{N}x_i}{\sigma^2}+\frac{\mu_0}{\sigma_0^2}\right)$。

值得注意的是，为了简洁，这里用 $\propto$，忽略了一些与变量 μ 无关的项，最后对结果进行归一化即可得到目标分布。该技巧在概率模型中经常使用。

例 2.4.3 (狄利克雷共轭) 给定独立同分布的观测数据 $\mathcal{D} = \{\boldsymbol{x}_i\}_{i=1}^{N}$，其中 $\boldsymbol{x}_i \sim \text{Mult}(\boldsymbol{\mu})$ 是 K 维向量。假设 $\boldsymbol{\mu}$ 的先验分布为狄利克雷分布：①

$$\text{Dir}(\boldsymbol{\mu} \mid \boldsymbol{\alpha}) = \frac{\Gamma\left(\sum_{k=1}^{K}\alpha_k\right)}{\prod_{k=1}^{K}\Gamma(\alpha_k)}\prod_{k=1}^{K}\mu_k^{\alpha_k-1} \tag{2.39}$$

根据贝叶斯公式，可以得到后验分布：

$$\begin{aligned} p(\boldsymbol{\mu}|\mathcal{D}) &\propto p(\mathcal{D}|\boldsymbol{\mu})p(\boldsymbol{\mu}) \\ &\propto \prod_{i=1}^{N}\left(\prod_{k=1}^{K}\mu_k^{x_{ik}}\right)\prod_{k=1}^{K}\mu_k^{\alpha_k-1} \\ &= \prod_{k=1}^{K}\mu_k^{\alpha_k+c_k-1}, \end{aligned} \tag{2.40}$$

其中 $c_k = \sum_{i=1}^{N}x_{ik}$。通过归一化，可得后验分布仍为狄利克雷分布，即 $p(\boldsymbol{\mu}|\mathcal{D}) = \text{Dir}(\boldsymbol{\mu}|\boldsymbol{\alpha}+\boldsymbol{c})$。这里，共轭先验的参数 $\boldsymbol{\alpha}$ 可以被理解成一个伪计数，它和真正的计数 $\boldsymbol{c}$ 在后验中加在了一起。

① 狄利克雷分布是贝塔分布在多变量情况下的推广，常用来当作多项式分布的共轭先验。

2.5 信息论基础

信息论是建立在概率论之上的研究信息传输和信息处理的数学理论，本节介绍该书用到的信息论基本知识。

2.5.1 熵

例 2.5.1 (信源编码)　给定一个信源，发出符号序列 $U_1, U_2, \cdots$，其中 $U_i \in \{a, b, c\}$ 是独立同分布的，其概率分布为 $p(a) = 0.6$, $p(b) = p(c) = 0.2$。我们的任务是将该信源产生的符号序列进行二进制编码。我们应该怎么做？

一种最朴素的编码方式是用两个比特表示一个符号，例如 00 表示 a，01 表示 b，10 表示 c。我们把编码后的信号称为码字（codeword）。显然，这种编码下码字的期望长度是 2 比特/符号。能否用更短的编码长度呢？

一种直观的改进方法是对经常出现的符号用更少的比特进行编码。例如，可以用一比特的 0 表示概率最高的符号 a；用 10 和 11 分别表示 b 和 c。这种编码的期望长度为

$$\bar{L} = 1 \times p(a) + 2 \times p(b) + 2 \times p(c) = 1.4. \tag{2.41}$$

值得注意的是，这里的编码要满足前缀条件，即任何一个符号的码字都不是其他符号码字的前缀。只有满足该条件，才能从编码后的二值串中解码出信源发出的符号序列。

在上述例子中，显然，相对于最朴素的编码方式，第二种编码在长度上有显著改进。最短的编码是什么呢？香农信息论告诉我们，给定任意一个信源，其最短的编码长度为该信源的熵（entropy），也称香农熵。

定义 2.5.1 (熵)　一个分布为 $p(X)$ 的离散型随机变量 X 的熵为①

$$H(X) = \sum_x p(x) \log \frac{1}{p(x)} = -\sum_x p(x) \log p(x). \tag{2.42}$$

其中约定 $0 \log \frac{1}{0} = 0$。

熵是对随机变量不确定性的度量——熵越大，表示该随机变量的不确定性越大。这里的 $\log \frac{1}{p(x)}$ 衡量了观察到值 x 的吃惊（surprise）程度——小概率事件发生时，吃惊程度更高；当一个值几乎确定出现时（$p(x) \approx 1$），吃惊程度近似为 0。熵实际上是平均意义下的吃惊程度，具有如下基本性质：

(1) $H(X) \geqslant 0$;

(2) $H(X) \leqslant \log |X|$，其中等号成立当且仅当 X 服从均匀分布。

值得注意的是，香农熵适用于离散型随机变量。对于连续型随机变量，我们用可微熵（differential entropy）（也称为连续熵）衡量概率密度函数描述的不确定性。

---

① 当对数的底取 2 时，熵的单位为比特；当对数的底为 e 时，熵的单位为奈特。

定义 2.5.2 (可微熵) 连续型随机变量 X 的概率密度函数为 $p(x)$，其可微熵为

$$H(p) = \mathbb{E}_p[-\log p(x)] = -\int p(x)\log p(x)\mathrm{d}x. \tag{2.43}$$

可微熵与香农熵具有类似的形式，但却有不同的特性。比如，可微熵的取值可能为负值。

2.5.2 互信息

熵的概念可以扩展到多变量的联合分布，定义联合熵、条件熵和互信息。

定义 2.5.3 (联合熵) 两个离散随机变量 X 和 Y 的联合熵为

$$H(X,Y) = \mathbb{E}_{p(x,y)}\left[\log\frac{1}{p(x,y)}\right]. \tag{2.44}$$

定义 2.5.4 (条件熵) 给定随机变量 Y 的取值 y，随机变量 X 的条件熵为

$$H(X|Y=y) = \mathbb{E}_{p(x|y)}\left[\log p(x|y)\right]. \tag{2.45}$$

条件熵是度量在观察到 Y 取值之后，随机变量 X 的不确定性。值得注意的是，$H(X|Y=y)$ 可能比 $H(X)$ 大，即观察到 Y 的取值之后，X 可能变得更加不确定。当不确定 Y 的具体取值时，其条件熵定义为

$$H(X|Y) = \mathbb{E}_{p(y)}[H(X|Y=y)]. \tag{2.46}$$

即对所有 Y 的取值求期望。根据定义，可以得到熵的链式法则：

$$H(X,Y) = H(X) + H(Y|X) = H(Y) + H(X|Y). \tag{2.47}$$

可以证明，$H(X) \geqslant H(X|Y)$，其中等号成立当且仅当 X 和 Y 独立。

定义 2.5.5 (互信息) 两个离散型随机变量 X 和 Y 的互信息为

$$I(X,Y) = \mathbb{E}_{p(x,y)}\left[\log\frac{p(x,y)}{p(x)p(y)}\right]. \tag{2.48}$$

根据定义，可以推导出互信息的一些性质：

(1) $I(X,Y) = I(Y,X)$；

(2) $I(X,Y) = H(X) - H(X|Y) = H(X) + H(Y) - H(X,Y)$。

联合熵、条件熵和互信息之间的关系可以用如图 2.5所示的韦恩图表示。

2.5.3 相对熵

对刻画随机变量 X 的两个概率分布 $p(X)$ 和 $q(X)$，可以用相对熵度量它们之间的差异。

定义 2.5.6 (相对熵) 概率分布 $p(X)$ 和 $q(X)$ 的相对熵为

$$\mathrm{KL}(p,q) = \mathbb{E}_{p(x)}\left[\log\frac{p(x)}{q(x)}\right]. \tag{2.49}$$

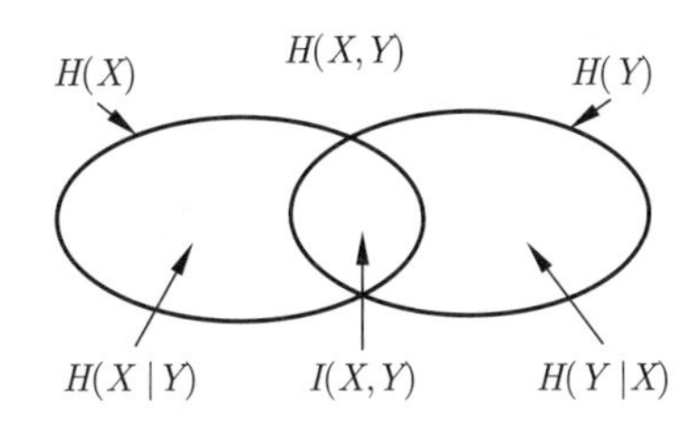

图 2.5　联合熵、条件熵和互信息之间的关系

该相对熵也称为 $p(X)$ 和 $q(X)$ 之间的 KL（Kullback-Leibler）散度。KL 散度适用于离散型和连续型随机变量，满足如下性质。

定理 2.5.1（信息不等式）对任意两个分布 $p(X)$ 和 $q(X)$，有

$$\mathrm{KL}(p,q) \geqslant 0, \tag{2.50}$$

其中等号成立当且仅当 $p=q$，即 $\forall x$, $p(x)=q(x)$。

2.6　习题

习题 1　将一个均匀分布的硬币扔 10 次，求 3 次硬币正面朝上的概率。

习题 2　掷两枚均匀分布的骰子，求两个骰子点数之差不大于 3 的概率。

习题 3　随机变量 X 服从参数为 μ 的伯努利分布，求 X 的期望和方差。

习题 4　随机变量 X 服从参数为 n、μ 的二项分布，求 X 的期望和方差。

习题 5　X 和 Y 为 0、1 取值的随机变量。已知：先验 $P(X=0)=0.1$；似然 $P(Y=0|X=0)=0.3$，$P(Y=0|X=1)=0.7$，求后验 $P(X|Y)$。

习题 6　对于例 2.3.3中的估计 $\hat{\mu}$ 和 $\hat{\sigma}^2$，计算其期望 $\mathbb{E}[\hat{\mu}]$ 和 $\mathbb{E}[\hat{\sigma}^2]$，并分析其是否有偏？如果有偏，请构造一个无偏估计。

习题 7　给定独立同分布样本集合 $\mathcal{D}=\{\boldsymbol{x}_i\}_{i=1}^N$，其中 $\boldsymbol{x}_i\in\mathbb{R}^d$ 服从 d 维高斯分布 $\mathcal{N}(\boldsymbol{\mu},\boldsymbol{\Sigma})$，请推导未知参数 $\boldsymbol{\mu}$ 和 $\boldsymbol{\Sigma}$ 的最大似然估计。

习题 8　在城市 C 中，5%的居民携带细菌 A。带菌者被检测为阳性的概率为 0.95，不带菌者被检测为阴性的概率为 0.98。请用贝叶斯公式解决下面的问题，并指出公式中的似然、先验和后验。

(1) 城市 C 的某人被检测出为阳性，求此人带菌的概率。

(2) 城市 C 的某人独立检测了 3 次，其中 2 次为阴性，1 次为阳性，求此人带菌的概率。

习题 9　设 X 为随机变量，请写出 (X,X) 和 $(X,-X)$ 的协方差，并判断它们的正负。协方差的正负情况是否说明了两个随机变量的正负相关性？

习题 10　随机变量 X 的概率密度函数为

$$p(x)=\begin{cases} c\cdot 2^{-x}, & x>0 \\ 0, & x\leqslant 0 \end{cases}$$

求常数 c。

习题 11　连续型随机变量 X 和 Y 的联合分布为

$$p(x,y)=\begin{cases} \dfrac{1}{\pi}, & x^2+y^2\leqslant 1 \\ 0, & x^2+y^2>1 \end{cases}$$

求 X 和 Y 的边缘分布，它们是否独立？

第3章 线性回归模型

本章以有监督学习的回归任务为例，介绍线性回归模型的原理和方法。线性模型是机器学习中最基本的模型，后文将介绍的复杂模型（如深度神经网络）通常也依赖于线性模型。本章的主要内容包括最小二乘法及其概率模型、正则化线性回归、贝叶斯线性回归、贝叶斯模型选择，以及经验贝叶斯和相关向量机等。

3.1 基本模型

3.1.1 统计决策基本模型

用 $\boldsymbol{x}=(x_1,x_2,\cdots,x_d)^\top\in\mathbb{R}^d$ 表示输入数据的特征向量，$y\in\mathbb{R}$ 表示输出。数据的真实分布记为 $p(\boldsymbol{x},y)$。有监督学习的目标是寻找预测函数 $f:\boldsymbol{x}\mapsto y$。为了评价函数的性能，假设有一个损失函数 $\ell(y,f(\boldsymbol{x}))$。一个自然的选择 f 的标准是最小化在数据上的平均（期望）损失：

$$R(f)=\mathbb{E}_{p(\boldsymbol{x},y)}[\ell(y,f(\boldsymbol{x}))]. \tag{3.1}$$

具体地，当考虑固定的输入数据 $\boldsymbol{x}$ 时，可以得到对应预测值 $f(\boldsymbol{x})$ 的平均（期望）损失[①]：

$$R(f(\boldsymbol{x}))=\mathbb{E}_{p(y|\boldsymbol{x})}[\ell(y,f(\boldsymbol{x}))]. \tag{3.2}$$

因此，最优的单点预测为 $\hat{y}=f(\boldsymbol{x})=\operatorname{argmin}_{z\in\mathbb{R}}\mathbb{E}_{p(y|\boldsymbol{x})}[\ell(y,z)]$。

通过简单分析，可以推导如下常见的特例：

(1) 当损失函数为平方误差 $\ell(y,f(\boldsymbol{x}))=(y-f(\boldsymbol{x}))^2$ 时，最优的预测函数为 $f(\boldsymbol{x})=\mathbb{E}_p[Y|\boldsymbol{x}]$，即给定 $\boldsymbol{x}$ 时的条件期望。

(2) 当损失函数为绝对误差 $\ell(y,f(\boldsymbol{x}))=|y-f(\boldsymbol{x})|$ 时，最优的预测函数为 $f(\boldsymbol{x})=\text{median}(Y|\boldsymbol{x})$，即给定 $\boldsymbol{x}$ 时的条件中位数。

在实际问题中，真实的数据分布 $p(\boldsymbol{x},y)$ 是未知的，我们能获得的是从数据分布中采样得到的一些训练样本。通过训练数据，可以构造一个经验分布。

定义 3.1.1 （经验分布） 给定训练集 $\mathcal{D}=\{(\boldsymbol{x}_i,y_i)\}_{i=1}^N$，其中 $(\boldsymbol{x}_i,y_i)\sim p(\boldsymbol{x},y)$ 是独立采样的数据点，其经验分布为

---

① 给定 $\boldsymbol{x}$，函数值 $f(\boldsymbol{x})\in\mathbb{R}$ 是一个标量。

$$\tilde{p}(\boldsymbol{x}, y) = \frac{1}{N}\sum_{i=1}^{N}\delta_{(\boldsymbol{x}_i, y_i)}(\boldsymbol{x}, y), \tag{3.3}$$

其中 $\delta_a(b) = 1$ 当且仅当 $a = b$；否则等于 0。

将真实数据分布 $p(\boldsymbol{x}, y)$ 替换成经验分布 $\tilde{p}$，就得到了具体的可以计算的估计。下面以最小二乘法为例，具体介绍。

3.1.2 线性回归及最小二乘法

线性回归假设输入和输出数据之间是简单的线性关系，下面是一个直观的例子。

例 **3.1.1** (匀速运动) 在匀速运动物理实验中，观测一辆小车的行驶距离。令输入 x 为时间，输出 y 为行驶距离。每秒采集一个观测数据，从 0 到 9 秒，共观测 10 个数据点：$y = \{0, 1.5, 4.5, 5.1, 8.3, 8.5, 12.2, 13.1, 15.2, 18.1\}$，如图 3.1所示。由于行驶距离是测量得到的，因此存在一定误差（如量尺的误差、秒表的误差等）。从图 3.1 中可以发现在一定误差允许范围内这是一条直线。

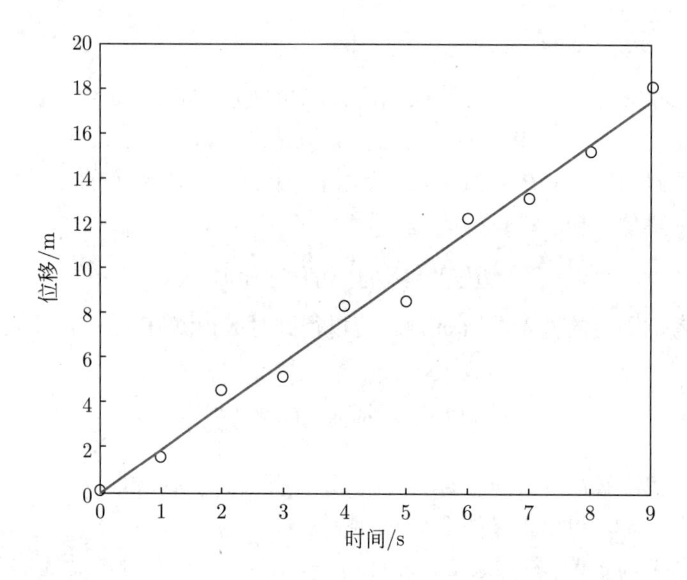

图 3.1 每个点表示一个数据——运行时间及对应距离，其中蓝色直线是通过最小二乘法得到的最优拟合

具体地，线性回归模型假设输入数据 $\boldsymbol{x} \in \mathbb{R}^d$ 和输出 $f(\boldsymbol{x}) \in \mathbb{R}$ 之间具有线性关系：

$$f(\boldsymbol{x}) = \boldsymbol{w}^\top \boldsymbol{x} + b,$$

其中 $\boldsymbol{w}^\top \boldsymbol{x}$ 表示参数向量 $\boldsymbol{w} \in \mathbb{R}^d$ 与输入数据向量 $\boldsymbol{x}$ 的点积，b 为偏置项（offset）。为了简化符号，我们把偏置项 b 吸收到 $\boldsymbol{w}$ 向量中——通过将 $\boldsymbol{x}$ 扩展一维，取值为单位 1，同样把 $\boldsymbol{w}$ 扩展一维，值为 b。

给定训练数据 $\mathcal{D}=\{(\boldsymbol{x}_i,y_i)\}_{i=1}^N$，线性回归模型的目标是在通过给定的训练数据 $\mathcal{D}$ 估计未知参数 $\hat{\boldsymbol{w}}$，给定一个新的观测数据 $\boldsymbol{x}$ 时，模型可以给出一个对应的预测 $\hat{y}=\hat{\boldsymbol{w}}^\top\boldsymbol{x}$。

学习参数 $\boldsymbol{w}$ 的一种经典方法是最小二乘法，其目标是最小化平方误差：

$$\min_{\boldsymbol{w}}\frac{1}{N}\sum_{i=1}^N(y_i-\boldsymbol{w}^\top\boldsymbol{x}_i)^2. \tag{3.4}$$

利用优化理论对目标函数 $L(\boldsymbol{w})$ 求梯度并使其为 $\mathbf{0}$：

$$\nabla_{\boldsymbol{w}}L(\boldsymbol{w})=\frac{1}{N}\sum_{i=1}^N(y_i-\boldsymbol{w}^\top\boldsymbol{x}_i)\boldsymbol{x}_i^\top=\mathbf{0} \tag{3.5}$$

由此，通过化简便可以得到模型参数 $\boldsymbol{w}$ 的最优解：

$$\hat{\boldsymbol{w}}_{\text{ls}}=(\boldsymbol{X}^\top\boldsymbol{X})^{-1}\boldsymbol{X}^\top\boldsymbol{y}, \tag{3.6}$$

其中 $\boldsymbol{X}$ 和 $\boldsymbol{y}$ 为如下矩阵：

$$\boldsymbol{X}=\begin{pmatrix}x_{11} & x_{12} & \cdots & x_{1d}\\ x_{21} & x_{22} & \cdots & x_{2d}\\ \vdots & \vdots & & \vdots\\ x_{N1} & x_{N2} & \cdots & x_{Nd}\end{pmatrix},\ \boldsymbol{y}=\begin{pmatrix}y_1\\ y_2\\ \vdots\\ y_N\end{pmatrix}. \tag{3.7}$$

$\boldsymbol{X}$ 是一个 N 行 d 列的输入数据矩阵，每一行表示一组观测到的数据点，一共有 d 个不同的特征维度。$\boldsymbol{y}$ 中与之相对应的行便是这一组数据的标签，同样一共有 N 行。

对于给定的任意输入数据 $\boldsymbol{x}_*$，线性回归模型的预测为

$$\hat{y}_*=\boldsymbol{x}_*^\top\hat{\boldsymbol{w}}_{\text{ls}}=\boldsymbol{x}_*^\top(\boldsymbol{X}^\top\boldsymbol{X})^{-1}\boldsymbol{X}^\top\boldsymbol{y}. \tag{3.8}$$

在例 3.1.1中，红色直线是最小二乘法拟合出来的，其中参数估计的结果为系数 $w_1=1.9594$ 和偏量 $w_0=-0.1673$。拟合结果的均方差为 0.3789。

第 1 章介绍过，由于训练集 $\mathcal{D}$ 是从数据分布中随机采样的，估计 $\hat{\boldsymbol{w}}_{\text{ls}}$ 也具有随机性[①]，因此可以进一步分析估计 $\hat{\boldsymbol{w}}_{\text{ls}}$ 的均方差：

$$\text{MSE}(\hat{\boldsymbol{w}}_{\text{ls}})=\mathbb{E}[(\hat{\boldsymbol{w}}_{\text{ls}}-\boldsymbol{w})^2]=\text{Var}(\hat{\boldsymbol{w}}_{\text{ls}})+(\mathbb{E}[\hat{\boldsymbol{w}}_{\text{ls}}]-\boldsymbol{w})^2, \tag{3.9}$$

这里的期望和方差都是相对于数据分布 $p(\boldsymbol{x},y)$ 的。该式称为“偏差-方差”分解（bias-variance decomposition）。从该分解中可以看到，如果要寻找一个均方误差最优的估计，需要同时兼顾方差和偏差，且二者之间存在某种折中，这种现象称为“偏差-方差”折中（bias-variance tradeoff）。

“偏差-方差”分解

除了数学推导，还可以从一个更直观的几何角度看待最小二乘法。具体地，根据最小二乘的预测公式 (3.8)，可以得到如下结果：

$$\boldsymbol{X}^\top(\boldsymbol{y}-\hat{\boldsymbol{y}})=\mathbf{0}, \tag{3.10}$$

① 本质上，估计 $\hat{\boldsymbol{w}}_{\text{ls}}$ 是数据集 $\mathcal{D}$ 的函数。

其中 $\hat{\boldsymbol{y}} = \boldsymbol{X}\hat{\boldsymbol{w}}$ 为在训练集上的预测结果。考虑在 $\boldsymbol{X}$ 的 N 维列空间中，$\boldsymbol{X}$ 的每一列可以看成空间中的一个点，记为 $\tilde{\boldsymbol{x}}_i = (\boldsymbol{X}_{1i}, \boldsymbol{X}_{2i}, \cdots, \boldsymbol{X}_{Ni})$，则该 d 个点张成了一个线性平面，最小二乘法相当于求参数 $\hat{\boldsymbol{w}}$ 使得残差向量 $(\boldsymbol{y} - \hat{\boldsymbol{y}})$ 与该平面垂直。因此，预测 $\hat{\boldsymbol{y}}$ 是向量 $\boldsymbol{y}$ 在该 d 维子空间的垂直投影，其中，矩阵 $\boldsymbol{P} = \boldsymbol{X}(\boldsymbol{X}^\top\boldsymbol{X})^{-1}\boldsymbol{X}^\top$ 称为关于 $\boldsymbol{X}$ 列空间的投影矩阵。

3.1.3 概率模型及最大似然估计

最小二乘法存在一个等价的概率描述。具体地，再回到小车位移实验的例子，正如图 3.1中的数据点并不完全在线性函数上，由于测量误差，很多时候测量出来的结果并不能精确地满足线性关系。对给定的训练数据 $(\boldsymbol{x}_i, y_i)$，输入数据和输出之间的关系可以通过一个加性噪声模型刻画：

$$y(\boldsymbol{x}) = f(\boldsymbol{x}) + \epsilon, \tag{3.11}$$

其中 ϵ 为误差变量，也称为残差（residual error），表示实际的输出与线性预测之间的误差。在线性回归模型中，$f(\boldsymbol{x}) = \boldsymbol{w}^\top\boldsymbol{x}$ 为线性函数。

如前文，将偏置项吸收到 $\boldsymbol{w}$ 中。

在自然界中，许多随机误差都服从正态分布（例如，测量实验中的随机误差）。[①] 一般假设 ϵ 满足均值为 0 的正态分布，记为 $\epsilon \sim \mathcal{N}(0, \sigma^2)$，其中方差不随 $\boldsymbol{x}$ 的变化而改变。

可以从概率的角度看待这个线性噪声模型。具体而言，由于 y 的不确定性全部是由每一点 $\boldsymbol{x}$ 处的残差引起的，从式 (3.11) 可以得到 $y - \boldsymbol{w}^\top\boldsymbol{x} = \epsilon \sim \mathcal{N}(0, \sigma^2)$，进一步可以得到：

$$p(y|\boldsymbol{x}, \boldsymbol{\theta}) = \mathcal{N}(y|\mu(\boldsymbol{x}), \sigma^2) = \mathcal{N}(y|\boldsymbol{w}^\top\boldsymbol{x}, \sigma^2), \tag{3.12}$$

其中 $\mu(\boldsymbol{x}) = \boldsymbol{w}^\top\boldsymbol{x}$ 为正态分布的均值。因此，给定输入向量 $\boldsymbol{x}$ 和模型中的各种参数，y 的分布是一个正态分布，其均值是对于 $\boldsymbol{x}$ 的线性预测。

在线性回归模型的设定中，通常假设噪声方差是给定的。我们求解参数 $\boldsymbol{w}$ 的估计 $\hat{\boldsymbol{w}}$。基于式 (3.12) 的概率模型，在估计 $\hat{\boldsymbol{w}}$ 时，通常采用最大似然估计（MLE）。如第 2 章，最大似然估计最优化对数似然函数 $\mathcal{L}(\boldsymbol{w}) = \log p(\mathcal{D}|\boldsymbol{w})$。利用数据的独立同分布特性，对数似然函数 $\mathcal{L}(\boldsymbol{w})$ 可以写成：

$$\mathcal{L}(\boldsymbol{w}) = \log p(\mathcal{D}|\boldsymbol{w}) = \sum_{i=1}^{N} \log p(y_i|\boldsymbol{x}_i, \boldsymbol{w}). \tag{3.13}$$

为了得到参数的估计 $\hat{\boldsymbol{w}}$，需要求出对数似然函数对于各个参数分量的偏导数，使得偏导数为 0 的参数表示一个函数的局部极大（或极小）点。在具有凸性的问题中往往这样的参数就是全局最优解。

具体地，将线性回归模型的概率定义式 (3.12) 代入对数似然函数式 (3.13)，得到对数似然函数的具体形式：

$$\mathcal{L}(\boldsymbol{w}) = \sum_{i=1}^{N} \log\left(\frac{1}{\sqrt{2\pi}\sigma}\exp\left(-\frac{1}{2\sigma^2}(y_i - \boldsymbol{w}^\top\boldsymbol{x}_i)^2\right)\right). \tag{3.14}$$

① 高斯噪声虽然常用，但也存在一些复杂场景，需要考虑更加灵活的噪声，如混合高斯噪声等。

适当简化式 (3.14)，可以得到：

$$\mathcal{L}(\boldsymbol{w}) = -\frac{1}{2\sigma^2}\sum_{i=1}^{N}(y_i - \boldsymbol{w}^\top \boldsymbol{x}_i)^2 - \frac{N}{2}\log(2\pi\sigma^2), \tag{3.15}$$

其中后一项在给定数据的前提下为定值，我们只需要重点关心前一项中模型参数 $\boldsymbol{w}$ 的估计量。可以观察到最大化似然 $\mathcal{L}(\boldsymbol{w})$ 等价于最小二乘法。

3.1.4　带基函数的线性回归

线性回归模型所能够表达的函数空间仅包含了简单的线性函数。但在实际问题中，输出变量和输入数据之间可能存在非线性的关系，为此，需要将线性回归模型进行适当扩展。

一种直观的扩展是引入基函数（basis function）的概念。基函数是函数空间中一组特定的函数，这个函数空间中的任意连续函数都可以表示为这组基函数的线性组合。具体地，可以对上面定义式中的 $\boldsymbol{x}$ 先做一个非线性的基函数变换 $\boldsymbol{\phi}(\boldsymbol{x}) = (\phi_1(\boldsymbol{x}), \phi_2(\boldsymbol{x}), \cdots, \phi_d(\boldsymbol{x}))^\top$，再做同样的线性回归。修改之后的定义式如下。

$$p(y|\boldsymbol{x}, \boldsymbol{\theta}) = \mathcal{N}(y|\boldsymbol{w}^\top \boldsymbol{\phi}(\boldsymbol{x}), \sigma^2), \tag{3.16}$$

这里同样假设噪声方差 σ^2 是给定的。

一个典型的例子是把线性回归模型扩展为多项式回归模型。

例 3.1.2 (多项式回归)　给定一组输入数据及标签，试图找到一个标签和输入数据之间的 d 阶多项式关系：

$$y = w_0 + w_1 x + w_2 x^2 + \cdots + w_d x^d \tag{3.17}$$

对应的基函数便为 $\boldsymbol{\phi} = (\phi_1, \phi_2, \cdots, \phi_d)^\top = (1, x, \cdots, x^d)^\top$，其中每一项都是关于 x 的幂函数。最高次幂 d 代表了多项式回归的阶数。

如此一来就可以把多项式回归模型转化为线性回归模型来处理。可以发现一开始介绍的线性回归模型是令基函数 $\boldsymbol{\phi}(\boldsymbol{x}) = \boldsymbol{x}$ 的一个特例（即不对输入数据做非线性变换）。阶数越高，基函数越多，模型的参数越多，因此，复杂度也更高，拟合能力越强。从计算分析上，前面对于线性回归模型得出的大多数结论都可以很容易地推广至任意基函数下的线性回归模型。例如，在最小二乘法中得出的 $\boldsymbol{w}$ 的最大似然估计可以扩展为

$$\hat{\boldsymbol{w}} = (\boldsymbol{\Phi}^\top \boldsymbol{\Phi})^{-1} \boldsymbol{\Phi}^\top \boldsymbol{y} \tag{3.18}$$

其中 $\boldsymbol{\Phi}$ 为如下矩阵

$$\boldsymbol{\Phi} = \begin{pmatrix} \phi_1(\boldsymbol{x}_1) & \phi_2(\boldsymbol{x}_1) & \cdots & \phi_d(\boldsymbol{x}_1) \\ \phi_1(\boldsymbol{x}_2) & \phi_2(\boldsymbol{x}_2) & \cdots & \phi_d(\boldsymbol{x}_2) \\ \vdots & \vdots & & \vdots \\ \phi_1(\boldsymbol{x}_N) & \phi_2(\boldsymbol{x}_N) & \cdots & \phi_d(\boldsymbol{x}_N) \end{pmatrix}. \tag{3.19}$$

例 **3.1.3** 设函数 $y=x^3-3.7x^2+4x-1.2$，在区间 $x\in(0,2.5)$ 采样 23 个数据点，其中第 5、第 6 和第 15 点被噪声污染，得到的数据点如图 3.2所示，显然这是一个非线性的函数。如果使用直线进行拟合，存在不可忽略的误差（均方差为 0.1834）。改用更加复杂的多项式回归，图 3.2显示了 $d=3$ 和 $d=10$ 的情况，其均方误差分别为 0.1108 和 0.0418，即随着模型复杂度的提升，拟合误差逐渐下降。

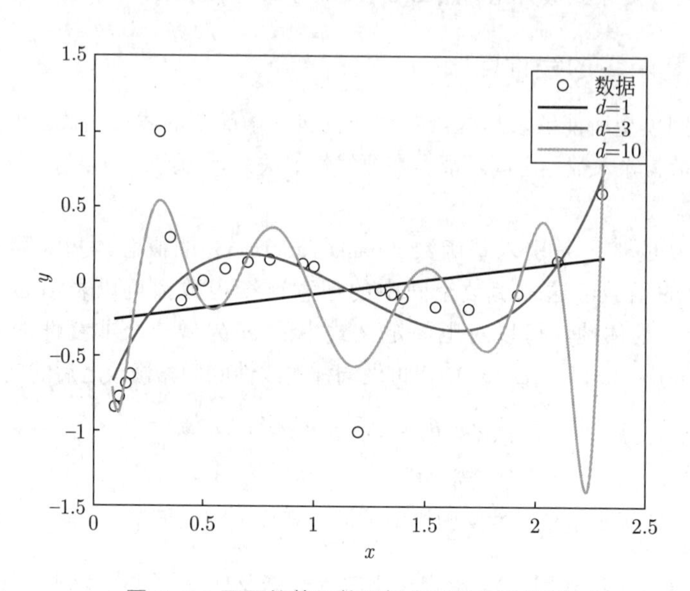

图 **3.2** 不同的基函数下拟合结果的对比图

基函数的实际作用可以看成对输入的原始数据进行适当变换提取新的特征表示。常见的基函数包括多项式函数、傅里叶变换基函数、正弦余弦函数等（在例 3.3.2中将介绍一个具体的例子）。此外，基于神经网络的特征表示学习实际上可以看成一种自动学习基函数的方法，在第 6 章中将会具体介绍。

3.2 正则化线性回归

在实际应用中，最小二乘线性回归模型可能过度拟合数据中的噪声。如图 3.2所示，虽然 $d=10$ 阶多项式回归模型拟合训练数据的误差非常低，接近于 0，但是，拟合出来的曲线与目标函数相去甚远，如果 x 的取值与给定的训练数据稍微有所偏差（比如，$x=2.2$），利用该曲线“预测”的值将相对“真实值”有大幅变动，也与近邻训练数据的观察值相差较大。这种现象称为过拟合（over-fitting）。对于线性模型，过拟合的一种常见展现形式是权值 $\boldsymbol{w}$ 出现“发散”（即绝对值过大），如表 3.1所示。

克服过拟合的一种常用技巧是引入正则化项，达到更好的“偏差-方差”均衡 (见式 (3.9))。这里介绍两种常见的正则化方法——岭回归（ridge regression）和 Lasso。下文将看到，Lasso 可以实现特征选择的功能，即从高维特征空间中选择少量的重要特征，特征选择对于提高模型的可解释性具有重要意义。

表 3.1　设置不同 λ 值，$d=10$ 阶多项式回归模型的最优权重

最小二乘法（$\lambda=0$）（$\times10^4$）	岭回归（$\lambda=0.01$）	岭回归（$\lambda=0.1$）
0.0081	−0.0702	0.0405
−0.0952	0.4671	−0.1620
0.4764	−0.8800	0.0617
−1.3337	−0.0395	0.2362
2.2901	0.9127	0.1463
−2.4869	0.7941	−0.1419
1.6998	−0.3714	−0.4466
−0.7048	−1.8058	−0.5295
0.1637	−1.6216	−0.0266
−0.0181	3.5058	1.3962
0.0007	−0.8746	−0.4748

3.2.1　岭回归

岭回归求解如下问题：

$$\hat{\boldsymbol{w}}_{\text{ridge}} = \underset{\boldsymbol{w}}{\operatorname{argmin}} \frac{1}{N}\sum_{i=1}^{N}(y_i - \boldsymbol{w}^\top \boldsymbol{x}_i)^2 + \underbrace{\lambda\|\boldsymbol{w}\|_2^2}_{\text{正则化项}}, \tag{3.20}$$

其中 $\|\boldsymbol{w}\|_2^2 = \sum_{i=1}^{d} w_i^2$ 是参数向量 $\boldsymbol{w}$ 的 L_2 范式的平方。L_2 正则化项起到收缩参数的作用——$\boldsymbol{w}$ 的每个元素绝对值不能太大，否则正则化项（也称为惩罚项）会变大。λ 是一个非负的系数，作用是控制惩罚项的大小。若 λ 较大，则对 $\boldsymbol{w}$ 的收缩较严格，最终得到的参数绝对值将会较小。因此，为了最小化目标函数，岭回归需要在训练数据的均方差和正则化项之间找到一个折中的结果。

求解问题（3.20），可以得到岭回归的最优解：

$$\hat{\boldsymbol{w}}_{\text{ridge}} = (\lambda \boldsymbol{I}_d + \boldsymbol{X}^\top \boldsymbol{X})^{-1}\boldsymbol{X}^\top \boldsymbol{y}, \tag{3.21}$$

其中 $\boldsymbol{I}_d$ 是 $d\times d$ 的单位矩阵。比较最小二乘估计 $\hat{\boldsymbol{w}}_{\text{ls}} = (\boldsymbol{X}^\top\boldsymbol{X})^{-1}\boldsymbol{X}^\top\boldsymbol{y}$，可以看出正则化项对估计结果的影响为在括号内多了一个与惩罚项相关的矩阵 $\lambda\boldsymbol{I}_d$。从数值优化上，矩阵 $(\lambda\boldsymbol{I}_d + \boldsymbol{X}^\top\boldsymbol{X})$ 一定是可逆的；而矩阵 $\boldsymbol{X}^\top\boldsymbol{X}$ 却有可能不是满秩的，也不可逆，例如，当训练数据的个数 N 比维度 d 小的时候，矩阵 $\boldsymbol{X}^\top\boldsymbol{X}$ 的秩小于或等于 N（小于 d）。事实上，数值稳定性是岭回归提出的初衷之一。

回顾例 3.1.3，图 3.3 展示了对于 10 阶多项式回归模型，在使用不同 λ 值正则化时得到的拟合结果，可以看到当 λ 值增大时，其拟合趋势更接近一个目标函数（即 3 阶多项式函数），从而减小数据噪声对结果的影响。同时，从表 3.1也能看出，当 λ 值

增大时，模型的权重值得到有效的压缩，避免了“发散”。在实际应用中，如何选择 λ 的值是一个重要问题。在训练数据充足时，交叉验证是最常用的方法。当数据不足时，后文介绍的贝叶斯方法往往有更好的效果。

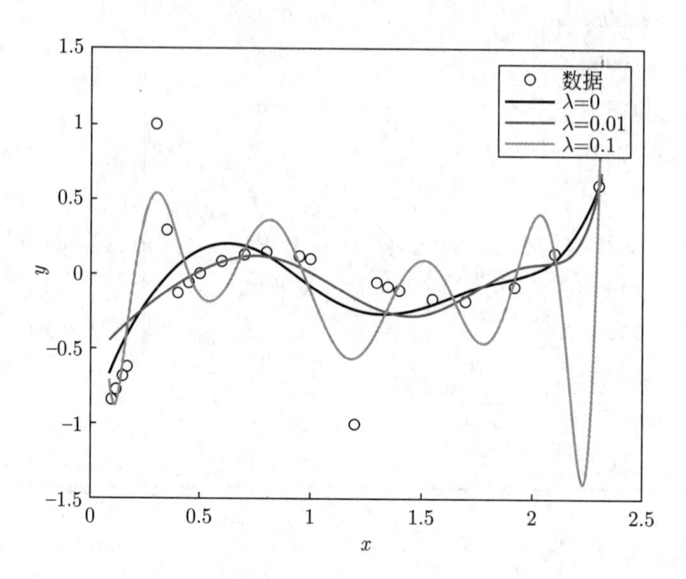

图 3.3　加入正则化后的 10 阶多项式回归模型

岭回归的等价描述为

$$\hat{\boldsymbol{w}}_{\text{ridge}} = \underset{\boldsymbol{w}}{\operatorname{argmin}} \frac{1}{N}\sum_{i=1}^{N}(y_i - \boldsymbol{w}^\top \boldsymbol{x}_i)^2 \tag{3.22}$$

$$\text{s.t.: } \|\boldsymbol{w}\|_2^2 \leqslant t.$$

这里的等价性是指：给定一个 λ，存在一个 t，使得问题（3.22）的解与问题（3.20）的解相同；反之亦然。这种等价的、受约束的描述形式在概念上具有一些良好的性质：①它显式表达了 L_2 范数对参数的约束；②$\hat{\boldsymbol{w}}_{\text{ridge}}$ 可以看成 $\hat{\boldsymbol{w}}_{\text{ls}}$ 在 L_2 范数球上的投影，如图 3.4(a) 所示，其中，若 $\|\hat{\boldsymbol{w}}_{\text{ls}}\|_2^2 \leqslant t$，则 $\hat{\boldsymbol{w}}_{\text{ridge}} = \hat{\boldsymbol{w}}_{\text{ls}}$；否则，$\hat{\boldsymbol{w}}_{\text{ridge}}$ 是 $\hat{\boldsymbol{w}}_{\text{ls}}$ 在半径为 $\sqrt{t}$ 的球上的投影。

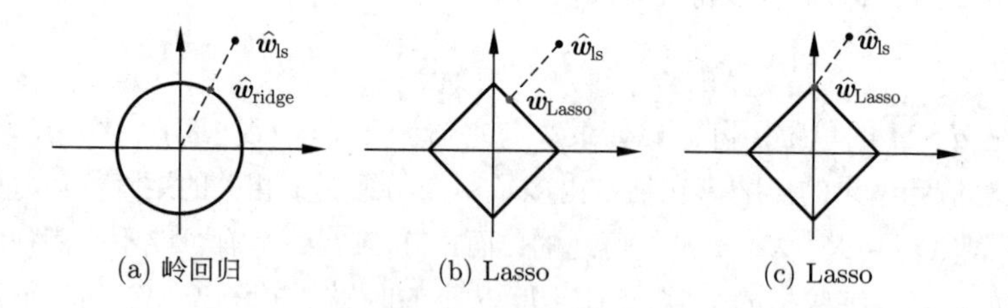

图 3.4　从投影的视角理解岭回归和 Lasso

值得注意的是，在上述正则化项中，我们一般不对偏置项 w_0 做惩罚，这是因为：如果惩罚 w_0，求得的结果将依赖于 y 的原点——对于线性回归模型，如果对每个训练样本 y_i 平移大小为 c 的量，我们将期待求得的预测 $\hat{y}_i$ 也相应进行简单平移大小为

c 的量；但是，如果对 w_0 进行惩罚，这种简单的平移关系将不再成立。显式将 w_0 分开写的完整形式如下。

$$\hat{w}_0, \hat{\boldsymbol{w}}_{\text{ridge}} = \underset{w_0, \boldsymbol{w}}{\operatorname{argmin}} \frac{1}{N} \sum_{i=1}^{N} (y_i - w_0 - \boldsymbol{w}^\top \boldsymbol{x}_i)^2 + \lambda \|\boldsymbol{w}\|_2^2, \tag{3.23}$$

通过求解，可以得到 $\hat{w}_0 = \dfrac{1}{N}\displaystyle\sum_{i=1}^{N}(y_i - \boldsymbol{w}^\top \boldsymbol{x}_i) = \bar{y} - \boldsymbol{w}^\top \bar{\boldsymbol{x}}$，即只使用 $\boldsymbol{w}$ 作为预测模型的“平均残差”。将 $\hat{w}_0$ 代入式 (3.23)，可得：

$$\hat{\boldsymbol{w}}_{\text{ridge}} = \underset{\boldsymbol{w}}{\operatorname{argmin}} \frac{1}{N} \sum_{i=1}^{N} \big((y_i - \bar{y}) - \boldsymbol{w}^\top (\boldsymbol{x}_i - \bar{\boldsymbol{x}})\big)^2 + \lambda \|\boldsymbol{w}\|_2^2.$$

因此，实际训练时，可以先对 y_i 和 $\boldsymbol{x}_i$ 做“中心化”预处理，即将每个 y_i 减去 $\bar{y}$，每个 $\boldsymbol{x}_i$ 减去 $\bar{\boldsymbol{x}}$；处理之后，可以忽略掉 w_0，直接求解 $\hat{\boldsymbol{w}}_{\text{ridge}}$(如式 (3.21))；在预测阶段，需要将预测的结果加上 $(\bar{y} - \hat{\boldsymbol{w}}_{\text{ridge}}^\top \bar{\boldsymbol{x}})$。

3.2.2 Lasso

Lasso（least absolute shrinkage and selection operator，最小绝对收缩与选择算子）[39] 是一种与岭回归很像，但也存在本质区别的线性回归模型，在信号处理领域被称为（去噪）基追踪（basis pursuit）[40]。具体地，Lasso 求解如下问题。

$$\hat{\boldsymbol{w}}_{\text{Lasso}} = \underset{\boldsymbol{w}}{\operatorname{argmin}} \frac{1}{N} \sum_{i=1}^{N} (y_i - \boldsymbol{w}^\top \boldsymbol{x}_i)^2 + \underbrace{\lambda \|\boldsymbol{w}\|_1}_{\text{惩罚项}}, \tag{3.24}$$

其中 $\|\boldsymbol{w}\|_1 = \displaystyle\sum_{i=1}^{d} |w_i|$ 是 L_1 范数。同样，为了简洁，这里没有显式写出 w_0，正则化项也不定义在 w_0 上；读者可以证明 w_0 的最优解同样是 $\bar{y} - \boldsymbol{w}^\top \bar{\boldsymbol{x}}$。此外，与岭回归类似，问题（3.24）可以等价写成受约束的问题：

$$\begin{aligned} \hat{\boldsymbol{w}}_{\text{Lasso}} &= \underset{\boldsymbol{w}}{\operatorname{argmin}} \frac{1}{N} \sum_{i=1}^{N} (y_i - \boldsymbol{w}^\top \boldsymbol{x}_i)^2 \\ &\text{s.t.: } \|\boldsymbol{w}\|_1 \leqslant t. \end{aligned} \tag{3.25}$$

基于该受约束的形式，可以直观上将 Lasso 的最优解看成最小二乘的最优解 $\hat{\boldsymbol{w}}_{\text{ls}}$ 在 L_1 范数球上的投影，如图 3.4(b)、(c) 所示。令 $t_0 = \|\hat{\boldsymbol{w}}_{\text{ls}}\|_1$，若 $t \geqslant t_0$，则 $\hat{\boldsymbol{w}}_{\text{Lasso}} = \hat{\boldsymbol{w}}_{\text{ls}}$；否则，$\hat{\boldsymbol{w}}_{\text{Lasso}}$ 是 $\hat{\boldsymbol{w}}_{\text{ls}}$ 的一个投影；在一些情况下，如图 3.4(c) 所示，投影后的 $\hat{\boldsymbol{w}}_{\text{Lasso}}$ 落在坐标轴上，因此，部分维度的权重取值为 0，在线性模型中，这等效于去除了该维度对应的特征，从而 Lasso 可以实现特征选择的作用。

由于 L_1 范数不可导，Lasso 与岭回归一个显著不同在于其优化问题没有简单的解析解，为此，多种凸优化的数值求解算法被提出来，包括交替下降、次梯度、近端梯度下降等方法。这里主要介绍近端梯度下降法。

近端梯度下降法适合求解如下一般形式的问题：

$$\min_{\boldsymbol{w}} f(\boldsymbol{w}) + h(\boldsymbol{w}), \tag{3.26}$$

其中 $f(\boldsymbol{w})$ 是可导的，$h(\boldsymbol{x})$ 为凸函数。近端梯度下降法依赖一个近端映射（也称近端算子），具体地，对凸函数 $h(\boldsymbol{x})$，其近端映射为

$$\mathrm{Prox}_h(\boldsymbol{w}) = \underset{\boldsymbol{u}}{\mathrm{argmin}} \left(h(\boldsymbol{u}) + \frac{1}{2}\|\boldsymbol{u} - \boldsymbol{w}\|_2^2 \right). \tag{3.27}$$

近端算子的含义是找一个点，使得函数 h 的取值尽量小，同时，尽量接近给定的点 $\boldsymbol{w}$。

基于近端算子，近端梯度下降法迭代更新模型参数如下。

$$\boldsymbol{w}_{t+1} = \mathrm{Prox}_{h,\eta_t}\left(\boldsymbol{w}_t - \eta_t \nabla f(\boldsymbol{w}_t)\right), \tag{3.28}$$

其中 $\mathrm{Prox}_{h,\eta}(\boldsymbol{w}) = \mathrm{argmin}_{\boldsymbol{u}} \left(h(\boldsymbol{u}) + \frac{1}{2\eta}\|\boldsymbol{u} - \boldsymbol{w}\|_2^2 \right)$，$\eta_t$ 为迭代步长（学习率）。设定初始值 $\boldsymbol{w}_0$，利用式 (3.28) 不断迭代，直至收敛。

一些常见函数的近端映射如下。

(1) 当 $h(\boldsymbol{w}) = 0$ 时，$\mathrm{Prox}_h(\boldsymbol{w}) = \boldsymbol{w}$；

(2) 当 $h(\boldsymbol{w}) = \mathbb{I}(\boldsymbol{w} \in C)$ 时，$\mathrm{Prox}_h(\boldsymbol{w}) = P_C(\boldsymbol{w})$，表示在集合 C 上的投影；

(3) 当 $h(\boldsymbol{w}) = \lambda\|\boldsymbol{w}\|_1$ 时，$\mathrm{Prox}_h(\boldsymbol{w})_i = \mathrm{sign}(w_i)(|w_i| - \lambda)_+$。

对于 Lasso 模型（即 $h(\boldsymbol{w}) = \lambda\|\boldsymbol{w}\|_1$），如图 3.5所示，其近端映射是一种软性的阈值化，因此，该算法被称为迭代软阈值法或迭代阈值收缩法（iterative shrinkage-thresholding algorithm，ISTA）。同时，从该软阈值的迭代过程也能看出，Lasso 能够学习稀疏的参数，从而进行特征选择。

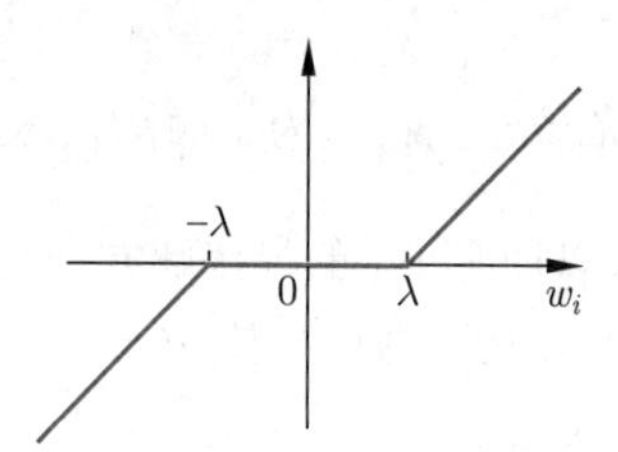

图 3.5　软阈值映射示意图

ISTA 算法结构简单，易于实现，但缺点是收敛慢。一些加速的算法被提出来，例如，FISTA[41] 算法继承了 ISTA 的简单结构，从理论和实践上均有显著加速，其迭代更新公式如下。

$$\begin{aligned}
\boldsymbol{\mu}_t &= \boldsymbol{w}_t + \frac{\tau_{t-1} - 1}{\tau_t}(\boldsymbol{w}_t - \boldsymbol{w}_{t-1}), \\
\boldsymbol{w}_{t+1} &= \mathrm{Prox}_{h,\eta_t}\left(\boldsymbol{\mu}_t - \eta_t \nabla f(\boldsymbol{\mu}_t)\right), \\
\tau_{t+1} &= \frac{\sqrt{4\tau_t^2 + 1} + 1}{2},
\end{aligned}$$

其中参数 τ 的初始值设为 1。可以看出，FISTA 和 ISTA 的主要区别是用 $\boldsymbol{\mu}_t$ 代替了 $\boldsymbol{w}_t$，而 $\boldsymbol{\mu}_t$ 是 $\boldsymbol{w}_t$ 和 $\boldsymbol{w}_{t-1}$ 的线性组合。

最后，根据近端映射的定义，参数更新的公式可以重写为

$$\begin{aligned}\boldsymbol{w}_{t+1} &= \underset{\boldsymbol{u}}{\operatorname{argmin}}\left(h(\boldsymbol{u}) + \frac{1}{2\eta_t}\|\boldsymbol{u} - \boldsymbol{w}_t + \eta_t \nabla f(\boldsymbol{w}_t)\|_2^2\right) \\ &= \underset{\boldsymbol{u}}{\operatorname{argmin}}\left(f(\boldsymbol{w}_t) + \nabla f(\boldsymbol{w}_t)(\boldsymbol{u} - \boldsymbol{w}_t) + h(\boldsymbol{u}) + \frac{1}{2}\eta_t\|\boldsymbol{u} - \boldsymbol{w}_t\|_2^2\right),\end{aligned}$$

其中第二个等式添加或忽略了一些和变量 $\boldsymbol{u}$ 无关的项。这实际上是对函数 $f(\boldsymbol{w})$ 在当前数值解 $\boldsymbol{w}_t$ 处一阶泰勒展开的近端正则化。

例 **3.2.1** (模拟数据实验) 从多元标准高斯分布中随机采样 100 个 $\boldsymbol{x} \in \mathbb{R}^{20}$,模型权重 $\boldsymbol{w}$ 的非零元素分别为 0.6、−0.5、0.7 和 0.4。目标变量为 $y_i = \boldsymbol{w}^\top \boldsymbol{x}_i + 0.2\mathcal{N}(0,1)$。图 3.6展示了在 λ 取不同值时估计的权重，其中每条线对应一维特征。可以看出，在 λ 取值适当时（如大于蓝色线对应的值），Lasso 可以完全恢复出非零权重的特征。

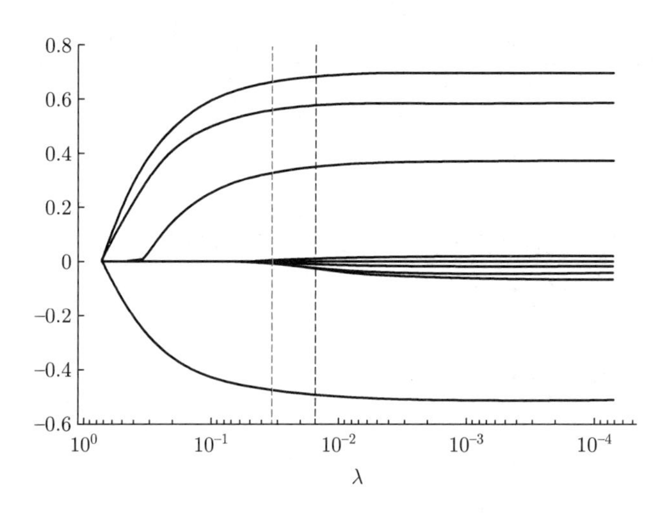

图 **3.6** Lasso 估计的模型参数随 λ 取得的变化

3.2.3 L_p 范数正则化的线性回归

考虑更一般的 L_p 范数正则化项 $\|\boldsymbol{w}\|_p = \sum_{i=1}^{d} |w_i|^p$，其中 $p \geqslant 0$，对应的正则化线性回归模型为

$$\begin{aligned}\hat{\boldsymbol{w}}_{\mathrm{lp}} &= \underset{\boldsymbol{w}}{\operatorname{argmin}} \frac{1}{N}\sum_{i=1}^{N}(y_i - \boldsymbol{w}^\top \boldsymbol{x}_i)^2 \\ &\text{s.t.: } \|\boldsymbol{w}\|_p \leqslant t.\end{aligned} \tag{3.29}$$

根据 p 的取值，几种情况如下。

(1) 当 $p = 0$ 时，$\|\boldsymbol{w}\|_p$ 为向量 $\boldsymbol{w}$ 中的非零元素个数，该正则化项对应的单位球如图 3.7(a) 所示。在约束的形式 (3.29) 下，该正则化项将从特征向量中“硬性”选

择不超过 t 个特征，这是一个 NP 难的组合优化问题，近似算法包括贪心搜索法、迭代硬约束法[42] 等；

(2) 当 $0 < p < 1$ 时，该正则化项对应的单位球如图 3.7(b) 所示，是一个非凸集合。与 L_1 范数类似，该集合存在“尖锐”的顶点，因此，也可以用来进行稀疏学习，选择特征。但由于问题（3.29）是非凸且非光滑的，相较于 Lasso，其求解更困难，有多种算法被提出来[43–44]；

(3) 当 $p > 1$ 时，该正则化项对应的单位球如图 3.7(c) 所示，该集合是一个凸集，但与 L_2 正则化类似，它们不存在“尖锐”的顶点，因此，只有收缩 $\boldsymbol{w}$ 的作用，不能用于特征选择。在这种情况下，可以使用凸优化的技术求解（3.29）。

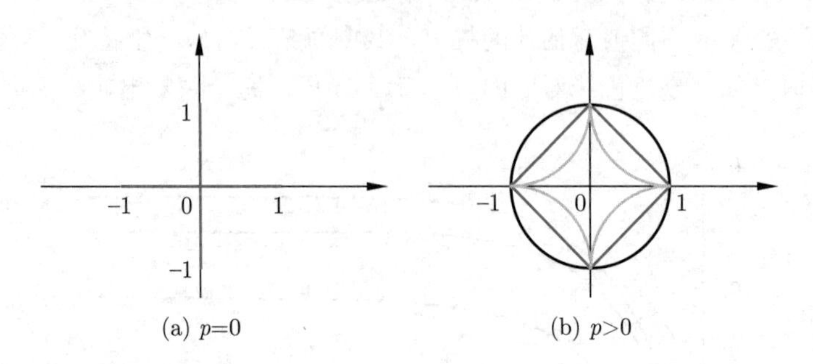

图 3.7　L_p 范数单位球示意图，其中，(b) 图中浅蓝色球对应 $p < 1$（如 0.5），蓝色球对应 $p = 1$，黑色球对应 $p > 1$（如 2）

3.3　贝叶斯线性回归

如前所述，最小二乘法可以看成对概率模型的最大似然估计，存在过拟合的风险；同时，为了对估计的质量进行刻画，需要考虑多次重复性实验（即对多次的训练数据集 $\mathcal{D}$ 进行平均）。这种“重复实验”的范式在实际应用中存在不足，首先，多次重复实验带来更多的计算代价。其次，如果有多个训练集，更加有效的方式应该是将其合并成一个更大的数据集，更加充分的训练模型。贝叶斯推断提供了另外一种思路，在给定一个数据集的情况下，刻画模型自身的不确定性，可以有效避免过拟合。同时，带有正则化项的回归模型可以看作贝叶斯推断的特例。

具体地，如 2.4节所介绍，贝叶斯推断的基本思想是将未知变量看成随机变量，在观察数据之前，对变量的取值用一个先验分布刻画。在观察到数据之后，利用贝叶斯定理对先验分布进行更新，得到后验分布。以线性回归模型为例，模型的参数 $\boldsymbol{w}$ 是未知的。为此，假设先验分布 $p(\boldsymbol{w})$，给定训练集 $\mathcal{D}$，贝叶斯后验分布为

$$p(\boldsymbol{w}|\mathcal{D}) = \frac{p(\mathcal{D}|\boldsymbol{w}) \cdot p(\boldsymbol{w})}{p(\mathcal{D})}, \tag{3.30}$$

其中 $p(\mathcal{D}|\boldsymbol{w})$ 是描述数据生成的似然函数，$p(\mathcal{D})$ 为“证据”。

3.3.1　最大后验分布估计

从贝叶斯的角度，正则化可以看成对后验分布的 MAP 估计，即最大后验估计（maximum a posterior，MAP），其一般形式如下①：

$$\hat{\boldsymbol{w}}_{\mathrm{MAP}} = \underset{\boldsymbol{w}}{\operatorname{argmax}} \log p(\mathcal{D}|\boldsymbol{w}) + \log p(\boldsymbol{w}). \tag{3.31}$$

对于线性回归模型，如前文所述，数据的似然函数是一个高斯分布。如果先验分布是均匀分布，MAP 估计将退化为最大似然估计。通常情况下，我们选择高斯分布作为先验分布：

$$p(\boldsymbol{w}) = \prod_{i=1}^{d} \mathcal{N}(w_i|0, \tau^2), \tag{3.32}$$

这里设置均值为 0，表示在得到数据之前我们倾向于认为各个参数 w_i 越接近 0，可能性越大。将式 (3.32) 代入式 (3.31)，可以得到具体的 MAP 估计：

$$\hat{\boldsymbol{w}}_{\mathrm{MAP}} = \underset{\boldsymbol{w}}{\operatorname{argmax}} \sum_{i=1}^{N} \log \mathcal{N}(y_i|\boldsymbol{w}^\top \boldsymbol{x}_i, \sigma^2) + \sum_{i=1}^{d} \log \mathcal{N}(w_j|0, \tau^2) \tag{3.33}$$

在设定合适的超参数 σ^2 和 τ^2 的情况下，该问题与岭回归等价。因此，岭回归实际上是一种特殊贝叶斯模型的 MAP 估计。类似地，Lasso 实际上也是一种 MAP 估计，其中先验分布设为拉普拉斯分布：

$$p(\boldsymbol{w}) = \prod_{i=1}^{d} \frac{1}{2b} \exp\left(-\frac{|w_i - \mu|}{b}\right), \tag{3.34}$$

其中均值 $\mu \in \mathbb{R}$，$b > 0$ 为尺度参数。在 Lasso 中，均值设为 0。拉普拉斯分布的概率密度函数如图 3.8所示。相比高斯分布，拉普拉斯分布具有更加“平缓”的尾部。事实上，拉普拉斯分布可以写成无穷多个高斯分布的“混合”：

$$p(w) = \frac{1}{2b} \exp\left(-\frac{|w_i - \mu|}{b}\right) = \int p(w|\mu, \tau)p(\tau)\mathrm{d}\tau, \tag{3.35}$$

其中 $p(\tau) = \mathrm{Exp}\left(\frac{1}{2b^2}\right) = \frac{1}{2b^2} \exp\left(-\frac{w}{2b^2}\right)$ 为指数分布，$p(w|\mu, \tau) = \mathcal{N}(\mu, \tau)$ 为高斯分布。这种形式称为“尺度混合高斯”（scale mixture of Gaussians）[45]，是一种很有用的表示方式，后文将利用该形式推导贝叶斯 Lasso 的采样算法。

3.3.2　贝叶斯预测分布

最大似然估计和 MAP 估计均是寻找某种目标函数下最优的单一参数，而贝叶斯推断可以充分利用后验分布 $p(\boldsymbol{w}|\mathcal{D})$ 的信息。如何准确、高效地计算后验分布是贝叶斯推断的核心问题，通常情况下，也是一个困难的问题。

---

① 这里忽略了与 $\boldsymbol{w}$ 无关的项 $-\log p(\mathcal{D})$。

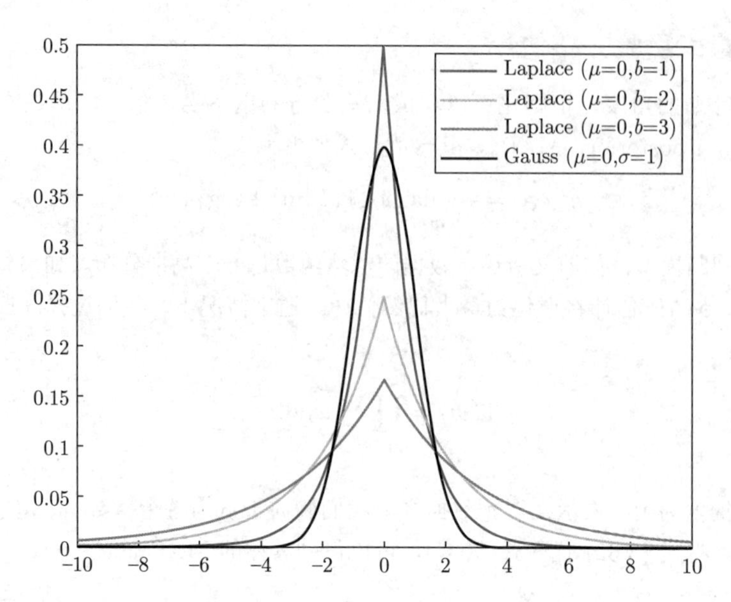

图 3.8　拉普拉斯分布和标准高斯分布（黑色）的对比示意图

首先考虑相对简单的情况——先验分布与似然函数满足共轭性。具体地，对于线性回归模型，其似然函数 $p(y|\boldsymbol{x})$ 是一个正态分布 $\mathcal{N}(\mu,\sigma^2)$，其中 $\mu=\boldsymbol{w}^\top\boldsymbol{x}$。假设先验分布也是高斯分布：

$$p(\boldsymbol{w})=\mathcal{N}(\boldsymbol{w}|\boldsymbol{w}_0,\boldsymbol{V}_0) \tag{3.36}$$

其中 $\boldsymbol{w}_0$ 为均值，$\boldsymbol{V}_0$ 为协方差矩阵。可以推出后验分布：

$$p(\boldsymbol{w}|\boldsymbol{X},\boldsymbol{y},\sigma^2)\propto\mathcal{N}(\boldsymbol{w}_0,\boldsymbol{V}_0)\mathcal{N}(\boldsymbol{y}|\boldsymbol{X}\boldsymbol{w},\sigma^2\boldsymbol{I}_N)=\mathcal{N}(\boldsymbol{w}|\boldsymbol{w}_N,\boldsymbol{V}_N) \tag{3.37}$$

其中具体参数如下：

$$\boldsymbol{w}_N=\boldsymbol{V}_N\boldsymbol{V}_0^{-1}\boldsymbol{w}_0+\frac{1}{\sigma^2}\boldsymbol{V}_N\boldsymbol{X}^\top\boldsymbol{y} \tag{3.38}$$

$$\boldsymbol{V}_N=\sigma^2(\sigma^2\boldsymbol{V}_0^{-1}+\boldsymbol{X}^\top\boldsymbol{X})^{-1}. \tag{3.39}$$

在实际应用中，最常用的高斯先验分布为 $\mathcal{N}(\boldsymbol{w}|\boldsymbol{0},\sigma^2\boldsymbol{I})$。

对于给定的测试数据 $\boldsymbol{x}$，需要做出相应的预测 y。在贝叶斯推断中，我们计算预测分布：

$$p(y|\boldsymbol{x},\mathcal{D})=\int p(y|\boldsymbol{w},\boldsymbol{x},\mathcal{D})p(\boldsymbol{w}|\mathcal{D})\mathrm{d}\boldsymbol{w}, \tag{3.40}$$

其中 $p(\boldsymbol{w}|\mathcal{D})$ 为后验分布。由前文所述，一般情况下，假设 $p(y|\boldsymbol{w},\boldsymbol{x},\mathcal{D})=p(y|\boldsymbol{w},\boldsymbol{x})$，即在给定模型参数的情况下，当前数据的分布与历史数据无关。这种假设通常是合理的，因为我们希望历史数据的信息都包含在模型 $\boldsymbol{w}$ 的后验分布中。具体地，对于高斯先验的线性回归模型，可以得到：

$$\begin{aligned}p(y|\boldsymbol{x},\mathcal{D})&=\int\mathcal{N}(y|\boldsymbol{x}^\top\boldsymbol{w},\sigma^2)\mathcal{N}(\boldsymbol{w}|\boldsymbol{w}_N,\boldsymbol{V}_N)\mathrm{d}\boldsymbol{w}\\&=\mathcal{N}(y|\boldsymbol{w}_N^\top\boldsymbol{x},\sigma_N^2(\boldsymbol{x}))\end{aligned} \tag{3.41}$$

其中 $\sigma_N^2(\boldsymbol{x}) = \sigma^2 + \boldsymbol{x}^\top \boldsymbol{V}_N \boldsymbol{x}$。

观察式 (3.41) 可以看到，输出 y 的后验是一个正态分布，其均值是参数与输入的线性组合 $\boldsymbol{w}_N^\top \boldsymbol{x}$，这与我们的直觉相符。而方差也是一个随着输入 $\boldsymbol{x}$ 变化的量，而非一个定值。但 σ_N^2 由两部分组成：前一项考虑数据自身的方差（噪声）；而后一项考虑与 $\mathcal{D}$ 中数据点的关系，属于模型的不确定性。在已经给定了数据点的 $\boldsymbol{x}$ 附近对应的不确定性较小，后验分布的方差也较小；反之，距离数据点较远的 $\boldsymbol{x}$ 处不确定性较大，得到的方差也会较大。此外，可以证明[46]：$\sigma_{N+1}^2(\boldsymbol{x}) \leqslant \sigma_N^2(\boldsymbol{x})$，且当 $N \to \infty$ 时，$\sigma_N^2(\boldsymbol{x})$ 的第二项趋于 0，即当训练样本足够多时，模型的不确定性逐渐消失。

例 3.3.1 （贝叶斯线性回归求解房价预测） House 数据集来自 UCI 机器学习数据库，搜集了波士顿房价的相关数据。这个数据集共有 506 个数据实例，每个实例中含有城镇犯罪率、平均房间数、教师学生比例、低收入阶层比例等 13 种不同的输入数据特征（整数或小数）和 1 个输出数据（房价）。为了便于展示，我们主要学习平均房间数（RM）与平均房价（MEDV）的关系。这里采用贝叶斯线性回归模型。图 3.9是分别读入了 1、2、10、500 个数据点之后的结果，可以看到参数的后验分布随着数据的增加逐渐收敛。

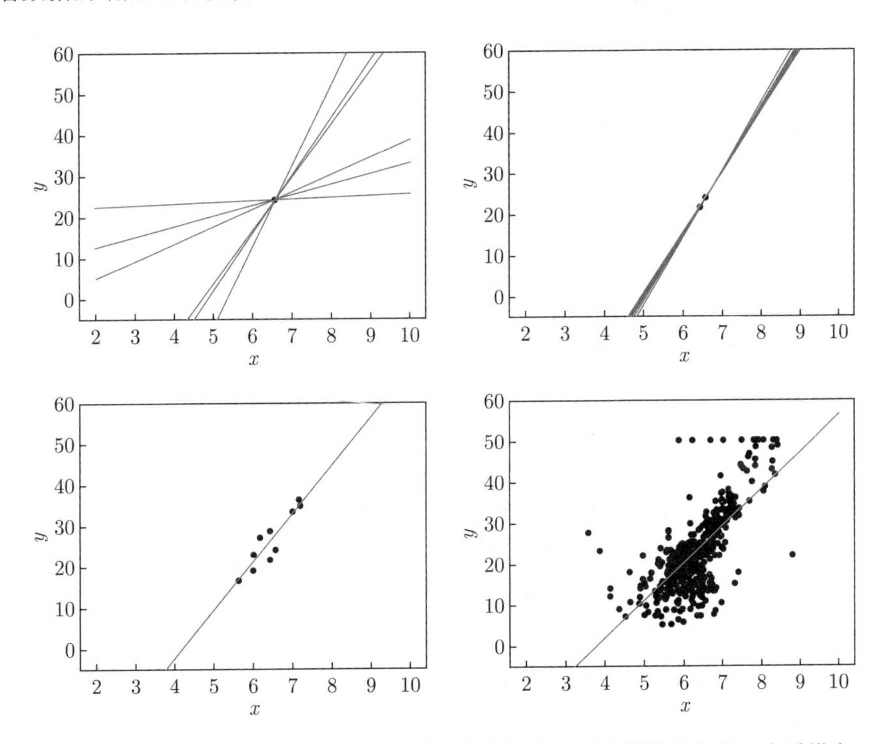

图 3.9　贝叶斯线性回归房价预测示意，其中每条线对应后验分布的一个采样点

还可以注意到先验知识对结果的影响：对于高斯先验 $\mathcal{N}(w_j|0, \tau^2)$，当 τ 取值不同时，在数据量不大的情况下所得到的结果也不同。图 3.10显示了得到一个数据点之后的直线采样结果，分别为 $\tau = 1, \tau = 10, \tau = 100, \tau = 10000$ 四种情况。由此可以看出在数据量不大的时候，先验分布对结果有很大的影响。但在数据不断增多之后，先

验的影响将会被数据慢慢“冲淡”，最终得到的结果都是类似的——趋向于最大似然估计。

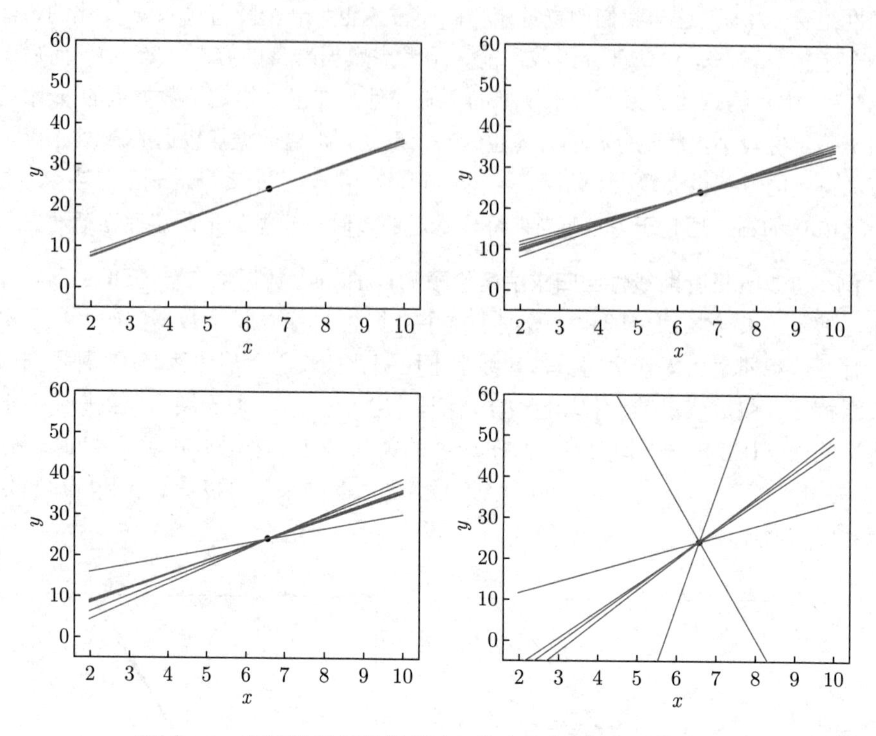

图 3.10　不同先验函数的影响 (其中圆点代表观察的数据)

3.3.3　贝叶斯模型选择

贝叶斯方法通过考虑模型不确定性，可以进行模型选择。假设有 L 个不同的模型可供选择：

$$\{\mathcal{M}_i\},\quad i=1,2,\cdots,L \tag{3.42}$$

其中每个模型 $\mathcal{M}_i$ 代表数据集 $\mathcal{D}$ 上的一个分布。例如，在线性回归模型中，模型刻画分布为 $p(y|\boldsymbol{x})$，使用不同阶的多项式函数对应了不同的概率分布。对一个给定的数据集，假设其服从候选模型（分布）的某一个，但并不知道具体是哪个，因此需要模型选择。

贝叶斯方法通过先验和后验分布描述模型的不确定性。对于给定的数据 $\mathcal{D}$，模型的后验分布为

$$\underbrace{p(\mathcal{M}_i|\mathcal{D})}_{\text{模型后验}} \propto p(\mathcal{M}_i)\cdot\underbrace{p(\mathcal{D}|\mathcal{M}_i)}_{\text{模型证据}}, \tag{3.43}$$

其中先验分布表达了对不同模型的偏好程度，第二项称为模型证据。在没有足够先验知识的情况下，一般假设不同模型具有相同的先验概率（即均匀先验分布）。因此，

模型证据通常是我们更关心的，它描述了数据对不同模型的偏好程度。模型证据也称为边缘似然，因为对于参数化模型 $\mathcal{M}_i$，它可以写成对未知参数 $\boldsymbol{w}$ 进行边缘化得到的：

$$\begin{aligned}p(\mathcal{D}|\mathcal{M}_i) &= \int p(\boldsymbol{w}, \mathcal{D}|\mathcal{M}_i)\mathrm{d}\boldsymbol{w} \\ &= \int p(\boldsymbol{w}|\mathcal{M}_i)p(\mathcal{D}|\boldsymbol{w}, \mathcal{M}_i)\mathrm{d}\boldsymbol{w}.\end{aligned}$$

通常将两个模型的模型证据之比称为贝叶斯因子：

$$\text{Bayes factor} = \frac{p(\mathcal{D}|\mathcal{M}_i)}{p(\mathcal{D}|\mathcal{M}_j)} \tag{3.44}$$

如果贝叶斯因子大于 1，代表 $\mathcal{M}_i$ 比 $\mathcal{M}_j$ 更符合此数据集，反之亦然。

通过对模型参数进行边缘化，模型证据可以综合考虑模型复杂度，选择适中的模型。如图 3.11所示，考虑三个候选模型 $\mathcal{M}_1$、$\mathcal{M}_2$ 和 $\mathcal{M}_3$，复杂度从低到高（比如多项式回归模型中的阶数分别设为 $d=1$、$d=3$ 和 $d=10$）。令横轴表述数据集（从简单到复杂），纵轴表述在不同模型下的模型证据（即边缘似然）。对于相对简单的模型 $\mathcal{M}_1$，其能够很好描述的数据集比较有限、变化少；对于更加复杂的 $\mathcal{M}_2$ 和 $\mathcal{M}_3$，其能充分描述的数据集的范围（多样性）不断增加。与此同时，由于 $p(\mathcal{D}|\mathcal{M}_i)$ 是一个概率分布，满足归一化条件，因此会出现如图 3.11所示的现象，[①]$\mathcal{M}_1$ 对应的曲线呈“窄而高”状，而 $\mathcal{M}_3$ 对应的曲线“宽而矮”。对于一个特定的数据集 $\mathcal{D}_0$，根据模型证据选择的模型既不是最简单的 $\mathcal{M}_1$，也不是最复杂的 $\mathcal{M}_3$，而是相对折中的 $\mathcal{M}_2$。直观上，过于简单的模型往往不能很好地拟合 $\mathcal{D}_0$，而过于复杂的模型往往将预测概率分散在过于广泛的数据集上，以至于每个数据集上的概率值相对较小。

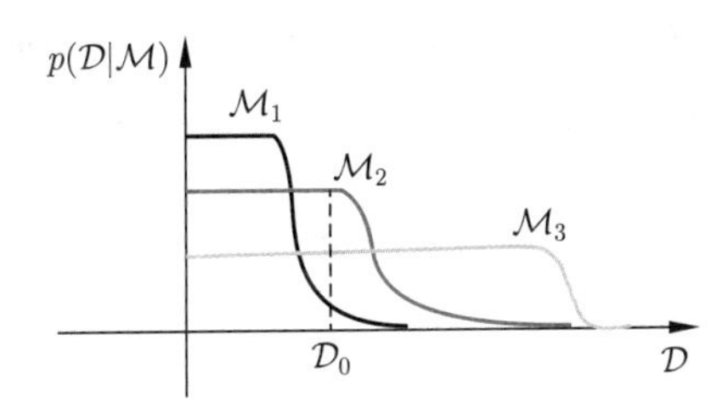

图 3.11　不同模型的模型证据示意图

如果假设候选模型集合足够大，包含真实数据分布，那么可以证明上述贝叶斯模型选择在平均意义上可以选择出正确模型。具体地，假设候选模型 $\mathcal{M}_1$ 是生成 $\mathcal{D}$ 的正确模型，对于任意一个其他模型 $\mathcal{M}_2$，通过对数据分布（即 $p(\mathcal{D}|\mathcal{M}_1)$）求期望，计算平均意义下的贝叶斯因子：

$$\int p(\mathcal{D}|\mathcal{M}_1)\log\frac{p(\mathcal{D}|\mathcal{M}_1)}{p(\mathcal{D}|\mathcal{M}_2)}\mathrm{d}\mathcal{D}. \tag{3.45}$$

① 为了简化，假设能够很好描述的数据集具有相近的边缘似然。

可以发现，这实际上是分布 $p(\mathcal{D}|\mathcal{M}_1)$ 和 $p(\mathcal{D}|\mathcal{M}_2)$ 之间的 KL 散度。根据 KL 散度的非负性，平均而言贝叶斯模型选择会倾向选择正确的模型 $\mathcal{M}_1$，即贝叶斯因子所定义的比较方式在所有数据集平均的角度上会做出正确的选择。

从上述分析可以看到，贝叶斯方法可以自然避免过拟合，可以通过给定数据本身比较和选择合适的模型。但同时也应该意识到，与任何基于模型的方法一样，它关于模型的假设（包括先验分布的选择）可能与真实情况不吻合，在这种情况下所得到的结论可能具有误导性。在实际使用中，通常还需要一个独立的测试数据集，帮助检验模型的最终效果。

3.3.4 经验贝叶斯和相关向量机

贝叶斯方法对模型参数 $\boldsymbol{w}$ 进行贝叶斯推断，往往其先验分布 $p(\boldsymbol{w})$ 也具有一些参数，称为超参数，例如高斯先验分布中的均值和方差，或者贝塔先验分布中的参数等。完全贝叶斯方法也将超参数（记为 $\boldsymbol{\theta}$）看成随机变量，假设其服从某种先验分布，一般是给定参数的超先验 $p(\boldsymbol{\theta})$。① 这就构建了一个多层的贝叶斯模型：

$$\begin{aligned}\boldsymbol{\theta} &\sim p(\boldsymbol{\theta})\\ \boldsymbol{w} &\sim p(\boldsymbol{w}|\boldsymbol{\theta})\\ \boldsymbol{x} &\sim p(\boldsymbol{x}|\boldsymbol{w}).\end{aligned}$$

相应地，在推断过程中，需要对 $\boldsymbol{w}$ 和 $\boldsymbol{\theta}$ 进行积分，计算模型证据：

$$p(\mathcal{D}) = \int p(\boldsymbol{\theta})\left(\int p(\boldsymbol{w}|\boldsymbol{\theta})p(\mathcal{D}|\boldsymbol{w})\right)\mathrm{d}\boldsymbol{\theta}\mathrm{d}\boldsymbol{w}.$$

如前所述，很多情况下，我们选择与似然函数共轭的先验分布 $p(\boldsymbol{w}|\boldsymbol{\theta})$，使得对 $\boldsymbol{w}$ 的积分易于计算，得到边缘似然 $p(\mathcal{D}|\boldsymbol{\theta}) = \int p(\boldsymbol{w}|\boldsymbol{\theta})p(\mathcal{D}|\boldsymbol{w})\mathrm{d}\boldsymbol{w}$。但大部分情况下，对 $\boldsymbol{\theta}$ 的积分是没有解析形式的。经验贝叶斯提供了一种近似的方法，将上述积分近似为

$$p(\mathcal{D}) \approx p(\mathcal{D}|\hat{\boldsymbol{\theta}}),$$

其中 $\hat{\boldsymbol{\theta}}$ 是如下问题的最优解：

$$\hat{\boldsymbol{\theta}} = \underset{\boldsymbol{\theta}}{\operatorname{argmax}}\, p(\mathcal{D}|\boldsymbol{\theta}) = \underset{\boldsymbol{\theta}}{\operatorname{argmax}} \log p(\mathcal{D}|\boldsymbol{\theta}). \tag{3.46}$$

该问题一般可以通过数值优化的方式进行求解。下面举一个具体的例子。

例 3.3.2 （相关向量机，relevance vector machine，RVM[47]） 给定训练数据 $\mathcal{D} = \{(\boldsymbol{x}_i, y_i)\}_{i=1}^N$，其中 $\boldsymbol{x}_i \in \mathbb{R}^d$，考虑贝叶斯线性回归模型 $p(y|\boldsymbol{x}, \boldsymbol{w}, \sigma^2) = \mathcal{N}(y|y(\boldsymbol{x}), \sigma^2)$，其中均值

$$y(\boldsymbol{x}) = \sum_{n=1}^N w_n \kappa(\boldsymbol{x}, \boldsymbol{x}_n) + w_0,$$

① 类似地，如果该超先验中有未知参数，完全贝叶斯方法将继续假设其先验分布，这种层次化的处理方式可以非常灵活。

是一个使用基函数的线性回归模型，$\kappa(\cdot,\cdot)$ 是一个核函数，例如，径向基函数（在第 7 章中将详细介绍）。假设其先验分布为独立高斯分布：

$$p(\boldsymbol{w}|\boldsymbol{\alpha}) = \prod_{i=1}^{N} \mathcal{N}(w_i|0, \alpha_i^{-1}) = \mathcal{N}(\boldsymbol{w}|\boldsymbol{0}, \boldsymbol{\Lambda}), \tag{3.47}$$

其中每个维度对应一个超参数 α_i，$\boldsymbol{\Lambda} = \text{diag}(\alpha_0, \alpha_1, \cdots, \alpha_N)$ 为对角阵。利用高斯先验的共轭性，可以推导后验分布 $p(\boldsymbol{w}|\mathcal{D}, \boldsymbol{\alpha}, \sigma^2) = \mathcal{N}(\boldsymbol{w}|\boldsymbol{\mu}, \boldsymbol{\Sigma})$ 以及边缘似然：

$$p(\boldsymbol{y}|\boldsymbol{X}, \boldsymbol{\alpha}, \sigma^2) = \frac{1}{(2\pi)^{N/2}}|\boldsymbol{B}^{-1} + \boldsymbol{\Phi}\boldsymbol{\Lambda}^{-1}\boldsymbol{\Phi}^\top|^{-1/2} \exp\left\{-\frac{1}{2}\boldsymbol{y}^\top(\boldsymbol{B}^{-1} + \boldsymbol{\Phi}\boldsymbol{\Lambda}^{-1}\boldsymbol{\Phi}^\top)\boldsymbol{y}\right\},$$

其中 $\boldsymbol{B} = \sigma^2\boldsymbol{I}$、$\boldsymbol{\Phi}$ 是 $N \times (N+1)$ 的数据矩阵：$\boldsymbol{\Phi}_{nm} = \kappa(\boldsymbol{x}_n, \boldsymbol{x}_{m-1})$ 且 $\boldsymbol{\Phi}_{n1} = 1$、$\boldsymbol{\mu} = \boldsymbol{\Sigma}\boldsymbol{\Phi}^\top\boldsymbol{B}\boldsymbol{y}$、$\boldsymbol{\Sigma} = (\boldsymbol{\Phi}^\top\boldsymbol{B}\boldsymbol{\Phi} + \boldsymbol{\Lambda})^{-1}$。在该模型中，如果假设超参数 $\boldsymbol{\alpha}$ 的先验分布（如 Gamma 分布），将得不到 $p(\boldsymbol{y}|\boldsymbol{X})$ 的解析形式。这里采用经验贝叶斯，通过最大化 $\log p(\boldsymbol{y}|\boldsymbol{X}, \boldsymbol{\alpha}, \sigma^2)$ 估计一组最优的 $\hat{\boldsymbol{\alpha}}$。通过数值优化的方式，可以得到迭代更新公式如下：

$$\alpha_i^{\text{new}} = \frac{\gamma_i}{\mu_i^2}$$

$$(\sigma^2)^{\text{new}} = \frac{\|\boldsymbol{y} - \boldsymbol{\Phi}\boldsymbol{\mu}\|^2}{N - \sum_i \gamma_i},$$

其中，$\gamma_i = 1 - \alpha_i\boldsymbol{\Sigma}_{ii}$。在实际应用中，往往发现当该模型收敛时，很多 α_i 趋于无穷，意味着对应的 w_i 无限趋近于确定值 0，因此该模型起到特征选择的效果——在该模型下，选择相关的训练样本 $\boldsymbol{x}_n$。基于这种现象，式 (3.47) 定义的先验分布也被称为"自动相关测定"（automatic relevance determination，ARD）先验[48]。

3.4 模型评估

对模型性能的评估是机器学习的重要方面：一方面，模型评估是对学习结果的诊断分析；另一方面，在正则化线性回归以及后文将介绍的很多机器学习模型中，往往涉及超参数的选择（如岭回归和 Lasso 中的 λ），需要评估不同超参下的模型性能。

3.4.1 评价指标

评价指标是模型评估的一个重要方面。以二分类任务为例，设测试样本数为 M，其中正样本数为 P，负样本数为 N。记正确分为正类的样本数为 TP，错误分为正类的样本数为 FP；正确分为负类的样本数为 TN，错误分为负类的样本数为 FN。常用的评价准则包括如下 5 个。

(1) 准确率：分类正确样本占总样本数的比率，即 $(\text{TP} + \text{TN})/M$；

(2) 精度（也称召回率、真阳率）：准确预测为正类的样本占所有正类样本的比率，即 TP/P；

(3) 混淆矩阵：描述每一类样本中被正确分类或错误分类的数目（或比率）。相比于准确率和精度，混淆矩阵包括了更详细的信息；

(4) 对数损失：对于输出是预测概率的分类器，对数损失定义为正确类别对应预测概率值的对数；

(5) AUC（ROC 曲线下面积）：ROC 曲线[①]是描述真阳率（纵轴）随假阳率（横轴）变化的曲线，如图 3.12所示，其中 $\mathrm{TPR}=\mathrm{TP}/P$、$\mathrm{FPR}=\mathrm{FP}/P$；该变化是由分类决策时采用的阈值决定的——分类器预测正类的准则为 $f(\boldsymbol{x})>T$，其中 T 为阈值，改变 T 值得到不同的分类结果。AUC 值是 ROC 曲线的线下面积，它描述了分类器在不同阈值设定下的性能。AUC 值越高，表明分类器能够更好地区分正负样本。随机猜测分类器对应的 ROC 曲线如图 3.12 中虚线所示，其 AUC 值为 0.5，而完美分类器（对应图 3.12 中的蓝点）的 AUC 值为 1。

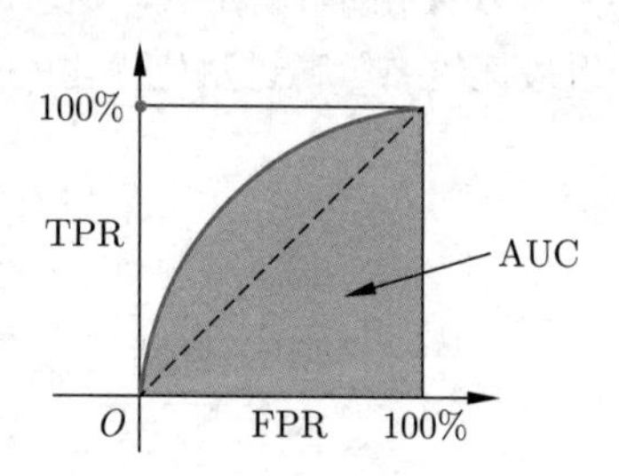

图 3.12　ROC 曲线及 AUC 值，其中蓝点对应的是完美分类器，虚线对应的是随机猜测分类器的 ROC 曲线

3.4.2　交叉验证

在有监督学习任务中，一般有训练集和测试集两组数据。对模型性能的评价也相应地有两种：①在训练集上的拟合程度；②在测试集上的预测性能。对于前者，一般用训练集上的损失函数（或似然）刻画，但该评价是不全面的。例如，在图 3.2中，如果只看训练集上的拟合误差，显然阶数越高的模型表现“越好”！测试集上的性能是我们更关心的，它能够合理刻画预测模型的表现。特别是当训练集较小或模型参数较多时，训练集上的性能与测试集上的性能之间往往存在较大差别。

在需要选择超参时，如果训练数据集足够大，往往将训练集随机划分为两部分——训练集和验证集，其中验证集用于评估模型性能并选择超参。在选择完超参之后，重新训练模型，并在测试集上评估所选模型的最终结果。

在数据集规模有限的情况下，交叉验证（cross-validation）提供了一种更适合的模型评估和超参选择的策略。如图 3.13所示，K-折交叉验证将数据集随机划分为相同大小的 K 份，重复做 K 次实验，在第 k 次实验时，将其中一份数据作为测试集，其他 $K-1$ 份数据作为训练集，得到一个分类器，并在测试集上评价其性能（如前面

① ROC 曲线的英文全称为 receiver operating characteristic curve，用图形化方式描述二分类器在分类阈值变化时性能的变化情况，最早是为雷达接收器操作员设计的，因此得名。

介绍的评价指标)，得到 E_k。最后将其平均值作为最终的评价，即 $E = \frac{1}{K}\sum_{k=1}^{K} E_k$。

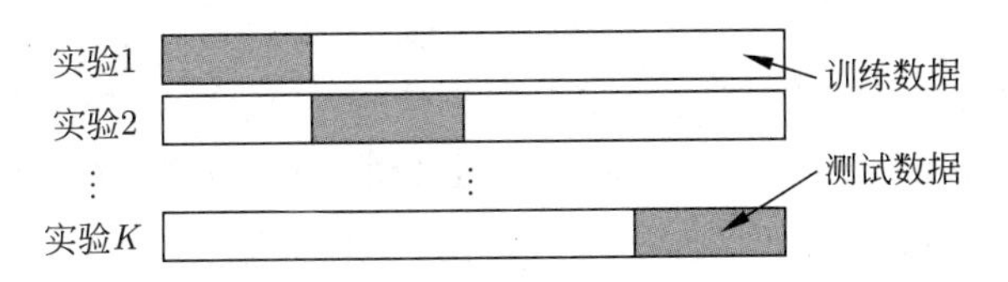

图 3.13　K-折交叉验证示意图，其中灰色部分表示每次实验对应的测试样本，空白部分对应的是训练样本

在交叉验证中，K 的选择对结果往往有一定影响。当数据集较大时，一般选择较小的 K；否则，选择较大的 K。极端情况，当 K 等于数据集大小 N 时，每次实验只有一个样本作为测试数据，这种情况称为“留一交叉验证法”(leave-one-out cross-validation)。

3.5 延伸阅读

关于最小二乘法的发明者，出现过争议[49]。勒让德（A. M. Legendre）于 1805 年在其著作《计算彗星轨道的新方法》中提出最小二乘法，但在很长一段时间内不为人所知。“数学王子”高斯也独立发明了最小二乘法并用其计算出了第一颗小行星谷神星的轨道，他于 1809 年将这一成果发表在著作《天体运动论》中，至此最小二乘法进入人们的视野。现在大多数学者的观点是将其归功于高斯，很大程度上是因为高斯的正态误差理论对于最小二乘法的独特意义。

机器学习任务中的数据通常具有高维的特征表示，因此特征选择成为一个重要任务（在第 9 章还会提到）。Lasso 提供了一种基于稀疏正则化的有效解决思路，其思想已被推广到多种场景。例如，弹性网络（elastic net）正则化[50] 将 L_1-范数和 L_2-范数加权相加，可以选择强相关的特征，并在一定程度上提高预测精度；分组 Lasso（group Lasso）[51–52] 考虑特征之间的分组结构，将同组特征当成一个单元进行选择；以及用于时间（或空间）数据分析的融合 Lasso（fused Lasso）[53] 和用于图结构学习的 Lasso 方法（graphical Lasso）[54]（详见第 12 章）等。值得注意的是，这些方法不止适用于回归任务，后文将要介绍的分类、决策等任务中，也经常使用稀疏正则化的方法进行特征选择。

此外，贝叶斯方法也广泛用于特征选择[55–57]，前文已经看到 Lasso 等方法可以看成贝叶斯方法的 MAP 估计。此外，采用贝叶斯推断的方法包括贝叶斯 Lasso[58]、Spike-and-Slab 变量选择等，其中，贝叶斯 Lasso 利用式 (3.35) 的尺度混合高斯的表示形式，进行贝叶斯推断（如吉布斯采样，在第 14 章将详细介绍）。Spike-and-Slab 方法最早由 Mitchell 和 Beanchamp[59] 提出，其基本思想是采用层次化混合先验，将每个特征 x_i 关联一个选择变量 $r_i \in \{0,1\}$，定义模型参数和选择变量的联合先验分布 $p(\boldsymbol{w},\boldsymbol{r}) = p(\boldsymbol{r})p(\boldsymbol{w}|\boldsymbol{r})$，其中 $p(\boldsymbol{r})$ 一般设为独立的伯努利分布，每个维度参数的条

件先验定义为

$$p(w_i|r_i) = r_i\mathcal{N}(0, \sigma_{i1}^2) + (1 - r_i)\mathcal{N}(0, \sigma_{i2}^2).$$

当 $r_i = 1$ 时，对应的特征被选择，相应地，高斯先验的方差趋向于取较大值；反之，当 $r_i = 0$ 时，对应的特征未被选择，其高斯先验的方差趋向于取较小值。从高斯分布的形状上看，前者像一个“厚板”（slab），后者像一个“脉冲”（spike），因此，该先验称为 Spike-and-Slab。如正文所述，贝叶斯方法的好处在于可以更加灵活地考虑先验知识、刻画特征选择的不确定性，以及进行模型选择等。后文将介绍贝叶斯模型的概率推断算法。

3.6 习题

习题 1 试推导式 (3.15) 的梯度，从而求出参数的最大似然估计。

习题 2 试证明 $\boldsymbol{P} = \boldsymbol{X}(\boldsymbol{X}^\top\boldsymbol{X})^{-1}\boldsymbol{X}^\top$ 可以将输入向量投影到 $\boldsymbol{X}$ 的列空间中（即 $\boldsymbol{P}$ 是关于 $\boldsymbol{X}$ 列向量的投影矩阵）。

习题 3 使用最大似然估计推导岭回归目标函数式（3.20）的最小值点。

习题 4 给定如下单变量二次优化问题：

$$\min_x \frac{1}{2}x^2 - xy + \lambda|x|, \tag{3.48}$$

其中 y 和 λ 是给定的值，证明其最优解为 $x^* = \text{sign}(y)(|y| - \lambda)_+$。

习题 5 编程实现 Lasso 的 ISTA 和 FISTA 算法，并在 UCI 数据集 Housing 上对比算法的收敛时间。

习题 6 在贝叶斯线性回归中，给定先验和似然函数，试推导后验分布式（3.37）中的参数 $\boldsymbol{w}_N$ 和 $\boldsymbol{V}_N$。

习题 7 证明式 (3.35) 的结论，即拉普拉斯分布可以写成“尺度混合高斯”的形式。

习题 8 在例 3.3.2中，完成迭代更新公式的推导过程。

习题 9 编程实现相关向量机（RVM）的参数更新算法，并采样线性核函数，即 $\kappa(\boldsymbol{x}, \boldsymbol{x}_n) = \boldsymbol{x}^\top\boldsymbol{x}_n$，在 UCI Iris 分类数据集上进行训练，分析参数估计的结果。

第 4 章　朴素贝叶斯分类器

本章以有监督学习的分类任务为例，介绍基于概率建模的分类器，具体包括概率密度估计和生成式的朴素贝叶斯（naïve Bayes）分类器，其中朴素贝叶斯分类器是一类最简单的概率模型。

4.1　基本分类模型

在分类任务中，给定训练集 $\mathcal{D} = \{(\boldsymbol{x}_i, y_i)\}_{i=1}^N$，其中 $\boldsymbol{x}_i \in \mathbb{R}^d$ 是输入特征向量、$y \in \mathcal{Y}$ 是数据的标签，这里的标签集合 $\mathcal{Y}$ 含有限多个可能的取值。对于二分类的情况，一般定义 $\mathcal{Y} = \{0, 1\}$，分别用 0 和 1 表示两类。对于多类别的情况，一般定义 $\mathcal{Y} = \{1, 2, \cdots, K\}$。分类的基本任务是对给定的输入 $\boldsymbol{x}$，赋予一个类别 $y \in \mathcal{Y}$。通常假设类别之间是互斥的，因此，每个数据只赋予单一的类别标签。① 相应地，输入样本空间被分为 K 个决策区域（每个区域对应一类），我们将决策区域的边界称为决策边界（或决策面）。

例 4.1.1 （昆虫分类）　昆虫学家对蚂蚱和蟋蟀两种害虫进行了采集与标注，并测量了触角长度和腹部长度两种特征，分别用 x_1 和 x_2 表示两维特征，用类别 0 和 1 表示两类，将样本置于二维的特征图上，如图 4.1所示。我们期望习得一个分类器，根据特征将害虫分类。

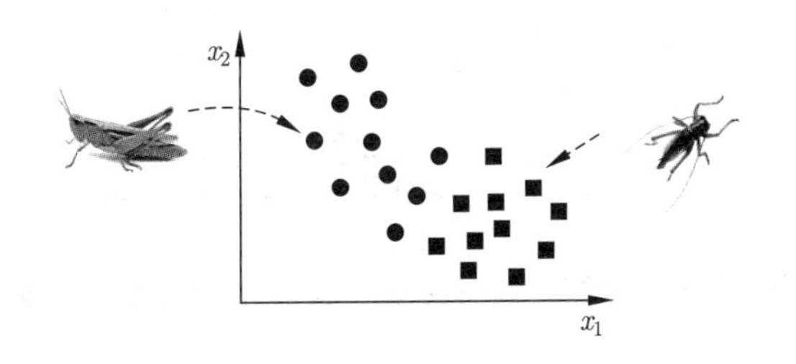

图 4.1　害虫样本与特征

主要有以下三类构建分类器的方法。

---

① 对于非互斥的情况，将允许一个数据点具有多个类别标签，这种任务称为多标签分类（multi-label classification）[60]。

(1) 判别函数：直接学习从输入到类别的预测函数 $f : \boldsymbol{x} \mapsto y$;

(2) 判别式概率模型：学习给定输入 $\boldsymbol{x}$ 时的条件概率分布 $p(y|\boldsymbol{x})$，并利用统计决策准则进行预测；

(3) 生成式概率模型：学习输入和类别的联合分布 $p(y, \boldsymbol{x})$，并通过贝叶斯定理推断类别的预测分布：

$$p(y|\boldsymbol{x}) = \frac{p(y, \boldsymbol{x})}{p(\boldsymbol{x})} = \frac{p(\boldsymbol{x}|y)p(y)}{p(\boldsymbol{x})}. \tag{4.1}$$

从概念上，判别函数最简单、直接，但也因为缺乏对数据分布的刻画，往往存在不少局限——特别是当我们关心与分类有关的其他任务时（如数据中存在噪声或缺失信息等）。本书将从生成式概率模型开始，后续逐步介绍判别式概率模型和基于判别函数的方法。

4.1.1 贝叶斯分类器

在机器学习中，有一种特殊的分类器，它能够达到理论上最优的分类错误率，这种分类器称为贝叶斯分类器，对应的错误率称为贝叶斯错误率。具体地，考虑理想情况，当联合分布 $p(\boldsymbol{x}, y)$ 与真实分布完全一致时，由式 (4.2) 得到的分类器称为贝叶斯分类器：

$$y^* = \underset{y \in \mathcal{Y}}{\operatorname{argmax}}\, p(y|\boldsymbol{x}) = \underset{y \in \mathcal{Y}}{\operatorname{argmax}}\, p(y)p(\boldsymbol{x}|y). \tag{4.2}$$

同时，可以证明贝叶斯错误率为理论最小错误率。

图 4.2展示了一维数据上二分类的直观例子。在给定真实分布的情况下，贝叶斯分类器 f^* 为从两类分布的交点处进行划分的决策面，其错误率为图 4.2 中浅蓝色和蓝色区域的面积。反之，对于任意一个其他的分类器（如 f'），其错误率将增加，增加的量为图 4.2 中黑色区域的面积。

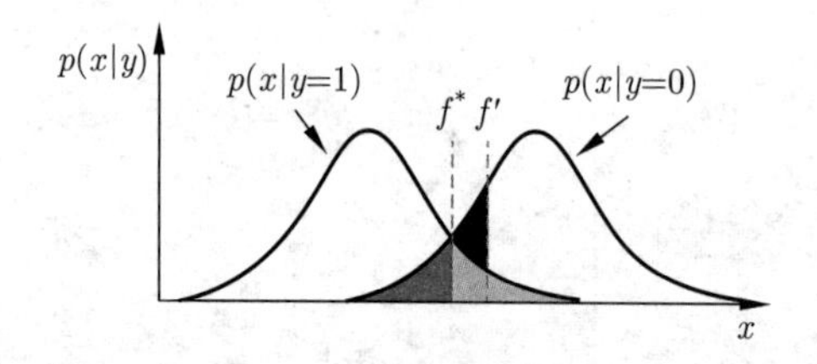

图 4.2　在已知数据真实分布的情况下，贝叶斯分类器 f^* 和任意其他分类器 f' 所对应的错误率示意图

考虑一般情况，设预测函数为 $f(\boldsymbol{x})$，它分类错误的概率为 $p_f(\text{error})$。对于一般性的多分类问题，给定输入样本 $\boldsymbol{x}$，分类错误的概率为

$$p_f(\text{error}|\boldsymbol{x}) = \sum_{y \in \mathcal{Y}} p(y|\boldsymbol{x}) \mathbb{I}(f(\boldsymbol{x}) \neq y), \tag{4.3}$$

其中 $\mathbb{I}(\cdot)$ 为示性函数[①]。从定义可以看出，分类错误率考虑所有可能的真实类别 y（服从概率分布 $p(y|\boldsymbol{x})$），将犯错的概率累加。为了衡量分类器 f 的整体错误率，需要对输入数据 $\boldsymbol{x}$ 求期望（平均）：

$$\begin{aligned} p_f(\text{error}) &= \mathbb{E}_{\boldsymbol{x}}\left[p_f(\text{error}|\boldsymbol{x})\right] \\ &= \int p(\boldsymbol{x}) \sum_y p(y|\boldsymbol{x})\mathbb{I}(f(\boldsymbol{x}) \neq y)\,\mathrm{d}\boldsymbol{x} \\ &= \int p(\boldsymbol{x})\left(1 - p(f(\boldsymbol{x})|\boldsymbol{x})\right)\mathrm{d}\boldsymbol{x} \\ &= 1 - \mathbb{E}_{\boldsymbol{x}}\left[p(f(\boldsymbol{x})|\boldsymbol{x})\right] \end{aligned} \tag{4.4}$$

对于特定的贝叶斯分类器 $f^*(\boldsymbol{x})$，根据定义有 $p(f^*(\boldsymbol{x})) = \max_{f(\boldsymbol{x})\in\mathcal{Y}} p(f(\boldsymbol{x})|\boldsymbol{x})$，代入式 (4.4)，可以得到其分类错误为

$$\begin{aligned} p_{f^*}(\text{error}) &= 1 - \mathbb{E}_{\boldsymbol{x}}\left[\max_{f(\boldsymbol{x})\in\mathcal{Y}} p(f(\boldsymbol{x})|\boldsymbol{x})\right] \\ &= 1 - \max_{f(\boldsymbol{x})\in\mathcal{Y}} \mathbb{E}_{\boldsymbol{x}}\left[p(f(\boldsymbol{x})|\boldsymbol{x})\right] \\ &= \min_f p_f(\text{error}). \end{aligned} \tag{4.5}$$

因此，理想情况下的贝叶斯分类器可以达到理论最小的分类错误率。

贝叶斯分类器虽然理论性质很好，但在实际应用中，不可能得知数据的真实分布。现实情形是获得从真实分布中采样出的一些样本，作为训练集，我们希望从训练数据中估计一个概率模型，近似数据的真实分布。

4.1.2　核密度估计

一种直接估计概率密度的方法是“非参数化估计”。考虑一般情况，令 $\boldsymbol{X}$ 表示待估计的随机向量。给定独立同分布的训练集 $\mathcal{D} = \{\boldsymbol{x}_i\}_{i=1}^N$，估计概率密度函数 $p(\boldsymbol{x})$。

一种最直接的选择是经验分布（见定义 3.1.1），即每个特征点出现的频率：

$$p(\boldsymbol{x}) = \frac{1}{N}\sum_{i=1}^N \mathbb{I}(\boldsymbol{x} = \boldsymbol{x}_i). \tag{4.6}$$

经验分布虽然简单，但它只在观察到的数据点上具有非零的概率，这往往与真实情况不符合，不具备泛化能力——在未观测数据上概率为 0！为此，我们倾向于更加“平滑”的概率分布，直方图（histogram）和核密度估计（kernel density estimation，KDE）是两种常用的方法。下面用一个例子介绍这两种方法。

例 4.1.2（高斯混合模型密度估计）设随机变量 X 服从高斯混合分布 $p(x) = 0.4 \times \mathcal{N}(0,1) + 0.6 \times \mathcal{N}(6,1)$，随机采样 200 个数据点组成数据集 $\mathcal{D}$。图 4.3展示了用直方图和高斯核密度估计拟合的结果。可以看到，直方图虽然简单、方便，但相对

① 若条件满足，则为 1，否则为 0。

比较“粗糙”，概率分布函数不“平滑”。核密度估计是一种更加可靠的“非参数化”方法。

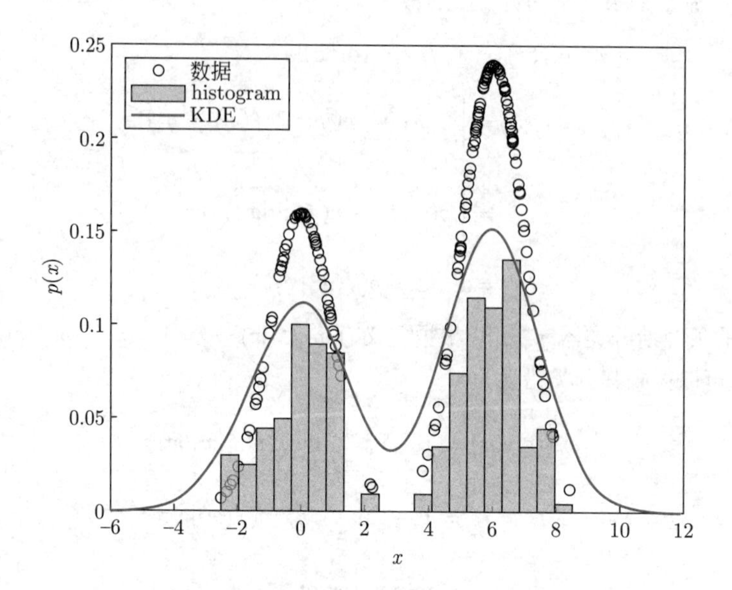

图 **4.3** 用直方图和高斯核密度估计拟合的结果

核密度估计的一般公式为

$$p(\boldsymbol{x})=\frac{1}{N}\sum_{n=1}^{N}k\left(\frac{\boldsymbol{x}-\boldsymbol{x}_n}{h}\right), \tag{4.7}$$

其中 $k(\cdot)$ 是一个核函数，参数 h 决定了每个核的“光滑”程度，也称为带宽。用于核密度估计的核函数需要满足两个条件：① $k(\boldsymbol{u})\geqslant 0$；② $\int k(\boldsymbol{u})\mathrm{d}\boldsymbol{u}=1$。关于核函数，存在多种选择，其中比较常用的是高斯核。

例 **4.1.3** (高斯核)　选择核函数 $k(\boldsymbol{u})=\mathcal{N}(\boldsymbol{0},\boldsymbol{I})$，代入式 (4.7) 可得估计：

$$p(\boldsymbol{x})=\frac{1}{N}\sum_{n=1}^{N}\frac{1}{(2\pi h^2)^{1/2}}\exp\left\{-\frac{\|\boldsymbol{x}-\boldsymbol{x}_n\|^2}{2h^2}\right\}, \tag{4.8}$$

h 值的选择通常对结果会产生影响。如图 4.4所示，一般情况下，如果 h 过小，将对数据中的噪声敏感；反之，如果 h 过大，则拟合的 $p(\boldsymbol{x})$ 可能过于平滑。

利用上述“非参数密度估计”工具，对于图 4.1所示的分类任务，我们对每一类训练数据进行密度估计，可以得到 $p(\boldsymbol{x}|y)$。不妨假设某个害虫在特征未知时，是蚂蚱（$y=0$）还是蟋蟀（$y=1$）的概率是相同的，即类别的先验分布是均匀分布：$p(y=0)=p(y=1)=\frac{1}{2}$。根据贝叶斯公式，可以方便地导出特定触角长度下属于两

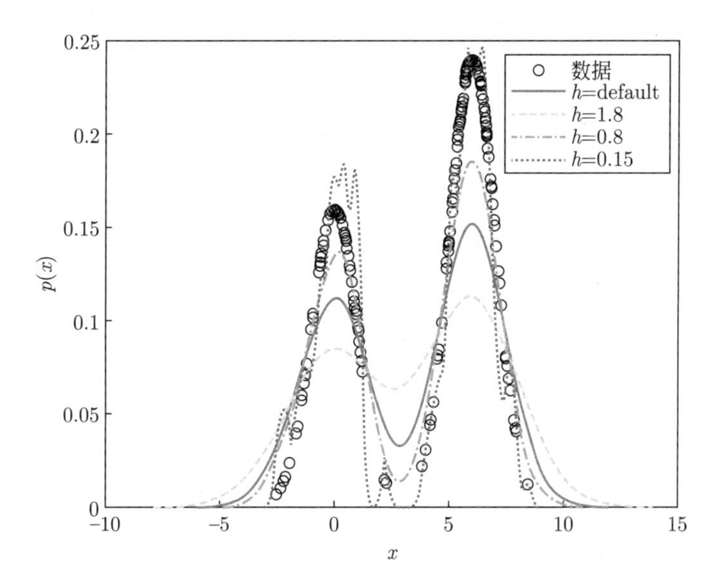

图 4.4　对例 4.1.2中的数据，使用不同参数值 h 时，高斯核密度估计的结果，其中默认参数为 $h = 1.1629$

个类别的后验分布：

$$p(y=0|x_1) = \frac{p(x_1|y=0)p(y=0)}{p(x_1|y=0)+p(x_1|y=1)}$$

$$p(y=1|x_1) = \frac{p(x_1|y=1)p(y=1)}{p(x_1|y=0)+p(x_1|y=1)}.$$

应用这一推断，对触角长度为 3（$x_1 = 3$）的情况，计算害虫属于两个类别的概率，然后简单地将新实例分入概率较高的类别，这样就完成了分类。

4.1.3　维数灾

当训练样本足够多时，核密度估计和直方图均可收敛到真实数据分布。但是，在维度 d 较大时，均面临维数灾（curse of dimensionality）的问题。具体地，对于 d 维特征，如果每一维分成 M 分段（Bin），则共有 M^d 指数多个，对于给定的有限个样本来说，绝大部分的分段将是空的，没有样本；反之，为了能够稳定地估计密度，所需要的样本量将多到不可承受。对于核密度估计，其收敛速度约为 $O(N^{(1/d)})$，因此，当 d 较大时，收敛是非常慢的。

事实上，我们通常在低维空间（$d \leqslant 3$）中的直觉在高维空间中可能不符合，如例 4.1.4。

例 4.1.4　考虑一个半径为 $r=1$ 的球，以及在 $(1-\epsilon, 1)$ 之间的环，计算它们的体积比。半径为 r 的球的体积为 $V_d(r) = K_d r^d$，其中 K_d 只与 d 有关。我们可以得到环与球的体积比为

$$\tau = \frac{V_d(1) - V_d(1-\epsilon)}{V_d(1)} = 1 - (1-\epsilon)^d.$$

因此，在维度高时，球的体积几乎都聚集在表面附近的薄环上！

对于概率密度估计，除了上述“非参数化”方法之外，还可以采用参数化的方法（类似于使用线性回归模型），但在构建参数化模型时，如果不进行适当假设，也会面临维数灾的问题，如例 4.1.5。

例 4.1.5（二值变量）假设 d 维二值随机变量 $X_1, X_2, \cdots, X_d$，则联合概率分布 $p(\boldsymbol{X})$ 将需要 2^d-1 个参数来刻画——我们对任意一个可能取值 $\boldsymbol{x}$，需要一个概率值来描述，共有 2^d 个可能取值；再由于概率分布的归一化约束，因此只需要 2^d-1 个自由参数。

值得说明的是，虽然维数灾是普遍存在的，但是不代表我们就不能进行有效的机器学习。主要原因有两点：①真实的数据往往分布在一个相对低维的“子空间”中；②真实的数据往往具有某种（局部）“平滑”性，使得我们可以在适当范围内做泛化（比如预测相近样本的类别）。现实中比较好用的机器学习方法均或多或少地利用了这些特性，后文将陆续看到很多具体例子。

4.2 朴素贝叶斯模型

如上节所述，为了克服维数灾的问题，可以在概率建模的过程中引入一些“合理”的先验假设，使得概率方法可以优雅地应用于这些假设下的模型。朴素贝叶斯便是一种简易且常用的概率模型。

4.2.1 生成式模型

考虑一个特征稍微多的动物分类的例子。假定对两类动物进行分类——哺乳类和鸟类，每一种动物有四种可以被观察到的特征：是否有尖嘴（记为 X_1）、是否会飞（记为 X_2）、是否有四条腿（记为 X_3）、是否有皮毛（记为 X_4）。一般情况下，当我们想到哺乳动物时，会自然联想到它可能有皮毛、有四条腿；而想到鸟类时，自然会联想到它可能会飞、有尖嘴。这种从类别到特征的“联想”过程，可以用图 4.5进行描述，其中，每一种类别有两个对应的最可能的特征。但是，每一种类别对应的特征的概率一般是不同的，例如鸟类有尖嘴和鸟类会飞的概率不尽相同。为了定量地对这一过程进行建模，下面引入概率工具。

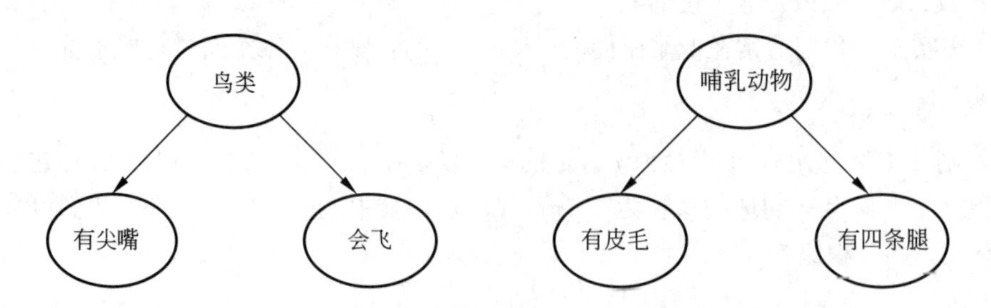

图 4.5　鸟类和哺乳动物类及对应的最可能的特征

如图 4.6所示，朴素贝叶斯分类器采取的是“类别-特征”生成式模型。这种模型的基本要素是类别标签和特征，在上述例子中，类别和特征均是二值的。假定数据的特征和分类标签分别是 $\boldsymbol{x}$ 和 y，其中输入数据是 d 维的特征向量 $\boldsymbol{x} = (x_1, x_2, \cdots, x_d)^\top$。给定如图 4.6中的生成式模型，可以得到联合分布 $p(\boldsymbol{x}, y)$。由条件概率公式得：

$$p(\boldsymbol{x}, y) = p(y)p(\boldsymbol{x}|y), \tag{4.9}$$

其中 $p(y)$ 是类别先验分布，$p(\boldsymbol{x}|y)$ 是给定类别时特征的生成概率。$p(\boldsymbol{x}|y)$ 描述了由类别标签 y 生成特征点 $\boldsymbol{x}$ 的过程。

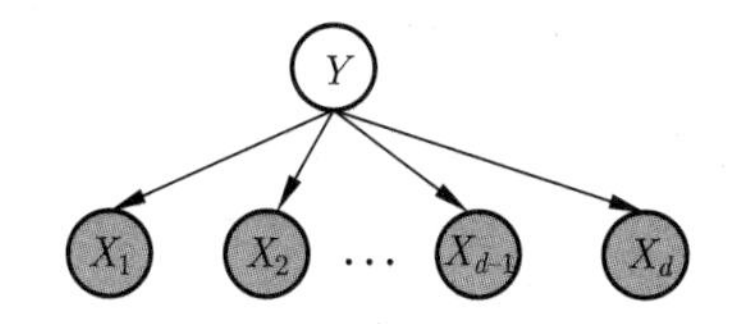

图 4.6 “类别-特征”生成式模型

如前所述，根据贝叶斯公式和式 (4.2)，可得相应的分类模型。

4.2.2 朴素贝叶斯假设

定义概率模型时，往往需要进行合理的假设，以避免如例 4.1.5中的参数个数指数爆炸的问题。朴素贝叶斯假设是一种常见的简单、直观的假设。

具体地，朴素贝叶斯分类器对分布 $p(\boldsymbol{x}|y)$ 的具体形式做进一步的假设，即在给定类别的情况下，特征之间是相互独立的，该假设称为朴素贝叶斯假设。在图 4.6中，这对应着 $X_1, X_2, \cdots, X_d$ 之间没有直接相连的边。①这个假设下，联合条件分布简化为

$$p(\boldsymbol{x}|y) = \prod_{j=1}^{d} p(x_j|y), \tag{4.10}$$

其中每个特征的分布 $p(x_j|y)$ 称为一个因子（factor），具体形式可根据 x_j 的特点定义。朴素贝叶斯假设极大地降低了模型的复杂度和参数个数。下面对一种特征值离散的简单情形进行概率建模。

例 4.2.1 (二值变量的朴素贝叶斯分类器) 假定每个特征 X_j 具有 0/1 两种取值，Y 也只有 0/1 两种标签，这样便可采用伯努利分布对它们进行刻画。对于标签 Y 的先验，引入参数为 π 的伯努利分布：

$$p(y|\pi) = \begin{cases} \pi, & y = 1 \\ 1 - \pi, & y = 0 \end{cases} \tag{4.11}$$

---

① 这是一个概率图模型（probabilistic graphical model，PGM），每个节点对应一个随机变量，边表示节点之间的依赖关系。如果两个变量之间没有直接的边，表示它们没有“直接的依赖关系”，但它们可能存在其他的依赖关系，具体内容将在第 12 章详细介绍。从图 4.6 中可看出，PGM 给我们提供了一个直观表示模型的方法，是概率机器学习的核心内容之一。

对于特征 X_j 的似然，引入参数 q_{0j}, q_{1j} 的伯努利分布

$$p(x_j|y=0,\boldsymbol{q}) = \begin{cases} q_{0j}, & x_j = 1 \\ 1 - q_{0j}, & x_j = 0 \end{cases}$$

$$p(x_j|y=1,\boldsymbol{q}) = \begin{cases} q_{1j}, & x_j = 1 \\ 1 - q_{1j}, & x_j = 0 \end{cases}$$

该模型只需 $2d+1$ 个参数。因此，朴素贝叶斯关于特征独立性的假设使得模型的刻画由指数级别的参数减少至线性级别，避免了密度估计中组合爆炸的问题。

之所以称这种方法是“朴素的”①，是因为式(4.10)中的独立性假设在现实情况下未必成立。值得注意的是，即使现实情况下不满足独立性假设，朴素贝叶斯分类器在很多任务上仍然较为有效[61]。

4.2.3 最大似然估计

给定训练集 $\mathcal{D} = \{(\boldsymbol{x}_i, y_i)\}_{i=1}^N$，将前文介绍的最大似然估计准则应用于 4.2.2 节中二值离散的朴素贝叶斯模型，可以得到优化问题：

$$(\hat{\pi}, \hat{\boldsymbol{q}}) = \underset{\pi,\boldsymbol{q}}{\operatorname{argmax}} \sum_{i=1}^N \log p(\boldsymbol{x}_i, y_i|\pi, \boldsymbol{q}). \tag{4.12}$$

注意到伯努利分布的参数 $\pi, \boldsymbol{q}$ 介于 0 和 1 之间，这实际上是一个带约束的优化问题。我们可以使用拉格朗日乘子法求解。通过推导，最终的结果为

$$\hat{\pi} = \frac{N_1}{N}, \quad \hat{q}_{0j} = \frac{N_0^j}{N_0}, \quad \hat{q}_{1j} = \frac{N_1^j}{N_1}, \tag{4.13}$$

其中 $N_k = \sum_{i=1}^N \mathbb{I}(y_i = k)$ 是标签为 k 的数据个数，$N_k^j = \sum_{i=1}^N \mathbb{I}(y_i = k, x_{ij} = 1)$ 是标签为 k 且特征 x_j 为 1 的数据个数。由此可见，MLE 得到的参数估计结果正是训练集中属性出现的频率。

然而，这种看似简单的利用统计频率作为参数的估计方法具有严重的缺陷。在训练样本不足，或特征维数较高时，可能会有某些类别或某些特征在训练集中并不出现的情况，称为数据贫乏问题（data scarcity issue）或零计数问题（zero-counts problem）。例如，在上面的哺乳动物和鸟类的判断中，如果训练数据里包含的全部都是会飞的鸟和不会飞的哺乳动物，那么根据上面最大似然的公式：

$$\hat{q}_{0j} = \frac{N_0^j}{N_0} = 0.$$

这个结果错误地认为鸟一定都会飞、哺乳动物一定都不会飞。注意，这里的“会”和“不会”都是概率上的 1 和 0，但这并不是事实。训练数据中可能没有包含一些特殊

① 英文中的 naïve 指简单的。这里按照中文约定俗称，翻译为“朴素的”。

情况，例如，企鹅是不会飞的鸟类、蝙蝠虽是哺乳动物但会飞。这种片面的结论源于在朴素贝叶斯的最大似然估计法应用的过程中，不够全面的数据导致的过拟合。

为克服这种潜在的问题，一种常见的方法是拉普拉斯平滑化（Laplace smoothing）或加性平滑化（additive smoothing），即取一个极小的正数 $\alpha > 0$，对式 (4.13) 进行微小的修正，得到如下估计：

$$\hat{q}_{0j} = \frac{N_0^j + \alpha}{N_0 + 2\alpha}, \quad \hat{q}_{1j} = \frac{N_1^j + \alpha}{N_1 + 2\alpha}. \tag{4.14}$$

这样便避免了因样本不足导致的概率估值为 0 的问题，且由于 α 比较小，在训练集变大时，修正过程引入的“偏置”的影响将不断减小，直至可以忽略。

4.2.4　最大后验估计

上述拉普拉斯平滑可以从贝叶斯推断的角度进行严格的推导和理解，可以看成一种最大后验（MAP）估计。具体地，用 $\boldsymbol{\theta}$ 表示模型参数，在 MAP 估计中，引入 $\boldsymbol{\theta}$ 的先验分布 $p(\boldsymbol{\theta})$，最大后验估计求解如下问题：

$$\begin{aligned}\hat{\boldsymbol{\theta}}_{\text{MAP}} &= \underset{\boldsymbol{\theta}}{\operatorname{argmax}} \log p(\boldsymbol{\theta}|D) \\ &= \underset{\boldsymbol{\theta}}{\operatorname{argmax}} \log p(\boldsymbol{\theta}) + \sum_{i=1}^{N} \log p(\boldsymbol{x}_i, y_i|\boldsymbol{\theta}).\end{aligned} \tag{4.15}$$

与回归模型相似，当先验分布 $p(\boldsymbol{\theta})$ 为均匀分布时，MAP 估计退化为 MLE，这表示先验分布对参数没有任何预判。当先验为高斯分布时，MAP 等价于 L_2 正则化的 MLE。随着数据量的增加，式 (4.15) 中似然项的比重逐渐增大，参数估计逐渐向训练数据靠拢，先验的影响会越来越小。

同样地应用于二值离散的朴素贝叶斯模型，我们对伯努利参数 q_{0j} 施加一个先验。考虑到 q_{0j} 的取值在 0 和 1 之间，常采用下面的 Beta 分布：

$$p_0(q_{0j}|\alpha_1, \alpha_2) = \text{Beta}(\alpha_1, \alpha_2) = \frac{\Gamma(\alpha_1 + \alpha_2)}{\Gamma(\alpha_1)\Gamma(\alpha_2)} q_{0j}^{\alpha_1 - 1}(1 - q_{0j})^{\alpha_2 - 1}. \tag{4.16}$$

这里的 α_1, α_2 是超参数，控制着 Beta 分布的形式。如第 2 章的例 2.4.1所介绍，当 $\alpha_1 = \alpha_2 = 1$ 时 Beta 分布退化为均匀分布。

使用式 (4.16) 的先验，MAP 给出对 $\boldsymbol{q}$ 的估计：

$$\hat{\boldsymbol{q}} = \underset{\boldsymbol{q}}{\operatorname{argmax}} \log p_0(\boldsymbol{q}) + \sum_{i=1}^{N} \log p(\boldsymbol{x}_i, y_i|\boldsymbol{q}). \tag{4.17}$$

类似于求解 MLE，利用拉格朗日法，可以得到最优解：

$$\hat{q}_{0j} = \frac{N_0^j + \alpha_1 - 1}{N_0 + \alpha_1 + \alpha_2 - 2}, \quad \hat{q}_{1j} = \frac{N_1^j + \alpha_1 - 1}{N_1 + \alpha_1 + \alpha_2 - 2}. \tag{4.18}$$

对比式 (4.18) 和式 (4.14)，可以发现 MLE 结合拉普拉斯平滑化给出的参数估计是贝塔先验分布下 MAP 给出的参数估计的特殊情形（$\alpha_1 = \alpha_2$ 且均大于 1），这为拉普拉斯平滑化提供了理论支持。α_1, α_2 作为超参数，不同的选择将产生不同的影响。当 $\alpha_1 = \alpha_2 = 1$ 时，先验为均匀分布，不提供任何信息，得到的参数估计正是 MLE 给出的参数估计。当增大 α_1, α_2 时，先验对参数估计结果将会产生更大的影响。

4.3 朴素贝叶斯的扩展

4.2 节中的朴素贝叶斯方法是一种较为简单的设定，即标签和特征都是二值离散的。为了满足处理不同类型数据的需求，本节给出几种扩展。

4.3.1 多值特征

这里用垃圾邮件分类作为一个具体的例子。垃圾邮件有许多可以探测的特征，比如很多垃圾邮件会布满夸张的大写，或者跟上一个推销链接，抑或出现很多类似 join us now、can't miss it 之类的词汇。直觉上，当这些特征出现时，我们会更容易将它们判断为垃圾邮件。

一种常见的表示文本数据的方式是词袋模型（见第 1 章）。一封邮件的内容是很复杂的，详细理解其中的意思属于自然语言处理的问题，在进行垃圾邮件分类时，可以做一个简化——忽略词语的顺序信息，仅考虑词语出现的频率。首先，将关心的词汇排成一个含有 d 个词语的"字典" V。然后，用一个 d 维向量 $\boldsymbol{x}$ 表示每一个文本，其中 x_j 表示词典中第 j 个单词在该文本中出现的次数。这种表示如同把所有的词语直接装入了一个袋子，仅考虑其出现的词频。

朴素贝叶斯分类器可以扩展用于垃圾邮件分类的任务。具体地，令 $\boldsymbol{\theta}$ 表示模型的未知参数，我们定义类别先验分布 $p(y|\boldsymbol{\theta})$ 和条件概率分布 $p(\boldsymbol{x}|y,\boldsymbol{\theta})$。垃圾邮件是二分类的问题，仍定义 $p(y|\boldsymbol{\theta})$ 为伯努利分布，参数为 θ_0。根据朴素贝叶斯的独立性假设，定义条件概率分布为多项式分布：

$$p(\boldsymbol{x}_i|y=c,\boldsymbol{\theta}) = \frac{N_i!}{\prod_{j=1}^{d} x_{ij}!} \cdot \prod_{j=1}^{d} \theta_{cj}^{x_{ij}}, \tag{4.19}$$

这里，$N_i = \sum_{j=1}^{d} x_{ij}$ 表示第 i 个文本向量出现的单词总数，而 θ_{cj} 表示在标签 c 下出现第 j 个单词词频特征的概率参数。这种扩展的朴素贝叶斯也称为多项式朴素贝叶斯分类器。

对于该模型，可以通过最大似然估计或最大后验（MAP）估计得到最优的模型参数 $\hat{\boldsymbol{\theta}}$。以最大后验估计为例，假设 $\theta_0 \sim \mathrm{Beta}(\alpha_1,\alpha_2)$ 服从贝塔先验分布，$\boldsymbol{\theta}_c \sim \mathrm{Dir}(\beta_1,\beta_2,\cdots,\beta_d)$ 服从狄利克雷先验分布。应用 MAP 估计，可以得到最优解：

$$\hat{\theta}_{cj} = \frac{N_{cj}+\beta_j}{\sum_{j=1}^{d}(N_{cj}+\beta_j)}, \tag{4.20}$$

其中 N_{cj} 是单词 j 在类别为 c 的训练样本中出现的次数；

$$\hat{\theta}_0 = \frac{N_0+\alpha_1-1}{N+\alpha_1+\alpha_2-2}, \tag{4.21}$$

其中 N_0 为训练数据中标记为类别 0 的样本数。

值得一提的是，多项式朴素贝叶斯分类器可以表示成对数空间中的线性分类器，这是因为：

$$\log p(y=c|\boldsymbol{x}) \propto \log p(y=c) + \sum_{j=1}^{d} x_j \log \theta_{cj} = b_c + \boldsymbol{w}_c^{\top} \boldsymbol{x}, \tag{4.22}$$

其中，$b_c = \log p(y=c)$，$w_{cj} = \log \theta_{cj}$。4.4 节将进一步分析朴素贝叶斯分类器的决策边界。

4.3.2　多类别分类

在上面的例子中，分类依然是二值的。在许多现实应用中，需要分类的类别数大于 2，这也就是所谓的多类别的分类问题。例如，医生在诊断时，通过观测的各种症状（如体温、血液白细胞含量、炎症、腹泻状况等），判断一个病人的病症。显然，这里医生需要判断的标签将不再是简单的有无病症，而是具体的病症属于候选集合中的哪一个（如风寒感冒、病毒流感、食物中毒、急性肠胃炎等）。朴素贝叶斯分类器可以推广到多类别的分类任务。

具体地，对于多类别的情况，类别先验分布 $p(y)$ 假设为多项式分布，其中 $p(y=c)=\theta_{c0}$。这里考虑多值的特征，即 $p(\boldsymbol{x}|y)$ 服从多项式分布。利用式 (4.22) 的结论，该模型在对数空间中是一个线性分类器；相应地，模型的预测准则为

$$\hat{y} = \underset{c}{\operatorname{argmax}}\, p(y=c|\boldsymbol{x}, \boldsymbol{\theta}) = \underset{c}{\operatorname{argmax}}(b_c + \boldsymbol{w}_c^{\top} \boldsymbol{x}). \tag{4.23}$$

在具体操作中，我们经常逐一比较原有的类别标签和新的类别标签产生某一个特征的可能性，这里常用的便是二者似然概率的比值，比如在给定特征 $\boldsymbol{x}$ 的前提下，取给定特征 $\boldsymbol{x}$ 下两个标签 c_1, c_2 的似然概率比值：

$$\frac{p(c_1|\boldsymbol{x})}{p(c_2|\boldsymbol{x})} = \frac{p(\boldsymbol{x}|c_1)p(c_1)}{p(\boldsymbol{x}|c_2)p(c_2)}.$$

这个比值越大，说明由 c_1 产生特征 $\boldsymbol{x}$ 的可能性更大，反之则说明由 c_2 产生的可能性更大。最终经过一番“打擂台”的比较，就可以知道哪一个标签的分类是最好的。下面用一个具体的例子简单体会一下多变量方法背后的原理。

例 4.3.1 (流感诊断)　假如我们要判断一个病人是风寒感冒 (cold)、病毒流感 (flu)，还是食物中毒的肠胃炎 (stomach)，这里假设病人主要只患一种疾病，而能够观测到的病症是发热，白细胞水平高，没有腹泻、咽痛，将其表示为二值的特征 $\boldsymbol{x}=(1,1,0,1)^{\top}$。假设不同病症产生对应症状的概率如下。

产生概率	发热	白细胞高	腹泻	咽痛
风寒感冒	0.9	0.15	0.2	0.4
病毒流感	0.8	0.9	0.1	0.8
肠胃炎	0.85	0.8	0.95	0.3

如果处在春季，一个通常流感高发的季节，由先验概率判断 $p(\text{cold})=0.2, p(\text{flu})=0.5, p(\text{stomach})=0.3$，可以逐一计算三种似然概率为

$$\begin{aligned}
p(y=\text{cold}|\boldsymbol{x}) &= p(\text{cold})p(\boldsymbol{x}|y=\text{cold}) \\
&= 0.2\times 0.9\times 0.15\times 0.8\times 0.4 = 0.009 \\
p(y=\text{flu}|\boldsymbol{x}) &= p(\text{flu})p(\boldsymbol{x}|y=\text{flu}) \\
&= 0.5\times 0.8\times 0.9\times 0.9\times 0.8 = 0.259 \\
p(y=\text{stomach}|\boldsymbol{x}) &= p(\text{stomach})p(\boldsymbol{x}|y=\text{stomach}) \\
&= 0.3\times 0.85\times 0.8\times 0.05\times 0.3 = 0.003
\end{aligned}$$

通过比较可以发现，病毒性流感的概率是其他两个的数十倍，从而我们很容易相信这位病人所患的病应该是流感。这并不意外，因为其他两个病症都有违背直觉的情况，例如，风寒感冒不应该出现白细胞较高、肠胃炎应该出现腹泻症状等。这些特点体现在似然概率的乘积里，就极大地减小了我们判断这两种病发生的可能性。

4.3.3 连续型特征

高斯朴素贝叶斯 (Gaussian naive Bayes，GNB) 可用于连续特征下的分类问题，即每一个特征的生成概率都服从高斯分布。当假设给定类别 c，特征相互独立，且每一维特征的均值和方差都不同时，每维特征的条件概率可以描述为

$$p(x_{ij}|y_i=c)=\mathcal{N}(\mu_{cj},\sigma_{cj}^2). \tag{4.24}$$

对高斯朴素贝叶斯做最大似然估计，可以得到最优参数：

$$\hat{\mu}_{cj}=\frac{1}{\sum\limits_i \mathbb{I}(y_i=c)}\sum_i x_{ij}\mathbb{I}(y_i=c), \tag{4.25}$$

$$\hat{\sigma}_{cj}^2=\frac{1}{\sum\limits_i \mathbb{I}(y_i=c)}\sum_i (x_{ij}-\hat{\mu}_{cj})^2\mathbb{I}(y_i=c), \tag{4.26}$$

其中 j 为特征向量的第 j 个维度。

值得注意的是，上述假设可以根据实际需要进行适当调整。例如，为了降低参数量，可以假设不同维度共享同一个方差 σ_c^2；也可以进一步假设不同类别也共享方差 σ^2；同时，还可以对特征之间的条件独立性假设进行放松，例如，用协方差矩阵 $\boldsymbol{\Sigma}_c$ 表示给定类别 c 的条件下，特征满足的联合高斯分布，即 $p(\boldsymbol{x}_i|y_i=c)=\mathcal{N}(\boldsymbol{\mu}_c,\boldsymbol{\Sigma}_c)$。

例 **4.3.2** (鸢尾花分类) 使用高斯朴素贝叶斯方法对鸢尾花数据集[①]的三个类别标签和 4 个特征中的前两个进行分类。每一类高斯分布都选择不同的方差，得到的分类结果如图 4.7(a) 所示。如果假定每一类的高斯生成式概率的方差都相同，此时得到的分类结果如图 4.7(b) 所示。可以看到，前者的分类边界是分段非线性的；而后者是分段线性的。

① https://archive.ics.uci.edu/ml/datasets/Iris/.

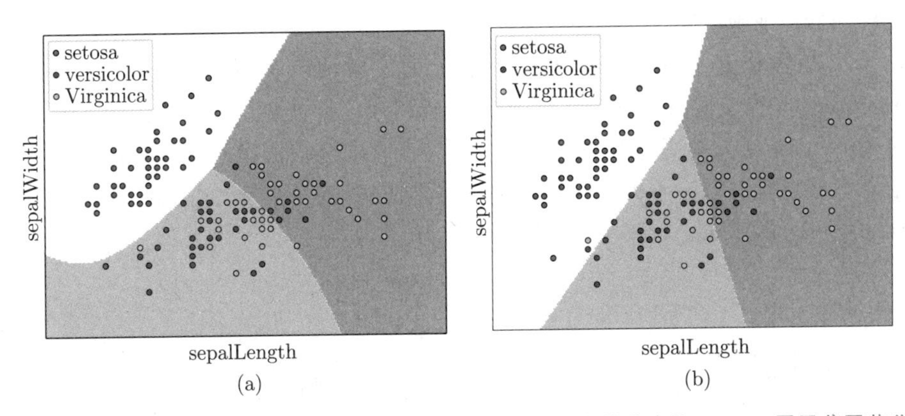

图 4.7　(a) 方差不共享的 GNB 用于鸢尾花分类；(b) 方差共享的 GNB 用于鸢尾花分类

4.3.4　半监督朴素贝叶斯分类器

在实际应用中，获得数据的标注信息往往需要花费一定的时间和金钱，且某些任务中可能比较难以获得大量的标注数据（例如，罕见病的诊疗）。但从很多任务中可以获得大量的无标注数据。半监督学习介于有监督学习和无监督学习之间，其目标是从无标注数据中提取信息，辅助学习预测模型。对于朴素贝叶斯模型，有一个直观易实现的半监督学习算法。

具体地，给定训练数据 $\mathcal{D}=\mathcal{D}_s\cup\mathcal{D}_u$，其中 $\mathcal{D}_s=\{(\boldsymbol{x}_i,y_i)\}_{i=1}^N$ 表示 N 个有标注数据、$\mathcal{D}_u=\{\boldsymbol{x}_i\}_{i=N+1}^{N+M}$ 表示 M 个无标注数据，一般假设 $N\ll M$。半监督朴素贝叶斯分类器的算法如下。

(1) 在有标注数据集 $\mathcal{D}_s$ 上训练一个朴素贝叶斯分类器 $\hat{\boldsymbol{\theta}}$;

(2) 迭代如下步骤，直至收敛。

(a) 对任一无标注数据 $\boldsymbol{x}_i\in\mathcal{D}_u$，利用当前模型计算类别预测概率 $\hat{y}_i=p(y|\boldsymbol{x}_i,\hat{\boldsymbol{\theta}})$，并作为 $\boldsymbol{x}_i$ 的“伪标签”;

(b) 在数据集 $\hat{\mathcal{D}}=\mathcal{D}_s\cup\{(\boldsymbol{x}_i,\hat{y}_i)\}_{i=N+1}^{N+M}$ 上通过最大似然估计，更新模型参数 $\hat{\boldsymbol{\theta}}$。

对于终止条件，一般设为似然函数 $p(\mathcal{D}|\boldsymbol{\theta})$ 变化较小时停止迭代。对于在“伪标签”数据上的最大似然估计，具体优化目标函数如下。

$$\log p(\hat{\mathcal{D}}|\boldsymbol{\theta})=\sum_{i=1}^{N}\log p(y_i,\boldsymbol{x}_i|\boldsymbol{\theta})+\sum_{i=N+1}^{N+M}\sum_{y}p(y|\boldsymbol{x}_i,\hat{\boldsymbol{\theta}})\log p(y,\boldsymbol{x}_i|\boldsymbol{\theta}),\tag{4.27}$$

其中第二项的直观含义是：对无标注数据 $\boldsymbol{x}_i$，由于不知道真实标签，算法将根据当前模型“猜测”的“伪标签”进行平均（即期望）。该算法实质上是一种“期望最大化”（EM）算法[62]，第 8 章将具体介绍 EM 算法的原理。

4.3.5　树增广朴素贝叶斯分类器

朴素贝叶斯分类器假设特征变量之间完全条件独立，这种假设可能过于严格，在实际应用中特征之间可能存在依赖关系，例如，在例 4.3.1中，一个人如果发烧了，往往会伴随着白细胞水平的升高。

为了增强朴素贝叶斯分类器的表达能力，树增广朴素贝叶斯分类器（tree-augmented naive Bayes，TAN）[63] 使用一棵树表达特征变量之间的依赖关系。① 如图 4.8所示，给定类别变量 Y 时，特征变量之间存在互相依赖关系，这里用有方向的边表示直接依赖关系。不失一般性，设 x_1 为树的根节点，令该模型的联合概率分布为 $p(\boldsymbol{x}, y) = p(y)p(\boldsymbol{x}|y)$，其中条件概率分布为

$$p(\boldsymbol{x}|y=c) = p(x_1|y=c)\prod_{i=2}^{d} p(x_i|\boldsymbol{x}_{\pi_i}, y=c), \tag{4.28}$$

其中 π_i 表示变量 x_i 在树上的父亲节点。根据每个特征的性质（如离散、连续），这里的每个因子分布可以选择相应的概率分布表示。给定训练样本，模型的参数可以通过最大似然估计完成，这里不再赘述。

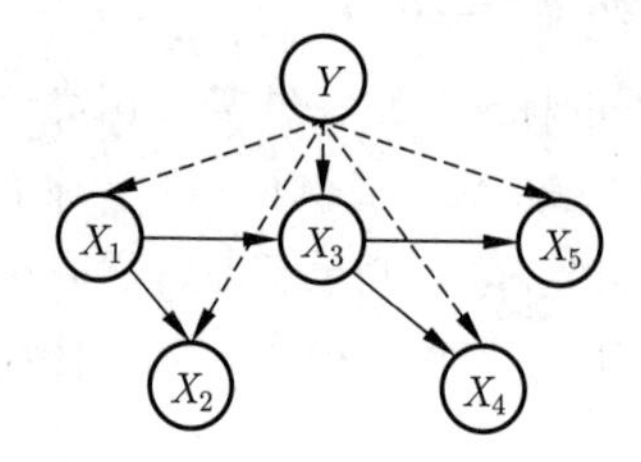

图 4.8　树增广朴素贝叶斯分类器的结构示意图

4.4 朴素贝叶斯的分析

本小节对朴素贝叶斯模型进行一些分析，包括推导其分类边界以及计算其预测概率。

4.4.1 分类边界

分类的任务是将特征空间进行划分，区分不同类别的数据。朴素贝叶斯是一个概率模型，它的预测是通过贝叶斯推断实现的。那么，读者可能会问：朴素贝叶斯的分类边界是什么呢？是线性的还是非线性的？

要回答上述问题，首先要清楚何为分类边界。这里以二分类为示例，其分类边界是区分两类数据的“中间地带”——两类得分相同的地方。基于这种理解，概率模型的分类边界是满足如下等式的点组成的面：

$$p(y=0|\boldsymbol{x}, \boldsymbol{w}) = p(y=1|\boldsymbol{x}, \boldsymbol{w}), \tag{4.29}$$

即两类的条件概率相同。进一步简化，可以写成 $f(\boldsymbol{x}, \boldsymbol{w}) = 0$ 的形式：

$$\log \frac{p(y=1|\boldsymbol{x}, \boldsymbol{w})}{p(y=0|\boldsymbol{x}, \boldsymbol{w})} = 0. \tag{4.30}$$

① 事实上，TAN 是一个贝叶斯网络，第 12 章将详细介绍。

对于朴素贝叶斯模型，其分类边界的一般形式为

$$\log \frac{p(y=1)p(\boldsymbol{x}|y=1,\boldsymbol{w})}{p(y=0)p(\boldsymbol{x}|y=0,\boldsymbol{w})} = 0. \tag{4.31}$$

因此，朴素贝叶斯分类边界的具体形式取决于先验分布 $p(y)$ 以及数据的似然函数 $p(\boldsymbol{x}|y,\boldsymbol{w})$。下面举一个具体的例子。

例 4.4.1（高斯朴素贝叶斯分类边界） 假设类别先验分布为 $p(y=1)=\pi$，特征之间满足条件独立性：$p(x_j|y=c)=\mathcal{N}(\mu_{jc},\sigma_j^2)$，且方差与类别无关。利用式 (4.31)，可得其分类边界如下。

$$\log \frac{\pi}{1-\pi} + \sum_j \frac{\mu_{j0}^2-\mu_{j1}^2}{2\sigma_j^2} + \sum_j \frac{\mu_{j1}-\mu_{j0}}{\sigma_j^2} x_j = 0 \tag{4.32}$$

可以看到上述分类边界是关于输入数据 $\boldsymbol{x}$ 的线性方程，可以写成 $w_0+\boldsymbol{w}^\top\boldsymbol{x}=0$ 的形式。因此，不同类别方差相同的高斯朴素贝叶斯模型是一个线性分类器（见图 4.7）。

对于更一般的情况，假设两类数据的条件生成概率都是多元正态分布：

$$p(\boldsymbol{x}|y=0)=\mathcal{N}(\boldsymbol{\mu}_0,\boldsymbol{\Sigma}_0),\ p(\boldsymbol{x}|y=1)=\mathcal{N}(\boldsymbol{\mu}_1,\boldsymbol{\Sigma}_1). \tag{4.33}$$

其分类边界为

$$\frac{1}{2}(\boldsymbol{x}-\boldsymbol{\mu}_0)\boldsymbol{\Sigma}_0^{-1}(\boldsymbol{x}-\boldsymbol{\mu}_0)^\top - \frac{1}{2}(\boldsymbol{x}-\boldsymbol{\mu}_1)\boldsymbol{\Sigma}_1^{-1}(\boldsymbol{x}-\boldsymbol{\mu}_1)^\top + \log\frac{|\boldsymbol{\Sigma}_0|}{|\boldsymbol{\Sigma}_1|} + \log\frac{\pi}{1-\pi} = 0.$$

可以验证，当 $\boldsymbol{\Sigma}_0=\boldsymbol{\Sigma}_1$ 时，分类边界为线性的；否则是非线性的，且是 $\boldsymbol{x}$ 的二次函数。

4.4.2 预测概率

最后，再分析一下朴素贝叶斯的预测概率。考虑二分类的情况，判断预测数据属于类别 1 的预测分布为

$$p(y=1|\boldsymbol{x}) = \frac{p(\boldsymbol{x}|y=1)p(y=1)}{p(\boldsymbol{x}|y=0)p(y=0)+p(\boldsymbol{x}|y=1)p(y=1)} \tag{4.34}$$

将分子、分母同时除以 $p(\boldsymbol{x}|y=1)p(y=1)$ 可以得到：

$$p(y=1|\boldsymbol{x}) = \frac{1}{1+\dfrac{p(\boldsymbol{x}|y=0)p(y=0)}{p(\boldsymbol{x}|y=1)p(y=1)}} \tag{4.35}$$

进一步地，定义：

$$u = \log\frac{p(\boldsymbol{x}|y=1)p(y=1)}{p(\boldsymbol{x}|y=0)p(y=0)}. \tag{4.36}$$

因此，数据 $\boldsymbol{x}$ 属于类别 $y=1$ 的后验分布可以表示为

$$p(y=1|\boldsymbol{x}) = \frac{1}{1+\exp(-u)}. \tag{4.37}$$

可以发现，基于贝叶斯定理得到的预测分布变成了 Sigmoid 函数的形式。一方面，这样的结果是自然的，Sigmoid 函数本质上对无穷区间的变量进行了“压缩”，而概率本就是 $(0,1)$ 有限区间内的；另一方面，这样的结果是有其特殊意义的，之后会看到对数几率回归模型便使用了 Sigmoid 函数。

下面将结合一些前提具体分析 u 的表达式，通过对数据 $\boldsymbol{x}$ 属于类别 $y=1$ 的条件概率分布的假设，将会发现 u 变成了形式优美的线性函数。为了便于推导，只考虑二分类问题。假设类别 $y=1$、$y=0$ 的条件概率服从高斯分布，并假定类别的协方差矩阵相同，那么 d 维输入变量 $\boldsymbol{x}$ 属于类别 $y=k$ 的条件概率表示为

$$p(\boldsymbol{x}|y=k)=\frac{1}{(2\pi)^{d/2}}\frac{1}{|\boldsymbol{\Sigma}|^{0.5}}\exp\left\{-\frac{1}{2}(\boldsymbol{x}-\boldsymbol{\mu}_k)^\top\boldsymbol{\Sigma}^{-1}(\boldsymbol{x}-\boldsymbol{\mu}_k)\right\} \tag{4.38}$$

代入 u 的表达式 (4.36) 可以得到：

$$u=\boldsymbol{w}^\top\boldsymbol{x}+w_0 \tag{4.39}$$

其中 $\boldsymbol{w}=\boldsymbol{\Sigma}^{-1}(\boldsymbol{\mu}_1-\boldsymbol{\mu}_0)$、$w_0=-\frac{1}{2}\boldsymbol{\mu}_1^\top\boldsymbol{\Sigma}^{-1}\boldsymbol{\mu}_1+\frac{1}{2}\boldsymbol{\mu}_0^\top\boldsymbol{\Sigma}^{-1}\boldsymbol{\mu}_0+\ln\frac{p(y=1)}{p(y=0)}$。相应地，可以得到：

$$p(y=1|\boldsymbol{x})=\sigma(\boldsymbol{w}^\top\boldsymbol{x}+w_0). \tag{4.40}$$

在解决二分类问题时，可以根据两个类别对应的后验概率大小判断输入变量属于哪一类，即 $p(y=1|\boldsymbol{x})$ 与 $p(y=0|\boldsymbol{x})$ 的大小关系决定了类别的归属。这等价于判断 $p(y=1|\boldsymbol{x})$ 是否大于 0.5，或者判断 μ 是否大于 0。例如，当 $\boldsymbol{w}^\top x+w_0>0$ 时，$p(y=1|\boldsymbol{x})>p(y=0|\boldsymbol{x})$，输入数据属于类别 1，否则属于类别 0。因此，分类边界为

$$\boldsymbol{w}^\top\boldsymbol{x}+w_0=0. \tag{4.41}$$

4.5 延伸阅读

朴素贝叶斯分类器是一种最简单的概率模型，也是后文将要介绍的概率图模型（详见第 12 章）的简单例子。虽然朴素贝叶斯假设非常严格，与真实应用往往不符合，但朴素贝叶斯分类器的实际性能通常表现良好，具有很强的可解释性，常用于文本分类[62] 等任务。

学者们尝试从不同角度解释朴素贝叶斯分类器的良好性能。一种解释[64] 认为：由于过于严格的条件独立性假设，朴素贝叶斯分类器可能在概率密度估计方面不太准确，但往往不改变对最大后验概率类别的判断，因此，不太影响分类的准确率。但是，这种不准确的概率分布估计对目标变量取连续值的回归任务往往不太友好[65]。另一种解释[66] 从数学上更加严格地证明：虽然朴素贝叶斯假设在实际数据中往往不满足，但只要变量之间的依赖关系对于每一类别的分布的影响是均等的，那么朴素贝叶斯分类器也可以达到与充分考虑变量依赖关系的 TAN 一样的最优分类结果。

4.6　习题

习题 1　设 d 维空间的正方体边长为 $2r$，其内嵌球的半径为 r，计算球与正方体的体积比，并画图观察当 d 增加时体积比的变化趋势。

习题 2　假设在给定条件下，某一个二元特征 j 出现为 0 的事件服从概率为 $\hat{q}_{0j}$ 的伯努利二元分布，在 N 次观测中发现有 N_j 次为 0，试求最大似然法得到的伯努利分布的参数 $\hat{q}_{0j}$。

习题 3　完成式 (4.13) 的推导过程。

习题 4　假设对于某一个特征 j，其参数 q_{0j} 的先验分布服从 Beta 分布 (具体见式 (4.16)) 在统计的 N 个数据中，假设特征 j 出现了 N^j 次，试证明最大化后验概率得到的参数为

$$\hat{q}_{0j} = \frac{N^j + \alpha_1 - 1}{N + \alpha_1 + \alpha_2 - 2}$$

习题 5　给定表 4.1所示的一组训练数据，其中第 1 列为类别（共两类），第 2~4 列为特征。利用高斯朴素贝叶斯进行训练（假设每维特征具有不同的均值和方差），估计模型的未知参数。给定一个测试数据 $\boldsymbol{x} = (170, 65, 10)^\top$，判断其类别。

表 4.1　二分类任务的训练数据

类别	特征 H/cm	特征 W/kg	特征 F/in①
M	178	80	10
M	181	90	11
M	173	68	10
M	183	85	12
F	165	60	7
F	168	58	8
F	160	53	6
F	175	70	9

① 1in=2.54cm。

第 5 章　对数几率回归和广义线性模型

本章介绍另一种基于概率模型的分类方法——对数几率回归和广义线性模型。对数几率回归与朴素贝叶斯分类器以及后文要介绍的深度神经网络均有紧密联系。本章主要内容包括对数几率回归、随机梯度下降、贝叶斯对数几率回归和拉普拉斯近似，以及指数族分布和广义线性模型等。

5.1　对数几率回归

5.1.1　模型定义

以二分类任务为例，在第 4 章的最后，我们分析了朴素贝叶斯模型的预测概率，其一般形式如下：

$$p(y=1|\boldsymbol{x})=\frac{1}{1+\exp(-u)},\tag{5.1}$$

其中

$$\mu=\log\frac{p(\boldsymbol{x}|y=1)p(y=1)}{p(\boldsymbol{x}|y=0)p(y=0)}.\tag{5.2}$$

特别地，对于高斯朴素贝叶斯模型，当协方差矩阵与类别无关时，μ 是关于 $\boldsymbol{x}$ 的线性函数，即 $u=\boldsymbol{w}^\top\boldsymbol{x}+w_0$。

与朴素贝叶斯不同，对数几率回归直接从 μ 出发，定义类别的条件概率分布。具体地，根据定义，参数 μ 实际上可以写成如下形式：

$$\mu=\log\frac{p(y=1|\boldsymbol{x})}{1-p(y=1|\boldsymbol{x})}.$$

在统计学中，μ 被称为对数几率（logit）。对数几率回归模型将 μ 作为目标变量，定义一个对 μ 的线性回归模型，即

$$u=\boldsymbol{w}^\top\boldsymbol{x}+w_0.$$

对该等式两边求指数，可以求解得到如式 (5.1) 的类别条件概率分布。因此，对数几率回归直接定义类别的条件概率分布 $p(y|\boldsymbol{x})$。这种模型称为“判别式”概率模型。

对于 $K=2$ 的二分类的情况，只需要定义 $p(y=1|\boldsymbol{x})=\sigma(\mu)$，其中 $\sigma(t)=\dfrac{1}{1+\mathrm{e}^{-t}}$ 称为 Sigmoid 函数或对数几率函数[①]。对于更广义的多类别（$K>2$）的情况，类别的条件概率分布定义如下：

$$\forall k=1,2,\cdots,K-1: p(y=k|\boldsymbol{x})=\frac{\exp(\boldsymbol{w}_k^\top \boldsymbol{x})}{1+\sum\limits_{i=1}^{K-1}\exp(\boldsymbol{w}_k^\top \boldsymbol{x})}. \tag{5.3}$$

根据概率分布的归一化条件，可以得到 $p(y=0|\boldsymbol{x})=\dfrac{1}{1+\sum\limits_{i=1}^{K-1}\exp(\boldsymbol{w}_k^\top \boldsymbol{x})}$。这里的分子 1，可以看成将参数 $\boldsymbol{w}_0$ 设为 0 然后取指数所得。

可以证明，对于多类别的情况，对数几率模型的分类边界是分段线性的。这是因为，对于任意两类 $i\neq j$，对数几率 $\mu=\log\dfrac{p(y=i|\boldsymbol{x})}{p(y=j|\boldsymbol{x})}=(\boldsymbol{w}_i-\boldsymbol{w}_j)^\top\boldsymbol{x}$ 都是关于 $\boldsymbol{x}$ 的线性函数。

5.1.2　对数几率回归的隐变量表示

类比线性回归模型的“加性噪声”表示，对数几率模型也可以写成“加性噪声”的形式。具体地，定义变量：

$$y_i^*=\boldsymbol{w}^\top\boldsymbol{x}_i+\epsilon, \tag{5.4}$$

其中噪声变量 $\epsilon\sim\mathrm{Logistic}(0,1)$ 服从对数几率分布。对数几率分布的概率密度函数如下：

$$p(x|\mu,\sigma)=\frac{\exp\left(\dfrac{x-\mu}{\sigma}\right)}{\sigma\left(1+\exp\left(\dfrac{x-\mu}{\sigma}\right)\right)^2}. \tag{5.5}$$

图 5.1(a) 展示了不同参数的对数几率分布，其积累分布函数为对数几率函数。对数几率分布具有与高斯分布类似的形状，但其尾部更重（即峰度更高）。

令

$$y_i=\begin{cases}1, & y_i^*>0\\ 0, & \text{其他}\end{cases} \tag{5.6}$$

利用对数几率分布的性质，可以证明 $p(y_i=1|\boldsymbol{x}_i)=\sigma(\boldsymbol{w}^\top\boldsymbol{x}_i)$。由于变量 y_i^* 是在训练集中未观测到的，因此称为隐含变量（或隐变量）。考虑灵活多样的隐含变量是概率机器学习模型的一个显著优点，后文将学习到更多性能优越的隐变量模型。此外，基于上述加性噪声模型，如果假设噪声变量服从高斯分布，利用同样的分析方法，可

① 其逆函数称为对数几率函数。

以得到概率单位回归（probit regression）模型：$p(y=1|\boldsymbol{x})=\boldsymbol{\Phi}(\boldsymbol{w}^\top\boldsymbol{x})$，其中 $\boldsymbol{\Phi}(\cdot)$ 为标准高斯的累积分布函数。

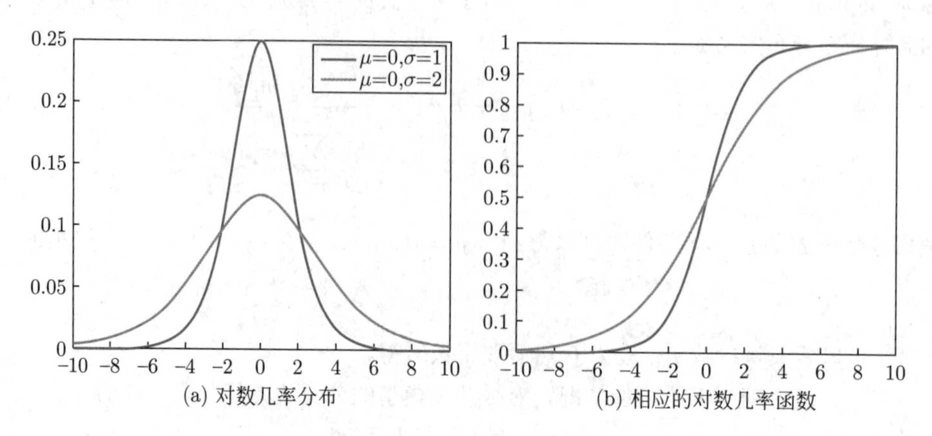

(a) 对数几率分布　(b) 相应的对数几率函数

图 5.1　对数几率分布和相应的对数几率函数

5.1.3　最大条件似然估计

给定训练数据集 $\mathcal{D}=\{(\boldsymbol{x}_i,y_i)\}_{i=1}^N$，如果利用最大似然法求解参数，则目标函数为

$$\hat{\boldsymbol{w}}_{\text{MLE}}=\underset{\boldsymbol{w}}{\operatorname{argmax}}\prod_{i=1}^N p(\boldsymbol{x}_i,y_i|\boldsymbol{w}). \tag{5.7}$$

但是很容易发现这样是不行的！因为对数几率回归模型定义的是条件概率分布 $p(y|\boldsymbol{x})$，而没有对 $p(\boldsymbol{x})$ 或 $p(\boldsymbol{x}|y)$ 进行建模，因此这样的似然函数是无法得到的。

这里要用到一个新的参数估计的方法——最大条件似然估计（maximum conditional likelihood estimation，MCLE）。具体地，我们求解如下的优化问题：

$$\hat{\boldsymbol{w}}=\underset{\boldsymbol{w}}{\operatorname{argmax}}\prod_{i=1}^N p(y_i|\boldsymbol{x}_i,\boldsymbol{w}). \tag{5.8}$$

对比两个式子，可以发现表面上的区别仅在于输入变量 $\boldsymbol{x}$ 在公式中的位置，后面讲到生成式模型与判别式模型的区别时读者对此会有更加深刻的认识。这里直观地看，我们只关注 $p(y|\boldsymbol{x})$ 而没有在学习 $p(\boldsymbol{x})$ 上“浪费”精力，因为后验概率密度对于分类任务已经足够了。

具体的求解中，通过对条件似然函数取负对数得到损失函数

$$L(\boldsymbol{w})=-\log\prod_{i=1}^N p(y_i|\boldsymbol{x}_i,\boldsymbol{w})=-\sum_{i=1}^N\log p(y_i|\boldsymbol{x}_i,\boldsymbol{w}). \tag{5.9}$$

下面以二分类为例，讲解如何最小化该损失函数。具体地，在二分类的情况下，为了更加方便地表示损失函数，令 $h_i=p(y=1|\boldsymbol{x}_i,\boldsymbol{w})$，损失函数可以简化为

$$L(\boldsymbol{w})=-\sum_{i=1}^N\left(y_i\log h_i+(1-y_i)\log(1-h_i)\right). \tag{5.10}$$

该损失函数实质上是一种交叉熵。进一步地，根据式 (5.1) 的定义，$h_i = \sigma(\boldsymbol{w}^\top \boldsymbol{x}_i)$，损失函数可以进一步写为

$$L(\boldsymbol{w}) = -\sum_{i=1}^{N} \left(y_i \boldsymbol{w}^\top \boldsymbol{x}_i - \log(1 + \exp(\boldsymbol{w}^\top \boldsymbol{x}_i)) \right). \tag{5.11}$$

由于目标函数中存在“对数-和”的项，我们得不到解析解，但好消息是，该损失函数是一个凸函数[67]，因此有唯一的最优解。下面介绍两种基于迭代的求解方法。

例 **5.1.1** (最速梯度下降法) 首先，损失函数关于 $\boldsymbol{w}$ 的梯度为

$$\nabla_{\boldsymbol{w}} L(\boldsymbol{w}) = \sum_{i=1}^{N} (h_i - y_i) \boldsymbol{x}_i = \boldsymbol{X}^\top (\boldsymbol{y} - \boldsymbol{h}), \tag{5.12}$$

其中 $\boldsymbol{X}$ 为 $N \times d$ 的数据矩阵，每一行表示一个训练数据。可见，每个数据点对梯度的贡献量是关于预测残差（即模型预测值和目标值之间的差值）的线性函数。在求得梯度之后，可以通过简单的梯度下降法迭代更新 $\boldsymbol{w}$:

$$\boldsymbol{w}_{\tau+1} = \boldsymbol{w}_\tau - \eta \nabla_{\boldsymbol{w}} L(\boldsymbol{w}), \tag{5.13}$$

其中 η 称为学习率，τ 为迭代次数。函数在某个点的梯度方向就是函数变化最快的方向，因此，每一步迭代是让这个函数朝着梯度相反的方向最快地下降。当目标或梯度的变化量小于某个给定阈值后迭代即可终止，此时便可以认为找到了（近似）最优解 $\boldsymbol{w}$。一般情况下，η 的值需要认真选择，η 比较大的时候，下降速度会比较快，但是会带来比较大的误差（相对于最优解的）以及震荡的出现；η 比较小的时候，下降速度会更慢，但是误差会更小。

最速梯度下降法实现简单，但收敛速度是一阶的。牛顿法是一种二阶收敛的算法，具体如下。

例 **5.1.2** (牛顿法) 牛顿法的目标是寻找 $f(\boldsymbol{w}) = 0$ 的根。对应到我们的参数估计问题，最优解需要满足一阶条件：$\nabla_{\boldsymbol{w}} L(\boldsymbol{w}) = 0$。因此，最优参数估计可以用牛顿法来解。具体更新公式为

$$\boldsymbol{w}_{\tau+1} = \boldsymbol{w}_\tau - \boldsymbol{H}^{-1} \nabla_{\boldsymbol{w}} L(\boldsymbol{w}), \tag{5.14}$$

其中 $\boldsymbol{H} = \nabla^2_{\boldsymbol{w}} L(\boldsymbol{w})$ 是损失函数的海森矩阵。根据式 (5.12)，可以计算得到海森矩阵:

$$\boldsymbol{H} = -\sum_{i=1}^{N} h_i (1 - h_i) \boldsymbol{x}_i \boldsymbol{x}_i^\top = -\boldsymbol{X}^\top \boldsymbol{R} \boldsymbol{X}, \tag{5.15}$$

其中 $\boldsymbol{R}$ 是 $N \times N$ 的对角矩阵，对角线元素为 $\boldsymbol{R}_{ii} = h_i(1 - h_i)$。由此可得，参数的更新公式为

$$\boldsymbol{w}_{\tau+1} = \boldsymbol{w}_\tau - (\boldsymbol{X}^\top \boldsymbol{R} \boldsymbol{X})^{-1} \boldsymbol{X}^\top (\boldsymbol{h} - \boldsymbol{y}). \tag{5.16}$$

进一步推导可到:

$$\begin{aligned} \boldsymbol{w}_{\tau+1} &= (\boldsymbol{X}^\top \boldsymbol{R} \boldsymbol{X})^{-1} \{ (\boldsymbol{X}^\top \boldsymbol{R} \boldsymbol{X}) \boldsymbol{w}_\tau - \boldsymbol{X}^\top (\boldsymbol{h} - \boldsymbol{y}) \} \\ &= (\boldsymbol{X}^\top \boldsymbol{R} \boldsymbol{X})^{-1} \boldsymbol{X}^\top \boldsymbol{R} \boldsymbol{z}, \end{aligned} \tag{5.17}$$

其中 $\boldsymbol{z}=\boldsymbol{X}\boldsymbol{w}_\tau-\boldsymbol{R}^{-1}(\boldsymbol{h}-\boldsymbol{y})$。该更新公式与最小二乘法的解比较相似，实际上，可以将 $\boldsymbol{z}$ 看成当前轮次的回归目标，利用最小二乘法拟合。因此，这种方法也称为“迭代式加权最小二乘”（iterative reweighted least squares）。

牛顿法具有二阶的收敛速度，但是，其缺点在于计算海森矩阵以及其逆矩阵的复杂度为 $O(d^3)$。对于机器学习中常见的高维数据，这种高计算复杂度很难适用于真实问题。好消息是，已经发展了一些改进的优化算法，包括 L-BFGS 算法 [68–69]、共轭梯度、随机梯度等方法。5.2节将介绍随机梯度法，关于其他优化方法，读者可以阅读图书[67] 进一步学习。此外，对于多分类问题，上述方法可以直接进行推广，这里不再赘述。

5.1.4 正则化方法

如同线性回归中的过拟合问题，单纯的对数几率回归方法常常会出现比较严重的过拟合，正则化是一种有效克服过拟合的方法。一种常用的正则化项是 L_2 正则化，相应地，最优化的损失函数变成：

$$L'(\boldsymbol{w})=L(\boldsymbol{w})+\lambda\boldsymbol{w}^\top\boldsymbol{w}. \tag{5.18}$$

由于 L_2 范数的良好性质，前文介绍的梯度下降、牛顿法等均可以直接扩展，用于最优化 $L'(\boldsymbol{w})$。

另外一种常用的正则化项是 L_1 范数，其对应的优化目标为

$$L'(\boldsymbol{w})=L(\boldsymbol{w})+\lambda\|\boldsymbol{w}\|_1. \tag{5.19}$$

由于 L_1 范数的特殊性质，求解方法稍微复杂。这里可以借鉴 Lasso 回归模型的求解算法，利用使用近端优化的方法，其参数更新公式如下。

$$\boldsymbol{w}_{t+1}=\mathrm{Prox}_{h,\eta_t}\left(\boldsymbol{w}_t-\eta_t\nabla L(\boldsymbol{w}_t)\right), \tag{5.20}$$

其中 $\mathrm{Prox}_{h,\eta}(\boldsymbol{w})=\mathrm{argmin}_{\boldsymbol{u}}\left(h(\boldsymbol{u})+\dfrac{1}{2\eta}\|\boldsymbol{u}-\boldsymbol{w}\|_2^2\right)$ 为近端算子，η_t 为迭代步长（学习率）。设定初始值 $\boldsymbol{w}_0$，利用式 (5.20) 不断迭代，直至收敛。

与线性回归类似，我们同样可以从贝叶斯的角度理解正则化。之前的损失函数定义为条件似然函数 $p(y|\boldsymbol{x},\boldsymbol{w})$，通过引入一定的先验分布 $p(\boldsymbol{w})$，可以通过贝叶斯公式将之转化为一个后验概率分布：

$$p(\boldsymbol{w}|\mathcal{D})\propto p(\boldsymbol{w})\prod_{i=1}^{N}p(y_i|\boldsymbol{x}_i,\boldsymbol{w}). \tag{5.21}$$

通过最大后验估计求解参数 $\boldsymbol{w}$，上述两类正则化项分别对应高斯先验分布和拉普拉斯先验分布。

例 5.1.3 (电离层数据分类) UCI 电离层数据集（Ionosphere）需要根据给定电离层中的自由电子的雷达回波预测大气结构。它是一个两类别的分类问题。每个类的观察值数量不均等，一共有 351 个观察值、34 个输入变量和 1 个输出变量。这里忽略前两维特征，共有 32 个输入变量。考虑使用 L_1 范数正则化的对数几率回归，并

采用 5-折交叉验证。结果如图 5.2所示，其中图 5.2(a) 展示的是平均偏差[①]随 λ 值变化的情况；图 5.2(b) 展示的是每一维特征的权重随 λ 值变化的情况。可以看到，当 λ 取值合适时，平均偏差显著下降，且可以学习到稀疏的模型。

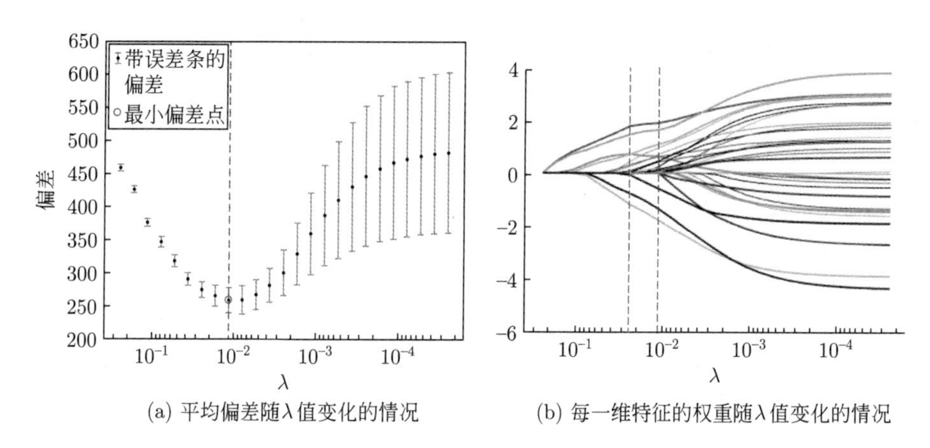

(a) 平均偏差随 λ 值变化的情况　　(b) 每一维特征的权重随 λ 值变化的情况

图 5.2　使用 L_1 正则化的对数几率回归模型在 Ionosphere 数据上的结果

5.1.5 判别式模型与生成式模型对比

生成式和判别式方法是解决分类（或回归）问题的两类基本方法，朴素贝叶斯方法是生成式模型的典型例子，而对数几率回归模型则属于判别式模型。下面从模型定义、参数估计，以及统计特性等方面具体比较这两个模型，说明生成式模型与判别式模型之间的基本区别。

首先，在模型定义上，生成式方法希望学习到一个关于输入变量 $\boldsymbol{x}$ 与类别标签 y 的联合分布 $p(\boldsymbol{x},y)$。获得联合分布之后，几乎获得了所有关于数据的信息，在对新输入数据进行分类时，利用学习到的联合分布 $p(\boldsymbol{x},y)$ 可以计算出 $p(y|\boldsymbol{x})$，从而利用一些决策方法给出预测，正如我们在朴素贝叶斯中看到的；我们甚至可以通过在这个联合分布中采样获得新的数据。对于判别式模型，我们直接对后验概率分布 $p(y|\boldsymbol{x})$ 进行建模（如对数几率回归），或者是直接学习一个从数据到类别的映射（如第 7 章介绍的支持向量机）。二者之间最大的也是最直观的区别在于判别式模型没有对输入数据 $\boldsymbol{x}$ 进行建模，正如对数几率回归中体现的那样，我们没有关注 $p(\boldsymbol{x})$ 或 $p(\boldsymbol{x}|y)$，而是直接考虑 $p(y|\boldsymbol{x})$。从分类（或回归）的角度，判别式模型是更“经济实惠”的，而生成式模型却“走了一些弯路”。当然，这种“弯路”也不是没有价值，在很多场景下，我们需要关心输入数据的分布信息，例如，有了 $p(\boldsymbol{x})$ 的信息，可以更好地考虑数据中可能存在噪声或者存在缺失信息等；此外，对于无监督学习或半监督学习等任务，对 $\boldsymbol{x}$ 进行概率建模是一种有效的利用无标注数据的途径。后文还将介绍更加强大的深度生成式模型，对复杂数据（如图像）进行生成式建模。

① 偏差为测试数据负对数似然的两倍。

其次，在参数估计方面，由于模型定义的区别，估计方法也存在不同。具体地，对于生成式的朴素贝叶斯模型，我们使用最大似然估计，对于常见的概率分布（如高斯分布、伯努利分布等），最优解有解析表达式。而对于对数几率模型，我们使用的是最大条件似然估计，其最优解一般不存在解析形式，因此需要用数值优化的方法（如梯度下降、牛顿法等）。

最后，我们也可以从统计分析的角度，对比生成式模型和判别式模型。因为生成式模型学到的是联合分布，里面包含的信息更多，但相应的这种方法需要大量的数据和计算资源来学习 $p(\boldsymbol{x}, y)$。而判别式模型相对简单一些，需要的计算资源更少。这只是比较宽泛的对比，下面通过朴素贝叶斯模型与对数几率回归模型之间具体的对比体现这两类方法的不同。我们用 N 表示训练数据的个数，用 d 表示特征的维度。下面考虑两种情况（这里只介绍主要结论，具体推导参见文献[70]）。

(1) 在数据量无限的条件下（$N \to \infty$），如果朴素贝叶斯模型的条件独立假设成立，那么对数几率回归模型与朴素贝叶斯模型的误差相近。如果用 ϵ 表示模型误差，那么在数据量无限的条件下有如下关系成立：

$$\epsilon_{\text{Dis},\infty} \sim \epsilon_{\text{Gen},\infty}. \tag{5.22}$$

否则，如果朴素贝叶斯模型的条件独立假设不成立，对数几率回归模型的表现要优于朴素贝叶斯，即

$$\epsilon_{\text{Dis},\infty} < \epsilon_{\text{Gen},\infty}. \tag{5.23}$$

(2) 当训练数据有限时（$N < \infty$），两个模型的泛化误差满足如下关系：

$$\begin{aligned} \epsilon_{\text{Dis},N} &\leqslant \epsilon_{\text{Dis},\infty} + O\left(\sqrt{\frac{d}{N}}\right), \\ \epsilon_{\text{Gen},N} &\leqslant \epsilon_{\text{Gen},\infty} + O\left(\sqrt{\frac{\log d}{N}}\right). \end{aligned} \tag{5.24}$$

上述不等式说明了朴素贝叶斯需要 $N = O(\log d)$ 的训练数据来收敛到它的渐进误差，而对数几率回归则需要 $N = O(d)$ 的训练数据。显然，朴素贝叶斯模型的“收敛速度”更快。根本原因在于朴素贝叶斯模型的条件独立性假设——在该假设下，各个特征维度相关的参数被“解耦”了，可以单独进行估计（回顾朴素贝叶斯参数估计的具体过程），因此退化为一些低维参数估计的问题。与之对应的，对数几率回归模型的参数是“耦合”在一起的，通过数值迭代的方式联合优化，因此该估计是在一个高维空间中进行的，需要更多的训练数据才能逼近渐进误差。

5.2 随机梯度下降

梯度下降和牛顿法的每次迭代都需要对训练集中的所有数据进行梯度计算，这类方法称为批量梯度下降（batch gradient descent）算法。很显然，对于经常处理的大规模数据集（即 N 特别大），由于每次参数更新需要的计算量为 $O(N)$，这类算法变得很慢。为了处理大规模数据，随机梯度下降法提供了一种行之有效的解决办法。

5.2.1　基本方法

考虑一般性的优化问题：

$$\min_{\boldsymbol{w}} \frac{1}{N}\sum_{i=1}^{N} f(\boldsymbol{w};\boldsymbol{x}_i,y_i)+\psi(\boldsymbol{w}), \tag{5.25}$$

其中 $f(\boldsymbol{w};\boldsymbol{x},y)$ 表示在训练数据 $(\boldsymbol{x},y)$ 上的损失函数，$\psi(\boldsymbol{w})$ 为正则化项。该一般形式包含了前文介绍的正则化线性回归、对数几率回归以及后面要介绍的广义线性模型等。

批量梯度下降法将直接对目标函数求梯度，计算和存储的开销都非常大。随机梯度法（stochastic gradient descent，SGD）每次更新参数时，从训练集 $\mathcal{D}$ 随机选取一个子集 B_t（称为小批量，mini-batch），并利用该子集构造一个梯度估计：

$$\boldsymbol{g}_t=\frac{1}{|B_t|}\sum_{i\in B_t}\nabla_{\boldsymbol{w}} f(\boldsymbol{w};\boldsymbol{x}_i,y_i)+\nabla_{\boldsymbol{w}}\psi(\boldsymbol{w}), \tag{5.26}$$

很显然，该随机梯度是批量梯度的一个无偏估计。随机梯度法的迭代更新公式为

$$\boldsymbol{w}_{t+1}=\boldsymbol{w}_t-\eta_t\boldsymbol{g}_t, \tag{5.27}$$

其中 η_t 为当前步的学习率。虽然每次随机采样一个数据，就可以进行随机梯度下降，但通常选取小批量的训练数据会让算法收敛更快、更平稳。

这里可以用下山的例子做一个形象类比。下山的目标是到达山底。批量梯度法好比一个清醒状态的人，可以看清自己的位置以及所处位置的坡度，那么沿着坡向下走，最终会以最快速度到达山底。而随机梯度法就好比一个醉汉下山，他不能清楚判断方向，只能凭借脚踩石头的感觉以及经验判断当前位置的坡度，从而判断的精确性就大大降低，有时候他认为的坡，实际上可能并不是坡，走一段时间后发现没有下山，或者曲曲折折走了好多路才能下山。

在学习率参数 η_t 满足如下条件时：

$$\lim_{t\to\infty}\eta_t=0,\quad \sum_{t\geqslant 1}\eta_t=+\infty,\quad \sum_{t\geqslant 1}\eta_t^2<+\infty. \tag{5.28}$$

对于凸的目标函数，随机梯度法以概率 1 收敛到全局最优解；对于非凸的目标函数，随机梯度法以概率 1 收敛到局部最优解[71]。直观上，学习率需要以一定的速度下降，收敛到 0，但下降的速度不能太快。令 t 表示迭代次数，常用的例子为

(1) 迭代反比衰减：

$$\eta_t=\frac{\eta_0}{1+\kappa t}. \tag{5.29}$$

(2) 指数衰减：

$$\eta_t=\eta_0\mathrm{e}^{-\kappa t}. \tag{5.30}$$

这里的 κ 是可以调节的超参数。

基本的 SGD 算法虽然简单、易于实现，但往往在收敛速度上存在提升空间，此外，学习率参数的设置往往对结果影响较大——如果学习率参数设置过高，可能导致算法发散；而如果设置过低，算法收敛会变慢。为了提升 SGD 算法的性能，下面介绍几种代表性的改进算法。

5.2.2 动量法

动量法的迭代更新公式如下：

$$\boldsymbol{\nu}_t = \gamma\boldsymbol{\nu}_{t-1} + \eta\boldsymbol{g}_t \tag{5.31}$$
$$\boldsymbol{w}_{t+1} = \boldsymbol{w}_t - \boldsymbol{\nu}_t,$$

其中更新步伐 $\boldsymbol{\nu}_t$ 由两部分组成：一是学习速率 η 乘以当前估计的梯度 $\boldsymbol{g}_t$；二是带衰减的前一次更新步伐 $\boldsymbol{\nu}_{t-1}$。参数 γ 是一个 $(0,1)$ 区间上的衰减系数，决定当前梯度与历史梯度之间的相对贡献。这里，惯性就体现在对前一次步伐信息的重利用上。

该方法类比于中学物理中的动量，设想一个粒子在空间运动，当前梯度 $\boldsymbol{g}_t$ 就好比 t 时刻受力产生的加速度，步伐 $\boldsymbol{\nu}_{t-1}$ 好比前一时刻的速度。为了计算当前时刻的速度 $\boldsymbol{\nu}_t$，应当考虑前一时刻速度和当前加速度共同作用的结果，如式 (5.31)，衰减系数 γ 扮演了阻力的作用。与随机梯度下降法相比，动量方法的收敛速度更快，收敛曲线也更稳定。

5.2.3 AdaGrad 方法

AdaGrad 方法[72] 是另外一种改进的随机梯度法，不同特征维度采用不同的学习率，具体更新公式为

$$\boldsymbol{w}_{t+1} = \boldsymbol{w}_t - \eta \mathrm{diag}(\boldsymbol{G}_t)^{-1/2} \circ \boldsymbol{g}_t, \tag{5.32}$$

其中矩阵 $\boldsymbol{G}_t = \sum_{\tau=1}^{t} \boldsymbol{g}_\tau \boldsymbol{g}_\tau^\top$，$\mathrm{diag}(\boldsymbol{G}_t)$ 为矩阵 $\boldsymbol{G}_t$ 的对角线元素组成的对角阵。逐元素展开，每个参数的更新公式为

$$w_{i,t+1} = w_{i,t} - \frac{\eta}{\sqrt{G_{ii,t}}} g_{i,t}, \tag{5.33}$$

由此可见，每个参数更新时使用的有效学习率都不相同。此外，根据定义，学习率的分母为 $\sqrt{G_{ii,t}} = \sqrt{\sum_{\tau=1}^{t} g_{i,\tau}^2}$，即历史梯度的 L_2 范数。因此，已经充分更新的参数对应的学习率会降低，而尚未充分更新的参数对应的学习率会提高，这是一种自适应的梯度下降策略。

5.2.4 RMSProp 法

RMSProp（root mean square propagation）法是另外一种自适应调整每个参数的学习率的方法。为了简洁，这里及 5.2.5 节只考虑一维参数的情况，其更新公式如下。

$$w_{t+1} = w_t - \frac{\eta}{\sqrt{\nu_t}} g_t, \tag{5.34}$$

其中参数 ν_t 的更新公式为

$$\nu_t = \gamma\nu_{t-1} + (1-\gamma) g_t^2. \tag{5.35}$$

由此可见，ν_t 是历史梯度（含当前梯度）的一个在线平均。

5.2.5　Adam 法

Adam（adaptive moment estimation）法[73] 是 RMSProp 法的一个升级版，其更新公式为

$$w_{t+1}=w_t-\eta\frac{\hat{m}}{\sqrt{\hat{\nu}}+\epsilon},\tag{5.36}$$

其中参数 $\hat{m}$ 和 $\hat{\nu}$ 的定义如下：

$$\begin{aligned}m_{t+1}&=\beta_1 m_t+(1-\beta_1)g_t\\ \nu_{t+1}&=\beta_2\nu_t+(1-\beta_2)g_t^2\\ \hat{m}&=\frac{m_{t+1}}{1-\beta_1}\\ \hat{\nu}&=\frac{\nu_{t+1}}{1-\beta_2}.\end{aligned}\tag{5.37}$$

由此可见，Adam 同时对梯度和梯度的平方进行在线平均。这里，ϵ 是一个取值较小的正数（如 10^{-8}），避免分母出现 0。β_1（如 0.9）和 β_2（如 0.99）分别表示梯度和梯度平方的遗忘因子。

5.3　贝叶斯对数几率回归

本节介绍贝叶斯对数几率回归。类似于贝叶斯线性回归方法，我们希望计算参数 $\boldsymbol{w}$ 的后验概率 $p(\boldsymbol{w}|\mathcal{D})$ 以及预测分布。由于没有共轭分布，无法直接计算后验分布 $p(\boldsymbol{w}|\mathcal{D})$(见式 (5.21))，因此需要使用一些近似的贝叶斯推断方法。下面介绍一种较为常用的近似方法——拉普拉斯近似，后文将介绍更多近似贝叶斯推断的算法。

5.3.1　拉普拉斯近似

给定一个定义在连续变量上的目标分布，拉普拉斯近似用一个高斯分布尽可能地近似该未知分布。首先，针对一维连续变量进行介绍。

假设变量 w 的分布为

$$p(w)=\frac{f(w)}{Z},\tag{5.38}$$

其中 Z 是归一化系数：$Z=\int f(w)\mathrm{d}w$。假设 Z 是不容易计算的（例如在贝叶斯对数几率回归中）。拉普拉斯近似法寻找一个高斯分布 $q(w)$ 来逼近目标分布 $p(w)$，其中 $q(w)$ 的均值位于 $p(w)$ 概率最大的位置，同时，方差能尽量符合目标分布的二阶矩。具体地，拉普拉斯近似包括以下两步。

(1) 寻找后验概率分布的众数（概率密度最大的点），即寻找一点 w_0，使得 $\frac{\mathrm{d}p(w)}{\mathrm{d}w}|_{w_0}=0$，由于 Z 与参数无关，因此等价于 $\frac{\mathrm{d}f(w)}{\mathrm{d}w}|_{w_0}=0$。这是一个求最优解的问题，可以使用最优化的工具进行求解。

(2) 调节出一个以 w_0 为均值的高斯分布。一般在对数空间中进行，具体地，对 $\log f(w)$ 在 w_0 处进行泰勒展开：

$$\begin{aligned}\log f(w) = \log f(w_0) + \frac{\mathrm{d}\log f(w)}{\mathrm{d}w}|_{w=w_0}(w-w_0)+ \\ \frac{1}{2}\frac{\mathrm{d}^2\log f(w)}{\mathrm{d}^2 w}|_{w=w_0}(w-w_0)^2 + R_n(w).\end{aligned} \tag{5.39}$$

为了表示方便，令 $A = -\frac{\mathrm{d}^2\log f(w)}{\mathrm{d}^2 w}|_{w_0}$。注意到 w_0 处 $\frac{\mathrm{d}\log f(w)}{\mathrm{d}w}|_{w_0} = 0$，因此可以简化为

$$\log f(w) = \log f(w_0) - \frac{1}{2}A(w-w_0)^2 + R_n(w). \tag{5.40}$$

忽略高阶项，且两边同时取指数可以得到：

$$f(w) \approx f(w_0)\exp\left(-\frac{1}{2}A(w-w_0)^2\right). \tag{5.41}$$

利用高斯分布的归一化条件，可以得到概率分布 $q(w)$：

$$q(w) = \sqrt{\frac{A}{2\pi}}\exp\left(-\frac{1}{2}A(w-w_0)^2\right). \tag{5.42}$$

图 5.3是一维情形下拉普拉斯近似的一个例子。同样的方法可以推广到 d 维多元高斯分布，类似地，有：

$$\log f(\boldsymbol{w}) \approx \log f(\boldsymbol{w}_0) - \frac{1}{2}(\boldsymbol{w}-\boldsymbol{w}_0)^\top \boldsymbol{A}(\boldsymbol{w}-\boldsymbol{w}_0). \tag{5.43}$$

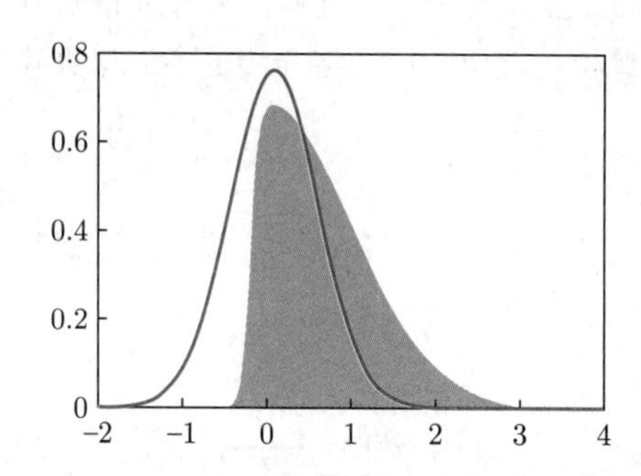

图 5.3　对分布 $p(w) \propto \mathrm{e}^{-0.5w^2}\sigma(20w+4)$ 的拉普拉斯近似，其中灰色区代表真实的分布，蓝色线代表使用拉普拉斯近似之后的分布

需要注意的是，一维变量情形下的二阶导数对应着多维情形下 $f(\boldsymbol{w})$ 的海森矩阵: $\boldsymbol{A} = -\nabla\nabla\log f(\boldsymbol{w})|_{\boldsymbol{w}=\boldsymbol{w}_0}$。同理，两边取指数可以得到：

$$f(\boldsymbol{w}) \approx f(\boldsymbol{w}_0)\exp\left(-\frac{1}{2}(\boldsymbol{w}-\boldsymbol{w}_0)^\top \boldsymbol{A}(\boldsymbol{w}-\boldsymbol{w}_0)\right). \tag{5.44}$$

根据多维高斯分布的形式，可以得到：

$$q(\boldsymbol{w}) = \mathcal{N}(\boldsymbol{w}|\boldsymbol{w}_0, \boldsymbol{A}^{-1}). \tag{5.45}$$

需要强调的是，这个高斯近似有良好定义的前提是，矩阵 $\boldsymbol{A}$ 是正定的（一维情形下 $\boldsymbol{A}>0$），这表明 W_0 一定是一个局部最大值。

应用到贝叶斯对数几率模型中，我们假设参数 $\boldsymbol{w}$ 的先验分布满足高斯分布，即

$$p(\boldsymbol{w})=\mathcal{N}(\boldsymbol{w}|\boldsymbol{\mu}_0,\boldsymbol{\Sigma}_0). \tag{5.46}$$

相应地，拉普拉斯近似的两个步骤如下。

(1) 求 $p(\boldsymbol{w}|\mathcal{D})$ 的众数：$\boldsymbol{w}_{\mathrm{MAP}}=\operatorname{argmax}_{\boldsymbol{w}}\log p(\boldsymbol{w}|\mathcal{D})$。该步骤与 5.1.4节中的正则化问题相同。可以用同样的数值方法求解。

(2) 求二阶导数矩阵的逆矩阵即可获得近似高斯分布的协方差矩阵：

$$\boldsymbol{S}_N^{-1}=-\nabla\nabla\log p(\boldsymbol{w}|\mathcal{D}) \tag{5.47}$$

最终，参数 $\boldsymbol{w}$ 的后验分布近似为 $q(\boldsymbol{w})=\mathcal{N}(\boldsymbol{w}|\boldsymbol{w}_{\mathrm{MAP}},\boldsymbol{S}_N)$。

5.3.2 预测分布

对于新来的测试样本 $\boldsymbol{x}_*$，预测类别的概率分布为

$$p(y|\mathcal{D},\boldsymbol{x}_*)=\int p(y|\boldsymbol{x}_*,\boldsymbol{w})p(\boldsymbol{w}|\mathcal{D})\mathrm{d}\boldsymbol{w}. \tag{5.48}$$

对于贝叶斯对数几率回归模型，我们不能直接精确计算。使用上述拉普拉斯近似的方法，将后验分布 $p(\boldsymbol{w}|\mathcal{D})$ 近似为 $q(\boldsymbol{w})$，得到预测概率：

$$p(y|\mathcal{D},\boldsymbol{x}_*)\approx\int p(y|\boldsymbol{x}_*,\boldsymbol{w})q(\boldsymbol{w})\mathrm{d}\boldsymbol{w}. \tag{5.49}$$

对于二分类的情况，$p(y=1|\boldsymbol{x}_*,\boldsymbol{w})=\sigma(\boldsymbol{w}^\top\boldsymbol{x}_*)$。通过推导，可以得到预测概率：

$$p(y=1|\boldsymbol{x}_*,\mathcal{D})=\sigma\left(\left(1+\frac{\pi\sigma^2}{8}\right)^{-\frac{1}{2}}\boldsymbol{w}_{\mathrm{MAP}}^\top\boldsymbol{x}_*\right). \tag{5.50}$$

具体的推导过程比较复杂，有兴趣的读者可以将其作为练习题。相比于这种通过拉普拉斯近似进而求预测分布近似解的方法，之后在介绍到采样方法的时候，会发现一些数值近似的采样方法可以回避解析解而同样很有效地解决贝叶斯逻辑回归问题。

5.4 广义线性模型

到目前为止，我们学到一些使用常见概率分布（如高斯分布、伯努利分布等）进行概率建模的例子，本节介绍一类更加广泛的概率分布——指数族分布，以及基于该分布扩展的对数几率回归模型（即广义线性模型）。

5.4.1 指数族分布

定义 5.4.1 (指数族分布的定义)　对于数值型随机向量 $\boldsymbol{X}$，如果其概率分布能写成如下形式：

$$p(\boldsymbol{x}|\boldsymbol{\eta})=h(\boldsymbol{x})\exp\left(\boldsymbol{\eta}^\top T(\boldsymbol{x})-A(\boldsymbol{\eta})\right)=\frac{1}{Z(\boldsymbol{\eta})}h(\boldsymbol{x})\exp\left(\boldsymbol{\eta}^\top T(\boldsymbol{x})\right), \tag{5.51}$$

则称该分布为指数族分布，其中：

(1) $T(\boldsymbol{x})$ 为充分统计量；

(2) $\boldsymbol{\eta}$ 为自然参数；

(3) $A(\boldsymbol{\eta}) = \log Z(\boldsymbol{\eta})$ 为对数归一化因子，也称为配分函数。

可以证明，很多常见的分布均属于指数族分布，下面举两个具体例子。

例 5.4.1 (多项式分布) 用“独热”的二值向量 $\boldsymbol{x}$ 表示一个多值变量，多项式分布可以写为

$$p(\boldsymbol{x}|\boldsymbol{\pi}) = \prod_{i=1}^{d} \pi_i^{x_i}.$$

通过变换，可以改写如下：

$$\begin{aligned}
p(\boldsymbol{x}|\boldsymbol{\pi}) &= \exp\left(\sum_{i=1}^{d} x_i \log \pi_i\right) \\
&= \exp\left(\sum_{i=1}^{d-1} x_i \log \pi_i + \left(1 - \sum_{i=1}^{d-1} x_i\right) \log\left(1 - \sum_{i=1}^{d-1} \pi_i\right)\right) \\
&= \exp\left(\sum_{i=1}^{d-1} x_i \log \frac{\pi_i}{1 - \sum_{i=1}^{d-1} \pi_i} + \log\left(1 - \sum_{i=1}^{d-1} \pi_i\right)\right).
\end{aligned}$$

令：

$$\begin{aligned}
\boldsymbol{\eta} &= [\log(\pi_i/\pi_d); 0] \\
T(\boldsymbol{x}) &= \boldsymbol{x} \\
A(\boldsymbol{\eta}) &= -\log\left(1 - \sum_{i=1}^{d-1} \pi_i\right) = \log\left(\sum_{i=1}^{d} e^{\eta_i}\right) \\
h(\boldsymbol{x}) &= 1,
\end{aligned}$$

则多项式分布可以写成指数族分布的形式。注意，对于 d 维的多项式分布，由于归一化约束，自由参数只有 $d-1$ 个。

例 5.4.2 (多元高斯分布) d 维多元高斯分布也可以写成指数族分布的标准形式，具体地：

$$\begin{aligned}
p(\boldsymbol{x}|\boldsymbol{\mu}, \boldsymbol{\Sigma}) &= \frac{1}{(2\pi)^{d/2}|\boldsymbol{\Sigma}|^{1/2}} \exp\left(-\frac{1}{2}(\boldsymbol{x} - \boldsymbol{\mu})^\top \boldsymbol{\Sigma}^{-1}(\boldsymbol{x} - \boldsymbol{\mu})\right) \\
&= \frac{1}{(2\pi)^{d/2}} \exp\left(-\frac{1}{2}\mathrm{Tr}(\boldsymbol{\Sigma}^{-1}\boldsymbol{x}\boldsymbol{x}^\top) + \boldsymbol{\mu}^\top \boldsymbol{\Sigma}^{-1}\boldsymbol{x} - \frac{1}{2}\boldsymbol{\mu}^\top \boldsymbol{\Sigma}^{-1}\boldsymbol{\mu} - \frac{1}{2}\log|\boldsymbol{\Sigma}|\right).
\end{aligned}$$

令：

$$
\begin{aligned}
\boldsymbol{\eta} &= [\boldsymbol{\Sigma}^{-1}\boldsymbol{\mu}; -\frac{1}{2}\mathrm{vec}(\boldsymbol{\Sigma}^{-1})] \\
T(\boldsymbol{x}) &= [\boldsymbol{x}; \mathrm{vec}(\boldsymbol{x}\boldsymbol{x}^\top)] \\
A(\boldsymbol{\eta}) &= \frac{1}{2}\boldsymbol{\mu}^\top\boldsymbol{\Sigma}^{-1}\boldsymbol{\mu} + \frac{1}{2}\log|\boldsymbol{\Sigma}| \\
h(\boldsymbol{x}) &= (2\pi)^{-d/2},
\end{aligned}
$$

其中 $\mathrm{vec}(\cdot)$ 将一个矩阵按行拼接成一个长向量，多元高斯分布可以写成指数族分布的标准形式。

5.4.2 指数族分布的性质

将常见的分布写成指数族分布的形式，其中一个好处是可以利用指数族分布的良好性质。首先，可以证明如下事实：对配分函数 $A(\boldsymbol{\eta})$ 求导，其一阶导为充分统计量的一阶矩，即

$$\nabla_{\boldsymbol{\eta}} A(\boldsymbol{\eta}) = \mathbb{E}_{p(\boldsymbol{x}|\boldsymbol{\eta})}[T(\boldsymbol{x})]. \tag{5.52}$$

利用 $A(\boldsymbol{\eta})$ 的定义，简单推导如下：

$$\nabla_{\boldsymbol{\eta}} A(\boldsymbol{\eta}) = \nabla_{\boldsymbol{\eta}} \log Z(\boldsymbol{\eta}) = \frac{1}{Z(\boldsymbol{\eta})} h(\boldsymbol{x}) \exp(\boldsymbol{\eta}^\top T(\boldsymbol{x})) T(\boldsymbol{x}) = \mathbb{E}_{p(\boldsymbol{x}|\boldsymbol{\eta})}[T(\boldsymbol{x})].$$

类似地，可以得到二阶导：

$$\nabla^2_{\boldsymbol{\eta}} A(\boldsymbol{\eta}) = \mathbb{E}_{p(\boldsymbol{x}|\boldsymbol{\eta})}\left[(T(\boldsymbol{x}) - \mathbb{E}_{p(\boldsymbol{x}|\boldsymbol{\eta})}[T(\boldsymbol{x})])(T(\boldsymbol{x}) - \mathbb{E}_{p(\boldsymbol{x}|\boldsymbol{\eta})}[T(\boldsymbol{x})])^\top\right],$$

即充分统计量的二阶中心矩（协方差矩阵）。上述结论可以进一步推广到任意 q 阶导：对配分函数的 q 阶导等于充分统计量的 q 阶中心距。因此，上述结论在函数求导与矩之间建立了一个对应关系。

特别地，我们将一阶导（即一阶矩）也定义为指数族分布的矩参数，记为 $\boldsymbol{\mu}$：

$$\boldsymbol{\mu} \triangleq \nabla_{\boldsymbol{\eta}} A(\boldsymbol{\eta}) = \mathbb{E}_{p(\boldsymbol{x}|\boldsymbol{\eta})}[T(\boldsymbol{x})].$$

该定义实际上在自然参数 $\boldsymbol{\eta}$ 和矩参数 $\boldsymbol{\mu}$ 之间建立了一个函数关系，记为 ψ：

$$\boldsymbol{\eta} = \psi(\boldsymbol{\mu}). \tag{5.53}$$

对于特定的分布，ψ 是给定的，因此，在参数估计时，只要知道 $\boldsymbol{\eta}$ 或者 $\boldsymbol{\mu}$，就能通过函数变换得到另外一个。

指数族分布的另一个良好性质体现在参数估计上。给定独立同分布的训练集 $\mathcal{D} = \{\boldsymbol{x}_i\}_{i=1}^N$，数据的似然为

$$
\begin{aligned}
p(\mathcal{D}|\boldsymbol{\eta}) &= \prod_i h(\boldsymbol{x}_i) \exp(\boldsymbol{\eta}^\top T(\boldsymbol{x}_i) - A(\boldsymbol{\eta})) \\
&= \left(\prod_i h(\boldsymbol{x}_i)\right) \exp\left(\boldsymbol{\eta}^\top \sum_i T(\boldsymbol{x}_i) - N A(\boldsymbol{\eta})\right).
\end{aligned}
$$

由此可见，该似然仍然是一个指数族分布，其充分统计量为 $T(\mathcal{D})=\sum_i T(\boldsymbol{x}_i)$。这个性质的好处在于，只扫描一遍训练数据，计算出累加的统计量 $T(\mathcal{D})$，就可以将数据 $\mathcal{D}$ 丢掉，从而节省存储空间。另外，对于流式数据——数据是逐步访问的，例如实时的金融数据，我们也只需要记录历史数据的累加统计量，而不需要记录下完整数据。

具体地，令 $\nabla_{\boldsymbol{\eta}} \log p(\mathcal{D}|\boldsymbol{\eta})$ 等于 0，可以得到等式：

$$T(\mathcal{D})-N\nabla_{\boldsymbol{\eta}} A(\boldsymbol{\eta})=0. \tag{5.54}$$

利用矩参数 $\boldsymbol{\mu}$ 的定义，可得其最大似然估计为

$$\hat{\boldsymbol{\mu}}_{\text{MLE}}=\frac{1}{N}T(\mathcal{D})=\frac{1}{N}\sum_i T(\boldsymbol{x}_i), \tag{5.55}$$

即矩参数的最大似然估计等于充分统计量的经验均值。这种估计方法也称为矩匹配（moment matching）的方法。得到矩参数之后，可以利用函数关系式 (5.53) 得到自然参数的最大似然估计：

$$\hat{\boldsymbol{\eta}}_{\text{MLE}}=\psi(\hat{\boldsymbol{\mu}}_{\text{MLE}}). \tag{5.56}$$

利用上述性质，可以直接获得最大似然估计的结果，举例如下。

例 5.4.3 (多项式分布) 回顾例 5.4.1，利用上述最大似然估计的结论：

$$\hat{\boldsymbol{\mu}}_{\text{MLE}}=\frac{1}{N}\sum_i \boldsymbol{x}_i.$$

根据多项式分布的定义，可以得到矩参数 $\boldsymbol{\mu}=\boldsymbol{\pi}$。因此，直接代入可得 $\boldsymbol{\pi}$ 的最大似然估计：

$$\hat{\boldsymbol{\pi}}_{\text{MLE}}=\frac{1}{N}\sum_i \boldsymbol{x}_i.$$

5.4.3 广义线性模型

回顾线性回归模型 $y=\boldsymbol{\theta}^\top\boldsymbol{x}+\epsilon$，其中 $\epsilon\sim\mathcal{N}(0,\sigma^2)$，以及二分类的对数几率回归模型 $p(y|\boldsymbol{x})=\mu(\boldsymbol{x})^y(1-\mu(\boldsymbol{x}))^{1-y}$，其中 $\mu(\boldsymbol{x})=\dfrac{1}{1+\mathrm{e}^{-\boldsymbol{\theta}^\top\boldsymbol{x}}}$。二者的一个共同点在于 y 的均值可以写成如下形式：

$$\mathbb{E}_{p(y|\boldsymbol{x})}[y]=\mu=f(\boldsymbol{\theta}^\top\boldsymbol{x}). \tag{5.57}$$

其中：

(1) 输入数据 $\boldsymbol{x}$ 是通过线性变换 $\xi=\boldsymbol{\theta}^\top\boldsymbol{x}$ 进入模型的；

(2) 变量 y 的条件期望是 ξ 的函数，其中 f 称为响应函数。

如果假设 y 的分布是用 μ 作为矩参数定义的指数族分布，则该模型称为广义线性模型。例如，对数几率回归模型是一个特例——我们用 μ 作为伯努利分布的矩参数。根据指数族分布的性质，从矩参数 μ 可以通过函数变换得到自然参数 $\eta=\psi(\mu)$，从而写出指数族分布的形式：

$$p(y|\eta)=h(y)\exp(\eta(\boldsymbol{x})y-A(\eta)). \tag{5.58}$$

图 5.4展示了模型定义的过程。

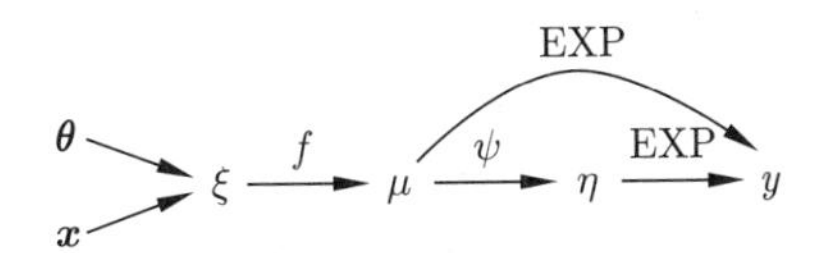

图 5.4　广义线性模型的定义流程图，其中 EXP 表示指数族分布

由上述定义可知，设定一个具体的广义线性模型，需要确定如下两个关键要素。

(1) 指数族分布：其具体形式由变量 y 的特性决定。例如，对于连续变量，通常选择高斯分布；而对于二值变量，我们的自然选择是伯努利分布。

(2) 响应函数：f 的选择往往也受所选分布的约束。例如，如果选择的是伯努利分布，则自然的约束是 $f(\xi) \in [0,1]$。其中一个特殊的情况是 $f(\cdot) = \psi^{-1}(\cdot)$，利用上述定义，可以得到 $\eta = \boldsymbol{\theta}^\top \boldsymbol{x}$。这种情况下，我们称 f 为典型响应函数。

由于广义线性模型是用指数族分布定义的，因此我们可以利用最大似然估计获得最优的参数。这里以 f 设为典型响应函数为例，给定训练集 $\mathcal{D} = \{(\boldsymbol{x}_i, y_i)\}_{i=1}^N$，其对数似然为

$$\mathcal{L}(\boldsymbol{\theta}; \mathcal{D}) = \sum_{i=1}^N \log h(y_i) + \sum_{i=1}^N (\boldsymbol{\theta}^\top \boldsymbol{x}_i y_i - A(\eta_i)). \tag{5.59}$$

对其求梯度，得到：

$$\begin{aligned}\nabla_{\boldsymbol{\theta}} \mathcal{L} &= \sum_{i=1}^N \left(\boldsymbol{x}_i y_i - \frac{\mathrm{d}A(\eta_i)}{\mathrm{d}\eta_i} \nabla_{\boldsymbol{\theta}} \eta_i \right) \\ &= \sum_{i=1}^N (y_i - \mu_i) \boldsymbol{x}_i.\end{aligned} \tag{5.60}$$

因此，可以利用基于梯度的数值求解方法得到参数 $\boldsymbol{\theta}$ 的估计值，这里不再赘述。

5.5　延伸阅读

对数几率函数最早是在 19 世纪研究群体增长情况时提出的[74]，令 $W(t)$ 表示 t 时刻群体的大小，一种合理的增长模型为

$$\frac{\mathrm{d}W(t)}{\mathrm{d}t} = \beta W(t)(\Omega - W(t)), \tag{5.61}$$

其中 Ω 为饱和时群体大小，β 为固定的增长率。该模型描述的是群体大小的变化正比于当前群体大小以及“剩余”空间的大小。令 $p(t) = W(t)/\Omega$ 表示当前群体占最大群体的比例，则可以得到如下的微分方程：

$$\frac{\mathrm{d}p(t)}{\mathrm{d}t} = \beta p(t)(1 - p(t)), \tag{5.62}$$

其解为 $p(t)=\dfrac{1}{1+\exp(1+\beta t)}$，该函数被比利时数学家威赫尔斯特（Pierre François Verhulst）命名为对数几率函数。在机器学习中，对数几率回归是一类基本的模型，本章主要介绍的是线性模型，对数几率回归可用于非线性模型，如第 6 章介绍的深度神经网络，其最后一层通常是对数几率回归。此外，类似于支持向量机（详见第 7 章），对数几率回归还可以利用核函数处理非线性可分的分类问题[75]。

随机梯度法是机器学习中的一类重要方法，特别是在处理大规模训练数据或者学习复杂模型（如深度神经网络）时经常使用。随机梯度法的思想可以追溯到 20 世纪 50 年代的 Robbins–Monro 算法[76]。但基本的随机梯度算法由于随机梯度的估计噪声，收敛速度一般是亚线性的，学者们提出了多种加速的策略，例如，最简单地将迭代过程中的参数估计进行平均作为最终的估计[77]，或者使用方差约减（variance reduction）技术[78–79] 等。此外，本章主要介绍的是一阶随机梯度法，随机梯度法可以扩展用于二阶优化方法，例如随机梯度拟牛顿法[80]。

5.6 习题

习题 1　推导对数几率回归中对数似然函数的梯度。

(a) 证明 $\sigma(x)=\dfrac{1}{1+\mathrm{e}^{-x}}$ 函数的导数为

$$\frac{\mathrm{d}\sigma(x)}{\mathrm{d}x}=\sigma(x)(1-\sigma(x)) \tag{5.63}$$

(b) 推导式 (5.10) 中对数损失函数的梯度。

(c) 推导式 (5.19) 中含正则在项的损失函数的梯度。

习题 2　证明对数几率回归模型可以等价表示为第 5.1.2 节所示的隐变量形式。

习题 3　对于第 5.1.2 节所示的隐变量形式，证明当噪声分布为标准高斯分布时（即 $\epsilon\sim\mathcal{N}(0,1)$），条件概率为 $p(y=1|\boldsymbol{x})=\Phi(\boldsymbol{w}^\top\boldsymbol{x})$，其中 $\Phi(\cdot)$ 为标准高斯的累积分布函数。

习题 4　推导多分类对数几率回归中损失函数的梯度。

习题 5　实现最速梯度下降法、牛顿法和随机梯度下降法，并在 UCI 电离层数据集上进行对比实验，比较不同算法的收敛速度。这里收敛条件设为对数似然函数变化不大于 10^{-6}。

习题 6　实现随机梯度下降法的不同版本，并在 UCI 电离层数据集上进行对比实验，比较不同算法的收敛速度。这里收敛条件设为对数似然函数变化不大于 10^{-3}。

第 6 章　深度神经网络

本章介绍深度神经网络，包括神经网络基本原理、反向传播算法以及典型的神经网络，如多层感知机、卷积神经网络、循环神经网络等。对数几率回归模型可以看作只有一个神经元的最简单神经网络。

6.1　神经网络的基本原理

本节以有监督学习任务为例，介绍神经网络的基本原理和学习方法。

6.1.1　非线性学习的基本框架

如前文所述，有监督学习的目标是习得从输入数据 $\boldsymbol{x} \in \mathbb{R}^d$ 到标签 y 的映射函数（预测函数）。在广义线性模型（包括对数几率回归、线性回归等）中，预测函数通过一个概率模型依赖于函数 $h_{\boldsymbol{w}}(\boldsymbol{x})$，其中 $h_{\boldsymbol{w}}(\boldsymbol{x}) = \boldsymbol{w}^\top \boldsymbol{x}$。对于带基函数的线性回归模型，预测函数依赖于一个类似的函数 $h_{\boldsymbol{w}}(\boldsymbol{x}) = \boldsymbol{w}^\top \boldsymbol{\phi}(\boldsymbol{x})$，其中 $\boldsymbol{\phi}(\boldsymbol{x})$ 是 $\boldsymbol{x}$ 的一组特征映射函数组成的向量。这类模型的一个共同点是：$h_{\boldsymbol{w}}(\cdot)$ 是参数 $\boldsymbol{w}$ 的线性函数。

神经网络所定义的 $h_{\boldsymbol{w}}(\boldsymbol{x})$ 是一类对输入数据 $\boldsymbol{x}$ 和参数 $\boldsymbol{w}$ 均是非线性的函数，一般也是通过一个概率模型定义预测变量的分布 $p(y|\boldsymbol{x}) = g(h_{\boldsymbol{w}}(\boldsymbol{x}))$。学习一个神经网络主要包括如下几步。

(1) 定义函数 $h_{\boldsymbol{w}}$：通过设定神经元、网络结构和参数，定义函数 $h_{\boldsymbol{w}}$ 的具体形式；

(2) 选择损失函数：根据任务类型，选取合适的损失函数，作为优化参数 $\boldsymbol{w}$ 的目标；

(3) 估计参数：依据给定的训练集和损失函数，通过最优化方法寻找最优参数 $\boldsymbol{w}$。

此外，神经网络的网络结构一般包括隐层的多少、神经元的个数，以及神经元之间的连接方式等。下面结合典型的例子进行介绍。

6.1.2　感知机

感知机[14] 是最简单的神经网络，只有一个神经元和一组可学习的权重，如图6.1所示。对于实数输入 $\boldsymbol{x} \in \mathbb{R}^d$，它通过与权重 $\boldsymbol{w}$ 的线性组合和偏置 b 定义函数：

$$h_{\boldsymbol{w},b}(\boldsymbol{x}) = \boldsymbol{w}^\top \boldsymbol{x} + b. \tag{6.1}$$

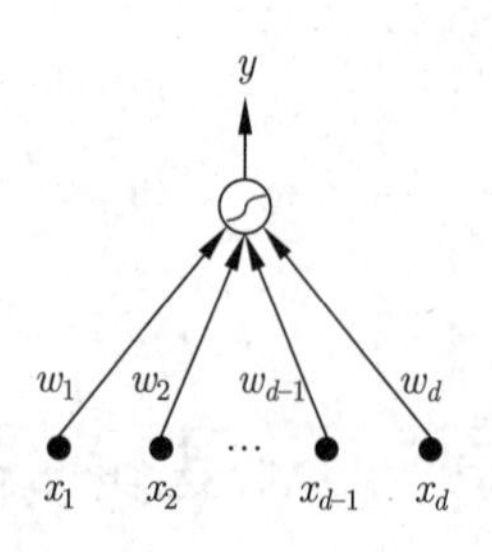

图 6.1　感知机的结构示意图

为了简洁，通常在输入中增加一维恒为 1 的常数，并将偏置吸收进权重向量中，从而简化为 $h=\boldsymbol{w}^\top\boldsymbol{x}$。为了得到非线性映射，通常叠加一个非线性激活函数：

$$y=\sigma(h). \tag{6.2}$$

最平凡的激活函数是 0-1 阶跃函数 $\sigma(h)=\mathbb{I}(h\geqslant 0)$。但其数学性质不佳，使用了这样的激活函数后，输出对权重变化不敏感，无法利用梯度下降法优化。在实践中，常用的激活函数有

- Sigmoid：$\sigma(h)=\dfrac{1}{1+\mathrm{e}^{-h}}$；
- 双曲正切：$\sigma(h)=\tanh(h)$；
- 整流线性单元（rectified linear unit，ReLU）：$\sigma(h)=\max(0,h)$。

可以使用梯度下降法对感知机的权重进行优化。首先考虑没有激活函数的情况，设真实标签为 y，模型预测输出为 $\hat{y}$，则误差 $e=y-\hat{y}$。给定训练集 $\mathcal{D}=\{(\boldsymbol{x}_i,y_i)\}_{i=1}^N$，常见的优化目标为训练样本上的平方误差：

$$R(\boldsymbol{w};\mathcal{D})=\frac{1}{2}\sum_{i=1}^N e_i^2. \tag{6.3}$$

该损失函数关于权重的梯度为

$$\nabla_{\boldsymbol{w}}R=-\sum_{i=1}^N e_i\boldsymbol{x}_i=-\sum_{i=1}^N(y_i-\hat{y}_i)\boldsymbol{x}_i. \tag{6.4}$$

如第 5 章所述，可以直接采用最速梯度下降法优化参数。在深度学习中，最常用的是随机梯度下降法，它可以更加高效地处理大规模数据。具体地，每次更新参数时，随机选取一个或若干个训练数据组成“小批次”B_t，通过 B_t 数据上的梯度更新参数：

$$\boldsymbol{w}_{t+1}^j=\boldsymbol{w}_t^j+\eta_t\sum_{j\in B_t}(y_j-\hat{y}_j)\boldsymbol{x}_j. \tag{6.5}$$

其中 η_t 为学习率。关于随机梯度下降的变种以及学习率的设定，参见第 5 章。

这样的学习过程是根据误差 e 进行权重的修正，因此又被称为误差修正学习（error-correction learning）。下面举一个具体的例子。

例 6.1.1 (二分类的感知机)　对于二分类问题，若 $y\in\{+1,-1\}$，预测值 $\hat{y}=\mathrm{sign}(\boldsymbol{w}_t^\top\boldsymbol{x})$，每次更新时只选取一个样本，则上述随机梯度算法实际上是一种在线学习的参数更新方法，具体如下。

- 新来一个样本 $\boldsymbol{x}_i$，预测其类别 $\hat{y}_i$；
- 如果预测正确，则保持当前模型不变（即令 $\boldsymbol{w}_{t+1}=\boldsymbol{w}_t$）；如果预测错误，则分两种情况更新参数：

  (1) 对于分类错误的正例（即 $y_i=1$、$\hat{y}_i=-1$），增加其权重

$$\boldsymbol{w}_{t+1}=\boldsymbol{w}_t+\eta_t\boldsymbol{x}_i$$

  (2) 对于分类错误的负例（即 $y_i=-1$、$\hat{y}_i=1$），减少其权重

$$\boldsymbol{w}_{t+1}=\boldsymbol{w}_t-\eta_t\boldsymbol{x}_i$$

图 6.2展示了上述更新过程。

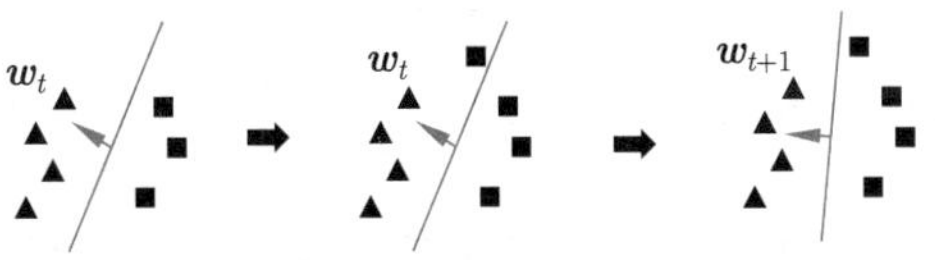

图 6.2　感知机在线学习的更新过程，其中 w_t 为当前模型参数，w_{t+1} 为误差修正后的模型参数

再来考虑带有激活函数的一般情况，利用链式法则同样可以表示输出关于权重的梯度：

$$\nabla_{\boldsymbol{w}}R=\sum_{i=1}^{N}\frac{\partial R}{\partial\hat{y}_i}\frac{\partial\hat{y}_i}{\partial z_i}\frac{\partial z_i}{\partial\boldsymbol{w}}=\sum_{i=1}^{N}(\hat{y}_i-y_i)\sigma'(z_i)\boldsymbol{x}_i. \tag{6.6}$$

只要激活函数 $\sigma(z)$ 是可微的，梯度下降法就仍然适用于参数的优化。而对于 ReLU 这类存在不可微点的激活函数，可以使用次梯度（subgradient）代替梯度（即任取斜率使得直线在函数下方）。这种利用链式法则使梯度通过激活函数的方法可以看作反向传播算法的最简单形式。

6.1.3　多层感知机

本质上，感知机属于线性模型，其决策面是多维空间中的超平面，因此无法习得非线性的分类边界。我们常将多个感知机单元相互连接构造神经网络，以增加模型的复杂度和容量。多层感知机（multilayer perceptron，MLP）是一种结构相对简单的神经网络。如图 6.3所示，多层感知机包括输入层、隐含层以及输出层组成的多层级结构，由于输入数据是给定的，因此输入层一般被忽略。对于隐含层和输出层，每个神经元均从相邻的前一层获得输入，其输出成为下一层的输入；且同一层内的神经元互相不连接。多层感知机定义的函数 $h_{\boldsymbol{\theta}}(\boldsymbol{x})$ 是一个逐层复合函数：

$$h_{\boldsymbol{\theta}}(\boldsymbol{x})=f_L(\cdots f_2(f_1(\boldsymbol{x},\boldsymbol{w}_1),\boldsymbol{w}_2)). \tag{6.7}$$

其中 f_l 表示第 l 层的变换函数，$\boldsymbol{w}_l$ 是相应的未知参数。这里用 $\boldsymbol{\theta}$ 表示所有的未知参数。可以看到，输入数据是逐层进行变换处理的，直到最后的输出，具有这种“前向”

传递结构的神经网络被称为前馈神经网络（feed-forward networks）。前馈神经网络也允许跨层的前向传递结构，后文介绍的残差网络就是一个典型例子。

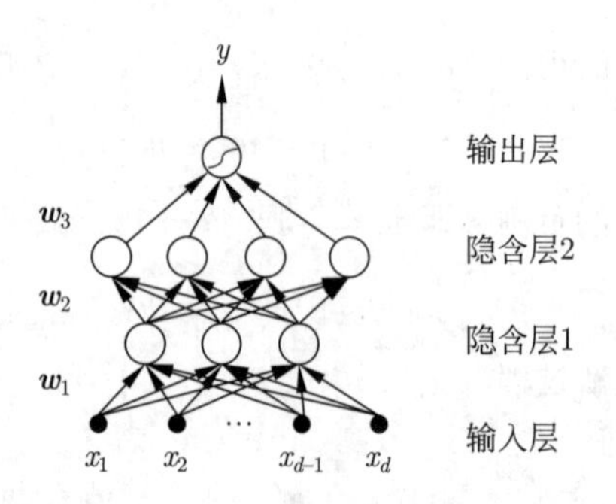

图 6.3　多层感知机的网络示意图：包括两个隐含层和一个输出层

在 MLP 模型中，中间隐含层的函数变换一般是非线性的。极端情况下，如果所有隐含层 f_l 都是线性变换，组合得到的函数 h 也是一个线性变换函数，因此，表达能力将非常有限。线性变换只在一些特殊情况下变得有意义，例如，主成分分析（PCA）模型可以看作一种线性神经网络（详见第 9 章）。

关于多层感知机的表达能力，万能函数近似理论[81–83] 给出了定量刻画：一个前馈神经网络如果包括至少一个具有“挤压”性质的激活函数（如 Sigmoid 函数）的隐含层，当隐含层神经元个数趋于无穷时，它可以以任意的精度近似任何从一个有限维空间到另一个有限维空间的连续函数。除了这种“无限宽”网络具有万能近似特性，“无限深”网络也具有类似的万能函数近似理论。

关于 MLP 以及其他神经网络，另一个值得注意的问题是参数空间的对称性或不可辨识性，即存在多组权重 $\boldsymbol{\theta}$，对应到同一个函数 h。例如，将 MLP 模型中同一层的神经元任意交换顺序，并相应地调整下一层权重的顺序，可以保持函数 h 不变。另外，对一些激活函数是奇函数的模型，将其输入层和输出层的权重同时取负号，也将保持变换函数不变。因此，可能存在多组（通常是组合数或指数级别的）参数对应于同一个目标函数。在实际应用中，这种对称性或不可辨识性产生的影响通常较小，特别是当我们只关注预测结果（如分类）时。但是，在考虑神经网络的预测不确定性（如后文介绍的贝叶斯神经网络）时，需要考虑这种权重与函数之间的“多对一”映射带来的“粒子坍缩”问题[84]。

6.1.4　反向传播

本节介绍用于多层感知机参数学习的反向传播算法。单层感知机的输入和预期输出是已知的，而多层感知机只有第一层的输入和最后一层的输出是已知的，中间层的信息无从知晓，因此，直接使用单层感知器的训练方法变得困难。利用激活函数的可微分特性，我们采用（随机）梯度下降的方法，其中关键是计算模型的梯度。反向传播（backpropagation，BP）算法提供了一种高效的逐层计算梯度的方法。

具体地，将前馈神经网络抽象为如图 6.4所示的结构，设共有 L 层，第 l 层的

输入为 $\boldsymbol{x}_{l-1}$，输出为 $\boldsymbol{x}_l$，权重为 $\boldsymbol{w}_l$，最后一层是一个分类器。对于样本 $(\boldsymbol{x}, y)$，令 $\boldsymbol{x}_0 = \boldsymbol{x}$，网络计算输出的过程可以形式化为（如图 6.4中的黑色箭头所示）：

$$\begin{aligned} \boldsymbol{x}_l &= f_l(\boldsymbol{w}_{l-1}, \boldsymbol{w}_l),\ l = 1, 2, \cdots, L \\ R &= C(\boldsymbol{x}_L, y), \end{aligned} \tag{6.8}$$

这里，R 为最终的优化目标。这个过程称为神经网络的前向传播。

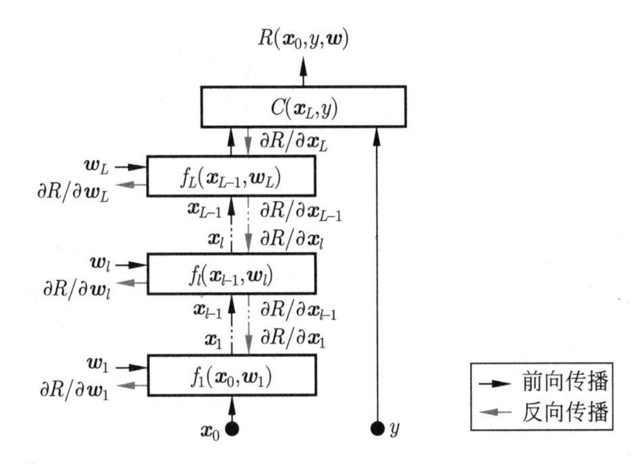

图 6.4　反向传播计算梯度的流程示意图，其中 x_0 为输入的数据 x，y 为真实标签

要更新网络参数，只需求出 R 关于网络中各层参数的梯度 $\dfrac{\partial R}{\partial \boldsymbol{w}_l}, l = 1, 2, \cdots, L$，并使用（随机）梯度下降法。计算梯度的过程可以分为两步，首先计算 R 关于每层中间表示 $\boldsymbol{x}_l$ 的梯度，对于最顶端的分类器

$$\frac{\partial R}{\partial \boldsymbol{x}_L} = \frac{\partial C(\boldsymbol{x}_L, y)}{\partial \boldsymbol{x}_L}. \tag{6.9}$$

对于中间层 l（$l = L-1, \cdots, 2, 1$），应用链式法则，可以得到：

$$\frac{\partial R}{\partial \boldsymbol{x}_l} = \frac{\partial R}{\partial \boldsymbol{x}_{l+1}} \frac{\partial \boldsymbol{x}_{l+1}}{\partial \boldsymbol{x}_l} = \frac{\partial R}{\partial \boldsymbol{x}_{l+1}} \frac{\partial f_{l+1}(\boldsymbol{x}_l, \boldsymbol{w}_{l+1})}{\partial \boldsymbol{x}_l}. \tag{6.10}$$

这是一个迭代的过程，使得 R 关于 $\boldsymbol{x}_l$ 的梯度逐层向下传导。进一步，便可以计算出关于各层参数的梯度（$\forall l = 1, 2, \cdots, L$）：

$$\frac{\partial R}{\partial \boldsymbol{w}_l} = \frac{\partial R}{\partial \boldsymbol{x}_l} \frac{\partial \boldsymbol{x}_l}{\partial \boldsymbol{w}_l} = \frac{\partial R}{\partial \boldsymbol{x}_l} \frac{\partial f_l(\boldsymbol{x}_{l-1}, \boldsymbol{w}_l)}{\partial \boldsymbol{w}_l}. \tag{6.11}$$

因此，只需将反向传递得到的 $\dfrac{\partial R}{\partial \boldsymbol{x}_l}$ 与每一层函数关于其参数的梯度 $\left(\text{即}\dfrac{\partial f_l(\boldsymbol{x}_{l-1}, \boldsymbol{w}_l)}{\partial \boldsymbol{w}_l}\right)$ 进行相乘，其中，第二项实际上是每个神经元的局部梯度，等同于单个感知机的梯度，对于常见的激活函数，该项都是比较容易计算的。

上述过程如图 6.4中的蓝色箭头所示。与前向传播对应，这个过程称为梯度的反向传播。实际上的网络结构可能具有更复杂的连接，但只要整个网络是可微的，便可通过建立计算图完成梯度的反向传播，得到输出变化与参数变化的关系表征并更新权值。比 BP 更加广义的计算梯度的方法被称为自动微分（automatic differentiation）[85]。

综上所述，神经网络的学习过程可以分为“前向”和“后向”两遍信息传递。

(1) 前向传播得到预测值和损失函数；

(2) 反向传播得到损失函数关于参数的梯度，并使用梯度下降法更新网络参数。

以上两个步骤不断交替进行。对于深度神经网络，最常用、最有效的是随机梯度下降法（SGD），特别是各种变种的随机梯度法（详见 5.2 节）。在用 SGD 训练深度神经网络时，一般将训练集分为多个小批量，每次更新时使用一个小批量的数据，将所有训练数据使用一遍称为一个 Epoch（一代训练）。

值得注意的是，对于某些激活函数，反向传播计算的梯度可能出现“消失”的现象——梯度的值变得很小，趋向于 0。下面用一个具体例子直观阐述该现象。

例 6.1.2 (梯度消失) 图 6.5(a) 是一个简单的线性可分问题，$(-1,0)$、$(0,1)$、$(1,0)$ 是平面内的三个数据点，蓝色和黑色代表不同的类别。对于无激活函数的单层感知机，对权重的初始值进行随机初始化，误差修正算法可以自然找到一条分类边界（虚线）。我们使用带有 Sigmoid 激活函数的感知机与其进行对比，在此问题中全局最小值点唯一，因此反向传播算法也能找到合适的分类边界（实线）。

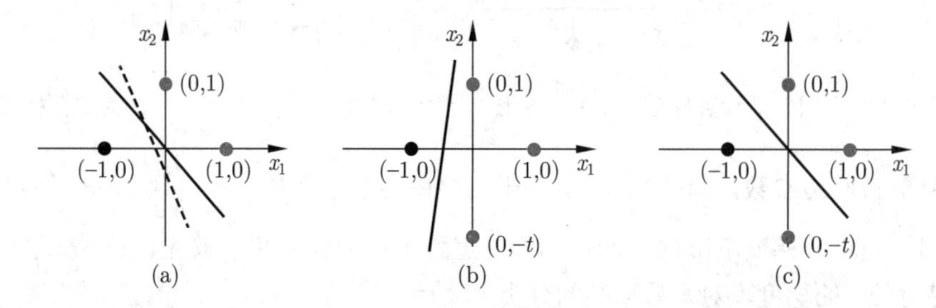

图 6.5 梯度消失问题示意：(a) 实线是 BP 算法的分类边界，虚线是感知机的分类边界；(b) 添加新数据 $(0,-t)$ 之后感知机的分类边界；(c) 添加新数据 $(0,-t)$（$t\to\infty$）之后 BP 算法的分类边界

设想在训练集中加入一个蓝色样本 $(0,-t)$，其中 $t\to\infty$。误差修正算法仍能找到一个最优的边界，如图 6.5(b) 所示。再考察反向传播算法，新加入点对于损失的贡献为

$$R=(1-\sigma(-wt+b))^2, \tag{6.12}$$

其中 w,b 是单层感知机的权重。这样，损失关于参数的梯度为

$$\begin{aligned}\frac{\partial R}{\partial w}&=2(1-\sigma(-wt+b))\sigma'(-wt+b)t,\\ \frac{\partial R}{\partial b}&=-2(1-\sigma(-wt+b))\sigma'(-wt+b).\end{aligned} \tag{6.13}$$

由于 Sigmoid 函数的特性，在 x 很大或很小时，$\sigma'(x)$ 以指数速率趋近于 0，这就导致 t 很大时，$\sigma'(-wt+b)$ 和 $\sigma'(-wt+b)t$ 都近似为 0。也就是说，第四个数据点对于权重更新几乎没有贡献，在原有三点的最优边界附近梯度下降法无法对参数进行大幅修正，从而陷入了局部极小值，如图 6.5(c) 所示。

从上述实例可以看到，即便在最简易的感知机可解决的线性可分问题中，BP 算法仍有可能失效。一般来说，传统的感知机学习算法具有低偏差，但对数据的噪声较为敏感，方差较高；而 BP 算法即使表达能力足以覆盖，也往往不能找到最优解，但一致性较好，以一定的偏差换来了较低的方差。

对于多层的深度模型，当激活函数是 Sigmoid 时，反向传播算法更容易出现梯度消失的问题。将 Sigmoid 替换成整流线性单元（ReLU），可以一定程度上克服梯度消失问题。

6.2 卷积神经网络

卷积神经网络（convolutional nueral networks，CNN）是一类典型的神经网络，适合处理图像、视频等视觉信息，也被扩展用于自然语言处理等任务。本节以图像分类为例，介绍卷积神经网络的基本组成、批归一化和残差网络等。

6.2.1 基本组成

在图像分类任务中，某个模式在图像中的位置并不重要，例如，一朵花可以出现在图像的各个位置，只要花的模式是存在的，便应一视同仁地分类为花。但是，多层感知机对位置是敏感的，很容易将图像误分。卷积神经网络可以很好地应对这种平移不变性。具体地，卷积神经网络并不直接处理整个图像，而是对图像进行“扫描”，将不同位置的区域送入神经网络（如 MLP），最后取各个位置的最大激活值。整个操作可以看作由许多小的子网络组成的一个巨大网络，出于对平移不变性的支持，所有子网络都是相同的，共享参数，从而控制整个网络的参数规模。卷积神经网络使用若干种基本操作完成对图像的变换，它们都以平移不变性为前提，具体介绍如下。

卷积神经网络中最基本的操作是卷积运算。一般的图像可以表示为一个 $W \times H \times C$ 的三维张量，其中 W、H、C 分别为图像的宽、高和通道数。如对于 RGB 图像，通道数为 3。如图 6.6所示，卷积操作中的参数为一个 $F \times F \times C$ 的三维张量，称为滤波器或卷积核。卷积核的宽、高在某些结构中可能不同，但一般都是相同的，

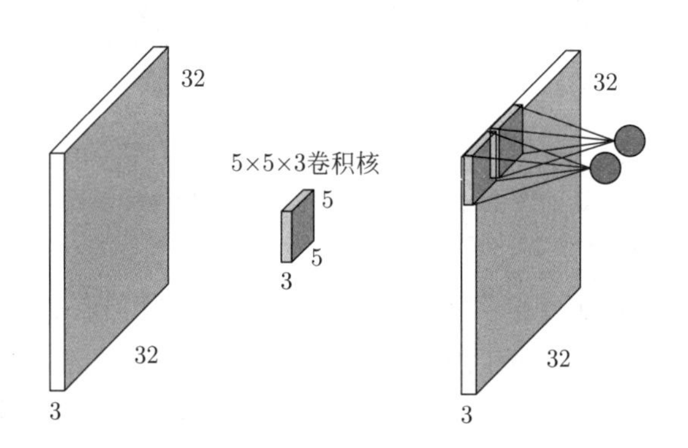

图 6.6　左边是一个 $32 \times 32 \times 3$ 的输入图像，中间是一个 $5 \times 5 \times 3$ 的卷积核，右边是卷积运算的示意图

我们以此为基础进行讨论。卷积核作用于图像，进行平移和扫描，在图像的不同位置取和卷积核形状相同的区域。在每个位置上，区域和卷积核进行逐元素相乘并相加，得到一个标量。这可以看作图像每个位置对卷积核的响应大小，度量了区域与卷积核的相似性。

卷积核还有两个可以灵活变动的参数：步长（stride）和填充（padding）。步长是卷积核进行横向和竖向平移时的跨度，如图 6.7(a) 所示，这里同样假设在宽、高方向上是相同的；填充一般是零填充，即在图像四周均匀填充上 0，如图 6.7(b) 所示。

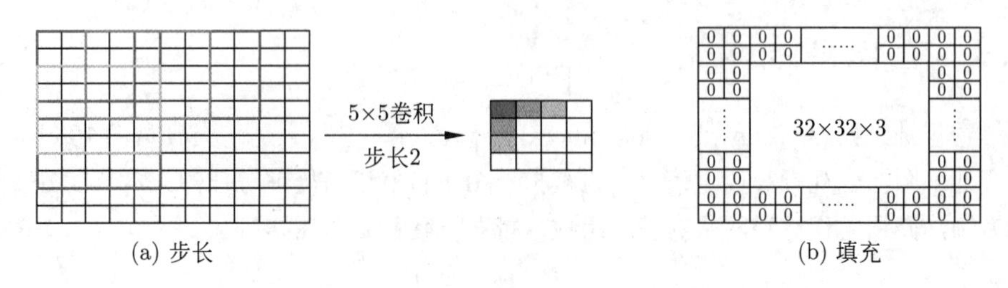

图 6.7　卷积参数：(a) 步长；(b) 填充

如图 6.8所示，在原始图像的各个空间位置上进行卷积操作，得到的一系列二维排布的标量可以组成一幅新的“图像”，称为激活图（activation map）或特征图（feature map）。设新的二维张量的形状为 $W' \times H' \times 1$，卷积核的步长为 S，每侧的填充为 P，原始图像和卷积核的大小与前述保持一致，则容易验证以下关系成立：

$$\begin{aligned} W' &= (W - F + 2P)/S + 1, \\ H' &= (H - F + 2P)/S + 1. \end{aligned} \tag{6.14}$$

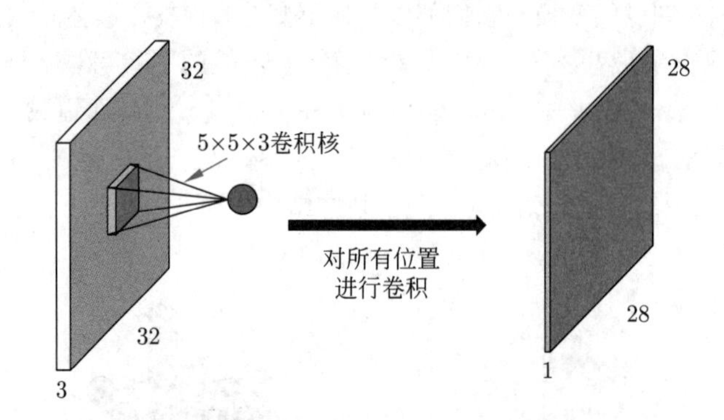

图 6.8　对一个 $32\times32\times3$ 的图像，使用 $5\times5\times3$ 的卷积核进行卷积运算，设 $P=0, S=1$ 得到右边 $28\times28\times1$ 的特征图

由于一个卷积核只能得到一张通道数为 1 的特征图，这就削减了通道维度的信息。实践中，一个卷积层内往往使用 $K>1$ 个卷积核，它们的特征图在通道这一维度上相接，形成一幅 $W' \times H' \times K$ 的新图像，如图 6.9 所示。而卷积层的参数，可以看成一个 $F \times F \times C \times K$ 的四维张量。这样，不同参数的卷积层和激活函数交替使用，就构成了具有一定深度的卷积神经网络，如图 6.10 所示。

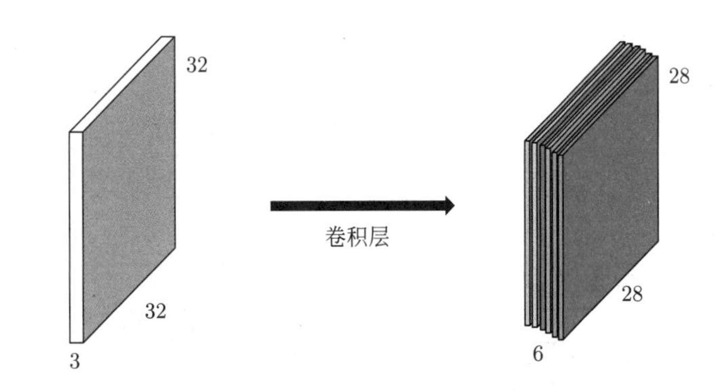

图 6.9　具有 6 个卷积核的卷积层

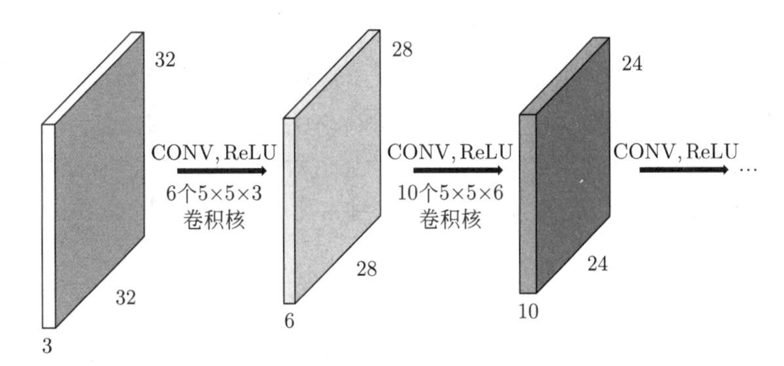

图 6.10　一系列卷积层

有以下两个常用的卷积。

- 3×3 卷积：$F=3$，$S=1$，$P=1$；
- 1×1 卷积：$F=1$，$S=1$，$P=0$。

它们都是保持图像空间形状（宽和高）的卷积核。使用这类卷积核（特别是 1×1 卷积），可以通过设置 K 值，对图像的通道数（即特征图）进行调整。

例 6.2.1 (通过矩阵运算实现卷积)　卷积可以用高效的矩阵运算实现。例如，对于一个 $127\times127\times3$ 的图像，设卷积核为 $5\times5\times3$，步长为 2，无填充。我们首先根据可能的卷积位置将图像分成 $5\times5\times3$ 的块，将每一块拉成一个 75 维的列向量。在长和宽两个维度上，利用式 (6.14) 分别有 $(127-5)/2+1=62$ 个这样的块，因此总共有 $62\times62=3844$ 个块，这些块拼接在一起组成 75×3844 维度的输入矩阵 $\boldsymbol{A}$。类似地，卷积核的权重也拉成一个 75 维的行向量，假设共有 100 个卷积核，则组成 100×75 的权重矩阵 $\boldsymbol{B}$。将这两个矩阵进行相乘，即 $\boldsymbol{BA}$，可以得到一个 100×3844 的矩阵，其中每个元素对应一个卷积核在某个卷积位置上计算出来的值。通过反向操作，可以将这个矩阵变形为 $62\times62\times100$ 的三维张量。这样做的好处是可以利用高效的矩阵运算实现卷积，但缺点是矩阵 $\boldsymbol{A}$ 中有很多重复的元素，因此内存开销会增大。

在卷积神经网络中，还需要考虑微小的抖动对输出的影响。如果模式的某个部分平移了一个像素，这不应该使得输出有较大的改变。为此还可以引入池化（pooling）

层，对图像的局部信息进行汇聚。图 6.11显示了大小为 2，步长为 2 的最大池化以及平均池化。在最大池化操作中，在每块区域内，新矩阵只保留了原矩阵的最大值；相对应地，平均池化是对区域内的值求平均值。若不对原图像进行零填充，池化后的图像在空间维度上成倍缩小，这可以看作下采样的过程。这样能够缩减图像中的信息，减小运算量。

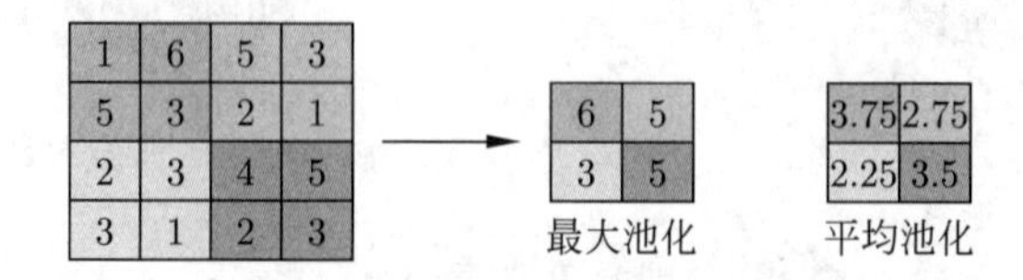

图 6.11　池化示意图：使用 2×2 最大池化和 2×2 平均池化

在图像分类等任务中，神经网络的输出层常常采用全连接层将提取到的特征转化为对应各个类别的输出。在经过一系列卷积和池化操作后，图像成为 $1 \times 1 \times C$ 的形状。其中通道数 C 往往远多于原始图像的通道数。这等价于一个一维向量，记为 $\boldsymbol{z} \in \mathbb{R}^C$，依据该向量可以定义预测模型。一种常见的选择是使用 Softmax 函数定义类别的预测概率：

$$p(y|\boldsymbol{z}, \boldsymbol{w}_L) = \mathrm{Softmax}(\boldsymbol{w}_L^\top \boldsymbol{z}). \tag{6.15}$$

这实际上是一个具有多个类别的对数几率回归模型。由前文可知，这是一个关于 $\boldsymbol{z}$ 的线性分类器，每个特征 z_i 均与输出类别单元相连，因此是全连接的。

使用卷积层、池化层和全连接层，就可以勾勒出卷积神经网络的大致结构。

6.2.2　批归一化

在训练时，最常用的是随机梯度下降（详见第 5 章），为了减缓梯度消失、加速训练过程、提升模型的泛化性能，学者们提出了多种正则化的策略，包括批归一化（batch normalization）[86]、Dropout[87] 等，关于 Dropout 的内容将在第 10.5.1 节介绍。

批归一化分为训练阶段和预测阶段。在训练阶段，给定大小为 m 的小批次训练数据 B，假设网络某一层神经元的输入是 d 维向量 $\boldsymbol{x} = (x_1, x_2, \cdots, x_d)^\top$，则可以计算每一维输入在数据集 B 上的均值和方差：

$$\mu_k = \frac{1}{m}\sum_{i=1}^{m} x_{ik},\ \sigma_k^2 = \frac{1}{m}\sum_{i=1}^{m}(x_{ik} - \mu_k)^2. \tag{6.16}$$

然后，批归一化对每个输入值进行归一化：

$$\hat{x}_{ik} = \frac{x_{ik} - \mu_k}{\sqrt{\sigma_k^2 + \epsilon}}, \tag{6.17}$$

其中 ϵ 是一个小的正常数，目的是为了避免分母过小，保持数值稳定。如果忽略 ϵ，归一化之后的输入 $\hat{\boldsymbol{x}}$ 在每个维度上的均值为 0、方差为 1。为了保持神经网络的表达能力，归一化之后会加上一个线性变换层：

$$y_{ik} = \gamma_k \hat{x}_{ik} + \beta_k, \tag{6.18}$$

其中参数 $\boldsymbol{\gamma}$ 和 $\boldsymbol{\beta}$ 在优化过程中与其他参数一起优化。将上述归一化和线性变换整体上作为一个基本单元，称为批归一化，简记为 $BN_{\boldsymbol{\gamma},\boldsymbol{\beta}}: \boldsymbol{x}_{1\cdots m} \to \boldsymbol{y}_{1\cdots m}$。

在预测阶段，为了消除对随机批次的依赖，归一化的操作需要做一些微调。这里采用整个数据集上的均值和方差（即对随机采样的批次 B 取平均）：

$$\mathbb{E}[x_k] = \mathbb{E}_B[\mu_k],\ \mathrm{Var}[x_k] = \frac{m}{m-1}\mathbb{E}_B[\sigma_k^2]. \tag{6.19}$$

注意：这里的 μ_k 和 σ_k 都是批次 B 的函数，因此期望 $\mathbb{E}_B[\cdot]$ 是有意义的。相应地，在预测阶段的归一化为

$$y_k = \frac{\gamma_k}{\sqrt{\mathrm{Var}[x_k]+\epsilon}} + \left(\beta_k - \frac{\gamma_k \mathbb{E}[x_k]}{\sqrt{\mathrm{Var}[x_k]+\epsilon}}\right). \tag{6.20}$$

由于 $(\boldsymbol{\gamma}, \boldsymbol{\beta}, \mathbb{E}[x_k], \mathrm{Var}[x_k])$ 都是固定值，因此该归一化是一个线性变换。

由于随机初始化以及数据的随机采样，每个神经元的输入对应一个分布。提出批归一化的初衷是为了降低在训练过程中神经元输入的分布变化，这种策略对于深度神经网络效果明显。例如，可以在训练过程中使用更大的学习率，提升训练速度，另外，也可以提升网络的泛化性能。由于性能显著，学者们进一步提出了批归一化的理论解释，例如，文献 [88] 从优化的角度，证明了批归一化可以带来更加光滑的参数空间和梯度。

6.2.3　残差网络

残差网络（residual network，ResNet）是卷积神经网络在深度上的一次巨大进步。相对于之前的网络，ResNet 网络层数可以高达上百层，性能也实现了大幅提升。本节介绍残差网络的基本原理。

理论上，在一个较浅网络的基础上叠加更多的层，网络的表示能力不会比原先更差；但在实际应用中却发现，网络结构的加深并不一定带来更好的分类效果。此外，文献 [89] 进一步发现提升网络的深度可以使训练集和测试集上的性能均有所降低，说明这并不是过拟合造成的。造成这种现象的一个主要原因是深层网络更难以优化。一种朴素的解决方法是将优化好的浅层网络原封不动地复制过来，而更深的层直接使用恒等映射，这样保证了深层网络的性能不会退步，由此提出了残差网络。

残差网络的基本模块是残差块，如图 6.12所示。输入 $\boldsymbol{x}$ 经过卷积层和激活函数（如 ReLU）后，产生输出 $f(\boldsymbol{x})$，ResNet 并不直接将其作为残差块的输出，而是添加了恒等映射作为跳跃连接（skip connection），将

$$h(\boldsymbol{x}) = f(\boldsymbol{x}) + \boldsymbol{x}$$

作为残差块的输出。如果将 $h(\boldsymbol{x})$ 作为目标输出，在 ResNet 中卷积层只需拟合残差映射而非完整的映射，即 $f(\boldsymbol{x}) = h(\boldsymbol{x}) - \boldsymbol{x}$。这种设计为函数拟合带来便利：如恒等映射最优时，只需将卷积层的权重设置为全 0，这显然比直接拟合恒等映射容易得多；如果最优映射很接近恒等映射，则很容易拟合近似为 0 的微小残差。将一系列残差块堆叠在一起，就构成了 ResNet 网络。

残差网络的训练也是通过反向传播计算梯度的，其中残差块的反向传播如下。

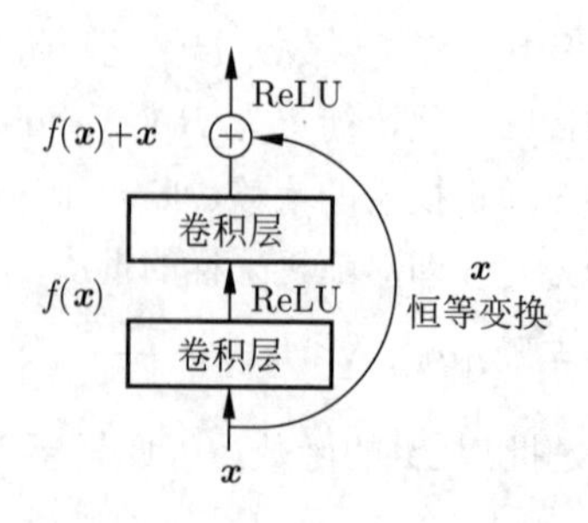

图 6.12　残差网络的基本模块

例 **6.2.2** (残差块的反向传播)　根据反向传播的基本过程 (如式 (6.10))，对于第 l 层的残差块，记输入为 $\boldsymbol{x}_l$，输出为 $\boldsymbol{x}_{l+1}$，参数为 $\boldsymbol{w}_l$，则其局部梯度计算如下：

$$\frac{\partial \boldsymbol{x}_{l+1}}{\partial \boldsymbol{x}_l} = \mathbf{1} + \frac{\partial f(\boldsymbol{x}_l, \boldsymbol{w}_l)}{\partial \boldsymbol{x}_l}. \tag{6.21}$$

这里的 $\mathbf{1}$ 表明跳跃连接可以无损地传播梯度，而另外一项残差梯度则需要经过带有权重的层，梯度不是直接传递过来的。由于残差梯度不会那么巧全为 $-\mathbf{1}$，而且就算其比较小，有 $\mathbf{1}$ 的存在也不会导致梯度消失。所以使用残差块作为基本单元，可以让深度网络的参数学习变得更容易。

在残差网络提出之后，有多种理论尝试解释残差连接的作用。一种理论认为，深层的网络在进行梯度下降时，回传的梯度相关性会越来越差，直至接近白噪声，而残差连接增强了梯度的相关性。从另一个角度，ResNet 可以被看作一种模型集成的方式。在图 6.13(a) 中，设共有 L 个残差块，则由起点到终点的路径有 2^L 条（对于每个残差块，选择两条路径之一），可以展开为图 6.13(b) 的形式。因此，删去 ResNet 的若干层，模型性能不会受太大影响，因为模型仍保留众多有效路径。而对于普通网络，由于只有一条有效路径，删去若干层后模型性能将急剧下降。进一步实验表明，ResNet 的模型性能与删去的层数线性相关，具有集成模型类似的行为，因此 ResNet 可以看作残差块的集成。

在 ResNet 基础之上，也发展出多种变种的深度神经网络，例如 Wide ResNet[90]、DenseNet[91] 等。其中，Wide ResNet 增加了 ResNet 的网络宽度（中间层特征图的数量），通过实验表明适当增加宽度比增加深度更有效。相对于 ResNet，DenseNet 使用了更复杂的跳跃连接：某个块中的每个层，均使用其之前的所有层作为输入信息；不同层的信息，直接在通道维度上拼接起来。DenseNet 大大增加了连接的数量，且拼接而非相加的方式更利于特征重用，提升效率。在相同参数量下，DenseNet 相比 ResNet 表达能力更强。

6.3　循环神经网络

在多层感知机或卷积神经网络中，数据是从输入层到隐含层再到输出层前向进行处理的，只允许层与层之间的神经元进行连接，而每层之间的神经元是无连接的。但

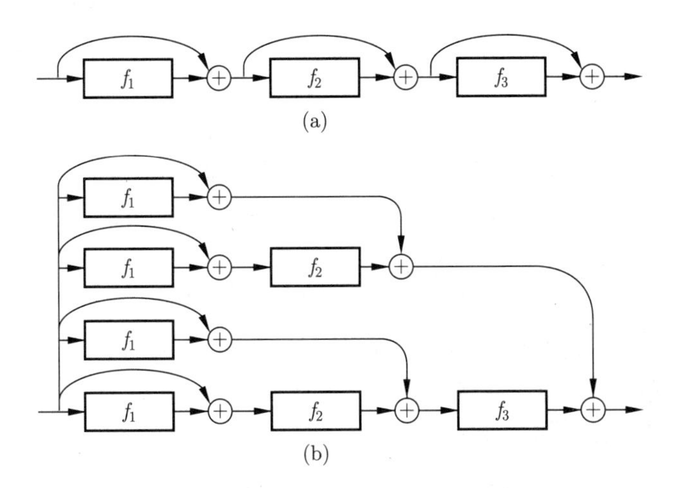

图 6.13 (a) 包含三个残差块组成的深度网络；(b) 将其计算过程展开之后的网络

是这种“前向”神经网络对于很多问题却无能无力。例如，在自然语言处理任务中，要预测句子的下一个单词是什么，一般需要用到前面的单词，因为一个句子中前后单词并不是独立的。

循环神经网络（recurrent neural networks，RNN）是一类适合这种任务的神经网络，它允许一个序列当前的输出与前面的输出有关。RNN 网络会对前面的信息进行记忆并应用于当前输出的计算中，即隐含层之间的神经元是有连接的，并且隐含层的输入不仅包括输入层，还包括上一时刻隐含层的输出。理论上，RNN 能够对任何长度的序列数据进行处理。但是在实践中，为了降低复杂性，往往假设当前的状态只与前面几个状态相关。

6.3.1 基本原理

图 6.14(a) 展示了一个典型的循环神经网络，其中 $\boldsymbol{x}$ 为输入数据，$\boldsymbol{s}$ 为隐含状态，$\boldsymbol{y}$ 为输出。我们用反向的箭头表示隐含状态的输出会反馈到输入端，因此，使得隐含状态之间相互影响。当 $\boldsymbol{x} = (x_1, x_2, \cdots)$ 为一个序列时，可以将 RNN 网络展开成如图 6.14(b) 所示的完全网络。隐含状态 s_t 也称为网络的记忆单元，它的取值依赖于前一时刻的状态 s_{t-1} 以及当前的输入 x_t：

$$s_t = f(Wx_t + Us_{t-1}), \tag{6.22}$$

其中 $f(\cdot)$ 是激活函数，如常见的 ReLU、Sigmoid 函数等。输出变量 y_t 取决于当前的隐含状态 s_t，一般用一个概率分布刻画，其计算过程为

$$p(y_t|s_t) = g(Vs_t). \tag{6.23}$$

当 y_t 为离散变量（如分类任务）时，函数 $g(\cdot)$ 一般设定为 Softmax 函数。

当把 RNN 展开之后，它就变成了一个“普通”的神经网络，因此，前面介绍的反向传播算法可以应用于 RNN 计算其梯度，从而进行参数估计。这种方法被称为“沿时间轴展开的反向传播”（backpropagation through time，BPTT）。值得注意的

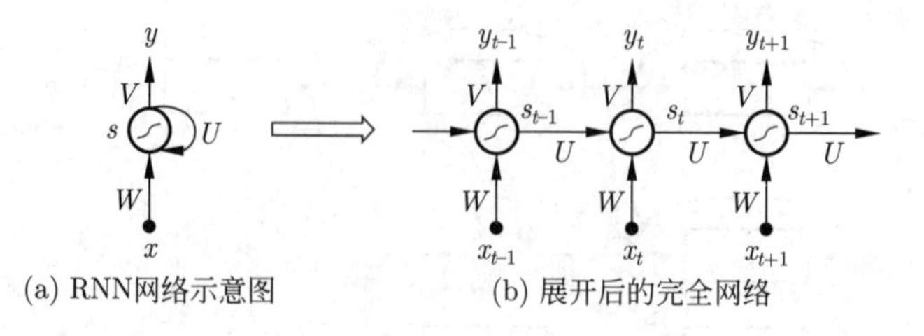

(a) RNN网络示意图　(b) 展开后的完全网络

图 6.14　RNN 网络示意图及展开后的完全网络

是，在展开的网络中，参数 W、U 和 V 是完全共享的，这与前面介绍的卷积网络或多层感知机有所不同，这种共享参数的机制可以让模型的表示更加紧致；同时，也给反向传播算法带来额外的约束，需要特别处理。

例 **6.3.1 (BPTT 算法)**　考虑长度为 4 的序列 $\boldsymbol{x} = (x_1, x_2, x_3, x_4)$，输出也是长度为 4 的序列 $\boldsymbol{y} = (y_1, y_2, y_3, y_4)$。对应的 RNN 模型展开如图 6.15所示，这里考虑离散的 y_t，输出变量的函数（6.23）采用 Softmax 函数，记为 $\hat{y}_t \triangleq p(y_t|s_t)$。同时，采用交叉熵损失函数：

$$E_t = -y_t \log \hat{y}_t.$$

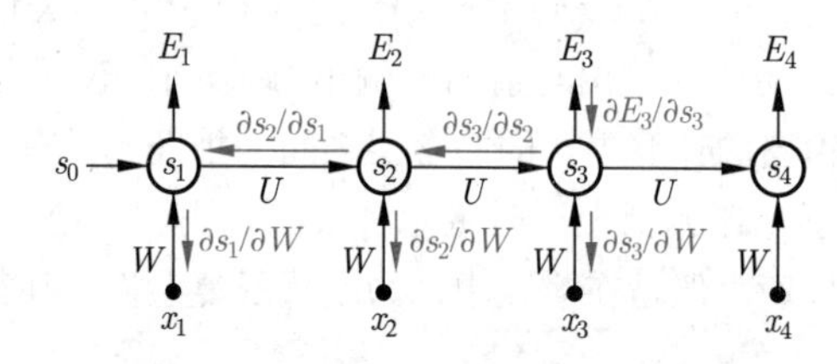

图 6.15　BPTT 算法示意

整体的损失函数为 $E = \sum_{t=1}^{4} E_t$。为了估计参数，需要计算 E 对参数 W、U、V 的梯度。对于参数 V，其梯度为

$$\frac{\partial E}{\partial V} = \sum_{t=1}^{4} \frac{\partial E_t}{\partial V} = \sum_{t=1}^{4} \frac{\partial E_t}{\partial \hat{y}_t} \frac{\partial \hat{y}_t}{\partial V},$$

其中每一项均可以直接计算。对于参数 W，由于参数共享的特点，其梯度的计算稍微复杂，具体如下。

$$\frac{\partial E}{\partial W} = \sum_{t=1}^{4} \frac{\partial E_t}{\partial W}.$$

为了简洁，只考虑求和中的一项，例如 $\dfrac{\partial E_3}{\partial W}$，其计算过程如下。

$$\begin{aligned} \frac{\partial E_3}{\partial W} &= \frac{\partial E_3}{\partial \hat{y}_3} \frac{\partial \hat{y}_3}{\partial W} \\ &= \frac{\partial E_3}{\partial \hat{y}_3} \frac{\partial \hat{y}_3}{\partial s_3} \left(\frac{\partial s_3}{\partial W} + \frac{\partial s_3}{\partial s_2} \frac{\partial s_2}{\partial W} + \frac{\partial s_3}{\partial s_2} \frac{\partial s_2}{\partial s_1} \frac{\partial s_1}{\partial W} \right), \end{aligned} \tag{6.24}$$

式 (6.24) 的第二个等号是因为参数共享——s_3 是 W 的函数，同时也是 s_2 的函数，且 s_2 也是 W 的函数，依次类推。上述反向传播的过程如图 6.15的蓝色箭头所示。对于参数 U 的梯度，可以类似地计算。

另外，RNN 模型的关键在于记忆单元之间的相互作用，输入变量或输出变量可以根据实际任务进行设定，存在多种类型的 RNN 网络架构。具体地，图 6.14展示的是“多对多”的一种架构——输入和输出均由多个元素组成，这种模型适合处理的场景包括对视频中的每一帧进行分类，或者是识别输入手写体字符串中的每个字符。除此之外，还存在“一对多”或“多对一”的网络架构。图 6.16展示了“一对多”网络的基本结构，对于“多对一”的 RNN 网络，一般只在最后一个时刻输出 y，这里略去具体网络结构，读者可以自行画一下。

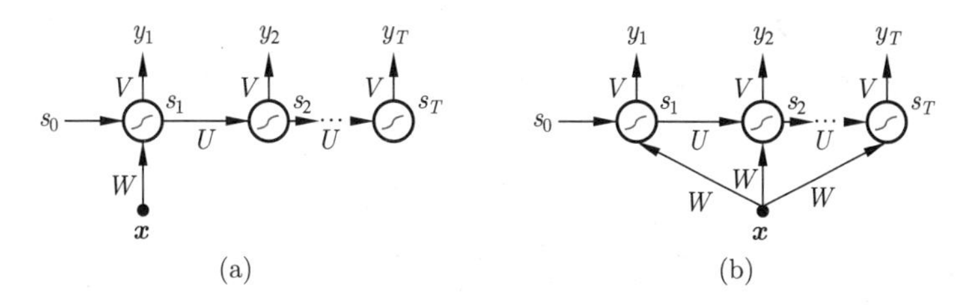

图 6.16　一对多 RNN 网络架构示意图：(a) 输入 x 作为第一个时刻计算的输入；(b) 输入 x 作为每一个时刻计算的输入，这里显式画出了记忆单元的初始取值 s_0

对于输入和输出长度不同的情况，一种架构是编解码的方式。如图 6.17所示，输入为长度 T 的序列，经过编码器得到向量 $\boldsymbol{c}$；然后将该向量输入解码器中，得到长度为 L 的输出序列。这种架构最早在机器翻译任务中被提出，也被用于文本摘要（输入是一段文本序列，输出是这段文本序列的摘要序列）、阅读理解（输入是文章和问题，输出是问题的答案）以及语音识别（输入是语音信号序列，输出是文字序列）等任务。

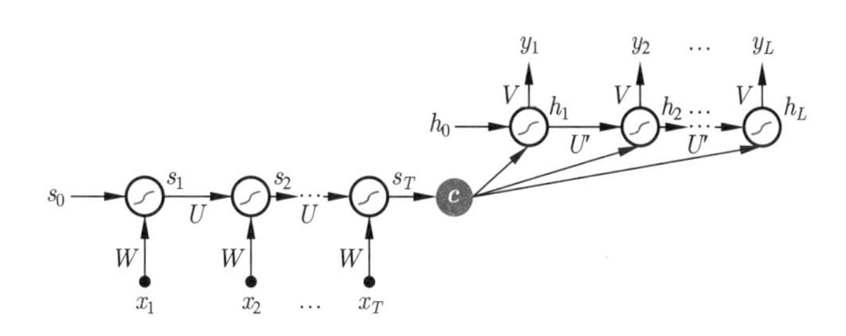

图 6.17　编解码架构的多对多 RNN 网络示意图：输入 x 经过编码得到向量 c，该向量作为解码器的输入，得到输出 y

这种编解码架构的最大局限在于：编码器和解码器之间的唯一联系是固定长度的向量 $\boldsymbol{c}$，编码器期望把整个序列的信息压缩到一个固定长度的向量 $\boldsymbol{c}$ 中，这种要求往往过高，会出现固定长度的向量 $\boldsymbol{c}$ 无法完全表达整个序列的信息，而且输入序列越长，这种无法完全表达的现象就会越严重。带来的结果是，解码器不能获得足够的输入序列信息，解码效果也会受到影响。

解决上述问题的一种思路是采用注意力机制。具体地，在解码器端，每个时刻的输入用不同的向量 $\boldsymbol{c}_1, \boldsymbol{c}_2, \cdots, \boldsymbol{c}_L$，其中，每个向量 $\boldsymbol{c}_i$ 自动选取与当前所要输出的 y_i 最合适的上下文信息，例如，一种线性的注意力机制如下。

$$\boldsymbol{c}_i = \sum_{j=1}^{T} \alpha_{ij} s_j. \tag{6.25}$$

这里的权重参数 α_{ij} 决定了每个隐含表示 s_j 对向量 $\boldsymbol{c}_i$ 的贡献程度，当 α_{ij} 接近于 0 时，说明 s_j 对当前的输出几乎没有影响。参数 $\boldsymbol{\alpha}$ 一般从数据中进行学习得到。

6.3.2 长短时记忆网络

在自然语言处理等任务中，往往需要考虑长程的依赖关系，如例 6.3.2 所示。

例 **6.3.2** (长程依赖) 补充完整如下句子：“小明昨天上课迟到了，老师批评了 ___”。这里的答案需要依赖第一个词和第二个词，这种依赖关系需要跨越多个词，属于长程依赖。

但是，传统的 RNN 网络在处理长程依赖关系时存在困难，另外，对于长序列数据，在反向传播进行梯度计算时，往往也会出现梯度消失（或爆炸）的问题[92]。为此，研究者提出了多种改进的措施（如文献 [93]）。

长短时记忆网络（long short-term memory，LSTM）是 RNN 的一个变种[94]，通过引入“门”控单元，可以有效处理长程依赖关系，同时，也一定程度上缓解了梯度消失（或爆炸）的问题。图 6.18显示了 LSTM 的基本单元，其中，每一条黑线传输着一整个向量，从一个节点的输出到其他节点的输入。LSTM 的一个关键部分是细胞状态（cell），图上方贯穿的水平线表示细胞状态的传送，记为向量 $\boldsymbol{c}_t$。该向量直接在整个链上运行，只有一些少量的线性交互，因此，信息在上面流传的过程中可以基本保持不变。LSTM 通过精心设计的“门”控单元，去除或者增加信息到细胞状态的能力。

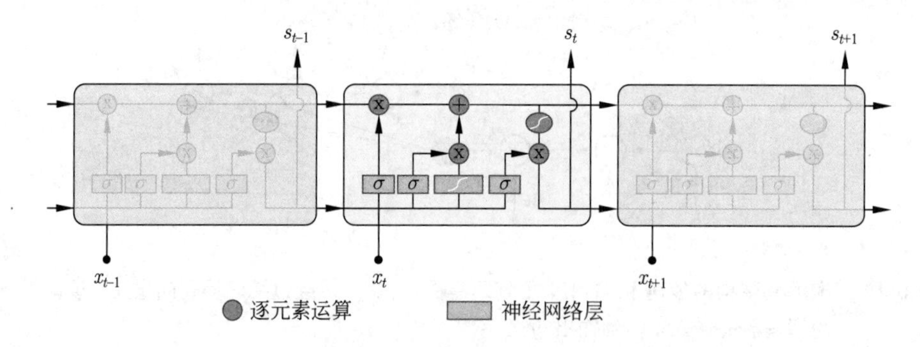

图 **6.18** **LSTM** 的基本单元示意图

如图 6.19所示，LSTM 的“门”控单元分为三种，分别用 σ 函数定义神经网络，具体如下。

(1) 遗忘门：选择忘记过去的某些信息

$$f_t = \sigma(W_f \cdot [s_{t-1}, x_t] + b_f), \tag{6.26}$$

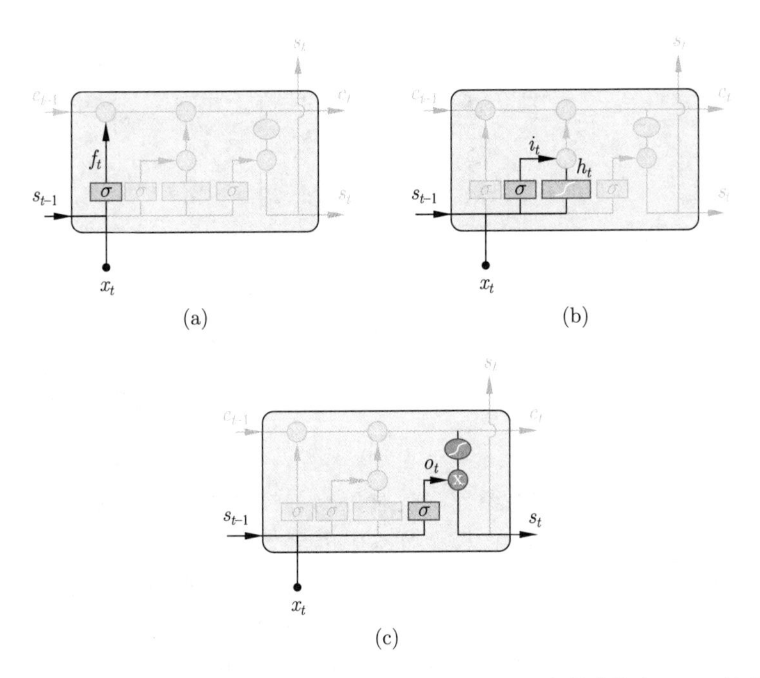

图 6.19　LSTM 中的门控单元：(a) 遗忘门——选择忘记过去某些信息；(b) 输入门——记忆现在的某些信息；(c) 输出门——选择是否输出

其中 $[\cdot,\cdot]$ 表示两个向量的拼接。

(2) 输入门：记忆现在的某些信息

$$
\begin{aligned}
i_t &= \sigma(W_i \cdot [s_{t-1}, x_t] + b_i), \\
h_t &= \tanh(W_h \cdot [s_{t-1}, x_t] + b_h),
\end{aligned}
\tag{6.27}
$$

这里以 tanh 函数作为激活函数为例。

(3) 输出门：选择是否输出

$$
\begin{aligned}
o_t &= \sigma(W_o \cdot [s_{t-1}, x_t] + b_o), \\
s_t &= o_t * \tanh(c_t),
\end{aligned}
\tag{6.28}
$$

其中 $*$ 表示逐元素相乘。

Sigmoid 层输出 0 到 1 的数值，描述每个部分有多少量可以通过，其中 0 代表“不许任何量通过”，1 指“允许任意量通过”。最后，向量 $\boldsymbol{c}_t$ 的计算过程如图 6.20所示，具体公式如下。

$$
\boldsymbol{c}_t = \boldsymbol{c}_{t-1} * f_t + i_t * h_t. \tag{6.29}
$$

掌握了基本的 LSTM 模型之后，可以根据需要进行适当的变种，例如，将多个 LSTM 叠加变成多层的深度 LSTM。在有些问题中，如自然语言处理中的缺失单词预测，我们除关心前面信息（单词）对当前状态的影响，还关心未来信息（单词）的影响，一种解决办法是构建两个方向的 RNN（或 LSTM），将二者的隐含状态合并在一起作为整体模型的隐含状态，这种模型被称为双向 RNN（或双向 LSTM）。

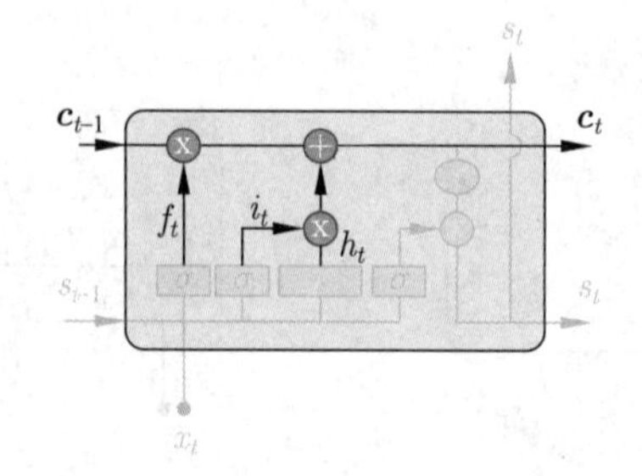

图 6.20 LSTM 中的细胞状态计算过程

6.4 延伸阅读

神经网络的基本单元为神经元，是对生物神经系统的模拟和抽象。1943 年，McCulloch 和 Pitts 提出了 MCP 模型[95]，将神经元的功能简化为线性加权求和与非线性激活两个步骤。1958 年，Rosenblatt 提出了由输入和输出两层神经元组成的感知机[14]，这样的结构被用于分类任务，并可通过梯度下降法自动学习权值。然而，Minsky 与 Papert 在 1969 年的图书 *Perceptrons*[96] 里证明了这样的单层感知机本质上是线性模型，对于 XOR 这样简单的非线性分类问题无能为力，神经网络无法应用于更复杂的分类任务。

20 世纪 80 年代，神经网络迎来了突破，典型代表是反向传播算法（BP）用于学习多层感知机（MLP），有效解决了非线性分类问题。BP 算法的历史可以追溯到 1960 年前后，最早被用于控制论[97–99]。1970 年，赫尔辛基大学 Linnainmaa 的硕士论文[100] 中报告了 BP 算法在计算机上的实现，虽然没有直接用在神经网络上，但该论文提出了更加普适的自动微分（automatic differentiation，AD）方法（详见综述论文[85]）。1974 年，Werbos 在博士论文[101] 中，将 BP 算法用于训练神经网络。1985 年之后，Werbos 的方法被多位学者重新发现并得到发展[15,102]，极大地推动了 BP 算法用于神经网络。得益于神经网络的可微分组合结构，自动微分技术被广泛用于深度学习的编程库中（如 TensorFlow[103]、PyTorch[104] 等），大大降低了手工推导梯度的难度。

卷积神经网络的历史可以追溯到 Hubel 和 Wiesel 关于猫视觉皮层神经元感受野的研究[105]，他们发现了两类视觉细胞——对边缘线条响应最大化的简单细胞，以及具有更大感受野对边缘线条具体位置不敏感的复杂细胞。第一个具有卷积操作的神经网络是 Neocognitron，由日本学者 Kunihiko Fukushima 在 1980 年提出，受 Hubel 和 Wiesel 工作启发，该模型具有卷积层和降采样层。LeCun 最早展示了用 BP 算法训练卷积网络的例子[106]，并成功用于手写体邮政编码的自动识别。

虽然神经网络在理论上可以作为万能函数拟合器[81,83]，但在实践中，在相当长的一段时间内，神经网络进展缓慢，这受制于当时的条件——由于缺乏计算资源和数据集，深层模型相较于浅层模型更难以训练，表现也不如人意。2006 年，Hinton 等为解决深层网络训练中出现的梯度消失问题，提出了深度信念网络（deep belief network，DBN）[21]。DBN 采用了无监督逐层预训练与有监督微调的方法，这是第一个有效训练深度网络的方法，后来的研究发现，直接使用随机梯度下降法进行有监督训练也可以充分训练深度神经网络，并成为当前的主要算法方案。同时，得益于 GPU 的出现与数据集的增大，深度学习开始在图像识别、语音识别、自然语言等各种任务上显现威力，同时吸引了更多学者致力于发展新型的网络结构。除前文提到的残差网络[89]等卷积结构外，在自然语言处理领域率先发展起来的变换网络（Transformer）[107] 是基于注意力机制的，后来也被扩展到计算机视觉[108] 等领域，并表现出比卷积网络更好的性能。受益于网络结构的发展以及新型的学习机制（如自监督学习等），大规模预训练模型受到广泛关注，并在自然语言、计算视觉的多个下游任务上表现优异（更多信息可参阅综述文章[109]）。除此之外，深度学习也大大促进了强化学习的发展，在计算机决策任务上取得突破，具体内容将在第 17 章介绍。

最后，更多关于深度神经网络的内容，请读者参阅文献 [110]。

6.5　习题

习题 1　对例 6.1.1中的感知机，完成其随机梯度下降更新公式的推导。

习题 2　对例 6.1.2中的模型，将 Sigmoid 激活函数替换成 ReLU，并分析其是否具有梯度消失现象。

习题 3　给定输入 $\boldsymbol{x}$，假设一个包含两个隐含层（参数分别为 $\boldsymbol{w}^1$ 和 $\boldsymbol{w}^2$）和一个输出单元 y（参数为 $\boldsymbol{\theta}$）的神经网络，所有神经元的激活函数均为 Sigmoid 函数，给定可导的损失函数 $\ell(y)$，请推导损失函数对各参数的梯度，并分析梯度消失现象（即梯度在反传的过程中逐层减小）。

习题 4　对式 (6.18) 所定义的批归一化操作，假设给定可导的损失函数 $\ell(\boldsymbol{y}_i)$，请推导损失函数对 $\boldsymbol{x}_i$ 的偏导 $\dfrac{\partial \ell}{\partial \boldsymbol{x}_i}$。

习题 5　在例 6.3.1中，推导梯度 $\dfrac{\partial E_3}{\partial U}$。

习题 6　在 MNIST 图像分类任务上实现卷积网络：MNIST 是一个常用的手写体字符数据集，$\boldsymbol{x} \in \mathbb{R}^{28\times 28}$，共有 10 类。定义一个卷积网络，从输入到输出的变换依次为：① 20 个 5×5 的卷积核；② ReLU 非线性变换；③ 20 个 3×3 的卷积核，填充 $P=1$；④ ReLU 非线性变换；⑤ 20 个 3×3 的卷积核，填充 $P=1$；⑥ ReLU 非线性变换；⑦ 全连接层，使用 Softmax 函数得到类别输出概率。对于该卷积网络，使用基于动量的随机梯度下降法，其中小批量的大小选为 128，Epoch 的数目设为 20。使用标准的划分：训练集包括 60000 个图像，测试集包括 10000 个图像。实现该网络，并观察训练的过程。

第7章　支持向量机与核方法

本章介绍支持向量机与核方法——一种重要的构建线性和非线性模型的方法，其中核方法既与概率生成模型、深度神经网络等紧密相关，也与后文介绍的高斯过程相关。最后介绍支持向量机中的概率方法，包括最大熵判别学习等。

7.1　硬间隔支持向量机

7.1.1　分类边界

考虑二分类问题，输入为 d 维向量 $\boldsymbol{x} \in \mathbb{R}^d$，标签空间为 $\mathcal{Y} = \{-1, 1\}$。学习一个分类边界，记为 $f(\boldsymbol{x})$，将两类数据分开。如前所述，在分类边界上的数据点应满足 $f(\boldsymbol{x}) = 0$。对一个给定的数据集，可能的分类边界有无穷多个，如图 7.1(a) 所示。首先从简单的线性分类出发，最后扩展到非线性的分类器。具体地，假设 $f(\boldsymbol{x})$ 具有如下的线性形式：

$$f(\boldsymbol{x}) = \boldsymbol{w}^\top \boldsymbol{x} + b, \tag{7.1}$$

其中 $\boldsymbol{w}$ 是斜率，b 是截距。对于测试数据 $\boldsymbol{x}$，预测的分类标签 $\hat{y}$ 可以通过判断 $\boldsymbol{x}$ 在分类边界的左边或右边来实现，数学上，等价于判断 $f(\boldsymbol{x})$ 的符号：

$$\hat{y} = \begin{cases} 1 & f(\boldsymbol{x}) \geqslant 0 \\ -1 & f(\boldsymbol{x}) < 0. \end{cases} \tag{7.2}$$

对于线性分类边界，可以得到如下一些直观的几何特性。

(1) $\boldsymbol{w}$ 是垂直于分类边界的法向量：对于分类边界上的任意两点 $\boldsymbol{x}_1$ 和 $\boldsymbol{x}_2$，可以得到 $\boldsymbol{w}^\top(\boldsymbol{x}_1 - \boldsymbol{x}_2) = 0$，即 $\boldsymbol{w}^* = \boldsymbol{w}/\|\boldsymbol{w}\|$ 为单位法向量；

(2) 分类边界上的任意点 $\boldsymbol{x}_0$，满足 $\boldsymbol{w}^\top \boldsymbol{x}_0 = -b$；

(3) 任意点 $\boldsymbol{x}$ 到分类边界的距离为 $r(\boldsymbol{x}) = |(\boldsymbol{w}^*)^\top(\boldsymbol{x} - \boldsymbol{x}_0)| = \dfrac{|f(\boldsymbol{x})|}{\|\boldsymbol{w}\|}$，其中 $\boldsymbol{x}_0$ 是分类边界上的点。

7.1.2　线性可分的支持向量机

支持向量机（support vector machine, SVM）给出一种寻找最优分类器的规则。如图 7.1(b) 所示，设一个候选的分类边界为 $\boldsymbol{w}^\top \boldsymbol{x} + b = 0$，将两类数据分开。如前所

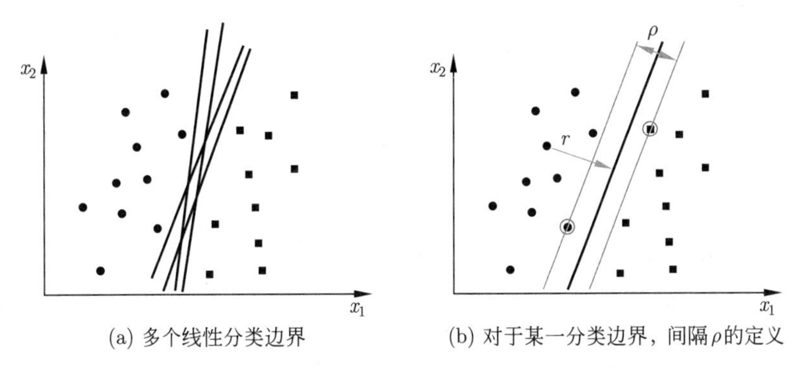

(a) 多个线性分类边界　　(b) 对于某一分类边界，间隔 ρ 的定义

图 7.1　线性分类示意图

述，每个数据点 $\boldsymbol{x}_i$ 到分类边界的距离为

$$r_i = \frac{|\boldsymbol{w}^\top \boldsymbol{x}_i + b|}{\|\boldsymbol{w}\|}. \tag{7.3}$$

将与分类边界平行的平面向分类边界的某一侧平移，直到首次经过训练数据停止，这样可以得到如图 7.1(b) 所示的两条细线表示的平行平面，它们之间的距离称为间隔（margin），记为 ρ。

间隔直观上刻画了一个分类边界的鲁棒性——对于间隔比较大的分类边界，对两类训练数据的可能扰动和噪声的容忍性更好。另外，对于间隔相等的一系列平行的边界，应选择位于“正中间”的边界，这样的边界具有鲁棒性强的特点——对两类训练数据的可能扰动和噪声的容忍性是最好的。[①]

我们称平行平面上的训练数据为支持向量（support vector），用圆圈框出来，后文将看到，这些训练数据决定（支持）了最优分类边界。间隔 ρ 等于分类边界到两类支持向量的最短距离 d_+, d_- 之和：

$$d_+ = d_- = \frac{\rho}{2} \tag{7.4}$$

在线性可分的情况下，对于训练数据 $(\boldsymbol{x}_i, y_i)$，分类边界满足不等式 $y_i f(\boldsymbol{x}_i) > 0$。通常也用如下值度量对第 i 个数据划分的“置信度”：

$$\text{confidence} = y_i f(\boldsymbol{x}_i). \tag{7.5}$$

对于正确分类的数据，这个置信度取值为正，且与数据点到边界的距离成正比。距边界越远，分类的置信度越高，这也与直觉相符。

SVM 的基本思想是在可行的分类边界中选取间隔 ρ 最大的那个，这种策略称为最大间隔，习得的分类器称为最大间隔分类器。直观上，间隔越大，分类的可靠性越高——对噪声的容忍程度越高，对模型在测试集上取得好的性能有利，即泛化性强，后文将从学习理论上严格阐述。同时可以看到，分类器学习完成后，分类边界的确定只与支持向量有关，更远的数据点则无丝毫贡献，这便是支持向量机名称的由来

① 如果两类的地位不对等，比如代价敏感的分类问题，最优决策边界可以适当远离犯错误代价高的类别。

(之后还会在数学形式上进行理论证明)。当然，在学习过程中则需综合考察所有训练数据。

具体地，设训练数据集 $\mathcal{D}=\{(\boldsymbol{x}_i,y_i)\}_{i=1}^N$ 可被超平面完美划分，则每个训练数据 $(\boldsymbol{x}_i,y_i)$ 满足不等式：

$$y_i(\boldsymbol{w}^\top\boldsymbol{x}_i+b)\geqslant\epsilon, \tag{7.6}$$

其中 ϵ 是大于 0 的任意常数。对不等式两边同时除以 ϵ，不改变分类的结果，这样可以得到归一化之后的不等式：

$$y_i(\boldsymbol{w}^\top\boldsymbol{x}_i+b)\geqslant 1. \tag{7.7}$$

相应地，支持向量到分类边界的距离为 $r_s=\dfrac{1}{\|\boldsymbol{w}\|}$，间隔为

$$\rho=2r_s=\frac{2}{\|\boldsymbol{w}\|}. \tag{7.8}$$

因此，最大化间隔 ρ 等价于最小化 $\|\boldsymbol{w}\|$。为了便于数值计算，通常选择等价地最小化 $\|\boldsymbol{w}\|^2$。这样，便得到 SVM 的优化问题：

$$\begin{aligned}&\min_{\boldsymbol{w},b}\quad \frac{1}{2}\|\boldsymbol{w}\|^2\\&\text{s.t.}\quad y_i(\boldsymbol{w}^\top\boldsymbol{x}_i+b)\geqslant 1,\quad i\in[N],\end{aligned} \tag{7.9}$$

其中 $[N]=\{1,2,\cdots,N\}$ 为 1 到 N 的整数集合。通过求解该问题，得到最优解 $(\hat{\boldsymbol{w}},\hat{b})$，从而得到最优的分类预测函数：

$$f(\boldsymbol{x};\hat{\boldsymbol{w}},\hat{b})=\operatorname{sign}(\hat{\boldsymbol{w}}^\top\boldsymbol{x}+\hat{b}). \tag{7.10}$$

在上述约束条件下，算法要求所有训练数据都划分正确，因此称为硬间隔 SVM 或硬性约束的 SVM。

7.1.3 硬间隔支持向量机的对偶问题

式 (7.9) 是一个凸二次规划问题，有很多算法可以直接求解。这里介绍其对偶问题，其具有多个良好的性质。具体地，引入拉格朗日乘子 $\boldsymbol{\alpha}=(\alpha_1,\alpha_2,\cdots,\alpha_N)^\top$，定义拉格朗日函数：

$$L(\boldsymbol{w},b,\boldsymbol{\alpha})=\frac{1}{2}\|\boldsymbol{w}\|^2+\sum_{i=1}^N\alpha_i(1-y_i(\boldsymbol{w}^\top\boldsymbol{x}_i+b)), \tag{7.11}$$

其中 $\alpha_i\geqslant 0, i\in[N]$。在此约束条件下，对于固定的 $(\boldsymbol{w},b)$，不难验证

$$\max_{\boldsymbol{\alpha}}\left(\sum_{i=1}^N\alpha_i(1-y_i(\boldsymbol{w}^\top\boldsymbol{x}_i+b))\right)=\begin{cases}0, & (\boldsymbol{w},b)\ \text{满足式(7.9)中约束}\\ \infty, & \text{其他}\end{cases}$$

因此，式 (7.9) 等价于新的简单约束下的最小最大化问题：

$$\begin{aligned}&\min_{\boldsymbol{w},b}\max_{\boldsymbol{\alpha}}\quad L(\boldsymbol{w},b,\boldsymbol{\alpha})\\&\text{s.t.}\qquad \alpha_i\geqslant 0,\quad i\in[N]\end{aligned} \tag{7.12}$$

定义其对偶问题为

$$\begin{aligned}&\max_{\boldsymbol{\alpha}}\min_{\boldsymbol{w},b} \quad L(\boldsymbol{w},b,\boldsymbol{\alpha})\\&\text{s.t.} \qquad \alpha_i \geqslant 0, \quad i\in[N]\end{aligned} \tag{7.13}$$

根据优化理论中的弱对偶性（weak duality）[67]，可以得到：

$$\max_{\boldsymbol{\alpha}}\min_{\boldsymbol{w},b} L(\boldsymbol{w},b,\boldsymbol{\alpha}) \leqslant \min_{\boldsymbol{w},b}\max_{\boldsymbol{\alpha}} L(\boldsymbol{w},b,\boldsymbol{\alpha}). \tag{7.14}$$

即对偶问题的最优解是原问题最优解的一个下界，且对偶问题是一个凸优化问题。这样，对于难以求解的原问题，可以通过优化对偶问题得到原问题的一个下界。进一步，在某些情况下（如原问题满足凸性和 Slater 条件），弱对偶性可加强为强对偶性：

$$\max_{\boldsymbol{\alpha}}\min_{\boldsymbol{w},b} L(\boldsymbol{w},b,\boldsymbol{\alpha}) = \min_{\boldsymbol{w},b}\max_{\boldsymbol{\alpha}} L(\boldsymbol{w},b,\boldsymbol{\alpha}). \tag{7.15}$$

根据优化理论，最优解 $(\hat{\boldsymbol{w}},\hat{b})$ 和 $\hat{\boldsymbol{\alpha}}$ 满足 KKT 条件：

- 原问题可行（primal feasibility）：$y_i(\hat{\boldsymbol{w}}^\top\boldsymbol{x}_i+\hat{b})\geqslant 1,\ i\in[N]$；
- 对偶问题可行（dual feasibility）：$\hat{\alpha}_i\geqslant 0,\ i\in[N]$；
- 互补松弛（complementary slackness）：$\hat{\alpha}_i(y_i(\hat{\boldsymbol{w}}^\top\boldsymbol{x}_i+\hat{b})-1)=0,\ i\in[N]$；
- 拉格朗日平稳性（stationarity）：$\nabla_{(\boldsymbol{w},b)}L(\hat{\boldsymbol{w}},\hat{b},\hat{\boldsymbol{\alpha}})=\boldsymbol{0}$。

在线性可分的假设下，硬约束 SVM 的优化问题是凸优化问题且满足 Slater 条件，因此可通过解对偶问题高效求解原问题。具体地，先对 $\boldsymbol{w},b$ 求导得到内层的最值，即令 $\nabla_{\boldsymbol{w}}L(\boldsymbol{w},b,\boldsymbol{\alpha})=\boldsymbol{0};\nabla_b L(\boldsymbol{w},b,\boldsymbol{\alpha})=\boldsymbol{0}$，可以得到

$$\begin{aligned}\hat{\boldsymbol{w}}&=\sum_{i=1}^N\alpha_i y_i\boldsymbol{x}_i\\0&=\sum_{i=1}^N\alpha_i y_i.\end{aligned} \tag{7.16}$$

将其代入拉格朗日函数，得到关于 $\boldsymbol{\alpha}$ 的目标函数：

$$L(\hat{\boldsymbol{w}},\hat{b},\boldsymbol{\alpha})=\sum_{i=1}^N\alpha_i-\frac{1}{2}\sum_{i=1}^N\sum_{j=1}^N\alpha_i\alpha_j y_i y_j\boldsymbol{x}_i^\top\boldsymbol{x}_j. \tag{7.17}$$

令对角矩阵 $\boldsymbol{Y}=\mathrm{diag}(y_1,y_2,\cdots,y_N)$，格拉姆矩阵 $\boldsymbol{G}=(\boldsymbol{x}_i^\top\boldsymbol{x}_j)_{N\times N}$，式 (7.17) 可写为矩阵乘的形式：

$$L(\hat{\boldsymbol{w}},\hat{b},\boldsymbol{\alpha})=\boldsymbol{\alpha}^\top\boldsymbol{1}-\frac{1}{2}\boldsymbol{\alpha}^\top\boldsymbol{YGY\alpha}. \tag{7.18}$$

最终，原问题等价于一个关于对偶变量 $\boldsymbol{\alpha}$ 的二次规划问题：

$$\begin{aligned}&\max_{\boldsymbol{\alpha}} \quad \boldsymbol{\alpha}^\top\boldsymbol{1}-\frac{1}{2}\boldsymbol{\alpha}^\top\boldsymbol{YGY\alpha}\\&\text{s.t.} \quad \sum_{i=1}^N\alpha_i y_i=0\\&\qquad\ \ \alpha_i\geqslant 0, \quad i\in[N].\end{aligned} \tag{7.19}$$

得到对偶问题的最优解 $\hat{\boldsymbol{\alpha}}$ 后，代入式 (7.16) 计算出原问题的最优解 $\hat{\boldsymbol{w}}$。再找到某个支持向量 $\boldsymbol{x}_s$，利用等式

$$y_s(\hat{\boldsymbol{w}}^\top \boldsymbol{x}_s + \hat{b}) = 1 \tag{7.20}$$

求出最优解 $\hat{b}$，这样就得到了预测函数：

$$f(\boldsymbol{x}; \hat{\boldsymbol{w}}, \hat{b}) = \mathrm{sign}(\hat{\boldsymbol{w}}^\top \boldsymbol{x} + \hat{b}) = \mathrm{sign}\left(\sum_{i=1}^{N} \hat{\alpha}_i y_i \boldsymbol{x}_i^\top \boldsymbol{x} + \hat{b}\right). \tag{7.21}$$

下面从直观上理解硬间隔 SVM 的特性。利用 KKT 条件中的互补松弛性，得到：

$$\hat{\alpha}_i(y_i(\hat{\boldsymbol{w}}^\top \boldsymbol{x}_i + \hat{b}) - 1) = 0, \quad i \in [N]. \tag{7.22}$$

乘积项中至少有一个为 0，因此，对于第 i 个训练样本，存在如下两种情况：

- 对偶变量为 0：$\hat{\alpha}_i = 0$；
- 对偶变量不为 0：$\hat{\alpha}_i > 0$，此时有 $y_i(\hat{\boldsymbol{w}}^\top \boldsymbol{x}_i + \hat{b}) = 1$，因此 $\boldsymbol{x}_i$ 是支持向量，如图 7.1(b) 中被圈出的点所示。

在非退化情况下，对偶变量 $\hat{\boldsymbol{\alpha}} \neq \mathbf{0}$，支持向量一定存在。

同时，在预测函数（7.21）中，若将和式每一项中 y_i 前的系数 $\hat{\alpha}_i \boldsymbol{x}_i^\top \boldsymbol{x}$ 看作数据 $(\boldsymbol{x}_i, y_i)$ 在预测中的权重，而 $\boldsymbol{x}_i^\top \boldsymbol{x}$ 又可以看作向量 $\boldsymbol{x}_i$ 与 $\boldsymbol{x}$ 的相似度，那么该预测函数可以看作以测试数据与训练数据的相似度为权重，对类别标签加权得到测试数据的预测类别。由于只有支持向量对应的 $\hat{\alpha}_i$ 不为 0，非支持向量的训练数据全部被忽略，因此，SVM 可以看作将支持向量作为近邻的 K-近邻法。与“懒惰式学习”的 K-近邻不同的是，这些“近邻”是训练过程中固定下来的，无须对新数据点的近邻进行计算，因此，SVM 在对测试数据分类时，计算量远小于 K-近邻法。

在训练集很大时，作为支持向量的数据点一定是少数，因此，对偶变量 $\hat{\boldsymbol{\alpha}}$ 的大部分分量都是 0，是稀疏向量，这样的性质称为对偶稀疏性。

7.2 软间隔支持向量机

7.2.1 软约束与损失函数

在实际问题中，训练数据往往不满足线性可分的假设，如图 7.2(a) 所示，不存在一个线性分类器[①]将蓝色和黑色两类数据完全分开。在这种情况下，硬约束 SVM 无法给出可行解。

为解决线性不可分的问题，常采用两种方法。其一是添加新的维度，将数据映射到更高维（甚至无穷维）的空间，经过适当的映射后，数据在高维空间中可能成为线性可分的。如图 7.2(b)，对图 7.2(a) 中的每个数据 x 添加了新的特征 x^2（纵轴），使得“升维”后的数据在新的二维坐标 (x, x^2) 下线性可分，于是又可以采用前述的硬间隔支持向量机方法求解。这种数据升维的方法适用范围很广，后面的内容会进一步提到，但也可能带来一些问题，例如维数灾难或过拟合。

① 在一维空间中，线性分类器的边界为 $f(x) - b = 0$，其中 b 为一个特定值。

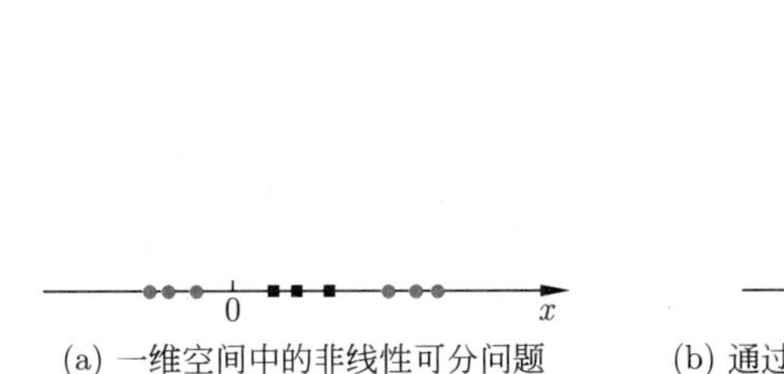

(a) 一维空间中的非线性可分问题

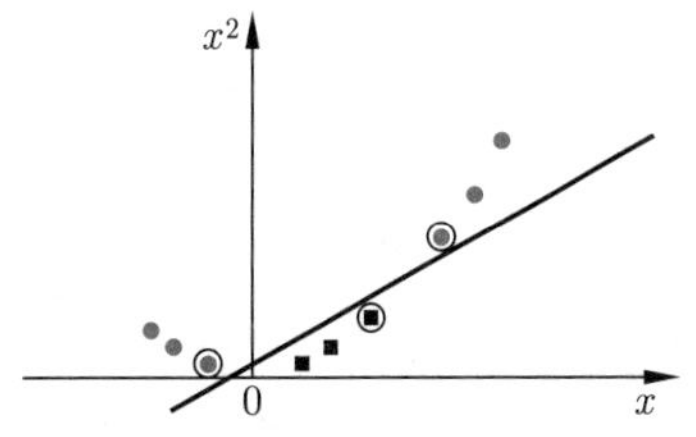

(b) 通过升维到二维空间,变成线性可分的问题

图 7.2 线性不可分问题的示例

应对线性不可分问题的另一个办法是放宽约束条件，允许 SVM 在少量样本上出错，同时当模型分类错误时，对其进行一定的惩罚。该惩罚一般形式化为损失，优化的目标是寻找犯错（损失）尽量少的分类器，这样的 SVM 称为软约束 SVM 或软间隔 SVM。

具体地，为引出损失的概念，将硬间隔 SVM 的优化目标重写为

$$\min_{\boldsymbol{w},b} \frac{\lambda}{2}\|\boldsymbol{w}\|^2 + \sum_{i=1}^{N} \ell_{0-\infty}(y_i(\boldsymbol{w}^\top \boldsymbol{x}_i + b)), \tag{7.23}$$

其中

$$\ell_{0-\infty}(m) = \begin{cases} 0, & m > 0 \\ \infty, & m \leqslant 0 \end{cases}, \tag{7.24}$$

λ 是正则化参数，衡量 $\boldsymbol{w}$ 的范数和训练数据上损失项的权重之比。这里的 $\ell_{0-\infty}(m)$ 充当损失函数的作用——只要有任何一个样本点不满足硬间隔 SVM 的约束条件，其损失函数就会无穷大，从而使问题无解；当所有样本点均满足硬间隔 SVM 的约束条件时，损失为 0，退化为原优化问题。

在线性不可分的情况下，我们不希望硬性约束导致任何的误分类均不被允许，于是可改用条件更宽松的损失函数。一个例子是采用“软化”的 0/1 损失：

$$\ell_{0-1}(m) = \begin{cases} 1, & m < 0 \\ 0, & m > 0 \end{cases}. \tag{7.25}$$

这样，每个误分类的样本将会带来值为 1 的损失[①]。0/1 损失函数是一个简单的函数，但它非凸、不光滑，数学性质不好，不利于优化求解。在实践中，常常用其他损失函数对 0/1 损失进行近似和替代，常见的有：

- 合页损失（hinge loss）[②]：$\ell_{\text{lin}}(yf(\boldsymbol{x})) = \max(0, 1 - yf(\boldsymbol{x}))$。
- 平方损失：$\ell_{\text{quad}}(yf(\boldsymbol{x})) = \max(0, 1 - yf(\boldsymbol{x}))^2$。
- Huber 损失（将合页损失和平方损失相结合）：

① 损失值可以取任意非负常数，为了简单，这里选取单位值 1。

② 形状上像打开的书页。

$$\ell_{\text{Huber}}(yf(\boldsymbol{x})) = \begin{cases} \max(0, 1 - yf(\boldsymbol{x}))^2, & yf(\boldsymbol{x}) \geqslant -1 \\ -4yf(\boldsymbol{x}), & \text{其他} \end{cases}$$

上述表示中，$f(\boldsymbol{x}) = \boldsymbol{w}^\top \boldsymbol{x} + b$。图 7.3是合页损失、平方损失与 0/1 损失的对比示意图。直观上可以看到，这些替代损失均是 0/1 损失的上界，其中合页损失是分段线性的凸函数，但不光滑；平方损失和 Huber 损失都是凸函数且光滑。

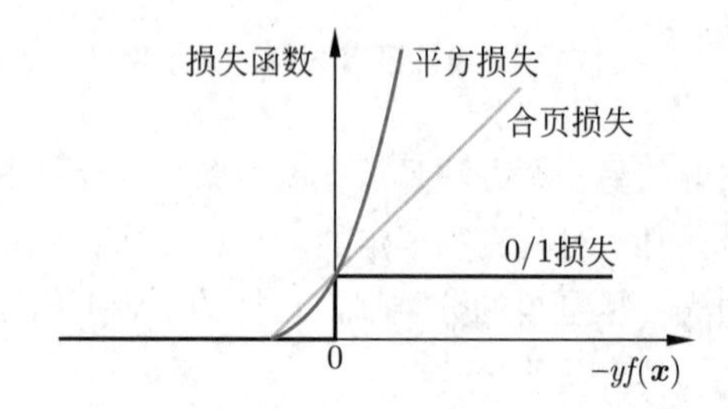

图 7.3　0/1 损失的近似替代函数示意图

在使用损失函数后，SVM 的优化目标变为如下的无约束形式：

$$(\hat{\boldsymbol{w}}, \hat{b}) = \underset{\boldsymbol{w},b}{\operatorname{argmin}} \ \underbrace{\frac{\lambda}{2}\|\boldsymbol{w}\|^2}_{\text{regularizer}} + \underbrace{\sum_{i=1}^{N} \ell(y_i(\boldsymbol{w}^\top \boldsymbol{x}_i + b))}_{\text{loss}} \tag{7.26}$$

式 (7.26) 被拆分为由间隔最大化策略得到的正则化项以及某种损失之和，超参数 λ 则控制着两项所占权重。由于原先的约束被吸收进了损失项，因此新问题更易解，可应用随机次梯度下降法等一般性方法求解。

7.2.2　软间隔 SVM 的对偶问题

下面以合页损失为例，介绍软间隔 SVM 的几何解释，并将其优化目标等价转化为带有约束的形式。具体地，引入松弛变量：

$$\xi_i = \ell_{\text{lin}}(y_i(\boldsymbol{w}^\top \boldsymbol{x}_i + b)) = \max(0, 1 - y_i(\boldsymbol{w}^\top \boldsymbol{x}_i + b)). \tag{7.27}$$

如图 7.4所示，每个数据对应的松弛变量表示了该数据不满足约束（7.7）的程度。对于在间隔带以外且正确分类的样本 $\boldsymbol{x}_i$，$\xi_i = 0$；而对于在间隔带内以及错误分类的样本 i，$\xi_i > 0$ 且大小与该样本到属于正确分类的间隔边界的距离成正比。这样，合页损失项累计的就是所有不满足约束的样本的偏离程度之和。

根据松弛变量的定义，可将问题 (7.26) 等价写为有约束的形式：

$$\begin{aligned} \min_{\boldsymbol{w},b,\boldsymbol{\xi}} \quad & \frac{\lambda}{2}\|\boldsymbol{w}\|^2 + \sum_{i=1}^{N} \xi_i \\ \text{s.t.} \quad & y_i(\boldsymbol{w}^\top \boldsymbol{x}_i + b) \geqslant 1 - \xi_i, \quad i \in [N] \\ & \xi_i \geqslant 0, \quad i \in [N]. \end{aligned} \tag{7.28}$$

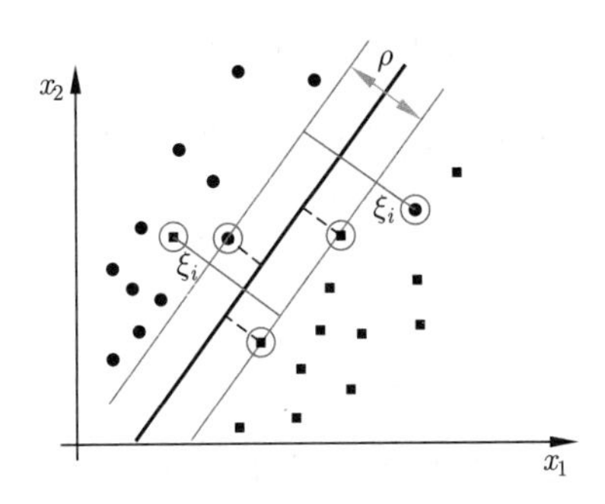

图 7.4 线性不可分情况下，松弛变量的几何解释

这是一个二次规划问题。除直接求解外，仍可沿用硬间隔 SVM 的方法找到其对偶问题。具体地，为了记号上的方便，令 $C=1/\lambda$，将式 (7.28) 改写为

$$\begin{aligned}\min_{\boldsymbol{w},b,\boldsymbol{\xi}}\quad & \frac{1}{2}\|\boldsymbol{w}\|^2+C\sum_{i=1}^N\xi_i\\ \text{s.t.}\quad & y_i(\boldsymbol{w}^\top\boldsymbol{x}_i+b)\geqslant 1-\xi_i,\quad i\in[N]\\ & \xi_i\geqslant 0,\quad i\in[N].\end{aligned}\tag{7.29}$$

引入拉格朗日乘子 $\boldsymbol{\alpha}$、$\boldsymbol{\beta}$，定义拉格朗日函数：

$$\begin{aligned}L(\boldsymbol{w},b,\boldsymbol{\xi},\boldsymbol{\alpha},\boldsymbol{\beta})&=\frac{1}{2}\|\boldsymbol{w}\|^2+C\sum_{i=1}^N\xi_i+\sum_{i=1}^N\alpha_i(1-\xi_i-y_i(\boldsymbol{w}^\top\boldsymbol{x}_i+b))-\sum_{i=1}^N\beta_i\xi_i\\&=\frac{1}{2}\|\boldsymbol{w}\|^2+C\boldsymbol{\xi}^\top\mathbf{1}-\sum_{i=1}^N\alpha_iy_i(\boldsymbol{w}^\top\boldsymbol{x}_i+b)+\boldsymbol{\alpha}^\top\mathbf{1}-\boldsymbol{\xi}^\top(\boldsymbol{\alpha}+\boldsymbol{\beta}).\end{aligned}$$

对偶问题为

$$\begin{aligned}\max_{\boldsymbol{\alpha},\boldsymbol{\beta}}\ \min_{\boldsymbol{w},b,\boldsymbol{\xi}}\quad & L(\boldsymbol{w},b,\boldsymbol{\xi},\boldsymbol{\alpha},\boldsymbol{\beta})\\ \text{s.t.}\quad & \alpha_i\geqslant 0,\quad i\in[N]\\ & \beta_i\geqslant 0,\quad i\in[N].\end{aligned}\tag{7.30}$$

令 $L(\boldsymbol{w},b,\boldsymbol{\xi},\boldsymbol{\alpha},\boldsymbol{\beta})$ 对 $\boldsymbol{w},b,\boldsymbol{\xi}$ 的偏导为 0，得到内层最值满足的条件：

$$\begin{aligned}\hat{\boldsymbol{w}}&=\sum_{i=1}^N\alpha_iy_i\boldsymbol{x}_i\\ 0&=\sum_{i=1}^N\alpha_iy_i\\ C\mathbf{1}&=\boldsymbol{\alpha}+\boldsymbol{\beta}\end{aligned}\tag{7.31}$$

将式 (7.31) 代入拉格朗日函数，发现对偶变量 $\boldsymbol{\beta}$ 被消去，其作用是通过式 (7.31) 对

$\boldsymbol{\alpha}$ 进行约束。沿用式 (7.19) 中的记号，对偶问题最终化为

$$\begin{aligned}\max_{\boldsymbol{\alpha}} \quad & \boldsymbol{\alpha}^\top \mathbf{1} - \frac{1}{2}\boldsymbol{\alpha}^\top \boldsymbol{YGY}\boldsymbol{\alpha} \\ \text{s.t.} \quad & \sum_{i=1}^{N} \alpha_i y_i = 0 \\ & 0 \leqslant \alpha_i \leqslant C, \quad i \in [N].\end{aligned} \tag{7.32}$$

经过对比可以发现，式 (7.32) 和硬间隔 SVM 的对偶式 (7.19) 形式上几乎完全相同，唯一的区别是 $\boldsymbol{\alpha}$ 多了额外约束。在求出对偶变量的最优值 $\hat{\boldsymbol{\alpha}}$ 后，可采取与硬间隔 SVM 中一样的方法得到原变量的最优值 $(\hat{\boldsymbol{w}}, \hat{b})$ 并给出预测函数，此处不再赘述。

软间隔 SVM 的最优解同样满足 KKT 条件，其中的互补松弛条件为

$$\begin{aligned}\hat{\alpha}_i(y_i(\hat{\boldsymbol{w}}^\top \boldsymbol{x}_i + \hat{b}) - 1 + \hat{\xi}_i) = 0, \quad i \in [N] \\ \hat{\beta}_i \hat{\xi}_i = 0, \quad i \in [N].\end{aligned} \tag{7.33}$$

于是，对任意训练样本 $(\boldsymbol{x}_i, y_i)$，总有如下情况之一成立：

(1) 对应的对偶变量 $\hat{\alpha}_i = 0$，该样本不会对预测产生任何影响；

(2) 恰在最大间隔的边界上，称作间隔支持向量：

$$0 < \hat{\alpha}_i < C,\ \hat{\beta}_i > 0,\ \hat{\xi}_i = 0,\ y_i(\hat{\boldsymbol{w}}^\top \boldsymbol{x}_i + \hat{b}) - 1 = 0.$$

(3) 被错误分类或落在间隔带中间，称作非间隔支持向量：

$$\hat{\alpha}_i = C,\ \hat{\beta}_i = 0,\ \hat{\xi}_i > 0,\ y_i(\hat{\boldsymbol{w}}^\top \boldsymbol{x}_i + \hat{b}) - 1 + \hat{\xi}_i = 0.$$

这类支持向量在硬间隔 SVM 中是不存在的。

可见，训练出的最终模型只与最大间隔边界上的样本点和不符合硬性约束条件的样本点有关。在图 7.4中，被圈出的点就是支持向量。同样，由于支持向量是少数，因此使用合页损失的软间隔 SVM 也具有对偶稀疏性的特点。

7.2.3 支持向量回归

支持向量机还可应用于回归问题。给定训练样本 $\mathcal{D} = \{(\boldsymbol{x}_i, y_i)\}_{i=1}^N, \boldsymbol{x}_i \in \mathbb{R}^d, y_i \in \mathbb{R}$。以线性回归模型为例，则期望习得形式为

$$f(\boldsymbol{x}) = \boldsymbol{w}^\top \boldsymbol{x} + b \tag{7.34}$$

的预测函数来尽可能接近地拟合样本。对于此类预测函数，常用的损失函数为最小二乘的均方误差 $\dfrac{1}{N}\sum_{i=1}^{N}(y_i - f(\boldsymbol{x}_i))^2$。这种回归模型只有当所有样本点的预测均正确时才会具有零损失。

与此不同，支持向量回归（support vector regression，SVR）可以容忍预测值 $f(\boldsymbol{x})$ 与真实值 y 之间存在 ϵ 以内的偏差，只有超过阈值 ϵ 的偏差才会被计入损失。其损失函数称为 ϵ-不敏感损失（ϵ-insensitive loss），具体形式为一个分段线性函数：

$$\ell_\epsilon(y - f(\boldsymbol{x})) = \max(0, |y - f(\boldsymbol{x})| - \epsilon) \tag{7.35}$$

如图 7.5所示，这相当于以 $f(\boldsymbol{x})$ 为中心构建了宽度为 2ϵ 的间隔带，若训练样本落入其中，则被认为是预测正确的，没有损失。

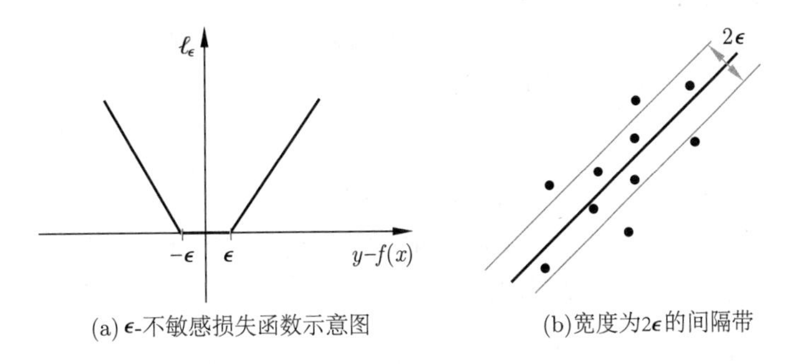

(a) ϵ-不敏感损失函数示意图　　(b)宽度为2ϵ的间隔带

图 7.5　支持向量回归

使用该损失，支持向量回归可形式化为优化问题：

$$\min_{\boldsymbol{w},b} \frac{1}{2}\|\boldsymbol{w}\|^2 + C\sum_{i=1}^{N} \ell_\epsilon(y_i - f(\boldsymbol{x}_i)). \tag{7.36}$$

仿照 SVM 的处理方法，引入松弛变量 $\boldsymbol{\xi},\boldsymbol{\xi}'$，将式 (7.36) 重写为

$$\begin{aligned} \min_{\boldsymbol{w},b,\boldsymbol{\xi},\boldsymbol{\xi}'} \quad & \frac{1}{2}\|\boldsymbol{w}\|^2 + C\sum_{i=1}^{N}(\xi_i + \xi_i') \\ \text{s.t.} \quad & f(\boldsymbol{x}_i) - y_i \leqslant \epsilon + \xi_i, \quad i \in [N] \\ & y_i - f(\boldsymbol{x}_i) \leqslant \epsilon + \xi_i', \quad i \in [N] \\ & \xi_i, \xi_i' \geqslant 0, \quad i \in [N]. \end{aligned} \tag{7.37}$$

该问题仍然是一个二次规划问题。类似于分类的情况，可以利用拉格朗日法得到其对偶问题，这里不再赘述。

7.3　核方法

如上所述，支持向量机的对偶问题只依赖于格拉姆矩阵 $\boldsymbol{G}$，其中每个元素表示两个训练样本之间的“相似”程度。基于这种观点，可以将线性支持向量机扩展成非线性的，为解决线性不可分问题提供另一种途径。

7.3.1　核函数的基本性质

回顾图 7.2所示线性不可分的例子，简单地引入一维新特征 x^2 便可将原来线性不可分的问题转化为线性可分的问题。事实上，升维是一种通用思想，用数学语言可以对其进行描述，适合更多类型的数据。具体地，升维的过程就是找到一个从原始特征空间到更高维特征空间的映射：

$$\boldsymbol{\phi}: \boldsymbol{x} \rightarrow \boldsymbol{\phi}(\boldsymbol{x}), \tag{7.38}$$

并期望训练集在新的特征空间中线性可分。

观察 SVM 对偶问题中的优化目标（7.19）、（7.32）以及预测函数（7.21），它们的共性是只涉及支持向量与输入向量的内积 $\boldsymbol{x}_i^\top\boldsymbol{x}$。变换后，内积的形式为 $\boldsymbol{\phi}(\boldsymbol{x}_i)^\top\boldsymbol{\phi}(\boldsymbol{x})$。当特征空间维数很高，甚至是无穷时，计算样本 $\boldsymbol{x}_i$ 与 $\boldsymbol{x}_j$ 映射到特征空间后的内积 $\boldsymbol{\phi}(\boldsymbol{x}_i)^\top\boldsymbol{\phi}(\boldsymbol{x}_j)$ 通常是困难的，因此可以设想一个函数满足

$$\kappa(\boldsymbol{x}_i,\boldsymbol{x}_j)=\boldsymbol{\phi}(\boldsymbol{x}_i)^\top\boldsymbol{\phi}(\boldsymbol{x}_j). \tag{7.39}$$

这样的函数称为核函数（kernel function），$\boldsymbol{\phi}$ 称为特征映射。一般地，核函数等价于在某个特征空间中的内积。使用核函数的好处在于，只需保证这样的特征空间的存在性，而无须显式地求出特征映射的具体形式。

例 7.3.1 （多项式核） 设 $\boldsymbol{x}=(x_1,x_2)^\top,\boldsymbol{z}=(z_1,z_2)^\top$，核函数

$$\kappa(\boldsymbol{x},\boldsymbol{z})=(\boldsymbol{x}^\top\boldsymbol{z})^2 \tag{7.40}$$

对应的特征映射为

$$\boldsymbol{\phi}:(x_1,x_2)^\top\to(x_1^2,\sqrt{2}x_1x_2,x_2^2)^\top. \tag{7.41}$$

给定函数 $\kappa(.,.)$ 和数据 $\boldsymbol{x}_1,\boldsymbol{x}_2,\cdots,\boldsymbol{x}_N$，函数 κ 对应的格拉姆矩阵为

$$\boldsymbol{K}=[\kappa(\boldsymbol{x}_i,\boldsymbol{x}_j)]_{N\times N}.$$

事实上，这种可以表示成内积的核函数等价于正定核。

定义 7.3.1 （正定核） 令 $\mathcal{X}$ 为非空集合。对任意的 $N\in\mathbb{N}$、$\boldsymbol{x}_i\in\mathcal{X}$，如果对称函数 $\kappa:\mathcal{X}\times\mathcal{X}\mapsto\mathbb{R}$ 对应的格拉姆矩阵 $\boldsymbol{K}\in\mathbb{R}^{N\times N}$ 是正定的，即对任意 $c_i,c_j\in\mathbb{R}$：

$$\sum_{ij}c_ic_j\boldsymbol{K}_{ij}\geqslant 0, \tag{7.42}$$

则称 κ 是一个正定核。

正定核与数学中的可再生核希尔伯特空间（reproducing kernel Hilbert space, RKHS）有紧密的联系。具体地，令 $\mathcal{H}$ 是包含函数 $f:\mathcal{X}\to\mathbb{R}$ 的希尔伯特空间，其内积记为 $\langle\cdot,\cdot\rangle_{\mathcal{H}}:\mathcal{H}\times\mathcal{H}\to\mathbb{R}$。对于任意的 $\boldsymbol{x}\in\mathcal{X}$，定义泛函 $e_{\boldsymbol{x}}:\mathcal{H}\mapsto\mathbb{R}$，满足 $e_{\boldsymbol{x}}(f)=f(\boldsymbol{x})$。

定义 7.3.2 （可再生核希尔伯特空间） 如果对于所有的 $\boldsymbol{x}\in\mathcal{X}$，泛函 $e_{\boldsymbol{x}}$ 是连续的，则称 $\mathcal{H}$ 为可再生核希尔伯特空间。

每一个可再生核希尔伯特空间都关联一个特殊函数：

定义 7.3.3 （可再生核） 如果函数 $\kappa:\mathcal{X}\times\mathcal{X}\mapsto\mathbb{R}$ 满足如下性质：
(1) 对任意 $\boldsymbol{x}\in\mathcal{X}$：$\kappa(\cdot,\boldsymbol{x})\in\mathcal{H}$；
(2) 对任意 $f\in\mathcal{H}$、$\boldsymbol{x}\in\mathcal{X}$：$\langle f,\kappa(\cdot,\boldsymbol{x})\rangle=f(\boldsymbol{x})$。
则称其为可再生核，其中第二个性质称为可再生性。

可再生核与 RKHS 之间具有如下的等价关系。

定理 7.3.1　每一个可再生核 κ 对应唯一一个 RKHS；且每一个 RKHS 对应唯一一个可再生核。

另外，正定核与 RKHS 之间的紧密联系见定理 7.3.2。

定理 7.3.2　每一个可再生核都是正定的；且每个正定核 κ 定义了一个唯一的 RKHS，其中 κ 是其对应的可再生核。

因此，给定一个正定核 $\kappa(\cdot,\cdot)$，可以构造一个 RKHS，使得 κ 是其关联的（唯一）可再生核。

7.3.2　表示定理

利用上述特性，可以将线性 SVM 最优解的良好形式推广到任意正定核，该结论称为表示定理。

具体地，给定训练集 $\mathcal{D}=\{(\boldsymbol{x}_i,y_i)\}_{i=1}^N$。我们的目标是找到一个映射函数 $f\in\mathcal{H}$。设 $g:[0,\infty)\mapsto\mathbb{R}$ 为一个严格单调增函数，ℓ 为定义在训练集 $\mathcal{D}$ 上的损失函数。

定理 7.3.3　给定正定核 $\kappa:\mathcal{X}\times\mathcal{X}\mapsto\mathbb{R}$，其对应的 RKHS 为 $\mathcal{H}$。在训练集 $\mathcal{D}$ 上定义正则化的经验误差最小化问题：

$$\hat{f}=\operatorname*{argmin}_{f\in\mathcal{H}}\ell(f;\mathcal{D})+g(\|f\|_{\mathcal{H}}).\tag{7.43}$$

则该问题的最优解可以表示为如下形式：

$$\hat{f}=\sum_{i=1}^N\alpha_i\kappa(\cdot,\boldsymbol{x}_i),\tag{7.44}$$

其中 $\alpha_i\in\mathbb{R}$。

为了加深对核方法的理解，这里结合核函数的性质给出证明过程。

证明　定义映射 $\boldsymbol{\phi}:\mathcal{X}\mapsto\mathcal{H}$，其中 $\boldsymbol{\phi}(\boldsymbol{x})=\kappa(\cdot,\boldsymbol{x})$。利用 κ 的可再生性，可以得到：

$$\boldsymbol{\phi}(\boldsymbol{x})(\boldsymbol{x}')=\kappa(\boldsymbol{x}',\boldsymbol{x})=\langle\boldsymbol{\phi}(\boldsymbol{x}'),\boldsymbol{\phi}(\boldsymbol{x})\rangle.$$

给定训练数据 $\boldsymbol{x}_1,\boldsymbol{x}_2,\cdots,\boldsymbol{x}_N$，我们可以将任意函数 $f\in\mathcal{H}$ 分解为两项之和：

$$f=\sum_{i=1}^N\alpha_i\boldsymbol{\phi}(\boldsymbol{x}_i)+\nu,$$

其中第一项是 f 在子空间 $\operatorname{span}\{\boldsymbol{\phi}(\boldsymbol{x}_1),\cdots,\boldsymbol{\phi}(\boldsymbol{x}_N)\}$ 上的投影，第二项是在正交补空间上的投影。因此，对任意 $i=1,2,\cdots,N$，都满足 $\langle\nu,\boldsymbol{\phi}(\boldsymbol{x}_i)\rangle=0$。

再次利用可再生性，可以得到如下的等式：

$$f(\boldsymbol{x}_j)=\left\langle\sum_{i=1}^N\alpha_i\boldsymbol{\phi}(\boldsymbol{x}_i)+\nu,\boldsymbol{\phi}(\boldsymbol{x}_j)\right\rangle=\sum_{i=1}^N\alpha_i\langle\boldsymbol{\phi}(\boldsymbol{x}_i),\boldsymbol{\phi}(\boldsymbol{x}_j)\rangle.$$

因此，独立于 ν；从而损失函数 $\ell(\mathcal{D})$ 也是独立于 ν 的。进一步，对于正则化项，利用函数 g 的单调性可以得到：

$$\begin{aligned} g(\|f\|_{\mathcal{H}}) &= g\left(\left\|\sum_{i=1}^{N}\alpha_i\boldsymbol{\phi}(\boldsymbol{x}_i)+\nu\right\|_{\mathcal{H}}\right) \\ &= g\left(\sqrt{\left\|\sum_{i=1}^{N}\alpha_i\boldsymbol{\phi}(\boldsymbol{x}_i)\right\|_{\mathcal{H}}^2+\|\nu\|_{\mathcal{H}}^2}\right) \\ &\geqslant g\left(\left\|\sum_{i=1}^{N}\alpha_i\boldsymbol{\phi}(\boldsymbol{x}_i)\right\|_{\mathcal{H}}\right). \end{aligned}$$

从上述两项的分析可以看到，令 $\nu=0$ 只会让目标函数下降。因此，问题（7.43）的最优解 $\hat{f}$ 对应的 ν 一定是 0，即

$$\hat{f}(\cdot)=\sum_{i=1}^{N}\alpha_i\boldsymbol{\phi}(\boldsymbol{x}_i)=\sum_{i=1}^{N}\alpha_k\kappa(\cdot,\boldsymbol{x}_i).$$

□

例 7.3.2 （核支持向量机） 当使用合页损失 $\ell(f;\mathcal{D})=\sum_{i=1}^{N}\max(0,1-y_i f(\boldsymbol{x}_i))$ 且令 $g(\|f\|_{\mathcal{H}})=\frac{\lambda}{2}\|f\|_{\mathcal{H}}^2$（$\lambda>0$）时，利用上述表示定理可以得到核 SVM 的一般对偶形式，如式 (7.32)（将 $\boldsymbol{G}$ 替换成对应的 $\boldsymbol{K}$）。

例 7.3.3 （核回归） 对于回归任务，预测值 $y_i\in\mathbb{R}$，一般使用均方差为损失函数 $\ell(f;\mathcal{D})=\frac{1}{N}\sum_{i=1}^{N}(f(\boldsymbol{x}_i)-y_i)^2$。同样，令 $g(\|f\|_{\mathcal{H}})=\frac{\lambda}{2}\|f\|_{\mathcal{H}}^2$（$\lambda>0$）。利用上述表示定理可以得到核回归模型的一般解及其对偶问题。①

7.3.3 常见的核函数

下面列举了一些常见的核函数。

- 线性核：$\kappa(\boldsymbol{x}_i,\boldsymbol{x}_j)=\boldsymbol{x}_i^\top\boldsymbol{x}_j$。其特征映射为恒等映射 $\boldsymbol{\phi}(\boldsymbol{x})=\boldsymbol{x}$；
- 多项式核：$\kappa(\boldsymbol{x}_i,\boldsymbol{x}_j)=(1+\boldsymbol{x}_i^\top\boldsymbol{x}_j)^p$。其特征映射将维数为 d 的向量映射至维数为 $\binom{d+p}{p}$ 的特征空间，如例 7.3.1所示；
- 高斯核（又称径向基函数，radial-basis function，RBF）：

$$\kappa(\boldsymbol{x}_i,\boldsymbol{x}_j)=\exp\left(-\frac{\|\boldsymbol{x}_i-\boldsymbol{x}_j\|^2}{2\sigma^2}\right).\tag{7.45}$$

  其特征空间为无穷维的希尔伯特空间。

① 事实上，最早的表示定理是针对该特定问题提出的 [111]。上述一般形式是由 Schölkopf 等提出的 [112]。

除上述核函数外，常用的核函数还有拉普拉斯核、Sigmoid 核等。此外，可以通过函数组合得到新的核函数。

- 若 κ_1 和 κ_2 为核函数，则对于任意正数 γ_1、γ_2，其线性组合 $\gamma_1\kappa_1+\gamma_2\kappa_2$ 都为核函数；
- 若 κ_1 和 κ_2 为核函数，则它们的直积 $\kappa_1\bigoplus\kappa_2(\boldsymbol{x},\boldsymbol{z})=\kappa_1(\boldsymbol{x},\boldsymbol{z})\kappa_2(\boldsymbol{x},\boldsymbol{z})$ 也是核函数；
- 若 κ_1 为核函数，则对任意函数 $g(\boldsymbol{x})$，$\kappa(\boldsymbol{x},\boldsymbol{z})=g(\boldsymbol{x})\kappa_1(\boldsymbol{x},\boldsymbol{z})g(\boldsymbol{z})$ 也是核函数。

在使用特征空间为无穷维的核（如高斯核）时，还可将其显式展开并采取截断、随机近似等方法进行高效计算。使用核函数将原数据隐式升维后，新数据在高维的特征空间中占据的子空间实际上仍是原先的维数，但在新的特征空间中的线性分类器对应了原空间中的非线性分类器。

通常将数据升维后会面临过拟合的问题，习得的模型过于复杂。但对 SVM 而言，过拟合现象并不显著，这是由于最大间隔策略致使 SVM 的预测只依赖于少数的支持向量。学习理论表明，SVM 倾向于学习大间隔下的简单模型，对过拟合的鲁棒性较强，后文将具体介绍学习理论的相关内容。

7.3.4 概率生成模型诱导的核函数

构造核函数的一类重要方法是从概率生成模型中推导出来。如前所述，概率生成模型具有很多优势，比如对缺失数据进行建模、处理不同长度的序列数据（如后文介绍的隐马尔可夫模型）等。但生成模型在分类任务上可能性能不如判别式的方法（如 SVM)，一种将二者结合的方式是通过生成模型构造核函数，然后用判别式方法得到最终分类器。

假设给定生成模型 $p(\boldsymbol{x})$。一个最简单的核函数为 $\kappa(\boldsymbol{x}_i,\boldsymbol{x}_j)=p(\boldsymbol{x}_i)p(\boldsymbol{x}_j)$——当两个样本同时具有高概率值时，它们更相似。下面介绍两个更灵活的核函数。

例 7.3.4 (概率乘积核[113]) 定义

$$\kappa(\boldsymbol{x}_i,\boldsymbol{x}_j)=\int p(\boldsymbol{x}|\boldsymbol{x}_i)^\rho p(\boldsymbol{x}|\boldsymbol{x}_j)^\rho \mathrm{d}\boldsymbol{x},$$

其中 $\rho>0$。对于参数化模型，条件概率分布 $p(\boldsymbol{x}|\boldsymbol{x}_i)$ 通常被近似为 $p(\boldsymbol{x}|\hat{\boldsymbol{\theta}}(\boldsymbol{x}_i))$，其中 $\hat{\boldsymbol{\theta}}(\boldsymbol{x}_i)$ 表示用数据 $\boldsymbol{x}_i$ 估计得到的模型参数。当生成模型为高斯分布 $p(\boldsymbol{x}|\boldsymbol{\theta})=\mathcal{N}(\boldsymbol{\mu},\sigma^2\boldsymbol{I})$ 时，令 $\rho=1$、$\hat{\boldsymbol{\mu}}(\boldsymbol{x}_i)=\boldsymbol{x}_i$，则该核函数退化为高斯核。

例 7.3.5 (费舍尔核) 令 $\hat{\boldsymbol{\theta}}$ 为生成模型 $p(\boldsymbol{x}|\boldsymbol{\theta})$ 在训练集 $\mathcal{D}$ 上的最大似然估计。费舍尔核函数定义如下：

$$\kappa(\boldsymbol{x},\boldsymbol{x}')=\boldsymbol{g}(\boldsymbol{x})^\top\boldsymbol{F}^{-1}\boldsymbol{g}(\boldsymbol{x}'),$$

其中 $\boldsymbol{g}(\cdot)$ 是得分函数在最大似然估计 $\hat{\boldsymbol{\theta}}$ 处的取值向量：

$$\boldsymbol{g}(\boldsymbol{x})=\nabla_{\boldsymbol{\theta}}\log p(\boldsymbol{x}|\boldsymbol{\theta})|_{\hat{\boldsymbol{\theta}}},$$

$\boldsymbol{F}$ 为费舍尔信息矩阵（即对数似然的海森矩阵）：

$$\boldsymbol{F}=\nabla\nabla\log p(\boldsymbol{x}|\boldsymbol{\theta})|_{\hat{\boldsymbol{\theta}}}.$$

我们可以直观上理解费舍尔核。得分函数 $\boldsymbol{g}(\boldsymbol{x})$ 表示为了最大化数据 $\boldsymbol{x}$ 的对数似然，$\boldsymbol{x}$ 驱动参数 $\boldsymbol{\theta}$ 在 $\hat{\boldsymbol{\theta}}$ 处的移动方向——称为方向梯度。相应地，该核函数的含义是：当两个样本 $\boldsymbol{x}$ 和 $\boldsymbol{x}'$ 的方向梯度相似时，这两个样本也相似，其中费舍尔信息矩阵 $\boldsymbol{F}$ 表示似然函数的曲率。

7.3.5 神经切线核

如前所述，神经网络的神经元可以看成一些参数化、可学习的特征映射，因此，也可以“粗略”地看成核方法。这里介绍神经切线核（neural tangent kernel，NTK），它描述了神经网络在训练过程中的梯度下降演化过程，在神经网络和核方法之间建立了一个桥梁。

给定一个参数化的函数 $f(\boldsymbol{x};\boldsymbol{\theta})$，它对应的神经切线核 $\kappa_{\boldsymbol{\theta}}(\boldsymbol{x},\boldsymbol{x}')$ 定义如下：

$$\kappa_{\boldsymbol{\theta}}(\boldsymbol{x},\boldsymbol{x}')=\lim_{\eta\to 0}\frac{f(\boldsymbol{x};\boldsymbol{\theta}+\eta\nabla_{\boldsymbol{\theta}}f(\boldsymbol{x}';\boldsymbol{\theta}))-f(\boldsymbol{x};\boldsymbol{\theta})}{\eta}. \tag{7.46}$$

直观上，$\kappa_{\boldsymbol{\theta}}(\boldsymbol{x},\boldsymbol{x}')$ 描述的是当用数据 $\boldsymbol{x}'$ 更新模型参数（更新步长无穷小）时，函数 f 在数据点 $\boldsymbol{x}$ 处的值 $f(\boldsymbol{x};\boldsymbol{\theta})$ 变化的量。

对 f 进行一阶泰勒展开，可以得到：

$$\kappa_{\boldsymbol{\theta}}(\boldsymbol{x},\boldsymbol{x}')=\langle\nabla_{\boldsymbol{\theta}}f(\boldsymbol{x};\boldsymbol{\theta}),\nabla_{\boldsymbol{\theta}}f(\boldsymbol{x}';\boldsymbol{\theta})\rangle. \tag{7.47}$$

因此，NTK 对应的特征映射为 $\boldsymbol{\Phi}:\boldsymbol{x}\mapsto\nabla_{\boldsymbol{\theta}}f(\boldsymbol{x};\boldsymbol{\theta})$。

下面用两个简单的例子，直观上理解 NTK：①

例 7.3.6 考虑线性回归模型 $f(x;\boldsymbol{\theta})=\theta_1 x+\theta_2$。设当前的参数值为 $\theta_1=2$, $\theta_2=1$。利用随机梯度法更新模型参数，设给定一个新数据 $(x,y)=(5,15)$，函数值的变化如图 7.6(a) 所示。

例 7.3.7 (单层 MLP) 假设一个具有两个隐含神经元的 MLP，其函数表示为

$$f_{\boldsymbol{\theta}}(x)=\theta_3\exp\left(-\frac{(x-\theta_1)^2}{10}\right)+\theta_4\exp\left(-\frac{(x-\theta_2)^2}{10}\right)+\theta_5.$$

设当前参数为 $\boldsymbol{\theta}_0=[-10.0,\ 25.0,\ 4.0,\ 10.0,\ 20.0]^\top$，给定一个新数据 $(x,y)=(5,15)$，如图 7.6(b)~图 7.6(d) 所示，可以看到，在靠近 0 附近，函数值的变化是很小的，而在 5 附近它的变化是很大的。同时，从图 7.6(d) 中可以看到，在参数更新的过程中，核的大小也在变化，而且越来越平滑，这意味着函数在每个取值下的变化越来越一致。

神经切线核对于分析无限宽前向神经网络的参数学习过程是非常有用的，这主要得益于如下性质[114]：

(1) 在无限宽的神经网络中，如果参数 $\boldsymbol{\theta}_0$ 在以某种合适的分布下初始化，那么在该初始值下的 NTK $\kappa_{\boldsymbol{\theta}_0}$ 在宽度增加时收敛到一个确定的函数，即与初始值无关；

① 例子参考网站 https://www.inference.vc/neural-tangent-kernels-some-intuition-for-kernel-gradient-descent/。

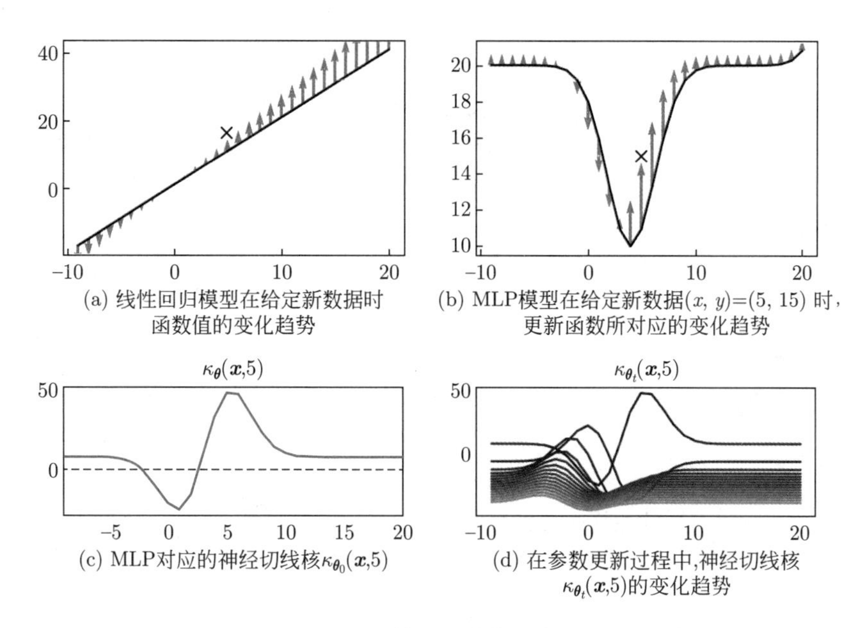

图 7.6　神经切线核示意图

(2) 在无限宽的神经网络中，$\kappa_{\boldsymbol{\theta}_t}$ 并不会随着训练的变化而变化，也就是说，在训练中参数的改变并不会改变该核函数。

上述性质表明，在无限宽的神经网络中，训练可以理解成一个简单的核梯度下降，而且核函数还是固定的，只取决于网络结构、激活函数等。因此，无限宽网络的输出层结果的动力学可以用一个常微分方程表示。

最后要注意的是，这里的神经切线核是针对梯度下降法提出的，而第 15 章将介绍无限宽网络在初始化阶段收敛到高斯过程，后者并没有说训练过程也是一个高斯过程。而在 NTK 中，我们发现，训练的时候与核函数无关，而且初始化决定了它的取值，也就是说，在训练过程中，我们仍然可以认为它是一个高斯过程，而不仅仅是初始化的时候。

7.4　多分类支持向量机

如图 7.7(a) 所示，在实际问题中，常常面对多个类别的分类问题。无论是硬间隔 SVM 还是软间隔 SVM，得到的均是二分类的分类器。为了解决多分类问题，常用的策略有一对多和一对一，它们都是通过训练多个二分类的分类器完成多分类。此外，还有一种方法是将 SVM 的思想延伸至多个类别的情况，训练一个联合分类器。

7.4.1　一对多

如图 7.7(b) 所示，设一共有 K 个类别，一对多（One vs. All）的方法将会分别学习 K 个二分类器，其中第 k 个二分类器划分第 k 类和其余所有类，记习得的二分

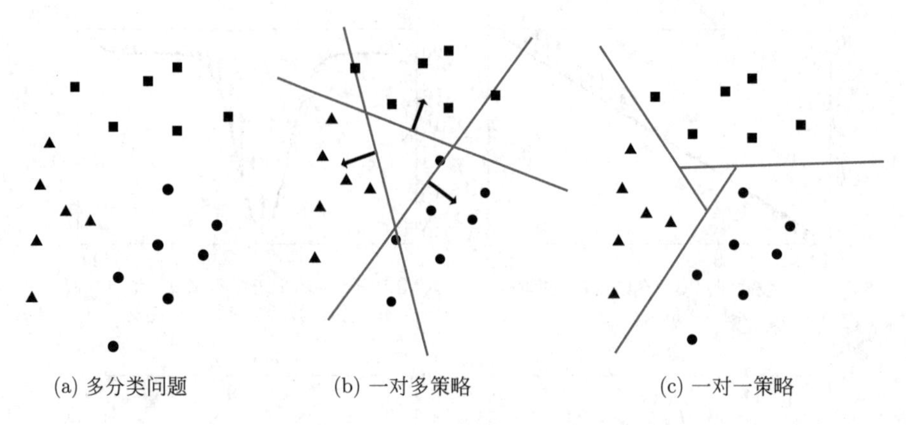

图 7.7 多分类问题及策略

类器参数为 $(\hat{\boldsymbol{w}}_k, \hat{b}_k)$，则最终预测函数为

$$\hat{y} = \underset{k}{\operatorname{argmax}}\,(\hat{\boldsymbol{w}}_k^\top \boldsymbol{x} + \hat{b}_k) \tag{7.48}$$

结合式 (7.5)，此种策略将 K 个二分类器中给出的分类可信度最高的分类器所在的类作为预测类别。

然而，这种策略存在潜在的风险。例如，可能存在类别不平衡问题。若类别很多而每类的样本很少，那么 K 个二分类器中的每一个学习的都是正例样本远少于负例样本，算法对于正例的分类效果不好，出现较大偏差。

7.4.2 一对一

如图 7.7(c) 所示，对于类别数为 K 的样本，一对一（One vs. One）策略将学习 $K(K-1)/2$ 个二分类器，其中每个二分类器单独对 K 类中的两类进行分类，而忽略剩余类别的样本。

在进行预测时，这 $K(K-1)/2$ 个二分类器会给出 $K(K-1)/2$ 个两类之间的优劣结果，可以采取多数表决的方式，选择两两之间“胜利”次数最多的类作为预测结果。这个方法的潜在风险是歧义性，在图 7.7(c) 中，设三类分别为 C_1、C_2、C_3，若用大于号表示 3 个二分类器的分类结果，可能出现以下情况：

$$C_1 > C_2, C_2 > C_3, C_3 > C_1 \tag{7.49}$$

即新数据落在了图中间的三角形区域，预测时三类处于完全对称、地位相同的状态，多数表决法失效。此时一般以均等概率随机选择一类。

7.4.3 联合优化

在解决多分类问题时，也可完全摒弃将二分类应用于多分类的想法，而是直接解一个优化问题得到一个联合分类器。

设训练集的规模为 N，类别数为 K，样本 $\boldsymbol{x}_i$ 的标签为 $y_i \in \{1, 2, \cdots, K\}$。联合分类器将学习 K 组权重 $(\boldsymbol{w}_k, b_k)$，并定义预测函数为

$$\hat{y} = \underset{k}{\operatorname{argmax}}(\boldsymbol{w}_k^\top \boldsymbol{x} + b_k). \tag{7.50}$$

上述预测准则与“一对多”策略完全一致；它们的区别在于，在联合分类器的学习过程中，这些权重是在一个统一的优化问题中同时被求出的。

具体地，优化这些权重的方式是对 SVM 的最大间隔思想在多个类别上的拓展。可以这样理解预测函数：对于数据点 $\boldsymbol{x}$，其被分入类别 k 的得分为 $\boldsymbol{w}_k^\top \boldsymbol{x} + b_k$。对于训练集中的样本，要求其在真实类别中的得分与其他类别中的得分有一定的差距，这也是多分类问题中间隔的含义，用数学语言表示为

$$\boldsymbol{w}_{y_i}^\top \boldsymbol{x}_i + b_{y_i} \geqslant \boldsymbol{w}_y^\top \boldsymbol{x}_i + b_y + 1, \quad \forall i \in [N],\ \forall y \neq y_i. \tag{7.51}$$

满足上述不等式的模型参数在分类准则（7.50）下能够保证将训练数据分类正确。

同样，将这种硬约束转化为软约束并引入松弛变量，可以得到多分类 SVM 的联合优化目标：

$$\begin{aligned} \min_{\boldsymbol{w},b,\boldsymbol{\xi}} \quad & \frac{1}{2}\sum_{y=1}^{K}\|\boldsymbol{w}_y\|^2 + C\sum_{i=1}^{N}\sum_{y\neq y_i}\xi_{iy} \\ \text{s.t.} \quad & \boldsymbol{w}_{y_i}^\top \boldsymbol{x}_i + b_{y_i} \geqslant \boldsymbol{w}_y^\top \boldsymbol{x}_i + b_y + 1 - \xi_{iy}, \quad \forall i \in [N],\ \forall y \neq y_i \\ & \xi_{iy} \geqslant 0, \quad \forall i \in [N],\ \forall y \neq y_i. \end{aligned} \tag{7.52}$$

这是一个同使用合页损失的软间隔 SVM 形式非常类似的二次规划问题，优化方法可完全借鉴过来；不同的是，其中的松弛变量由 $O(N)$ 个变为 $O(NK)$ 个，求解的时间复杂度也增加了。这种联合求解的方法比二分类更加灵活，易于拓展。

7.5 支持向量机的概率解释

支持向量机与概率方法存在紧密联系，它们之间也可以相互转化。

7.5.1 Platt 校准

支持向量机的预测准则是根据函数 $f(\boldsymbol{x};\boldsymbol{\theta})$ 的值判断是哪一类，例如 $\hat{y} = \text{sign} f(\boldsymbol{x};\boldsymbol{\theta})$。在很多问题中，我们除了关心预测的类别，还希望得到预测的置信度，因此希望得到预测概率 $p(y=1|\boldsymbol{x})$。为了对 SVM 的输出进行“置信度”的计算，Platt 提出了一种校准方法，称为 Platt 校准（或 Platt 尺度变换）[115]。其基本思想是将 SVM 得到的函数值 $f(\boldsymbol{x};\boldsymbol{\theta}) \in \mathbb{R}$ 经过对数几率变换，得到类别分布：

$$p(y=1|\boldsymbol{x}) = \frac{1}{1+\exp(\alpha_1 f(\boldsymbol{x};\boldsymbol{\theta}) + \alpha_2)}, \tag{7.53}$$

其中 $\boldsymbol{\alpha}$ 是对数几率变换的参数。参数 $\boldsymbol{\alpha}$ 可以通过在原训练数据集上的最大化条件似然估计获得。如果数据集足够大，一般采用额外的验证集（或校准集）估计 $\boldsymbol{\alpha}$，这样可以避免在原训练集上的过拟合。

7.5.2 最大熵判别学习

上述的最大间隔学习准则用于学习单一最优化模型参数，即点估计。类似于贝叶斯对数几率回归，这种最大间隔准则可以扩展用于学习模型的后验概率分布。最大熵判别学习（maximum entropy discrimination，MED）[116] 便是其中的代表。

具体地，以二分类为例，给定训练集 $\mathcal{D}$ 和模型参数的先验分布 $p_0(\boldsymbol{\theta})$，我们的目标是学习一个“后验分布” $p(\boldsymbol{\theta}|\mathcal{D})$，这里为了方便，将其简记为 $p(\boldsymbol{\theta})$。根据贝叶斯方法的原理，我们用于预测的函数是后验分布下的期望：

$$f(\boldsymbol{x};p(\boldsymbol{\theta})) = \mathbb{E}_{p(\boldsymbol{\theta})}[f(\boldsymbol{x};\boldsymbol{\theta})]. \tag{7.54}$$

基于该函数，预测的类别为 $\hat{y} = \text{sign}(f(\boldsymbol{x};p(\boldsymbol{\theta})))$。类比于 SVM，定义如下的优化问题：

$$\begin{aligned} \min_{p(\boldsymbol{\theta}),\boldsymbol{\xi}} \ & \text{KL}(p(\boldsymbol{\theta})\|p_0(\boldsymbol{\theta})) + C\sum_{i=1}^{N}\xi_i \\ \text{s.t.:} \ & y_i f(\boldsymbol{x};p(\boldsymbol{\theta})) \geqslant 1-\xi_i, \ i\in[N] \\ & \xi_i \geqslant 0, \ i\in[N], \end{aligned} \tag{7.55}$$

其中第一项为目标分布 $p(\boldsymbol{\theta})$ 与先验分布的 KL-散度，起到正则化项的效果——目标分布不能离先验分布太远；而第二项对应的是在训练集上的累积合页损失（这里考虑软约束的情况）。

利用拉格朗日对偶，可以证明定理 7.5.1。

定理 7.5.1 假设先验分布为 $p_0(\boldsymbol{\theta}) = \mathcal{N}(\boldsymbol{0},\boldsymbol{I})$、$f(\boldsymbol{x};\boldsymbol{\theta}) = \boldsymbol{\theta}^\top\boldsymbol{x}$，则问题（7.55）的最优解为 $p(\boldsymbol{\theta}) = \mathcal{N}(\sum_i \alpha_i y_i \boldsymbol{x}_i, \boldsymbol{I})$，其中 $\boldsymbol{\alpha}$ 是对偶问题（7.32）的最优解。

因此，支持向量机是最大熵判别学习的一个特例。类比 SVM，可以将上述基本定义扩展到多类别分类、回归及使用核函数等场景。

最大熵判别学习的主要优点在于它为最大间隔准则提供了一个概率解释，可以将概率方法与最大间隔准则有机融合。一方面，可以通过设定先验分布，得到不同的最大间隔分类器，例如，使用具有稀疏特性的拉普拉斯先验。另一方面，通过定义函数 $f(\boldsymbol{x};\boldsymbol{\theta})$，可以对概率模型进行最大间隔学习，例如，定义如下的对数几率函数：

$$f(\boldsymbol{x};\boldsymbol{\theta}) = \log\frac{p(y=1,\boldsymbol{x};\boldsymbol{\theta})}{p(y=-1,\boldsymbol{x};\boldsymbol{\theta})}.$$

它可以适用于任意一个生成式概率模型。基于这种方式，MED 可以处理隐变量等。此外，基于最大熵判别学习的框架，最大间隔学习被推广用于学习隐变量的概率模型，例如，最大间隔主题模型[117]（第 13 章将介绍主题模型的具体内容）等。

7.6 延伸阅读

作为机器学习的经典方法，支持向量机最早由 Vapnik 与其同事 Chervonenkis 在 1963 年提出[118]。1992 年，提出使用核函数的非线性 SVM[119]；而软间隔的版本是由 Cortes 和 Vapnik 提出的[19]。

在深度学习之前，支持向量机是应用较广泛的机器学习方法之一，用于文本、图像等各种类型的数据分类。求解 SVM 优化问题的方法也有很多种，包括内点法[120]、序列最小优化法[121]等。其中，内点法对整个二次规划问题进行优化，通过将线性约束替换成势垒函数（barrier function），利用牛顿法或拟牛顿法进行高效求解；而序列最小优化（SMO）将原问题分解为二维的子问题，对每个子问题可以解析求解，因此避免了数值优化和矩阵存储（如内点法）。

在实际应用中，数据集的规模往往极大，因此，学者们提出了很多更加高效的算法，特别是对线性 SVM。例如，针对原问题求解的割平面法（cutting-plane）具有 $O(N)$ 的复杂度[122]，而随机次梯度法[123]可以获得优于 $O(N)$ 的算法复杂度。也有针对对偶问题求解的高效算法，如对偶坐标下降法[124]。非线性 SVM 的难点在于处理核函数，格拉姆矩阵的相关运算往往具有 $O(N^3)$ 的复杂度，因此研究重点是设计近似算法，如低秩逼近和随机采样方法。此外，还可进行分布式计算，将数据划分为多个子集，分别解决子问题后把结果合并。最后，为了方便使用，研究人员还开发了一些易用的软件包，如 LIBSVM、SVMlight、scikit-learn 等。

在解决多分类问题时，我们介绍了使用联合分类器的多分类 SVM。在应用中，还可将其推广为有结构的输出，即不仅允许单个类别的预测结果，还考虑类别之间的组合关系和相关性，从而将预测空间拓展至原先的指数级别。这方面的典型进展包括最大间隔马尔可夫网络[125]、结构化支持向量机[126]，以及最大熵判别马尔可夫网络[127]等。

7.7 习题

习题 1　已知正例点 $\boldsymbol{x}_1=(1,2)^\top,\boldsymbol{x}_2=(2,3)^\top,\boldsymbol{x}_3=(4,4)^\top$，负例点 $\boldsymbol{x}_4=(2,1)^\top,\boldsymbol{x}_5=(3,2)^\top$，试求最大间隔分离超平面和分类决策函数，并在图上画出分离超平面、间隔边界及支持向量。

习题 2　证明合页损失和平方损失都是 0/1 损失的上界。

习题 3　证明 SVR 的优化问题 (7.36) 和问题 (7.37) 是等价的。

习题 4　推导 SVR 优化问题 (7.37) 的拉格朗日对偶问题。

习题 5　考虑线性回归模型 $f(x;\boldsymbol{\theta})=\theta_1x+\theta_2$。设当前的参数值为 $\theta_1=2$, $\theta_2=1$。利用随机梯度法更新模型参数，设给定一个新数据 $(x,y)=(5,15)$，推导其神经切线核 $\kappa_{\boldsymbol{\theta}}(\boldsymbol{x},5)$。

习题 6　完成定理 7.5.1 的证明。

习题 7　对 UCI 上的 Iris 数据集和 avila 数据集，分别使用线性核和高斯核训练一个支持向量机，并总结不同超参数如何影响支持向量机的性能。

第8章 聚 类

本章介绍聚类——一种重要的无监督学习任务，重点介绍 K-均值和期望最大化（EM）算法，分别代表了非概率聚类方法和基于概率模型的方法，并分析它们的联系和区别。最后介绍聚类任务中常见的评价指标。

8.1 聚类问题

8.1.1 任务描述

在有监督的分类问题中，训练数据由若干数据点及它们所属的类别组成，学习的目标是预测新数据应该分到其中哪一类。而在聚类问题中，训练数据仅包含数据点，而不包含它们的类别。聚类（也称聚类分析）的目标是将这些数据点划分为若干类（也称簇，cluster），通常相似的点将会被分到同一类，同时不在同一个类中的数据点的差异性也尽可能地大。因此，聚类是找出数据中具有相似特征的子群体。从训练数据的角度，在聚类任务中数据的“类别”信息是缺失的、隐含的，需要从数据中“推断”出来。

聚类问题可以根据不同的特性分为若干种子问题，例如：

(1) 根据聚类输入的不同，可以分为基于特征的聚类和基于相似性的聚类，在基于特征的聚类中，聚类的依据就是数据点本身，而在基于相似性的聚类中，聚类的依据是由数据得到的某种相似性矩阵（如将数据两两之间的距离作为矩阵的每一个元素）。

(2) 根据结果表现形式的不同，可以分为划分聚类（partitional clustering）和层次聚类（hierarchical clustering）。划分聚类是指将数据划分为若干个子集，层次聚类则是把数据组织为一个嵌套的树状结构，它们的区别如图 8.1所示。

(3) 根据每个数据点是否被划分到单一类，又可以分为硬性聚类和软性聚类。前者将每个数据点划分到单一确定的类，而后者允许一个数据点划分到多个类。

(4) 根据聚类算法，聚类可以分为基于连接的聚类（即层次聚类）、基于中心点的聚类（如 K-均值）、基于概率分布的聚类（如高斯混合模型）、基于密度的聚类、基于图的聚类等。

同一个聚类问题，根据聚类标准的不同，也可以有多种聚类结果，例如，对图 8.1中的气球进行聚类时，既可以根据颜色划分为“蓝色气球”和“灰色气球”两类，

也可以根据颜色的深度划分为“深色”“中度深色”和“浅色”三类。因此，聚类具有一定的主观性。

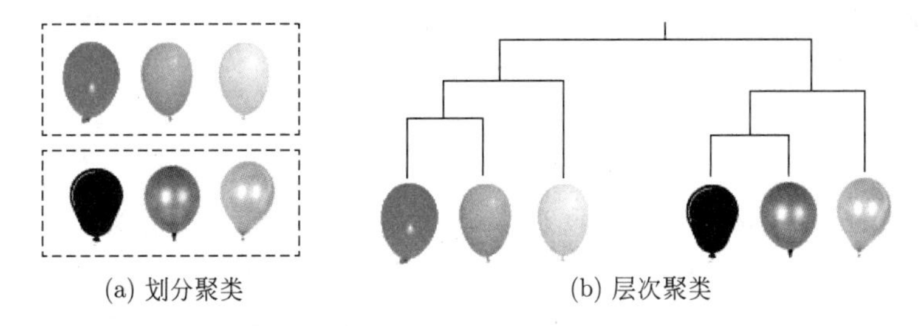

图 8.1 划分聚类和层次聚类示意图：(a)根据气球的颜色，将其划分为两类——蓝色气球和灰色气球；(b)根据气球的颜色深浅进行层次聚类

作为无监督学习的典型任务，聚类具有广泛的应用价值，同时，从后文会看到，聚类算法往往比较易于实现，不需要专家标注信息。因此，聚类通常作为数据分析中的一个基本环节，发现数据中的一些模式。例如，在文本数据分析中，对于易于获得大规模语料（如新闻网页），通过对网页内容进行聚类分析可以自动发现相似文本（如经济新闻、体育新闻等），方便浏览或收藏。又如，对于在一次长途旅行中拍摄的大量照片，直接存放往往比较杂乱，这种情况下通过聚类分析，可以将相似场景的照片进行聚类规整，以便于筛选出代表性的照片。再如，在高通量基因测序实验中，我们通过仪器设备采集了一些数据，在专家标注（一般比较昂贵）之前，可以通过聚类分析发现相似功能的基因片段，便于后续进一步分析（例如，对聚类结果进行人工标注，比对原始数据进行标注更高效、便捷）。

基于上述描述，我们可以对聚类问题给出一个更清晰的定义。给定一个大小为 N 的数据集 $\boldsymbol{X}=\{\boldsymbol{x}_1,\boldsymbol{x}_2,\cdots,\boldsymbol{x}_N\}$，其中每个数据均是一个 d 维的向量。聚类的目标是将这 N 个数据分为 K 类 $\{C_1,C_2,\cdots,C_K\}$，每个数据属于其中的一类或几类，使得同一类中的数据具有更高的相似度，而不同类中的数据之间相似度相对较低。

8.1.2 距离度量

在机器学习中，对于不同数据而言，往往需要定义一定的度量函数来衡量它们之间的距离。下面介绍一些常见的距离度量。

(1) 欧氏距离（也称 L_2 距离）：欧氏距离是较常用的距离度量。对于两点 $\boldsymbol{x}\in\mathbb{R}^d$，$\boldsymbol{y}\in\mathbb{R}^d$，其欧氏距离定义为

$$L(\boldsymbol{x},\boldsymbol{y})=\sqrt{\sum_{i=1}^{d}(x_i-y_i)^2}. \tag{8.1}$$

(2) 曼哈顿距离（也称 L_1 距离或城市街区距离）：其来源是布满方形建筑的曼哈顿街区的最短行车路径。对于这样的街区而言，出租车只能沿着两个互相垂直的方向行走。在中国象棋的棋盘上，“車”“炮”等走的最短路径的长度都是对应两点之间的曼哈顿距离。对于两点 $\boldsymbol{x}\in\mathbb{R}^d$，$\boldsymbol{y}\in\mathbb{R}^d$，其曼哈顿距离定义为

$$L_{\text{Manhattan}}(\boldsymbol{x},\boldsymbol{y})=\sum_{i=1}^{d}|x_i-y_i|. \tag{8.2}$$

(3) 最大距离（也称 L_∞ 距离或切比雪夫距离）：对于两点 $\boldsymbol{x}\in\mathbb{R}^d$，$\boldsymbol{y}\in\mathbb{R}^d$，其最大距离定义为

$$L_\infty(\boldsymbol{x},\boldsymbol{y})=\max_{i=1\cdots d}|x_i-y_i|. \tag{8.3}$$

(4) 余弦距离（也称余弦相似度）：用于衡量两个非零向量的相似程度。在几何上，它表示了两个非零向量夹角的余弦值，因此余弦距离只关心向量之间的夹角，而不关心向量本身的长度。对于两点 $\boldsymbol{x}\in\mathbb{R}^d$，$\boldsymbol{y}\in\mathbb{R}^d$，其余弦距离的定义为

$$L_{\cos}(\boldsymbol{x},\boldsymbol{y})=\frac{\boldsymbol{x}^\top\boldsymbol{y}}{\|\boldsymbol{x}\|\|\boldsymbol{y}\|}=\frac{\sum_{i=1}^{d}x_iy_i}{\sqrt{\sum_{i=1}^{d}x_i^2}\sqrt{\sum_{i=1}^{d}y_i^2}}. \tag{8.4}$$

式 (8.4) 的取值范围为 $[-1,1]$，当取 -1 时表示二者方向相反，取 1 时表示二者方向相同，取 0 时表示二者正交。因此，余弦距离和通常理解的距离的意义相反，并不是“距离值越小，越接近”，故会把余弦距离用来衡量相似度，值越大，表明二者越相似，即二者越接近。

值得一提的是，欧氏距离并不依赖于坐标原点的选取，但余弦距离却高度依赖于坐标原点的位置，使用余弦距离时，必须注意原点位置的选取，以保证计算结果的合理性。

(5) 马氏距离：既可以刻画一个数据点 $\boldsymbol{x}$ 与一个分布 M 之间的距离，也可以刻画同一分布中不同数据点之间的距离。设数据点 $\boldsymbol{x}\in\mathbb{R}^d$，分布 M 的均值为 $\boldsymbol{\mu}\in\mathbb{R}^d$，协方差矩阵为 $\boldsymbol{\Sigma}$，那么 $\boldsymbol{x}$ 与分布 M 的马氏距离为

$$L_M(\boldsymbol{x})=\sqrt{(\boldsymbol{x}-\boldsymbol{\mu})^\top\boldsymbol{\Sigma}^{-1}(\boldsymbol{x}-\boldsymbol{\mu})}. \tag{8.5}$$

当 M 是正态分布时，$L_M(\boldsymbol{x})$ 越小，表示 $\boldsymbol{x}$ 在分布 M 中出现的概率越大。对于同一分布 M 的两个数据点 $\boldsymbol{x}$ 和 $\boldsymbol{y}$，设分布 M 的协方差矩阵为 $\boldsymbol{\Sigma}$，那么 $\boldsymbol{x}$ 和 $\boldsymbol{y}$ 的马氏距离定义为

$$L_M(\boldsymbol{x},\boldsymbol{y})=\sqrt{(\boldsymbol{x}-\boldsymbol{y})^\top\boldsymbol{\Sigma}^{-1}(\boldsymbol{x}-\boldsymbol{y})}. \tag{8.6}$$

由于引进了协方差矩阵 $\boldsymbol{\Sigma}$，马氏距离在判断数据点之间的距离时引入了分布的某种先验知识——协方差矩阵考虑了分布的不同维度之间的相关性。特别地，当 M 的协方差矩阵是单位矩阵 $\boldsymbol{I}$（即分布 M 不同维度的变量之间不相关）时，马氏距离退化成欧氏距离。

除上述度量实数域特征向量之间的距离之外，还有很多种距离度量适用于其他类型的数据，例如，针对二值向量的汉明距离，以及适用于字符串（如基因序列）的编辑距离等。

接下来介绍两个用于划分聚类的算法——K-均值算法和基于概率模型的 EM 算法，这两个算法在结构上非常类似，主要区别在于 EM 算法使用了概率模型。在后面

关于 EM 算法的学习中，我们也将会看到 K-均值算法包含的思想不但能够应用在聚类问题中，还能应用于更多的包含隐变量的优化问题中。

8.2 K-均值算法

本节介绍 K-均值（K-means）算法的基本原理和实现细节。

8.2.1 优化目标

为了便于解决问题，我们引入 K 个 d 维向量 $\{\boldsymbol{\mu}_1, \boldsymbol{\mu}_2, \cdots, \boldsymbol{\mu}_K\}$，$\boldsymbol{\mu}_i$ 表示第 i 类的“中心”，这里的中心不一定是几何上的重心，也不一定是数据集 $\boldsymbol{X}$ 中的某个点，它们目前是一些待定的参数。

为了表示 $\boldsymbol{x}_i$ 分到了哪一类，K-均值算法使用独热 (one hot) 标记法，对每个 $\boldsymbol{x}_i$ 引入一个 K 维向量 $\boldsymbol{r}_i = [\boldsymbol{r}_{i1}, \boldsymbol{r}_{i2}, \cdots, \boldsymbol{r}_{iK}]^\top$，这个向量的每个元素定义为：当 $\boldsymbol{x}_i \in C_k$ 时，$r_{ik} = 1$；当 $\boldsymbol{x}_i \notin C_k$ 时，$r_{ik} = 0$。

接下来定义将要优化的损失函数。聚类的目标是将相似的数据划分在一起，因此，一个直观的目标是希望每一类中的点都尽可能地接近这一类“中心”。具体地，在常见的欧氏空间中，通常采用欧氏距离作为度量，一个自然的选择是将每一类中的点到类中心的欧氏距离的平方和作为损失函数。于是，可以定义如下的损失函数：

$$E(\boldsymbol{\mu}, \boldsymbol{r}) = \sum_{i=1}^{N} \sum_{k=1}^{K} r_{ik} \|\boldsymbol{x}_i - \boldsymbol{\mu}_k\|^2. \tag{8.7}$$

对于每个数据 $\boldsymbol{x}_i$，只有唯一的一个 k 使得系数 r_{ik} 不为 0，这个 k 就是 $\boldsymbol{x}_i$ 所在类的编号，所以，这个损失函数表示的是所有点到它们各自所在类的中心的距离平方之和。

我们的目标是找到使得 E 最小的 $\boldsymbol{\mu}_k$ 和 r_{ik}（$i \in [N], k \in [K]$），即

$$\min_{\boldsymbol{\mu}, \boldsymbol{r}} \sum_{i=1}^{N} \sum_{k=1}^{K} r_{ik} \|\boldsymbol{x}_i - \boldsymbol{\mu}_k\|^2. \tag{8.8}$$

在这个过程中，我们既要考虑如何选取每一类的中心，又要考虑将每个点分到哪一类。各类的中心点选取不同，则最佳的聚类方案也不尽相同。从优化的角度，目标函数 $E(\boldsymbol{\mu}, \boldsymbol{r})$ 包含连续变量和离散变量，因此较难直接求解。事实上，通过改写，上述问题常有以下两种等价形式。

(1) 最优划分：通过先对 $\boldsymbol{\mu}$ 求最优，可以得到如下求解最优划分的等价问题：

$$\begin{aligned} \min_{\boldsymbol{r}} & \sum_{k=1}^{K} \sum_{i=1}^{N} r_{ik} \|\boldsymbol{x}_i - \boldsymbol{\mu}_k\|^2 \\ \text{s.t. } & \boldsymbol{\mu}_k = \frac{\sum_{i=1}^{N} r_{ik} \boldsymbol{x}_i}{\sum_{i=1}^{N} r_{ik}}. \end{aligned} \tag{8.9}$$

该等价形式是 K-均值的常见形式。

(2) 最优聚类中心：通过先对 $\boldsymbol{r}$ 求最优，可以得到如下求解最优聚类中心的等价问题：

$$\min_{\boldsymbol{\mu}}\sum_{i=1}^{N}\left(\min_{k}\|\boldsymbol{x}_i-\boldsymbol{\mu}_k\|^2\right). \tag{8.10}$$

基于第二种等价形式，可以证明，这是关于 $\boldsymbol{\mu}$ 的非凸优化问题。对于这个非凸优化问题，我们无法直接解得确定形式的最优解，因此我们接下来将使用一种迭代算法近似解决这个问题。

8.2.2 K-均值算法介绍

K-均值算法[128] 是一种求解非凸问题 (8.8) 的近似算法。具体地，在 K-均值算法中，首先通过某种方式选取 $\boldsymbol{\mu}_k$ 的初值，然后交替优化变量 $\boldsymbol{r}$ 和 $\boldsymbol{\mu}$，重复一个每轮有两步的迭代过程，直到满足收敛条件：

(1) 数据划分：固定 $\boldsymbol{\mu}_k$ 的值，求解如下子问题得到最优的 $\boldsymbol{r}_i$：

$$\min_{\boldsymbol{r}}\sum_{i=1}^{N}\sum_{k=1}^{K}r_{ik}\|\boldsymbol{x}_i-\boldsymbol{\mu}_k\|^2.$$

(2) 参数更新：固定 $\boldsymbol{r}_i$，求解如下子问题，更新聚类中心 $\boldsymbol{\mu}_k$：

$$\min_{\boldsymbol{\mu}}\sum_{i=1}^{N}\sum_{k=1}^{K}r_{ik}\|\boldsymbol{x}_i-\boldsymbol{\mu}_k\|^2.$$

第一步迭代实际上就是在固定每一类的中心的情况下，选择每一个点应该分到哪一类，即数据划分。因为在损失函数(8.7)中，每个点到它对应的类中心的距离是独立的，所以只需要每个数据点到它对应的类中心的距离最短，损失函数就取到了最小值。因此，每个点应该分到离它最近的中心点所在的类，即

$$r_{ik}=\mathbb{I}\left(k=\operatorname*{argmin}_{k'}\|\boldsymbol{x}_i-\boldsymbol{\mu}_{k'}\|^2\right), \tag{8.11}$$

其中 $\mathbb{I}(\cdot)$ 为示性函数。如果依次对比每个中心点到该点的距离并求出最小值，这一步需要 $O(K)$ 次比较，N 个数据点共需要 $O(NK)$ 次比较。

在第二步迭代中，我们将固定 $\boldsymbol{r}_i$ 的值，选择最优的 $\boldsymbol{\mu}_k$ 值。对目标函数求导得到：

$$\frac{\partial E}{\partial_{\boldsymbol{\mu}_k}}=2\sum_{i=1}^{N}r_{ik}\left(\boldsymbol{x}_i-\boldsymbol{\mu}_k\right). \tag{8.12}$$

令导数为 0，得到更新公式：

$$\boldsymbol{\mu}_k=\frac{\displaystyle\sum_{i=1}^{N}r_{ik}\boldsymbol{x}_i}{\displaystyle\sum_{i=1}^{N}r_{ik}}. \tag{8.13}$$

在式 (8.13) 中，r_{ik} 只有在 $\boldsymbol{x}_i$ 划分为类 C_k 时才不为 0，所以实际上右边的分子可以解释为所有 C_k 中的数据点的特征向量和，分母可以解释为 C_k 中的数据点的个数，

整个式子也可以解释为 C_k 中的数据点的平均值。如果直接计算每一类的数据点的平均值并将其作为新的 $\boldsymbol{\mu}_k$，实际上需要 $O(N)$ 步计算。图 8.2展示了用 K-均值算法将平面上的数据集分为 3 类的迭代过程。

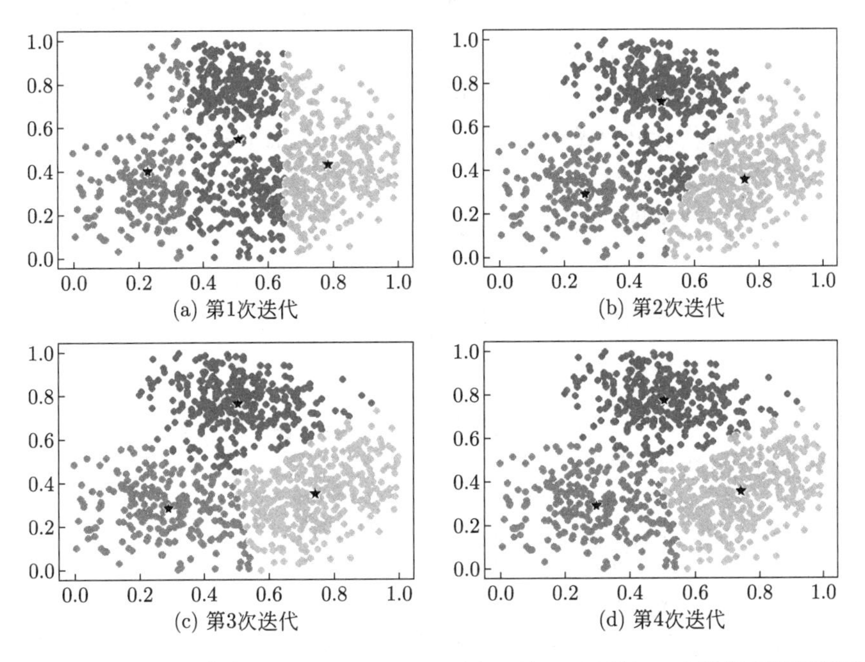

图 8.2　K-均值算法的收敛过程：(a)~(d) 分别表示第 1 次到第 4 次迭代后更新得到的聚类中心，其中每种颜色对应一个聚类，黑色五角星代表聚类中心

8.2.3　迭代初值和停止条件

在 K-均值算法收敛之前，在第一步的迭代过程中，每个点分到的类的中心只会比原来更近，所以目标函数 (8.7) 必然下降；在第二步的迭代过程中，因为式 (8.13) 是 $\boldsymbol{\mu}$ 的最优解，所以目标函数 (8.7) 也必然下降。因此，在两步迭代的过程中，损失函数 (8.7) 的值都是单调下降的。另外，每次迭代一定会找到一组新的 $\boldsymbol{r}_i$；否则，第一步的迭代将会得出和上一轮相同的 $\boldsymbol{\mu}_k$，算法已经收敛。因为第一步迭代将会得出的 $\boldsymbol{r}_i$ 的选取方式是有限的，而且第二步迭代中的 $\boldsymbol{\mu}_k$ 由第一步的结果唯一确定，所以算法必然是收敛的。也可以设置一个迭代的最大次数限制使算法更快停止。

不过，由于目标函数的非凸特性，这个算法得到的结果未必是全局最优解，很有可能得到局部最优解，这是这个算法的局限性之一。针对这个局限性，我们可以选取不同的 $\boldsymbol{\mu}$ 的初值进行迭代，选择其中损失函数最小的结果作为最终结果，这个结果往往比一次迭代的结果更接近全局的最优解。

在进行迭代之前，需要选择 $\boldsymbol{\mu}$ 的初始值。一种简单但有效的选择初值的方法是直接在 N 个数据点中选择 K 个数据点作为 $\boldsymbol{\mu}$ 的初值。Gonzales 在 1985 年提出的一种贪心算法逐个地选取 $\boldsymbol{\mu}_k$ 的初值[129]。首先在 $\boldsymbol{x}$ 中随机选择一个作为 $\boldsymbol{\mu}_1$，然后总是选取与当前已有中心距离最远的 $\boldsymbol{x}$ 作为新的中心。Arthur 和 Vassilvitskii 在 2007 年提出一种随机化的 K-means++ 算法[130]，它首先在 $\boldsymbol{x}$ 中随机选择一个作为 $\boldsymbol{\mu}_1$，然后按照和 $\boldsymbol{x}$ 中每个点到最近的已被选择的点的距离平方成正比的概率，逐个选择剩余的 $\boldsymbol{\mu}$。在这种初值选取方法下迭代，直到收敛所需的步数不超过 $O(\log K)$。

K-均值算法使用欧氏距离作为聚类的标准，这导致 K-均值算法受到孤立点的影响较大。设想数据集中有一个数据点距离其他点都比较远，根据均值更新式 (8.13)，该“孤立”数据点不管分到哪一类，都会导致它对均值的影响较大，这是由损失函数 (8.7) 中的平方关系决定的。为了解决这个问题，可以将 K-均值算法推广到任意的距离定义 $L(\boldsymbol{x}, \boldsymbol{x}')$，这种推广的 K-均值算法叫 K-中心点算法。修改距离的定义之后，损失函数变成了

$$E(\boldsymbol{\mu}, \boldsymbol{r}) = \sum_{i=1}^{N} \sum_{k=1}^{K} r_{ik} L(\boldsymbol{x}_i, \boldsymbol{\mu}_k). \tag{8.14}$$

距离的定义改变之后，每一类的中心的计算方法也要相应地修改。K-中心点算法的详细流程将留作习题供读者思考。

8.2.4 K-均值算法中的模型选择

聚类属于无监督学习，它与分类、回归等监督学习问题的一个不同点在于，如何检验聚类的结果和比较不同的模型是一个棘手的问题。因为只有数据点，而没有它们的分类，所以很难通过聚类结果比较不同聚类方法的优劣（第 8.5 节将介绍一些定量的评价指标）。在基于概率模型的聚类中，聚类结果的似然函数可以为我们选择模型略微提供一些参考，但是模型不同，似然函数的形式也不同，直接比较不同模型的似然函数也是有挑战的。另一个方法是不使用我们的训练数据进行模型比较，而是使用另一组有分类标记的数据，在去掉标记后进行聚类，然后比较不同聚类模型的结果和原来的分类结果的相似性，如交叉熵。但我们要注意的是，在一个问题上表现好的模型未必在另一个问题上表现好，所以这种模型比较方法也仅能作为一种参考。

虽然在前面介绍 K-均值算法的时候，我们假设类别的数量 K 是已知的，但在实际问题中，我们往往会遇到如何选择合适的 K 的问题。K 值是模型复杂度的决定因素之一。如果 K 值过小，模型就会过于简单，结果是本来应该分开的数据没有分开；如果 K 值过大，模型就会过于复杂，结果是本来应该属于同一类的数据被过度细分为几类。在某一个合适的范围之内，K 值或大或小略微变动得到的聚类结果往往都是可接受的，这个范围内的 K 就是我们应该选择的 K 值。

最简单的一种选择 K 值的方法就是观察法。例如，从图 8.1中的苹果图片可以大致观察出，它们应该分为两类，我们就可以确定 K 的值为 2。当然，对于更复杂的数据，包括数据超过三维，数据需要划分的类数太多等情况，则无法通过观察得到 K 的值。能否通过观察法得出 K 值的关键在于能否直观地将数据可视化。在有些情况下，我们无法较准确地判断 K 的取值，但是我们可以估计一个大概的范围，这个范

围可以作为接下来介绍的模型选择的方法的参考。

另一种选择 K 值的方法是观察损失函数(8.7)的下降曲线。图 8.3是一个损失函数下降曲线的例子。假设 K^* 是理想的 K 值，当 $K < K^*$ 时，损失函数下降的速度将会比较快，因为我们正在将两类不应该归为同一类的东西分开；而当 $K > K^*$ 时，损失函数将会下降得比较慢，因为我们将本来在自然界中属于同一类的东西分开。这种方法的适用性比第一种方法强。但这种方法的缺点之一是有些情况下我们难以观察得到适当的 K，因为损失函数随着 K 的增大是平滑下降的。另一个缺点是这种方法需要多次运行 K 均值算法，因此需要更多的时间。

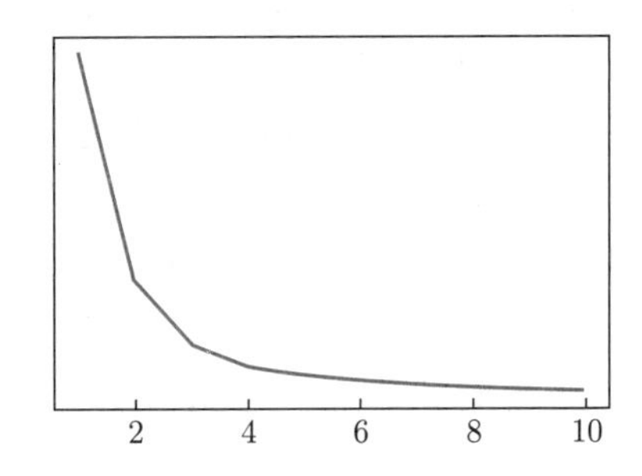

图 8.3 K-均值损失函数下降曲线：在 $K \leqslant 4$ 时，损失函数下降很快，在 $K \geqslant 6$ 之后，损失函数下降比较缓慢，因此合适的 K 应该是 4 或者 5

第三种选择 K 值的方法是在损失函数中添加正则项。添加正则项之后的损失函数为

$$E' = \sum_{i=1}^{N} \sum_{k=1}^{K} r_{ik} \|\boldsymbol{x}_i - \boldsymbol{\mu}_k\|^2 + \lambda K. \tag{8.15}$$

为了能够选择比较合适的 K 值，需要调整 λ 的大小，让 E 和 λK 具有相同的数量级，这常常需要通过实验判断。得到合适的 λ 后，需要尝试多组 K 值，找到使收敛时损失函数(8.15)的值最小的 K。该目标函数可以通过正则化的方式进行理解，也可以从非参贝叶斯的角度进行分析得到——它实际上是狄利克雷过程混合模型在小方差渐进（见第 8.4.3 节）意义下的一种极端情况[131]。

8.3 混合高斯模型

K-均值算法是一种确定性的聚类算法——每个数据点被明确、无歧义地划分到某一个类中。这种“硬性划分”的方法有时候过于严格，在实际问题中往往存在聚类的不确定性。例如，一篇研究生物信息的论文既属于“生物”类，也属于“计算机”类。利用概率机器学习的思想，可以对聚类的不确定性进行建模，甚至对模型的不确定性（如类中心可能服从某个分布）进行建模。

本节介绍用于聚类的一种概率模型——高斯混合模型（Gaussian mixture model, GMM），又叫混合高斯模型。简单地说，高斯混合模型中使用的高斯混合分布是几个不同的高斯分布的加权之和。高斯混合模型因为引入了隐变量，其似然函数比高斯分布难处理许多。因此，下文将介绍一种迭代求解高斯混合模型最大似然估计的算法——期望最大化（EM）算法。

8.3.1 隐变量模型

高斯混合模型是本书讲述的第一个完整的，也是最有代表性的隐变量模型（第5.1.2节介绍过对数几率回归的隐变量表示）。如前所述，相对于有监督的分类任务，在无监督的聚类任务中，训练集中的类别变量的取值是未知的，这种在训练集中不能直接观察到的变量被称为隐变量（latent variable 或 hidden variable）。隐变量的主要作用是，在建模时通过引入适当的隐变量及模型假设，对数据的产生过程有更加丰富的描述。含有隐变量的模型称为隐变量模型，本节要讲述的 GMM 及后文介绍的主题模型、深度生成模型等都属于隐变量模型。

按照惯例，用 Z 表示隐变量。类似于朴素贝叶斯模型，可以定义数据 X 和隐变量 Z 的联合分布：

$$p(X, Z) = p(Z)p(X|Z). \tag{8.16}$$

这个过程可以简单理解成由隐变量到数据的生成过程——首先从先验分布 $p(Z)$ 中采样隐变量 Z，然后给定 Z 生成数据 X。该生成过程可以用一个类似于朴素贝叶斯的图模型进行直观展示，如图 8.4(a) 所示。

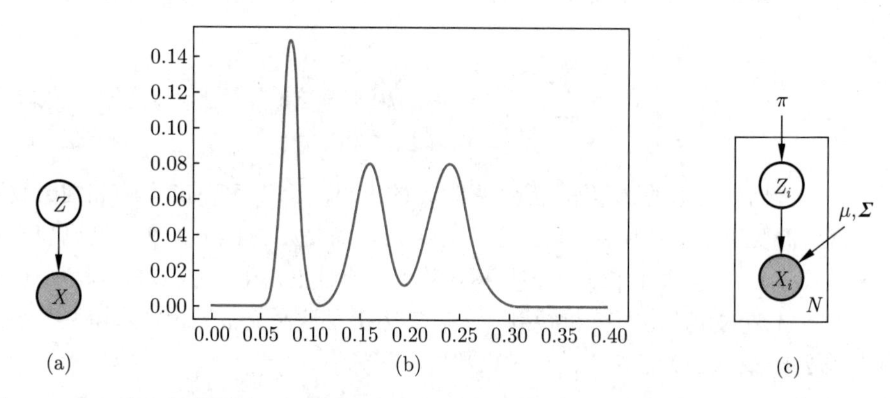

图 8.4 (a) 隐变量模型的一般图示；(b) 三种水果混合后的质量分布；(c) 高斯混合模型的图模型

在模型中引入隐变量的好处是，可以将模型中潜在的一些难以在显式变量中刻画的信息放入隐变量 Z 中。加入隐变量将极大地丰富模型的种类和包含的信息。例如，在聚类任务中，未直接观察的类别变量可以看作隐变量，具体地，每个数据 $\boldsymbol{x}_i$ 都对应一个隐变量 $z_i \in \{1, 2, \cdots, K\}$，表示该数据属于 K 个类中的哪一个。

8.3.2 混合分布模型

常见的概率分布（如高斯分布、指数族分布）大多数具有单峰性——只有一个高密度区域，这种性质使得它们无法用于表示具有潜在多极值的概率分布。而在聚类问题中，需要采用多极值的概率分布，这是因为数据呈现局部聚集的现象——每一类中的数据都有一个分布区域，这一块区域自然就成为数据的分布的一个峰。如图 8.5所示，数据[①]中存在多个高密度区域，如果使用高斯分布进行拟合，得到的结果如图 8.5(a) 所示，显然效果不好。为此，需要利用这些基本的单极值分布构建具有多极值点的概率分布。本节介绍的混合分布是满足这一需要的一种简单构建方式。[②]

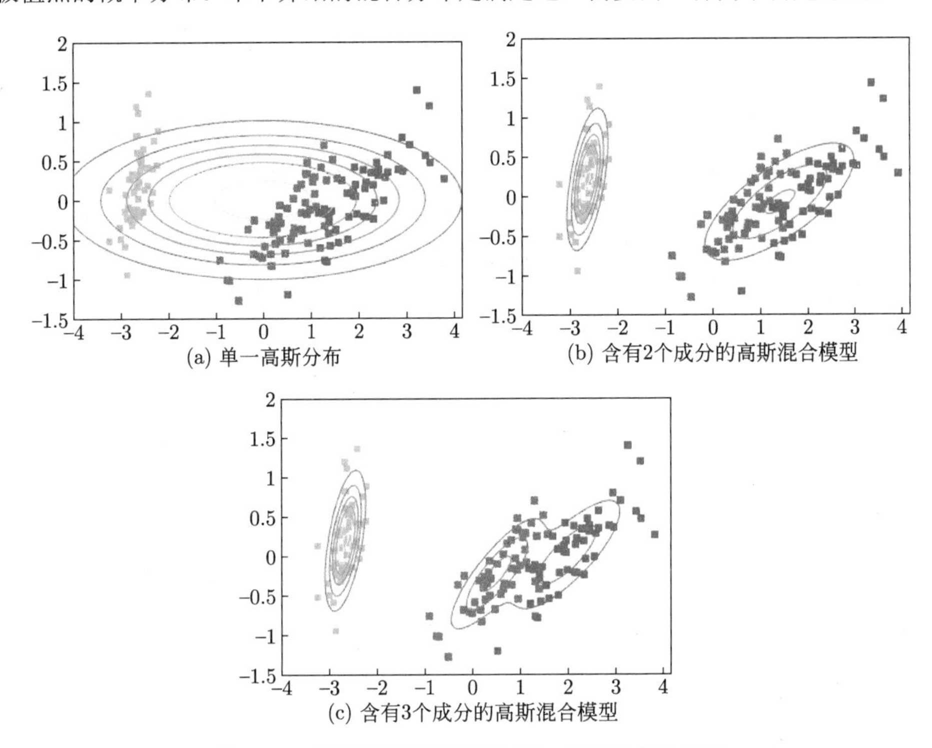

图 8.5 使用不同概率模型对同一数据的拟合结果

混合分布的定义简单、直观。假设有 K 个不同的概率分布，每个概率分布都有自己的概率密度函数，我们用 $p_k(\boldsymbol{x})$ 表示第 k 个分布的概率密度函数。混合分布是将 K 个基础分布进行线性组合：

$$p(\boldsymbol{x}) = \sum_{k=1}^{K} \pi_k p_k(\boldsymbol{x}). \tag{8.17}$$

为了保证这样定义的 $p(\boldsymbol{x})$ 是一个概率分布（即满足非负性和规范性），这里的组合权重需要满足条件：$0 < \pi_k < 1$ 且 $\sum_{k=1}^{K} \pi_k = 1$，因此我们又把这种组合叫作 p_k 的凸组合。

当构成混合分布的每一个分布均为高斯分布时，该混合分布就叫作高斯混合分

① UCI 数据库中的 Iris 数据集，通过主成分分析（PCA）降维到二维空间。

② 其他的构建方式如 Product-of-Experts 相对复杂一些，这里不做详细介绍。

布，它的概率密度函数如下：

$$p(\boldsymbol{x}) = \sum_{k=1}^{K} \pi_k \mathcal{N}\left(\boldsymbol{x}|\boldsymbol{\mu}_k, \boldsymbol{\Sigma}_k\right). \tag{8.18}$$

不难验证这个分布函数具有规范性：

$$\int_{\mathbb{R}} \sum_{k=1}^{K} \pi_k \mathcal{N}\left(\boldsymbol{x}|\boldsymbol{\mu}_k, \boldsymbol{\Sigma}_k\right) \mathrm{d}\boldsymbol{x} = \sum_{k=1}^{K} \pi_k \int_{\mathbb{R}} \mathcal{N}\left(\boldsymbol{x}|\boldsymbol{\mu}_k, \boldsymbol{\Sigma}_k\right) \mathrm{d}\boldsymbol{x} = \sum_{k=1}^{K} \pi_k = 1.$$

接下来通过一个例子理解高斯混合分布。

例 **8.3.1** (三种水果混合分布) 假设有三箱水果，分别是苹果、橘子、香蕉，其质量（单位为千克）分别服从正态分布 $\mathcal{N}(0.24, 0.02)$, $\mathcal{N}(0.08, 0.008)$, $\mathcal{N}(0.16, 0.015)$。接下来将它们放在一起并混合均匀，它们的个数占总的比例分别为 $\pi_1 = 0.4$, $\pi_2 = 0.3$, $\pi_3 = 0.3$。从中任意挑选 1 个水果（假设任何质量的水果被选择的概率一样），然后考虑这个水果的质量。因为我们不知道挑选出来的是哪一种水果，假设该水果的品种为 $z \in \{a(\text{apple}), o(\text{orange}), b(\text{banana})\}$，$z$ 在该模型中属于隐变量。通过全概公式，可以得到：

$$p(x) = \sum_{z} p(z)p(x|z) = \sum_{i=1}^{3} \pi_i \mathcal{N}\left(x|\mu_i, \sigma_i\right).$$

它们混合后的质量分布是一个高斯混合分布，如图 8.4(b) 所示。

从这个例子可以看出，高斯混合分布可以用来表示不同种类的物品混合后的某种属性的概率分布。

8.3.3 混合分布模型与聚类

由混合分布的定义可以看出，它具有很明显的“聚类”特点——每个基础概率分布对应一个聚类。具体地，考虑 N 个数据点的集合 $\boldsymbol{X} = \{\boldsymbol{x}_1, \boldsymbol{x}_2, \cdots, \boldsymbol{x}_N\}$。假设每个数据点 $\boldsymbol{x}_i$ 来自混合分布中的某一个基础概率分布，我们用隐变量 $z_i \in \{1, 2, \cdots, K\}$ 表示，用向量 $\boldsymbol{Z} = \{z_1, z_2, \cdots, z_N\}$ 表示所有隐变量的集合。于是，$p(\boldsymbol{x}_i|z_i = k) = p_k(\boldsymbol{x}_i)$。同时，用 π_k 表示一个数据点来自第 k 个概率分布的先验概率，$0 < \pi_k < 1$ 且 $\sum_{k=1}^{K} \pi_k = 1$。由此得到一个具有隐变量的概率模型：

$$p(z, \boldsymbol{x}) = p(z)p(\boldsymbol{x}|z) = \pi_z p_z(\boldsymbol{x}). \tag{8.19}$$

对隐变量 z 做积分（离散情况下是求和），很自然地得到 $p(\boldsymbol{x}) = \sum_{k=1}^{K} \pi_k p_k(\boldsymbol{x})$，即混合模型。图 8.4(c) 直观展示了变量之间的关系，值得注意的是，这里使用了图版（plate）的表示方法——方框代表对内部结构进行多次重复，其中重复的次数为其下标（即 N）。

注意，该模型只是定义了聚类变量 z 和数据 $\boldsymbol{x}$ 的联合分布，实际上，要实现聚类任务，需要完成更多的工作——给定输入数据 $\boldsymbol{x}$，推断出属于某个类的后验分布

$p(z|\boldsymbol{x})$。具体地，首先要将数据拟合到概率分布模型上；然后通过计算 z_i 的后验分布考虑将每个点归为哪一类：

$$r_{ik} = p(z_i = k|\boldsymbol{x}_i) = \frac{p(z_i = k)p(\boldsymbol{x}_i|z_i = k)}{\sum_{k'=1}^{K} p(z_i = k')p(\boldsymbol{x}_i|z_i = k')}. \tag{8.20}$$

该后验分布也称为类 k 对数据 $\boldsymbol{x}_i$ 的责任 (responsibility)。

剩下的问题是如何学习一个最优的混合分布模型，一个自然的选择是最大似然估计。这里用 $\boldsymbol{\theta}$ 表示混合分布的所有参数，例如，当每个基础分布都是高斯分布时，$\boldsymbol{\theta}$ 表示所有均值和协方差 $\{\boldsymbol{\mu}_1, \boldsymbol{\mu}_2, \cdots, \boldsymbol{\mu}_K, \boldsymbol{\Sigma}_1, \boldsymbol{\Sigma}_2, \cdots, \boldsymbol{\Sigma}_K\}$。混合分布的似然函数如下。

$$p(\boldsymbol{X}|\boldsymbol{\theta}) = \prod_{i=1}^{N} \sum_{k=1}^{K} \pi_k p_k(\boldsymbol{x}_i|\boldsymbol{\theta}). \tag{8.21}$$

相应地，对数似然函数为

$$\mathcal{L}(\boldsymbol{\theta}) \triangleq \log p(\boldsymbol{X}|\boldsymbol{\theta}) = \sum_{i=1}^{N} \log \left(\sum_{k=1}^{K} \pi_k p_k(\boldsymbol{x}_i|\boldsymbol{\theta}) \right). \tag{8.22}$$

因为似然函数 (8.21) 具有“和的积”（product-sum）的形式，即对数似然具有“和的对数”（log-sum）形式，对数无法直接作用在分布函数 $p_k(\boldsymbol{x}_i|\boldsymbol{\theta})$ 上，因此，即使基础分布函数属于指数族分布，对数也无法作用在指数函数上。其结果就是这种分布函数难以求出给定形式的最大似然解。因此，需要使用一种迭代的算法求解这个最大似然估计问题。下面介绍的 EM 算法就能够解决这个问题。

8.4　EM 算法

期望最大化（expectation maximization，EM）算法是一种迭代式求解隐变量概率模型参数估计的方法[132]。EM 算法和 K-均值算法在基本思想和结构上是类似的，不过，EM 算法可以应用于许多包含隐变量的概率模型的参数估计问题中。

具体地，难以找到式 (8.21) 的最大似然解的原因是在乘积式中又有求和式。现在，假设除了数据 $\boldsymbol{x}_i$，还知道它对应的隐变量 z_i。这时我们称集合 $\{\boldsymbol{X}, \boldsymbol{Z}\}$ 为完全数据集，而只有数据点 $\boldsymbol{X}$ 没有隐变量 $\boldsymbol{Z}$ 的数据集称为非完全数据集。如果观测到的是完全数据集，就如分类问题中的数据集既有数据，又有每个数据对应的分类那样，对数似然函数将会是：

$$\log p(\boldsymbol{X}, \boldsymbol{Z}|\boldsymbol{\theta}) = \sum_{i=1}^{N} \log p(\boldsymbol{x}_i, z_i|\boldsymbol{\theta}) = \sum_{i=1}^{N} (\log p(z_i) + \log p(\boldsymbol{x}_i|z_i, \boldsymbol{\theta})). \tag{8.23}$$

如果 $p(\boldsymbol{x}_i|z_i, \boldsymbol{\theta})$ 属于指数族分布（如 GMM 中的高斯分布），那么这个对数就可以直接作用于指数上，因此具有完全数据集时，利用指数族分布的知识对该分布进行拟合要容易许多。

对于完全数据集，最大似然估计可以求出 $\text{argmax}_{\boldsymbol{\theta}} \log p(\boldsymbol{X},\boldsymbol{Z}|\boldsymbol{\theta})$。但事实上，我们并不知道隐变量 $\boldsymbol{Z}$ 的值，只知道非完全数据集 $\boldsymbol{X}$。因此，无法算出对数似然函数。EM 算法是一个迭代更新的方法，如算法 1所示，其基本框架如下。

(1) E-步：根据当前的参数值 $\boldsymbol{\theta}^{(l-1)}$，计算隐变量的后验分布 $p(\boldsymbol{Z}|\boldsymbol{X},\boldsymbol{\theta}^{(l-1)})$，并根据该后验分布计算出对数似然函数的数学期望：

$$Q(\boldsymbol{\theta},\boldsymbol{\theta}^{l-1}) = \sum_{\boldsymbol{Z}} p(\boldsymbol{Z}|\boldsymbol{X},\boldsymbol{\theta}^{(l-1)}) \log p(\boldsymbol{X},\boldsymbol{Z}|\boldsymbol{\theta}). \tag{8.24}$$

通过求期望，函数 $Q(\boldsymbol{\theta},\boldsymbol{\theta}^{(l-1)})$ 只与模型参数和训练数据有关，因此，可以作为对数似然 $\log p(\boldsymbol{X}|\boldsymbol{\theta})$ 的某种“替代”。

(2) M-步：最优化替代函数 $Q(\boldsymbol{\theta},\boldsymbol{\theta}^{(l-1)})$，更新模型参数：

$$\boldsymbol{\theta}^{(l)} = \underset{\boldsymbol{\theta}}{\text{argmax}}\, Q(\boldsymbol{\theta},\boldsymbol{\theta}^{(l-1)}).$$

EM 算法通过设置初始估计 $\boldsymbol{\theta}^{(0)}$，然后不断迭代上述两步，直到满足终止条件。其迭代过程如图 8.6所示：目标函数（即对数似然）是一个复杂的非凹函数，在每轮迭代中，E-步根据当前参数估计构造一个替代函数（如蓝色线所示），并通过最大化该替代函数，得到一个更新的参数估计。事实上，可以推导如下结论。

$$\begin{aligned}\mathcal{L}(\boldsymbol{\theta}) - Q(\boldsymbol{\theta},\boldsymbol{\theta}^{(l)}) &= \mathbb{E}_{p_l}\left[\log p(\boldsymbol{X}|\boldsymbol{\theta}) - \log p(\boldsymbol{X},\boldsymbol{Z}|\boldsymbol{\theta})\right] \\ &= -\mathbb{E}_{p_l}\left[\log p(\boldsymbol{Z}|\boldsymbol{X},\boldsymbol{\theta})\right] + \mathbb{E}_{p_l}\left[\log p(\boldsymbol{Z}|\boldsymbol{X},\boldsymbol{\theta}^{(l)})\right] - \mathbb{E}_{p_l}\left[\log p(\boldsymbol{Z}|\boldsymbol{X},\boldsymbol{\theta}^{(l)})\right] \\ &= \text{KL}(p(\boldsymbol{Z}|\boldsymbol{X},\boldsymbol{\theta}^{(l)}) \| p(\boldsymbol{Z}|\boldsymbol{X},\boldsymbol{\theta})) + H(p(\boldsymbol{Z}|\boldsymbol{X},\boldsymbol{\theta}^{(l)})).\end{aligned}$$

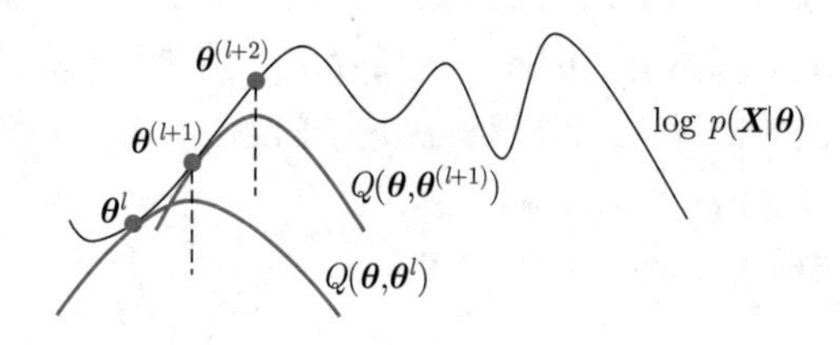

图 8.6 EM 算法的迭代更新示意图

这里用 $\mathbb{E}_{p_l}[\cdot]$ 表示 $\mathbb{E}_{p(\boldsymbol{Z}|\boldsymbol{X},\boldsymbol{\theta}^{(l)})}[\cdot]$。由此可见，替代函数 $Q(\boldsymbol{\theta},\boldsymbol{\theta}^{(l)})$ 是目标函数的下界；同时，参数 $\boldsymbol{\theta}=\boldsymbol{\theta}^{(l)}$ 时，其差值是一个常数，即 $H(p(\boldsymbol{Z}|\boldsymbol{X},\boldsymbol{\theta}^{(l)}))$，更新参数 $\boldsymbol{\theta}$ 时可以忽略不计。

算法 1 EM 算法

1. **输入**：$\boldsymbol{x}_1,\boldsymbol{x}_2,\cdots,\boldsymbol{x}_N$，$K$ 的值
2. **输出**：参数 $\boldsymbol{\theta}$ 和隐变量 d 的后验分布 $p(\boldsymbol{Z}|\boldsymbol{X})$
3. 选择 $\boldsymbol{\theta}$ 的初值，$l \leftarrow 0$
4. **while** 算法未收敛 **do**
5. $\quad l \leftarrow l+1$
6. $\quad$ E-步：计算 $p(\boldsymbol{Z}|\boldsymbol{x},\boldsymbol{\theta}^{(l-1)})$
7. $\quad$ M-步：根据式 (8.24) 计算 $\boldsymbol{\theta}^{(l)} \leftarrow \text{argmax}_{\boldsymbol{\theta}}\, Q(\boldsymbol{\theta},\boldsymbol{\theta}^{(l-1)})$
8. **end while**

8.4.1　高斯混合模型的 EM 算法

考虑将 EM 算法用于高斯混合模型的具体例子。对于这个简单的模型，可以直接套用 EM 算法的两步框架。具体地：

(1) E-步，在给定参数 $\boldsymbol{\theta}^{(l-1)}$ 的情况下，计算后验分布 $p(\boldsymbol{Z}|\boldsymbol{X},\boldsymbol{\theta}^{(l-1)})$。由于训练数据是独立同分布的，因此可以单独对每个数据计算其隐含变量的后验分布：$p(\boldsymbol{Z}|\boldsymbol{X},\boldsymbol{\theta}^{(l-1)})=\prod_{i=1}^{N}p(z_i|\boldsymbol{x}_i,\boldsymbol{\theta}^{(l-1)})$，其中

$$p(z_i=k|\boldsymbol{x}_i,\boldsymbol{\theta}^{(l-1)})=\frac{p(z_i=k)p(\boldsymbol{x}_i|z_i=k)}{p(\boldsymbol{x}_i)}=\frac{\pi_k\mathcal{N}(\boldsymbol{x}_i|\boldsymbol{\mu}_k^{(l-1)},\boldsymbol{\Sigma}_k^{(l-1)})}{\sum\limits_{k'=1}^{K}\pi_{k'}^{(l)}\mathcal{N}(\boldsymbol{x}_i|\boldsymbol{\mu}_{k'}^{(l-1)},\boldsymbol{\Sigma}_{k'}^{(l-1)})}$$

就是式 (8.20) 所定义的责任，记为 $r_{ik}^{(l)}$。

(2) M-步，给定 $r_{ik}^{(l)}$ 时，可以把目标函数 $Q(\boldsymbol{\theta},\boldsymbol{\theta}^{(l-1)})$ 写出来，具体为

$$\begin{aligned}Q(\boldsymbol{\theta},\boldsymbol{\theta}^{(l-1)})&=\sum_{i=1}^{N}\sum_{k=1}^{K}r_{ik}^{(l)}\log p(z_i=k)p(\boldsymbol{x}_i|z_i=k,\boldsymbol{\theta}^{(l-1)})\\&=\sum_{i=1}^{N}\sum_{k=1}^{K}r_{ik}^{(l)}\left(\log\pi_k+\log\mathcal{N}(\boldsymbol{x}_i|\boldsymbol{\mu}_k,\boldsymbol{\Sigma}_k)\right)\end{aligned}$$

对该目标函数求梯度，并令其等于 0，可以得到参数的更新公式。具体地，对于高斯分布的均值，可以得到偏导：

$$\begin{aligned}\frac{\partial}{\partial\boldsymbol{\mu}_k}Q(\boldsymbol{\theta},\boldsymbol{\theta}^{(l-1)})&=\sum_{i=1}^{N}r_{ik}^{(l)}\frac{\partial}{\partial\boldsymbol{\mu}_k}\left[-\frac{1}{2}(\boldsymbol{x}_i-\boldsymbol{\mu}_k)^{\top}\boldsymbol{\Sigma}_k^{-1}(\boldsymbol{x}_i-\boldsymbol{\mu}_k)\right]\\&=\sum_{i=1}^{N}r_{ik}^{(l)}\boldsymbol{\Sigma}_k^{-1}(\boldsymbol{x}_i-\boldsymbol{\mu}_k).\end{aligned}$$

令该偏导为 0，得到均值的更新公式：

$$\mu_k^{(l)}=\frac{\sum\limits_{i=1}^{N}r_{ik}^{(l)}\boldsymbol{x}_i}{\sum\limits_{i=1}^{N}r_{ik}^{(l)}}.\tag{8.25}$$

显然，这个形式也可以理解为聚类的高斯均值参数是这个聚类点的加权平均和，与 K-均值算法中的求解式 (8.13) 有相似的形式。

接下来对 $\boldsymbol{\Sigma}_k$ 求偏导并让其等于 0，可以得到 $\boldsymbol{\Sigma}_k$ 的更新公式 (因为计算过程比较复杂，所以这里只给出 $\boldsymbol{\Sigma}$ 的结果)：

$$\boldsymbol{\Sigma}_k^{(l)}=\frac{1}{N_k}\sum_{i=1}^{N}r_{ik}^{(l)}(\boldsymbol{x}_i-\boldsymbol{\mu}_k)(\boldsymbol{x}_i-\boldsymbol{\mu}_k)^{\top}.\tag{8.26}$$

最后，推导 π_k 的更新公式。因为 π_k 有一个和为 1 的约束，所以这里可以用拉格朗日乘子法找到式 (8.27) 对于 π_k 的更新式：

$$Q(\boldsymbol{\theta},\boldsymbol{\theta}^{(l-1)})+\lambda\left(\sum_{k=1}^{K}\pi_k-1\right).\tag{8.27}$$

令其关于 π_k 的导数为 0，可以得到：$\frac{1}{\pi_k}\sum_{i=1}^{N} r_{ik}^{(l)}+\lambda=0$。因此，$\pi_k=\frac{\sum_{i=1}^{N} r_{ik}^{(l)}}{-\lambda}$。根据归一化条件，可以得到 $\lambda=-N$。最终，π_k 的更新公式为

$$\pi_k^{(l)}=\frac{\sum_{i=1}^{N} r_{ik}^{(l)}}{N}. \tag{8.28}$$

这种迭代和 K-均值算法非常类似，实际上，后文会看到，K-均值算法可以看作 EM 算法的非概率模型下的特例。

对于相对简单的高斯混合模型，套用上述两步的过程，可以得到相应的 EM 算法。但是，对于一般性的隐变量模型，将不再容易。第 13 章将基于变分原理，介绍 EM 算法推导的一般过程，得到变分 EM 算法。

8.4.2 EM 算法收敛性

可以证明 EM 算法在一般情况下能够在有限步迭代之后收敛至局部最优解[132]，事实上，和 K-均值算法类似，对于任意轮迭代，EM 算法保证目标函数不下降：

$$\mathcal{L}(\boldsymbol{\theta}^{(l+1)})\geqslant\mathcal{L}(\boldsymbol{\theta}^{(l)}). \tag{8.29}$$

在一些特殊情况下，EM 算法能够达到全局最优[133]。

值得一提的是，除 EM 算法外，还有其他的参数估计方法被用于学习高斯混合模型。例如，在早期，皮尔逊使用矩匹配的方法估计具有两个高斯成分的混合模型[134]；也可以将对数似然函数 $\mathcal{L}(\boldsymbol{\theta})$ 直接当成目标进行数值优化，这里可以计算其梯度，采用牛顿法或拟牛顿法等[135]。

和 K-均值算法类似，EM 算法同样对初始值敏感。关于初始值的选择，对于 K-均值算法，前面介绍过可以在数据中随机选择 K 个点作为 K 类的中心 $\{\boldsymbol{\mu}_1,\boldsymbol{\mu}_2,\cdots,\boldsymbol{\mu}_K\}$。参考这种方法，可以在数据中随机选择 K 个点作为 K 个高斯分布的中心 $\boldsymbol{\mu}$，然后随机选择 $\boldsymbol{\Sigma}$ 和 $\boldsymbol{\pi}$，或者令 $\pi_i=\frac{1}{K}$。不过，结合 K-均值算法，有一种更高效的初值选取办法：首先用 K-均值算法求出 K-聚类结果和每一类对应的高斯分布，然后将这 K 个高斯分布作为 EM 算法中的高斯分布的初值，将第 k 类的数据占总数据的比例作为 EM 算法中 π_k 的初值。这种算法的可行性基于 K-均值算法的收敛速度比 EM 算法的收敛速度高的前提。下面粗略估计一下 EM 算法的复杂度。

E 步的复杂度取决于式 (8.20) 中 r_{ik} 的计算。因为分母对于相同的下标 i 是相同的，所以总共需要 $O(Nd)$ 次计算。M 步的复杂度取决于式 (8.25)、式 (8.26) 和式 (8.28)，它们的计算总复杂度也是 $O(Nd)$。所以每次迭代的总复杂度是 $O(Nd)$，这和 K-均值算法每次迭代的总复杂度是相同的。但是，K-均值算法进行最多的是比较运算，而 EM 算法中主要的部分是计算高斯分布在某一点处的概率，因此 EM 算法每一步迭代的实际用时比 K-均值要多。另一方面，EM 算法往往比 K-均值算法需要更多步迭代才能收敛。

前面讲过，利用高斯混合分布进行聚类的模型是一种概率聚类模型。这种模型相比 K-均值聚类的一个好处是能够给出每个点分到每个类的概率，这让我们可以找出某些模棱两可的点，从而减少点的归类错误带来的损失，比如在识别犯罪分子的行为模式的时候，对于模棱两可的点，往往需要谨慎考虑。除此之外，就像在图 8.2中看到的，K-均值算法的聚类结果的分类平面总是线性的；但是，如果使用 EM 算法进行聚类，得到的结果能够表示非线性的分类。

8.4.3 EM 算法与 K-均值的联系

作为一种概率的方法，高斯混合模型相比于 K-均值具有更大的灵活性，例如，可以对高斯混合模型的参数 $\boldsymbol{\theta}$ 进行贝叶斯推断（详见第 13.4.2 节），或者进行非参数化贝叶斯推断自动确定聚类中心的个数[136] 等。另外，在特定条件下，EM 算法会退化为 K-均值算法。具体地，在 EM 算法中，E 步更新 r_{ik} 的公式为

$$r_{ik}=\frac{\pi_k\mathcal{N}(\boldsymbol{x}_i|\boldsymbol{\mu}_k,\boldsymbol{\Sigma}_k)}{\sum\limits_{j=1}^{K}\pi_j\mathcal{N}(\boldsymbol{x}_i|\boldsymbol{\mu}_j,\boldsymbol{\Sigma}_j)}.$$

这描述了数据 $\boldsymbol{x}_i$ 属于类别 k 的后验概率。假设每个高斯分布的协方差为 $\boldsymbol{\Sigma}_k=\sigma^2\boldsymbol{I}$，且令 $\sigma\to 0$，这时可以得到确定的划分（聚类）准则：

$$r_{ik}=\mathbb{I}(k=k^*)\quad 其中k^*=\underset{k}{\operatorname{argmin}}\|\boldsymbol{x}_i-\boldsymbol{\mu}_k\|_2^2. \tag{8.30}$$

因此，EM 算法退化为将每个数据以概率 1 分配给最近的类，等价于 K-均值算法的划分操作。

从前面的分析可以看出，在这种情况下 EM 的 M-步更新也退化为 K-均值算法的参数更新。因此，可以得出结论：K-均值算法是 EM 算法的方差趋于 0 渐进意义下的解。这种分析方法称为小方差渐进（small-variance asymptotic）分析。后文将看到更多的例子，利用这种分析技术将概率方法与非概率方法进行关联，甚至可以推导出新算法[131]。

8.5 评价指标

作为无监督学习任务，聚类的结果具有一定的主观性，因此，如何评价是一个重要问题。下面介绍两类主要的评价指标。

8.5.1 外部评价指标

利用一些外部提供的有标注数据，在已知数据类别的情况下将聚类结果与已知类别进行比对，定量刻画聚类的效果。具体地，给定 N 个数据，我们用 $\Omega=\{\omega_1,\omega_2,\cdots,\omega_K\}$ 表示聚类的划分，用 $C=\{c_1,c_2,\cdots,c_L\}$ 表示根据真实类别对数据进行的划分。常见的评价指标如下。

例 8.5.1 (纯度，purity)

$$\text{purity}(\Omega, C) = \frac{1}{N}\sum_{k=1}^{K}\max_{j}|\omega_k \cap c_j|. \tag{8.31}$$

即对每个聚类簇 ω_k 分配一个类别，使得属于这个类别的数据在 ω_k 中出现的次数最多；然后计算所有 K 个聚类簇的这个次数之和，再归一化即为最终值。因此，纯度是一个属于 $(0,1)$ 的值，越接近 1 表示聚类结果越好。

例 8.5.2 (归一化互信息，normalized mutual information，NMI)

$$\text{NMI}(\Omega, C) = \frac{I(\Omega, C)}{(H(\Omega)+H(C))/2}, \tag{8.32}$$

其中 I 表示互信息，H 表示熵。当对数取 2 为底时，单位为 bit；当取 e 为底时，单位为 nat。为了计算互信息和熵，这里使用数据的经验分布，具体计算公式如下。

$$I(\Omega, C) = \sum_k\sum_j \frac{|\omega_k \cap c_j|}{N}\log\frac{N|\omega_k \cap c_j|}{|\omega_k||\cap c_j|}.$$

$$H(\Omega) = -\sum_k \frac{|\omega_k|}{N}\log\frac{|\omega_k|}{N}.$$

$$H(C) = -\sum_j \frac{|c_j|}{N}\log\frac{|c_j|}{N}.$$

例 8.5.3 (兰德指数，Rand index，RI) 兰德指数是将聚类看成一系列决策过程，即对数据集上所有 $N(N-1)/2$ 个数据对进行判断，计算如下几个值。

(1) TP：将两个同类别数据归入一个聚类簇中的次数；

(2) TN：将两个不同类别数据归入不同聚类簇的次数；

(3) FP：将两个不同类别数据归入同一聚类簇的次数；

(4) FN：将两个同类别数据归入不同聚类簇的次数。

RI 是计算正确决策的比率（即精确率）：

$$\text{RI} = \frac{\text{TP}+\text{TN}}{\text{TP}+\text{FP}+\text{TN}+\text{FN}} = \frac{\text{TP}+\text{TN}}{C_N^2}. \tag{8.33}$$

8.5.2 内部评价指标

内部评价指标不需要外部提供的标注信息，只依赖于聚类的无标注数据。具体地，聚类的基本目标是使得同一聚类簇的数据间相似度高，而不同聚类簇的数据间相似度低。依据该目标，有一些无监督的指标评价聚类的结果，下面介绍两个例子。

例 8.5.4 (Davies–Bouldin 指数，DBI[137])

$$\text{DBI} = \frac{1}{K}\sum_{k=1}^{K}\max_{j\neq k}\left(\frac{\sigma_k+\sigma_j}{d(\boldsymbol{\mu}_k, \boldsymbol{\mu}_j)}\right), \tag{8.34}$$

其中 $\sigma_k = \frac{1}{|\omega_k|}\sum_{i\in\omega_k} d(\boldsymbol{x}_i, \boldsymbol{\mu}_k)$ 表示第 k 个聚类簇中数据点到聚类中心的平均距离，$d(\boldsymbol{\mu}_k, \boldsymbol{\mu}_j)$ 表示两个聚类簇中心之间的距离。

例 8.5.5 (Dunn 指数，DI[138]) 类间最小距离与类内最大距离的比率：

$$\mathrm{DI}=\frac{\min_{1\leqslant j\leqslant k\leqslant K}d(j,k)}{\max_{1\leqslant k\leqslant K}d'(k)},\tag{8.35}$$

其中 $d(j,k)$ 表示两个聚类簇 j 和 k 之间的距离，$d'(k)$ 表示第 k 个聚类簇内部距离。$d(j,k)$ 的定义有多种选择，例如，定义为聚类中心之间的距离。同样，$d'(k)$ 也有多种选择，例如，聚类 k 中任意一对数据间距离的最大值，或者聚类 k 中所有数据对间距离的平均值。

8.6 延伸阅读

聚类分析是机器学习、数据挖掘中的一个基本任务，有很多经典的聚类方法被提出。除本章主要介绍的基于划分的聚类外，还有基于密度的聚类方法及层次聚类方法。

层次聚类方法的输出结果是将数据集进行层次化的分解，表示为一棵树，其中，根节点对应整个数据集，叶子节点对应单一数据点，每个中间节点对应一个聚类。构造聚类树的过程可以是自底向上——从叶子节点开始，逐步聚合；或者自顶向下——从根节点开始，逐步细化。与 K-均值或高斯混合模型不同，层次聚类方法不需要预先设定 K 的值。层次聚类方法需要选择合适的相似度，特别是计算两个类之间的相似度，存在多种策略[139–140]。

DBSCAN[141–142] 是基于密度的聚类方法的典型代表，不同于 K-均值或高斯混合模型，DBSCAN 不需要事先设定聚类的个数，是一种非参数化的方法。谱聚类[143] 是另外一类常用的方法，其基本思路是对数据相似性矩阵的拉普拉斯矩阵进行谱分析，选择相关的特征向量，将数据降维到一个特征空间里，再用相应聚类算法（如 K-均值）得到聚类结果，典型的代表有 normalized cuts 算法[144]。谱聚类与第 9 章要介绍的降维密切相关。同时，DBSCAN 也可以看作谱聚类的特例。

最后，用于聚类的特征表示既可以是输入的原始特征，也可以是输入特征的某个映射，例如，使用深度神经网络（详见第 6 章）学习得到的特征表示。进一步，将深度神经网络的训练和聚类分析进行联合优化[145–146] 往往能得到更好的聚类结果。另外，混合模型实际上是一种集成学习的策略——将多个子模型按照一定的方式进行融合，其中的子模型可以具有更加灵活的形式，如第 10.4 节介绍的概率集成学习和混合密度网络[147]。更近一些的，文献 [148] 展示了一个将概率混合模型与深度神经网络相结合的例子。

8.7 习题

习题 1 证明 K-均值的最优化问题（8.7）是非凸的。

习题 2 当采用 L_1-范数作为距离度量时，得到聚类的优化目标为

$$E(\boldsymbol{\mu},\boldsymbol{r})=\sum_{i=1}^{N}\sum_{k=1}^{K}r_{ik}\|\boldsymbol{x}_i-\boldsymbol{\mu}_k\|_1,\tag{8.36}$$

其中 $\|\boldsymbol{x}\|_1=\sum_{i=1}^{D}|x_i|$。类似于 K-均值的两步迭代法，推导其优化算法，并与 K-均值法进行比较。

习题 3　对于高斯混合模型，推导对数似然函数 $\mathcal{L}(\boldsymbol{\theta})$(即式 (8.22)) 关于未知参数 $\boldsymbol{\mu}_k$ 和 $\boldsymbol{\Sigma}_k$ 的梯度。

习题 4　对于离散数据（如文本），通常用“独热”向量 $\boldsymbol{x}\in\{0,1\}^D$ 表示，多项式分布是常用的描述这类变量的概率分布。类似于高斯混合模型，我们可以定义多项式混合模型：$p(\boldsymbol{x})=\sum_{k=1}^{K}\pi_k\mathrm{Mult}(\boldsymbol{x},\boldsymbol{\mu}_k)$，其中 $\mathrm{Mult}(\boldsymbol{x},\boldsymbol{\mu}_k)=\prod_{i=1}^{d}(\mu_k^i)^{x_i}$ 为多项式分布，这里的 $\boldsymbol{\mu}_k$ 满足归一化 $\sum_{i=1}^{D}\mu_k^i=1$ 和非负约束。推导该模型的 EM 算法。

习题 5　完成式 (8.30) 的推导过程。

习题 6　对如图 8.7所示的聚类结果，计算三种定量指标，即纯度、归一化互信息和兰德指数。

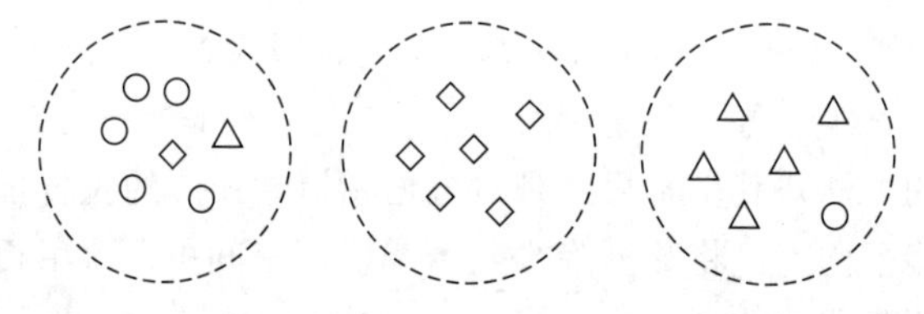

图 8.7　聚类结果示例：每个虚线圈对应一个聚类簇，三种形状分别代表了三种标注类别

习题 7　编程实现 K-均值算法和高斯混合模型的 EM 算法，并使用 UCI 数据库中的 Iris 数据集进行实验。

(1) 设置聚类个数 K 分别为 $2,3,4$，定量比较 K-均值算法的聚类结果。

(2) 设置聚类个数 K 分别为 $2,3,4$，定量比较 EM 算法的聚类结果。

第 9 章　降　　维

本章介绍无监督学习的另外一个重要任务——降维，也称维数约简（dimension reduction）。首先介绍经典的主成分分析（PCA）及其对应的隐变量概率模型。PCA 是一个线性降维方法，本章还将介绍将其扩展为非线性降维的自编码器、基于流形学习的非线性降维方法，以及用于文本表示的词嵌入方法等。

9.1　降维问题

降维是指在一定准则下将原始的高维数据 $\boldsymbol{x} \in \mathbb{R}^p$ 通过某种方式映射到低维空间 $\mathbb{R}^d$（$p \gg d$）的方法。降维映射的准则通常与具体的学习任务有关，例如，在无监督学习中一般要求信息损失最少，进而能更好地从低维空间中重建原始数据；而在有监督学习中往往更关注分类精度，要求映射能够最大化不同类别之间的区分度。从广义上来说，降维属于表示学习的一种，深度学习模型可以看成对数据进行非线性映射，获得适合目标任务的特征表示。

为什么要对数据做降维？回顾前文提到过的“维数灾”——在高维空间中数据非常稀疏，很难学习到数据的“隐含”规律（或结构），许多机器学习算法的性能也会大大下降。如果能将数据的维度减小而又不（过度）损失信息，这个问题就能够得到妥善解决。另一个原因在于很多情况下虽然原始数据的维度很高，但生成这些数据的内在机制的维度相对较小，通过降维可以发现数据的内蕴维度（intrinsic dimension），从而更加紧致地表示数据。例如，一张三通道的 480×480 个像素点的人脸图片，如果用一个向量表示每个像素点，至少需要 690000 维，每个维度都是 0~255 的整数，这是一个十分庞大的数字！在这样的高维空间中，给定的有限数据集将会变得非常稀疏。而如果考虑数据的内蕴维度（如拍摄的角度、光线条件、姿势、表情等），这些特征可很好地描述整幅图片，且维度低。因此，对数据进行适当降维，可以得到一个在低维子空间中更好的特征表示。此外，在可视化、数据压缩、噪声去除等具体任务中，都需要对数据维度进行适当约减。

为什么降维是实际可行的？高维空间的数据很大可能存在大量的冗余信息，因而可以被压缩。图 9.1展示了数据中存在冗余信息的例子，其中最右边图中的数据基本集中在一条直线上，因此用一个维度即可（近似）表示——通过数据拟合一条直线，知道了 x_1 的值，x_2 可以被（近似）预测出来。而最左边图中的数据在两个维度上呈现“独立”的特性——已知一个特征维度的值，并不能“预测”另一个维度的值。因此，最右边的数据是最可能被降维的。

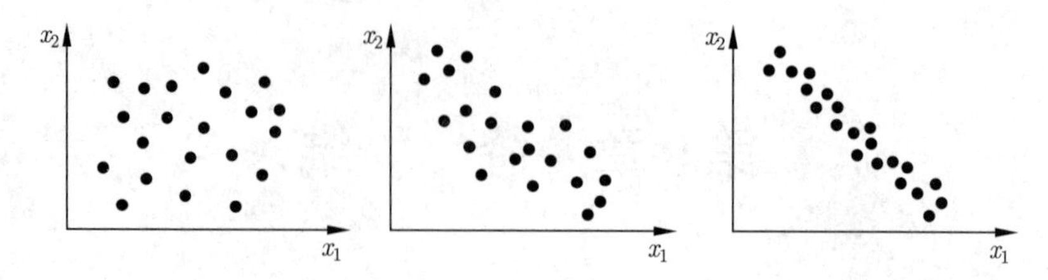

图 9.1 冗余信息：从左到右，两个维度的相关性逐渐增强

作为一个基本任务，降维的算法有很多。根据不同标准，降维算法可以有多种分类方法。例如，可以按照数据中是否存在标签信息，分为有监督和无监督降维；可以根据映射函数的特性分为线性和非线性降维等。本章将主要介绍无监督场景下的线性降维和非线性降维。对于线性降维，重点介绍主成分分析（principal component analysis，PCA）；对于非线性降维，将主要介绍自编码器、局部线性嵌入（local linear embedding, LLE），以及用于文本数据的词嵌入方法等。

9.2 主成分分析

主成分分析是著名的、应用较广的降维算法之一，早在 20 世纪初就已经被数学家发明，后来广泛应用于模式识别和机器学习领域。

9.2.1 基本原理

首先回顾一下线性代数基本知识。给定方形矩阵 $\boldsymbol{A} \in \mathbb{R}^{p\times p}$，如果向量 $\boldsymbol{\mu}$ 满足 $\boldsymbol{A}\boldsymbol{\mu} = \lambda\boldsymbol{\mu}$，则称 $\boldsymbol{\mu}$ 是矩阵 $\boldsymbol{A}$ 的一个特征向量，λ 是对应的特征值。将矩阵的全部 p 个特征向量排列成一个矩阵 $\boldsymbol{U} = [\boldsymbol{\mu}_1, \boldsymbol{\mu}_2, \cdots, \boldsymbol{\mu}_p]$，令 $\boldsymbol{\Lambda} = \mathrm{diag}(\lambda_1, \lambda_2, \cdots, \lambda_p)$ 为对应特征值组成的对角阵，则特征值分解可以写为

$$\boldsymbol{A}\boldsymbol{U} = \boldsymbol{U}\boldsymbol{\Lambda}. \tag{9.1}$$

进一步，如果 $\boldsymbol{A}$ 是一个对称矩阵，则 $\boldsymbol{A}$ 的特征向量可以构成空间的一组标准正交基，换言之，$\boldsymbol{U}$ 将是一个正交矩阵，即 $\boldsymbol{U}\boldsymbol{U}^\top = \boldsymbol{U}^\top\boldsymbol{U} = \boldsymbol{I}$，进而有

$$\boldsymbol{U}^\top\boldsymbol{A}\boldsymbol{U} = \boldsymbol{\Lambda}, \quad \boldsymbol{A} = \boldsymbol{U}\boldsymbol{\Lambda}\boldsymbol{U}^\top. \tag{9.2}$$

PCA 的基本原理是对数据的协方差矩阵做特征值分解。具体地，给定输入数据 $\boldsymbol{X} = \{\boldsymbol{x}_n\}_{n=1}^N$，这里假设已经将数据去中心化——通过平移使样本均值为 $\mathbf{0}$，进而计算数据的协方差矩阵 $\boldsymbol{S}$：

$$\boldsymbol{S} = \frac{1}{N}\sum_n \boldsymbol{x}_n\boldsymbol{x}_n^\top. \tag{9.3}$$

然后对协方差矩阵做特征值分解，并令特征向量按照对应特征值降序排列，得到：

$$\begin{gathered}\boldsymbol{S} = \boldsymbol{U}\boldsymbol{\Lambda}\boldsymbol{U}^\top \\ \boldsymbol{U} = [\boldsymbol{\mu}_1, \boldsymbol{\mu}_2, \cdots, \boldsymbol{\mu}_p] \in \mathbb{R}^{p\times p} \quad \lambda_1 \geqslant \lambda_2 \geqslant \cdots \geqslant \lambda_p.\end{gathered} \tag{9.4}$$

基于上述分解，设 PCA 降维的目标维度为 d ($p \gg d$)，取特征值前 d 大的特征向量组成矩阵 $\boldsymbol{U}_1 = [\boldsymbol{\mu}_1, \boldsymbol{\mu}_2, \cdots, \boldsymbol{\mu}_d] \in \mathbb{R}^{p\times d}$，即正交阵 $\boldsymbol{U}$ 的前 d 列。利用矩阵 $\boldsymbol{U}_1$ 可以定义一个线性变换将原始数据 $\boldsymbol{x} \in \mathbb{R}^p$ 投影到一个以前 d 个特征向量为正交基的低维特征坐标系中：

$$\boldsymbol{y} = \boldsymbol{U}_1^\top \boldsymbol{x}. \tag{9.5}$$

这里用 $\boldsymbol{y}$ 表示降维后的向量表示。

从降维的特征向量 $\boldsymbol{y}$ 出发，可以通过一个（逆）线性变换（近似）恢复原空间的数据：

$$\hat{\boldsymbol{x}} = \boldsymbol{U}_1 \boldsymbol{y} = \boldsymbol{U}_1 \boldsymbol{U}_1^\top \boldsymbol{x} \in \mathbb{R}^p. \tag{9.6}$$

这里的 $\hat{\boldsymbol{x}}$ 表示重建得到的数据。通常将降维的过程称为编码，相应地，该恢复操作称为解码。由此可以看到，PCA 实际上是一种特殊的自编码器（详见第 9.4 节）——这里的编码和解码都是线性的。后文将看到，这种线性变换的选取方式最大化地保存了原始数据的信息。这前 d 个特征向量称为主成分（principal component，PC）。

图 9.2直观展示了特征向量的含义。协方差矩阵的特征向量实际上定义了一个新的特征坐标系，该坐标系的原点位于数据均值（这里假设数据已经中心化），各坐标轴的方向即特征向量的方向。用 p_x 表示某个数据点在原坐标系的坐标，p_μ 为其在特征坐标系下的坐标，则二者的关系为

$$p_\mu = \boldsymbol{U}^\top p_x. \tag{9.7}$$

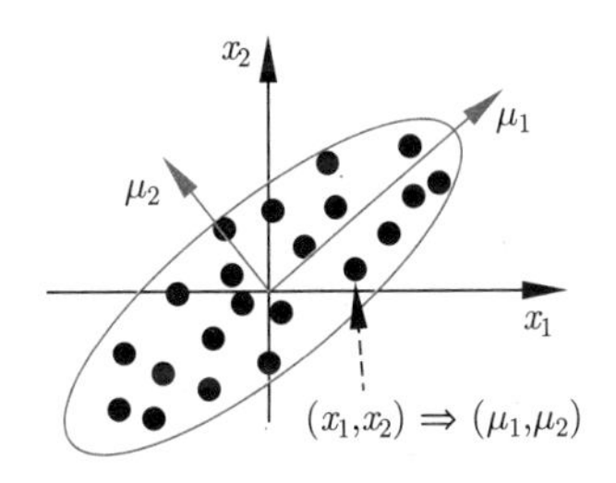

图 9.2　特征坐标系

PCA 考虑特征坐标系的原因为：在原空间中每个维度的信息可能都比较多，而在特征坐标系下数据的信息能够集中在几个主成分维度上，通过去掉冗余的非主成分维度，有望达到降维的目的。例如，图 9.3展示了对图 9.2中的数据点进行坐标变换的结果，可以看到，原始数据在两个维度上信息都很丰富——数据在每个维度上的投影的方差比较大，即每个维度都包含了区分不同数据的信息；然而，在计算特征向量（红绿两色短线）并做坐标变换后，数据的信息主要集中在主成分 $\boldsymbol{\mu}_1$ 中，另外一个维度表示的信息比较少（方差小）。当需要降维时，选择去掉 $\boldsymbol{\mu}_2$ 是比较安全的；而在原空间中，去掉任一维度都将丢失大量信息。

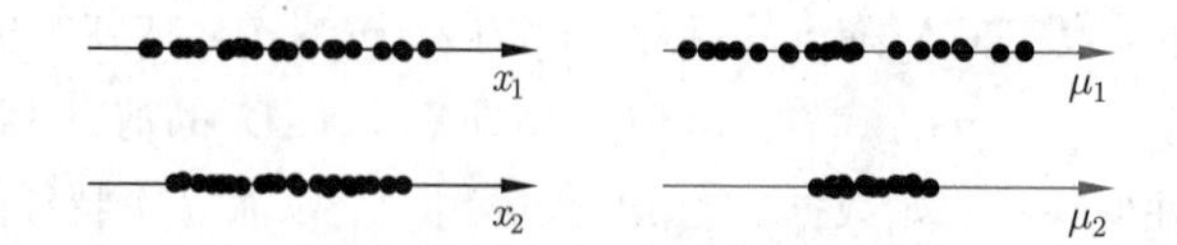

图 9.3 在原坐标系及新坐标系下将数据投影到不同坐标轴，所得数据的信息（方差）

在 PCA 的实际应用中，经常需要选择降维的目标维数 d。一种经验方法是以数据在变换前后保留方差的多少表征信息的保留。具体地，计算第 i 大的特征向量维度上的方差占全方差的比例：

$$r_i = \frac{\lambda_i}{\sum_{j=1}^{p} \lambda_j}. \tag{9.8}$$

为了选择出合理的 d，可以人为规定一个保留方差的阈值，例如 95%，即找到满足不等式的最小 d：$\sum_{i=1}^{d} r_i \geqslant 95\%$。该选择的大致含义是保留原始数据中 95% 的信息，在 9.3 节中将对这一事实做出更多解释。

9.2.2 高维 PCA

在 PCA 的实际应用中，当数据的维度 $p \gg N$ 时，协方差矩阵 $\boldsymbol{S} \in \mathbb{R}^{p \times p}$，求特征向量的计算复杂度 $O(p^3)$ 变得很大；但是受限于 N，所有非零特征值的个数不会超过 N，所以，计算 $\boldsymbol{S}$ 及其特征值实际上是一种浪费。这里介绍一种更加高效的方法以减少计算量。不失一般性，令 $\bar{\boldsymbol{x}} = \boldsymbol{0}$，并且将数据 $\boldsymbol{x}_n$ 作为列构成矩阵 $\boldsymbol{X} \in \mathbb{R}^{p \times N}$，那么：

$$\boldsymbol{S} = \frac{1}{N} \sum_{n=1}^{N} \boldsymbol{x}_n \boldsymbol{x}_n^\top = \frac{1}{N} \boldsymbol{X} \boldsymbol{X}^\top \tag{9.9}$$

假设 $\boldsymbol{S}$ 的特征向量为 $\boldsymbol{\mu}_i$，则有 $\boldsymbol{X}\boldsymbol{X}^\top \boldsymbol{\mu}_i = N\lambda_i \boldsymbol{\mu}_i$。同时左乘 $\boldsymbol{X}^\top$，得到：

$$(\boldsymbol{X}^\top \boldsymbol{X}) \boldsymbol{X}^\top \boldsymbol{\mu}_i = N\lambda_i \boldsymbol{X}^\top \boldsymbol{\mu}_i. \tag{9.10}$$

考虑格拉姆矩阵 $\boldsymbol{G} = \boldsymbol{X}^\top \boldsymbol{X} \in \mathbb{R}^{N \times N}$，式 (9.10) 实际上定义了 $\boldsymbol{G}$ 的特征值 γ_i 和特征向量 $\boldsymbol{\nu}_i$，即 $\gamma_i = N\lambda_i$、$\boldsymbol{\nu}_i = \boldsymbol{X}^\top \boldsymbol{\mu}_i$。通过变换可以得到：

$$\boldsymbol{\mu}_i = \frac{1}{\gamma_i} \boldsymbol{X} \boldsymbol{\nu}_i,\ \lambda_i = \frac{\gamma_i}{N}. \tag{9.11}$$

因此，可以先对矩阵 $\boldsymbol{G}$ 做特征值分解，再通过式 (9.11) 变换得到 $\boldsymbol{S}$ 的特征值和特征向量，计算复杂度降低到 $O(N^3)$.

9.3 主成分分析的原理

本节将从最大化方差和最小化重构误差的角度介绍 PCA 背后的数学原理，并介绍 PCA 对应的概率模型。

9.3.1　最大化方差

如图 9.3所示，PCA 的第一种解释是最大化数据投影的方差——在给定数据 $\boldsymbol{X}$ 的情况下，寻找一个将 $\mathbb{R}^p$ 投影到 $\mathbb{R}^d$ 的线性变换使得投影变换后的数据的方差最大，即最大程度地保留原始信息。

首先，考虑一维投影的情形 $(d=1)$。设投影方向的单位向量为 $\boldsymbol{\mu}_1$，有 $\boldsymbol{\mu}_1^\top\boldsymbol{\mu}_1=1$。数据在该方向上的投影为 $y_n=\boldsymbol{\mu}_1^\top\boldsymbol{x}_n$。因此，投影数据的均值和方差分别为

$$\begin{aligned}\bar{y}&=\boldsymbol{\mu}_1^\top\bar{\boldsymbol{x}}\\ \operatorname{var}(y)&=\frac{1}{N}\sum_n(\boldsymbol{\mu}_1^\top\boldsymbol{x}_n-\boldsymbol{\mu}_1^\top\bar{\boldsymbol{x}})^2=\boldsymbol{\mu}_1^\top\boldsymbol{S}\boldsymbol{\mu}_1,\end{aligned}\tag{9.12}$$

其中 $\bar{\boldsymbol{x}}$ 为样本均值，$\boldsymbol{S}$ 为样本协方差矩阵。进而，最大化方差的目标为

$$\max_{\boldsymbol{\mu}_1}\boldsymbol{\mu}_1^\top\boldsymbol{S}\boldsymbol{\mu}_1\quad\text{s.t.}\quad\boldsymbol{\mu}_1^\top\boldsymbol{\mu}_1=1.\tag{9.13}$$

这是一个有约束的二次优化问题，可以采用拉格朗日法解决。设拉格朗日乘子为 λ_1，建立拉格朗日函数 $L=\boldsymbol{\mu}_1^\top\boldsymbol{S}\boldsymbol{\mu}_1-\lambda_1(\boldsymbol{\mu}_1^\top\boldsymbol{\mu}_1-1)$，并求偏导数可得最优解满足的方程：

$$\mathbf{0}=\frac{\partial L}{\partial\boldsymbol{\mu}_1}=2\boldsymbol{S}\boldsymbol{\mu}_1-2\lambda_1\boldsymbol{\mu}_1.\tag{9.14}$$

因此，最优解满足等式 $\boldsymbol{S}\boldsymbol{\mu}_1=\lambda_1\boldsymbol{\mu}_1$，说明 $\boldsymbol{\mu}_1$ 为协方差矩阵 $\boldsymbol{S}$ 的特征向量，λ_1 为其对应的特征值。由于 $\boldsymbol{\mu}_1$ 为单位向量，可得投影数据的方差为

$$\operatorname{var}(y)=\boldsymbol{\mu}_1^\top\boldsymbol{S}\boldsymbol{\mu}_1=\lambda_1.\tag{9.15}$$

因此，最大的方差即协方差矩阵的最大特征值 λ_1，而 $\boldsymbol{\mu}_1$ 是对应的特征向量，也称为第一主成分。

接着在第一个维度 $\boldsymbol{\mu}_1$ 的基础上再增加一维，寻找第二主成分 $\boldsymbol{\mu}_2$。为了使不同维度上的投影数据相关性尽量低，这里要求 $\boldsymbol{\mu}_2$ 与 $\boldsymbol{\mu}_1$ 是正交的。同样，最大化投影方差可以表示成如下有约束的优化问题：

$$\begin{aligned}\max_{\boldsymbol{\mu}_2}\operatorname{var}(y)&=\boldsymbol{\mu}_2^\top\boldsymbol{S}\boldsymbol{\mu}_2\\ \text{s.t.}\quad\boldsymbol{\mu}_2^\top\boldsymbol{\mu}_2&=1\\ \boldsymbol{\mu}_1^\top\boldsymbol{\mu}_2&=0.\end{aligned}\tag{9.16}$$

类似地，建立拉格朗日函数 $L=\boldsymbol{\mu}_2^\top\boldsymbol{S}\boldsymbol{\mu}_2-\lambda_2(\boldsymbol{\mu}_2^\top\boldsymbol{\mu}_2-1)-\gamma\boldsymbol{\mu}_2^\top\boldsymbol{\mu}_1$，令偏导为零，可得等式：

$$\boldsymbol{S}\boldsymbol{\mu}_2-\lambda_2\boldsymbol{\mu}_2-\gamma\boldsymbol{\mu}_1=\mathbf{0}.\tag{9.17}$$

将式 (9.17) 左乘 $\boldsymbol{\mu}_1^\top$，利用特征向量的正交性可得 $\gamma=0$。进而有 $\boldsymbol{\mu}_2$ 也满足特征向量的形式，即 $\boldsymbol{S}\boldsymbol{\mu}_2=\lambda_2\boldsymbol{\mu}_2$ 且 $\boldsymbol{\mu}_2^\top\boldsymbol{S}\boldsymbol{\mu}_2=\lambda_2$。因此，最大化方差的 $\boldsymbol{\mu}_2$ 实际上就是特征值第二大的特征向量。

以此类推，对于一般的 d 维空间，所得的 d 个投影的方向 $\boldsymbol{\mu}_1,\boldsymbol{\mu}_2,\cdots,\boldsymbol{\mu}_d$ 恰为协方差矩阵 $\boldsymbol{S}$ 的前 d 大特征值对应的特征向量。因此，最大化方差的优化过程与 PCA 完全等价。至此，我们揭示了投影数据的方差和特征值之间的密切联系，因而，第 9.2 节最后选择 d 的方式是很自然的。

9.3.2 最小化重建误差

从低维投影重建（即“编码-解码”）的角度，PCA 的第二种解释是最小化重建的高维数据与原始数据之间的误差。

具体地，记 $\mathbb{R}^p$ 中的一组标准正交基为 $U=\{\boldsymbol{\mu}_1,\boldsymbol{\mu}_2,\cdots,\boldsymbol{\mu}_p\}$，其满足性质 $\boldsymbol{\mu}_i^\top\boldsymbol{\mu}_j=\mathbb{I}(i=j)$。由于这组正交基是完备的，该内积空间中的任意一点 $\boldsymbol{x}_n$ 都可以用它们的线性组合表示 $\boldsymbol{x}_n=\sum_{i=1}^{p}\alpha_{ni}\boldsymbol{\mu}_i$，两边同时左乘 $\boldsymbol{\mu}_i^\top$，可以得到 $\alpha_{ni}=\boldsymbol{x}_n^\top\boldsymbol{\mu}_i$，因此每个数据 $\boldsymbol{x}_n$ 有如下的正交展开：

$$\boldsymbol{x}_n=\sum_{i=1}^{p}(\boldsymbol{x}_n^\top\boldsymbol{\mu}_i)\boldsymbol{\mu}_i. \tag{9.18}$$

上述表示是准确并没有误差的。降维的目标是将数据投影到 d 维子空间中。这里选取前 d 个正交基向量作为投影方向，构建一个子空间。因为 $d<p$，所以这种投影是存在信息丢失的。对于误差项，我们也用一个线性空间表示，即使用剩余的 $p-d$ 维正交基的线性组合表示，同时假设误差项与具体数据无关——这一点与第 3 章介绍的线性回归模型类似。基于此，我们构建了一个误差模型：

$$\tilde{\boldsymbol{x}}_n=\sum_{i=1}^{d}z_{ni}\boldsymbol{\mu}_i+\sum_{i=d+1}^{p}b_i\boldsymbol{\mu}_i, \tag{9.19}$$

其中 b_i 为全部数据共享的系数，即误差项。与数据无关的项一般称为“全局项”，相应地，与数据有关的项称为局部项。为了尽量多地保留信息，我们最小化重建数据与原始数据之间的误差，即

$$\min_{U,\boldsymbol{z},\boldsymbol{b}} J:=\frac{1}{N}\sum_{n=1}^{N}\|\boldsymbol{x}_n-\tilde{\boldsymbol{x}}_n\|^2. \tag{9.20}$$

假设在正交基 U 给定的情况下，通过最优化损失函数，可得到参数 $\boldsymbol{z}$、$\boldsymbol{b}$ 的解析形式：$z_{ni}=\boldsymbol{x}_n^\top\boldsymbol{\mu}_i\ (i=1,2,\cdots,d)$、$b_i=\bar{\boldsymbol{x}}^\top\boldsymbol{\mu}_i\ (i=d+1,d+2,\cdots,p)$，其中 $\bar{\boldsymbol{x}}$ 为数据的均值。从而重建数据与原始数据的误差可化简为 $\boldsymbol{x}_n-\tilde{\boldsymbol{x}}_n=\sum_{i=d+1}^{p}\{(\boldsymbol{x}_n-\bar{\boldsymbol{x}})^\top\boldsymbol{\mu}_i\}\boldsymbol{\mu}_i$，可见误差就是数据关于均值的偏移量在被约减的维度上的投影。

代入目标函数，可得 $J=\sum_{n=1}^{N}\sum_{i=d+1}^{p}(\boldsymbol{x}_n^\top\boldsymbol{\mu}_i-\bar{\boldsymbol{x}}\boldsymbol{\mu}_i)^2=\sum_{i=d+1}^{p}\boldsymbol{\mu}_i^\top\boldsymbol{S}\boldsymbol{\mu}_i$。因此，求解 U 简化为最优化问题：

$$\min_{U} J=\sum_{i=d+1}^{p}\boldsymbol{\mu}_i^\top\boldsymbol{S}\boldsymbol{\mu}_i \tag{9.21}$$

$$\text{s.t. } \boldsymbol{\mu}_i^\top\boldsymbol{\mu}_j=\mathbb{I}(i=j).$$

该形式我们在 9.3.1 节中已经见过，唯一不同的是这次我们要找误差的最小值，因此要选择特征值较小的 $p-d$ 个特征向量作为被约减的维度。于是，用作投影映射的前

d 个基向量恰为特征值最大的 d 个特征向量（d 个主成分），此时重建误差为

$$J = \sum_{i=d+1}^{p} \lambda_i. \tag{9.22}$$

至此，我们说明了最小化重建误差的优化过程与 PCA 完全等价。

9.3.3　概率主成分分析

如前所述，PCA 本质上是一种编解码的过程——编码是对数据进行降维，解码是恢复原空间的数据。概率主成分分析（Probabilistic PCA，PPCA）[149] 对 PCA 进行扩展，可以更好地刻画数据不确定性。

具体地，对于高维数据 $\boldsymbol{x} \in \mathbb{R}^p$，目标是找到它对应的低维表示，记为 $\boldsymbol{z} \in \mathbb{R}^d$，其中 $d < p$。因为 $\boldsymbol{z}$ 是在训练集中没有直接观测的，因此 $\boldsymbol{z}$ 是隐变量。与混合模型中的隐变量不同，这里 $\boldsymbol{z}$ 是连续型的特征向量。借鉴混合模型的思路，可以定义一个隐变量概率模型 $p(\boldsymbol{x}, \boldsymbol{z}) = p(\boldsymbol{z})p(\boldsymbol{x}|\boldsymbol{z})$。对于连续变量的先验分布，通常选择标准高斯分布：

$$p(\boldsymbol{z}) = \mathcal{N}(\boldsymbol{z}|\boldsymbol{0}, \boldsymbol{I}). \tag{9.23}$$

类似地，以 $\boldsymbol{z}$ 为条件，连续型变量 $\boldsymbol{x}$ 的生成概率也是高斯分布：

$$p(\boldsymbol{x}|\boldsymbol{z}) = \mathcal{N}(\boldsymbol{x}|\boldsymbol{W}\boldsymbol{z} + \boldsymbol{\mu}, \sigma^2\boldsymbol{I}), \tag{9.24}$$

其中 $\boldsymbol{W} \in \mathbb{R}^{p\times d}$。所以 $\boldsymbol{x}$ 的均值由一个关于 $\boldsymbol{z}$ 的线性函数和一个 p 维向量 $\boldsymbol{\mu}$ 所决定。可以用采样的角度理解 $\boldsymbol{x}$ 的生成过程：首先从先验分布采样一个隐含特征向量 $\boldsymbol{z}$，然后由 $\boldsymbol{z}$ 经过线性变换得到 $\boldsymbol{x}$，但是在生成 $\boldsymbol{x}$ 的过程中难免带来一些噪声，因此，观测变量可以表示成误差模型：$\boldsymbol{x} = \boldsymbol{W}\boldsymbol{z} + \boldsymbol{\mu} + \boldsymbol{\epsilon}$，其中 $\boldsymbol{\epsilon} \sim \mathcal{N}(\boldsymbol{0}, \sigma^2\boldsymbol{I})$ 是高斯噪声变量。

由于该模型的先验分布与似然函数都是高斯分布，因此利用高斯分布的性质可以得到 $\boldsymbol{x}$ 的边缘分布（即似然）：

$$p(\boldsymbol{x}|\boldsymbol{W}, \boldsymbol{\mu}, \sigma^2) = \int p(\boldsymbol{x}|\boldsymbol{z})p(\boldsymbol{z})\mathrm{d}\boldsymbol{z} = \mathcal{N}(\boldsymbol{x}|\boldsymbol{\mu}, \boldsymbol{C}). \tag{9.25}$$

其中 $\boldsymbol{C} = \boldsymbol{W}\boldsymbol{W}^\top + \sigma^2\boldsymbol{I}$ 是一个 $p \times p$ 的矩阵。

给定独立同分布的训练数据 $\boldsymbol{X} = \{\mathbf{x}_n\}_{n=1}^N$，利用最大似然估计学习参数 $\boldsymbol{\Theta} = (\boldsymbol{W}, \boldsymbol{\mu}, \sigma^2)$。具体地，对数似然 $\mathcal{L}(\boldsymbol{\Theta}) = \log p(\boldsymbol{X}|\boldsymbol{\mu}, \boldsymbol{W}, \sigma^2)$ 可以写成：

$$\mathcal{L}(\boldsymbol{\Theta}; \boldsymbol{X}) = -\frac{N}{2}(p\log(2\pi) + \log|\boldsymbol{C}|) - \frac{1}{2}\sum_{n=1}^{N}(\boldsymbol{x}_n - \boldsymbol{\mu})^\top \boldsymbol{C}^{-1}(\boldsymbol{x}_n - \boldsymbol{\mu}). \tag{9.26}$$

先令似然函数关于 $\boldsymbol{\mu}$ 的导数为 $\boldsymbol{0}$，可以得到 $\hat{\boldsymbol{\mu}} = \bar{\boldsymbol{x}}$。将这个结果代入式 (9.26) 可以得到：

$$\mathcal{L}(\boldsymbol{\Theta}; \boldsymbol{X}) = -\frac{N}{2}\left(p\log(2\pi) + \log|\boldsymbol{C}| + \mathrm{Tr}(\boldsymbol{C}^{-1}\boldsymbol{S})\right), \tag{9.27}$$

其中 $\boldsymbol{S}$ 是数据的协方差矩阵。对该目标函数进行优化，可以得到 $\boldsymbol{W}$ 的解：

$$\hat{\boldsymbol{W}} = \boldsymbol{U}_d(\boldsymbol{L}_d - \sigma^2\boldsymbol{I})^{1/2}\boldsymbol{R}, \tag{9.28}$$

其中 $\boldsymbol{U}_d \in \mathbb{R}^{p\times d}$ 的各列由矩阵 $\boldsymbol{S}$ 的 d 个特征向量组成，$\boldsymbol{L}_d \in \mathbb{R}^{d\times d}$ 是对角矩阵，并且对角元是 $\boldsymbol{U}_d$ 的列所对应的特征值 λ_i，$\boldsymbol{R} \in \mathbb{R}^{d\times d}$ 是任意正交矩阵。

更进一步地，当特征向量选取为对应特征值最大的 d 个时，似然函数可以取到最大值[149]。设这 d 个特征向量按照特征值从大到小的排序为 $\boldsymbol{\mu}_1, \boldsymbol{\mu}_2, \cdots, \boldsymbol{\mu}_d$。正交矩阵 $\boldsymbol{R}$ 可以看作一个 $d\times d$ 的旋转矩阵，特别地，当 $\boldsymbol{R}=\boldsymbol{I}$ 时，$\hat{\boldsymbol{W}}$ 的各列就是 $\boldsymbol{S}$ 的主要成分的特征向量带上系数 $\lambda_i - \sigma^2$。因此，$\hat{\boldsymbol{W}}$ 定义了一个从隐含表示空间到观测数据空间的映射，矩阵 $\hat{\boldsymbol{W}}$ 的各列就定义了观测向量的主子空间。进一步，可以计算 σ^2 的估计值：

$$\hat{\sigma}^2 = \frac{1}{p-d}\sum_{i=d+1}^{p}\lambda_i. \tag{9.29}$$

其含义是在投影过程中“损失”的（平均）方差。

如果把 $\hat{\boldsymbol{W}}$ 的表达式代入 $\boldsymbol{C}$，可以发现 $\boldsymbol{C}$ 其实和 $\boldsymbol{R}$ 无关：

$$\begin{aligned}\boldsymbol{C} &= \hat{\boldsymbol{W}}\hat{\boldsymbol{W}}^\top + \sigma^2\boldsymbol{I}\\ &= \boldsymbol{U}_d(\boldsymbol{L}_d - \sigma^2\boldsymbol{I})^{1/2}\boldsymbol{R}\boldsymbol{R}^\top[(\boldsymbol{L}_d - \sigma^2\boldsymbol{I})^{1/2}]^\top\boldsymbol{U}_d^\top + \sigma^2\boldsymbol{I}\\ &= \boldsymbol{U}_d(\boldsymbol{L}_d - \sigma^2\boldsymbol{I})\boldsymbol{U}_d^\top + \sigma^2\boldsymbol{I}.\end{aligned} \tag{9.30}$$

最后，利用高斯分布的性质，可以推导隐含特征的后验分布，并且可以证明当 $\sigma^2 \to 0$ 时，PPCA 的编码过程与 PCA 等价（习题 5）。

9.4 自编码器

如前所述，PCA 是一种线性的降维方法。自编码器利用神经网络，可以学习非线性的低维表示。①

9.4.1 自编码器的基本模型

如图 9.4(a) 所示，自编码器（Auto-Encoder）的基本结构由两部分组成——编码器 ϕ 和解码器 ψ，其中编码器 $\phi: \mathcal{X} \to \mathcal{F}$ 将数据映射到一个“特征码”（也称为隐含表示或隐含变量），记为 $\boldsymbol{h}$；而解码器 $\psi: \mathcal{F} \to \mathcal{X}$ 将“特征码”映射到原空间，恢复输入数据 $\boldsymbol{x}'$。与 PCA 的原理相似，自编码器通过最小化重建误差，学习最优的编码器和解码器：

$$(\phi, \psi)^* = \underset{\phi,\psi}{\operatorname{argmin}}\, \|\mathcal{X} - (\psi\circ\phi)\mathcal{X}\|_2^2. \tag{9.31}$$

这里的 ϕ 和 ψ 均可以采用神经网络进行参数化，相应地，上述优化问题变成神经网络参数寻优。下面举一个具体的例子。

例 9.4.1 （单层 MLP） 最简单的神经网络是一层 MLP，定义编码器：

$$\boldsymbol{h} = \sigma(\boldsymbol{W}\boldsymbol{x} + \boldsymbol{b}),$$

① 第 16 章将介绍自编码的概率模型——变分自编码器。

其中输入 $\boldsymbol{x}\in\mathbb{R}^p=\mathcal{X}$，特征码 $\boldsymbol{h}\in\mathbb{R}^d=\mathcal{F}$，$\boldsymbol{W}\in\mathbb{R}^{d\times p}$ 为权重矩阵。相应地，解码器一般也定义为一层 MLP：

$$\boldsymbol{x}'=\sigma'(\boldsymbol{W}'\boldsymbol{h}+\boldsymbol{b}'),$$

这里的参数 $(\boldsymbol{W}',\boldsymbol{b}')$ 以及函数 σ' 可以与编码器的相同，也可以不同。给定一组训练集 $\mathcal{D}=\{\boldsymbol{x}_i\}_{i=1}^N$，其对应的损失函数（即重建误差）为

$$\mathcal{L}(\boldsymbol{\Theta};\mathcal{D})=\frac{1}{N}\sum_{i=1}^N\|\boldsymbol{x}_i-\boldsymbol{x}_i'\|_2^2=\frac{1}{N}\sum_{i=1}^N\|\boldsymbol{x}_i-\sigma'(\boldsymbol{W}'\sigma(\boldsymbol{W}\boldsymbol{x}+\boldsymbol{b})+\boldsymbol{b}')\|_2^2,$$

这里用 $\boldsymbol{\Theta}=(\boldsymbol{W},\boldsymbol{b},\boldsymbol{W}',\boldsymbol{b}')$ 表示所有未知参数。和前文介绍的深度神经网络一样，该目标函数可以通过随机梯度下降法进行优化，其中梯度可以通过反向传播算法进行计算，这里不再赘述。

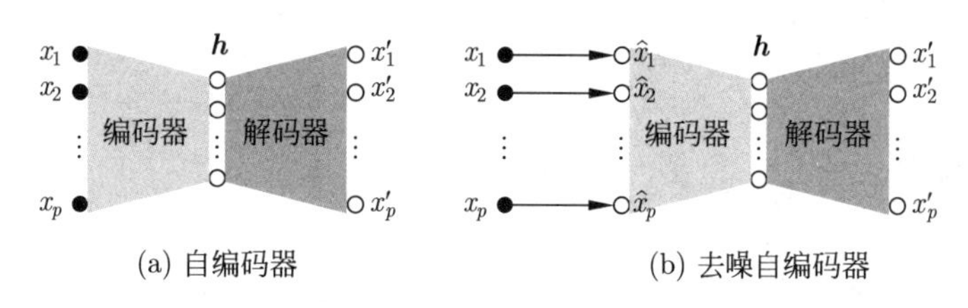

图 9.4　自编码器的模型结构图

在自编码器中，一般假设特征码的维度低于原数据的维度，因此起到降维的作用。当特征码维度高于输入数据维度时，自编码器可能退化到恒等映射。为了提升自编码器学习特征表示的能力，一些改进的自编码器被提出。下面介绍两种改进的方案。

9.4.2　稀疏自编码器

稀疏正则化是一种常用的提升特征表示学习的有效方式。在自编码器中，即使在特征码维度高于原始维度的情况下，仍能有效地学习“稀疏”特征码，具体地，稀疏自编码器最小化如下的目标函数：

$$\mathcal{L}(\boldsymbol{\Theta};\mathcal{D})=\frac{1}{N}\sum_{i=1}^N\left(\|\boldsymbol{x}_i-\boldsymbol{x}_i'\|_2^2+\Omega(\boldsymbol{h}_i)\right),\tag{9.32}$$

其中 $\Omega(\boldsymbol{h})$ 是在特征码 $\boldsymbol{h}$ 上的稀疏化正则项。设 $\boldsymbol{h}=f(\boldsymbol{W}\boldsymbol{x}+\boldsymbol{b})$，下面介绍两种稀疏化正则项。

- L_1 正则化：类似于 Lasso，定义 $\Omega(\boldsymbol{h})=\lambda\sum_{j=1}^d|h_j|$；
- KL-散度正则化：令 $\hat{\rho}_j=\frac{1}{N}\sum_{i=1}^N h_j(\boldsymbol{x}_i)$ 为第 j 个隐含神经元的平均激活值。为了稀疏化（即大多数神经元的激活值趋于 0），定义如下的正则化项：

  $$\Omega(\boldsymbol{h})=\sum_{j=1}^d\mathrm{KL}(\rho\|\hat{\rho}_j)=\sum_{j=1}^d\left[\rho\log\frac{\rho}{\hat{\rho}_j}+(1-\rho)\log\frac{1-\rho}{1-\hat{\rho}_j}\right],$$

  其中 $\rho>0$ 是一个接近 0 的常数。

9.4.3 去噪自编码器

如图 9.4(b) 所示，去噪自编码器[150] 首先在输入数据 $\boldsymbol{x}$ 上添加噪声，得到“污染”数据 $\tilde{\boldsymbol{x}}$，然后将 $\tilde{\boldsymbol{x}}$ 作为输入送入自编码器中，得到重建的数据 $\boldsymbol{x}'$，其过程如下：

$$\begin{aligned}\tilde{\boldsymbol{x}} &\sim q(\tilde{\boldsymbol{x}}|\boldsymbol{x})\\ \boldsymbol{h} &= f(\boldsymbol{W}\tilde{\boldsymbol{x}}+\boldsymbol{b})\\ \boldsymbol{x}' &= g(\boldsymbol{W}'\boldsymbol{h}+\boldsymbol{b}'),\end{aligned}$$

其中 $q(\tilde{\boldsymbol{x}}|\boldsymbol{x})$ 是一个噪声模型，比如常见的加性高斯噪声、椒盐噪声等。去噪自编码器的优化目标仍然是最小化对原始输入数据 $\boldsymbol{x}$ 的重建误差，因此起到“去噪”的作用，这种去噪过程通常可以更有效地学习特征表示。另外，值得注意的是，这种“加噪”和“去噪”的过程只在模型训练时进行，在测试时，对于一个新来的数据 $\boldsymbol{x}$，直接用编码器获得其特征码，不再添加噪声。

9.5 局部线性嵌入

本节介绍局部线性嵌入（locally linear embedding，LLE）——一种典型的非线性降维方法。

9.5.1 局部线性嵌入的基本过程

图 9.5展示了一个例子，数据点虽然在二维空间中，但实际上是在一个由一维极坐标描述的螺旋曲线上。该数据虽然看上去很简单（具有明显的规律），但如果直接使用线性的 PCA 进行降维，结果会很不理想。事实上，任何一个线性的降维方法都没有办法很好地处理这种数据，因为这种螺旋曲线不能用一个线性子空间很好地近似。

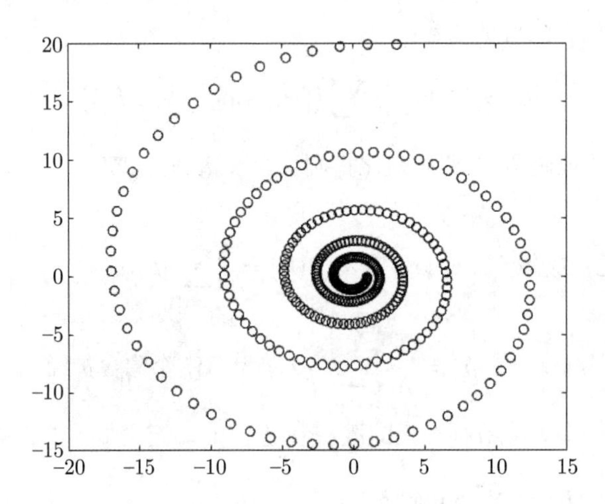

图 9.5　二维空间中流形的示意图：虽然在二维空间中，但数据实际上是在一维流形上，极坐标表示为 $r = \mathrm{e}^{-0.1\theta}$

为了发展有效处理上述数据的方法，这里要引入流形的概念。数学上，流形是指局部具有欧氏空间性质的空间。显然，线性空间本身是一种简单的流形。螺旋曲线是一维流形的典型例子；另外，球的表面是一个二维流形。对于一个 d 维流形，其具有一个良好的性质：对任意一点 $\boldsymbol{x}$，在其足够小的邻域内，该流形可以被一个 d 维的线性子空间无限逼近，该子空间称为切空间。此外，当在点与点之间移动时，这种局部线性逼近会连续性地变化，这种变化的快慢取决于流形的曲率。

再回到图 9.5所示的例子，虽然不能找到一个“全局”的线性子空间很好地表示该数据，但如果将数据划分为很多“局部”的小区域，则可以用局部线性降维的方法很好地描述该数据。LLE[151] 正是巧妙地利用了这种“局部线性”的特点而发展起来的，成为非线性降维的经典方法。

流形学习的一般原则是在保持流形上数据点的某些几何性质的情况下找出一组对应的内蕴坐标，将流形尽量好地展开在低维平面上，这种低维表示也叫内蕴特征。原始输入特征的维度也称为观察维度。

局部线性嵌入的基本假设是高维空间中的样本重构关系在低维空间中可以保持，即原空间中相近的数据点在低维特征空间中也应该比较近。在实现上，LLE 采用一个线性的重构模型——假定样本点 $\boldsymbol{x}_i \in \mathbb{R}^p$ 的坐标可以通过其邻域内的样本（例如 $\boldsymbol{x}_j, \boldsymbol{x}_k, \boldsymbol{x}_l$）线性组合来近似重构：

$$\boldsymbol{x}_i \approx w_{ij}\boldsymbol{x}_j + w_{ik}\boldsymbol{x}_k + w_{il}\boldsymbol{x}_l, \tag{9.33}$$

并希望式 (9.33) 的关系在低维空间中得以保持。

具体地，令 $\boldsymbol{W}$ 表示所有权重的集合。如图 9.6所示，LLE 算法包括如下三步：

(1) 局部近邻关系：对每个数据点 $\boldsymbol{x}_i$，计算其邻居节点的集合 Q_i；

(2) 最优重构权重：利用式 (9.33) 的线性重构模型，计算最优的重构权重 $\hat{\boldsymbol{W}}$；

(3) 嵌入表示：将每个数据点 $\boldsymbol{x}_i \in \mathbb{R}^p$ 嵌入低维空间得到对应的点 $\boldsymbol{z}_i \in \mathbb{R}^d$，使得 $\boldsymbol{z}_i$ 之间保持原空间的最优重构关系（即 $\hat{\boldsymbol{W}}$）。

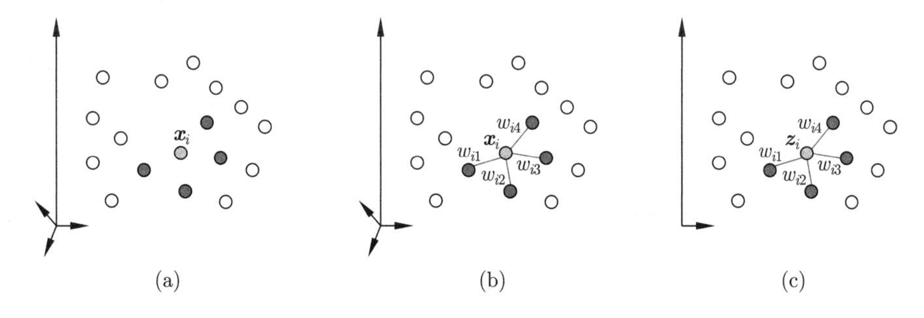

图 9.6　局部线性嵌入的基本流程：(a) 计算最近邻；(b) 在原空间中计算最优的线性组合权重；(c) 计算嵌入表示，使得数据在嵌入空间中保持线性嵌入的权重

对于第一步，可以使用任意一个选择最近邻的方法，例如，选择距离 $\boldsymbol{x}_i$ 最短的前 K 个，即 K-近邻；或者，设定一个半径 r，落在以 $\boldsymbol{x}_i$ 为中心、半径为 r 的圆内

的所有点。值得注意的是，这里允许不同数据具有不同的近邻个数，同时，K 的选择一般与数据的分布有关。例如，当数据点比较分散时，一般选择较大的 K 值；而如果数据比较密集，则 K 值一般较小。本节最后将讨论如何定量地选择最优的 K 值。下面重点介绍第二步和第三步的具体实现。

9.5.2 最优局部线性重构

对于第二步，LLE 采用最小化重构误差的准则，寻找最优的 $\hat{\boldsymbol{W}}$：

$$\begin{aligned}\min_{\boldsymbol{W}} \sum_{i=1}^{N} \|\boldsymbol{x}_i - \sum_{j\in Q_i} w_{ij}\boldsymbol{x}_j\|^2 \\ \text{s.t.} \sum_{j\in Q_i} w_{ij} = 1,\ \forall i.\end{aligned} \tag{9.34}$$

这里的约束保证局部线性组合的权重之和等于 1。虽然看上去该问题的参数很多，但其目标函数和约束都是“分离”的，因此可以并行地对每个数据点单独求解，即求解如下的 N 个子问题：

$$\begin{aligned}\min_{\boldsymbol{w}_i} \|\boldsymbol{x}_i - \sum_{j\in Q_i} w_{ij}\boldsymbol{x}_j\|^2 \\ \text{s.t.} \sum_{j\in Q_i} w_{ij} = 1.\end{aligned} \tag{9.35}$$

令 $\boldsymbol{C}$ 是一个 $|Q_i| \times |Q_i|$ 的矩阵，其中 $\boldsymbol{C}_{jk} = (\boldsymbol{x}_i - \boldsymbol{x}_j)^\top(\boldsymbol{x}_i - \boldsymbol{x}_k)$。利用拉格朗日法可以得到 $\boldsymbol{w}_i$ 的闭式解：

$$\hat{\boldsymbol{w}}_i = \frac{\boldsymbol{C}^{-1}\mathbf{1}}{\mathbf{1}^\top\boldsymbol{C}^{-1}\mathbf{1}}. \tag{9.36}$$

值得注意的是，矩阵 $\boldsymbol{C}$ 的秩最多等于 $\min(p, |Q_i|)$。对于常见的机器学习数据集（如图像），p 一般比较大，常常大于 $|Q_i|$。但对于一些维度不太高的数据集，可能会出现特殊情况：近邻的个数 $|Q_i|$ 被设置为大于 p，在这种情况下，矩阵 $\boldsymbol{C}$ 是奇异的，存在无穷多个可行的解。图 9.7展示了一个 $p = 2$、$|Q_i| = 4$ 的直观例子，假设 $\boldsymbol{x}_i$ 的四个邻居均匀分布且到 $\boldsymbol{x}_i$ 的距离相等，图中所示的 3 种权重取值都可以线性重构目标数据点。解决这类问题的一种常用办法是引入正则化项，例如选择 L_2 范数，则优化问题变为

$$\begin{aligned}\min_{\boldsymbol{w}_i} \|\boldsymbol{x}_i - \sum_{j\in Q_i} w_{ij}\boldsymbol{x}_j\|^2 + \lambda\|\boldsymbol{w}_i\|^2 \\ \text{s.t.} \sum_{j\in Q_i} w_{ij} = 1.\end{aligned} \tag{9.37}$$

此时的最优解为

$$\hat{\boldsymbol{w}}_i = \frac{(\boldsymbol{C} + \lambda\boldsymbol{I})^{-1}\mathbf{1}}{\mathbf{1}^\top(\boldsymbol{C} + \lambda\boldsymbol{I})^{-1}\mathbf{1}}. \tag{9.38}$$

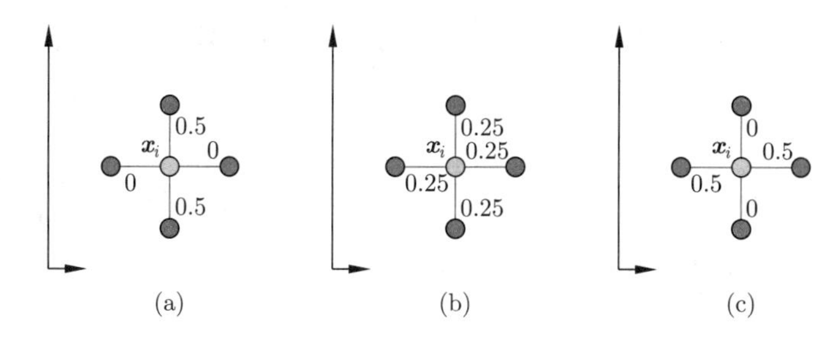

图 9.7　矩阵 C 出现歧义的情况示意，这里 $p=2$、$|Q_i|=4$：存在多种可行解，均能重构 x_i

9.5.3　保持局部最优重构的嵌入表示

对于第三步，LLE 学习每个数据 $\boldsymbol{x}_i$ 的低维表示 $\boldsymbol{z}_i \in \mathbb{R}^d$，且在低维空间中保持最优重构系数 $\hat{\boldsymbol{W}}$ 不变。该问题被定义为有约束的重构误差最小化：

$$\begin{aligned}\min_{\boldsymbol{Z}} & \sum_{i=1}^{N} \|\boldsymbol{z}_i - \sum_{j\in Q_i} \hat{w}_{ij}\boldsymbol{z}_j\|^2 \\ \text{s.t.} & \sum_i \boldsymbol{z}_i = \boldsymbol{0} \\ & \frac{1}{N}\sum_i \boldsymbol{z}_i\boldsymbol{z}_i^\top = \boldsymbol{I},\end{aligned} \tag{9.39}$$

其中 $\mathbf{Z}=[\boldsymbol{z}_1,\boldsymbol{z}_2,\cdots,\boldsymbol{z}_N]^\top \in \mathbb{R}^{N\times d}$ 表示所有数据的低维表示矩阵。由于 $\hat{\boldsymbol{w}}_i$ 是归一化的，在低维空间的任意平移均不会改变重构误差，因此，第一个约束是让数据点在低维特征空间中的中心为原点。第二个约束是希望低维特征的每个维度相互正交，去除维度之间的相关性。

为了方便计算，可以将上述优化问题用矩阵的形式写出来。具体地，定义矩阵 $\boldsymbol{A}\in\mathbb{R}^{N\times N}$，其中：

$$a_{ij}=\begin{cases}\hat{w}_{ij}, & \boldsymbol{x}_j \in Q_i \\ 0, & \text{其他}\end{cases} \tag{9.40}$$

则原问题可以写成：

$$\begin{aligned}\min_{\boldsymbol{Z}} & \ \|\boldsymbol{Z}^\top\boldsymbol{I} - \boldsymbol{Z}^\top\boldsymbol{A}^\top\boldsymbol{Z}\|_F^2 \\ \text{s.t.} & \ \boldsymbol{Z}^\top\boldsymbol{1}=\boldsymbol{0} \\ & \frac{1}{N}\boldsymbol{Z}^\top\boldsymbol{Z}=\boldsymbol{I},\end{aligned} \tag{9.41}$$

令 $\boldsymbol{M}=(\boldsymbol{I}-\boldsymbol{A})^\top(\boldsymbol{I}-\boldsymbol{A})$，目标函数可以简化为

$$\|\boldsymbol{Z}^\top\boldsymbol{I} - \boldsymbol{Z}^\top\boldsymbol{A}^\top\boldsymbol{Z}\|_F^2 = \|\boldsymbol{Z}^\top(\boldsymbol{I}-\boldsymbol{A})^\top\|_F^2 = \text{Tr}(\boldsymbol{Z}^\top\boldsymbol{M}\boldsymbol{Z}).$$

由于第一个约束可以隐式被满足，因此这里暂时忽略，利用拉格朗日法得到拉格朗日函数：

$$\mathcal{L}=\text{Tr}(\boldsymbol{Z}^\top\boldsymbol{M}\boldsymbol{Z}) - \text{Tr}\left(\boldsymbol{\Lambda}^\top\left(\frac{1}{N}\boldsymbol{Z}^\top\boldsymbol{Z}-\boldsymbol{I}\right)\right).$$

令其导数等于 0，可以得到：$\dfrac{\partial \mathcal{L}}{\partial \boldsymbol{Z}} = 2\boldsymbol{M}\boldsymbol{Z} - \dfrac{2}{N}\boldsymbol{Z}\boldsymbol{\Lambda} = \boldsymbol{0}$，即

$$\boldsymbol{M}\boldsymbol{Z} = \boldsymbol{Z}\left(\frac{1}{N}\boldsymbol{\Lambda}\right). \tag{9.42}$$

这是关于矩阵 $\boldsymbol{M}$ 特征值的问题。因此，$\boldsymbol{Z}$ 矩阵的列是 $\boldsymbol{M}$ 的特征向量，对应的特征值是矩阵 $\left(\dfrac{1}{N}\boldsymbol{\Lambda}\right)$ 的对角线上的元素。

基于上述结论，将半正定矩阵 $\boldsymbol{M} \in \mathbb{R}^{N\times N}$ 的特征向量（记为 $\boldsymbol{\nu}_i$）按照特征值从小到大的顺序进行排序，忽略第一个特征值为 0 的特征向量（即 $\boldsymbol{\nu}_1$），然后选取前 d 个特征值非零的特征向量作为列，组成矩阵 $\boldsymbol{Z} = [\boldsymbol{\nu}_2, \boldsymbol{\nu}_2, \cdots, \boldsymbol{\nu}_{d+1}] \in \mathbb{R}^{N\times d}$，即最终的嵌入表示。

现在回头检验一下第一个约束是如何被满足的。根据 $\boldsymbol{M}$ 的定义，$(\boldsymbol{I} - \boldsymbol{A})$ 是权重 $\boldsymbol{A}$ 的拉普拉斯矩阵。利用图论的结论：如果一个以 w_{ij} 为权重的图有 K 个连通分量，则其拉普拉斯矩阵有 K 个 0 特征值。对于 LLE，利用近邻关系实际上定了一个图——每个数据是一个节点，近邻之间的边权为 w_{ij}，且该图是一个连通图，因此只有一个连通分量，即拉普拉斯矩阵 $(\boldsymbol{I} - \boldsymbol{A})$ 有一个值为 0 的特征值，其对应的特征向量为 $\boldsymbol{\nu}_1 = \boldsymbol{1} = [1, 1, \cdots, 1]^\top$。利用特征向量之间相互正交的特性，可以得到：

$$\boldsymbol{0} = \boldsymbol{\nu}_1^\top \boldsymbol{\nu}_i = \boldsymbol{1}^\top \boldsymbol{\nu}_i, \quad \forall i \neq 1.$$

根据 $\boldsymbol{Z}$ 的定义，有 $\boldsymbol{Z} = [\boldsymbol{z}_1, \boldsymbol{z}_2, \cdots, \boldsymbol{z}_n]^\top = [\boldsymbol{\nu}_2, \boldsymbol{\nu}_3, \cdots, \boldsymbol{\nu}_{d+1}]$，于是可以得到：

$$\boldsymbol{Z}^\top \boldsymbol{1} = [\boldsymbol{\nu}_2^\top \boldsymbol{1}, \cdots, \boldsymbol{\nu}_{d+1}^\top \boldsymbol{1}]^\top = \boldsymbol{0}.$$

因此，第一个约束被自然满足了。

9.5.4 参数选择

局部线性嵌入有一个关键的参数 K——近邻的个数。这里为了简化，假设所有点选择相同数目的邻居。如何选择合适的 K 值是该方法的一个重要问题，相应的方法包括残余方差最小化、普鲁克（Procrustes）统计量[152] 最小化等。这里介绍残余方差最小化方法。

具体地，先设定一个 K 的候选集合 $\{1, 2, \cdots, K_{\max}\}$。对每个候选的 K 值，运行 LLE 算法得到数据 $\boldsymbol{X}$ 的嵌入表示 $\boldsymbol{Z}$。令 $\boldsymbol{D}_X$ 和 $\boldsymbol{D}_Z$ 分别表示在数据 $\boldsymbol{X}$ 和 $\boldsymbol{Z}$ 上的欧氏距离矩阵，则二者的线性相关系数为

$$\rho^2_{\boldsymbol{D}_X, \boldsymbol{D}_Z} = \frac{S_{\boldsymbol{D}_X, \boldsymbol{D}_Z}}{S_{\boldsymbol{D}_X} S_{\boldsymbol{D}_Z}},$$

其中 $S_{\boldsymbol{D}_X, \boldsymbol{D}_Z}$ 是数据集 $\boldsymbol{D}_X$ 和 $\boldsymbol{D}_Z$ 之间的协方差，$S_{\boldsymbol{D}_X}$ 和 $S_{\boldsymbol{D}_Z}$ 分别是数据集 $\boldsymbol{D}_X$ 和 $\boldsymbol{D}_Z$ 的标准差。定义残余方差如下：

$$\sigma^2_K(\boldsymbol{D}_X, \boldsymbol{D}_Z) = 1 - \rho^2_{\boldsymbol{D}_X, \boldsymbol{D}_Z}.$$

相应地，最优 K 值的残余方差最小，即 $K^* = \operatorname{argmin}_K \sigma^2_K(\boldsymbol{D}_X, \boldsymbol{D}_Z)$。

9.6 词向量嵌入

自然语言处理的一个基本问题是如何表示词及文本。向量空间模型是一种经典的文本表示方法，如前文提到的词袋模型。假设词典中一共有 V 个词，则一个文档可以表示为一个向量 $\boldsymbol{x} \in \mathbb{R}^V$，其中第 i 维元素对应词 i 出现的频率或者某种修正的频率（如 tf-idf 等）。但这种表示方法的缺点是实际应用中 V 的取值通常很大，因此，$\boldsymbol{x}$ 是一个高维稀疏向量。词向量嵌入是一种有效的降维方法，本节将介绍几种典型的词向量嵌入方法，包括隐含语义分析、神经语言模型等。

9.6.1 隐含语义分析

分布假说（distributional hypothesis）[153] 是词向量嵌入的一个基本假设——如果两个词出现的上下文相同（或相似），那么它们的语义也相似。换句话说，一个词的语义是由它出现的上下文信息确定的[154]。

隐含语义分析（latent semantic analysis，LSA）是一种通过对“词-文档”矩阵进行奇异值分解而得到低维表示的方法。具体地，设词典大小为 V，文档个数为 N，“词-文档”矩阵 $\boldsymbol{X}$ 是一个 $V \times N$ 的矩阵，其中每个元素 x_{ij} 表示词 i 在文档 j 中出现的频率（或修正后的频率）。用 $\boldsymbol{x}_{i\cdot}$ 表示矩阵 $\boldsymbol{X}$ 的第 i 行——表示词 i 在各个文档中出现的情况；用 $\boldsymbol{x}_{\cdot j}$ 表示矩阵 $\boldsymbol{X}$ 的第 j 列——表示文档 j 中各个词出现的情况。

给定“词-文档”矩阵 $\boldsymbol{X} \in \mathbb{R}^{V\times N}$，LSA 对其进行奇异值分解（SVD）：

$$\boldsymbol{X} = \boldsymbol{U}\boldsymbol{\Lambda}\boldsymbol{V}^\top, \tag{9.43}$$

其中 $\boldsymbol{U} \in \mathbb{R}^{V\times V}$ 和 $\boldsymbol{V} \in \mathbb{R}^{N\times N}$ 是正交矩阵，$\boldsymbol{\Lambda} \in \mathbb{R}^{V\times N}$ 为对角矩阵。每个对角线上的元素对应矩阵 $\boldsymbol{X}$ 的奇异值，对角线上非零元素的个数等于矩阵 $\boldsymbol{X}$ 的秩。矩阵 $\boldsymbol{U}$ 和 $\boldsymbol{V}$ 都是酉矩阵，即满足 $\boldsymbol{U}^\top\boldsymbol{U} = \boldsymbol{I}$、$\boldsymbol{V}^\top\boldsymbol{V} = \boldsymbol{I}$。

可以利用前文介绍的特征值分解理解和计算矩阵 $\boldsymbol{U}$、$\boldsymbol{V}$ 及非零奇异值 σ_i。事实上，基于上述分解，可以计算矩阵 $\boldsymbol{X}\boldsymbol{X}^\top$，得到式 (9.44)：

$$\boldsymbol{X}\boldsymbol{X}^\top = (\boldsymbol{U}\boldsymbol{\Lambda}\boldsymbol{V}^\top)(\boldsymbol{U}\boldsymbol{\Lambda}\boldsymbol{V}^\top)^\top = \boldsymbol{U}\boldsymbol{\Lambda}\boldsymbol{V}^\top\boldsymbol{V}\boldsymbol{\Lambda}\boldsymbol{U}^\top = \boldsymbol{U}\boldsymbol{\Lambda}\boldsymbol{\Lambda}^\top\boldsymbol{U}^\top. \tag{9.44}$$

由于 $\boldsymbol{\Lambda}\boldsymbol{\Lambda}^\top$ 是对角矩阵，$\boldsymbol{U}$ 的第 i 列实际上是矩阵 $\boldsymbol{X}\boldsymbol{X}^\top$ 的第 i 个特征向量，对应的特征值为 $\boldsymbol{\Lambda}\boldsymbol{\Lambda}^\top$ 的第 i 个对角线元素，记为 λ_i。类似地，可以证明 $\boldsymbol{V}$ 的每一列是矩阵 $\boldsymbol{X}^\top\boldsymbol{X}$ 的一个特征向量，即满足等式：

$$\boldsymbol{X}^\top\boldsymbol{X} = (\boldsymbol{U}\boldsymbol{\Lambda}\boldsymbol{V}^\top)^\top(\boldsymbol{U}\boldsymbol{\Lambda}\boldsymbol{V}^\top) = \boldsymbol{V}\boldsymbol{\Lambda}\boldsymbol{U}^\top\boldsymbol{U}\boldsymbol{\Lambda}\boldsymbol{V}^\top = \boldsymbol{V}\boldsymbol{\Lambda}^\top\boldsymbol{\Lambda}\boldsymbol{V}^\top. \tag{9.45}$$

同时可以得到结论：矩阵 $\boldsymbol{X}\boldsymbol{X}^\top$ 和 $\boldsymbol{X}^\top\boldsymbol{X}$ 的非零特征值是相同的——是矩阵 $\boldsymbol{\Lambda}\boldsymbol{\Lambda}^\top$（或矩阵 $\boldsymbol{\Lambda}^\top\boldsymbol{\Lambda}$）的非零元素。类似于 PCA，将奇异值和特征值从大到小排序，可以得到非零奇异值 σ_i 与特征值 λ_i 的对应关系：

$$\sigma_i = \sqrt{\lambda_i}. \tag{9.46}$$

基于此，矩阵 $\boldsymbol{U}$ 的列向量称为 $\boldsymbol{X}$ 的左奇异向量；矩阵 $\boldsymbol{V}$ 的列向量称为矩阵 $\boldsymbol{X}$ 的右奇异向量。

上述分解是精确的。为了实现降维，可以简单地选取前 K 个最大奇异值及对应的左右奇异向量，来近似表示“词-文档”矩阵：

$$\hat{\boldsymbol{X}} = \boldsymbol{U}_{V\times K}\boldsymbol{\Lambda}_{K\times K}\boldsymbol{V}_{K\times N}^{\top} \approx \boldsymbol{X}, \tag{9.47}$$

其中 K 通常远小于 V 和 N。降维后矩阵 $\boldsymbol{U}_{V\times K}$ 的第 i 行对应词 i 在低维空间中的向量表示；矩阵 $\boldsymbol{V}_{K\times N}$ 的第 j 列对应文档 j 在低维空间中的向量表示。

9.6.2 神经语言模型

语言模型是定义在词序列上的概率分布，是描述文本数据的一类基本的概率模型。给定一个词序列 $w_1, w_2, \cdots, w_T$，语言模型定义联合分布 $p(w_1, w_2, \cdots, w_T)$。具体的语言模型有多种，包括 N-gram 模型、神经语言模型等。

例 9.6.1 (N-gram 模型) N-gram 模型定义联合分布：

$$p(w_1, w_2, \cdots, w_T) = \prod_{t=1}^{T} p(w_t | w_{t-(n-1)}, w_{t-(n-2)}, \cdots, w_{t-1}). \tag{9.48}$$

N-gram 模型假设当前词的概率依赖于之前 $n-1$ 个词组成的上下文信息。当 $n=1$ 时，退化为 Unigram 模型，其联合分布为 $p(w_1, w_2, \cdots, w_T) = \prod_{t=1}^{T} p(w_t)$，因此，词之间是互相独立的。类似于朴素贝叶斯模型，每个条件分布一般定义成多项式分布，给定训练数据时，N-gram 模型的未知参数可以通过最大似然估计很容易地获得，并且可以用类似的 MAP 估计，避免“零计数”的问题，这里不再赘述。

在实际应用中，词典的规模 V 可能很大（如 $10^5 \sim 10^7$），同时，可能的词序列也随着 V 的增加而呈指数增加。因此，N-gram 模型通常面临严重的维数灾难。神经语言模型将词嵌入低维连续特征空间，并在低维特征空间中定义词的（条件）概率分布。下面介绍两个典型的神经语言模型[155]：

例 9.6.2 (连续词袋模型，continuous bag-of-words，CBOW) 将词用“独热”向量表示，CBOW 模型利用上下文信息预测当前的中心词 $\boldsymbol{w}_t$，例如，当上下文大小为 4 时，其上下文词为 $\boldsymbol{c} = (\boldsymbol{w}_{t-2}, \boldsymbol{w}_{t-1}, \boldsymbol{w}_{t+1}, \boldsymbol{w}_{t+2})$。如图 9.8(a) 所示，首先利用投影矩阵 $\boldsymbol{\Theta} \in \mathbb{R}^{d\times V}$ 将上下文词映射到 d 维连续特征空间，将上下文词的特征相加得到聚合特征向量 $\boldsymbol{h} = \boldsymbol{\Theta}(\boldsymbol{w}_{t-2} + \boldsymbol{w}_{t-1} + \boldsymbol{w}_{t+1} + \boldsymbol{w}_{t+2})$；然后利用输出投影矩阵 $\boldsymbol{\Phi} \in \mathbb{R}^{V\times d}$ 将 $\boldsymbol{h}$ 映射到原空间，并利用 Softmax 函数得到预测概率：

$$p(\boldsymbol{w}_t | \boldsymbol{w}_{t-2}, \boldsymbol{w}_{t-1}, \boldsymbol{w}_{t+1}, \boldsymbol{w}_{t+2}) = \mathrm{Softmax}(\boldsymbol{\Phi}\boldsymbol{h}). \tag{9.49}$$

给定词序列 $\boldsymbol{w}_1, \boldsymbol{w}_2, \cdots, \boldsymbol{w}_T$，可以通过随机梯度下降算法最大化数据的对数似然得到最优参数。

例 9.6.3 (Skip-gram 模型) 与 CBOW 模型不同，Skip-gram 根据当前中心词 $\boldsymbol{w}_t$ 预测上下文词。如图 9.8(b) 所示，首先将中心词 $\boldsymbol{w}_t$ 投影到低维表示 $\boldsymbol{h} = \boldsymbol{\Theta}\boldsymbol{w}_t$，然后用输出投影矩阵 $\boldsymbol{\Phi}$ 将 $\boldsymbol{h}$ 映射到 V 维表示，并利用 Softmax 函数计算每个上下

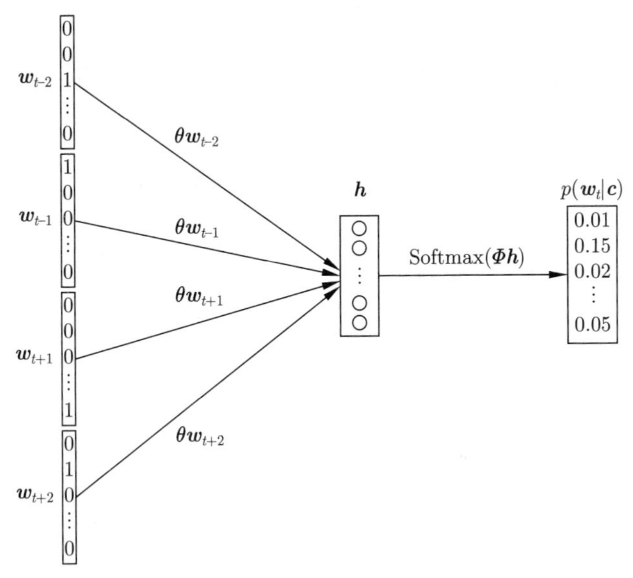

(a) 连续词袋模型CBOW

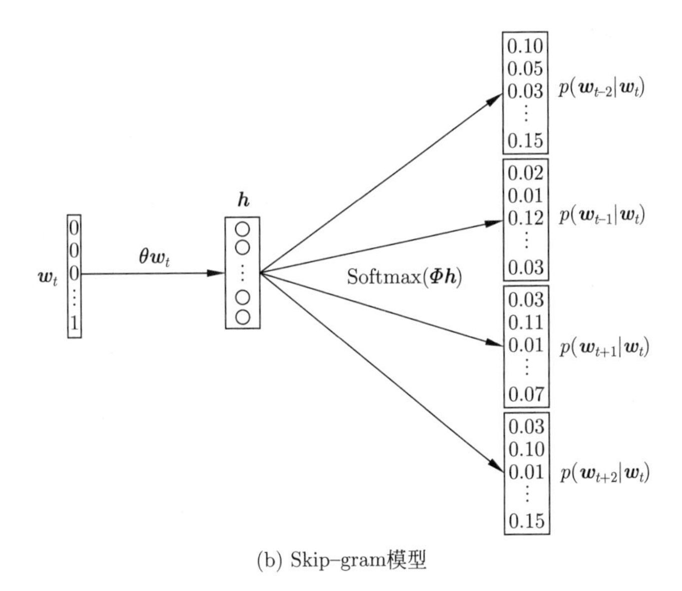

(b) Skip-gram模型

图 9.8 神经语言模型示意图

文词的产生概率。值得注意的是，在 Skip-gram 模型中，$\boldsymbol{\Theta}$ 的列 $\boldsymbol{\theta}_i$ 对应词 i 的一个 d 维嵌入表示；而 $\boldsymbol{\Phi}$ 的行 $\boldsymbol{\phi}_i$ 同样也对应词 i 的一个 d 维嵌入表示。为了区分，将前者称为输入嵌入（input embedding）；后者称为输出嵌入（output embedding）。令 c 表示上下文窗口的大小，上下文词 $\boldsymbol{w}_{t+j}$ $(-c \leqslant j \leqslant c, j \neq 0)$ 生成的概率分布为

$$p(\boldsymbol{w}_{t+j}|\boldsymbol{w}_t) = \frac{\exp(\boldsymbol{\phi}_{\boldsymbol{w}_{t+j}}^\top \boldsymbol{\theta}_{\boldsymbol{w}_t})}{\sum_{i=1}^{V} \exp(\boldsymbol{\phi}_i^\top \boldsymbol{\theta}_{\boldsymbol{w}_t})}. \tag{9.50}$$

这里用独热向量作为下标，含义是用其对应的非零元素作为下标。

给定长度为 T 的输入序列 $\boldsymbol{w}_1, \boldsymbol{w}_2, \cdots, \boldsymbol{w}_T$，Skip-gram 模型求解如下最大似然估计问题：

$$\max_{\boldsymbol{\Theta},\boldsymbol{\Phi}} \frac{1}{T}\sum_{t=1}^{T}\sum_{-c\leqslant j\leqslant c, j\neq 0} \log p(\boldsymbol{w}_{t+j}|\boldsymbol{w}_t). \tag{9.51}$$

在实际应用中，由于 V 一般比较大，直接优化该问题将非常慢。为了提高训练效率，负采样（negative sampling）是一种常见的近似方法。具体地，负采样法用如下的目标函数替代 $\log p(\boldsymbol{w}_{t+j}|\boldsymbol{w}_t)$：

$$\log\sigma(\boldsymbol{\phi}_{\boldsymbol{w}_{t+j}}^{\top}\boldsymbol{\theta}_{\boldsymbol{w}_t}) + \frac{1}{K}\sum_{k=1}^{K}\log\sigma(-\boldsymbol{\phi}_{\boldsymbol{w}_k}^{\top}\boldsymbol{\theta}_{\boldsymbol{w}_t}), \tag{9.52}$$

其中 $\boldsymbol{w}_k \sim p_n(\boldsymbol{w})$ 是从噪声分布中采样的词。该近似目标函数的直观含义是将目标词 $\boldsymbol{w}_{t+j}$ 与随机选取的词 $\boldsymbol{w}_k$ 区分开——最大化前者生成的概率，同时最小化后者生成的概率。这里的概率值是通过 Sigmoid 函数得到的。在实际应用中，K 的取值一般不会太大（如 $5 \sim 20$）。

9.7 延伸阅读

局部线性嵌入是一种流形学习的方法,其他的典型方法还包括等距映射（isometric mapping，Isomap）[156]、拉普拉斯特征映射（Laplacian eigenmaps，LE）[157]、局部保留投影（locality preserving projection，LPP）[158] 等。具体地，Isomap 是多维尺度变换（mutidimensional scaling，MDS）[159] 在流形上的扩展，MDS 是理论上保持欧氏距离的方法，MDS 降维后的任意两点的距离与原高维空间的距离相等或近似相等。在考虑流形的情况下，Isomap 将原始的高维空间欧氏距离换成了流形上的测地线距离，把任意两点的测地距离（最短距离）作为流形的几何描述，并用 MDS 框架保持点与点之间的最短距离。LE 的基本思想是使用一个无向有权图描述流形，在保持图的局部邻接关系的前提下，把流形数据形成的图从高维空间映射到一个低维空间中。LPP 结合了拉普拉斯特征映射算法的思想，在对高维数据进行降维后有效地保留数据内部的非线性结构。与 LLE、Isomap 等非线性降维方法相比，LPP 可以将新增的测试数据点通过映射在降维后的子空间中找到对应的位置，而其他非线性方法需要适当扩展，才能评估新的测试数据。

此外，特征选择是一种特殊的降维方式——它从输入特征中选取一个子集，因此特征选择并不产生新的特征。这种方法的好处是保持原始特征的性质，例如可解释等。常见的特征选择方法有三类[160]：①Wrapper，对每个候选特征子集均训练一个预测模型，并将其在验证集上的性能（如错误率）作为评价该特征子集的依据，从候选集中选择性能最好的，这种方法一般能选择到足够好的特征，但是计算量大；②过滤法，使用某种度量（如互信息）衡量候选特征子集的性能，从而选择一个“最优”子集，并用于预测模型的训练，该方法不需要多次训练预测模型，因此计算量比 Wrapper 要小，但选择的特征往往对于预测模型来说是次优的；③稀疏正则化，使用稀疏化的正则化项，例如 L_p 范数（$p<1$），可以实现特征选择，经典例子如前面章节介绍的 Lasso 回归、L_1 范数的对数几率回归等。

9.8 习题

习题 1　证明如式 (9.3) 定义的数据协方差矩阵 $\boldsymbol{S}$ 的非零特征值个数不超过 $\min(p,N)$。

习题 2　令 $\boldsymbol{W}\in\mathbb{R}^{d\times m}$，它的列定义了镶嵌在 d 维数据空间中的一个 m 维子空间，令 $\boldsymbol{\mu}$ 是一个 d 维向量。给定一个数据集 $\mathcal{D}=\{\boldsymbol{x}_n\}_{n=1}^N$，我们可以使用 m 维向量的集合 $\{\boldsymbol{z}_n\}$ 上的一个线性映射近似数据点，从而 $\boldsymbol{x}_n$ 由 $\boldsymbol{\mu}+\boldsymbol{W}\boldsymbol{z}_n$ 近似。重建的平方误差为

$$J=\sum_{n=1}^N\|\boldsymbol{x}_n-\boldsymbol{\mu}-\boldsymbol{W}\boldsymbol{z}_n\|_2^2.$$

求 J 关于 $\boldsymbol{\mu}$、$\boldsymbol{z}_n$、$\boldsymbol{W}$ 的最小化的表达式。

习题 3　完成第 9.3.2 小节的推导过程。

习题 4　令 $\boldsymbol{x}$ 为 d 维随机变量，服从高斯分布 $\mathcal{N}(\boldsymbol{x}|\boldsymbol{\mu},\boldsymbol{\Sigma})$，考虑 $\boldsymbol{y}=\boldsymbol{A}\boldsymbol{x}+\boldsymbol{b}$ 定义为 m 维随机变量，其中 $\boldsymbol{A}\in\mathbb{R}^{m\times d}$。求证 $\boldsymbol{y}$ 也是一个高斯分布，并求出其均值和协方差的表达式，讨论 $m<d$，$m=d$ 及 $m>d$ 时这个高斯分布的形式。

习题 5　给定概率主成分分析模型的参数 $\boldsymbol{\Theta}=(\boldsymbol{W},\boldsymbol{\mu},\sigma^2)$，对于任意数据 $\boldsymbol{x}$：

(1) 推导其对应隐含特征 $\boldsymbol{z}$ 的后验分布 $p(\boldsymbol{z}|\boldsymbol{x},\boldsymbol{\Theta})$；

(2) 当 $\sigma^2\to 0$ 时，计算后验分布 $p(\boldsymbol{z}|\boldsymbol{x},\boldsymbol{\Theta})$ 的均值和方差，并分析其与 PCA 编码过程的异同。

习题 6　完成第 9.3.3 小节的推导过程。

习题 7　借鉴高斯混合模型，推导概率主成分分析模型的 EM 算法。

习题 8　提取出 MNIST 手写数字图片数据集中所有标签为 3 的图片[①]，并且把 28×28 个像素展平为 $p=784$ 维的向量，一共有 $N=6131$ 幅图片。计算矩阵 $\boldsymbol{S}=\dfrac{1}{N}\sum_{n=1}^N(\boldsymbol{x}_n-\bar{\boldsymbol{x}})(\boldsymbol{x}_n-\bar{\boldsymbol{x}})^\top$ 的特征值和特征向量，按照特征值从大到小排序，得到特征向量的序列 $\boldsymbol{u}_1,\boldsymbol{u}_2,\cdots,\boldsymbol{u}_p$。然后选取一幅手写数字图片进行降维后再重建，通过设置不同的维度 d，观察并比较恢复图像的质量，计算分析重建误差。

① 下载地址：http://yann.lecun.com/exdb/mnist/。

习题 9　根据图 9.5中的数据点，具体生成如下：

$$x_1 = \exp(-0.1\theta)\cos(\theta), \quad x_2 = x_1 = \exp(-0.1\theta)\cos(\theta),$$

其中 $\theta = [-0.1, -0.2, \cdots, -30]$，共 300 个数据点。利用 PCA 算法将数据降到一维，计算主成分和特征值，并画图展示最终结果。

习题 10　完成 LLE 方法的第二步和第三步的推导过程。

第10章 集成学习

贝叶斯方法通过后验分布将（无穷）多个模型进行融合，可以有效降低过拟合的风险。本章介绍集成学习，包括 Bagging、随机森林、Boosting、层次化混合专家模型、Dropout 和深度集成等。它们是通过一些随机化操作（如对训练数据进行随机抽样、修改训练数据的分布，或利用模型训练过程中的随机操作）得到多个模型并进行融合从而降低泛化误差的学习方法。

10.1 决策树

集成学习通常用决策树作为基础模型，因此本节首先介绍决策树。

决策树是一个树状的分类器，其中每个中间节点对应某一特征取值的“测试”（如表示温度的连续性变量 x 的值是否大于 30.5°C 或表示心情的离散型变量 x 的取值是否为“高兴”），每个分支对应测试的一种结果（如是或否）；而每个叶子节点对应一个类别。决策树通过一系列“测试”将数据的特征空间划分为多个区域，每个叶子节点对应一个区域；同时，每个区域的预测值都是相同的。因此，决策树可以表示为如下形式的函数：

$$f(\boldsymbol{x}) = \sum_{j=1}^{J} b_j \mathbb{I}(\boldsymbol{x} \in R_j), \tag{10.1}$$

其中 R_j 表示第 j 个区域，b_j 表示在区域 R_j 的预测值。

对于一个新来的测试数据 $\boldsymbol{x}$，将从树的根节点出发，依次完成所访问中间节点的“测试”判断，直到到达某个叶子节点，该叶子节点对应的类别为分类结果。单层决策树（即只有 1 个根节点和 2 个叶子节点）称为决策树桩（decision stump），是最简单的决策树。

下面是一个具体的例子。

例 10.1.1 (Iris 鸢尾花分类) Iris 鸢尾花数据集共有 150 个样本，由 Fisher 在 1936 年收集整理，每个数据有 4 个特征（即花萼长度、花萼宽度、花瓣长度、花瓣宽度），数据来自 3 个类别 {setosa, versicolor, virginica}。图 10.1展示了在 Iris 数据上构建的一棵决策树，它共有 5 个叶子节点，每个叶子节点对应其中一个类别；而每个中间节点选择一个特征，并与一个阈值进行比较。设一个测试数据为

$\boldsymbol{x} = (5.6, 2.9, 3.6, 1.3)^\top$，则该数据从根节点出发，依次选择右分支、左分支、左分支、左分支，因此，预测属于类别 versicolor，与该数据的真实类别一致。

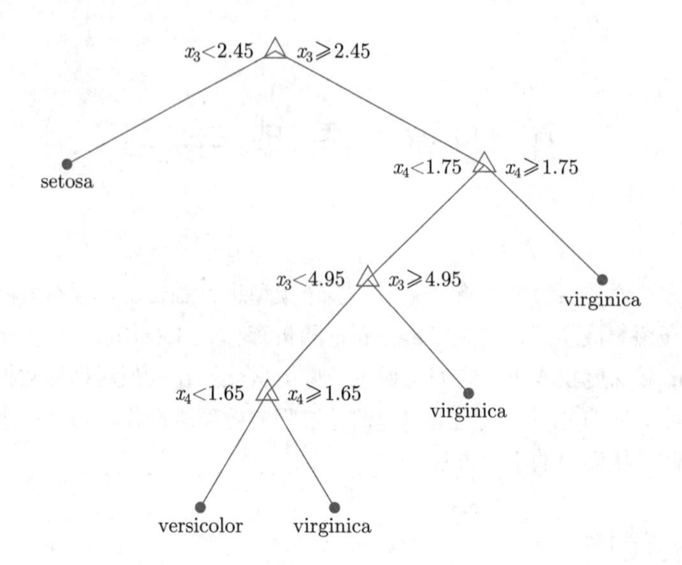

图 10.1　在 Iris 数据上构建的一棵决策树

给定一个训练集 $\mathcal{D} = \{(\boldsymbol{x}_i, y_i)\}_{i=1}^N$，为了学习一棵决策树，需要在一定目标函数的引导下寻找最优的划分 R_j 及其参数 b_j。如果给定划分区域，一般求解参数 b_j 是相对容易的，但是寻找最优的划分却是一个 NP 难的问题。为此，学者们设计了多种"启发式"的构建决策树的算法，下面具体介绍三种常用的基本算法。

10.1.1　ID3 算法

ID3 算法[161] 是一个贪心算法，该算法的核心是"信息熵"和"信息增益"。假设初始特征集合为 $\mathcal{A}$，初始数据集为 $S = \mathcal{D}$，ID3 的基本过程是对每个特征 $a \in \mathcal{A}$，计算对当前数据集 S 进行划分所得的信息增益 (如式 (10.3))；选择信息增益最大的特征进行划分；重复这个过程，直至生成一个能完美分类训练样本的决策树（即落到每个叶子节点上的训练数据都属于同一类）。

定义 10.1.1 (数据集上的熵)　给定任意数据集 S，定义其熵为

$$H(S) = \sum_{c \in C} -p(c) \log p(c), \tag{10.2}$$

其中 C 表示数据集 S 包含的所有类别，$p(c)$ 表示类别为 c 的样本在数据集 S 中出现的频率。

当 $H(S) = 0$ 时，表示数据集 S 中的所有样本均属于同一类。

定义 10.1.2 (信息增益)　信息增益是衡量数据集 S 被某个特征 a 划分之后熵的变化量：

$$IG(S, a) = H(S) - \sum_{t \in T} p(t) H(t) = H(S) - H(S|a), \tag{10.3}$$

其中 T 是用特征 a 将数据集 S 划分的子集组成的集合，即 $S=\cup_{t\in T}t$；$p(t)=|t|/|S|$ 是子集 t 的样本数占全集 S 的比例。

ID3 算法简单、易于实现，但缺点也很明显，由于其是贪心搜索，因此通常会陷入局部最优；而且，ID3 生成的是最大决策树，可能会过拟合。此外，如果存在连续型特征，ID3 的特征划分搜索过程可能非常耗时。

10.1.2　C4.5 算法

C4.5 算法[162] 是对 ID3 的一个改进算法，它采用同样的过程生成决策树，主要改进包括如下几个方面。

(1) 离散和连续型特征：对于连续型特征，C4.5 通过设定阈值的方式进行划分；

(2) 特征缺失值：C4.5 允许缺失特征值，缺失的特征不包括在信息增益的计算中；

(3) 后剪枝：C4.5 对生成的决策树进行修剪，当一些分支被叶子节点替代且不影响分类结果时，C4.5 去除这些分支。

10.1.3　CART 算法

CART（classification and regression tree）算法[163] 是与 ID3 同时期独立发展的算法，可用于分类和回归任务。与 ID3、C4.5 一样，CART 也是从根节点开始，迭代选择特征，对中间节点进行划分，最终生成一棵决策树。不同算法的区别在于对“划分”的衡量标准。CART 算法在划分特征时，选择基尼系数（Gini impurity）的变化量（称为基尼增益）作为评价指标——基尼增益值越高，说明所选择的特征划分对分类贡献越大。

定义 10.1.3 (基尼系数)　设数据集 S 包含 L 个类别的数据点，其中 p_i 表示第 i 个类别数据在数据集 S 中出现的频率，其基尼系数为

$$I_G(p)=\sum_{i=1}^{L}p_i(1-p_i). \tag{10.4}$$

直观上，基尼系数刻画的是平均意义下一个样本被分错的概率。当一个数据集中只包含同一类数据时，基尼系数等于 0。

总体上，决策树的优点主要包括：

(1) 易于理解和解释，从根节点到叶子节点，每个数据的决策过程清晰可读；

(2) 可以处理混合型的特征，对于数据中存在多种类型的特征，决策树的中间节点可以根据特征类型定义相应的“测试”；

(3) 在数据量比较少时，也可以利用专家知识等构建决策树。

决策树的不足之处主要包括：

(1) 不稳定，当数据中有少量变化时，可能引起决策树结构的较大变化；

(2) 局部最优，构建最优决策树一般情况下是一个 NP 难的问题，实际使用的算法通常都是基于启发式规则的贪心算法，不能保证找到最优解；

(3) 性能低，单一决策树通常在分类精度上相比其他分类器（如 SVM 等）较差。

决策树通常作为基础分类器，通过模型集成，得到性能更好的分类器。

10.2 装包法

装包（bagging，全称 bootstrap aggregating）法[164] 是一种基本的、简单易实现的模型集成方法。本节介绍基本方法及其改进版的随机森林。

10.2.1 基本方法

如图 10.2所示，装包法的基本流程如下：给定一个大小为 N 的训练集 $\mathcal{D}$，利用有放回均匀随机抽样，构造 M 个新的训练集 $\mathcal{D}_i$，每个训练集大小为 N'。因为是有放回随机抽样，所以 $\mathcal{D}_i$ 中可能有重复出现的样本，如果令 $N'=N$，则约有 63.2%$(1-1/\mathrm{e})$ 的样本是不重复的。这种方式构造的样本集 $\mathcal{D}_i$ 称为自助（bootstrap）样本，它保证了不同集合之间是独立同分布的。

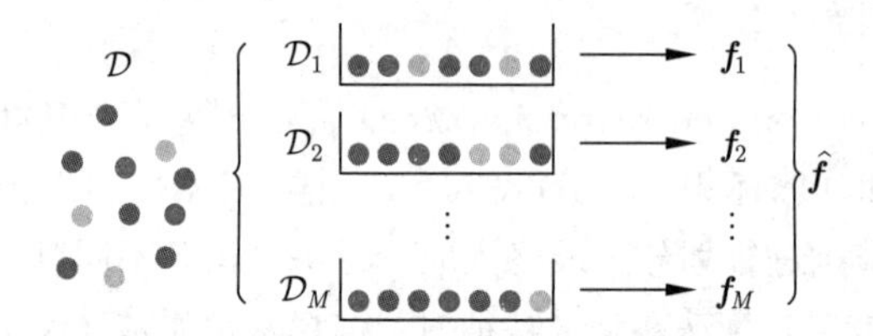

图 10.2　装包法的流程示意

对每个 $\mathcal{D}_i$，拟合一个基础模型，记为 f_i，最终的预测结果是将这 M 个模型进行融合。

(1) 对于回归任务，将其预测结果进行平均：

$$\hat{f}(\boldsymbol{x})=\frac{1}{M}\sum_{i=1}^{M}f_i(\boldsymbol{x}).$$

(2) 对于分类任务，将其预测结果进行投票：

$$\hat{f}(\boldsymbol{x})=\mathrm{MV}(f_1(\boldsymbol{x}),f_2(\boldsymbol{x}),\cdots,f_M(\boldsymbol{x})).$$

这里用 MV 表示多数投票（majority voting）。

这里的基础模型通常是一个相对较弱的模型，如决策树。装包算法的优点在于通过降低基分类器（或回归模型）的方差，改善泛化误差。对于回归问题，可以对预测结果的不确定性进行估计，例如计算每个数据点 $\boldsymbol{x}$ 上的标准偏差：

$$\hat{\sigma}=\sqrt{\frac{\sum_{i=1}^{M}(f_i(\boldsymbol{x})-\hat{f}(\boldsymbol{x}))}{M-1}}. \tag{10.5}$$

在装包法中，我们将每次随机抽样 $\mathcal{D}_i$ 中的数据称为包内（in-bag）数据，将其他不在 $\mathcal{D}_i$ 中的数据称为包外（out-of-bag）数据。包外数据可用于评测装包法的泛化性能，在分类任务上称为包外错误率（out-of-bag error），其计算过程如下。

(1) 对于每个样本 $\boldsymbol{x}_i$，找到所有将其作为包外数据的决策树 I_i；

(2) 将 I_i 中的所有决策树在 $\boldsymbol{x}_i$ 上的分类结果进行多数投票，得到最终预测结果，统计误分的数据个数 N_e；

(3) 最后用误分个数占样本总数的比率（即 N_e/N）作为装包法的包外错误率。

装包法的优点在于简单、易于实现，而且多个模型可以并行学习，通常在很多“弱”分类器上能获得性能的提升，降低过拟合的风险。但其缺点在于，装包法得到的多个基础模型之间可能存在很强的相关性——对于一些对分类/回归任务比较重要的特征，很多决策树都会选择使用这些特征；此外，多棵决策树进行融合之后，降低了最终模型的可解释性。

10.2.2　随机森林

随机森林（random forest）[165] 是一种改进版的装包算法，它采用决策树作为基础模型，进一步降低多棵决策树之间的相关性。

随机森林的核心思想是对特征也做随机采样，这种策略也称为“特征装包”（feature bagging）。具体地，设输入数据的特征集合为 $\mathcal{A}$，特征个数为 d。在构建决策树的过程中，随机森林在每次选择特征时随机抽取一个子集 $\mathcal{A}'$，然后从该子集中选取最重要的特征（例如信息增益最大）。特征子集的大小是一个可调的超参数，实际使用时一般大约是 $\sqrt{d}$ 的规模。

下面用两个具体的例子进行展示。

例 10.2.1 (Iris 鸢尾花分类)　对于 Iris 鸢尾花分类数据集，图 10.3展示了随着生成的决策树棵数增多时，在“包外”（out-of-bag）的训练集上测试的平均错误率。

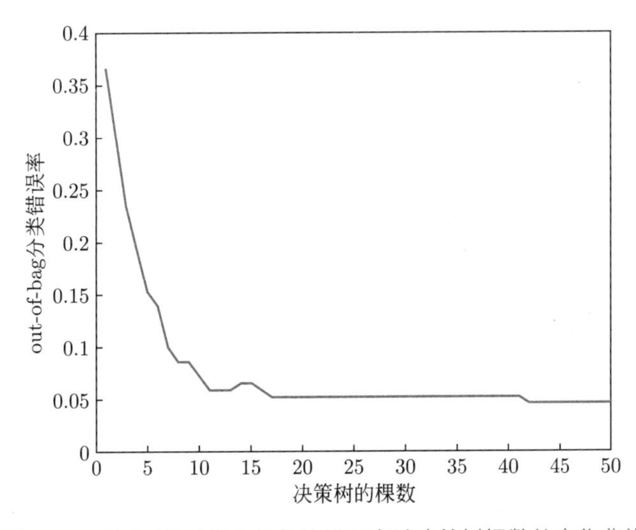

图 10.3　Iris 数据集上的包外错误率随决策树棵数的变化曲线

可以看到，当决策树增多时，随机森林可以显著降低错误率。

例 10.2.2 (Carsmall 燃油经济性回归) 图 10.4展示了在 Carsmall 数据集上的回归任务，其中 x 表示汽车的汽缸排量（engine displacement），y 表示汽车的燃油经济性（fuel economy），共有 100 个数据点。这里选取 $M=100$，利用装包法得到的回归模型（如图中蓝色线所示），作为对比，黑色线代表某个决策树。可以看到，单一决策树之间具有较大的“方差”，通过 Bagging 平均可以提升回归的结果。

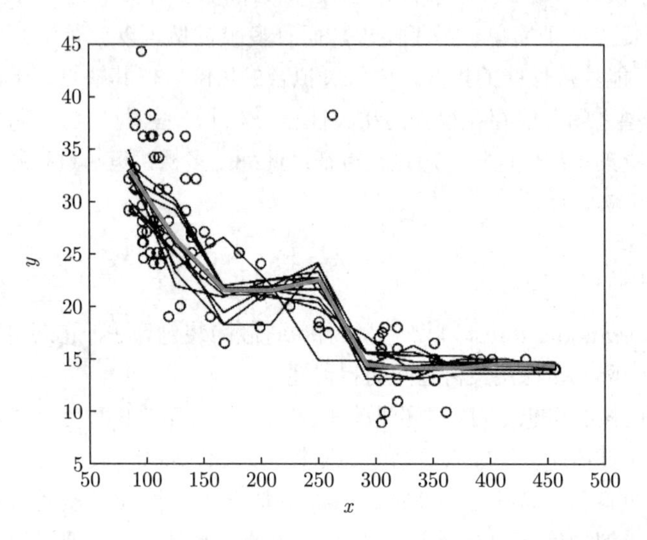

图 10.4 Carsmall 数据集上的回归任务，其中每条黑色线对应一棵决策树，蓝色线对应的是 100 棵决策树的 Bagging 平均

10.3 提升法

提升法（Boosting）是另外一类重要的模型集成方法，与装包法存在很多联系，但也有本质区别。本节介绍典型的 AdaBoost 算法及相关扩展。

10.3.1 AdaBoost 算法

以二分类问题为例，类别标签 $y \in \mathcal{Y}=\{-1,1\}$。给定一个数据集 $\mathcal{D}=\{(\boldsymbol{x}_i,y_i)\}_{i=1}^N$，分类器 f 的训练误差为 $R(f;\mathcal{D})=\dfrac{1}{N}\sum_{i=1}^N \mathbb{I}(y_i \neq f(\boldsymbol{x}_i))$，其期望误差为 $R(f)=\mathbb{E}_{p(\boldsymbol{x},y)}\mathbb{I}(y\neq f(\boldsymbol{x}))$。Boosting 的基本原理是对训练集 $\mathcal{D}$ 进行修改，调整每个数据的权重，得到多个不同权重的训练集 $\mathcal{D}_m$ $(m=1,2,\cdots,M)$，并在每个有权重训练集上学习一个分类器 $f_m(\cdot)$，最后将所有 M 个分类器进行加权投票，得到最终的分类器 $\hat{f}(\cdot)=\mathrm{sign}\left(\sum_{m=1}^M \alpha_m f_m(\cdot)\right)$，其中权重 $\boldsymbol{\alpha}$ 是训练过程中学习得到的。Boosting 假设每个基础分类器 f_m 是弱分类器，满足一定的性能要求。

定义 10.3.1 (弱分类器) 弱分类器是指分类错误率比随机猜测稍好的分类器。

对于二分类任务，弱分类器的分类错误率比 0.5 稍小。

Boosting 最流行的实现是 AdaBoost 算法，其基本流程如下。

(1) 初始化每个数据的权重 $w_i = 1/N \ (i = 1, 2, \cdots, N)$；

(2) 对 $m = 1, 2, \cdots, M$，迭代如下步骤。

① 在有权重数据集 $\mathcal{D}_m$ 上，训练分类器 $f_m(\boldsymbol{x})$；

② 计算在有权重数据集 $\mathcal{D}_m$ 上的错误率：

$$R_m = \frac{\sum_{i=1}^{N} w_i \mathbb{I}(y_i \neq f_m(\boldsymbol{x}_i))}{\sum_{i=1}^{N} w_i}.$$

③ 计算系数 $\alpha_m = \log \dfrac{1 - R_m}{R_m}$；

④ 更新每个训练数据的权重：

$$w_i \leftarrow w_i \cdot \exp\left(\alpha_m \mathbb{I}(y_i \neq f_m(\boldsymbol{x}_i))\right), \ (i = 1, 2, \cdots, N).$$

(3) 输出 $\hat{f}(\boldsymbol{x}) = \mathrm{sign}\left(\sum_{m=1}^{M} \alpha_m f_m(\boldsymbol{x})\right)$。

从上述算法可以看到，AdaBoost 初始化每个训练数据具有相同的权重。对于每个中间分类器 $f_m(\cdot)$，计算其在有权重训练集上的分类错误率，基于弱分类器假设，有 $R_m < 0.5$。而系数 α_m 是一个对数几率——分类正确的“频率”与错误的“频率”之比；在弱分类器假设下，有 $\alpha_m > 0$。在更新数据权重时，对于当前分类器犯错的数据，其权重将增加；对于当前正确分类的数据，其权重保持不变，因此，在训练过程中，难以分类的数据将得到更大的权重——对于训练后续分类器将产生更大的影响。

例 10.3.1 (Ionosphere 二分类) 图 10.5展示了在 UCI Ionosphere 数据集上的实验结果，这里做 10-fold 交叉验证。其中，AdaBoost 的基分类器是决策树桩（即单层决策树），作为对比，图中展示了单棵决策树桩的分类错误率及具有 10 个划分的单棵决策树的分类错误率。由此可以看到，虽然单棵决策树桩的精度很差，但将多棵决策树桩（如 $M = 30$）进行集成，可以显著降低分类错误率，同时，也比单棵较大的决策树更有优势。

10.3.2 从优化角度看 AdaBoost

AdaBoost 的参数更新公式看上去很神秘，事实上，可以将 AdaBoost 的迭代更新过程理解成对某个损失函数的逐步优化。

具体地，AdaBoost 在拟合一种加性模型，其基本形式如下。

$$f(\boldsymbol{x}) = \sum_{m=1}^{M} \beta_m b(\boldsymbol{x}; \boldsymbol{\gamma}_m), \tag{10.6}$$

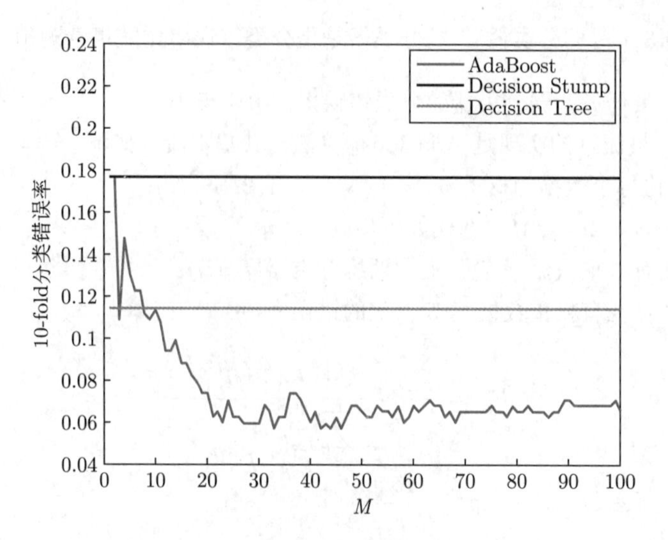

图 10.5 Ionosphere 数据集上的分类错误率

其中 $b(\boldsymbol{x};\boldsymbol{\gamma}) \in \mathbb{R}$ 是一个实值函数，称为基函数；β_m 是加性模型的参数。前文介绍核方法时，已经看到很多常见的基函数，如小波基、由神经网络定义的函数等，本章介绍的决策树也可以作为这里的基函数，其参数包括了选择划分的特征及划分相关的变量。

给定一个训练集 $\mathcal{D} = \{(\boldsymbol{x}_i, y_i)\}_{i=1}^N$，我们通过最小化某个损失函数（如均方差、似然损失等）学习未知参数：

$$\min_{\boldsymbol{\beta},\Gamma} \sum_{i=1}^N \ell\left(y_i, \sum_{m=1}^M \beta_m b(\boldsymbol{x};\boldsymbol{\gamma}_m)\right), \tag{10.7}$$

这里用 $\Gamma = \{\boldsymbol{\gamma}_m\}_{m=1}^M$ 表示所有的参数 $\boldsymbol{\gamma}_m$。虽然直接求解该问题会面临挑战，但如果逐步进行优化，每次只更新一个基函数对应的参数 $(\beta_m, \boldsymbol{\gamma}_m)$，这个子问题通常是比较容易的。下面举一个均方差的例子。

例 10.3.2 令损失函数为 $\ell(y, f(\boldsymbol{x})) = (y - f(\boldsymbol{x}))^2$。假设已经学习了加性函数 $f_{m-1}(\boldsymbol{x}) = \sum_{i=1}^{m-1} \beta_i b(\boldsymbol{x};\boldsymbol{\gamma}_i)$，对应第 m 个基函数（及其系数），最优化问题为

$$\min_{\beta_m,\boldsymbol{\gamma}_m} \sum_{i=1}^N \left(y_i - (f_{m-1}(\boldsymbol{x}_i) + \beta_m b(\boldsymbol{x}_i;\boldsymbol{\gamma}_m))\right)^2 .$$

令 $r_{im} = y_i - f_{m-1}(\boldsymbol{x}_i)$（即当前模型 $f_{m-1}(\cdot)$ 预测的残差），则上述问题变成一个最小二乘的优化问题，而所添加的基函数（及系数）是最能拟合当前残差的。

平方误差对于回归问题比较适合，对于分类问题，一般采用其他损失函数，前文介绍了合页损失、似然损失等性质良好的分类损失函数，这里再介绍一个新的损失函数——指数损失函数：

$$\ell(y, f(\boldsymbol{x})) = \exp(-yf(\boldsymbol{x})). \tag{10.8}$$

直观上，根据指数函数的单调性，预测的置信度 $yf(\boldsymbol{x})$ 越大，指数损失越小。事实上，与合页损失类似，指数损失函数也是 0/1 损失的一个光滑上界。此外，指数损失与对数几率回归有密切关系，例如，可以证明如下结论。

定理 10.3.1 对于二分类问题，设数据分布为 $p(\boldsymbol{x},y)$，最小化指数损失函数 $J(f)=\mathbb{E}_{p(\boldsymbol{x},y)}\left[\mathrm{e}^{-yf(\boldsymbol{x})}\right]$ 的解为

$$f(\boldsymbol{x})=\frac{1}{2}\log\frac{p(y=1|\boldsymbol{x})}{p(y=-1|\boldsymbol{x})}.$$

因此，$p(y=1|\boldsymbol{x})=\dfrac{1}{1+\exp(-2f(\boldsymbol{x}))}$。

基于指数损失函数，可以得到结论：AdaBoost 算法是在指数损失函数下，对加性模型的逐步梯度下降。具体地，在 AdaBoost 算法中，每个基函数为二值分类器，即 $b_m(\boldsymbol{x})\in\{-1,1\}$。设已经习得分类器 $f_{m-1}(\cdot)$，对于第 m 个基分类器，我们优化如下指数损失。

$$\min_{\beta_m,b_m}\sum_{i=1}^{N}\exp\left(-y_i(f_{m-1}(\boldsymbol{x}_i)+\beta_m b_m(\boldsymbol{x}_i))\right). \tag{10.9}$$

令

$$w_i^m=\exp(-y_i f_{m-1}(\boldsymbol{x}_i)), \tag{10.10}$$

上述问题简化为

$$\min_{\beta_m,b_m}\sum_{i=1}^{N}w_i^m\exp\left(-y_i\beta_m b_m(\boldsymbol{x}_i)\right). \tag{10.11}$$

利用 b_m 的二值特性，对任意 $\beta>0$，其最优解为

$$b_m=\operatorname*{argmin}_b\sum_{i=1}^{N}w_i^m\mathbb{I}(y_i\neq b(\boldsymbol{x}_i)).$$

即 $b_m(\cdot)$ 是使得加权错误率最小的分类器。根据每个训练数据上的分类结果，可以将式 (10.11) 的目标函数改写成如下形式。

$$\begin{aligned}L(\beta_m)&=\mathrm{e}^{-\beta_m}\sum_{i:y_i=b_m(\boldsymbol{x}_i)}w_i^m+\mathrm{e}^{\beta_m}\sum_{i:y_i\neq b_m(\boldsymbol{x}_i)}w_i^m\\&=(\mathrm{e}^{\beta_m}-\mathrm{e}^{-\beta_m})\sum_{i=1}^{N}w_i^m\mathbb{I}(y_i\neq b_m(\boldsymbol{x}_i))+\mathrm{e}^{-\beta_m}\sum_{i=1}^{N}w_i^m.\end{aligned}$$

令其梯度等于 0，可得最优解：

$$\beta_m=\frac{1}{2}\log\frac{1-R_m}{R_m}.$$

其中

$$R_m=\frac{\sum_{i=1}^{N}w_i^m\mathbb{I}(y_i\neq b_m(\boldsymbol{x}_i))}{\sum_{i=1}^{N}w_i^m}$$

是当前分类器 $b_m(\cdot)$ 在训练集上的加权错误率。

由此，得到更新的分类器：

$$f_m(\boldsymbol{x}) = f_{m-1}(\boldsymbol{x}) + \beta_m b_m(\boldsymbol{x}). \tag{10.12}$$

代入权重公式 (10.10)，可得下一轮的权重为

$$w_i^{m+1} = w_i^m \cdot \exp(-\beta_m y_i b_m(\boldsymbol{x}_i)). \tag{10.13}$$

由于 $-y_i b_m(\boldsymbol{x}_i) = 2\mathbb{I}(y_i \neq b_m(\boldsymbol{x}_i)) - 1$，且令 $\alpha_m = 2\beta_m$，因此可以得到：

$$w_i^{m+1} = w_i^m \cdot \exp(\alpha_m \mathbb{I}(y_i \neq b_m(\boldsymbol{x}_i))) \cdot \exp(-\beta_m). \tag{10.14}$$

由于 $\exp(-\beta_m)$ 与数据无关，因此可以忽略掉。

可以看到，上述更新过程与 AdaBoost 严格一致，因此，AdaBoost 实际上是对指数损失函数的一种逐步优化的算法。结合定理 10.3.1的结论，AdaBoost 可以看作一个加性的对数几率模型。

从损失函数最小化的角度理解 AdaBoost，为改进 Boosting 提供了一个灵活的视角。当指数损失函数替换成其他损失函数时，可以得到 Boosting 的不同变种[166]。例如，LogitBoost 采用对数几率损失函数 $\ell(y; f(\boldsymbol{x})) = \log(1 + \mathrm{e}^{-yf(\boldsymbol{x})})$。

10.3.3 梯度提升

梯度提升（gradient boosting）将上述方法扩展到对一般性损失函数的优化：

$$\hat{f} = \operatorname*{argmin}_{f \in \mathcal{F}} \mathbb{E}_{\boldsymbol{x},y}\left[\ell(y, f(\boldsymbol{x}))\right], \tag{10.15}$$

其中 ℓ 是一个可导的损失函数，$\mathcal{F}$ 是可行函数空间。给定训练集 $\mathcal{D}$，目标函数中的数据分布用训练数据的经验分布替代。该目标函数是一个泛函，虽然直接在函数空间中进行优化是困难的，但由于训练数据集 $\mathcal{D}$ 是有限的，我们关心每个训练数据上的函数值 $f(\boldsymbol{x}_i)$，因此，上述泛函优化的问题可以转化为在 N 维函数值空间上的参数优化：

$$\hat{\boldsymbol{f}} = \operatorname*{argmin}_{\boldsymbol{f}} \sum_{i=1}^{N} \ell(y_i, f(\boldsymbol{x}_i)), \tag{10.16}$$

其中 $\boldsymbol{f} = (f(\boldsymbol{x}_1), f(\boldsymbol{x}_2), \cdots, f(\boldsymbol{x}_N))^\top$ 是函数值向量（即未知参数）。因此，后文中用到的梯度（或海森矩阵）都是容易计算的。

基于 AdaBoost 的最优化解释，类似地，假设目标函数是一个加性模型：$f(\boldsymbol{x}) = \sum\limits_{m=1}^{M} \beta_m h_m(\boldsymbol{x})$，并且用逐步优化的方法求解，即

$$f_m(\boldsymbol{x}) = f_{m-1}(\boldsymbol{x}) + \operatorname*{argmin}_{h_m \in \mathcal{H}} \left[\sum_{i=1}^{N} \ell(y_i, f_{m-1}(\boldsymbol{x}_i) + \beta_m h_m(\boldsymbol{x}_i))\right]. \tag{10.17}$$

其中初始函数为常数

$$f_0(\boldsymbol{x}) = \operatorname*{argmin}_{\beta} \sum_{i=1}^{N} \ell(y_i, \beta). \tag{10.18}$$

对于任意的损失函数，问题（10.17）很难直接求解。梯度提升法采用最速梯度下降法找到一个近似解：

$$f_m(\boldsymbol{x}) = f_{m-1}(\boldsymbol{x}) - \beta \sum_{i=1}^{N} \nabla_{f_{m-1}} \ell(y_i, f_{m-1}(\boldsymbol{x}_i)), \tag{10.19}$$

其中 $\beta > 0$。该更新可以保证不等式 $\ell(y_i, f_m(\boldsymbol{x}_i)) \leqslant \ell(y_i, f_{m-1}(\boldsymbol{x}_i))$ 成立。同时，采用线搜索的方式寻找最优系数 β_m：

$$\begin{aligned}\beta_m &= \underset{\beta}{\operatorname{argmin}} \sum_{i=1}^{N} \ell(y_i, f_m(\boldsymbol{x}_i)) \\ &= \underset{\beta}{\operatorname{argmin}} \sum_{i=1}^{N} \ell(y_i, f_{m-1}(\boldsymbol{x}_i) - \beta \nabla_{f_{m-1}} \ell(y_i, f_{m-1}(\boldsymbol{x}_i)).\end{aligned}$$

总结一下，梯度提升算法的基本流程如下。

(1) 求解式 (10.18) 得到初始函数 $f_0(\boldsymbol{x})$；

(2) 迭代 $m = 1, 2, \cdots, M$：

① 计算"拟残差"：$r_{im} = -\left[\dfrac{\partial \ell(y_i, f(\boldsymbol{x}_i))}{\partial f(\boldsymbol{x}_i)}\right]_{f=f_{m-1}}$，$i = 1, 2, \cdots, N$；

② 以 $\mathcal{D}' = \{(\boldsymbol{x}_i, r_{im})\}_{i=1}^{N}$ 为训练集，学习一个基础模型 $h_m(\boldsymbol{x})$；

③ 求解如下的一维优化问题，求解最优系数：

$$\beta_m = \underset{\beta}{\operatorname{argmin}} \sum_{i=1}^{N} \ell(y_i, f_{m-1}(\boldsymbol{x}_i) + \beta h_m(\boldsymbol{x}_i)). \tag{10.20}$$

④ 更新模型：$f_m(\boldsymbol{x}) = f_{m-1}(\boldsymbol{x}) + \beta_m h_m(\boldsymbol{x})$。

表 10.1展示了一些常见损失函数对应的梯度。

表 10.1　一些常见损失函数对应的梯度

任务	损失函数	$\dfrac{\partial \ell(y_i, f(\boldsymbol{x}_i))}{\partial f(\boldsymbol{x}_i)}$
回归	$\dfrac{1}{2}(y_i - f(\boldsymbol{x}_i))^2$	$-(y_i - f(\boldsymbol{x}_i))$
回归	$\lvert y_i - f(\boldsymbol{x}_i)\rvert$	$-\operatorname{sign}(y_i - f(\boldsymbol{x}_i))$
分类	$\mathrm{e}^{-y_i f(\boldsymbol{x}_i)}$	$-y_i \mathrm{e}^{-y_i f(\boldsymbol{x}_i)}$

10.3.4　梯度提升决策树

梯度提升法经常使用决策树作为基模型，特别是固定大小的决策树。具体地，在上述算法流程中，使用决策树 $h_m(\boldsymbol{x})$ 拟合"拟残差" r_{im}。令 J_m 表示习得的决策树的叶子个数，该决策树将输入空间划分为 J_m 个区域 $R_{1m}, R_{2m}, \cdots, R_{J_m m}$，并且在每个区域预测值是一个常数。因此，决策树 $h_m(\boldsymbol{x})$ 可以表示为

$$h_m(\boldsymbol{x}) = \sum_{j=1}^{J_m} b_{jm} \mathbb{I}(\boldsymbol{x} \in R_{jm}), \tag{10.21}$$

其中 b_{jm} 表示在区域 R_{jm} 的预测值。

我们可以求解问题（10.20）得到一个适用于所有区域的“全局”系数 β_m。在实际过程中，还可以选择学习更加灵活的与区域 R_{jm} 相关的“局部”系数 γ_{jm}，得到更新的模型为

$$f_m(\boldsymbol{x}) = f_{m-1}(\boldsymbol{x}) + \sum_{j=1}^{J_m} \gamma_{jm}\mathbb{I}(\boldsymbol{x} \in R_{jm}), \tag{10.22}$$

其中每个局部系数是如下子问题的解：

$$\gamma_{jm} = \underset{\gamma}{\operatorname{argmin}} \sum_{\boldsymbol{x}_i \in R_{jm}} \ell(y_i, f_{m-1}(\boldsymbol{x}_i) + \gamma). \tag{10.23}$$

这里的超参数 J（即树的大小）实际上决定了我们允许特征交互的阶数。对于决策树桩，$J = 2$，特征之间没有交互（即交互阶数为 1）。当 $J = 3$ 时，基模型中最多包括阶数为 2 的相互作用。在梯度提升决策树中，一般情况下，$4 \leqslant J \leqslant 8$ 足够好；太大的 J 值一般不需要。

参数 M 是影响 Boosting 结果的一个关键参数，如图 10.5所示，M 过大可能引起过拟合；选择合适的 M 可以通过观察在验证集上的测试性能来实现。除此之外，为了进一步改善梯度提升法的泛化性能，学者们提出了多种正则化的技巧[167]，下面简要介绍一下收缩法和下采样。

(1) 收缩法：将式 (10.22) 替换为

$$f_m(\boldsymbol{x}) = f_{m-1}(\boldsymbol{x}) + \nu \sum_{j=1}^{J_m} \gamma_{jm}\mathbb{I}(\boldsymbol{x} \in R_{jm}), \tag{10.24}$$

其中 $\nu > 0$ 是一个可调参数。当 ν 取值较小时，模型的损失函数下降将变得更慢，相应地，需要更大的 M。经验上，一般设置较小的 ν（如 0.1），通过“早停”机制设置一个合适的 M；

(2) 下采样：借鉴装包法的想法，每次迭代时随机采样（无放回）一部分数据作为训练样本，用于训练下一棵决策树。一般情况下，采样的比例为 $\eta = 1/2$，但如果 N 特别大，η 的值可以比 1/2 小。这种下采样策略一方面可以降低计算代价，另一方面可以提高泛化精度。这种方法被称为随机梯度提升[168]。

10.3.5 XGBoost 算法

XGBoost[169] 是梯度提升决策树的一种开源的高效实现。① XGBoost 算法的基本流程如下所示。

(1) 求解式 (10.18)，得到初始化函数 $f_0(\boldsymbol{x}) = \beta_0$；

(2) 迭代 $m = 1, 2, \cdots, M$：

① 计算梯度和海森矩阵：

$$g_m(\boldsymbol{x}_i) = \left[\frac{\partial \ell(y_i, f(\boldsymbol{x}_i))}{\partial f(\boldsymbol{x}_i)}\right]_{f=f_{m-1}}, \quad k_m(\boldsymbol{x}_i) = \left[\frac{\partial^2 \ell(y_i, f(\boldsymbol{x}_i))}{\partial f(\boldsymbol{x}_i)^2}\right]_{f=f_{m-1}}.$$

① https://github.com/dmlc/xgboost.

② 以 $\mathcal{D}' = \left\{\left(\boldsymbol{x}_i, -\frac{g_m(\boldsymbol{x}_i)}{k_m(\boldsymbol{x}_i)}\right)\right\}_{i=1}^N$ 为训练集，学习一个基模型（如决策树）$h_m(\boldsymbol{x})$：

$$h_m = \underset{h\in\mathcal{H}}{\operatorname{argmin}} \frac{1}{2}\sum_{i=1}^N k_m(\boldsymbol{x}_i)\left[-\frac{g_m(\boldsymbol{x}_i)}{k_m(\boldsymbol{x}_i)} - h(\boldsymbol{x}_i)\right]^2. \tag{10.25}$$

③ 更新模型：

$$f_m(\boldsymbol{x}) = f_{m-1}(\boldsymbol{x}) + \alpha h_m(\boldsymbol{x}).$$

与第 10.3.4 节的最速梯度下降法不同，XGBoost 采用的是牛顿法——一种二阶优化方法。XGBoost 提出使用控制决策树大小的正则化项：

$$\Omega(h_m) = \rho J_m + \frac{1}{2}\lambda\|\boldsymbol{\gamma}_m\|_2^2, \tag{10.26}$$

其中 ρ, $\lambda > 0$ 为超参数。此外，XGBoost 在自动特征选择、代码实现等方面均进行了优化。值得一提的是，除了 XGBoost，还有其他的开源高效实现，比如 LightGBM[①]，这里不再展开介绍。

10.4　概率集成学习

第 8 章讲述的混合高斯模型，实际上是一个多模型的集成——将多个高斯模型线性相加，得到表达能力更强的概率分布。本节介绍用于预测任务的基于概率模型的集成学习方法。

10.4.1　混合线性模型

类似于高斯混合模型，当我们将每一个基础模型定义为条件概率时，可以将单个模型（如线性回归、对数几率回归等）扩展为多个模型的混合：

$$p(y|\boldsymbol{x}) = \sum_{k=1}^K \pi_k p(y|\boldsymbol{x}, k), \tag{10.27}$$

其中 π_k 表示混合概率，$p(y|\boldsymbol{x}, k)$ 是一个用于回归或分类的基础模型。下面以混合线性回归模型为例，介绍主要算法。

具体地，在混合线性回归模型中，每个基础模型为一个线性回归模型：

$$p(y|\boldsymbol{x}, k) = \mathcal{N}(y|\boldsymbol{\theta}_k^\top \boldsymbol{\phi}(\boldsymbol{x}), \beta^{-1}), \tag{10.28}$$

其中 $\boldsymbol{\phi}(\boldsymbol{x})$ 表示特征映射，这里假设高斯噪声与输入数据 $\boldsymbol{x}$ 无关。给定训练集 $\mathcal{D} = \{(\boldsymbol{x}_i, y_i)\}_{i=1}^N$，该模型的对数条件似然为

$$\log p(\boldsymbol{y}|\boldsymbol{X}, \boldsymbol{\Theta}) = \sum_{i=1}^N \log\left(\sum_{k=1}^K \pi_k \mathcal{N}(y_i|\boldsymbol{\theta}_k^\top \boldsymbol{\phi}_i, \beta^{-1})\right). \tag{10.29}$$

① https://github.com/microsoft/LightGBM.

这里为了简洁，用 ϕ_i 表示 $\phi(\boldsymbol{x}_i)$。为了最大化该对数条件似然，EM 算法成为一种自然的选择。具体地，对每个数据 $(\boldsymbol{x}_i, y_i)$，我们引入“独热”隐含变量 $\boldsymbol{z}_i$，其中非零元素代表该数据所属的基础模型。类似于高斯混合模型的 EM 算法，我们可以得到完全数据的对数条件似然：

$$\log p(\boldsymbol{y}, \boldsymbol{Z}|\boldsymbol{X}, \boldsymbol{\Theta}) = \sum_{i=1}^{N}\sum_{k=1}^{K} z_{ik} \log\left(\pi_k \mathcal{N}(y_i|\boldsymbol{\theta}_k^\top \boldsymbol{\phi}_i, \beta^{-1})\right), \tag{10.30}$$

这里用 $\boldsymbol{Z}$ 表示所有的隐含变量。设定初始权重为 $\boldsymbol{\Theta}^0$，EM 算法迭代包括如下两步。

(1) E-步：计算每个数据 i 属于第 k 个基础模型的概率

$$\gamma_{ik} = \mathbb{E}[z_{ik}] = \frac{\pi_k \mathcal{N}(y_i|\boldsymbol{\theta}_k^\top \boldsymbol{\phi}_i, \beta^{-1})}{\sum_j \pi_j \mathcal{N}(y_i|\boldsymbol{\theta}_j^\top \boldsymbol{\phi}_i, \beta^{-1})}. \tag{10.31}$$

(2) M-步：固定 $\boldsymbol{\gamma}$，计算期望下的数据似然

$$Q(\boldsymbol{\Theta}, \boldsymbol{\Theta}^t) = \mathbb{E}_{\boldsymbol{Z}}[\log p(\boldsymbol{y}, \boldsymbol{Z}|\boldsymbol{X}, \boldsymbol{\Theta})] = \sum_{i=1}^{N}\sum_{k=1}^{K} \gamma_{ik}(\log \pi_k + \log \mathcal{N}(y_i|\boldsymbol{\theta}_k^\top \boldsymbol{\phi}_i, \beta^{-1})).$$

最大化 $Q(\boldsymbol{\Theta}, \boldsymbol{\Theta}^t)$，可以得到 $\boldsymbol{\Theta}$ 的更新公式。对于 $\boldsymbol{\pi}$，使用拉格朗日法，可以得到更新公式：

$$\pi_k = \frac{1}{N}\sum_{i=1}^{N} \gamma_{ik}.$$

该更新公式与高斯混合模型中的完全一样。对于 $\boldsymbol{\theta}_k$ 和 β，我们可以得到更新公式：

$$\boldsymbol{\theta}_k = (\boldsymbol{\Phi}^\top \boldsymbol{\Lambda}_k \boldsymbol{\Phi})^{-1} \boldsymbol{\Phi}^\top \boldsymbol{\Lambda}_k \boldsymbol{y}$$

$$\beta^{-1} = \frac{1}{N}\sum_{i=1}^{N}\sum_{k=1}^{K} \gamma_{ik}(y_i - \boldsymbol{\theta}_k^\top \boldsymbol{\phi}_i)^2,$$

其中 $\boldsymbol{\Lambda}_k = \mathrm{diag}(\gamma_{ik})$ 是 $N \times N$ 的对角矩阵；$\boldsymbol{\Phi}$ 是数据矩阵，每一行对应一个数据。

上述过程可以扩展到其他基础模型，例如混合对数几率回归及包括无穷多个混合成分的非参数贝叶斯方法[170]，这里不再赘述。

10.4.2 层次化混合专家模型

混合专家（mixture of experts，MoE）模型允许混合概率分布与输入相关，其基本形式如下。

$$p(y|\boldsymbol{x}) = \sum_{k=1}^{K} \pi_k(\boldsymbol{x}) p(y|\boldsymbol{x}, k), \tag{10.32}$$

其中 $\pi_k(\boldsymbol{x}) = p(k|\boldsymbol{x})$ 表示与输入有关的混合概率，$p(y|\boldsymbol{x}, k)$ 是一个用于回归或分类的基础模型。

当每个专家是一个混合专家模型时，我们得到层次化混合专家（hierarchical mixtures of experts，HME)，直观上，HME 是一种树状的模型，与决策树类似。

图 10.6展示了一个两层的混合专家模型，其中每个叶子节点对应一个专家模型，中间的节点定义开关网络（gating networks）。HME 的直观含义是：每个专家提供预测结果，所有结果通过开关网络进行聚合。

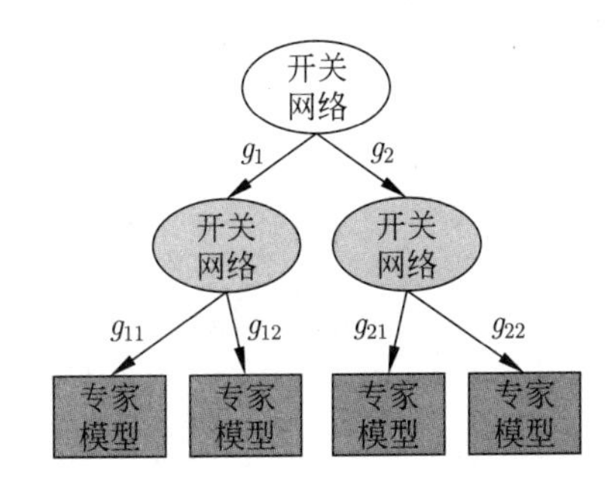

图 10.6　层次化混合专家模型的结构示意图

HME 的两类节点的定义如下。

(1) 开关网络：根节点的开关网络定义如下。

$$g_j(\boldsymbol{x}, \boldsymbol{\gamma}_j) = \frac{\exp(\boldsymbol{\gamma}_j^\top \boldsymbol{x})}{\sum_{k=1}^{K} \exp(\boldsymbol{\gamma}_k^\top \boldsymbol{x})},\ j \in [K], \tag{10.33}$$

其中 $\boldsymbol{\gamma}_j$ 为模型的未知参数。该开关网络定义了一个 K 分支“软性”划分，每个 $g_j(\boldsymbol{x}, \boldsymbol{\gamma}_j)$ 表示将数据 $\boldsymbol{x}$ 划分到第 j 个分支的概率。对于第二层的开关网络，类似定义为

$$g_{jl}(\boldsymbol{x}, \boldsymbol{\gamma}_{jl}) = \frac{\exp(\boldsymbol{\gamma}_{jl}^\top \boldsymbol{x})}{\sum_{k=1}^{K} \exp(\boldsymbol{\gamma}_{kl}^\top \boldsymbol{x})},\ l \in [K], \tag{10.34}$$

其中 $g_{jl}(\boldsymbol{x}, \boldsymbol{\gamma}_{jl})$ 表示在当前第 j 个分支上，将数据 $\boldsymbol{x}$ 继续划分到第 l 个分支上的概率。

(2) 专家模型：每个叶子节点 l ($l \in [L]$) 对应的模型为 $p(y|\boldsymbol{x}, \boldsymbol{\theta}_l)$。对于回归任务，一般用高斯线性回归：

$$y = \boldsymbol{\theta}_l^\top \boldsymbol{x} + \epsilon,\ \epsilon \sim \mathcal{N}(0, \sigma_l^2).$$

对于分类任务，一般使用对数几率回归。

根据上述过程，模型定义的条件概率为

$$p(y|\boldsymbol{x}, \boldsymbol{\Theta}) = \sum_{j=1}^{K} g_j(\boldsymbol{x}, \boldsymbol{\gamma}_j) \left(\sum_{l=1}^{K} g_{jl}(\boldsymbol{x}, \boldsymbol{\gamma}_{jl}) p(y|\boldsymbol{x}, \boldsymbol{\theta}_{jl}) \right), \tag{10.35}$$

其中 $\boldsymbol{\Theta} = \{\boldsymbol{\gamma}_j, \boldsymbol{\gamma}_{jl}, \boldsymbol{\theta}_{jl}\}$ 表示模型中的所有未知参数。

给定一个训练数据集 $\mathcal{D}$，可以通过最大化条件似然估计参数 $\boldsymbol{\Theta}$。类似于高斯混合模型，可以使用 EM 算法进行求解，这里不再赘述。

值得一提的是，HME 与决策树的主要区别在于：

(1) 软划分，HME 在做节点划分时采用基于概率分布的“软”划分，而决策树的每个节点进行硬性划分；

(2) 叶子模型，HME 的每个叶子节点是一个线性模型做预测（如对数几率回归），而决策树的每个叶子节点是一个常量。

10.5 深度模型的集成

对于深度学习模型（如深度神经网络），如果直接训练多个不同的网络然后集成，这种方法将非常耗时，特别是训练参数量较大的网络；同时，如果使用 Bagging 的方法，每次训练单个网络时只能使用约 63%的不重复训练数据，可能让单个网络的训练不充分。从另一个角度思考问题，深度神经网络的训练过程通常包括多个随机化的操作，如随机初始化、Dropout、数据的随机采样/排序等。利用这些“内蕴”的随机化策略，可以对深度神经网络进行有效聚合，降低过拟合的风险，提升测试性能，或者估计预测的不确定性。本节介绍 Dropout 和深度集成两种方法。

10.5.1 Dropout：一种模型集成的策略

Dropout[171] 是一种近似地将（指数）多个不同神经网络进行有效集成的策略，降低深度神经网络过拟合的风险。顾名思义，Dropout 是指在训练神经网络的过程中，以一定概率丢掉一些神经元（及相关的权重），对剩下的子网络进行权重更新。如图10.7所示，对于原神经网络，在更新过程中每次只更新一个压缩的子网络，且每次更新的压缩子网络可能不同。

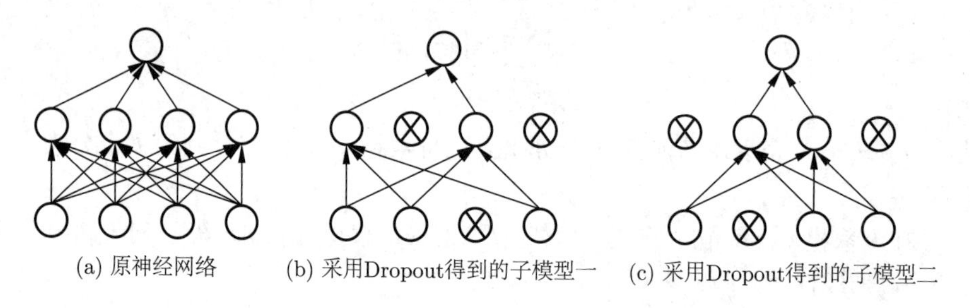

图 10.7 Dropout 示意图

具体地，假设一个 L 层的神经网络用 $\boldsymbol{z}^{(l)}$ 表示第 l 层的输入向量，用 $\boldsymbol{y}^{(l)}$ 表示第 l 层的输出向量，其中 $\boldsymbol{y}^{(0)}=\boldsymbol{x}$，则该神经网络的计算过程为

$$
\begin{aligned}
z_i^{(l+1)} &= \boldsymbol{w}_i^{(l+1)}\boldsymbol{y}^{(l)} + b_i^{(l+1)},\\
y_i^{(l+1)} &= f(z_i^{(l+1)}),
\end{aligned}
$$

其中 f 是激活函数（如 Sigmoid 函数或 ReLU），$\boldsymbol{w}_i^{(l+1)}$ 表示第 $l+1$ 层的第 i 个神经元对应的权重向量，$b_i^{(l+1)}$ 是偏置项。

使用 Dropout 之后，该神经网络的计算过程如下：

$$\begin{aligned}
r_j^{(l)} &\sim \text{Bernoulli}(p),\\
\tilde{\boldsymbol{y}}^{(l)} &= \boldsymbol{r}^{(l)} * \boldsymbol{y}^{(l)},\\
z_i^{(l+1)} &= \boldsymbol{w}_i^{(l+1)}\tilde{\boldsymbol{y}}^{(l)} + b_i^{(l+1)},\\
y_i^{(l+1)} &= f(z_i^{(l+1)}),
\end{aligned}$$

其中 $*$ 表示逐元素相乘，p 是随机丢掉的概率。这里的 $\boldsymbol{r}^{(l)}$ 是一个随机采样的取值为 0/1 的向量，所得到的 $\tilde{\boldsymbol{y}}^{(l)}$ 是一个“压缩”后的输出。将上述运算应用到神经网络的每一层，相当于从原网络中随机采样一个子网络。

Dropout 神经网络的训练与标准神经网络的训练基本相同，都采用随机梯度下降的算法，即每次梯度更新时只考虑一个“小批”数据 B_t。唯一的区别在于：Dropout 神经网络对每个训练样本 $n \in B_t$，随机采样一个子网络；在应用反向传播算法时，只在该子网络上进行即可，得到梯度 $\boldsymbol{g}_j$，其中被 Dropout 丢掉的权重对应的梯度为 0。最后的梯度是将所有 B_t 中训练数据上的梯度进行平均，即 $\boldsymbol{g} = \dfrac{1}{|B_t|}\sum_{n\in B_t}\boldsymbol{g}_n$。

对于一个含有 M 个神经元的网络，可以看成包括了 2^M 个子网络的集合，因此，训练一个 Dropout 神经网络，可以看作训练了 2^M 个子网络的集合。值得注意的是，这里的子网络都是共享同一组参数的，这点与随机森林或 Boosting 是不同的。在测试时，不可能对所有子网络的预测结果进行平均（或投票）。一种实际上表现良好的近似方法是忽略 Dropout，使用完整网络做预测，但将其权重按照参数 p 进行收缩，即测试时使用的权重为 $\tilde{\boldsymbol{W}} = p\boldsymbol{W}$。这种收缩操作可以保证每个神经元的输出在期望意义下是不变的。

10.5.2　深度集成

深度集成（deep ensembles）[172] 利用深度神经网络训练过程中的随机化操作，获得多个网络，并进行集成。深度集成方法的基本流程如下所示。

(1) 随机初始化模型权重 $\boldsymbol{\theta}_1, \boldsymbol{\theta}_2, \cdots, \boldsymbol{\theta}_M$；

(2) 迭代 $m = 1, 2, \cdots, M$：

① 采样训练数据 n_m；

② 生成对抗样本 $\boldsymbol{x}'_{n_m} = \boldsymbol{x}_{n_m} + \epsilon\text{sign}(\nabla_{\boldsymbol{x}_{n_m}}\ell(\boldsymbol{\theta}_m, \boldsymbol{x}_{n_m}, y_{n_m}))$；

③ 最小化如下问题，更新参数 $\boldsymbol{\theta}_m$：

$$\boldsymbol{\theta}_m \leftarrow \underset{\boldsymbol{\theta}}{\text{argmin}}\, \ell(\boldsymbol{\theta}, \boldsymbol{x}_{n_m}, y_{n_m}) + \ell(\boldsymbol{\theta}, \boldsymbol{x}'_{n_m}, y_{n_m}). \tag{10.36}$$

得到的最终模型是将多个模型的预测概率进行平均：

$$p(y|\boldsymbol{x}) = \frac{1}{M}\sum_{m=1}^{M} p_{\boldsymbol{\theta}_m}(y|\boldsymbol{x}, \boldsymbol{\theta}_m). \tag{10.37}$$

这里的参数 ϵ 决定了对原数据添加扰动的大小，比如在取值范围为 $[0, 255]$ 的像素上添加 $\epsilon = 1\%$的扰动。由于这里的扰动方向为损失函数梯度上升的方向，因此得到的

样本 $\boldsymbol{x}'$ 称为对抗样本[173]。将对抗样本加入训练集的策略称为对抗训练[174]，可以有效提升深度神经网络的鲁棒性。①

10.6 延伸阅读

法国哲学家、数学家孔多塞（Nicolas de Condorcet）在 1785 年提出陪审团定理[178]："如果每个陪审员给出正确判决的概率大于 50%，且陪审员们独立作出自己的判决，那么当陪审员人数增加时，陪审团得到正确判决的概率会增加到 100%。"

1990 年, Schapire 最先构造了一个简单的 Boosting 算法，证明了一个弱分类器可以通过训练两个额外的分类器提升性能[179]。Freund 在 1995 年提出一种可以聚合多个弱分类器的方法[180]，性能上优于 Schapire 的算法。但是，这两种算法存在共同的实践上的缺陷——都要求事先知道弱学习算法学习正确的下限。1996 年，Freund 和 Schapire 改进了 Boosting 算法，提出 AdaBoost（adaptive boosting）算法[181]，该算法不需要任何关于弱学习器的先验知识，因而更容易应用到实际问题中。

后续有很多关于 Boosting 算法的研究，同时也有很多工作分析 Boosting 算法的泛化性[182–183]。从统计学的角度，Friedman、Hastie 和 Tibshirani 等多位学者对 Boosting 进行了深入分析和改进[166,184–185]。值得推荐的集成学习专著包括文献 [186–187]。

众包学习（learning from crowds）[188] 也可以看作集成学习的特例。它利用互联网技术将任务分配给一般的网络用户，并将搜集的带噪声的答案（如图像的类别）进行聚合，得到相对准确的结果。常用的聚合策略包括多数人投票、概率建模与推断等。例如，经典的 DS 模型[189] 对每个专家的噪声答案都进行概率建模，并通过 EM 算法估计参数，利用概率推断进行聚合。基本的多数人投票将每个专家赋予相同的重要性，在机器学习中，为了考虑不同专家的差别，加权投票往往更准确，其中学习最优权重的一种方法为最大间隔法[190]；同时，利用正则化贝叶斯技术，可以将 DS 模型与最大间隔准则有机融合。

Dropout 与贝叶斯方法紧密相关。例如，文献 [191] 展示了 Dropout 训练可以看作对深度高斯过程（第 15 章将介绍高斯过程）的近似贝叶斯推断，并提出了一种估计预测不确定性的方法——蒙特卡洛 Dropout。作为一种添加随机扰动的方法，Dropout 的策略还被用于其他机器学习模型，如广义线性模型[192]、支持向量机[193] 等。

10.7 习题

习题 1　给定 N 个样本，进行有放回的随机抽样，每个样本被选中的概率为 $1/N$，假设抽样 N 次，那么平均意义上有多少样本没有被抽中？

① 关于对抗样本的高效发现和防御，均已有大量研究，本书不做过多讨论，感兴趣的读者可以自行查阅相关文献（如文献 [175–177]）。

习题 2 给定如图 10.8所示的数据集，计算其熵和基尼系数。假设划分 $x_1 = 1$ 将数据集分为左（$x_1 < 1$）、右（$x_1 \geqslant 1$）两个子集，计算该划分的信息增益和基尼增益。

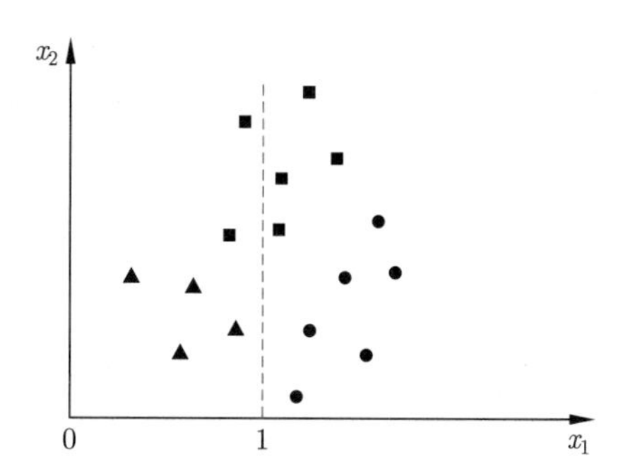

图 10.8 数据集：三角形、正方形、圆形分别表示三个类别

习题 3 给定 M 个函数 $\hat{f}_1, \hat{f}_2, \cdots, \hat{f}_M$，其中每个函数都是 f 的无偏估计，即 $\mathbb{E}[\hat{f}_m] = f$。假设任意两个函数之间的相关性为 ρ，即 $\text{Cov}(\hat{f}_i, \hat{f}_j) = \rho$, $\forall i \neq j$，计算平均函数 $\hat{f}(\boldsymbol{x}) = \dfrac{1}{M}\sum\limits_{m=1}^{M} f_m(\boldsymbol{x})$ 的期望和方差。

习题 4 完成定理 10.3.1的证明。

习题 5 完成第 10.4.1 节混合线性回归模型的 EM 算法推导过程。

习题 6 推导第 10.4.2 节层次化混合专家模型的 EM 算法。

习题 7 使用 MATLAB 中的多分类 AdaBoost 算法（函数 fitcensemble）在 Iris 数据集上进行 10-fold 交叉验证实验，比较决策树桩、基于决策树桩的 AdaBoost（$M = 100$）及包括 10 个叶子节点的决策树的分类正确率。

第11章 学习理论

本章介绍学习理论，从统计和计算的角度分析机器学习算法的性质，将具体介绍概率近似正确（PAC）学习理论，以及刻画分类器泛化性能的理论界等。

11.1 基本概念

为了便于描述，本章以二分类任务为主。具体地，给定训练集 $\mathcal{D}=\{(\boldsymbol{x}_i,y_i)\}_{i=1}^N$，其中 $\boldsymbol{x}\in\mathcal{X}\subset\mathbb{R}^d$, $y\in\mathcal{Y}=\{+1,-1\}$，假设数据服从分布 P。机器学习的目标是学习映射函数（又称假设）$g:\mathcal{X}\to\mathcal{Y}$, 对新来的测试数据 $\boldsymbol{x}$ 进行预测 $\hat{y}=g(\boldsymbol{x})$。如前文所述, 可以采用不同的训练目标函数以及不同的优化算法, 学习在特定目标下最优的函数 $g\in\mathcal{G}$，其中 $\mathcal{G}$ 称为假设集或假设空间。

如果只考虑训练数据，我们总是可以找到一个函数 g，“完美”地拟合训练数据，例如，令 $g(\boldsymbol{x}_i)=y_i,\ \forall(\boldsymbol{x}_i,y_i)\in\mathcal{D}$。但这种分类器是否合理呢？直观上，读者可能觉得这种简单粗暴的“死记硬背”式的学习，在新来的测试数据上可能表现不好。事实上，该分类器是没有“泛化”性能的——只能对训练集中出现过的数据进行预测，对新来的数据无能为力。图 11.1展示了一个更一般的例子，同样，我们可以找到一个函数 g 完美分类训练数据，但这个函数看上去非常“复杂”，而且当分类面附近的数据在采集过程中存在少量噪声时，该分类器的预测结果可能发生较大变化。因此，在学习的过程中，仅依靠训练数据集是没有办法学习一个有用的分类器的；还需要对目标映射函数做适当的假设，这种假设通常反映在选择的模型上。其中，最著名的准则是奥卡姆剃刀（Occam's Razor）准则——“如无必要, 勿增实体”。如果存在两个模型都能很好地拟合训练数据，我们应该选择“更简单”的那个。这个准则提出了一个问题：如何衡量一个模型的复杂度？

“没有免费的午餐”（no free lunch）[194] 是机器学习中另外一个著名的定律。该定律体现在几个方面：首先，如果不对测试数据与训练数据之间的关系做适当假设，预测是不可能的；其次，如果对模型不做适当假设（即 $\mathcal{G}$ 包括所有可能的函数），预测也是不可能的；最后，对于任意两个分类器 g_1 和 g_2，它们在所有可能数据分布上的平均性能是相同的，如图 11.2所示，不同分类器在不同数据分布下的表现有所不同，但平均意义上二者没有差别。

学习理论的目标主要分为三个方面。

(1) 分析学习算法的性质；

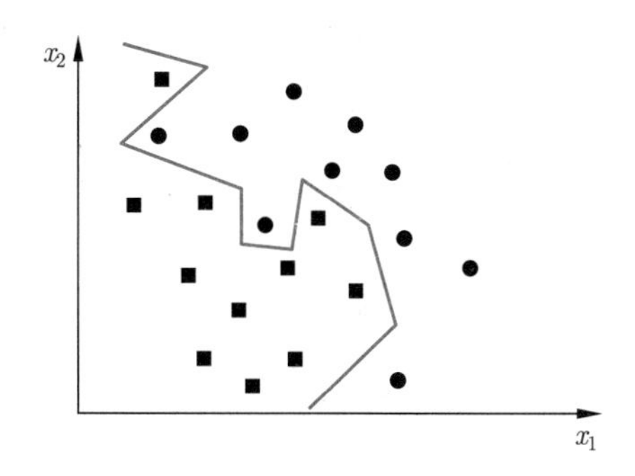

图 11.1　在给定训练集上，一个“过于”复杂的分类器示意图

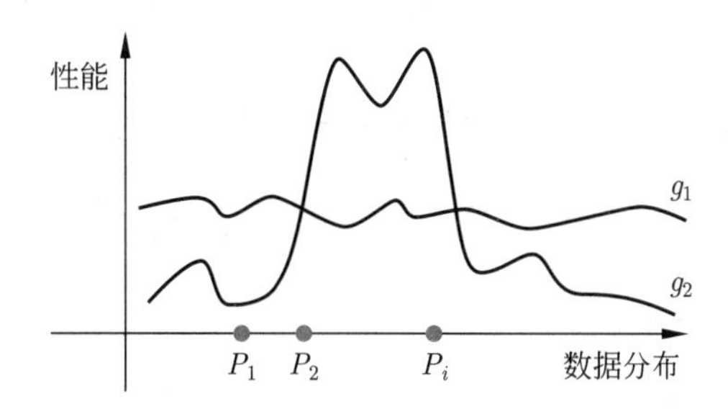

图 11.2　两个分类器 g_1 和 g_2 在不同数据分布下的性能示意图，其中横轴的每个点表示一个特定的数据分布

(2) 衡量学习算法的性能；

(3) 指导设计新算法。

基于上述分析，可以得到结论：为了完成学习任务，除数据外，需要对模型和数据分布做合理的假设。独立同分布是最常见的数据分布假设；而对于模型的假设，需要衡量其复杂度。复杂度的衡量是学习理论的一个基本内容。此外，由于数据是由某个分布产生的，因此学习理论需要用到大量概率统计的工具。

11.1.1　偏差-复杂度分解

本节定义衡量学习算法性能的指标，并对其进行分析。

定义 11.1.1 (泛化风险，generalization risk)　给定一个分类器 $g:\mathcal{X}\to\mathcal{Y}$，对于数据分布 P，其泛化风险 $R(g)$ 为

$$R(g)=p(g(\boldsymbol{x})\neq y)=\mathbb{E}_{(x,y)\sim P}[\mathbb{I}(g(\boldsymbol{x})\neq y)]. \tag{11.1}$$

前文已经介绍到，使得泛化风险最小的分类器称为贝叶斯分类器，记为 g_{Bayes}：

$$g_{\text{Bayes}}=\underset{g}{\operatorname{argmin}}\,R(g). \tag{11.2}$$

其对应的风险称为贝叶斯风险（Bayes risk），记为 R^*。由于实际应用中，数据的真实分布 P 是未知的，因此通常用给定数据集 $\mathcal{D}$ 上的经验风险 $\hat{R}_N(g)$ 估计 $R(g)$，具体定义如下。

定义 11.1.2 (经验风险，empirical risk) 分类器 $g: \mathcal{X} \to \mathcal{Y}$ 在数据集 $\mathcal{D}$ 上的经验风险为

$$\hat{R}_N(g) = \frac{1}{N}\sum_{i=1}^{N}\mathbb{I}(g(\boldsymbol{x}_i) \neq y_i). \tag{11.3}$$

给定假设空间 $\mathcal{G}$，最小化经验风险得到的分类器记为 g_N

$$g_N = \underset{g \in \mathcal{G}}{\operatorname{argmin}}\, \hat{R}_N(g). \tag{11.4}$$

很显然，由于数据集是有限的且假设空间 $\mathcal{G}$ 存在限制，g_N 是最优分类器 g_{Bayes} 的一个近似。进一步，我们可以通过比较二者风险的差别 $R(g_N) - R^*$（又称为超额风险，excess risk）得到更多的细节。

具体地，可以将超额风险分解为两项误差之和：

$$R(g_N) - R^* = \underbrace{R(g^*) - R^*}_{\text{近似误差}} + \underbrace{R(g_N) - R(g^*)}_{\text{估计误差}}, \tag{11.5}$$

其中第一项误差称为近似误差（approximation error）、第二项误差称为估计误差（estimation error）。近似误差来自模型假设空间 $\mathcal{G}$，如果假设空间足够大，包括贝叶斯分类器，近似误差将消失；但如上文所述，在实际任务中，我们对 $\mathcal{G}$ 做了更多的假设，因此，近似误差一般大于 0。估计误差来自有限的训练集，当 $N \to \infty$，有 $\hat{R}_N(g) \to R(g)$，因此 $g_N = g^*$，估计误差将消失。同时，我们发现估计误差是一个随机变量，这是因为数据 $\mathcal{D}$ 是分布 P 的一个样本。

上述分解（11.5）称为“偏差-复杂度分解”。图 11.3(a) 展示了该误差分解的示意图。如果将假设空间 $\mathcal{G}$ 的复杂度作为横轴，可以得到如图 11.3(b) 所示的“偏差-复杂度”折中，随着 $\mathcal{G}$ 复杂度的提升，近似误差逐渐下降，但同时，估计的误差会逐渐上升，这是因为给定数据集的情况下，假设空间越大，估计往往越困难，即估计误差越大。因此，要获得最小风险，需要合理折中这两部分误差。

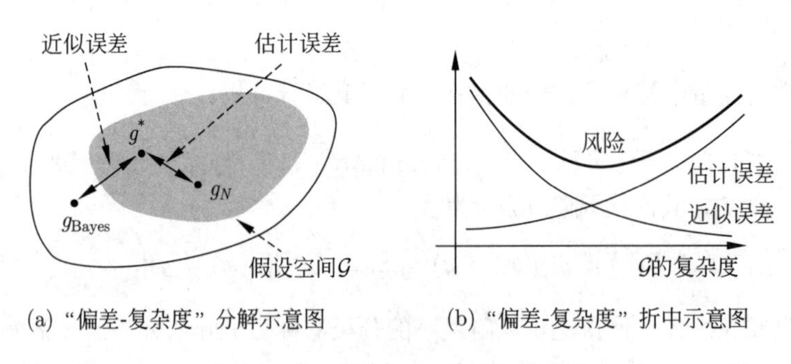

(a) “偏差-复杂度”分解示意图　　(b) “偏差-复杂度”折中示意图

图 11.3 “偏差-复杂度”示意图

此外，类似地，如第 3 章所述，在统计中还有另外一种分解形式，称为“偏差-方差分解”[195]，其名字来源于最初对回归模型的分析，后来逐渐用于更加广泛的场景。

例 11.1.1 (回归模型的偏差-方差分解)　考虑回归模型 $y_i = f(\boldsymbol{x}_i) + \epsilon$，其中 $\epsilon \sim \mathcal{N}(0, \sigma^2)$。给定训练集 $\mathcal{D}$，得到估计 $\hat{f}(\boldsymbol{x}; \mathcal{D})$，这里用 $\hat{f}(\boldsymbol{x}; \mathcal{D})$ 显式地表达其依赖于训练集 $\mathcal{D}$，则对于一个未见的样本 $\boldsymbol{x}$, 该估计的关于平方损失的期望风险可以分解为如下形式：

$$\mathbb{E}_{\mathcal{D},\epsilon}[(y - \hat{f}(\boldsymbol{x}; \mathcal{D}))^2] = (\mathrm{Bias}[\hat{f}(\boldsymbol{x}; \mathcal{D})])^2 + \mathrm{Var}[\hat{f}(\boldsymbol{x}; \mathcal{D})] + \sigma^2, \tag{11.6}$$

其中 $\mathrm{Bias}[\hat{f}(\boldsymbol{x}; \mathcal{D})] = \mathbb{E}_{\mathcal{D}}[\hat{f}(\boldsymbol{x}; \mathcal{D})] - f(\boldsymbol{x})$ 为估计的偏差。偏差表示的是由于函数假设引入的近似误差，而方差表示的是有限样本给估计带来的不确定性。

与前面关于“偏差-复杂度”分解的讨论类似，这里也面临“偏差-方差”折中的问题，随着复杂度 $\mathcal{G}$ 的提升，一般情形下，偏差会逐渐降低而同时方差会逐渐增大，变化趋势与图 11.3(b) 所示类似。

11.1.2　结构风险最小化

通过前面的讨论，可以看出假设空间 $\mathcal{G}$ 的复杂度对泛化风险具有重要的影响，那么如何选择合适的 $\mathcal{G}$ 呢？这就涉及模型选择的问题。

首先看一下忽略模型复杂度的情形。例如，经验风险最小化学习（empirical risk minimization, ERM）原则①，往往存在过拟合的现象，下面是一个简单的例子。

例 11.1.2　考虑 $\boldsymbol{x} \sim P = \mathrm{Uniform}(0, 1)$ 均匀分布的数据，真实标签为 $y = \mathrm{sign}(\boldsymbol{x} < 0.5)$，即 0.5 的左边标注为 1，右边标注为 -1。给定训练集 $\mathcal{D}$，则如下分类器满足经验风险最小化：

$$g_N(\boldsymbol{x}) = \begin{cases} y_i, & \exists i \in [N],\ \boldsymbol{x} = \boldsymbol{x}_i \\ -1, & \text{其他} \end{cases} \tag{11.7}$$

其中 $[N] = \{1, 2, \cdots, N\}$。通过简单计算，可以发现该分类器的经验风险最小，即 $\hat{R}_N(g_N) = 0$，但是，它的风险为 $R(g_N) = 1/2$！因此该分类器没有学到任何可以泛化的规律，属于过拟合！

为什么上面例子中的分类器泛化性能会如此差？从分解（11.5）中可以看出，ERM 由于没有考虑模型复杂度，因此可以认为其近似误差为 0，然而估计误差却会很大，从而导致最终的额外风险也很大。由此，直观上可以看出模型复杂度对最终性能影响很大。因此，在模型选择时，需要将模型复杂度考虑进来，而这也导致结构风险最小化学习（structural risk minimization，SRM）原则的出现。

SRM 原则可以看作一种“误差上界最小化”方法。具体地，假定假设空间可分解为可列集 $\mathcal{G} = \cup_{k \geqslant 1} \mathcal{G}_k$（一般假设 $\mathcal{G}_k \subset \mathcal{G}_{k+1}$,，即随着 k 增大，模型复杂度逐渐增大），对于任意的 $k \geqslant 1$ 及 $g \in \mathcal{G}_k$，有以下关于泛化风险的误差上界：

$$R(g) \leqslant \hat{R}_N(g) + \tilde{O}(\mathrm{Complexity}(\mathcal{G}_k, k)), \tag{11.8}$$

① 为了便于讨论，这里假设 ERM 对搜索的假设空间不做限制。

其中，$\text{Complexity}(\mathcal{G}_k, k)$ 是依赖于 k 及 $\mathcal{G}_k$ 的模型复杂度的项，并且 $\tilde{O}$ 隐藏了一些不重要的项。SRM 通过最小化式 (11.8) 右边的误差上界搜索得到 k 及相应的 $g \in \mathcal{G}_k$，从而达到模型选择的目的。

尽管 SRM 在理论上具有比较好的学习保证，但在实际中却面临着一些问题。首先，计算上，SRM 通常是 NP 难问题。其次，SRM 得到的误差界在实际中有可能是悲观的①，因此，在实际中一般采用额外的验证集进行交叉验证，估计不同复杂度下的基于训练集得到的模型泛化性能，以达到模型选择的目的。此外，SRM 也启发了基于正则化项控制模型复杂度的学习算法的设计，如例 11.1.5 所示。

例 **11.1.3** 如前文所述，在支持向量机或对数几率回归模型中，分类器用参数 $\boldsymbol{w}$ 表示，我们优化的目标函数具有如下的一般形式：

$$\mathcal{L}(\boldsymbol{w}) = \hat{R}_N(\boldsymbol{w}) + \lambda\Omega(\boldsymbol{w}), \tag{11.9}$$

其中 $\Omega(\boldsymbol{w})$ 是正则化项（如 L_2-范数或 L_1-范数），λ 为正则化项的权重。正则化项的作用是鼓励“稀疏”的模型，惩罚大的权重值。当 $\lambda \to \infty$ 时，最优的权重等于 0；当 $\lambda \to 0$ 时，将面临过拟合的风险。

11.1.3 PAC 理论

如前所述，学习理论的目标是分析分类器 g_N 的风险，通常表现为 $R(g_N)$ 与一些容易计算的量之间的差，如 $R(g_N) - \hat{R}_N(g_N)$。对于一般的机器学习问题，经验风险只是真实风险的一个近似。同时，由于 g_N 依赖于数据样本，g_N 是一个随机变量，其风险（或经验风险）也是随机变量，因此，我们需要用到概率统计的不等式，例如，刻画如下概率：$p(R(g_N) - \hat{R}_N(g_N) > \epsilon)$，其中 $\epsilon > 0$ 为允许的误差。这种理论框架称为概率近似正确（probably approximately correct，PAC）[196]，其严格定义如下。

定义 11.1.3 (PAC 可学习②) 令 $\mathcal{G}$ 为假设集，c 为要学习的目标概念，$\text{size}(x)$ 与 $\text{size}(c)$ 分别代表输入 x 及目标概念 c 的计算表示开销。当满足以下条件时，学习算法 $\mathcal{A}$ 是 PAC 可学习的：存在一个多项式函数 $\text{poly}(\cdot,\cdot,\cdot,\cdot)$，满足对任意 $\epsilon > 0$ 及 $\delta > 0$，对基于 $\mathcal{X} \times \mathcal{Y}$ 上的所有的分布 P，对任意的样本大小 $N \geqslant \text{poly}(1/\epsilon, 1/\delta, \text{size}(x), \text{size}(c))$，以下不等式成立：

$$p\left(R(g_N) - \min_{g\in\mathcal{G}} R(g) \leqslant \epsilon\right) \geqslant 1 - \delta, \tag{11.10}$$

进一步，如果 $\mathcal{A}$ 在多项式函数 $\text{poly}(1/\epsilon, 1/\delta, \text{size}(x))$ 时间内运行，则称 $\mathcal{A}$ 为高效 PAC 可学习算法。

从上述定义可以看出，PAC 可学习是一个同时考虑计算开销与统计特性的框架。直观上，可以这样理解，如果一个学习算法在给定的大小为 N 的样本上学习，能够

① 此处的含义为误差界表现得非常松，从而不能很好地为实际中的泛化性能提供理论保证。

② 严格而言，此处定义应为不可知 PAC 可学习，即不知道 c 是否在 $\mathcal{G}$ 中，为了简洁起见，这里我们称它为 PAC 可学习。

以很大概率（$1-\delta$）保证学习得到的假设与假设集中最优的假设在泛化性能上相差不大（即二者差别 $\leqslant \epsilon$），就可以认为这个学习算法是“靠谱”的，即 PAC 可学习；而其中所需的最小的样本大小 N 称为样本复杂度。当然，在实际应用中，我们希望样本复杂度越小（即满足“靠谱”学习时所需要的最小样本数越小），其对应的学习算法越好。由此可以看出，类似于计算理论中的时间复杂度，样本复杂度是 PAC 学习理论中用于衡量学习算法利用样本高效与否的重要评价指标。

此外，由于对于假设集 $\mathcal{G}$，$\min_{g\in\mathcal{G}} R(g)$ 通常难以得知，故在实际中通常利用容易计算的量 $\hat{R}_N(g_N)$，同时借助 $R(g_N)-\hat{R}_N(g_N)$ 与 $R(g_N)-\min_{g\in\mathcal{G}} R(g)$（通常基于经验最小化原则）之间的关系，最终刻画 $R(g_N)-\min_{g\in\mathcal{G}} R(g)$ 的学习保证。

值得一提的是，首先，PAC 可学习是一个与分布无关的框架；其次，它假设训练样本与测试样本来自同一个分布 P，以此提供泛化保证。

11.1.4　基本不等式

如第 2 章所述，概率论中有一些基本的不等式。例如，对于两个事件 A 和 B，有布尔不等式 (也称并集上界)$p(A\cup B)\leqslant p(A)+p(B)$；如果 $A\subseteq B$，则有 $p(A)\leqslant p(B)$。此外，如果概率不等式 $p(X\geqslant t)\leqslant F(t)$ 成立，则可以得到如下不等式以概率至少 $1-\delta$ 成立：

$$X\leqslant F^{-1}(\delta), \tag{11.11}$$

其中 δ 是一个小正数（如 0.05）。这种形式在后文中经常用到。

前文已经介绍过 Jensen 不等式，后文还会用到一些基本不等式。

引理 11.1.1 (马尔可夫不等式)　如果随机变量 $X\geqslant 0$，则对任意 $t>0$，$p(X\geqslant t)\leqslant \dfrac{\mathbb{E}[X]}{t}$。

引理 11.1.2 (切比雪夫不等式)　如果随机变量 X 的方差 $\mathrm{Var}(X)<\infty$，则对任意 $t>0$，$p(|X-\mathbb{E}[X]|\geqslant t)\leqslant \dfrac{\mathrm{Var}(X)}{t^2}$。

引理 11.1.3 (Chernoff 不等式)　对任意 $t\in\mathbb{R}$，$p(X\geqslant t)\leqslant \inf_{\lambda>0}\mathbb{E}[\mathrm{e}^{\lambda(X-t)}]$。

引理 11.1.4 (Hoeffding 不等式)　令 $X_1,X_2,\cdots,X_N$ 为独立的随机变量，且 $X_i\in[a,b]\ (-\infty<a\leqslant b<\infty)$，令 $\bar{X}=\dfrac{1}{N}\displaystyle\sum_{i=1}^{N}X_i$, 则对任意的 $\epsilon>0$，如下不等式成立：

$$p\left(\left|\bar{X}-\mathbb{E}[\bar{X}]\right|>\epsilon\right)\leqslant 2\exp\left(-\frac{2N\epsilon^2}{(b-a)^2}\right). \tag{11.12}$$

从 Hoeffding 不等式可以看出，当 N 增大时，一组有界随机变量的均值与其期望之间的（绝对）误差超过阈值 $\epsilon>0$ 的概率以指数衰减。

11.2 有限假设空间

本节首先考虑相对简单的有限假设空间的情况。

11.2.1 Hoeffding 不等式

给定假设空间 $\mathcal{G}$，首先考虑一个任意给定的分类器 $g \in \mathcal{G}$，刻画其性能。为记号方便，令 $\boldsymbol{z} = (\boldsymbol{x}, y)$ 表示输入特征与标签的联合向量，同时，定义损失类 $\mathcal{F} = \{f : (\boldsymbol{x}, y) \mapsto \mathbb{I}(g(\boldsymbol{x}) \neq y) : g \in \mathcal{G}\}$，则对于给定的分类器 g，其泛化风险及经验风险可以等价描述为

$$R(g) = \mathbb{E}[f(\boldsymbol{z})], \quad \hat{R}_N(g) = \frac{1}{N}\sum_{i=1}^{N} f(\boldsymbol{z}_i). \tag{11.13}$$

由大数定理可知，当 $N \to \infty$ 时，$\hat{R}_N(g)$ 以概率 1 收敛到 $R(g)$。在机器学习中，我们更关心 N 为有限的情况。

由于 g 是给定的，根据定义，变量 $f(\boldsymbol{z}_i)$ 是独立的，且 $f(\boldsymbol{z}_i) \in [0,1]$。将 Hoeffding 不等式应用到式 (11.13) 的分类器 g 上，得到不等式：

$$p\left(|\hat{R}_N(g) - R(g)| > \epsilon\right) \leqslant 2\exp\left(-2N\epsilon^2\right). \tag{11.14}$$

令 $\delta = 2\exp\left(-2N\epsilon^2\right)$，可以解出 $\epsilon = \sqrt{\dfrac{\log \frac{2}{\delta}}{2N}}$，代入式 (11.14)，可以等价描述为——如下不等式以至少 $1-\delta$ 的概率成立：

$$|\hat{R}_N(g) - R(g)| \leqslant \sqrt{\frac{\log \frac{2}{\delta}}{2N}}. \tag{11.15}$$

给定分类器 g，该概率不等式刻画了其泛化风险与经验风险之间的差别，当训练集变大时，二者之间的差别以大概率（不小于 $1-\delta$）减小，因此，更多的训练数据对于分类器来说是有帮助的。同时，当训练数据足够多时，训练误差是泛化误差的一个很好逼近（估计）。

从另外一个角度理解 Hoeffding 不等式，对于分类器 g，记使得不等式 (11.15) 成立的样本集合为 $S(g)$：

$$S(g) = \left\{(\boldsymbol{x}_1, y_1), \boldsymbol{x}_2, y_2), \cdots, (\boldsymbol{x}_N, y_N) : |R(g) - \hat{R}_N(g)| \leqslant \epsilon\right\}. \tag{11.16}$$

则有 $p(S) \geqslant 1-\delta$。但值得注意的是，对于不同的分类器，使得不等式成立的样本集合可能是不同的。

Hoeffding 不等式虽然看上去已经给出了泛化误差的理论上界，但存在严重的不足。事实上，上述结论只对给定的分类器成立，而我们习得的分类器 g_N 是依赖于训练数据的，不满足 Hoeffding 不等式的条件，因此不能直接应用。回顾例 11.1.2，所习得的分类器 g_N 的经验风险为 0，但泛化风险却为 0.5（即随机猜测）。下面举另外一个极端的例子。

例 11.2.1 对于任意给定的训练集 $\mathcal{D}$，总存在一个分类器 g 使得 $|R(g)-\hat{R}_N(g)|=1$，例如，对于 $\forall(\boldsymbol{x}_i, y_i) \in \mathcal{D}$，定义 $g(\boldsymbol{x}_i) = y_i$；其他点处令 $g(\boldsymbol{x}) = -y$。

图 11.4从概念上展示了经验风险 $\hat{R}_N(g)$ 与泛化风险 $R(g)$ 关于分类器 g 的曲线示意图，其中 $R(g)$ 是固定的，而 $\hat{R}_N(g)$ 是由给定的数据集 $\mathcal{D}$ 决定的，不同的数据集得到的 $\hat{R}_N$ 曲线会存在变化。对于一个固定的分类器 g，如果采样多次，得到的经验风险值 $\hat{R}_N(g)$ 将在 $R(g)$ 的周围浮动；同时，由 Hoeffding 不等式可知，该浮动范围是有界的，且随着 N 的增大，快速减小。另外，从上述例子可以看到，对于一个固定的数据集，经验风险最小化的分类器 g_N 对应的风险可能与最优分类器 g^* 的风险差别很大。

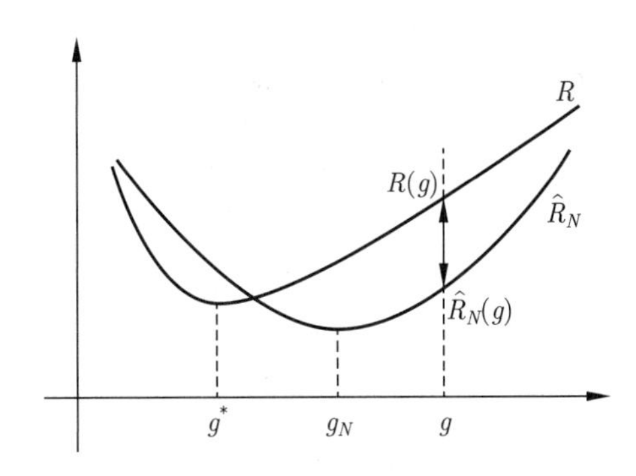

图 11.4 经验风险 $\hat{R}_N(g)$ 与泛化风险 $R(g)$ 关于分类器 g 的示意图，其中横轴上的每一点抽象地对应一个分类器 $g \in \mathcal{G}$

因此，需要其他分析工具以得到适用于 g_N 的泛化界。一种选择是考虑一致性（uniform）误差，即考虑假设空间中最坏的误差：

$$R(g_N) - \hat{R}_N(g_N) \leqslant \sup_{g\in\mathcal{G}}(R(g) - \hat{R}_N(g)). \tag{11.17}$$

基本的思路是：给出不等式右侧项的上界，该上界将对假设空间 $\mathcal{G}$ 中的所有分类器成立，自然也包括 g_N。

11.2.2 并集上界

首先考虑假设空间 $\mathcal{G} = \{g_1, g_2, \cdots, g_K\}$ 有限的情况，对任意 $g_k \in \mathcal{G}$，定义：

$$C_k = \left\{(\boldsymbol{x}_1, y_1), \boldsymbol{x}_2, y_2), \cdots, (\boldsymbol{x}_N, y_N) : R(g_k) - \hat{R}_N(g_k) > \epsilon\right\}. \tag{11.18}$$

对每一个 g_k，由 Hoeffding 不等式，可得 $p(C_k) \leqslant \delta$。根据布尔不等式，可得

$$\begin{aligned} p(C_1 \cup C_2 \cup \cdots \cup C_K) &= p\left(\exists g \in \mathcal{G} : R(g) - \hat{R}_N(g) > \epsilon\right) \\ &\leqslant \sum_{k=1}^{K} p(R(g_k) - \hat{R}_N(g_k) > \epsilon) \\ &\leqslant K \exp\left(-2N\epsilon^2\right). \end{aligned} \tag{11.19}$$

同理，可以等价地描述为——如下不等式以概率不小于 $1-\delta$ 成立：

$$\forall g \in \mathcal{G},\ R(g) \leqslant \hat{R}_N(g) + \sqrt{\frac{\log K + \log \frac{1}{\delta}}{2N}}. \tag{11.20}$$

这是我们得到的第一个泛化界。

类似地，还可以分析估计误差的界。如前所述，令 $g^* = \operatorname{argmin}_{g\in\mathcal{G}} R(g)$。由于 g_N 是通过最小化经验误差得到的，因此有不等式：

$$\hat{R}_N(g^*) - \hat{R}_N(g_N) \geqslant 0. \tag{11.21}$$

进一步，可以得到如下不等式：

$$\begin{aligned} R(g_N) &= R(g_N) - R(g^*) + R(g^*) \\ &\leqslant \hat{R}_N(g^*) - \hat{R}_N(g_N) + R(g_N) - R(g^*) + R(g^*) \\ &\leqslant 2\sup_{g\in\mathcal{G}} |R(g) - \hat{R}_N(g)| + R(g^*). \end{aligned} \tag{11.22}$$

所以，如下不等式以至少概率 $1-\delta$ 成立：

$$R(g_N) \leqslant R(g^*) + 2\sqrt{\frac{\log K + \log \frac{1}{\delta}}{2N}}. \tag{11.23}$$

上述并集上界可以扩展到可数无限多的情况，令 $p(\cdot)$ 为假设集合上的一个概率分布，即 $\sum_{k=1}^{\infty} p(g_k) = 1$。对于每个分类器 $g \in \mathcal{G}$，令 $\delta(g) = \delta p(g)$，由 Hoeffding 不等式可得：

$$p\left(R(g) - \hat{R}_N(g) > \sqrt{\frac{\log \frac{1}{\delta(g)}}{2N}}\right) \leqslant \delta(g). \tag{11.24}$$

再利用并集上界，可以得到：

$$p\left(\exists g \in \mathcal{G} : R(g) - \hat{R}_N(g) > \sqrt{\frac{\log \frac{1}{\delta(g)}}{2N}}\right) \leqslant \sum_{g\in\mathcal{G}} \delta(g) = \delta. \tag{11.25}$$

因此，如下不等式以概率不小于 $1-\delta$ 成立：

$$\forall g \in \mathcal{G},\ R(g) \leqslant \hat{R}_N(g) + \sqrt{\frac{\log \frac{1}{p(g)} + \log \frac{1}{\delta}}{2N}}. \tag{11.26}$$

该泛化界可以通过概率分布 $p(g)$ 将先验知识引入，提升泛化能力（即使得泛化界更小）。对于有限集合的特殊情况，如果 $p(g) = \frac{1}{K}$ 为均匀分布（即每个分类器都平等看待），则退化为基本的泛化界（11.20）。

11.3 无限假设空间

本节考虑无限假设空间，关键在于衡量假设空间 $\mathcal{G}$ 的“大小”。本节将介绍 VC 维、Rademacher 复杂度等模型复杂度及泛化界。

11.3.1 VC 维

虽然无限假设空间包含了无穷多个分类器，但是在实际中我们只有有限多个训练数据，因此，如果将所有可能的分类器 $g \in \mathcal{G}$ 应用到给定数据（即 g 的输入）上，对应的所有可能的分类结果（即 g 的输出）也是有限的。直观上，通过这种有限的输入-输出映射，可以一定程度上刻画假设空间 $\mathcal{G}$ 的大小——越大的空间对应的可能分类越多。

具体地，给定 N 个数据 $\{\boldsymbol{x}_i\}_{i=1}^N$，定义类 $\mathcal{G}_{\boldsymbol{x}_1,\boldsymbol{x}_2,\cdots,\boldsymbol{x}_N}=\{(g(\boldsymbol{x}_1),g(\boldsymbol{x}_2),\cdots,g(\boldsymbol{x}_N)):g \in \mathcal{G}\}$，该类表示使用 $\mathcal{G}$ 中的分类器对 N 个给定数据的所有可能标注的集合。对于 N 个数据的二分类问题，理论上最多只有 2^N 种分类结果，因此，类 $\mathcal{G}_{\boldsymbol{x}_1,\boldsymbol{x}_2,\cdots,\boldsymbol{x}_N}$ 的元素个数不超过 2^N。

定义 11.3.1 (增长函数) 给定假设空间 $\mathcal{G}$，对于任意的正整数 N，增长函数定义为

$$S_{\mathcal{G}}(N)=\sup_{(\boldsymbol{x}_1,\boldsymbol{x}_2,\cdots,\boldsymbol{x}_N)}|\mathcal{G}_{\boldsymbol{x}_1,\boldsymbol{x}_2,\cdots,\boldsymbol{x}_N}|. \tag{11.27}$$

由定义可知，增长函数是指存在一组 N 个数据的样本，利用 $\mathcal{G}$ 中的分类器进行标注，所得到的标注数目最多。它体现了 $\mathcal{G}$ 的“复杂度”——$\mathcal{G}$ 包含的分类器样式越多，其增长函数值越大。

利用增长函数，可以得到泛化界的一个基本定理（见定理 11.3.1)。

定理 11.3.1 如下不等式以概率不小于 $1-\delta$ 成立：

$$\forall g \in \mathcal{G},\ R(g) \leqslant \hat{R}_N(g)+2\sqrt{2\frac{\log S_{\mathcal{G}}(2N)+\log\dfrac{2}{\delta}}{N}}. \tag{11.28}$$

当 $\mathcal{G}=\{g_1,g_2,\cdots,g_K\}$ 为有限假设空间时，很显然增长函数有上界 $S_{\mathcal{G}}(N) \leqslant K$，因此，该泛化界比式(11.20)可能更好。对于一般的情况，计算 $S_{\mathcal{G}}(N)$ 是问题的关键，这里需要用到 VC 维[197] 的概念。

定义 11.3.2 (VC 维) 给定假设空间 $\mathcal{G}$，满足如下等式的最大 N 称为 $\mathcal{G}$ 的 VC 维：

$$S_{\mathcal{G}}(N)=2^N. \tag{11.29}$$

满足等式 (11.29) 时，我们称这种情况为“打散”(shattering)，即存在一组大小为 N 的数据集，假设空间 $\mathcal{G}$ 中的分类器可以生成任意可能的标注。下面举几个具体例子。

例 11.3.1 (二维空间中的单层决策树) 单层决策树是指只选择一个特征进行二叉判定的决策树，例如，根据条件 $x_1 > 0.5$?，如果答案为“是”，将预测为类别 +1；否则为 −1。对于二维特征空间中的单层决策树，可以验证其 VC 维为 3。这是因为存在一组 3 个点的数据，如图 11.5所示，被 $\mathcal{G}$ 打散；但是，对于任意一个含有 4 个点的数据集，均不能被 $\mathcal{G}$ 打散，如图 11.6所示。

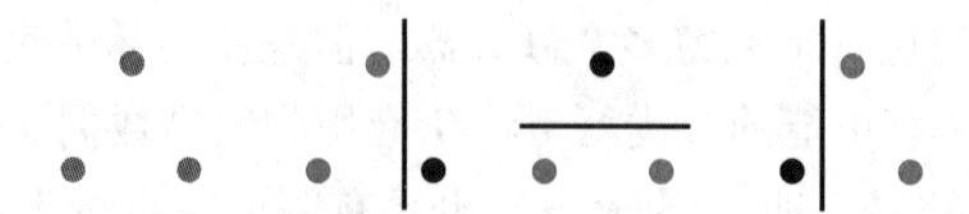

图 11.5 2D 单层决策树打散三个样本点的例子（黑色为 −1 类，蓝色为 +1 类）

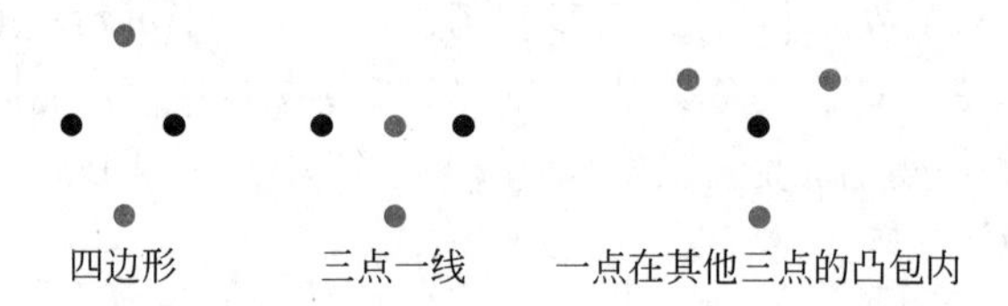

图 11.6 任意四个点，均不能被 2D 单层决策树打散（黑色为 −1 类，蓝色为 +1 类）

事实上，对于 d 维空间中的单层决策树，其 VC 维为 $d+1$。对于 d 维空间中的线性分类器，其 VC 维也是 $d+1$。值得注意的是，假设空间的 VC 维并不一定与参数的个数成正比，如例 11.3.2 所示。

例 11.3.2 考虑一维特征空间，给定假设空间 $\mathcal{G} = \{\mathrm{sign}(\sin(tx)) : t \in \mathbb{R}\}$，可以验证它的 VC 维为无穷。这是因为对于一维空间中的任意有限个样本，均可以通过调整频率参数 t 将给定的样本打散。

类似地，对于 1-近邻分类器，它的 VC 维也是无穷。利用 VC 维，可以得到增长函数的上界。

引理 11.3.1 设假设空间 $\mathcal{G}$ 的 VC 维为 h，则对任意的 N，有如下不等式成立：

$$S_{\mathcal{G}}(N) \leqslant \sum_{i=0}^{h} C_n^i, \tag{11.30}$$

当 $N \geqslant h$ 时，满足不等式：

$$S_{\mathcal{G}}(N) \leqslant \left(\frac{\mathrm{e}N}{h}\right)^h. \tag{11.31}$$

结合定理 11.3.1，可以得到基于 VC 维的泛化界——如下不等式以概率不小于 $1-\delta$ 成立：

$$\forall g \in \mathcal{G},\ R(g) \leqslant \hat{R}_N(g) + 2\sqrt{2\frac{h\log\dfrac{2\mathrm{e}N}{h} + \log\dfrac{2}{\delta}}{N}}. \tag{11.32}$$

从式 (11.32) 可以看出，随着假设空间的复杂度（即 VC 维 h）增大，式 (11.32) 的第二项也会随着增大，而关于经验风险的第一项往往会减小，因此，这两者需要折中，以使得上述误差界变紧。①

11.3.2 Rademacher 复杂度

前述的 VC 维是一种与数据分布无关的模型复杂度，而本节将介绍一种与分布依赖的模型复杂度，即 Rademacher 复杂度[198]。

定义 11.3.3 (Rademacher 变量) Rademacher 变量是一组取值为 $\{+1,-1\}$ 的随机变量 $\boldsymbol{\sigma}=(\sigma_1,\sigma_2,\cdots,\sigma_N)$，它们互相独立且满足：

$$p(\sigma_i=1)=p(\sigma_i=-1)=\frac{1}{2}. \tag{11.33}$$

定义 11.3.4 (Rademacher 复杂度) 令 $\mathcal{G}$ 表示一组映射 $g:\mathcal{Z}\to\mathbb{R}$ 的函数集合，$S=(\boldsymbol{z}_1,\boldsymbol{z}_2,\cdots,\boldsymbol{z}_N)$ 表示从 $\mathcal{Z}$ 中采样得到的 N 个大小固定的样本。那么，$\mathcal{G}$ 关于样本 S 的经验 Rademacher 复杂度定义如下。

$$\hat{\mathfrak{R}}_S(\mathcal{G})=\mathbb{E}_{\boldsymbol{\sigma}}\left[\sup_{g\in\mathcal{G}}\frac{1}{N}\sum_{i=1}^{N}\sigma_i g(\boldsymbol{x}_i)\right], \tag{11.34}$$

其中 $\boldsymbol{\sigma}=(\sigma_1,\sigma_2,\cdots,\sigma_N)$ 代表一组 Rademacher 变量。进一步地，假设 S 从分布 D 中采样得到，则对于任意 $N\geqslant 1$, $\mathcal{G}$ 关于分布 D 的 Rademacher 复杂度定义为

$$\mathfrak{R}_N(\mathcal{G})=\mathbb{E}_{S\sim D^N}\left[\hat{\mathfrak{R}}_S(\mathcal{G})\right]. \tag{11.35}$$

给定一组 Rademacher 变量 $\sigma_1,\sigma_2,\cdots,\sigma_N$，以及 $S=(\boldsymbol{x}_1,\boldsymbol{x}_2,\cdots,\boldsymbol{x}_N)$, 对于任一分类器 $g\in\mathcal{G}$，在上面的定义中，直观上我们可以把 $\sigma_1,\sigma_2,\cdots,\sigma_N$ 看作对数据 $\boldsymbol{x}_1,\boldsymbol{x}_2,\cdots,\boldsymbol{x}_N$ 随机打上的标签，因此，$\hat{\mathfrak{R}}_S(\mathcal{G})$ 实际上表示的是假设空间 $\mathcal{G}$ 中的假设 g 与随机标签的吻合程度的最坏情形。

直观上，Rademacher 复杂度通过计算一个假设空间（映射或分类器）对随机噪声的拟合程度来判断该假设空间的复杂度。换言之，如果一个假设空间对随机噪声拟合得比较好，它的表达能力就比较强大，因而其复杂度也就更高。

下面给出基于 Rademacher 复杂度的第一个泛化误差界。

定理 11.3.2 令损失类 $\mathcal{F}=\{f:\mathcal{Z}\to[0,1]\}$. 那么，对于任意 $\delta>0$, 从 D 中独立同分布（i.i.d.）采样得到的 N 个大小的样本 S, 对于任意 $f\in\mathcal{F}$，下面的不等式以至少 $1-\delta$ 的概率成立:

具体证明参阅文献 [199, 定理 3.3]

$$\mathbb{E}[f(\boldsymbol{z})]\leqslant\frac{1}{N}\sum_{i=1}^{N}f(\boldsymbol{z}_i)+2\mathfrak{R}_N(\mathcal{F})+\sqrt{\frac{\log\frac{1}{\delta}}{2N}}, \tag{11.36}$$

$$\mathbb{E}[f(\boldsymbol{z})]\leqslant\frac{1}{N}\sum_{i=1}^{N}f(\boldsymbol{z}_i)+2\hat{\mathfrak{R}}_S(\mathcal{F})+3\sqrt{\frac{\log\frac{2}{\delta}}{2N}}. \tag{11.37}$$

① 学习理论上，一般认为越紧的误差界往往会更“靠谱”。

此外，一般损失类与假设类的经验 Rademacher 复杂度存在某种关系，如引理 11.3.2 所示。

具体证明参阅文献 [199, 引理 3.4]

引理 11.3.2 令假设类 $\mathcal{G}=\{g:\mathcal{X}\to\{-1,+1\}\}$，以及与之相关的关于 0/1 损失的损失类 $\mathcal{F}=\{f:(\boldsymbol{x},y)\mapsto\mathbb{I}(g(\boldsymbol{x})\neq y):g\in\mathcal{G}\}$。对于任意的取值于 $\mathcal{X}\times\{-1,+1\}$ 的样本 $S=\{(\boldsymbol{x}_1,y_1),(\boldsymbol{x}_2,y_2),\cdots,(\boldsymbol{x}_N,y_N)\}$，令 $S_{\mathcal{X}}=\{\boldsymbol{x}_1,\boldsymbol{x}_2,\cdots,\boldsymbol{x}_N\}$ 表示其在 $\mathcal{X}$ 上的投影。那么，关于 $\mathcal{F}$ 和 $\mathcal{G}$ 的经验 Rademacher 复杂度具有以下关系:①

$$\hat{\mathfrak{R}}_S(\mathcal{F})=\frac{1}{2}\hat{\mathfrak{R}}_{S_{\mathcal{X}}}(\mathcal{G}). \tag{11.38}$$

结合定理 11.3.2和引理 11.3.2，可以得到下面的关于二分类的泛化误差界。

定理 11.3.3 (Rademacher 复杂度泛化界——二分类) 令假设类 $\mathcal{G}=\{g:\mathcal{X}\to\{-1,+1\}\}$，那么，对于任意 $\delta>0$, 从 D 中独立同分布（i.i.d.）采样得到的 N 个大小的样本 S, 对于任意 $g\in\mathcal{G}$，下面的不等式以至少 $1-\delta$ 的概率成立:

$$R(g)\leqslant\hat{R}_N(g)+\mathfrak{R}_N(\mathcal{G})+\sqrt{\frac{\log\frac{1}{\delta}}{2N}}, \tag{11.39}$$

$$R(g)\leqslant\hat{R}_N(g)+\hat{\mathfrak{R}}_S(\mathcal{G})+3\sqrt{\frac{\log\frac{2}{\delta}}{2N}}. \tag{11.40}$$

从上面的定理中，可以看出第二个公式中有关假设空间 $\mathcal{G}$ 的经验 Rademacher 复杂度依赖于具体的数据分布。由于 Rademacher 复杂度与数据分布相关，在实际中往往可以得到比基于 VC 维的更紧的泛化界。

11.3.3 间隔理论

对于线性分类器，其 VC 维为 $d+1$，从基于 VC 维的泛化误差界(11.32)中可以看出当数据维度很高时，这个误差界无法提供有用的信息。下面介绍间隔（margin）理论来解决这个问题，同时它也对实际中使用代理损失代替 0/1 损失的学习算法提供了有价值的洞察。

间隔理论考虑基于实值函数组成的假设空间 $\mathcal{G}=\{g:\mathcal{X}\to\mathbb{R}\}$。如第 7 章介绍的 SVM 分类器，对于一个样本 $(\boldsymbol{x},y)$，假设模型预测为 $\hat{g}(\boldsymbol{x})$，那么 $y\hat{g}(\boldsymbol{x})$ 的符号决定了预测是否正确，即当其为正时表示预测正确，否则表示预测错误。同时，直观上，$|y\hat{g}(\boldsymbol{x})|$ 值的大小可以看作一种“置信度”间隔，即值越大，代表置信度越高。下面首先定义间隔损失函数。

定义 11.3.5 (间隔损失函数) 对于任意的 $\rho>0$, ρ-间隔损失函数 $L_\rho:\mathbb{R}\times\mathbb{R}\to\mathbb{R}_+$ 定义于所有的 $y,y'\in\mathbb{R}$, 且满足 $L_\rho(y,y')=\Phi_\rho(yy')$:

① 请注意，为了符号简洁，以下经常用 $\hat{\mathfrak{R}}_S(\mathcal{G})$ 代替 $\hat{\mathfrak{R}}_{S_{\mathcal{X}}}(\mathcal{G})$。

$$\Phi_\rho(x)=\min\left(1,\max\left(0,1-\frac{x}{\rho}\right)\right)=\begin{cases}1, & x\leqslant 0\\ 1-\dfrac{x}{\rho}, & 0\leqslant x\leqslant\rho\\ 0, & x\geqslant\rho.\end{cases}\tag{11.41}$$

可以看出，间隔损失是 0/1 损失的一个上界，即 $\mathbb{I}(yg(\boldsymbol{x})\leqslant 0)\leqslant\Phi_\rho(yg(\boldsymbol{x}))$。相应地，对于一个 N 个大小的样本 S 及假设 g，可以定义其经验间隔损失风险：

$$\hat{R}_N^\rho(g)=\frac{1}{N}\sum_{i=1}^N\Phi_\rho(y_ig(\boldsymbol{x}_i))$$

接下来给出间隔损失类与假设类的经验 Rademacher 复杂度的关系。

引理 11.3.3 假设 $\Phi_\rho(x):\mathbb{R}\to\mathbb{R}$ 为一个 l-Lipschitz 函数，则间隔损失类与假设类的经验 Rademacher 复杂度的关系满足：

$$\hat{\mathfrak{R}}_S(\Phi\circ\mathcal{G})\leqslant l\hat{\mathfrak{R}}_S(\mathcal{G}).$$

具体证明参阅文献 [199，引理 5.7] 或文献 [200]

间隔损失 $\Phi_\rho(x)$ 最多是 $1/\rho$-Lipschitz 的。下面我们可以得到关于间隔的泛化误差界。

定理 11.3.4 (关于间隔的泛化误差界) 令 $\mathcal{G}$ 为一个实值函数集合。固定 $\rho>0$，则对于任意 $\delta>0$，对所有的 $g\in\mathcal{G}$，以下不等式以至少 $1-\delta$ 的概率成立：

具体证明参阅文献 [199，定理 5.8]

$$R(g)\leqslant\hat{R}_N^\rho(g)+\frac{2}{\rho}\mathfrak{R}_N(\mathcal{G})+\sqrt{\frac{\log\frac{1}{\delta}}{2N}},\tag{11.42}$$

$$R(g)\leqslant\hat{R}_N^\rho(g)+\frac{2}{\rho}\hat{\mathfrak{R}}_S(\mathcal{G})+3\sqrt{\frac{\log\frac{2}{\delta}}{2N}}.\tag{11.43}$$

具体地，对于线性假设空间，可以得到推论 11.3.1。

推论 11.3.1 令 $\mathcal{G}=\{\boldsymbol{x}\mapsto\boldsymbol{w}\cdot\boldsymbol{x}:\|\boldsymbol{w}\|\leqslant\Lambda\}$，且假设 $\mathcal{X}\subset\{\boldsymbol{x}:\|\boldsymbol{x}\|\leqslant r\}$。固定 $\rho>0$，则对于任意 $\delta>0$，以及独立同分布（i.i.d.）采样自 D 得到的 N 个大小的样本 S, 以下不等式以至少 $1-\delta$ 的概率成立：

具体证明参阅文献 [199，推论 5.11]

$$\forall g\in\mathcal{G},\ R(g)\leqslant\hat{R}_N^\rho(g)+2\sqrt{\frac{r^2\Lambda^2/\rho^2}{N}}+\sqrt{\frac{\log\frac{1}{\delta}}{2N}}.\tag{11.44}$$

简单而言，令 $\rho=1$，则 SVM 中使用的合页（hinge）损失是间隔损失 Φ_ρ 的上界，因此，SVM 可以看作一种对上述误差界右边的“最小化”方法。

11.3.4 PAC 贝叶斯

在前面的叙述中，我们聚焦于从假设空间 $\mathcal{G}$ 中学习算法只输出一个假设的情形。然而，在现实世界中，基于某些领域先验知识等，我们可能提前对每个 $g\in\mathcal{G}$ 有一个偏好，具体体现为设置一个在 $\mathcal{G}$ 上的先验分布 P。从贝叶斯方法角度，我们希望学习算法返回一个在 $\mathcal{G}$ 上的后验分布 Q，而不仅仅是一个假设，并且基于 Q 随机采样得到的 g 的泛化性能表现优异。这种分类器称为吉布斯分类器——对每个测试数据 $\boldsymbol{x}$，从后验分布 Q 中随机采样一个分类器 g 进行预测。与之对应的另一种分类器是多数投票分类器（有时也称为贝叶斯分类器），其预测准则为

$$f(\boldsymbol{x}) = \text{sign}\left(\mathbb{E}_{g\sim Q}[g(\boldsymbol{x})]\right).$$

它们二者之间有紧密的联系，例如，多数投票分类器的泛化风险不超过吉布斯分类器的 2 倍。[①] 这里主要考虑吉布斯分类器，相应地，我们需要重新定义关于 Q 的泛化风险与训练风险，如下。

$$R(Q) = \mathbb{E}_{g\sim Q}[R(g)] = \mathbb{E}_{g\sim Q}\mathbb{E}_{(\boldsymbol{x},y)\sim D}[\mathbb{I}(g(\boldsymbol{x}) \neq y)], \tag{11.45}$$

$$\hat{R}_N(Q) = \mathbb{E}_{g\sim Q}[\hat{R}_N(g)] = \mathbb{E}_{g\sim Q}\left[\frac{1}{N}\sum_{i=1}^{N}\mathbb{I}(g(\boldsymbol{x}_i) \neq y_i)\right], \tag{11.46}$$

其中 D 代表数据分布，N 为训练集 S 的大小。

下面这个定理揭示了关于后验分布 Q 的泛化风险与经验风险的差异的上界是一项关于后验分布 Q 与先验分布 P 的 KL 散度的表达式。

具体证明参阅文献 [203, 定理 31.1]

定理 11.3.5 (PAC 贝叶斯（PAC-Bayes）误差界[202]) 令 D 为基于 $\mathcal{Z}$ 上的分布，$\mathcal{G}$ 为假设集且 $\ell: \mathcal{G}\times\mathcal{Z}\to[0,1]$ 为损失函数。此外，令 P 为 $\mathcal{G}$ 上的先验分布且 $\delta\in(0,1)$。那么，对于从 D 中独立同分布（i.i.d.）采样来的训练集 $S=\{z_1,z_2,\cdots,z_N\}$，对于所有基于 $\mathcal{G}$ 的后验分布 Q（可以依赖于 S），下面的不等式以 $1-\delta$ 的概率成立：

$$R(Q) \leqslant \hat{R}_N(Q) + \sqrt{\frac{\text{KL}(Q\|P) + \log N/\delta}{2(N-1)}}, \tag{11.47}$$

其中 $\text{KL}(Q\|P) = \mathbb{E}_{h\sim Q}[\log(Q(h)/P(h))]$。

上面的 PAC 贝叶斯误差界可以启发我们设计学习准则——给定先验分布 P，通过最小化式 (11.48) 得到后验分布 Q：

$$\hat{R}_N(Q) + \sqrt{\frac{\text{KL}(Q\|P) + \log N/\delta}{2(N-1)}}. \tag{11.48}$$

这个准则与正则化风险最小化准则类似。它要求同时最小化关于 Q 的经验风险及 Q 与 P 的 KL“距离”。

11.4 深度学习理论

近年来，深度学习在计算机视觉、自然语言处理、语音识别等众多应用领域取得了令人瞩目的优异实验表现。然而，关于深度学习成功的背后（本质）原因仍然覆盖

① 某些情况下，倍数因子可以下降为 $1+\epsilon$，其中 ϵ 是一个大于 0 的小数[201]。

着一层神秘的面纱。因而，目前旨在揭示其成功背后原因的（深度）学习（泛化）理论的研究仍然是一个活跃的重要研究领域。

2017 年，Zhang 等[204] 通过大量实验，说明了传统的学习理论分析方法不能揭示为什么当前大型的神经网络在实践中可以泛化得比较好。特别地，他们从实验中观察发现当前主流的（复杂）深度学习网络模型在训练时都可以使训练集损失（即经验风险）降为 0，而学习得到的模型在测试集上的泛化性能（即近似看作期望风险）却很好。这似乎与经典的学习理论结论（即较优的期望风险要在经验风险与模型复杂度之间折中）相违背，因而引发学者们广泛关注，尤其是关于学习理论的重新思考。

本节介绍深度学习的三个独特现象——双重下降、良性过拟合和隐式正则化，并简要总结当前的理论进展。

11.4.1　双重下降

实验上，Belkin 等[205] 观察到了“双重下降”（double descent）现象。如图 11.7所示，随着模型复杂度的增加，不同于传统的“先下降后上升”的 U 型曲线（即图 11.3(b) 所示），测试风险（或期望风险）表现出“先下降后上升再下降”的“双重下降”现象。从图 11.7 中可以看出，插值阈值（interpolation threshold，即训练风险开始为 0 的点）之前的部分曲线对应传统的 U 型曲线，其模型往往是欠参数化的（under-parameterized，即模型参数数量小于样本大小），而插值阈值之后的部分往往对应过参数化的（over-parameterized，即模型参数数量大于样本大小）模型。值得一提的是，这种现象不仅在基于（深度）神经网络的学习算法中被观察到，而且同样出现于核模型、随机森林及 AdaBoost 等学习算法中[205]。由此可见，它应该是一种非常一般化的现象。然而，传统的学习理论却很难解释这种现象。具体地，正如 11.1.1节提到的，传统的理论结果表明（如图 11.3(b) 所示），随着模型复杂度的不断增加，近似误差会不断减小而估计误差会不断增加，继而导致期望风险会“先下降后上升”，从而呈现出 U 型曲线。①因而，这引起学者们广泛关注。

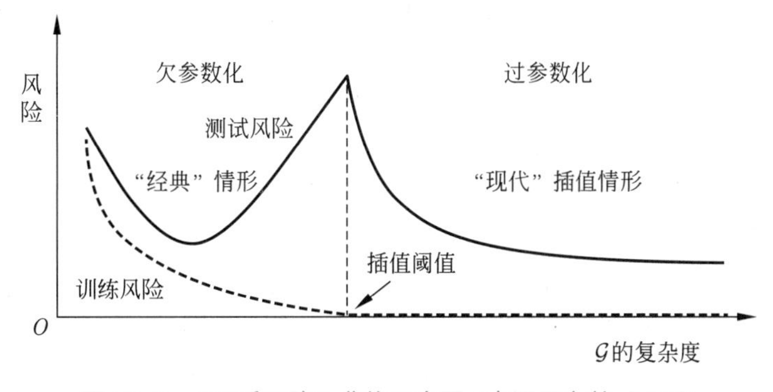

图 11.7　“双重下降”曲线示意图 (来源于文献 [205])

① 请注意，这里也可以从“偏差-方差分解”的角度进行解释。

学者们首先着眼于最小二乘回归这一简单设置上的“双重下降”现象的理论刻画。针对线性回归，Hastie 等[206] 理论上定量刻画了线性模型的“双重下降”现象。具体地，针对具有随机协变量（即输入 $\boldsymbol{x}$）的某些概率数据模型（目标回归函数为线性的），他们着重研究与量化“非岭最小二乘回归”(ridgeless least square regression) 有关线性模型在渐近情形下（即数据样本 N 与模型大小 d 趋向于无穷大，且固定模型过参数化程度 $d/N = \gamma \in (0, \infty)$）的泛化风险。他们通过研究泛化风险关于模型过参数化变量 γ（及其他变量）的依赖关系①，在一定条件下，理论上精确地推测了“双重下降”现象的出现。

进一步地，Mei 等[207] 利用类似的分析思路，对非线性随机特征模型[208] 的泛化性能进行了全面的理论刻画。具体地，针对岭回归学习算法及两类数据模型（包含线性与非线性），他们理论上刻画了其泛化风险在渐近情形下关于模型过参数化变量（及其他变量）的依赖关系，并且同样精确推测了在满足一定条件下时“双重下降”现象的出现。此外，理论结果表明，在某些条件下，最优的泛化风险往往会在过参数化区域取得，从而为当前大模型的优异实验性能提供了部分洞察。并且，理论结果表明，如果采取最优的正则化项系数，则会导致“双重下降”现象消失而变为 U 型曲线。Chen 等[209] 理论上探讨了线性回归下的“多重下降”(multiple descent) 现象，并且认为“双重下降”曲线不是关于模型族的内在特征，而是由数据的特性与学习算法的归纳偏置相互作用导致的。当前，有关“双重下降”现象的理论研究仍然是一个活跃的研究领域。

11.4.2 良性过拟合

由于深度神经网络模型往往是过参数化的，因此训练结束时经验风险可以降为 0（或接近 0）；然而，学习得到的深度模型在实际中的泛化性能却往往表现优异[204]。这种现象与传统的“过拟合”现象（即“过拟合”到训练集而导致泛化性能较差）不同，通常称为“良性过拟合”(benign overfitting) [210]。此种新现象似乎与传统（学习）理论结果相悖。具体地，正如前述内容提到的（如 11.3.1节结尾处），传统理论一般表明优异的泛化性能要在经验风险与模型复杂度之间折中。因而，这引起学者们广泛关注。

事实上，并非所有的使得经验风险为 0 的模型，都具有比较好的泛化性能[211]。于是，Bartlett 等[210] 首先给出过参数化的线性低范数插值器（low-norm interpolator）模型在线性回归问题下的有关良性过拟合的理论刻画。在上述设置下，他们理论上探讨了为什么及什么时候会出现良性过拟合的现象。简单而言，理论结果表明良性过拟合现象与数据的协方差矩阵的性质高度相关。具体地，他们主要利用随机矩阵理论等技术工具，对单一的低范数拟合器进行泛化风险的刻画。随后，学者们利用类似的分析思路，分别对二分类问题[212] 及多分类问题[213] 进行良性过拟合的理论研究。并且，有学者[214–215] 对传统的一致收敛（uniform convergence）泛化理论分析工具[216]

① 可以看出，当 $\gamma < 1$ 时为欠参数化模型区域，而 $\gamma > 1$ 对应过参数化模型。

提出质疑，认为其不能解释良性过拟合现象。然而，Srebro 等[217] 认为一致收敛可以解释良性过拟合，只不过需要对考虑的假设空间进行额外限制（使得经验风险为 0），并在 Bartlett 等[210] 考虑的问题设置下证明了（修正）一致收敛可以刻画良性过拟合。当前，有关良性过拟合现象的理论刻画研究仍然是一个活跃的研究领域。

11.4.3　隐式正则化

大量实验观察到[204]，对于深度神经网络，（随机）梯度下降算法最小化基于 Logistic 损失（或交叉熵损失）构成的经验风险，而不使用显式正则化，最终训练得到的模型也可以泛化得比较好。然而，这似乎与传统（学习）理论结果相悖。传统理论（即结构风险最小化，见 11.1.2节）表明[216]，一般需要基于正则化的学习算法避免最终学习到的模型复杂度不至于过大，从而保证优异的泛化性能。此外，传统（学习）理论一般认为泛化与优化是相互独立的，而上述现象似乎表明二者是耦合的。由此启发了学者们关注优化算法（例如梯度下降算法）本身在迭代及收敛时的模型特性及其对泛化的影响，即“隐式正则化”（implicit regularization）或“隐式偏差”（implicit bias）[218]。

Srebro 等[219] 首先理论上证明了，对于线性可分的数据，线性模型使用 Logistic 损失函数，梯度下降算法可以最终收敛到最大间隔分类器，从而为解释上述现象提供了很好的洞察。随后，文献 [220] 将其拓展到非可分线性数据。并且，文献 [221–222] 将其拓展到非线性分类器（包含多层全联接网络与卷积网络）。此外，将隐式正则化与良性过拟合的理论结果相结合，有学者认为这可能是理论上最终理解与解释过参数化模型（包括深度学习模型）泛化特性的重要分析思路[211]。

11.5　延伸阅读

PAC 可学习框架[196] 由图灵奖得主 Valiant 提出，由此开启了计算学习理论[223] 的研究领域，它是一个综合考虑计算与样本复杂度的学习框架。如果去掉其中的计算复杂度方面，可近似看作 Vapnik 和 Chervonenkis[197] 早先独立考虑的学习框架，其开启的研究领域一般称作统计学习理论[216]。一般认为，上述理论领域奠定了机器学习的基础理论体系，在分析与指导学习算法及揭示实验现象的内在本质等方面具有十分重要的意义。

对于假设空间复杂度，本章主要介绍了两种典型的衡量指标，即 VC 维与 Rademacher 复杂度。VC 维由 Vapnik 和 Chervonenkis[197] 提出，并得到广泛而深入的研究[224–226]。Rademacher 复杂度由 Koltchinskii[227]，Bartlett 和 Mendelson[198] 提出，主要分析泛化误差界。值得一提的是，VC 维是与分布及数据无关的，而 Rademacher 复杂度则是与分布及数据相关的，因而其往往可以得到比 VC 维更紧的泛化界。由于 Rademacher 复杂度考虑的是整个假设空间中的假设，而实际中学习算法得到的假设往往是整个假设空间中的一部分，于是，Bartlett, Bousquet 和 Mendelson[228] 提出了局部 Rademacher 复杂度的概念，以更好地刻画泛化性能。此外，还有其他的衡量假设空间复杂度的指标，例如覆盖数（covering number）[229]。这些复杂度之间存在着联系，更多内容可参阅文献 [230]。此外，还有基于学习算法的稳定性工具[231]，主要分析其泛化性能。

本章简要介绍了间隔（margin）理论，它可用于分析与刻画多种学习算法的泛化性能，例如支持向量机（SVM）[19]、AdaBoost [232–233] 等。此外，关于 PAC 贝叶斯（PAC-Bayes），McAllester[202] 首先提出用于分析基于贝叶斯的学习算法的泛化性能，更多内容请参阅文献 [201, 234–237]。

为简单起见，本章主要以二分类任务为例，介绍相关学习理论内容，可以将其拓展到其他学习任务中，例如回归[238]、多分类[239] 等任务。

此外，关于 PAC 可学习理论可进一步查阅文献 [223]，有关学习理论的更多内容可参阅文献 [199, 203, 216]，关于学习理论的中文书籍可参阅文献 [240]。另外，有关集中不等式的内容可进一步查阅文献 [241]。

目前，深度学习理论仍然是一个非常活跃的重要研究领域。本章主要介绍了三种现象及其相关的典型理论探索与进展。关于深度学习理论的更多内容可进一步参阅综述文献 [211, 242]。总体而言，目前仍然处在理论理解现象的初级阶段，远没有到达理论启发算法及应用的阶段。相较而言，回顾历史，PAC 可学习框架的提出启发了 AdaBoost 算法的诞生，而统计学习理论的提出也启发了支持向量机的出现。

11.6 习题

习题 1 试推导并给出例 11.1.1中关于方差 $\mathrm{Var}[\hat{f}(\boldsymbol{x};\mathcal{D})]$ 的完整形式。

习题 2 试证对于有限的假设空间 $\mathcal{G}$，它的 VC 维最多为 $\log_2|\mathcal{G}|$。

习题 3 试证 d 维线性分类器 $\mathcal{G} := \{f \mid f(\boldsymbol{x}) = \mathrm{sign}(\boldsymbol{w}^\top\boldsymbol{x}+b)$, 其中 $\boldsymbol{x},\boldsymbol{w} \in \mathbb{R}^d, b\in\mathbb{R}\}$ 的 VC 维为 $d+1$.

习题 4 给定输入空间 $\mathcal{X} \subset \{\boldsymbol{x} : \|\boldsymbol{x}\| \leqslant r\}$ 及样本集 $S = (\boldsymbol{x}_1, \boldsymbol{x}_2, \cdots, \boldsymbol{x}_N)$，对于线性假设空间 $\mathcal{G} = \{\boldsymbol{x} \mapsto \boldsymbol{w}\cdot\boldsymbol{x} : \|\boldsymbol{w}\| \leqslant \varLambda\}$，试证其经验 Rademacher 复杂度 $\hat{\mathfrak{R}}_S(\mathcal{G})$ 的上界为 $\sqrt{\dfrac{r^2\varLambda^2}{N}}$。

习题 5 假设损失类为 $\mathcal{F} = \{f : \mathcal{Z} \to [0, B]\}$. 试证明，对于任意 $\delta > 0$, 从 D 中独立同分布（i.i.d.）采样得到的 N 个大小的样本 S, 对于任意 $f \in \mathcal{F}$，下面的不等式以至少 $1-\delta$ 的概率成立:

$$\mathbb{E}[f(\boldsymbol{z})] \leqslant \frac{1}{N}\sum_{i=1}^{N} f(\boldsymbol{z}_i) + 2\mathfrak{R}_N(\mathcal{F}) + B\sqrt{\frac{\log\frac{1}{\delta}}{2N}}, \tag{11.49}$$

$$\mathbb{E}[f(\boldsymbol{z})] \leqslant \frac{1}{N}\sum_{i=1}^{N} f(\boldsymbol{z}_i) + 2\hat{\mathfrak{R}}_S(\mathcal{F}) + 3B\sqrt{\frac{\log\frac{2}{\delta}}{2N}}. \tag{11.50}$$

习题 6　给定先验分布 P 和后验分布 Q，试证多数投票分类器的泛化风险不超过吉布斯分类器的泛化风险的两倍。

习题 7　考虑线性分类器 $g(\boldsymbol{x};\boldsymbol{w})=\mathrm{sign}(\boldsymbol{w}^\top\boldsymbol{\phi}(\boldsymbol{x}))$，其中 $\boldsymbol{\phi}(\boldsymbol{x})$ 为给定的特征映射，假设模型的先验分布和后验分布均为高斯分布：$P(\boldsymbol{w})=\mathcal{N}(\boldsymbol{0},\boldsymbol{I})$、$Q(\boldsymbol{w})=\mathcal{N}(\boldsymbol{\mu},\boldsymbol{I})$。

(1) 请推导 PAC-Bayes 上界（11.47）的具体形式；

(2) 假设 $\boldsymbol{\mu}$ 已知，我们希望通过最优化 PAC-Bayes 理论上界学习最优模型 $\boldsymbol{w}^*$，请推导该 PAC-Bayes 上界关于参数 $\boldsymbol{w}$ 的梯度。

高　级　篇

第 12 章　概率图模型

本章介绍概率图模型（probabilistic graphical models，PGM），包括表示、推断和学习等内容。概率图模型为刻画多个随机变量的联合分布提供了一类强大的建模语言及对随机变量进行概率推断的通用算法。前文介绍的概率模型都可以看作 PGM 的特例。

12.1　概述

顾名思义，概率图模型是将概率论与图论有机融合的一类概率机器学习方法。如前面章节反复看到的例子，机器学习任务中会涉及多个随机变量，如分类任务中的类别变量和输入特征变量、贝叶斯学习中的模型参数变量等，如果不考虑变量之间的结构关系，直接对它们进行概率建模和计算，将面临“指数爆炸”的维数灾难问题（见第 4.1.3 节）。概率图模型提供了一种有效的建模语言，简洁直观地描述了多变量的联合分布，并提供了一套通用的算法框架。前文已经看到很多概率图模型的例子，它们看上去比较简单，例如朴素贝叶斯、对数几率回归，以及包含隐变量的高斯混合模型等。

从原理上，概率图模型要解决以下三个基本问题。

(1) 表示（representation）：如何用一个模型有效表示多个随机变量之间的依赖关系？如何考虑领域知识或模型假设等？

(2) 学习（learning）：如何从给定数据中估计一个合适的模型？

(3) 推断（inference）：如何对给定的模型进行查询，回答问题？

首先，在模型表示上，一个概率图模型由两个关键要素 G 和 p 组成。

(1) 图 $G=(V,E)$：一个由节点集合 V 和边集合 E 构成的图，每个节点 i 对应一个随机变量 X_i，每条边表示相连接的两个变量有直接的依赖关系；

(2) 概率分布 $p(\boldsymbol{X})$：一个包含所有随机变量的联合分布 $p(X_1,X_2,\cdots,X_{|V|})$。

下面举一个食物链的例子：

例 12.1.1 (草原食物链)　在一个草原的生态系统中,存在“鹰”“狐狸”“鼠”“吃虫子的鸟”“食草的昆虫”“吃草籽的鸟”“灌木”和“草”等物种。这些物种之间存在摄食关系，但这种关系不是杂乱无章的，也不是任意两者之间都有直接的摄食关系，根据生物学的知识，它们之间的关系是存在层级的——如草和灌木是生产者，食草的昆虫和吃草籽的鸟是初级消费者，吃虫子的鸟和鼠是二级消费者，而鹰和狐狸是更高一级的消费者。这种有规律的依赖关系可以用一个图清晰地描述。我们用变量 $A \sim H$ 依次表示上述 8 个物种，根据生物知识，可以画一个图 G，如图 12.1所示，图中每个节点对应一个物种，边表示相连物种有摄食关系，箭头方向表示摄食关系是一种单向的关系。由于每个变量都会存在多种状态的可能（如某一年草的质量可能是好的，也可能是差的），为此，我们需要一个联合概率分布 $p(A, B, C, D, E, F, G, H)$ 来刻画整个食物链的所有变量的可能取值情况。这种被赋予了概率分布的图就成了一个概率图模型。

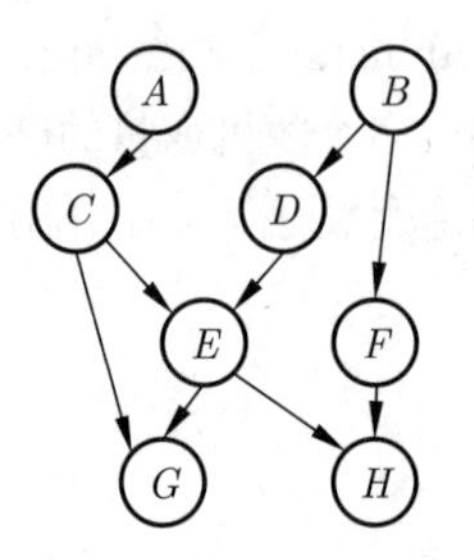

图 12.1 一个包含 8 个物种的食物链关系图

由此可见，图 G 的作用是给概率图模型一个直观、易于理解和交流的展示方式，图的结构表达了随机变量之间的依赖（或条件独立性）关系；而概率分布 $p(\boldsymbol{X})$ 的作用是给所有随机变量的联合概率分布一个精准的刻画，该分布蕴含了各变量之间所有的可能依赖（或条件独立性）关系。因此，对于同一个概率图模型，两个要素之间必须是“相合”的，即满足某种等价关系。这种等价关系的保证是概率图模型的基础理论，后文将具体介绍。

在概率图模型的表示上，我们既考虑了变量的不确定性（即利用概率分布），同时也可以灵活考虑问题的领域知识或者一些模型假设。例如，在食物链的例子中，不同物种之间的连接图不是一个完全图，相反，它的边连接是稀疏的，每条边对应的变量之间的直接作用关系是根据领域的生物知识得到的。这些优点恰恰是概率图模型被广泛使用的主要原因。

其次，学习的任务是从给定数据集中估计概率分布 $p(\boldsymbol{X})$，具体可分为参数学习和结构学习，其中参数学习是在给定图 G 的结构的情况下估计 $p(\boldsymbol{X}|G)$ 中的未知参数；而结构学习是指学习图 G 的结构及相对应的未知参数。

最后，推断的任务是在给定一些变量 $\boldsymbol{X}_o$ 的观察值 $\mathbf{e}$ 时，如何计算未观察变量的条件概率分布？这里的推断可以是对某一个变量或一组变量进行条件概率分布的计算，或者在没有观察变量的情况下，计算某些变量的边缘分布。在食物链的例子中，如果我们观察到草的质量，可以推断鹰的生存情况 $p(A|H = \text{good})$；或者在没有任何观察的情况下，推断鹰的生存情况 $p(A)$。

从任务的描述可以看到，结构学习中一般包含参数学习，而参数学习的过程往往需要进行概率推断，以计算待优化的目标函数及其梯度等信息。

根据图 G 中边的类型，概率图模型主要分为两大类——有向无环图的贝叶斯网络和无向图的马尔可夫随机场（也叫马尔可夫网络）。下面分别从表示、推断和学习等方面介绍两类图模型。

12.2　概率图模型的表示

首先介绍概率图模型的表示——图 G 和概率分布 p，以及它们二者间的等价性。

12.2.1　贝叶斯网络

上述描述食物链关系的图模型是一个贝叶斯网络。下面介绍一个更简单的例子。

例 12.2.1（不诚实的掷骰子游戏）　两个玩家 P_1 和 P_2 玩掷骰子比大小的游戏，假设有两种骰子：一种是公平的，每一面出现的概率都是 $\frac{1}{6}$；另一种是加铅的，出现数字 $1\sim5$ 的概率都是 $\frac{1}{10}$，出现数字 6 的概率是 $\frac{1}{2}$。其中，玩家 P_1 不诚实，在掷骰子的过程中会切换骰子的类型，而 P_2 一直使用公平的骰子。在游戏的每一轮，两个玩家分别掷骰子，点数大者获得奖励。经过 20 轮游戏，观察到玩家 P_1 掷骰子的点数为 14631656612563165646。从这个序列中，可以看到很多数字 6，这可能引起很多疑问，诸如：

(1) 假如 P_1 是诚实的，掷出来这个序列的概率是多少？

(2) 这个观察序列中哪一部分是公平的骰子产生的？哪一部分是加铅的骰子产生的？

(3) 玩家 P_1 以多高的频率在两种骰子之间切换？加铅的骰子产生 6 的概率是多少？

在概率图模型中，问题（1）称为评估（evaluation）；问题（2）称为解码（decoding）；问题（3）称为学习（learning）。

为了回答上述问题，可以构建一个概率图模型。用 T 表示游戏的总轮数，用 $X_1,X_2,\cdots,X_T$ 表示玩家 P_1 在每一轮的观察变量，用 $Y_1,Y_2,\cdots,Y_T$ 表示 P_1 所用骰子的类型。很显然，在这个游戏中，Y_t 和 Y_{t-1} 是直接依赖的，Y_{t-1} 的状态会影响 Y_t 的取值；而变量 X_t 的取值只取决于当前骰子的状态 Y_t。我们用一个有向图刻画所有变量的依赖关系，如图 12.2所示。该模型定义了 $\boldsymbol{X}$ 和 $\boldsymbol{Y}$ 的联合分布，记给定的观察序列为 $\boldsymbol{x}=(x_1,x_2,\cdots,x_T)$，相应地，状态序列记为 $\boldsymbol{y}=(y_1,y_2,\cdots,y_T)$。假设模型已知，可以计算生成特定序列 $\boldsymbol{x}$ 的似然（即边缘概率）$p(\boldsymbol{x})=\sum_{\boldsymbol{y}}p(\boldsymbol{x},\boldsymbol{y})$。解码的任

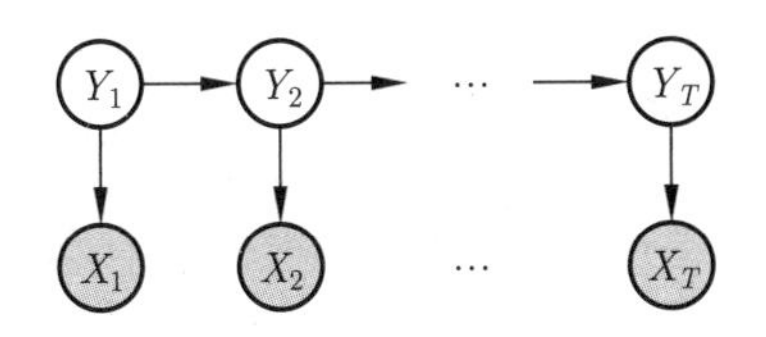

图 12.2　隐马尔可夫模型

务是从后验分布 $p(\boldsymbol{y}|\boldsymbol{x})$ 中找到最可能的状态序列 $\boldsymbol{y}^* = \operatorname{argmax}_{\boldsymbol{y}} p(\boldsymbol{y}|\boldsymbol{x})$。而学习的任务是从观察的经验数据（通常是一组观察序列）中估计出 $p(\boldsymbol{x}, \boldsymbol{y})$。

上述例子中的概率图模型实际上就是著名的隐马尔可夫模型（hidden Markov models，HMM），也是贝叶斯网络中的经典例子。下面正式介绍贝叶斯网络的基本原理。

具体地，贝叶斯网络是一个有向无环图（directed acyclic graph，DAG）。每个节点对应一个随机变量，在贝叶斯网络中，边代表变量之间的直接作用关系。[①]设节点集合为 $\boldsymbol{X} = \{X_1, X_2, \cdots, X_d\}$，记 π_k 为节点 X_k 所对应的父节点集合，$\boldsymbol{X}_{\neg k}$ 为集合 $\boldsymbol{X}$ 中去掉 X_k 后的节点集合。贝叶斯网络定义的联合概率分布可以写为

$$p(X_1, X_2, \cdots, X_d) = \prod_{i=1}^{d} p(X_i|\boldsymbol{X}_{\pi_i}). \tag{12.1}$$

这种因子连乘形式的概率分布是和给定 DAG 图相合的最普适的概率分布，即概率分布所表达的条件独立性与 DAG 图表达的是等价的。如前所述，一个贝叶斯网络的表示有两个方面——DAG 图是变量之间依赖关系的定性表示，而概率分布是定量的刻画。例如，对于图 12.2所示的隐马尔可夫模型，其联合分布可以写成：

$$p(\boldsymbol{X}, \boldsymbol{Y}) = p(Y_1) \prod_{i=2}^{T} p(Y_i|Y_{i-1}) \prod_{i=1}^{T} p(X_i|Y_i), \tag{12.2}$$

其中每个因子都是一个条件概率分布——$p(Y_1)$，这种边缘分布可以看成父节点为空集的条件分布。

为了严格说明贝叶斯网络表示的两个方面是相合的，需要用到条件独立性。回顾一下，当给定变量 C 时，若变量 A 和 B 相互独立，则称 A 和 B 在给定 C 时条件独立，记为

$$A \perp B \mid C. \tag{12.3}$$

在贝叶斯网络中，需要考虑三种基本结构，它们对应不同的条件独立性，如图 12.3所示，分别介绍如下。

(1) “共同父亲”结构：第一种关系如图 12.3(a) 所示，$A \leftarrow C \rightarrow B$，变量 A 和 B 有共同的父亲。比如，“闪电”（C），一般会导致“打雷”（A）和“下雨”（B），如果观察到天空中出现闪电，那么是否打雷与是否下雨没有直接关系——一般闪电都会伴有雷声，与是否下雨无关；反之，如果没有观察到天空出现闪电，当听到打雷声时，预测下雨的概率会增高。因此，这种结构对应的条件独立性关系为 $A \perp B \mid C$；

(2) “级联”结构：第二种关系如图 12.3(b) 所示，$A \rightarrow C \rightarrow B$，变量按照级联结构相互作用。比如，“上重点中学”（A）的学生一般有更高的概率“上著名大学”（C），然后有更大的可能性“当大学教授”（B），在没有观察到 C 的情况下，A

① 一般将这种有向边的作用关系称为因果关系，但这种说法实际上不严谨。因果关系的严格论述请参考文献 [243]。

和 B 之间有很强的依赖性，但是，如果已知一个人是著名大学毕业，那么他是否当大学教授与是否上重点中学一般没有很强的直接关系。这种结构对应的条件独立性为 $A \perp B \mid C$；

(3) V 结构：第三种关系如图 12.3(c) 所示，$A \to C \leftarrow B$，C 变量有两个父节点。比如，“学习成绩”（C）会受到“是否聪明”（A）和“上课出勤率”（B）的共同影响，在没有观察到学习成绩时，“是否聪明”与“上课出勤率”没有直接的作用关系；但如果已知一个学生学习成绩优异，这个时候“是否聪明”和“上课出勤率”就变得相关起来了，因为如果一个学生的“聪明程度”一般，那么“上课出勤率”低的可能性就变得很小；反过来，如果一个学生“出勤率”低，那么他的聪明程度一般的可能性就变得很小。这种关系被称为“辩解”（explain away）——当观察到变量 C 时，A 和 B 之间变得相互依赖，已知其中一个变量（如 A），会为另外一个变量（如 B）“辩解”。这种 V 结构对应的条件独立性为 $A \perp B$。

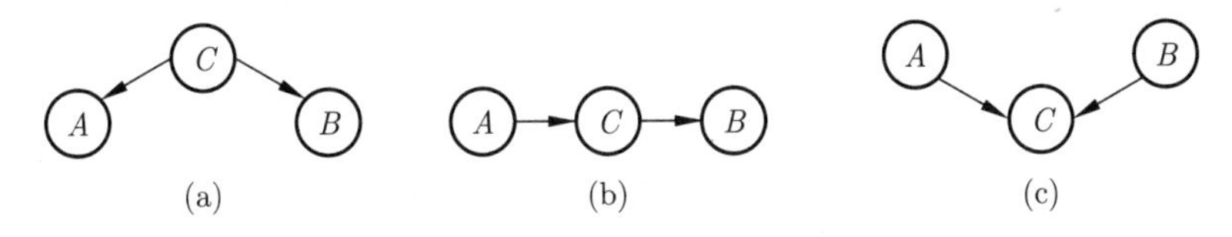

图 12.3　贝叶斯网络中表达条件独立性的三种基本结构

根据上述三种基本的表达条件独立性的结构，可以判定一个给定的 DAG 图 G 上所有的条件独立性，该集合记为 $I(G)$。贝叶斯球（Bayes ball）算法提供了一种有效的计算 $I(G)$ 的方式。考虑一般性，令 X、Y、Z 分别表示三个不相交的随机变量子集。给定变量 Z，如果从 X 中的任意一个节点放一个小球，都不能到达 Y 中的任意一个节点，则称给定 Z 时，X 和 Y 是有向分割的（directed-separated，简称 d-分割，记为 d-sep）。对于图 G，它包含的所有独立性的集合定义为所有 d-分割对应的条件独立性：

$$I(G) = \{X \perp Y|Z : \text{d-sep}(X;Y|Z)\}.$$

具体地，根据图 12.3所示的三种基本结构，在判定 d-分割时，会遇到如下几种情况，如图 12.4所示。

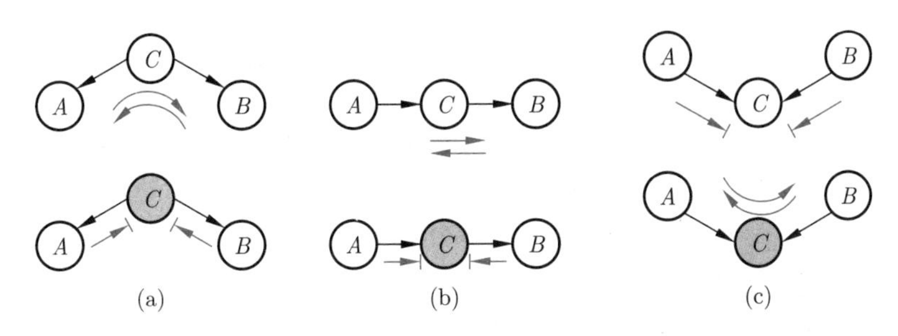

图 12.4　贝叶斯球算法需要处理的三类（共 6 种）基本情况

(1)“共同父亲”结构：当 C 已被观察时，从 A 或 B 放出的小球都会被弹回，如图 12.4(a) 所示；当 C 未被观察时，从 A 或 B 放出的小球可以通过，到达另一边；

(2) “级联”结构：当 C 已被观察时，从 A 或 B 放出的小球都会被弹回，如图 12.4(b) 所示；当 C 未被观察时，从 A 或 B 放出的小球可以通过，到达另一边；

(3) V 结构：当 C 已被观察时，从 A 或 B 放出的小球可以通过，到达另一边，如图 12.4(c) 所示；当 C 未被观察时，从 A 或 B 放出的小球都会被弹回。

例 12.2.2 给定图 12.5 所示的贝叶斯网络，通过贝叶斯球算法可以得到 $I(G) = \{X_1 \perp X_2, X_2 \perp X_4, X_2 \perp \{X_1, X_4\}, X_2 \perp X_4|X_1, X_3 \perp X_4|X_1, X_2 \perp X_4|\{X_1, X_3\}, \{X_2, X_3\} \perp X_4|X_1\}$。

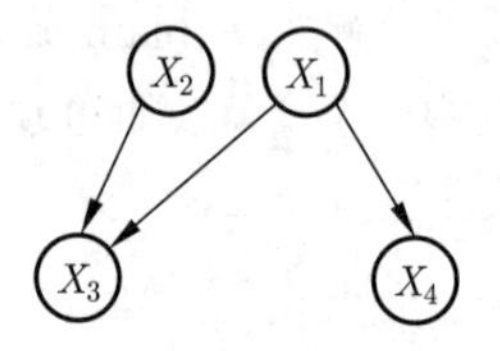

图 12.5 一个包含 4 个变量的贝叶斯网络

对于概率图模型的另外一个表示——联合分布 $p(\boldsymbol{X})$，它同样包含了变量之间的条件独立性关系，我们将这些条件独立性关系的集合记为 $I(p)$。当满足 $I(G) \subseteq I(p)$ 时，我们称 G 是 p 的一个 I-影像（I-map）。换句话说，如果 G 是 p 的 I-map，图 G 中存在的条件独立性关系必然都在 p 中存在；反过来，分布 p 可能包含更多的条件独立性关系。特殊地，当 $I(G) = I(p)$ 时，称 G 是 p 的一个完美影像（perfect map, p-map）。

例 12.2.3 (I-map) 假设两个二值的随机变量 X_1 和 X_2，它们的联合概率分布如图 12.6中的表格所示，给定图 G_1、G_2、G_3，请问哪个图是 p_1 的 I-map？哪个图是 p_2 的 I-map？

X_1	X_2	$p_1(X_1,X_2)$
0	0	0.28
0	1	0.12
1	0	0.42
1	1	0.18

X_1	X_2	$p_2(X_1,X_2)$
0	0	0.32
0	1	0.26
1	0	0.12
1	1	0.30

G_1 G_2 G_3

图 12.6 一个包含 2 个二值随机变量的例子

要回答这个问题，首先计算出 $I(p_1) = \{X_1 \perp X_2\}$、$I(p_2) = \emptyset$。对于给定的三个图，可以判定 $I(G_1) = \{X_1 \perp X_2\}$、$I(G_2) = \emptyset$、$I(G_3) = \emptyset$。因此，图 G_1、G_2 和 G_3 都是 p_1 的 I-map；同时，图 G_2 和 G_3 也是 p_2 的 I-map。

基于上述概念，对于贝叶斯网络，有如下的等价性定理。

定理 12.2.1 (等价性定理) 对于一个图 G，令 $\mathcal{P}_1$ 表示所有满足 $I(G)$ 的概率分布的集合、$\mathcal{P}_2$ 表示所有满足式（12.1）“因子乘积”形式的概率分布的集合，则有 $\mathcal{P}_1 = \mathcal{P}_2$。

至此，我们完成了贝叶斯网络表示的介绍，证明了贝叶斯网络的概率分布形式 (12.1)。值得注意的是，不同结构的贝叶斯网络可能描述的条件独立性是等价的。例如，在图 12.3中，前两个贝叶斯网络表示的条件独立性等价，即 $A \perp B|C$。这一点在贝叶斯网络的结构学习中将再次被讨论。

另外，一个极为重要的概念是马尔可夫毯（Markov blanket, MB）。对于有向无环图 $\mathcal{G}(V, E)$ 中的任意节点 $i \in V$，均可定义其马尔可夫毯为该节点的所有父节点、子节点及子节点所对应的其他父节点（被称为 co-parents）所构成的集合，即

$$\Gamma_i = \{s : s \in \pi_i\} \cup \{t : i \in \pi_t\} \cup \{s' : \exists i, i \in \pi_t, s' \in \pi_t\}. \tag{12.4}$$

图 12.7展示了一个例子。如式 (12.4) 所示，马尔可夫毯表示了在概率图模型中决定随机变量条件分布所需的最少节点集合。令 $\neg i = V \setminus \{i\}$ 表示除节点 i 外的剩余节点集合，在给定式 (12.1) 所定义的联合分布下，对 X_i 的条件分布总是满足

$$p(x_i|\boldsymbol{x}_{\neg i}) = p(x_i|\boldsymbol{x}_{\Gamma_i}) \propto p(x_i|\boldsymbol{x}_{\pi_i}) \prod_{i \in \pi_t} p(x_t|\boldsymbol{x}_{\pi_t}). \tag{12.5}$$

从式 (12.5) 可以看到，马尔可夫毯的一个重要作用是刻画了在概率图模型中节点所对应的随机变量条件分布的局部独立性（与之相关的只有马尔可夫毯中的节点所对应的随机变量）。这也一定程度上解释了概率图模型能够用于高维数据建模的原因。

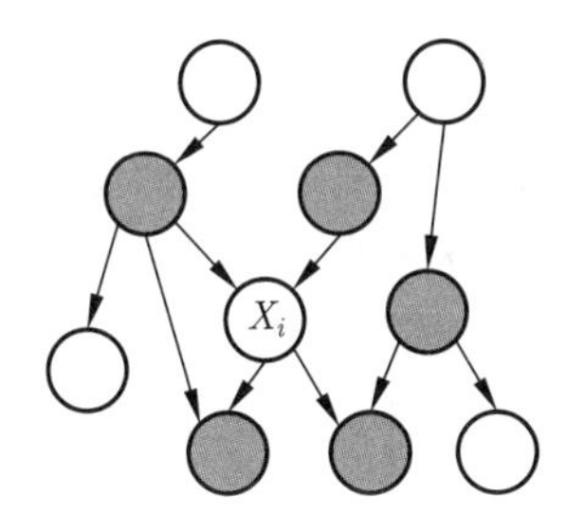

图 12.7　灰色节点为贝叶斯网络中节点 X_i 的马尔可夫毯变量

12.2.2　马尔可夫随机场

贝叶斯网络给我们提供了一种强大的语言，描述多个变量的联合分布，但是，并不是所有的分布都能用贝叶斯网络刻画。下面举一个简单的例子。

例 12.2.4　考虑四个随机变量 X_1、X_2、X_3 和 X_4，假设一个分布满足条件独立性 $X_1 \perp X_3|\{X_2, X_4\}$ 和 $X_2 \perp X_4|\{X_1, X_3\}$。可以验证，任意一个由这四个变量构成的贝叶斯网络都不能同时满足这两个条件独立性。

马尔可夫随机场是无向图概率图模型，提供了另外一种灵活的概率建模语言。马尔可夫随机场与贝叶斯网络紧密相关，在一些情况下可以相互转换，同时也可以表示一些贝叶斯网络不能描述的概率分布（如例 12.2.4）。

马尔可夫随机场同样由图 G 和概率分布 p 共同表示，其中 G 是一个无向图。和贝叶斯网络一样，图 G 和概率分布 p 需要满足相合性，即它们表达的条件独立性保

持一致。具体地，在无向图中，条件独立性的检查变得十分显然。首先，定义无向图上的分割（separation）。

定义 12.2.1 对于任意的三个节点集合 X、Y、Z，如果从 X 中任意一点出发到达 Y 中任意一点的所有边都要经过 Z 中的某个节点，则称 Z 将 X 和 Y 分割开，记为 $\text{sep}_G(X;Y|Z)$，如图 12.8 所示。

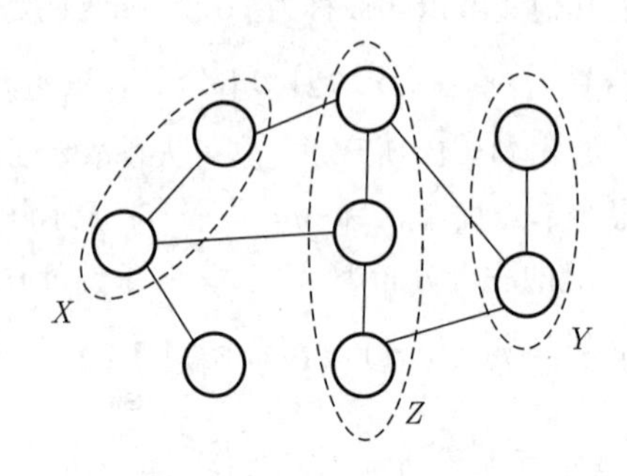

图 12.8 X 到 Y 的所有通路都被 Z 所阻断

基于无向图上的分割，我们定义无向图的全局马尔可夫性：$I(G)=\{X\perp Y|Z:\text{sep}_G(X;Y|Z)\}$，即对于任意的三个节点的集合 X、Y、Z，如果 Z 将 X 和 Y 分割，则有条件独立性 $X\perp Y\mid Z$。

对于无向图上的每个节点 X_i，其邻居节点的集合构成了它的马尔可夫毯，记为 Γ_i。例如，图 12.9中 X_1 的马尔可夫毯是 $\{X_2,X_3\}$，由此可以定义无向图的局部马尔可夫性：

$$I_l(G)=\{X_i\perp(\boldsymbol{X}_{\neg i}-\Gamma_i)|\Gamma_i\}$$

即给定变量 X_i 的邻居变量，它与其他变量独立。容易看到，局部马尔可夫性和全局马尔可夫性是等价的。

为了更好地描述无向图所代表的概率分布，我们引入团（clique）的概念。团是指完全连通的子图，即子图中任意两点都有边相连。因此，任何一个含有多个节点的团的子集也是一个团。对于一个团，若在其中加入任意节点都不能使其仍满足团的定义，则称这个团为最大团。单个节点是最简单的团。例如，图 12.9中共有三个最大团，分别是 $\{X_1,X_2,X_3\}$、$\{X_2,X_3,X_4\}$ 和 $\{X_3,X_5\}$；同时，每条边和每个节点都是团。

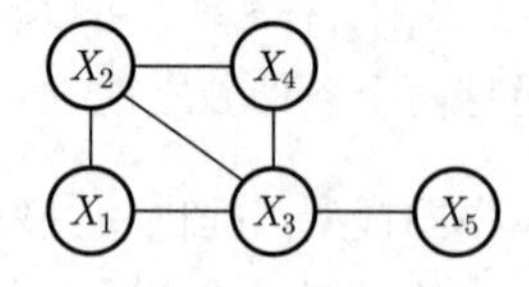

图 12.9 一个马尔可夫随机场的例子

定义 12.2.2 (吉布斯分布) 给定一个图 G，令 $\mathcal{C}$ 表示团的集合。如果概率分

布 $p(\boldsymbol{X})$ 满足：

$$p(X_1, X_2, \cdots, X_d) = \frac{1}{Z}\prod_{c\in\mathcal{C}} \psi_c(\boldsymbol{X}_c), \tag{12.6}$$

其中 $\psi_c(\boldsymbol{X}_c)$ 是定义在变量 $\boldsymbol{X}_c$ 上的势函数，则称 $p(\boldsymbol{X})$ 是图 G 上的一个吉布斯分布（Gibbs distribution）。这里，Z 是归一化因子，也称为配分函数。

从定义出发，容易验证，如果 p 是图 G 上的吉布斯分布，则 G 是 p 的一个 I-map，即 $I(G) \subseteq I(p)$。反过来，有如下定理。

定理 12.2.2 (Hammersley-Clifford 定理)　令 p 是定义在变量 $\boldsymbol{X}$ 上的正概率分布，即 $p(\boldsymbol{x}) > 0$，G 是由变量 $\boldsymbol{X}$ 构成的一个无向图。如果 G 是分布 p 的 I-map，则 p 是定义在 G 上的一个吉布斯分布。

该定理表明，满足无向图马尔可夫性的概率分布为吉布斯分布。这个定理的重要性体现在，它从根本上解决了马尔可夫随机场的概率分布形式。对于图 12.9的例子，根据定理 12.2.8 可以将图中所表示的概率分布写成如下形式：

$$p(\boldsymbol{x}) = \frac{1}{Z}\psi_{123}(x_1, x_2, x_3)\psi_{234}(x_2, x_3, x_4)\psi_{35}(x_3, x_5), \tag{12.7}$$

其中 $Z = \sum_{\boldsymbol{x}} \psi_{123}(x_1, x_2, x_3)\psi_{234}(x_2, x_3, x_4)\psi_{35}(x_3, x_5)$；如果是连续变量，将求和换为积分即可。

由于配分函数的存在，$\sum_{\boldsymbol{x}} p(\boldsymbol{x}) = 1$ 总成立，所以只要势函数 $\psi_c(\boldsymbol{x}_c) > 0$，$p(\boldsymbol{x})$ 就能满足概率的性质。也就是说，能够表示无向图中各变量概率分布关系的势函数并不唯一。一般用 $\psi_c(\boldsymbol{x}_c) = \exp(-\sum_c E(\boldsymbol{x}_c|\boldsymbol{\theta}))$ 作为势函数，其中 $\boldsymbol{\theta}$ 表示参数，则

$$p(\boldsymbol{x}) = \frac{1}{Z}\exp\left(-\sum_c E(\boldsymbol{x}_c|\boldsymbol{\theta})\right) \tag{12.8}$$

$$Z = \sum_{\boldsymbol{x}} \exp\left(-\sum_c E(\boldsymbol{x}_c|\boldsymbol{\theta})\right).$$

在物理学中，式 (12.8) 是玻尔兹曼分布的概率函数，其中 $E(\boldsymbol{x}_c|\boldsymbol{\theta})$ 称为能量函数，代表的是一些有相互作用的粒子的能量，而相互没有作用的粒子的能量可以相加。对于能量越低的状态，其更加稳定，出现的概率也更高。

与有向图不同，在无向图中势函数并没有具体的统计学含义。虽然势函数有很多选择，但是对于实际问题，选择合适的势函数并不简单，通常需要具体问题具体分析。下面举几个典型的例子。

例 12.2.5 (成对马尔可夫随机场)　除基于最大团的定义，在实际应用中，无向

图模型常用的一种定义方式是直接在节点和边上定义势能函数，得到[①]：

$$p(\boldsymbol{x})=\frac{1}{Z}\prod_{d\in V}\psi_d(x_d)\prod_{(s,t)\in E}\psi_{st}(x_s,x_t). \tag{12.9}$$

满足式 (12.9) 所定义的联合分布的无向图模型称为成对马尔可夫随机场（pairwise Markov random field）。对于任意的无向图模型，通过引入辅助变量，都可以被转换为等价的成对马尔可夫随机场[244]。

例 12.2.6 (玻尔兹曼机) 玻尔兹曼机是一个全连接的图，每个节点变量是二值 $x_i\in\{-1,+1\}$，其概率分布为

$$p(\boldsymbol{x})=\frac{1}{Z}\exp\left(\sum_{ij}\theta_{ij}x_ix_j+\sum_{i=1}^{d}\alpha_ix_i\right). \tag{12.10}$$

例 12.2.7 (Ising 模型) Ising 模型是一个特殊的玻尔兹曼分布，其节点变量按照规则的晶格拓扑排列，如图 12.10(a) 所示，因此，其联合分布为

$$p(\boldsymbol{x})=\frac{1}{Z}\exp\left(\sum_{i,j\in N_i}\theta_{ij}x_ix_j+\sum_{i=1}^{d}\alpha_ix_i\right). \tag{12.11}$$

例 12.2.8 (受限玻尔兹曼机) 受限玻尔兹曼机（restricted Boltzmann machine，RBM）是一个二部图，其中 $\boldsymbol{X}$ 变量是可观测的，$\boldsymbol{H}$ 变量是隐含的，如图 12.10(b) 所示。其联合概率分布为

$$p(\boldsymbol{x},\boldsymbol{h})=\frac{1}{Z}\exp\left(\sum_i\alpha_i\phi_i(x_i)\sum_j\beta_j\psi_j(h_j)+\sum_{i,j\in N_i}\theta_{ij}\phi_{ij}(x_i,h_j)\right). \tag{12.12}$$

由于结构的特殊性，受限玻尔兹曼机具有很好的性质——给定 $\boldsymbol{X}$ 变量，H_j 与其他的 $\boldsymbol{H}$ 变量独立；同样，给定 $\boldsymbol{H}$ 变量，X_i 与其他的 $\boldsymbol{X}$ 变量独立。因此，从 RBM 中进行采样相对比较容易。

12.2.3 有向图与无向图的关系

前文提到，不是每个概率分布都可以用贝叶斯网络刻画，同样，也不是每个概率分布都可以用马尔可夫随机场刻画，一个简单的例子是 V 结构连接的三个变量 $X_1\to X_2\leftarrow X_3$，没有一个吉布斯分布可以刻画它对应的条件独立性 $\{X_1\perp X_3\}$，因为在无向图中，要满足该独立性，X_1 和 X_3 之间不能存在任何通路，在这种情况下，就不能刻画 X_1 和 X_2、X_2 和 X_3 之间的依赖关系。因此，无论是贝叶斯网络还是马尔可夫随机场，它们能表达的概率分布的集合都是所有概率分布的一个子集，如图 12.11所示。

---

① 式 (12.9) 可以看作式 (12.6) 在 $\mathcal{C}=V\cup E$ 时的特例。

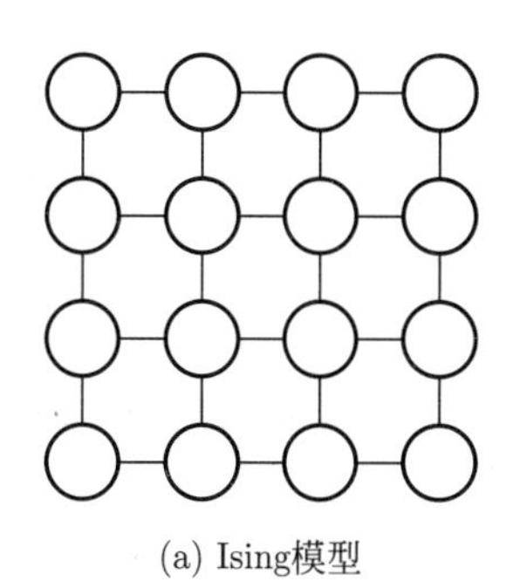

(a) Ising模型

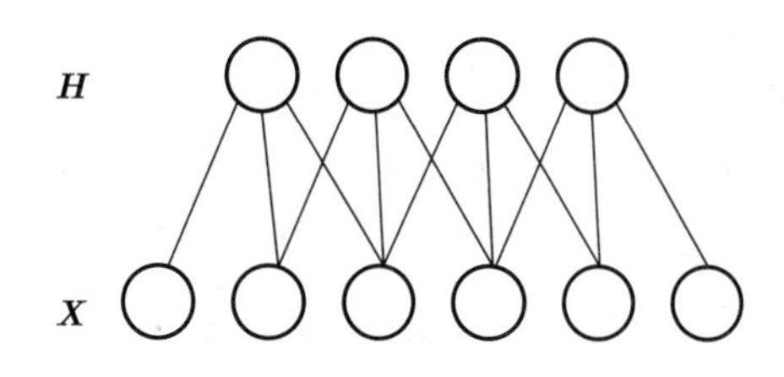

(b) 受限玻尔兹曼机的图结构

图 12.10　Ising 模型和受限玻尔兹曼机的图结构

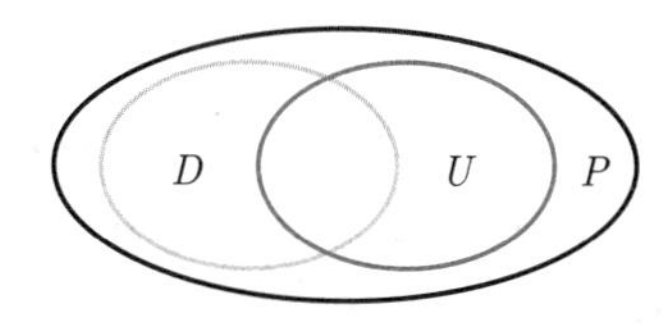

图 12.11　有向图模型（D）和无向图模型（U）表达的概率分布集合与全集 P 之间的关系

在后文介绍推断算法时，通常需要将一个有向图转化为无向图，这是可行的。首先考虑一个特殊的例子——链式贝叶斯网络。

$$p(\boldsymbol{x}) = p(x_1)\prod_{i=2}^{d} p(x_i|x_{i-1}),$$

可以直接去掉边的方向，把有向图变成无向图，同时，概率分布也可以写成与无向图等价的吉布斯分布：$p(\boldsymbol{x}) = \dfrac{1}{Z}\prod_{i=1}^{d-1}\psi_{i,i+1}(x_i, x_{i+1})$，其中势函数的定义为 $\psi_{1,2}(x_1, x_2) = p(x_1)p(x_2|x_1)$ 以及 $\psi_{i,i+1}(x_i, x_{i+1}) = p(x_{i+1}|x_i), i = 2, 2, \cdots, d-1$。因为每个因子都是归一化的概率分布，所以配分函数 $Z = 1$。

对于更一般的情况，需要仔细一些。在转化过程中，不能引入额外的条件独立性关系，因此，需要保证在贝叶斯网络的某个条件分布中出现的所有变量都必须出现在对应无向图的某个团中。如果一个变量在贝叶斯网络中只有一个父节点，我们可以直接将边的方向去掉。但是，当一个变量有多个父节点时，只去掉边的方向是不够的。以前文介绍的 V 结构为例（$X_1 \to X_2 \leftarrow X_3$），它的联合分布为 $p(\boldsymbol{x}) = p(x_1)p(x_3)p(x_2|x_1, x_3)$，这里的因子 $p(x_2|x_1, x_3)$ 包含了所有的三个变量，因此，在对应的无向图中必须有一个团包含它们，即在 X_2 的父节点之间添加了一条额外的边，这个过程叫作道德化（moralization）。对于一般性的多于 2 个父节点的情况，需要添加多条边将其变成团（即完全子图）。道德化之后得到的无向图称为道德图（moral graph），它的势函数的设定规则为：初始化每个团的势函数为 1，然后将贝叶斯网络的每个条件分布因子乘到其中一个势函数上。经这种转化之后还能保证配分函数 $Z = 1$。

12.3 概率图模型的推断

给定一个概率图模型，我们可以进行推断（inference），即回答关于模型的问题，也称为查询（queries）。推断任务计算的量主要有以下几类。

(1) 似然：观察到某些变量 $\boldsymbol{E}$（例如 $\boldsymbol{E}=\{X_{k+1},X_{k+2},\cdots,X_n\}$）的值 $\mathbf{e}$，计算其概率（即似然）：$p(\mathbf{e})=\sum\limits_{x_1}\sum\limits_{x_2}\cdots\sum\limits_{x_k}p(x_1,x_2,\cdots,x_k,\mathbf{e})$，$\mathbf{e}$ 也称为证据（evidence）；

(2) 条件概率：给定一些变量 $\boldsymbol{E}$ 的观察值（即证据）$\mathbf{e}$，计算未观察变量 $\boldsymbol{Y}$ 的条件概率 $p(\boldsymbol{Y}|\mathbf{e})=\dfrac{p(\boldsymbol{Y},\mathbf{e})}{p(\mathbf{e})}=\dfrac{p(\boldsymbol{Y},\mathbf{e})}{\sum\limits_{\boldsymbol{y}}p(\boldsymbol{Y}=\boldsymbol{y},\mathbf{e})}$。这种在观察到数据之后的条件概率一般也称为 $\boldsymbol{Y}$ 的后验分布；

(3) 最大概率取值（MAP）：给定一些变量 $\boldsymbol{E}$ 的观察值（即证据）$\mathbf{e}$，计算未观察变量 $\boldsymbol{Y}$ 的最大概率取值：$\hat{\boldsymbol{y}}=\operatorname{argmax}_{\boldsymbol{y}}p(\boldsymbol{Y}=\boldsymbol{y}|\mathbf{e})$。

条件概率（即后验分布）可用于预测和诊断，如图 12.12所示。同时，在隐变量模型的学习任务中也需要推断后验分布，例如高斯混合模型的 EM 算法。类似地，MAP 取值可用于预测和模型解释的任务中，如在分类中，我们就是在找最大概率的类别取值；同时，MAP 取值作为后验分布的一种近似，也经常用于隐变量模型的近似学习算法中。

(a) 给定证据X_1和X_2，预测后代变量X_3　　(b) 给定后代变量，诊断祖先变量X_1

图 12.12　条件概率查询的例子

对于一般的概率图模型，计算后验分布是 NP 难的，但是，对于常用的概率图模型，存在高效的推断算法。下面介绍精确推断和近似推断方法。

12.3.1 变量消减

我们从基本的变量消减开始，推导精确推断算法。下面以图 12.13中的贝叶斯网络为例，推断似然 $p(X_4=x_4)$。首先，利用贝叶斯网络的基本理论，写出模型的联合分布 $p(\boldsymbol{x})=p(x_1)p(x_2|x_1)p(x_3|x_2)p(x_4|x_3)$。然后，计算似然 $p(x_4)=\sum\limits_{x_1}\sum\limits_{x_2}\sum\limits_{x_3}p(\boldsymbol{x})$。利用贝叶斯网络中乘积因子的局部特性，可以采用“加法”和“乘法”的交换律，对运算过程进行一定顺序的重组。例如，设依次“消减”变量 X_1、X_2、X_3，该似然的

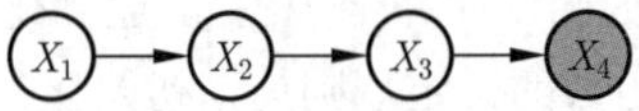

图 12.13　变量消减示例：一个链式贝叶斯网络

计算过程如下。

$$
\begin{aligned}
p(x_4) &= \sum_{x_3}\sum_{x_2}\sum_{x_1} p(x_1)p(x_2|x_1)p(x_3|x_2)p(x_4|x_3) \\
&= \sum_{x_3}\sum_{x_2} p(x_3|x_2)p(x_4|x_3) \underbrace{\sum_{x_1} p(x_1)p(x_2|x_1)}_{p(x_2)} \\
&= \sum_{x_3} p(x_4|x_3) \underbrace{\sum_{x_2} p(x_3|x_2)p(x_2)}_{p(x_3)} \\
&= \sum_{x_3} p(x_4|x_3)p(x_3) \qquad (12.13)
\end{aligned}
$$

从这个计算过程可见，通过交换计算顺序，逐次消减了变量，且每次消减时都是对局部的乘积因子进行计算，例如计算 $p(x_2)$ 时只需考虑 $p(x_1)$ 和 $p(x_2|x_1)$，这种局部计算的复杂度一般是比较小的。因此，整个算法的复杂度就可以显著降低。假设有 n 个离散型变量，每个变量都有 k 个取值，则每个局部计算的复杂度为 $O(k^2)$，整个算法的复杂度是 $O(nk^2)$。作为对比，如果不考虑网络的结构，暴力地对联合分布 $p(\boldsymbol{x})$ 计算边缘概率，其复杂度为 $O(k^n)$。此外，这种变量消减的过程对无向图也是适用的，这是因为无向图的联合分布也是一些局部因子（即势能函数）的乘积。

上述计算过程的一般性描述称为“加-乘”（sum-product）算法，假设 $\mathcal{F}$ 是局部因子的集合，上述计算可以写成 $\sum\limits_{\boldsymbol{z}}\prod\limits_{\phi\in\mathcal{F}}\phi$ 的形式。变量消减的一般过程如下。

(1) 选取一个变量消减的顺序；

(2) 每次消减一个变量时，将与其相关的因子通过交换律移到最里面，进行加和运算；

(3) 将最里面的加和计算的结果作为一个新的因子插入乘积运算中。

值得说明的是，当有些变量的值已知时，遇到这些变量，只需要将其取值固定，即不对其做加和运算。另外，如果随机变量是连续型变量，上述算法中的加和运算则替换为相应的积分运算。

这里再举一个稍微复杂的例子。

例 12.3.1 (食物链)　回顾食物链的例子，给定如图 12.1所示的贝叶斯网络，查询：在观察到草生成差的情况下，老鹰离开的概率是多少？

如图 12.14所示，这个推断任务中 H 变量是有观察值的，推断的目标是计算后验概率 $p(A|H=\tilde{h})$，其他变量都没有观察值，因此需要对它们做“边缘化”计算——加和运算。根据贝叶斯网络的性质，联合分布为

$$p(a,b,c,d,e,f,g,h)=p(a)p(b)p(c|a)p(d|b)p(e|c,d)p(f|b)p(g|c,e)p(h|e,f).$$

假设选定变量消减的顺序为 H,G,F,E,D,C,B，如图 12.15 所示。首先，对观察变量 H 固定其取值 $\tilde{h}$，等价于做只有一个取值的加和：

$$m_h(e,f)=\sum_h p(h|e,f)\mathbb{I}(h=\tilde{h}).$$

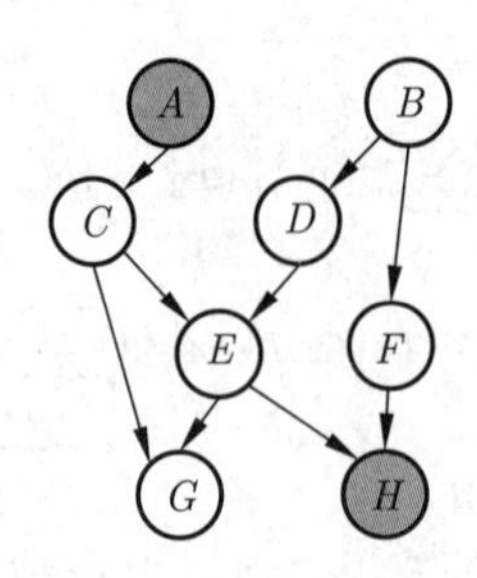

图 12.14 变量消减示例：一个一般性的贝叶斯网络，其中蓝色表示该节点为待查询的变量

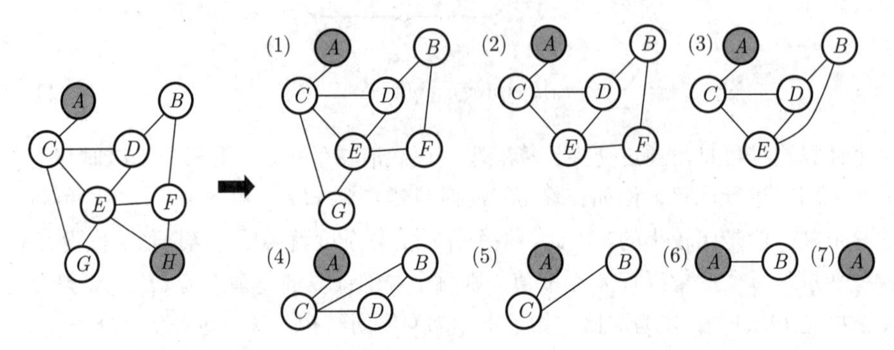

图 12.15 变量消减示例：左图为道德化后的无向图，右图展示了变量消减的过程

因为 E 和 F 是 H 的父节点，因此因子 m_h 是它们的函数，这里用下标表示被消减的变量。将该因子代入乘积中进行变量消减，计算过程如下：

$$
\begin{aligned}
p(a,\tilde{h}) &= \sum_{b,c,d,e,f} p(a)p(b)p(c|a)p(d|b)p(e|c,d)p(f|b)m_h(e,f)\underbrace{\sum_g p(g|c,e)}_{m_g(c,e)} \\
&= \sum_{b,c,d,e} p(a)p(b)p(c|a)p(d|b)p(e|c,d)\underbrace{\sum_f p(f|b)m_h(e,f)}_{m_f(b,e)} \\
&= \sum_{b,c,d} p(a)p(b)p(c|a)p(d|b)\underbrace{\sum_e p(e|c,d)m_f(b,e)}_{m_e(b,c,d)} \\
&= \sum_{b,c} p(a)p(b)p(c|a)\underbrace{\sum_d p(d|b)m_e(b,c,d)}_{m_d(b,c)} \\
&= \sum_{b} p(a)p(b)\underbrace{\sum_c p(c|a)m_d(b,c)}_{m_c(a,b)} \\
&= p(a)\underbrace{\sum_b p(b)m_c(a,b)}_{m_b(a)} \\
&= p(a)m_b(a),
\end{aligned} \tag{12.14}
$$

其中由概率分布的性质可得 $m_g(c,e)=1$。这样我们就得到了 $p(a,\tilde{h})$，通过贝叶斯公式可以得到推断的目标分布：

$$p(a|\tilde{h})=\frac{p(a,\tilde{h})}{\sum\limits_{a'}p(a',\tilde{h})}.$$

上述变量消减实际上是一种“消息”传递的过程。首先将有向图通过“道德化”变成无向图——将有向边的方向去掉，在一个节点的两个父节点之间连一条边，如图 12.15所示，每一步消减得到的“消息”（message，即公式中的 m 函数）对应图上的一个团，例如 $m_f(b,e)$ 对应的是 B、E、F 三个节点的全连接子图——因为 B 和 E 都是 F 的邻居，当 F 被消减掉时，B 和 E 之间有一条边表示它们之间的依赖关系，全部的团如图 12.16中的虚线框所示。因此，上述过程实际上是一个不断收集“消息”的过程，如果不考虑方向，消息传递的路径构成一棵树，叫作团树（clique tree）。

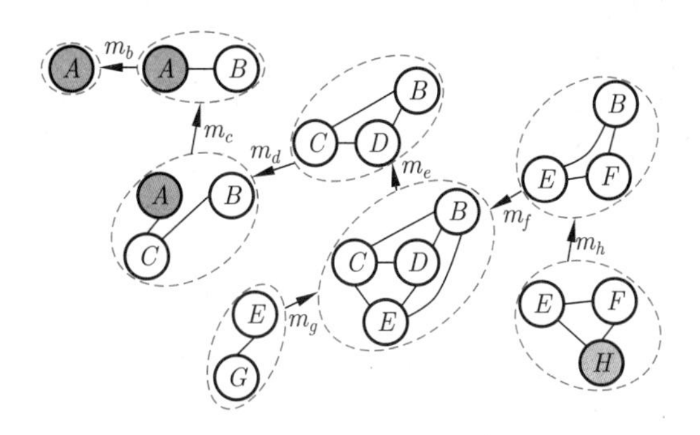

图 12.16　变量消减算法的消息传递过程示例

从上述过程可见，变量消减算法是很直观的，其复杂度取决于最大团的大小，如在例 12.3.1 中，最大团包含 4 个变量，假设每个变量都是 k 值的离散变量，则该算法的复杂度为 $O(k^4)$。给定图 G，选用不同的变量消减顺序，往往得到的最大团大小也会不同。因此，选择一个合适的消减顺序变得很关键。对于所有可能的消减顺序，所产生最大团的最小变量个数称为图的树宽（treewidth）。但是，对于一般图，寻找最优的消减顺序（即最大团的变量个数等于树宽）也是 NP 难的[245]。幸运的是，对于很多常用的图模型，比较容易找到最优或近似最优的消减顺序，这也是概率图模型被广泛使用的原因。

12.3.2　消息传递

变量消减算法的一个局限是，它每次只能对一个查询进行回答，当换一组变量（比如 B 变量）时，需要重新进行变量消减，得到另外一个消息传递的团树。这种直接的计算方法不是最有效的。我们很容易发现，多个查询之间存在重复计算的“消息”。一种更有效的、同时回答多个查询的算法叫作消息传递（message-passing）算法，具体描述如下。

消息传递算法的基本规则是一个变量可以向一个邻居变量传递消息，当且仅当它收集到所有其他邻居变量传来的信息。令 N_i 表示节点 X_i 的邻居节点集合，$N_i^{\neg j}$ 表示除节点 X_j 之外的所有其他邻居节点，$m_{i\to j}$ 表示从节点 X_i 发送给邻居 X_j 的消息。不失一般性，用 $\psi(x_i)$ 表示只与变量 X_i 相关的因子，用 $\psi(x_i, x_j)$ 表示与相连变量 X_i 和 X_j 同时相关的因子，则消息传递算法的基本更新公式如下。

$$m_{j\to i}(x_i) = \sum_{x_j}\left(\psi(x_j)\psi(x_i, x_j)\prod_{k\in N_j^{\neg i}} m_{k\to j}(x_j)\right). \tag{12.15}$$

如图 12.17所示，对于链式或更一般的树状结构的概率图模型，只需要进行两遍更新。

(1) 收集信息：从叶子节点开始，每个变量逐次向父节点传递消息，直到根节点结束。

(2) 分发信息：从根节点开始，依次向孩子节点分发消息，直到叶子节点结束。

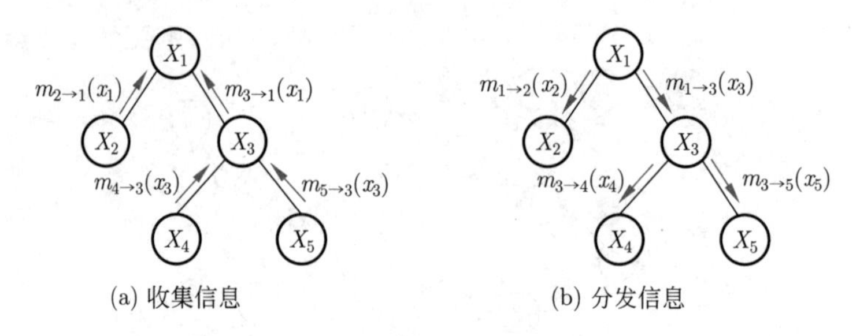

图 12.17 树状模型消息传递的两阶段示意图

运行完两遍的更新，即可获得每个变量或变量子集的边缘分布。该算法对于树状的概率图模型是精确的。对于一般的图模型，一种启发式的近似方法是仍然遵循上述规则进行消息传递，这种算法称为“信念传播”（belief propagation），但它的收敛性以及收敛到的解都缺乏理论保证。

12.3.3 因子图

可以将概率图模型等价地表示为因子图（factor graph），从而推导一个通用的消息传递推断算法。具体地，考虑概率图模型联合分布的一般形式：$p(\boldsymbol{x}) = \prod_s f_s(\boldsymbol{x}_s)$，其中每个 s 对应一个因子，$\boldsymbol{x}_s$ 是与该因子相关的变量子集。对于贝叶斯网络，每个条件概率分布对应一个因子；对于无向图模型，每个势函数对应一个因子，配分函数可以看成特殊的不依赖随机变量的因子。因子图是二部图，包括两类节点：①所有的变量节点；②概率分布的每个局部因子 f_s 对应一个节点。为了区分这两类节点，一般用方形节点表示因子节点。因子图的边的定义规则为：对于同一类节点，它们之间没有边；每个因子节点 f_s 与 $\boldsymbol{X}_s$ 中的所有变量节点相连。

例 12.3.2 贝叶斯网络 $p(\boldsymbol{x}) = p(x_1)p(x_2)p(x_3|x_1, x_2)p(x_4|x_1, x_3)$ 对应的因子图如图 12.18所示，其中各因子为 $f_a(x_1) = p(x_1), f_b(x_2) = p(x_2), f_c(x_3, x_1, x_2) = p(x_3|x_1, x_2)$ 和 $f_d(x_4, x_1, x_3) = p(x_4|x_1, x_3)$。

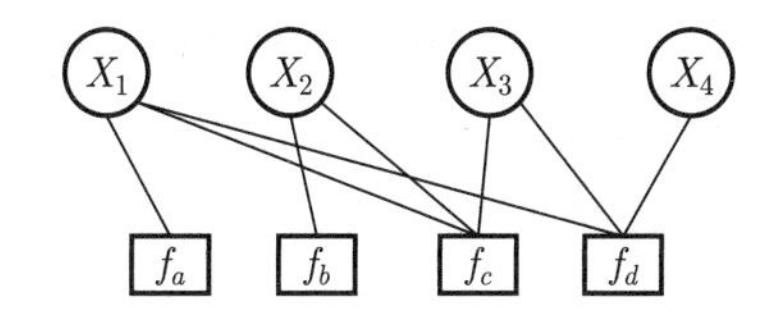

图 12.18 因子图的例子

基于因子图，可以推导相应的消息传递算法——“加-乘”算法。具体地，该算法有以下两类消息。

(1) 从变量到因子的消息：变量 X_i 到相邻因子节点 f_s 的消息为

$$\nu_{i\to s}(x_i)=\prod_{t\in N_i^{\neg s}}\mu_{t\to i}(x_i). \tag{12.16}$$

(2) 从因子到变量的消息：因子 f_s 到相邻节点变量 X_i 的消息为

$$\mu_{s\to i}(x_i)=\sum_{\boldsymbol{x}_{N_s^{\neg i}}}\left(f_s(\boldsymbol{x}_{N_s})\prod_{j\in N_s^{\neg i}}\nu_{j\to s}(x_j)\right). \tag{12.17}$$

该算法仍然遵循消息传递的准则，即一个节点向某个邻居节点发送消息当且仅当它已经收到所有其他邻居节点的消息。对于树状的因子图，同样，可以通过“收集信息”和“分发信息”两遍更新，获得变量边缘分布的精确结果，计算公式为

$$p(x_i)\propto\prod_{s\in N_i}\mu_{s\to i}(x_i). \tag{12.18}$$

12.3.4 最大概率取值

对于第三个推断任务，即查到某些变量概率最大的取值。类似于消息传递算法，有一个一般性的求解算法，叫“最大化-乘”（max-product）算法。对于树状的概率图模型，该算法仍然采用两步更新的策略。

(1) 收集信息：从叶子节点开始，每个变量逐次向父节点传递消息，直到根节点结束。但与消息传递不同，“加和”运算被“最大化”替代：

$$m_{j\to i}(x_i)=\max_{x_j}\left(\psi(x_j)\psi(x_i,x_j)\prod_{k\in N_j^{\neg i}}m_{k\to j}(x_j)\right). \tag{12.19}$$

(2) 最大概率取值：从根节点开始，选取概率最大的取值并固定下来，将对应的消息传递给子节点，子节点也选取概率最大的取值，依次类推，直到叶子节点。令 X_i 为 X_j 的父节点，更新公式为

$$x_j^*=\operatorname*{argmax}_{x_j}\left(\psi(x_j)\psi(x_i^*,x_j)\prod_{k\in N_j^{\neg i}}m_{k\to j}(x_j)\right). \tag{12.20}$$

12.3.5 连接树

对于比树更复杂的一般的概率图模型，上述消息传递算法缺乏理论保证。连接树

提供了一种通用的数据结构，将概率图模型转化为树的结构，在其上进行消息传递仍然可以保证获得精确的推断结果。但缺点是其计算复杂度与最大团的大小呈指数关系。

具体地，给定一个图 G，连接树是一种特殊的树，它的每个节点是图 G 的一个团，且满足以下三个性质。

(1) 单连通：连接树上的每一对节点之间只有一条通路。

(2) 覆盖：图 G 上的每个团 A 都存在一个节点 C，使得 $A \in C$。

(3) 运行相交（running intersection）：对于任意一对节点 B 和 C，如果它们包含变量 X_i，那么连接 B 和 C 的路径上的每个节点都包含 X_i。

图 12.19展示了一个例子。连接树的构造方法如下。

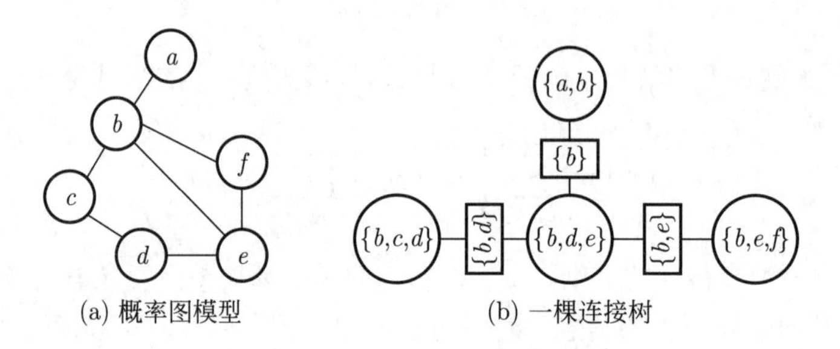

图 12.19 连接树的示例

(1) 选择一个变量消减的顺序，采用变量消减法，获得消减过程中产生的团。

(2) 将获得的团作为节点构建一个完全图。

(3) 对于团 A 和团 B 之间的边，赋予权重 $|A \cup B|$，并计算最大权重生成树。

上述过程获得的生成树是图 G 的一个连接树。很显然，不同的消减顺序可能得到不同的连接树，它们的最大团的大小往往也不同。如前所述，找一个最优的消减顺序是一个 NP 难问题。

12.4 参数学习

给定一个训练集，学习的目标是获得一个特定目标下最优的概率图模型，具体分为参数学习和结构学习，前者假设图结构给定，估计最优的参数；后者寻找最优的图结构及参数。根据模型的类型，可分为贝叶斯网络的学习以及马尔克夫随机场的学习。根据模型中是否含有隐变量，可分为完全可观测的学习（即没有隐变量）和部分可观测的学习（即包含隐变量）。本节重点介绍完全可观测下的参数学习，部分可观测的学习任务，一般需要用到近似推断算法，将在第 13 章和第 14 章介绍。

12.4.1 贝叶斯网络的参数学习

给定一个图 G，贝叶斯网络的概率分布为 $p(\boldsymbol{X}) = \prod_{i=1}^{d} p(X_i|\boldsymbol{X}_{\pi_i})$。因此，参数学习的目标是估计条件概率分布 $p(X_i|\boldsymbol{X}_{\pi_i})$。在完全可观测的场景下，训练集中的每个

样本 $\boldsymbol{x}_i$ 包含了所有变量的取值，令 $\mathcal{D}=\{\boldsymbol{x}_i\}_{i=1}^N$ 表示包含 N 个数据的训练集。令 $\boldsymbol{\theta}_i$ 表示条件概率分布 $p(X_i|\boldsymbol{X}_{\pi_i})$ 的参数，$\boldsymbol{\theta}$ 表示模型中全部的未知参数。

采用最大似然估计，可以得到目标函数：

$$\mathcal{L}(\boldsymbol{\theta};\mathcal{D})=\log p(\mathcal{D}|\boldsymbol{\theta})=\sum_{n=1}^N\left(\sum_{i=1}^d\log p(x_{n,i}|\boldsymbol{x}_{n,\pi_i},\boldsymbol{\theta}_i)\right). \tag{12.21}$$

假设不同条件分布之间没有共享参数，式 (12.21) 表明最大似然函数可以分解成每个节点对应的局部似然之和。在这种情况下，对参数 $\boldsymbol{\theta}$ 的学习等价于分别对每个 $\boldsymbol{\theta}_i$ 进行学习，而且可以并行运算。具体地，对每个 $\boldsymbol{\theta}_i$，其对应的局部对似然函数：

$$\mathcal{L}(\boldsymbol{\theta}_i;\mathcal{D})=\sum_{n=1}^N\log p(x_{n,i}|\boldsymbol{x}_{n,\pi_i},\boldsymbol{\theta}_i). \tag{12.22}$$

该问题比较容易解决。例如，考虑离散变量的情况，条件概率分布实际上可以用一个矩阵[①]表示：$\theta_{ijk}=p(x_i=j|\boldsymbol{x}_{\pi_i}=k)$。令 $n_{ijk}=\sum_{n=1}^N\mathbb{I}(x_i=j\ \&\ \boldsymbol{x}_{\pi_i}=k)$ 表示训练集中同时满足 X_i 取值 j 且其父节点取值 k 的数据个数，则有 $\mathcal{L}(\boldsymbol{\theta}_i;\mathcal{D})=\sum_{ijk}n_{ijk}\log\theta_{ijk}$。类似于朴素贝叶斯中的估计方法，利用拉格朗日法可以得到最优估计为

$$\hat{\theta}_{ijk}=\frac{n_{ijk}}{\sum_{j'}n_{ij'k}}. \tag{12.23}$$

因此，最大似然估计是训练集中某种取值出现的频率，这一结论与朴素贝叶斯类似。同样，为了避免“零计数”问题（zero-count problem），可以采用贝叶斯推断——把未知参数 $\boldsymbol{\theta}_i$ 看作随机变量，并添加先验分布。与朴素贝叶斯的例子类似，一般假设 $\boldsymbol{\theta}_i$ 共享同一个先验分布。在上述离散的情况下，为了计算方便，通常选择狄利克雷分布作为共轭先验。该先验分布的实际作用是“平滑”，这一点与前文朴素贝叶斯的例子也是一致的，此处不再赘述。

12.4.2　马尔可夫随机场的参数学习

从前面看到，在变量完全可观测的情况下，贝叶斯网络的参数估计分解为一些局部参数估计的问题。但是，马尔可夫随机场的情况更复杂一些，这是因为配分函数是一个全局因子，使得似然函数不能分解，因此，马尔可夫随机场的参数学习需要对模型进行推断。

首先，考虑一般情况，给定无向图 G 及其团的集合 $\mathcal{C}$，马尔可夫随机场的联合概率分布为 $p(\boldsymbol{x})=\frac{1}{Z}\prod_{c\in\mathcal{C}}\psi_c(\boldsymbol{x}_c)$，其中 $Z=\sum_{\boldsymbol{x}}\prod_{c\in\mathcal{C}}\psi_c(\boldsymbol{x}_c)$。给定训练集 $\mathcal{D}=\{\boldsymbol{x}_i\}_{i=1}^N$，记

① 当 π_i 包含多个父节点时，矩阵变成高维的张量。

$m(\boldsymbol{x})=\sum_{i=1}^{N}\mathbb{I}(\boldsymbol{x}=\boldsymbol{x}_i)$ 为训练集中出现取值 $\boldsymbol{x}$ 的次数，记 $m(\boldsymbol{x}_c)=\sum_{\boldsymbol{x}'}m(\boldsymbol{x}')\mathbb{I}(\boldsymbol{x}'_c=\boldsymbol{x}_c)$ 表示训练集中团 c 对应变量取值为 $\boldsymbol{x}_c$ 的次数，则利用数据的独立同分布特性，训练集的对数似然函数为

$$\begin{aligned}\mathcal{L}(\mathcal{D})&=\sum_{\boldsymbol{x}}m(\boldsymbol{x})\log\left(\frac{1}{Z}\prod_{c}\psi_c(\boldsymbol{x}_c)\right)\\&=\sum_{c}\sum_{\boldsymbol{x}_c}m(\boldsymbol{x}_c)\log\psi_c(\boldsymbol{x}_c)-N\log Z.\end{aligned}$$

在没有假设势能函数 ψ_c 的具体参数形式时，我们将其当作参数，可以对似然函数求梯度：

$$\begin{aligned}\frac{\partial\mathcal{L}(\mathcal{D})}{\partial\psi_c(\boldsymbol{x}_c)}&=\frac{m(\boldsymbol{x}_c)}{\psi_c(\boldsymbol{x}_c)}-N\frac{1}{Z}\frac{\partial}{\partial\psi_c(\boldsymbol{x}_c)}\left(\sum_{\tilde{\boldsymbol{x}}}\prod_{d}\psi_d(\tilde{\boldsymbol{x}}_d)\right)\\&=\frac{m(\boldsymbol{x}_c)}{\psi_c(\boldsymbol{x}_c)}-N\frac{1}{Z}\sum_{\tilde{\boldsymbol{x}}}\mathbb{I}(\tilde{\boldsymbol{x}}_c=\boldsymbol{x}_c)\frac{\partial}{\partial\psi_c(\boldsymbol{x}_c)}\left(\prod_{d}\psi_d(\tilde{\boldsymbol{x}}_d)\right)\\&=\frac{m(\boldsymbol{x}_c)}{\psi_c(\boldsymbol{x}_c)}-N\sum_{\tilde{\boldsymbol{x}}}\mathbb{I}(\tilde{\boldsymbol{x}}_c=\boldsymbol{x}_c)\frac{1}{\psi_c(\tilde{\boldsymbol{x}}_c)}\left(\frac{1}{Z}\prod_{d}\psi_d(\tilde{\boldsymbol{x}}_d)\right)\\&=\frac{m(\boldsymbol{x}_c)}{\psi_c(\boldsymbol{x}_c)}-N\frac{1}{\psi_c(\boldsymbol{x}_c)}\sum_{\tilde{\boldsymbol{x}}}\mathbb{I}(\tilde{\boldsymbol{x}}_c=\boldsymbol{x}_c)p(\tilde{\boldsymbol{x}})\\&=\frac{m(\boldsymbol{x}_c)}{\psi_c(\boldsymbol{x}_c)}-N\frac{p(\boldsymbol{x}_c)}{\psi_c(\boldsymbol{x}_c)}\end{aligned}\tag{12.24}$$

因此，在最大似然估计的参数下，必然满足 $p_{\mathrm{MLE}}(\boldsymbol{x}_c)=\dfrac{m(\boldsymbol{x}_c)}{N}\triangleq\tilde{p}(\boldsymbol{x}_c)$，即依据模型计算的 $\boldsymbol{x}_c$ 边缘分布等于训练集中 $\boldsymbol{x}_c$ 出现的频率。重写该等式，可以得到：

$$\frac{\tilde{p}(\boldsymbol{x}_c)}{\psi_c(\boldsymbol{x}_c)}=\frac{p(\boldsymbol{x}_c)}{\psi_c(\boldsymbol{x}_c)}.\tag{12.25}$$

因为 $p(\boldsymbol{x}_c)$ 依赖于 $\psi_c(\boldsymbol{x}_c)$，所以该等式为 ψ_c 的一个不动点方程。一种迭代的求解方法为：将右手边的 ψ_c 固定，求解左手边的 ψ_c，得到更新公式：

$$\psi_c^{(t+1)}(\boldsymbol{x}_c)=\psi_c^{(t)}(\boldsymbol{x}_c)\frac{\tilde{p}(\boldsymbol{x}_c)}{p^{(t)}(\boldsymbol{x}_c)}.\tag{12.26}$$

每轮迭代对所有团都进行一次更新，然后进行下一轮迭代，该算法称为迭代比例拟合（iterative proportional fitting，IPF）。

在常见的无向图模型中，势能函数一般被定义为“对数-线性”的形式，基于这种参数化的定义，模型的学习可以用更加高效的方法，例如基于梯度的优化方法。这里以广泛使用的条件随机场（conditional random fields，CRF）[246] 模型为例，介绍主要的思路。

12.4.3　条件随机场

顾名思义，条件随机场是一种有输入条件的马尔可夫随机场，具体地，用 $\boldsymbol{X}=(X_1,X_2,\cdots,X_T)$ 表示输入数据对应的变量，用 $\boldsymbol{Y}=(Y_1,Y_2,\cdots,Y_T)$ 表示要建模的输出变量。在 CRF 中，$\boldsymbol{X}$ 的取值是给定的，作为建模 $\boldsymbol{Y}$ 的条件。图 12.20展示了一个链式的 CRF 模型。根据马尔可夫随机场的理论，在给定 $\boldsymbol{X}$ 的输入值的情况下，$\boldsymbol{Y}$ 的联合分布是吉布斯分布：

$$p(\boldsymbol{y}|\boldsymbol{x})=\frac{1}{Z}\prod_{i=1}^{T-1}\psi_{i,i+1}(y_i,y_{i+1},\boldsymbol{x}), \tag{12.27}$$

其中 $\boldsymbol{x}$ 作为全局输入条件，出现在每个势函数中。相较于隐马尔可夫模型的额外假设——在给定 Y_i 时，X_i 与其他变量条件独立，这种定义方式更加灵活，它允许势能函数充分考虑 $\boldsymbol{x}$ 的统计特征。

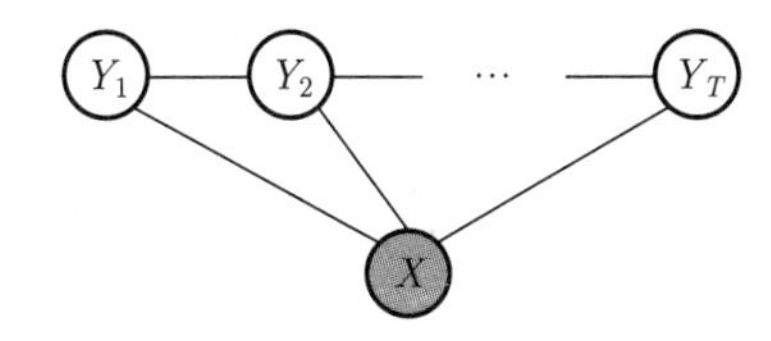

图 12.20　条件随机场模型

在 CRF 中，“对数-线性”形式是最常用的定义势能函数的方式。首先，定义一些特征函数，在链式模型中，用 V 表示节点集合，用 E 表示边集合。主要有以下两类特征函数。

(1) 节点特征函数：这类特征函数考虑单个节点变量（即最小团），描述给定输入 $\boldsymbol{x}$ 的情况下，每个输出变量的可能取值情况。通常用 $g_k(\boldsymbol{y}_v,\boldsymbol{x})$ 表示第 k 个节点特征函数。一般假设特征函数的取值为 0 或 1，其重要性通过权重 μ_k 表示。

(2) 边特征函数：这类特征函数考虑相连两个节点变量（即最大团），描述给定输入 $\boldsymbol{x}$ 的情况下，它们的可能取值情况。通常用 $f_k(\boldsymbol{y}_e,\boldsymbol{x})$ 表示第 k 个边特征函数。同样，一般假设特征函数的取值为 0 或 1，其重要性通过权重 λ_k 表示。

基于上述特征函数，CRF 的联合分布可以写成：

$$p(\boldsymbol{y}|\boldsymbol{x})=\frac{1}{Z(\boldsymbol{\theta})}\exp\left(\sum_{v\in V,k}\mu_k g_k(\boldsymbol{y}_v,\boldsymbol{x})+\sum_{e\in E,k}\lambda_k f_k(\boldsymbol{y}_e,\boldsymbol{x})\right), \tag{12.28}$$

其中 $\boldsymbol{\theta}=\{\lambda_k,\mu_k\}$ 表示所有的模型参数。

从上述定义可以看出，在 $T=1$ 的特殊情况下，CRF 实际上退化成第 5 章介绍的对数几率回归模型（LR）。因此，可以借鉴训练 LR 的方法，估计 CRF 模型的参数。具体地，给定训练集 $\mathcal{D}=\{(\boldsymbol{x}_n,\boldsymbol{y}_n)\}_{n=1}^N$，最大化条件似然 $\mathcal{L}(\boldsymbol{\theta};\mathcal{D})=\sum_{n=1}^{N}\log p(\boldsymbol{y}_n|\boldsymbol{x}_n,\boldsymbol{\theta})$。

分别对参数 λ 和 μ 求梯度，对于 μ_k，可以得到：

$$\begin{aligned}\nabla_{\mu_k}\mathcal{L}(\boldsymbol{\theta};\mathcal{D}) &= \sum_{n=1}^{N}\left(\sum_{v\in V} g_k(\boldsymbol{y}_{nv},\boldsymbol{x}_n) - \sum_{\boldsymbol{y}} p(\boldsymbol{y}|\boldsymbol{x}_n)\sum_{v\in V} g_k(\boldsymbol{y}_v,\boldsymbol{x}_n)\right)\\ &= \sum_{n=1}^{N}\left(\sum_{v\in V} g_k(\boldsymbol{y}_{nv},\boldsymbol{x}_n) - \sum_{v\in V}\sum_{y_v} p(\boldsymbol{y}_v|\boldsymbol{x}_n) g_k(\boldsymbol{y}_v,\boldsymbol{x}_n)\right),\end{aligned}$$

其中 $\sum_{v\in V} g_k(\boldsymbol{y}_{nv},\boldsymbol{x}_n)$ 表示第 k 个节点特征在训练数据 $(\boldsymbol{x}_n,\boldsymbol{y}_n)$ 上“活跃”（即取值为 1）的次数；而第二项 $\sum_{v\in V}\sum_{y_v} p(\boldsymbol{y}_v|\boldsymbol{x}_n) g_k(\boldsymbol{y}_v,\boldsymbol{x}_n)$ 是指在当前模型下，第 k 个节点特征在输入数据 $\boldsymbol{x}_n$ 上“活跃”的期望值——这里 $p(\boldsymbol{y}_v|\boldsymbol{x}_n)$ 是依据当前模型参数计算的输出变量 Y_v 的条件概率分布。因此，第 k 个特征的梯度实际上是在训练数据上的经验期望与当前模型下的期望值之间的差。类似地，可以推导出条件似然函数对于 λ_k 的梯度：

$$\begin{aligned}\nabla_{\lambda_k}\mathcal{L}(\boldsymbol{\theta};\mathcal{D}) &= \sum_{n=1}^{N}\left(\sum_{e\in E} f_k(\boldsymbol{y}_{ne},\boldsymbol{x}_n) - \sum_{\boldsymbol{y}} p(\boldsymbol{y}|\boldsymbol{x}_n)\sum_{e\in E} f_k(\boldsymbol{y}_e,\boldsymbol{x}_n)\right)\\ &= \sum_{n=1}^{N}\left(\sum_{e\in E} f_k(\boldsymbol{y}_{ne},\boldsymbol{x}_n) - \sum_{i=2}^{T}\sum_{y_i,y_{i-1}} p(y_i,y_{i-1}|\boldsymbol{x}_n) f_k(y_i,y_{i-1},\boldsymbol{x}_n)\right),\end{aligned}$$

其中 $p(y_i,y_{i-1}|\boldsymbol{x}_n)$ 是依据当前模型参数计算出来的变量 (Y_i,Y_{i-1}) 的条件概率分布。同理，可以看到该梯度依然是特征函数 f_k 在训练集上的经验期望与其在当前模型下的期望值之差。

从上面的梯度计算公式可以看出，为了做梯度下降的参数学习，需要推断出边缘概率分布 $p(y_v|\boldsymbol{x})$ 以及 $p(\boldsymbol{y}_e|\boldsymbol{x})$。对于链式的 CRF 模型，这个推断任务是比较容易的——利用前面讲的消息传递算法即可，具体细节不再赘述。

12.5 结构学习

结构学习是指从独立同分布的数据中学习图 G 的最优拓扑结构。这里考虑完全可观测的情况，即每个数据样本中包括所有随机变量的取值。直观上，结构学习比给定结构下的参数学习更复杂，大部分的结构学习算法都是基于启发式搜索的。但是，在一些特定情况下，结构学习可以有高效的算法实现。这里介绍两个常用的例子——离散变量的树状贝叶斯网络和连续变量的高斯马尔可夫随机场。

12.5.1 树状贝叶斯网络

给定 d 个离散变量 $X_1,X_2,\cdots,X_d$ 及一组完全可观测的训练样本 $\mathcal{D}=\{\boldsymbol{x}_i\}_{i=1}^{N}$，学习一个树状的贝叶斯网络。

根据贝叶斯网络的理论，图模型 G 及其参数 $\boldsymbol{\theta}_G$ 在数据 $\mathcal{D}$ 上的对数似然函数为

$$\begin{aligned}\mathcal{L}(\boldsymbol{\theta}_G, G; \mathcal{D}) &= \log p(\mathcal{D}|\boldsymbol{\theta}_G, G)\\ &= \sum_{n=1}^{N}\left(\sum_{i=1}^{d}\log p(x_{n,i}|\boldsymbol{x}_{n,\pi_i(G)}, \boldsymbol{\theta}_G)\right)\\ &= N\sum_{i=1}^{d}\left(\sum_{x_i,\boldsymbol{x}_{\pi_i(G)}}\frac{N_{x_i,\boldsymbol{x}_{\pi_i(G)}}}{N}\log p(x_i|\boldsymbol{x}_{\pi_i(G)}, \boldsymbol{\theta}_G)\right)\\ &= N\sum_{i=1}^{d}\left(\sum_{x_i,\boldsymbol{x}_{\pi_i(G)}}\hat{p}(x_i, \boldsymbol{x}_{\pi_i(G)})\log p(x_i|\boldsymbol{x}_{\pi_i(G)}, \boldsymbol{\theta}_G)\right)\end{aligned}$$

其中 $N_{x_i,\boldsymbol{x}_{\pi_i(G)}}$ 表示变量 $(X_i, \boldsymbol{X}_{\pi_i(G)})$ 在训练集中取值为 $(x_i, \boldsymbol{x}_{\pi_i(G)})$ 的次数，$\pi_i(G)$ 表示节点 i 在图 G 上的父节点。

根据前文的结论——在完全可观测的情况下，贝叶斯网络参数的最大似然估计为经验分布，因此可以得到关于网络结构 G 的似然函数

$$\begin{aligned}\mathcal{L}(G; \mathcal{D}) &= N\sum_{i=1}^{d}\left(\sum_{x_i,\boldsymbol{x}_{\pi_i(G)}}\hat{p}(x_i, \boldsymbol{x}_{\pi_i(G)})\log \hat{p}(x_i|\boldsymbol{x}_{\pi_i(G)})\right)\\ &= N\sum_{i=1}^{d}\left(\sum_{x_i,\boldsymbol{x}_{\pi_i(G)}}\hat{p}(x_i, \boldsymbol{x}_{\pi_i(G)})\log\left(\frac{\hat{p}(x_i, \boldsymbol{x}_{\pi_i(G)})}{\hat{p}(\boldsymbol{x}_{\pi_i(G)})}\frac{\hat{p}(x_i)}{\hat{p}(x_i)}\right)\right)\\ &= N\sum_{i=1}^{d}\left(\sum_{x_i,\boldsymbol{x}_{\pi_i(G)}}\hat{p}(x_i, \boldsymbol{x}_{\pi_i(G)})\log\frac{\hat{p}(x_i, \boldsymbol{x}_{\pi_i(G)})}{\hat{p}(\boldsymbol{x}_{\pi_i(G)})\hat{p}(x_i)}\right)\\ &\quad +N\sum_{i=1}^{d}\left(\sum_{x_i}\hat{p}(x_i)\log \hat{p}(x_i)\right)\\ &= N\sum_{i=1}^{d}\hat{I}(x_i, \boldsymbol{x}_{\pi_i(G)}) - N\sum_{i=1}^{d}\hat{H}(x_i).\end{aligned}$$

由此可见，对数似然函数分解为一些局部变量的计算——每个节点变量与其父节点变量之间的互信息之和，并且减去每个节点变量的熵之和。在给定 d 个变量和训练集 $\mathcal{D}$ 的情况下，每个变量的经验分布的熵是固定的。因此，第二项可以看作常数，最大似然估计的图为 $G_{\text{MLE}} = \text{argmax}_G \sum\limits_{i=1}^{d}\hat{I}(x_i, \boldsymbol{x}_{\pi_i(G)})$。

对于 d 个节点变量，共有 $O(2^{d^2})$ 个可能的图，如果只考虑树状图，也有 $O(d!)$ 个，显然，直接枚举是不可行的。幸运的是，存在一个高效的算法精确找到似然最大的树状图，该算法称为 Chow-Liu 算法[247]，具体流程如下。

(1) 对于每一对变量 X_i 和 X_j，计算其经验分布 $\hat{p}(x_i, x_j) = \dfrac{N_{x_i,x_j}}{N}$ 以及互信息 $\hat{I}(X_i, X_j) = \sum\limits_{x_i,x_j}\hat{p}(x_i, x_j)\log\dfrac{\hat{p}(x_i, x_j)}{\hat{p}(x_i)\hat{p}(x_j)}$。

(2) 构建一个包含节点 $X_1, X_2, \cdots, X_d$ 的图 H，边 (i,j) 的权重为 $\hat{I}(X_i, X_j)$。

(3) 计算图 H 的最大权重生成树，并选取任意一点为根节点，通过宽度优先搜索定义边的方向。

由于选择的根节点不同，得到的贝叶斯网络看上去是不同的，但是从条件独立性的角度看它们是等价的，如图 12.21所示。

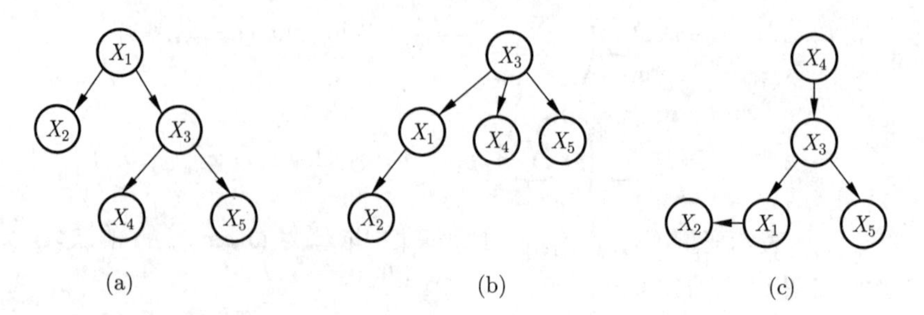

图 12.21　由 Chow-Liu 算法得到的贝叶斯网络，它们的条件独立性等价

12.5.2　高斯马尔可夫随机场

给定 d 个连续变量 $X_1, X_2, \cdots, X_d$ 及一组完全可观测的训练样本 $\mathcal{D} = \{\boldsymbol{x}_i\}_{i=1}^N$，学习一个高斯马尔可夫随机场。

高斯马尔可夫随机场的联合概率分布为 d 维多元高斯分布 $p(\boldsymbol{x}) = \mathcal{N}(\boldsymbol{\mu}, \boldsymbol{\Sigma})$，其中协方差矩阵的逆矩阵 $\boldsymbol{\Theta} = \boldsymbol{\Sigma}^{-1}$ 表达了随机变量之间的条件独立性关系。根据高斯分布的特性，可以证明如下定理。

定理 12.5.1　在高斯马尔可夫随机场中，X_i 和 X_j 在给定其他变量时条件独立当且仅当 $\boldsymbol{\Theta}_{ij} = 0$。

因此，高斯马尔可夫随机场的结构学习问题等价于寻找最优的 $\boldsymbol{\Theta}$，当 $\boldsymbol{\Theta}_{ij}$ 等于 0 时，变量 X_i 和 X_j 之间没有边相连，否则，有边直接相连。一种有效的估计 $\boldsymbol{\Theta}$ 中非零元素的方法是基于 L_1-范式的稀疏正则化。具体地，求解 L_1-范数正则化的最大似然估计问题：

$$\boldsymbol{\Theta}^* = \underset{\boldsymbol{\Theta}}{\operatorname{argmax}} \log(\det\boldsymbol{\Theta}) - \operatorname{Tr}(S\boldsymbol{\Theta}) - \lambda\|\boldsymbol{\Theta}\|_1 \tag{12.29}$$

其中 $S = \dfrac{1}{N}\sum_{i=1}^{N}(\boldsymbol{x}_i - \bar{\boldsymbol{x}})(\boldsymbol{x}_i - \bar{\boldsymbol{x}})^\top$ 为训练样本的协方差矩阵。该问题存在多种高效的求解算法，包括基于交替梯度下降的图 Lasso 算法（graphical Lasso）[54] 及改进算法[248] 等。

12.6　延伸阅读

概率图模型的推断任务需要计算条件概率，因此，贝叶斯定理（也称贝叶斯公式）[249] 是概率图模型的核心工具之一，该定理最早是 1763 年提出的。2013 年，为了庆祝贝叶斯定理提出 250 周年，著名学者 Bradley Efron 撰文[36,250] 分析总结了统计学中频率学派和贝叶斯学派之间的关系，并对贝叶斯方法的未来进行展望。2015 年，Ghahramani 在《自然》杂志上发表综述文章，介绍概率机器学习[251] 的核心思想和主要任务。

使用图结构表示多个随机变量之间关系的想法起源于多个学科，例如，在统计物理学中，Gibbs 早在 1902 年就用无向图表示多个相互作用粒子的分布[252]；在统计学中，Bartlett 于 1935 年在研究对数线性模型时分析了多个变量之间的作用关系[253]。在人工智能领域，概率方法最早被引入专家系统，处理不确定性的变量，以实现在不确定性条件下的决策[254–255]；但早期的方法相对比较简单，比如使用朴素贝叶斯模型等。概率图模型的快速发展始于 20 世纪 80 年代，一方面，概率图模型的基础理论和高效算法取得突破[17,256–257]；另一方面，使用概率图模型（如贝叶斯网络）构建了大规模实用的专家系统，如 Heckerman 等开发的 Pathfinder 系统[258–259] 使用贝叶斯网络做病理学诊断。

在概率图模型的推断方面，本章主要介绍了精确推断算法，但对于一般的图模型，精确推理是 NP 难的[260–261]，因此需要发展近似推断算法，关于概率图模型的近似推断算法，将在第 13 章和第 14 章详细介绍。最后，专著 [33] 全面详细地介绍了概率图模型，感兴趣的读者可以查阅。

12.7 习题

习题 1 对例 12.2.1中的观察序列，回答例 12.2.1中的问题（1）和问题（2）。

习题 2 针对图 12.1所示的贝叶斯网络：

(1) 枚举所有的三种基本结构；

(2) 写出变量 G 和变量 H 的马尔可夫毯。

习题 3 证明完全图是任意一个概率分布的 I-map。

习题 4 对例 12.2.4：

(1) 验证例 12.2.4的结论；

(2) 画一个马尔可夫网络，使其满足例 12.2.4中的条件独立性。

习题 5 证明马尔可夫随机场的局部马尔可夫性和全局马尔可夫性是等价的。

习题 6 对于例 12.3.1，假设给定变量消减顺序为 G, H, E, F, B, D, C，给出变量消减法的计算过程，并如图 12.16所示，画出消息传递的过程。

习题 7 对于图 12.2所示的隐马尔可夫模型，推导其消息传递算法。

习题 8 定义状态空间模型如下：

$$\boldsymbol{h}_{t+1} = \boldsymbol{W}\boldsymbol{h}_t + \boldsymbol{\nu}$$

$$\boldsymbol{x}_t = \boldsymbol{U}\boldsymbol{h}_t + \boldsymbol{\epsilon},$$

其中 $\boldsymbol{h}_t \in \mathbb{R}^d$ 是 d 维状态向量，$\boldsymbol{x}_t \in \mathbb{R}^m$ 是 m 维观察向量，$\boldsymbol{W} \in \mathbb{R}^{d\times d}$ 是状态转移矩阵，$\boldsymbol{U} \in \mathbb{R}^{m\times d}$ 是观察矩阵，这里假设 $(\boldsymbol{W}, \boldsymbol{U})$ 与时间 t 无关。$\boldsymbol{\nu}$ 和 $\boldsymbol{\epsilon}$ 是高斯噪声，且假设其协方差矩阵分别为 $\sigma^2\boldsymbol{I}$ 和 $\kappa^2\boldsymbol{I}$。假设初始状态 $\boldsymbol{h}_1$ 服从标准高斯分布。

(1) 画出该模型的图结构；

(2) 给定时间 $1, 2, \cdots, T$，推导联合概率分布 $p(\boldsymbol{x}_{1,2,\cdots,T}, \boldsymbol{h}_{1,2,\cdots,T})$ 以及条件概率分布 $p(\boldsymbol{h}_t|\boldsymbol{x}_{1,2,\cdots,T})$。

习题 9　完成条件随机场模型的梯度推导过程，并基于消息传递算法推导边缘概率 $p(y_v|\boldsymbol{x})$ 和 $p(\boldsymbol{y}_e|\boldsymbol{x})$ 的计算过程。

习题 10　证明定理 12.5.1。

第13章　变 分 推 断

第 12 章介绍了几种精确推断算法，包括变量消减、消息传递以及连接树算法等。精确推断算法在一些简单的图结构（例如链式和树状图）中能快速地计算；虽然连接树能处理任意结构的图，但是它的时间和空间复杂度与图的树宽呈指数关系，这也促使我们学习近似推断方法。本章介绍变分推断（variational inference，VI）算法，主要包含平均场方法、变分置信传播、变分贝叶斯，以及随机变分推断等，第 14 章将介绍另一类近似推断算法——基于粒子的近似推断。

13.1　基本原理

首先介绍变分的基本原理以及推断任务的各种场景。

13.1.1　变分的基本原理

变分方法是一种通用的方法，在有限元分析、量子力学、统计、机器学习等领域广泛使用。它的基本原理是将一个复杂的问题转化为相对简单的问题，后者的简单性常常体现在变量之间的依赖关系在某种意义（假设）下被解耦了，从而更易于解决。当然，为了实现问题的“简化”，变分转化的代价是引入额外的参数，该参数称为变分参数。值得注意的是，变分方法本身并不带来近似，所谓的“近似”是我们在求解变分问题时引入了额外的约束。下面展示一些简单的例子。

例 13.1.1 (对数函数的变分形式[262]) 对于对数函数 $y = \log x$，可以通过引入额外参数 α，将其等价写成变分的形式：

$$\log x = \min_{\alpha} \alpha x - \log \alpha - 1. \tag{13.1}$$

这里，α 是变分参数。在变分的形式下，对于任意一点 x，通过最小化可以得到对数函数的值。对于右手边的函数，它是 x 的一个线性函数，斜率为 α，在 y 轴上的“截距”为 $-\log \alpha - 1$，因此，该线性函数相对简单一些。同时，上述等价关系提供了一个对数函数的上界，即对任意的 α：

$$\log x \leqslant \alpha x - \log \alpha - 1. \tag{13.2}$$

在任意一点 x，不同的 α 值对应不同的上界，有些紧有些松。当 α 取最优值时，它对应的上界是最小的，即等于 $\log x$，此时它对应的直线与对数函数在 x 点处相切。

上述例子虽然简单，但说明了变分方法所需要的基本概念。上述过程可以推广到一般的凸函数（或凹函数）。具体地，给定一个 d 维空间中的凹函数 $f(\boldsymbol{x})$，根据凸分析的理论，它可以表达成变分形式：

$$f(\boldsymbol{x}) = \min_{\boldsymbol{\lambda}} \boldsymbol{\lambda}^\top \boldsymbol{x} - f^*(\boldsymbol{\lambda}), \tag{13.3}$$

其中 $f^*(\boldsymbol{\lambda})$ 是 f 的共轭函数 $f^*(\boldsymbol{\lambda}) = \min_{\boldsymbol{x}} \boldsymbol{\lambda}^\top \boldsymbol{x} - f(\boldsymbol{x})$。可以验证，对数函数 $f(x) = \log x$ 的共轭函数为 $f^*(\lambda) = \log \lambda + 1$。如果 f 为凸函数，则可以得到

$$f(\boldsymbol{x}) = \max_{\boldsymbol{\lambda}} \boldsymbol{\lambda}^\top \boldsymbol{x} - f^*(\boldsymbol{\lambda}), \tag{13.4}$$

其中 $f^*(\boldsymbol{\lambda}) = \max_{\boldsymbol{x}} \boldsymbol{\lambda}^\top \boldsymbol{x} - f(\boldsymbol{x})$ 为共轭函数。

在这个转化过程中，通过引入额外的参数 $\boldsymbol{\lambda}$，将原函数的计算变成了对一个关于 $\boldsymbol{x}$ 的线性函数进行优化的问题，同时，我们也得到原函数的上界（或下界）。对于凸（或凹）函数，可以直接用上述共轭变换的方法获得。对于一些非凸也非凹的函数，有时也可以找到一些可逆变换，将其变成凸（或凹）函数。一个常见的例子是 Sigmoid 函数 $f(x) = \dfrac{1}{1+\mathrm{e}^{-x}}$——它既非凸函数，也非凹函数。但是，通过简单的对数变换，可得 $\bar{f}(x) = \log f(x) = x - \log(1+\mathrm{e}^{x})$ 是一个凹函数，因此可以利用上述原理得到其变分形式：

$$\bar{f}(x) = \min_{\lambda} \lambda x - H(\lambda), \tag{13.5}$$

其中 $H(\lambda) = -\lambda \log \lambda - (1-\lambda)\log(1-\lambda)$。对两边同时取指数，可以得到 $f(x)$ 的变分表示形式：

$$f(x) = \min_{\lambda} \exp(\lambda x - H(\lambda)). \tag{13.6}$$

因此，推导出 $f(x)$ 的变分上界为 $\exp(\lambda x - H(\lambda))$。

13.1.2 推断任务

在前文的模型中，我们反复遇到概率推断的任务——给定一些可观测变量，计算未观测变量的后验分布或者边缘分布。不失一般性，$\boldsymbol{X}$ 表示可观测变量，$\boldsymbol{Z}$ 表示未观测变量，$\boldsymbol{\theta}$ 表示模型的参数。当进行贝叶斯计算时，$\boldsymbol{\theta}$ 也是未观测变量，这里为了更方便地区分模型和数据，显示地将 $\boldsymbol{\theta}$ 单独列出。具体的推断任务包括：

(1) 未观测变量的后验分布 $p(\boldsymbol{z}|\boldsymbol{x},\boldsymbol{\theta})$：在给定模型参数 $\boldsymbol{\theta}$ 和可观测变量 $\boldsymbol{x}$ 的情况下，推断隐变量的后验分布。例如，在高斯混合模型中，推断每个数据点属于不同高斯成分的概率；在概率图模型中，给定部分变量的取值，推断其他变量的条件分布；

(2) 贝叶斯后验分布 $p(\boldsymbol{z},\boldsymbol{\theta}|\mathcal{D})$：给定一组可观测数据 $\mathcal{D} = \{\boldsymbol{x}_n\}_{n=1}^N$，计算模型参数 $\boldsymbol{\theta}$ 和隐变量 $\boldsymbol{z}$ 的后验分布；

(3) 隐变量模型的参数估计：对含隐变量的模型进行参数估计时，往往需要计算后验分布 $p(\boldsymbol{z}|\boldsymbol{x},\boldsymbol{\theta})$。

对于上述这些任务，一般情况下，直接计算后验分布 p 比较困难，例如，在贝叶斯推断中，对于少数使用共轭先验的场景，后验分布相对容易，很多情况下并不能写

出后验分布的形式；在概率图模型中，除一些特殊结构的模型，推断是一个 NP 难问题。变分方法提供了一个基本的原理，通过引入变分分布 q，将推断 p 的任务转化为一个变分优化的问题，其一般形式为

$$q^* = \underset{q \in \mathcal{Q}}{\operatorname{argmin}}\, D(p, q), \tag{13.7}$$

其中 D 是一个衡量两个概率分布之间“距离”的度量，一般满足非负性，同时 $D(p, q)$ 等于 0 当且仅当 $p = q$。在这个过程中，通常对 q 的分布形式进行一定程度的简化，即假设 q 属于某个简化的概率分布空间 $\mathcal{Q}$，使得变分优化问题相对容易求解。但与此同时，这种假设可能带来一定的偏差，当 $p \notin \mathcal{Q}$ 时，最优的 q^* 实际上是真实目标分布 p 的一种近似。

因此，在变分推断算法中，设计变分函数族 $\mathcal{Q}$ 是影响算法性能的关键。理想的分布族需要满足以下几点[263]：

(1) 准确性（accuracy）：该分布族能够近似大部分可能的目标分布；

(2) 易计算性（tractability）：该分布族中的分布的计算足够简单；

(3) 可解性（solvability）：对应的最小化问题能够高效地求解。

在变分推断中，常用的衡量两个分布之间差异的度量为相对熵，也称为 KL 散度（见第 2 章），其定义如下。

$$\mathrm{KL}(q(\boldsymbol{z}) \| p(\boldsymbol{z}|\boldsymbol{x})) = \int_{\boldsymbol{z}} q(\boldsymbol{z}) \log \frac{q(\boldsymbol{z})}{p(\boldsymbol{z}|\boldsymbol{x})} \mathrm{d}\boldsymbol{z} = \mathbb{E}_{q(\boldsymbol{z})} \left[\log \frac{q(\boldsymbol{z})}{p(\boldsymbol{z}|\boldsymbol{x})} \right]. \tag{13.8}$$

准确地说，由于非对称性，KL 散度不是一个距离度量，简单地推导可以发现 $\mathrm{KL}(q(\boldsymbol{z}) \| p(\boldsymbol{z}|\boldsymbol{x}))$ 并不等于 $\mathrm{KL}(p(\boldsymbol{z}|\boldsymbol{x}) \| q(\boldsymbol{z}))$，使用两者作为优化的目标函数将会产生十分不同的结果。如果选择最小化前者，q 会倾向于涵盖 p 中概率较高的区域，同时避开概率为零处，因为当 $p(\boldsymbol{z}|\boldsymbol{x}) = 0$ 时，若 $q(\boldsymbol{z}) > 0$，则会产生一个很大的惩罚项；反之，最小化后者时，q 会倾向包含所有 $p(\boldsymbol{z}|\boldsymbol{x}) > 0$ 的区域，图 13.1展示了一个简单的例子，从中可以清楚地看出两者的差异。

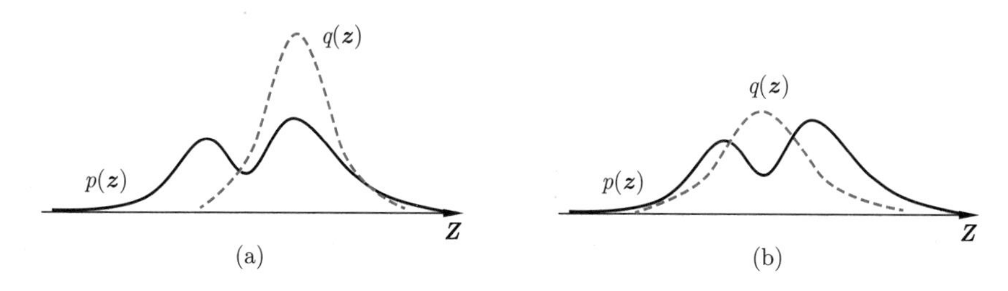

图 13.1　最小化两种 KL 散度的差异：(a) 最小化 $\mathrm{KL}(q\|p)$ 拟合的 q；(b) 最小化 $\mathrm{KL}(p\|q)$ 拟合的 q。这里，目标分布 $p(z)$ 是两个高斯成分的混合

下文将分别介绍上述推断任务中的变分方法，同时也将介绍适用于大规模数据处理的随机 EM 算法。

13.2 变分推断

首先，考虑第一类推断任务——模型参数已知情况下，计算后验分布 $p(\boldsymbol{z}|\boldsymbol{x},\boldsymbol{\theta})$，其中，观测变量 $\boldsymbol{X}=\{X_1,X_2,\cdots,X_d\}$、隐变量 $\boldsymbol{Z}=\{Z_1,Z_2,\cdots,Z_m\}$。为了简化符号，本节将省略参数 $\boldsymbol{\theta}$。

13.2.1 对数似然的变分下界

在给定模型时，目标的后验分布一般可以写成 $p(\boldsymbol{z}|\boldsymbol{x})=\dfrac{p(\boldsymbol{z},\boldsymbol{x})}{p(\boldsymbol{x})}=\dfrac{1}{Z}p(\boldsymbol{z},\boldsymbol{x})$ 的形式，其中 Z 是用来归一化的常数项，$p(\boldsymbol{z},\boldsymbol{x})$ 是模型定义的联合分布。对于贝叶斯网络，$Z=p(\boldsymbol{x})$ 也可以视为证据。遵循变分推断的基本原理，我们选择 KL 散度作为度量，从而求解优化问题：

$$\min_{q(\boldsymbol{z})\in\mathcal{Q}}\mathrm{KL}(q(\boldsymbol{z})\|p(\boldsymbol{z}|\boldsymbol{x}))=\mathbb{E}_{q(\boldsymbol{z})}\left[\log\frac{q(\boldsymbol{z})}{p(\boldsymbol{z}|\boldsymbol{x})}\right].\tag{13.9}$$

通过一些简单运算，可以将目标函数重写为如下形式：

$$\begin{aligned}\mathrm{KL}(q(\boldsymbol{z})\|p(\boldsymbol{z}|\boldsymbol{x}))&=\mathbb{E}_{q(\boldsymbol{z})}[\log q(\boldsymbol{z})]-\mathbb{E}_{q(\boldsymbol{z})}[\log p(\boldsymbol{z}|\boldsymbol{x})]\\&=\mathbb{E}_{q(\boldsymbol{z})}[\log q(\boldsymbol{z})]-\mathbb{E}_{q(\boldsymbol{z})}[\log p(\boldsymbol{z},\boldsymbol{x})]+\mathbb{E}_{q(\boldsymbol{z})}[\log p(\boldsymbol{x})]\\&=\mathbb{E}_{q(\boldsymbol{z})}[\log q(\boldsymbol{z})]-\mathbb{E}_{q(\boldsymbol{z})}[\log p(\boldsymbol{z},\boldsymbol{x})]+\log p(\boldsymbol{x})\\&=-H(q)-\mathbb{E}_{q(\boldsymbol{z})}[\log p(\boldsymbol{z},\boldsymbol{x})]+\log p(\boldsymbol{x}),\end{aligned}\tag{13.10}$$

其中 $\log p(\boldsymbol{x})$ 为数据的对数似然，不依赖于隐变量 $\boldsymbol{z}$，因此，对变分分布 $q(\boldsymbol{z})$ 来说，$\log p(\boldsymbol{x})$ 可以看作一个常数项。

利用 KL 散度的非负性，可以得到对数似然函数的变分下界，也称为证据下界（evidence lower bound，ELBO）：

$$\log p(\boldsymbol{x})\geqslant\mathcal{L}_{\mathrm{ELBO}}(q)\triangleq\mathbb{E}_{q(\boldsymbol{z})}[\log p(\boldsymbol{z},\boldsymbol{x})]+H(q).\tag{13.11}$$

该下界对任意的 q 分布都成立。因此，推断 $p(\boldsymbol{z}|\boldsymbol{x})$ 的任务变成了寻找最优变分分布的问题：

$$q^*(\boldsymbol{z})=\mathop{\mathrm{argmax}}_{q(\boldsymbol{z})\in\mathcal{Q}}\mathcal{L}_{\mathrm{ELBO}}(q(\boldsymbol{z})).\tag{13.12}$$

在给定数据的情况下，最大化证据下界等同于最小化后验 $p(\boldsymbol{z}|\boldsymbol{x})$ 和分布 $q(\boldsymbol{z})$ 的 KL 散度，而当两者相等时，$\mathrm{KL}(q(\boldsymbol{z})\|p(\boldsymbol{z}|\boldsymbol{x}))$ 等于零，换句话说，在给定参数的情况下，找到该优化问题的最优解表示我们能精确推断后验分布，此时证据下界刚好等于对数似然。因此，在没有对变分分布族 $\mathcal{Q}$ 进行额外约束时，上述变分推断是精确的。

此外，可以从另一个角度理解上述变分下界。具体地，根据式 (13.11)，证据下界可以看成对数联合分布的期望加上变分分布 q 的熵，如果用贝叶斯定理把联合分布拆

解成似然和先验的乘积，则可以得到证据下界的另一表达式：

$$\begin{aligned}\mathcal{L}_{\mathrm{ELBO}}(q) &= \mathbb{E}_{q(\boldsymbol{z})}[\log p(\boldsymbol{z},\boldsymbol{x})] - \mathbb{E}_{q(\boldsymbol{z})}[\log q(\boldsymbol{z})] \\ &= \mathbb{E}_{q(\boldsymbol{z})}[\log p(\boldsymbol{z})] + \mathbb{E}_{q(\boldsymbol{z})}[\log p(\boldsymbol{x}|\boldsymbol{z})] - \mathbb{E}_{q(\boldsymbol{z})}[\log q(\boldsymbol{z})] \\ &= \mathbb{E}_{q(\boldsymbol{z})}[\log p(\boldsymbol{x}|\boldsymbol{z})] - \mathrm{KL}(q(\boldsymbol{z})\|p(\boldsymbol{z})).\end{aligned} \tag{13.13}$$

在式 (13.13) 中，首项为对数条件似然函数的期望，鼓励分布 $q(\boldsymbol{z})$ 着重于能提高似然函数的区域，换句话说，能更好地解释观测到的变量 $\boldsymbol{x}$；次项为隐变量的先验和分布 $q(\boldsymbol{z})$ 的负 KL 散度，促使分布 $q(\boldsymbol{z})$ 更接近先验。在两方的拉锯下，$q(\boldsymbol{z})$ 会在先验和似然间找到一个平衡点来最大化证据下界。

13.2.2　平均场方法

有了目标函数后，由于变分分布族 $\mathcal{Q}$ 的复杂程度决定了优化问题的难度，因此要考虑如何对 $\mathcal{Q}$ 添加适当的约束来简化运算，同时能找到可接受的近似分布。一种简单实现的常用方法是平均场法（mean-field），该方法约束 $\mathcal{Q}$ 中变量间的关系，假设分布 $q(\boldsymbol{z})$ 能因子分解成如下形式:

$$q(\boldsymbol{z}) = \prod_{i=1}^{m} q_i(\boldsymbol{z}_i),$$

其中 $\boldsymbol{z}_1, \boldsymbol{z}_2, \cdots, \boldsymbol{z}_m$ 是 m 个不相交的变量集合且满足 $\bigcup_{\boldsymbol{z}_i} = \boldsymbol{z}$。如此一来，可以用各个变量的边缘分布乘积表示 $q(\boldsymbol{z})$，这样便大大简化了问题，但也需要注意，如果约束条件过强而不能反映现实情况，最终求得的近似分布可能和目标 p 相差甚远。

加入平均场假设后，得到一个新的约束优化问题:

$$\max_{q(\boldsymbol{z})\in\mathcal{Q}_{\mathrm{MF}}} \mathcal{L}_{\mathrm{ELBO}}(q(\boldsymbol{z})) \tag{13.14}$$

其中 $\mathcal{Q}_{\mathrm{MF}} = \{q(\boldsymbol{z}) : q(\boldsymbol{z}) = \prod_{i=1}^{m} q_i(\boldsymbol{z}_i)\}$ 表示满足平均场假设的变分分布族。因为平均场方法简化了原先变量间的关系，分布族 $\mathcal{Q}_{\mathrm{MF}}$ 通常不包含模型后验分布 $p(\boldsymbol{z}|\boldsymbol{x})$，所以得到的结果自然是目标分布 $p(\boldsymbol{z}|\boldsymbol{x})$ 的近似。

这里使用坐标上升算法最大化变分下界，在给定其他变量的值下，每一步都只更新一个边缘分布 $q_j(\boldsymbol{z}_j)$，进而迭代更新所有边缘分布直到收敛。下面重新整理能量泛函的公式，将与 $q_j(\boldsymbol{z}_j)$ 有关的项独立出来，可以得到更新公式，同时我们会发现，在迭代过程中变分下界是单调不减的。具体地，根据式 (13.11)，可得:

$$\begin{aligned}\mathcal{L}_{\mathrm{ELBO}}(q_j) &= \mathbb{E}_{q(\boldsymbol{z})}[\log p(\boldsymbol{z},\boldsymbol{x})] - \mathbb{E}_{q(\boldsymbol{z})}[\log q(\boldsymbol{z})] \\ &= \int_{\boldsymbol{z}} q(\boldsymbol{z}) \log p(\boldsymbol{z},\boldsymbol{x}) \mathrm{d}\boldsymbol{z} - \int_{\boldsymbol{z}} q(\boldsymbol{z}) \log q(\boldsymbol{z}) \mathrm{d}\boldsymbol{z} \\ &= \int_{\boldsymbol{z}} \prod_{i=1}^{m} q_i(\boldsymbol{z}_i) \log p(\boldsymbol{z},\boldsymbol{x}) \mathrm{d}\boldsymbol{z} - \int_{\boldsymbol{z}} \prod_{i=1}^{m} q_i(\boldsymbol{z}_i) \sum_{i=1}^{m} \log q_i(\boldsymbol{z}_i) \mathrm{d}\boldsymbol{z}.\end{aligned} \tag{13.15}$$

因为公式涉及的项比较多，为了更清楚地显示推导过程，我们将式 (13.15) 中的两项分开讨论，第一项中，可以把 $\boldsymbol{z}_j$ 以外的项整理成一个期望，用 $-q(\boldsymbol{z}_j)$ 简化 $\prod_{i\neq j}^{m} q(\boldsymbol{z}_i)$ 的符号表示，具体推导如下。

$$
\begin{aligned}
\int_{\boldsymbol{z}} \prod_{i=1}^{m} q_i(\boldsymbol{z}_i) \log p(\boldsymbol{z}, \boldsymbol{x}) \mathrm{d}\boldsymbol{z} &= \int_{\boldsymbol{z}_1} \cdots \int_{\boldsymbol{z}_m} \prod_{i=1}^{m} q_i(\boldsymbol{z}_i) \log p(\boldsymbol{z}, \boldsymbol{x}) \mathrm{d}\boldsymbol{z}_1 \cdots \mathrm{d}\boldsymbol{z}_m \\
&= \int_{\boldsymbol{z}_j} q_j(\boldsymbol{z}_j) \left(\int_{\boldsymbol{z}_{i\neq j}} \prod_{i\neq j}^{m} q_i(\boldsymbol{z}_i) \log p(\boldsymbol{z}, \boldsymbol{x}) \prod_{i\neq j}^{m} \mathrm{d}\boldsymbol{z}_i \right) \mathrm{d}\boldsymbol{z}_j \\
&= \int_{\boldsymbol{z}_j} q_j(\boldsymbol{z}_j)\ \mathbb{E}_{-q(\boldsymbol{z}_j)}[\log p(\boldsymbol{z}, \boldsymbol{x})] \mathrm{d}\boldsymbol{z}_j.
\end{aligned} \tag{13.16}
$$

类似地，第二项可以重写为

$$
\begin{aligned}
\int_{\boldsymbol{z}} \prod_{i=1}^{m} q_i(\boldsymbol{z}_i) \sum_{i=1}^{m} \log q_i(\boldsymbol{z}_i) \mathrm{d}\boldsymbol{z} &= \sum_{i=1}^{m} \int_{\boldsymbol{z}} \log q_i(\boldsymbol{z}_i) \prod_{i=1}^{m} q_i(\boldsymbol{z}_i) \mathrm{d}\boldsymbol{z} \\
&= \sum_{i=1}^{m} \int_{\boldsymbol{z}_i} q_i(\boldsymbol{z}_i) \log q_i(\boldsymbol{z}_i) \mathrm{d}\boldsymbol{z}_i \\
&= \int_{\boldsymbol{z}_j} q_j(\boldsymbol{z}_j) \log q_j(\boldsymbol{z}_j) \mathrm{d}\boldsymbol{z}_j + c,
\end{aligned} \tag{13.17}
$$

其中 c 表示与当前分布 $q_j(\boldsymbol{z}_j)$ 不相关的部分，可以看作常数项。

将式 (13.16) 和式 (13.17) 代回式 (13.15) 可得:

$$
\begin{aligned}
\mathcal{L}_{\mathrm{ELBO}}(q_j) &= \int_{\boldsymbol{z}_j} q_j(\boldsymbol{z}_j)\ \mathbb{E}_{-q(\boldsymbol{z}_j)}[\log p(\boldsymbol{z}, \boldsymbol{x})] \mathrm{d}\boldsymbol{z}_j - \int_{\boldsymbol{z}_j} q_j(\boldsymbol{z}_j) \log q_j(\boldsymbol{z}_j) \mathrm{d}\boldsymbol{z}_j + c \\
&= \int_{\boldsymbol{z}_j} q_j(\boldsymbol{z}_j) \Big(\mathbb{E}_{-q(\boldsymbol{z}_j)}[\log p(\boldsymbol{z}, \boldsymbol{x})] - \log q_j(\boldsymbol{z}_j) \mathrm{d}\boldsymbol{z}_j \Big) + c \\
&= \int_{\boldsymbol{z}_j} q_j(\boldsymbol{z}_j) \log \left(\frac{\exp\left(\mathbb{E}_{-q(\boldsymbol{z}_j)}[\log p(\boldsymbol{z}, \boldsymbol{x})]\right)}{q_j(\boldsymbol{z}_j)} \right) \mathrm{d}\boldsymbol{z}_j + c \\
&= \int_{\boldsymbol{z}_j} q_j(\boldsymbol{z}_j) \log \left(\frac{\bar{q}_j(\boldsymbol{z}_j)}{q_j(\boldsymbol{z}_j)} \right) \mathrm{d}\boldsymbol{z}_j + c \\
&= -\mathrm{KL}(q_j(\boldsymbol{z}_j) \| \bar{q}_j(\boldsymbol{z}_j)) + c
\end{aligned}
$$

其中 $\bar{q}_j(\boldsymbol{z}_j) = \exp\left(\mathbb{E}_{-q(\boldsymbol{z}_j)}[\log p(\boldsymbol{z}, \boldsymbol{x})]\right)$。此时，我们成功地将变分下界改写成 $q_j(\boldsymbol{z}_j)$ 和 $\bar{q}_j(\boldsymbol{z}_j)$ 的负 KL 散度。通过最大化变分下界，可以得到等式:

$$
\log q_j^*(\boldsymbol{z}_j) = \mathbb{E}_{-q(\boldsymbol{z}_j)}\left[\log p(\boldsymbol{z}, \boldsymbol{x})\right] + c', \tag{13.18}
$$

其中 c' 是一常数。两边取指数运算，可得 $q_j(\boldsymbol{z}_j)$ 的更新公式:

$$
q_j^*(\boldsymbol{z}_j) \propto \exp\left(\mathbb{E}_{-q(\boldsymbol{z}_j)}[\log p(\boldsymbol{z}, \boldsymbol{x})]\right). \tag{13.19}
$$

通过归一化，可以得到 $q_j^*(\boldsymbol{z}_j)$ 的最终形式。

值得注意的是，该式并不是 $q_j(\boldsymbol{z}_j)$ 的最终解，因为右边的期望是根据当前的 q 分解计算的，依赖于当前的 q 值。但从这个更新公式可以得到一个迭代算法：首先适当初始化每个因子 q_j 的值；然后进行迭代，每轮迭代将每个 q_j 更新一遍，每次更新 q_j 之后，将其吸收到 $q(\boldsymbol{z})$ 中。该迭代算法能够保证收敛，因为目标函数关于 q 是凸函数。同时，该算法并没有假设 $q(\boldsymbol{z})$ 的具体形式，其形式是由后验分布 $p(\boldsymbol{z}|\boldsymbol{x}) = \dfrac{p(\boldsymbol{z}, \boldsymbol{x})}{p(\boldsymbol{x})}$ 决定的。

图 13.2展示了平均场方法的基本原理，为了简洁，这里忽略了条件变量 $\boldsymbol{x}$，其中，在目标分布中，变量之间可能存在相关性；而在变分分布中，假设变量之间相互独立。但是，在更新变分分布的每一个因子时，其他变量也会影响该因子，且影响的权重有所区别——正比于目标分布的相关性。因此，虽然变分分布在独立性假设下看上去非常严苛，但实际拟合的结果往往不会太差，能一定程度上逼近真实分布。

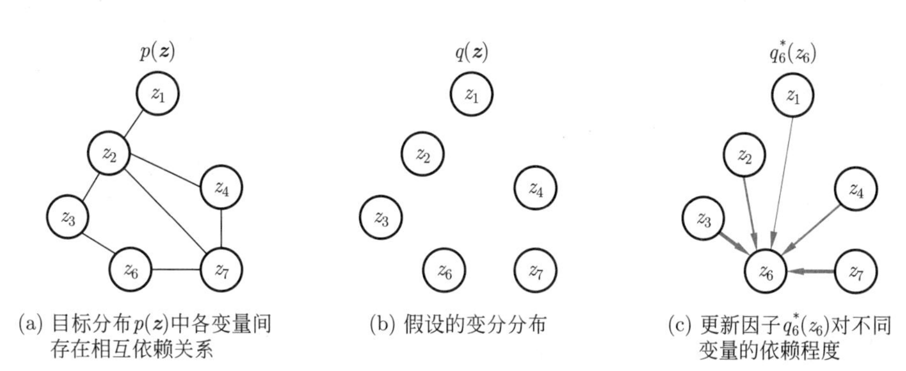

(a) 目标分布 $p(\boldsymbol{z})$ 中各变量间存在相互依赖关系　(b) 假设的变分分布　(c) 更新因子 $q_6^*(z_6)$ 对不同变量的依赖程度

图 13.2　平均场法示意图

事实上，如第 12 章所示，很多分布可以用概率图模型直观表达，且具有局部条件依赖关系。对于这类分布，可以进一步简化更新公式 (13.19)。下面举一个贝叶斯网络的例子。

例 13.2.1　(贝叶斯网络的变分推断)　贝叶斯网络的联合概率分布为 $p(\boldsymbol{z}) = \prod_{i=1}^{d} p(z_i|\boldsymbol{z}_{\pi_i})$。对于一般贝叶斯网络，很难直接计算每个变量的边缘分布，我们可以利用变分推断获得近似解。具体地，假设 $q(\boldsymbol{z}) = \prod_{i=1}^{d} q(z_i)$。根据式 (13.19)，可以得到每个变分因子的更新公式：

$$q^*(z_i) \propto \exp\left(\mathbb{E}_{-q(\boldsymbol{z}_i)}[\log p(\boldsymbol{z})]\right) = \exp\left(\mathbb{E}_{-q(\boldsymbol{z}_i)}\left[\sum_j \log p(z_j|\boldsymbol{z}_{\pi_j})\right]\right). \tag{13.20}$$

指数函数中的加和项如果与变量 Z_i 不相关，则均可以被吸收到归一化因子中。具体地，与 Z_i 相关的项包括 $p(z_i|\boldsymbol{z}_{\pi_i})$ 以及父节点中包括 Z_i 的变量对应的项，即 $p(z_j|\boldsymbol{z}_{\pi_j})$，其中 $i \neq j$ 且 $i \in \pi_j$。如图 13.3所示，在更新因子 $q(z_6)$ 时，只需要考虑

Z_3 和 Z_7 变量（及其对应的变分因子），其他变量（及其对应因子）在此次更新时不需要考虑。

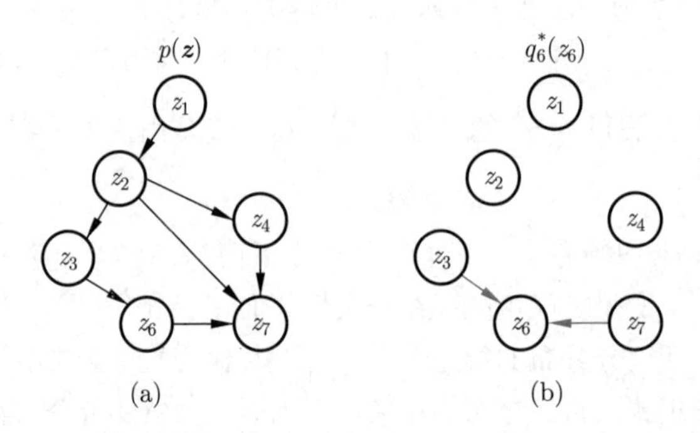

图 13.3　贝叶斯网络的平均场推断：(a) 目标分布——包括 7 个变量的贝叶斯网络；(b) 更新因子 $q(z_6)$ 涉及的变量，其中，无边连接的变量表示在此次更新时不需要考虑

13.2.3　信念传播

信念传递（belief propagation，BP）[17] 是一种经典的近似推断算法。以成对马尔可夫随机场为例，其联合概率分布为

$$p(\boldsymbol{x}) = \frac{1}{Z}\prod_{d\in V}\psi_d(x_d)\prod_{(s,t)\in E}\psi_{st}(x_s, x_t). \tag{13.21}$$

在 BP 算法中，对图 $\mathcal{G}(V,E)$ 中的每条边 $(s,t)\in E$ 都定义了消息（message）函数 $m_{s\to t}(x_t)$ 和 $m_{t\to s}(x_s)$，分别表示从节点 s 向节点 t 传递的消息和从节点 t 向节点 s 传递的消息，其具体形式为

$$m_{s\to t}(x_t) = \int_{\mathcal{X}_s}\psi_{st}(x_s, x_t)\psi_s(x_s)\prod_{d\in\Gamma_s\setminus t} m_{d\to s}(x_s)\mathrm{d}x_s, \tag{13.22}$$

以及对图中的每个节点 $d\in V$ 及每条边所对应的节点对 $(s,t)\in E$ 都定义了信念（belief）函数 $B_d(x_d)$ 及 $B_{st}(x_s,x_t)$，表示在给定消息的情况下对于对应节点或节点对边缘分布的估计，其具体形式为

$$B_t(x_t) = \psi_t(x_t)\prod_{s\in\Gamma_t} m_{s\to t}(x_t), \tag{13.23}$$

以及

$$B_{st}(x_s,x_t) = \psi_s(x_s)\psi_t(x_t)\psi_{st}(x_s,x_t)\prod_{d\in\Gamma_s\setminus\{t\}} m_{d\to s}(x_s)\prod_{d'\in\Gamma_t\setminus\{s\}} m_{d'\to t}(x_t). \tag{13.24}$$

如图 13.4所示，BP 算法的具体执行过程如下。

(1) 初始化所有消息函数 $m_{s\to t}$，$m_{t\to s}, \forall (s,t)\in E$；

(2) 以随机或是以某个遍历顺序的方式选定节点 $s\in V$，依照式 (13.22) 更新其向其所有相邻节点所传递的消息，即 $m_{s\to t}, \forall t\in\Gamma_d$；

(3) 重复步骤 (2) 若干步，或直到所有消息函数均不再更新；

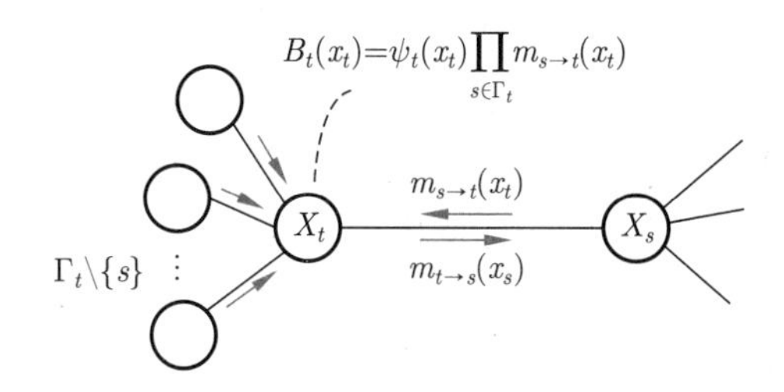

图 13.4 BP 算法中对节点 s 的消息传递及信念计算过程

(4) 按照式 (13.23) 及式 (13.24) 计算信念函数。

可以证明，当图 $\mathcal{G}(V,E)$ 无环[①]时，BP 算法最多经过图的直径次迭代即可收敛，且收敛后的信念函数等于无向图模型 $p(\boldsymbol{x})$ 的边缘分布[17,244]。当图中含有环时，BP 算法依然适用，此时的 BP 算法称为迭代信念传递（loopy belief propagation，LBP）算法[264]。但是，LBP 算法不一定能保证收敛，即便能够收敛，也无法保证收敛后的信念函数等于 $p(\boldsymbol{x})$ 的边缘分布。因为在算法应用上形式完全一致，为概念简洁起见，本文将统一用 BP 算法概述能够在无向无环图上精确求解的 BP 算法和在无向有环图上无法精确求解的 LBP 算法。

BP 算法这一迭代求解过程能够在变分推理的框架下解释[265–266]。具体地，对式 (13.10) 所表示的最小化 KL 散度问题，BP 算法做了以下两点改动。

(1) 将 KL 散度中的熵 $H(q)=-\int q(\boldsymbol{x})\log q(\boldsymbol{x})\mathrm{d}\boldsymbol{x}$ 用贝特熵（Bethe entropy）[267] 替代：

$$H_{\text{Bethe}}(q)=\sum_{d\in V}H(\mu_s)-\sum_{(s,t)\in E}I_{st}(\mu_{st}), \tag{13.25}$$

其中 μ_s 为定义在 $\mathcal{X}_s$ 上的概率密度函数，μ_{st} 为定义在 $\mathcal{X}_s\times\mathcal{X}_t$ 上的概率密度函数，$I_{st}(\mu_{st})=\int_{\mathcal{X}_s\times\mathcal{X}_t}\mu_{st}(x_s,x_t)\log\dfrac{\mu_{st}(x_s,x_t)}{\mu_s(x_s)\mu_t(x_t)}\mathrm{d}x_s\mathrm{d}x_t$ 表示分布 $\mu_{st}(x_s,x_t)$ 的互信息；

(2) 将变分分布族定义在局部边缘分布函数族上：

$$\mathcal{Q}=\left\{q:q(\boldsymbol{x})=\prod_{d\in V}\mu_d(x_d)\prod_{(s,t)\in E}\frac{\mu_{st}(x_s,x_t)}{\mu_s(x_s)\mu_t(x_t)}\right\}. \tag{13.26}$$

将这两项改动代入式 (13.7) 中所得到的求解问题称为贝特变分问题（bethe variational problem, BVP）：

$$\underset{q\in\mathcal{Q}}{\operatorname{argmin}}-H_{\text{Bethe}}(q)-\mathbb{E}_{\mu_s}\left[\log\psi_s(x_s)\right]-\mathbb{E}_{\mu_{st}}\left[\log\psi_{st}(x_s,x_t)\right] \tag{13.27}$$

可以证明，式 (13.27) 存在最优解，且求解该最优解的不动点迭代算法就等价于式 (13.22) 中的消息传递过程[265]。此外，当图 $\mathcal{G}(V,E)$ 无环时，这两点改动不会

① 此时图 $\mathcal{G}(V,E)$ 为一棵树。

对式 (13.7) 引入任何近似[265]，消息传递收敛后对应的信念函数满足 $\mu_s = B_s$ 及 $\mu_{st} = B_{st}$。当图 $\mathcal{G}(V,E)$ 有环时，贝特熵并不等于原变分分布的熵，而由式 (13.26) 所定义的变分分布族甚至不能够保证 $q \in \mathcal{Q}$ 是一个能够被归一化的概率密度函数。

BP 算法是一个通用的推断算法，但从式 (13.22) 中可以看到，在计算消息 $m_{s\to t}$ 时仍需要计算积分。在模型比较复杂时该积分的计算仍然很耗时，因此有大量的研究工作关注该积分的近似计算，如非参信念传递（nonparametric belief propagation, NBP）算法[268] 利用混合高斯分布估计信念函数，粒子信念传递（particle belief propagation, PBP）算法[269] 利用重要性采样估计该积分，而期望粒子信念传递（expectation particle belief propagation）算法[270] 则利用 EP 算法（详见第 13.5 节）构造的高斯分布作为 PBP 算法中重要性采样所需的提议分布。

13.3 变分 EM

到目前为止，我们都是在参数已知的状况下讨论近似推断算法，如果参数未知，一般采用最大似然估计来学习参数。但如果模型中存在隐变量，无法直接求得参数，一般使用 EM 算法估计带有隐变量的模型参数。本节从变分推断的角度理解和扩展 EM 算法。

13.3.1 从 EM 到变分 EM

如第 8 章所述，EM 算法能在不完备数据中计算最大似然估计，不断迭代模型参数的估计，每一轮包含 E 步和 M 步，在给定观测数据和当前参数估计下，E 步负责推断隐变量的分布；有了隐变量的分布，就能使用完备数据的参数学习算法，而 M 步便是基于最大似然原则重新估计参数。

基于变分推断的原理，可以从另一个角度解读 EM 算法——将 E 步表示成最大化变分下界的形式，而 M 步则基于变分下界计算最大似然估计。具体地，对于包含隐变量的模型，其对数似然为

$$\mathcal{L}(\mathcal{D};\boldsymbol{\theta}) = \sum_{i=1}^{N} \log p(\boldsymbol{x}_i|\boldsymbol{\theta}) = \sum_{i=1}^{N} \log \int p(\boldsymbol{x}_i, \boldsymbol{z}_i|\boldsymbol{\theta})\mathrm{d}\boldsymbol{z}_i.$$

如前所述，这种“对数-积分”的形式较难处理。这里可以借助对数函数是凹函数的性质得到一个变分下界：

$$\mathcal{L}_{\mathrm{ELBO}}(q(\boldsymbol{Z}),\boldsymbol{\theta}) = \sum_{i=1}^{N} \left(\int q(\boldsymbol{z}_i) \log \frac{p(\boldsymbol{x}_i, \boldsymbol{z}_i|\boldsymbol{\theta})}{q(\boldsymbol{z}_i)} \mathrm{d}\boldsymbol{z}_i \right), \tag{13.28}$$

其中 $q(\boldsymbol{Z}) = \prod_{i=1}^{N} q(\boldsymbol{z}_i)$ 是变分分布。该变分下界是模型参数和变分分布的函数。值得注意的是，这里直接假设 $q(\boldsymbol{Z}) = \prod_{i=1}^{N} q(\boldsymbol{z}_i)$，是由于数据的独立同分布特性，真实的

模型后验也具有乘积的形式 $p(\boldsymbol{Z}|\mathcal{D},\boldsymbol{\theta})=\prod_{i=1}^{N}p(\boldsymbol{z}_i|\boldsymbol{x}_i,\boldsymbol{\theta})$，因此，这种假设并不带来额外的约束。

于是将最大化似然函数的过程转化为最大化变分下界。通过交替上升的优化方法，对变分下界 $\mathcal{L}_{\mathrm{ELBO}}(\boldsymbol{\theta},q(\boldsymbol{Z}))$ 进行优化，可以得到变分 EM 算法。具体地，第 t 步迭代包括 E 步和 M 步。

(1) E 步：给定当前参数 $\boldsymbol{\theta}^{(t-1)}$，求解

$$q^{(t)}(\boldsymbol{Z})=\underset{q(\boldsymbol{Z})}{\operatorname{argmax}}\,\mathcal{L}_{\mathrm{ELBO}}(\boldsymbol{\theta}^{(t-1)},q(\boldsymbol{Z})).$$

利用数据的独立同分布，可得到最优解 $q^{(t)}(\boldsymbol{z}_i)=p(\boldsymbol{z}_i|\boldsymbol{x}_i,\boldsymbol{\theta}^{(t-1)})$。因此，在不添加额外约束的情况下，最优的变分分布为模型的后验分布。在后验分布可以计算的情况下，这是最准确的变分分布。但是，在一些复杂模型中，后验分布可能不能直接计算，此时可以通过对 $q(\boldsymbol{Z})$ 添加额外的约束（例如，假设每个 $q(\boldsymbol{z}_i)$ 具有平均场的形式），使得 E 步更容易求解，但与此同时，E 步只能得到后验分布的一个变分近似，可利用 13.2 节内容进行求解。

(2) M 步：固定当前的最优变分分布 $q^{(t)}(\boldsymbol{Z})$，对变量 $\boldsymbol{\theta}$ 最大化变分下界，得到更新公式：

$$\boldsymbol{\theta}^{(t)}=\underset{\boldsymbol{\theta}}{\operatorname{argmax}}\,\mathcal{L}_{\mathrm{ELBO}}(q^{(t)}(\boldsymbol{Z}),\boldsymbol{\theta}).$$

这是一个连续变量的最优化问题，可以采用数值优化的技术（例如梯度上升算法）求解该问题。

在每一轮迭代中，对数似然函数都是单调不减的，最后收敛到一个局部最大值。相比于经典的 EM 算法，该算法在 E 步采用变分推断的思想，可以通过引入额外的假设，对后验分布不易计算的模型进行近似推断，因此该算法称为变分 EM 算法。

13.3.2　指数分布族的变分 EM 算法

这里以指数分布族为例，介绍变分 EM 算法的具体过程。假设模型的联合分布来自指数分布族：

$$p(\boldsymbol{x},\boldsymbol{z};\boldsymbol{\theta})=b(\boldsymbol{x},\boldsymbol{z})\exp\{\boldsymbol{\eta}(\boldsymbol{\theta})^{\top}\boldsymbol{\phi}(\boldsymbol{x},\boldsymbol{z})-A(\boldsymbol{\theta})\},$$

其中 $\boldsymbol{\theta}$ 表示分布的参数。给定一个大小为 N 的观测数据集 $\mathcal{D}=\{\boldsymbol{x}_i\}_{i=1}^{N}$，并令隐变量 $\boldsymbol{Z}=\{\boldsymbol{z}_i\}_{i=1}^{N}$，则对数似然为 $\mathcal{L}(\boldsymbol{\theta})=\sum_{i=1}^{N}\log\int p(\boldsymbol{x}_i,\boldsymbol{z}_i;\boldsymbol{\theta})\mathrm{d}\boldsymbol{z}_i$。

给定一个初始解 $\boldsymbol{\theta}^{(0)}$。利用上述过程，在第 t 次迭代，E 步的最优变分分布为 $q^{(t)}(\boldsymbol{z}_i)=p(\boldsymbol{z}_i|\boldsymbol{x}_i,\boldsymbol{\theta}^{(t-1)})$，对于指数族分布，这个条件分布是可以计算的。对于 M 步，固定 $q^{(t)}(\boldsymbol{Z})$，需要最大化如下目标：

$$\mathcal{L}_{\mathrm{ELBO}}(\boldsymbol{\theta})=N\left(\boldsymbol{\eta}(\boldsymbol{\theta})^{\top}\boldsymbol{F}(\boldsymbol{\theta}^{(t-1)})-A(\boldsymbol{\theta})\right)+c, \tag{13.29}$$

其中单个数据点的充分统计量的后验期望定义为 $\boldsymbol{f}_i(\boldsymbol{\theta}^{(t-1)}) \triangleq \mathbb{E}_{q^{(t)}}[\boldsymbol{\phi}(\boldsymbol{x}_i, \boldsymbol{z}_i)]$，整个数据集的期望定义为 $\boldsymbol{F}(\boldsymbol{\theta}^{(t-1)}) \triangleq \frac{1}{N}\sum_{i=1}^{N} \boldsymbol{f}_i(\boldsymbol{\theta}^{(t-1)})$，$c$ 是一个与 $\boldsymbol{\theta}$ 无关的常数。

由此可见，在 E 步中，EM 算法扫描所有数据，计算其后验分布；在 M 步中，求解优化问题 $\mathrm{argmax}_{\boldsymbol{\theta}}\{\boldsymbol{\eta}(\boldsymbol{\theta})^\top \boldsymbol{F}(\boldsymbol{\theta}^{(t-1)}) - A(\boldsymbol{\theta})\}$。记该优化问题的解为 $\boldsymbol{R}(\boldsymbol{F}(\boldsymbol{\theta}^{(t-1)}))$，EM 令新的参数 $\boldsymbol{\theta}^{(t)} = \boldsymbol{R}(\boldsymbol{F}(\boldsymbol{\theta}^{(t-1)}))$。因此，EM 的更新可被简写为如下形式。

$$\text{E 步：计算}\boldsymbol{F}(\boldsymbol{\theta}^{(t-1)}), \quad \text{M 步：令}\boldsymbol{\theta}_{(t)} = \boldsymbol{R}(\boldsymbol{F}(\boldsymbol{\theta}^{(t-1)})). \tag{13.30}$$

EM 算法也可用于参数的最大后验估计。假设有共轭先验 $p(\boldsymbol{\theta}; \boldsymbol{\alpha}) = \exp\{\boldsymbol{\eta}(\boldsymbol{\theta})^\top \boldsymbol{\alpha} - A(\boldsymbol{\theta})\}$，其超参为 $\boldsymbol{\alpha}$。最大后验估计在 M 步时最大化。

$$\mathcal{L}_{\mathrm{ELBO}}(\boldsymbol{\theta}) + \log p(\boldsymbol{\theta}; \boldsymbol{\alpha}) = N\boldsymbol{\eta}(\boldsymbol{\theta})^\top \left(\boldsymbol{\alpha}/N + F(\hat{\boldsymbol{\theta}})\right) - NA(\boldsymbol{\theta}) + c.$$

EM 算法做最大后验估计时仍然使用形同式 (13.30) 的更新，但令 $\boldsymbol{f}_i(\boldsymbol{\theta}^{(t-1)}) = \boldsymbol{\alpha}/N + \mathbb{E}_{q^{(t)}}[\boldsymbol{\phi}(\boldsymbol{x}_i, \boldsymbol{z}_i)]$。

13.3.3 概率潜在语义分析

作为隐变量模型的一个典型例子，本节介绍主题模型及其推断算法。主题模型提供了一系列从复杂文本中发现潜在语义结构的工具，其有很多变体，如概率潜在语义分析[271]、潜在狄利克雷分配[272]、相关主题模型[273]、动态主题模型[274] 等，它们共同的特征是将文档表示成了若干个主题的混合。具体地，主题模型接受一个 D 篇文档的数据集 $\boldsymbol{W} = \{\boldsymbol{w}_d\}_{d=1}^{D}$，其中第 d 篇文档 $\boldsymbol{w}_d = \{w_{dn}\}_{d=1}^{N_d}$ 由 N_d 个词项构成。每个词项 $w_{dn} \in [V]_+$ 是一个词在文档里的一次出现，用它在 V 个词的词汇表中的序号表示。主题模型学习 K 个主题，其中每个主题 $\boldsymbol{\phi}_k \in \Delta_V$ 都是一个 V 维的概率向量，ϕ_{kv} 表示了单词 v 在主题 k 中出现的概率。主题模型还对每个文档学习一个主题的混合比例 $\boldsymbol{\theta}_d \in \Delta_K$，其中 θ_{dk} 表示了主题 k 在文档 d 中出现的概率。

一个经典的主题模型是概率潜在语义分析（probabilistic latent semantic analysis，pLSA）[271]。pLSA 的参数是 $\boldsymbol{\Theta}$ 和 $\boldsymbol{\Phi}$，其定义了如下的生成过程。

- 对每篇文档 d 的每个位置 n，生成主题分配 $z_{dn} \sim \mathrm{Mult}(\boldsymbol{\theta}_d)$，然后根据主题分配产生 $w_{dn} \sim \mathrm{Mult}(\boldsymbol{\phi}_{z_{dn}})$。

该生成过程给每个词项 w_{dn} 关联了一个主题分配 z_{dn}，即词项 w_{dn} 是 z_{dn} 对应的主题中产生的。这个过程定义了一个联合分布：

$$p(\boldsymbol{W}, \boldsymbol{Z}|\boldsymbol{\Theta}, \boldsymbol{\Phi}) = \prod_{d,n} \mathrm{Mult}(w_{dn}|\boldsymbol{\phi}_{z_{dn}})\mathrm{Mult}(z_{dn}|\boldsymbol{\theta}_d) = \prod_{d,k} \theta_{dk}^{a_{dk}} \prod_{k,v} \phi_{kv}^{b_{kv}}, \tag{13.31}$$

其中，$a_{dk} = \sum_{n=1}^{N_d} \mathbb{I}(z_{dn} = k)$ 为文档-主题计数（即主题 k 在文档 d 中出现的次数），$b_{kv} = \sum_{d=1}^{D}\sum_{n=1}^{N_d} \mathbb{I}(z_{dn} = k \wedge w_{dn} = v)$ 是单词-主题计数（即单词 v 被赋予主题 k 的次数）。此外，定义 $s_k = \sum_d a_{dk} = \sum_v b_{kv}$ 是主题计数（即主题 k 在所有文档中出现的次数）。

另一种 pLSA 的等价表示中，数据用一个词项组成的列表 $\boldsymbol{I}$ 表示，其中第 i 个词项用一对文档序号和单词序号 (d_i, v_i) 表示，代表文档 $d_i \in [D]_+$ 中出现了一次单词 $v_i \in [V]_+$。每个词项 i 有一个主题分配 $z_i \in [K]_+$。在这种定义中，pLSA 的生成过程如下。

- 对每个词项 i，产生主题分配 $z_i \sim \text{Mult}(\boldsymbol{\theta}_{d_i})$，然后根据主题分配产生 $v_i \sim \text{Mult}(\boldsymbol{\phi}_{z_i})$。

这个过程定义了联合分布：

$$p(\boldsymbol{I}, \boldsymbol{Z}|\boldsymbol{\Theta}, \boldsymbol{\Phi}) = \prod_{i \in \boldsymbol{I}} \text{Mult}(z_i; \boldsymbol{\theta}_{d_i}) \text{Mult}(v_i; \boldsymbol{\phi}_{z_i}). \tag{13.32}$$

式 (13.31) 和式 (13.32) 是 pLSA 的两种等价表示。

pLSA 还假设参数 $\boldsymbol{\Theta}$ 和 $\boldsymbol{\Phi}$ 的每一项服从独立的狄利克雷先验分布：$p(\boldsymbol{\theta}_d) = \text{Dir}(\boldsymbol{\theta}_d; K, \alpha')$ 和 $p(\boldsymbol{\phi}_k) = \text{Dir}(\boldsymbol{\phi}_k; V, \beta')$。pLSA 学习的目标是找到一个最大后验估计：

$$\underset{\boldsymbol{\Theta}, \boldsymbol{\Phi}}{\text{argmax}} \log \sum_{\boldsymbol{Z}} p(\boldsymbol{I}, \boldsymbol{Z}|\boldsymbol{\Theta}, \boldsymbol{\Phi}) + \log p(\boldsymbol{\Theta}) + \log p(\boldsymbol{\Phi}).$$

对于上述 pLSA 模型，可以推导其 EM 算法。具体地，这里根据式 (13.32) 定义的联合分布，利用 EM 算法的框架得出主题分配 $\boldsymbol{Z}$ 的后验分布为

$$p(z_i = k|v_i, \boldsymbol{\Theta}, \boldsymbol{\Phi}) \propto \gamma_{ik}(\boldsymbol{\Theta}, \boldsymbol{\Phi}) := \theta_{d_i,k} \phi_{k,v_i}, \tag{13.33}$$

进一步地，可得 EM 算法的更新公式如下。

$$\text{E 步：} \tau_{dk}(\boldsymbol{\Theta}, \boldsymbol{\Phi}) = \sum_{i \in \boldsymbol{I}_d} \gamma_{ik}(\boldsymbol{\Theta}, \boldsymbol{\Phi}), \quad \lambda_{kv}(\boldsymbol{\Theta}, \boldsymbol{\Phi}) = \sum_{i \in \boldsymbol{I}_v} \gamma_{ik}(\boldsymbol{\Theta}, \boldsymbol{\Phi}),$$

$$\text{M 步：} \theta_{dk} = \frac{\tau_{dk} + \alpha}{\sum_k \tau_{dk} + K\alpha}, \quad \phi_{kv} = \frac{\lambda_{kv} + \beta}{\sum_v \lambda_{kv} + V\beta}, \tag{13.34}$$

其中 $\boldsymbol{I}_d = \{i|d_i = d\}$、$\boldsymbol{I}_v = \{i|v_i = v\}$，$\alpha = \alpha' - 1$、$\beta = \beta' - 1$。

pLSA 中，主题的混合比例 $\boldsymbol{\Theta}$ 被看作参数。如果把 $\boldsymbol{\Theta}$ 作为隐变量而不是参数，则得到的模型就是潜在狄利克雷分配（latent Dirichlet allocation，LDA）。LDA 采用了贝叶斯估计，即推理后验分布 $p(\boldsymbol{Z}, \boldsymbol{\Theta}, \boldsymbol{\Phi}|\boldsymbol{W})$，相应的变分推断算法属于 13.4 节将要介绍的变分贝叶斯推断。

13.3.4 随机 EM 算法

EM 算法和上述变分推断算法在每轮迭代时都需要遍历整个数据集，对相应的隐变量进行后验推断，例如，在 EM 算法中，其更新如式 (13.30)，这种算法称为批处理变分推断。当数据规模 N 很大时，批处理推断算法会变得非常慢。随机变分推断（stochastic variational inference，SVI）通过对数据集进行随机采样，每轮迭代只需要对少量数据样本进行概率推断，从而提高整个算法的效率。本节介绍指数分布族的随机 EM[275] 算法，它适应于包含局部隐变量的模型，例如混合高斯、pLSA 等。

随机 EM 维护了一个指数滑动平均序列 $\hat{\boldsymbol{s}}_t$，作为完整平均值 $\boldsymbol{F}(\hat{\boldsymbol{\theta}}_t)$ 的近似。在第 t 次迭代，随机 EM 随机选一个数据点 i，并做如下更新：

$$\text{E 步：}\hat{\boldsymbol{s}}_{t+1} = (1-\rho_t)\hat{\boldsymbol{s}}_t + \rho_t \boldsymbol{f}_i(\hat{\boldsymbol{\theta}}_t), \quad \text{M 步：}\hat{\boldsymbol{\theta}}_{t+1} = \boldsymbol{R}(\hat{\boldsymbol{s}}_{t+1}), \tag{13.35}$$

其中 $\{\rho_t\}$ 是一个满足 $\sum_t \rho_t = \infty$ 和 $\sum_t \rho_t^2 < \infty$ 的步长序列。在实践中，随机 EM 每次迭代可能会使用一个批次的数据，而不是单个数据点，但为了表述简便，下文中均假设使用单个数据点。这个假设不影响理论分析的结果。式 (13.35) 中的两个随机 EM 更新可以合并为一个式子：

$$\hat{\boldsymbol{s}}_{t+1} = (1-\rho_t)\hat{\boldsymbol{s}}_t + \rho_t \boldsymbol{f}_i(\hat{\boldsymbol{s}}_t). \tag{13.36}$$

为了简便起见，这里重载了符号 $\boldsymbol{f}_i(\boldsymbol{s}) := \boldsymbol{f}_i(\boldsymbol{R}(\boldsymbol{s}))$。$\boldsymbol{f}_i(\boldsymbol{R}(\boldsymbol{s}))$ 首先将 $\boldsymbol{s}$（可以被解释为模型平均参数的一个估计）映射到参数空间 $\boldsymbol{\theta} = \boldsymbol{R}(\boldsymbol{s})$，然后又通过计算期望充分统计量 $\boldsymbol{f}_i(\boldsymbol{R}(\boldsymbol{s}))$ 将其映射回平均参数空间。平均参数空间和参数空间的来回映射被合并成一个单个的在平均参数空间内的映射 $\boldsymbol{f}_i(\boldsymbol{s})$。类似地，重载 $\boldsymbol{F}(\boldsymbol{s}) := \boldsymbol{F}(\boldsymbol{R}(\boldsymbol{s}))$，在这样的重载下，可以把批处理 EM 的更新式 (13.30) 简写作

$$\hat{\boldsymbol{s}}_{e+1} = \boldsymbol{F}(\hat{\boldsymbol{s}}_e).$$

这里刻意为批处理 EM 和随机 EM 分别选择了不同的下标 e 和 t，来强调它们每次迭代时间复杂度的不同。批处理 EM 每次迭代需要遍历整个数据集，故其下标为迭代轮数 e；而随机 EM 每次迭代只需要一个数据点，故其下标为迭代次数 t。直观地，参数估计的目标是找到一个在批处理 EM 迭代下的不动点，即 $\boldsymbol{s}_* = \boldsymbol{F}(\boldsymbol{s}_*)$。可以将批处理 EM 看成一个不动点迭代算法，而将随机 EM 看成一个寻找不动点的 Robbins-Monro 算法[76]。

因为其廉价的更新，所以随机 EM 在处理大数据集时刚开始可以比批处理 EM 收敛得更快。然而，由于估计 $\hat{\boldsymbol{s}}_t$ 的方差，随机 EM 在有限大的数据集上渐进收敛性是慢于批处理 EM 的。特别地，令 $\boldsymbol{s}_* = \boldsymbol{F}(\boldsymbol{s}_*)$ 为一个不动点，Cappé 和 Monlines[275] 展示了随机 EM 满足 $\mathbb{E}|\hat{\boldsymbol{s}}_T - \boldsymbol{s}_*|_2^2 = O(\rho_T) \geqslant O(T^{-1})$，其中不等号是因为需要满足 $\sum_t \rho_t = \infty$。相比之下，Dempster 等[132] 展示了批处理 EM 的收敛速度为 $|\hat{\boldsymbol{s}}_E - \boldsymbol{s}_*|_2^2 \leqslant (1-\lambda)^{-2E}|\hat{\boldsymbol{s}}_0 - \boldsymbol{s}_*|_2$，其中 $1-\lambda \in [0,1)$ 是常数。只要数据集是有限大的，批处理 EM 的指数收敛速率就快于随机 EM 的多项式收敛速率。①此外，随机 EM 还需要一个递减的步长序列才能收敛，这增加了调参的难度。使用方差缩减技术可以改进随机 EM 算法[276]，获得较随机 EM 算法更小的渐进误差以及更快的收敛速率。

13.4 变分贝叶斯

本节介绍变分贝叶斯（variational Bayes）——基于变分近似的贝叶斯推断。

① 在不影响收敛速度 c 的前提下，这里细微调整了文献 [132, 275] 中的收敛定理，以将它们从统一的视角看待。

13.4.1　贝叶斯定理的变分表示

贝叶斯推断的核心思想是将参数 $\boldsymbol{\theta}$ 与隐变量 $\boldsymbol{Z}$ 一样看作随机变量并赋予它们先验分布，在给定数据集 $\mathcal{D}$ 的情况下，通过贝叶斯公式推断后验分布：

$$p(\boldsymbol{\theta}, \boldsymbol{Z}|\mathcal{D}) = \frac{p_0(\boldsymbol{\theta}, \boldsymbol{Z})}{p(\mathcal{D})}.$$

对于一些特殊的情况，例如模型采用共轭先验，该后验分布一般可以直接计算。但在大多数的常见模型中，并不能直接计算该后验分布，因此需要变分近似或第 14 章介绍的蒙特卡洛等推断方法。

事实上，可以从变分的角度重新理解贝叶斯推断。具体地，考虑求解如下优化问题：

$$\min_{q(\boldsymbol{\theta},\boldsymbol{Z})\in\mathcal{P}} \mathrm{KL}(q(\boldsymbol{\theta}, \boldsymbol{Z})\|p_0(\boldsymbol{\theta}, \boldsymbol{Z})) - \mathbb{E}_q[\log p(\mathcal{D}|\boldsymbol{\theta}, \boldsymbol{Z})], \tag{13.37}$$

其中 $\mathcal{P}$ 表示所有可行的概率分布集合。可以证明，该问题的最优解为贝叶斯后验分布，即 $q(\boldsymbol{\theta}, \boldsymbol{Z}) = p(\boldsymbol{\theta}, \boldsymbol{Z}|\mathcal{D})$。这种等价描述的意义在于以下两个方面。

(1) 基于上述变分优化的形式，通过对变分后验 $q(\boldsymbol{Z}, \boldsymbol{\theta})$ 做适当的假设，例如平均场 $q(\boldsymbol{Z}, \boldsymbol{\theta}) = q(\boldsymbol{Z})q(\boldsymbol{\theta})$，将贝叶斯推断转化为一个更容易求解的问题，称为变分贝叶斯推断；

(2) 该变分形式将贝叶斯推断转化为“信息最小化”的过程[277]，为贝叶斯推断提供了一个全新的视角。基于该视角，可以对贝叶斯推断的过程进行提升和改进，例如正则化贝叶斯[278] 推断，通过引入后验正则化项将最大间隔学习准则融入贝叶斯模型，从而显著提升预测性能。

本节主要介绍变分贝叶斯推断，关于正则化贝叶斯的内容，请读者参考延伸阅读材料。总体上，变分贝叶斯的一个显著特点是包含全局隐变量，即模型参数 $\boldsymbol{\theta}$，这与前文提到的混合模型或 pLSA 只包括局部隐变量不同，对全局变量的推断需要考虑整个数据集的信息。下面将以贝叶斯高斯混合模型为典型例子，讲解具体的算法。

13.4.2　贝叶斯高斯混合模型

考虑对 d 维空间的连续型数据 $\boldsymbol{X} = (X_1, X_2, \cdots, X_d)$ 进行混合高斯建模，分别来自 K 个不同的多元高斯分布，其均值和精度矩阵分别以 $\boldsymbol{\mu} = \{\boldsymbol{\mu}_1, \boldsymbol{\mu}_2, \cdots, \boldsymbol{\mu}_K\}$ 和 $\boldsymbol{\Lambda} = \{\boldsymbol{\Lambda}_1, \boldsymbol{\Lambda}_2, \cdots, \boldsymbol{\Lambda}_K\}$。给定 N 个数据的训练集 $\mathcal{D} = \{\boldsymbol{x}_1, \boldsymbol{x}_2, \cdots, \boldsymbol{x}_N\}$，每个数据 $\boldsymbol{x}_i$ 对应一个隐变量 $\boldsymbol{z}_i \in \mathbb{R}^K$，表示该数据属于哪个类别。这里采用“独热”（one-hot）的编码方式，$\boldsymbol{z}_i$ 只能有一个坐标为 1，其余皆为 0，如果 $\boldsymbol{x}_i$ 来自类别 k，则 $\boldsymbol{z}_{ik} = 1$，否则 $\boldsymbol{z}_{ik}$ 为零。基于这种表示，可以将混合高斯模型生成 $\boldsymbol{x}_i$ 的概率分布写成 $p(\boldsymbol{x}_i|\boldsymbol{z}_i) = \prod_{k=1}^{K} \mathcal{N}(\boldsymbol{x}_i|\boldsymbol{\mu}_k, \boldsymbol{\Lambda}_k^{-1})^{z_{ik}}$。将所有隐变量放在一起，记为 $\boldsymbol{Z} = \{\boldsymbol{z}_1, \boldsymbol{z}_2, \cdots, \boldsymbol{z}_N\}$。

对上述混合高斯模型进行贝叶斯推断。首先，设定先验分布。对每一个高斯分布，都引入一组正态–威沙特先验（normal-Wishart），它是高斯似然函数在均值和协方差矩阵均未知情况下的共轭先验。同理，假设参数 π 服从共轭的狄利克雷先验分布，由此可得贝叶斯高斯混合模型的联合分布：

$$p(\mathcal{D},\boldsymbol{Z},\boldsymbol{\pi},\boldsymbol{\mu},\boldsymbol{\Lambda})=p(\boldsymbol{\pi})p(\boldsymbol{\mu},\boldsymbol{\Lambda})\prod_{i=1}^{N}p(\boldsymbol{z}_i|\boldsymbol{\pi})p(\boldsymbol{x}_i|\boldsymbol{z}_i,\boldsymbol{\mu},\boldsymbol{\Lambda}),$$

其中先验分布的具体形式为

$$p(\boldsymbol{\pi})=\mathrm{Dir}(\boldsymbol{\pi}|\boldsymbol{\alpha}_0)=\frac{\Gamma(K\alpha_0)}{\Gamma(\alpha_0)^K}\prod_{k=1}^{K}\pi_k^{\alpha_0-1}\ ,\ \boldsymbol{\alpha_0}=(\alpha_0,...,\alpha_0)^\top$$

$$p(\boldsymbol{\mu},\boldsymbol{\Lambda})=p(\boldsymbol{\mu}|\boldsymbol{\Lambda})p(\boldsymbol{\Lambda})=\prod_{k=1}^{K}\mathcal{N}\left(\boldsymbol{\mu}_k|\boldsymbol{m}_0,(\beta_0\boldsymbol{\Lambda}_k)^{-1}\right)\mathcal{W}(\boldsymbol{\Lambda}_k|\boldsymbol{W}_0,\nu_0)$$

$$p(\boldsymbol{z}_i|\boldsymbol{\pi})=\prod_{k=1}^{K}\pi_k^{z_{ik}}.$$

该模型是一个完全贝叶斯层次模型，我们为每一个变量都引入了先验概率，其概率图表示如图 13.5所示。

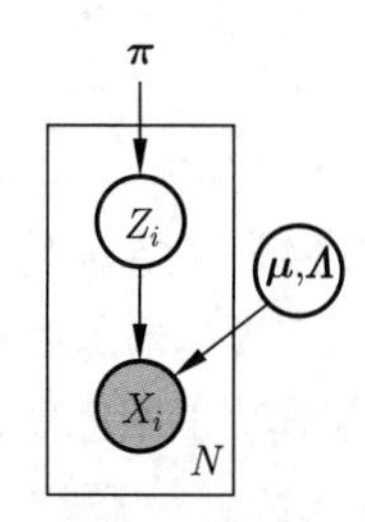

图 13.5　贝叶斯高斯混合模型的图模型

给定数据后，考虑如下的变分分布来近似目标后验分布:

$$q(\boldsymbol{Z},\boldsymbol{\pi},\boldsymbol{\mu},\boldsymbol{\Lambda})=q(\boldsymbol{Z})q(\boldsymbol{\pi},\boldsymbol{\mu},\boldsymbol{\Lambda}).$$

这里，我们只做了最少的独立性假设。下面会看到，在这种情况下仍然可以得到比较容易计算的更新公式。

首先，通过一般性公式 (13.18)，可以得到 $q(\boldsymbol{Z})$ 的更新式：

$$\log q^*(\boldsymbol{Z})=\mathbb{E}_{\boldsymbol{\pi},\boldsymbol{\mu},\boldsymbol{\Lambda}}[\log p(\mathcal{D},\boldsymbol{Z},\boldsymbol{\pi},\boldsymbol{\mu},\boldsymbol{\Lambda})]+c.$$

将一些不依赖 $\boldsymbol{Z}$ 的项吸收到常数 c 中，可以进一步得到：

$$\log q^*(\boldsymbol{Z})=\mathbb{E}_{\boldsymbol{\pi}}[\log p(\boldsymbol{Z}|\boldsymbol{\pi})]+\mathbb{E}_{\boldsymbol{\mu},\boldsymbol{\Lambda}}[\log p(\mathcal{D}|\boldsymbol{Z},\boldsymbol{\mu},\boldsymbol{\Lambda})]+c.$$

将条件概率 $p(\boldsymbol{Z}|\boldsymbol{\pi})=\prod_i p(\boldsymbol{z}_i|\boldsymbol{\pi})$ 和 $p(\mathcal{D}|\boldsymbol{Z},\boldsymbol{\mu},\boldsymbol{\Lambda})=\prod_i p(\boldsymbol{x}_i|\boldsymbol{z}_i,\boldsymbol{\mu},\boldsymbol{\Lambda})$ 代入，通过一定简化，可以得到：

$$\log q^*(\boldsymbol{Z})=\sum_{i=1}^{N}\sum_{k=1}^{K}z_{ik}\log\phi_{ik}+c. \tag{13.38}$$

其中 $\log\phi_{ik}=\mathbb{E}_{\boldsymbol{\pi}}[\ln\pi_k]+\frac{1}{2}\mathbb{E}_{\boldsymbol{\Lambda}}[\ln|\boldsymbol{\Lambda}_K|]-\frac{1}{2}\mathbb{E}_{\boldsymbol{\mu},\boldsymbol{\Lambda}}[(\boldsymbol{x}_i-\boldsymbol{\mu}_k)^\top\boldsymbol{\Lambda}_k(\boldsymbol{x}_i-\boldsymbol{\mu}_k)]-\frac{D}{2}\ln 2\pi$。通过对式 (13.38) 两边求指数运算，可以得到：

$$q^*(\boldsymbol{Z})=\prod_{i=1}^{N}\prod_{k=1}^{K}r_{ik}^{z_{ik}}$$

其中 $r_{ik}=\frac{\phi_{ik}}{\sum_{j=1}^{K}\phi_{ij}}$。容易验证 $\sum_{k=1}^{K}r_{ik}=1$。由此可见，最优解 $q^*(\boldsymbol{Z})$ 与 $\boldsymbol{Z}$ 的先验分布在形式上是一样的。同时可以看到，虽然在变分分布中没有假设 $\boldsymbol{z}_i$ 互相独立，但这个最优解实际上蕴含了 $\boldsymbol{z}_i$ 互相独立，即 $q^*(\boldsymbol{Z})=\prod_{i=1}^{N}q^*(\boldsymbol{z}_i)$。这种独立性称为“导出独立性”（induced independence）。

下面推导对 $q(\boldsymbol{\pi},\boldsymbol{\mu},\boldsymbol{\Lambda})$ 的更新公式。在给定 $q^*(\boldsymbol{Z})$ 的情况下，有 $\mathbb{E}[z_{ik}]=r_{ik}$。同时，为了符号方便，记 $N_k=\sum_{i=1}^{N}r_{ik}$，$\bar{\boldsymbol{x}}_k=\frac{1}{N_k}\sum_{i=1}^{N}r_{ik}\boldsymbol{x}_i$ 以及

$$\boldsymbol{S}=\frac{1}{N_k}\sum_{i=1}^{N}r_{ik}(\boldsymbol{x}_i-\bar{\boldsymbol{x}}_k)(\boldsymbol{x}_i-\bar{\boldsymbol{x}}_k)^\top.$$

根据平均场的一般性公式 (13.18)，可以得到 $q(\boldsymbol{\pi},\boldsymbol{\mu},\boldsymbol{\Lambda})$ 的更新公式：

$$\begin{aligned}\log q^*(\boldsymbol{\pi},\boldsymbol{\mu},\boldsymbol{\Lambda})=&\log p(\boldsymbol{\pi})+\sum_{k=1}^{K}\log p(\boldsymbol{\mu}_k,\boldsymbol{\Lambda}_k)+\mathbb{E}_{\boldsymbol{Z}}[\log p(\boldsymbol{Z}|\boldsymbol{\pi})]+\\&\sum_{k=1}^{K}\sum_{i=1}^{N}\mathbb{E}[z_{ik}]\log\mathcal{N}(\boldsymbol{x}_i|\boldsymbol{\mu}_k,\boldsymbol{\Lambda}_k)+c.\end{aligned}\tag{13.39}$$

从式 (13.39) 可以看到，包含变量 $\boldsymbol{\pi}$ 的项与包含 $(\boldsymbol{\mu},\boldsymbol{\Lambda})$ 的项是分开的，意味着变分分布实际上可以写成连乘的形式 $q(\boldsymbol{\pi},\boldsymbol{\mu},\boldsymbol{\Lambda})=q(\boldsymbol{\pi})q(\boldsymbol{\mu},\boldsymbol{\Lambda})$。由此可以分别得到 $q^*(\boldsymbol{\pi})$ 和 $q^*(\boldsymbol{\mu},\boldsymbol{\Lambda})$ 的更新公式：

$$\log q^*(\boldsymbol{\pi})=\log p(\boldsymbol{\pi})+\mathbb{E}_{\boldsymbol{Z}}[\log p(\boldsymbol{Z}|\boldsymbol{\pi})]+c.\tag{13.40}$$

$$\log q^*(\boldsymbol{\mu},\boldsymbol{\Lambda})=\sum_{k=1}^{K}\left(\log p(\boldsymbol{\mu}_k,\boldsymbol{\Lambda}_k)+\sum_{i=1}^{N}\mathbb{E}[z_{ik}]\log\mathcal{N}(\boldsymbol{x}_i|\boldsymbol{\mu}_k,\boldsymbol{\Lambda}_k)\right)+c.\tag{13.41}$$

由式 (13.40) 可得：

$$\log q^*(\boldsymbol{\pi})=(\alpha_0-1)\sum_{k=1}^{K}\log\pi_k+\sum_{k=1}^{K}\sum_{i=1}^{N}r_{ik}\log\pi_k+c.$$

等式两边取指数运算，可以得到最终的更新公式：

$$q^*(\boldsymbol{\pi})=\mathrm{Dir}(\boldsymbol{\pi}|\boldsymbol{\alpha}),\tag{13.42}$$

其中 $\alpha_k=\alpha_0+N_k$。因此，变量 $\boldsymbol{\pi}$ 的变分后验与其先验属于同一类分布。

最后，从式 (13.41) 完成 $q^*(\boldsymbol{\mu},\boldsymbol{\Lambda})$ 的更新公式。可以观察到，等式的右边分解为 K 个相互独立的项之和，每一项只依赖变量 $(\boldsymbol{\mu}_k,\boldsymbol{\Lambda}_k)$，因此，它蕴含了更进一步的独立性，即 $q(\boldsymbol{\mu},\boldsymbol{\Lambda})=\prod_{k=1}^{K}q(\boldsymbol{\mu}_k,\boldsymbol{\Lambda}_k)$，其中每一项的更新公式为

$$\log q^*(\boldsymbol{\mu}_k,\boldsymbol{\Lambda}_k)=\log p(\boldsymbol{\mu}_k,\boldsymbol{\Lambda}_k)+\sum_{i=1}^{N}\mathbb{E}[z_{ik}]\log\mathcal{N}(\boldsymbol{x}_i|\boldsymbol{\mu}_k,\boldsymbol{\Lambda}_k)+c.$$

因此可以得到：

$$q^*(\boldsymbol{\mu}_k,\boldsymbol{\Lambda}_k)\propto p(\boldsymbol{\mu}_k,\boldsymbol{\Lambda}_k)\exp\left(\sum_{i=1}^{N}r_{ik}\log\mathcal{N}(\boldsymbol{x}_i|\boldsymbol{\mu}_k,\boldsymbol{\Lambda}_k)\right).$$

式中，指数部分实际上是多个高斯分布的乘积，利用共轭先验的性质可以得到最终的更新公式：

$$q^*(\boldsymbol{\mu}_k,\boldsymbol{\Lambda}_k)=\mathcal{N}(\boldsymbol{\mu}_k|\boldsymbol{m}_k,(\beta_k\boldsymbol{\Lambda}_k)^{-1})\mathcal{W}(\boldsymbol{\Lambda}_k|\boldsymbol{W}_k,\nu_k),$$

其中 $\beta_k=\beta_0+N_k$，$\boldsymbol{m}_k=\frac{1}{\beta_k}(\beta_0\boldsymbol{m}_0+N_k\bar{\boldsymbol{x}}_k)$，$\nu_k=\nu_0+N_k$，以及 $\boldsymbol{W}_k^{-1}=\boldsymbol{W}_0^{-1}+N_k\boldsymbol{S}_k+\frac{\beta_0N_k}{\beta_0+N_k}(\bar{\boldsymbol{x}}_k-\boldsymbol{m}_0)(\bar{\boldsymbol{x}}_k-\boldsymbol{m}_0)^\top$。

最后，根据 $q^*(\boldsymbol{\pi})$ 和 $q^*(\boldsymbol{\mu}_k,\boldsymbol{\Lambda}_k)$ 的分布形式，可以计算在 $q^*(\boldsymbol{Z})$ 中需要的期望值，$\mathbb{E}_{\pi_k}[\log\pi_k]=\psi(\alpha_k)-\psi\left(\sum_{k'=1}^{K}\alpha_{k'}\right)$，以及

$$\mathbb{E}_{\boldsymbol{\Lambda}_k}[\log|\boldsymbol{\Lambda}_K|]=\sum_{j=1}^{d}\psi(\frac{\nu_k+1-j}{2})+d\log 2+\log|\boldsymbol{\Lambda}_K|$$

$$\mathbb{E}_{\boldsymbol{\mu}_k,\boldsymbol{\Lambda}_k}[(\boldsymbol{x}_i-\boldsymbol{\mu}_k)^\top\boldsymbol{\Lambda}_k(\boldsymbol{x}_i-\boldsymbol{\mu}_k)]=d\beta_k^{-1}+\nu_k(\boldsymbol{x}_i-\boldsymbol{m}_k)^\top\boldsymbol{\Lambda}_k(\boldsymbol{x}_i-\boldsymbol{m}_k).$$

13.5 期望传播

期望传播（expectation propagation，EP）算法最早由 Minka 等[279] 提出，是一种利用矩匹配（moment matching）的概率推断算法。本节介绍期望传播的基础算法以及在图模型上的具体实现。

13.5.1 基础 EP 算法

不失一般性，数据 $\mathcal{D}$ 和隐含变量 $\boldsymbol{\theta}$ 的联合分布可以写成因子乘积的形式：

$$p(\mathcal{D},\boldsymbol{\theta})=\prod_i f_i(\boldsymbol{\theta}). \tag{13.43}$$

例如，对于独立同分布数据的贝叶斯模型，可以设定 $f_i(\boldsymbol{\theta})=p(\boldsymbol{x}_i|\boldsymbol{\theta})$ 以及 $f_0(\boldsymbol{\theta})=p_0(\boldsymbol{\theta})$；对于贝叶斯网络，每个因子对应一个条件分布；对于马尔可夫随机场，每个因子对应一个团的势函数。给定该模型，推断的目标是计算后验分布：

$$p(\boldsymbol{\theta}|\mathcal{D})=\frac{1}{p(\mathcal{D})}\prod_i f_i(\boldsymbol{\theta}). \tag{13.44}$$

EP 算法采用如下形式的变分分布来近似目标后验：

$$q(\boldsymbol{\theta}) = \frac{1}{Z}\prod_i \tilde{f}_i(\boldsymbol{\theta}), \tag{13.45}$$

其中每个因子 $\tilde{f}_i$ 对应目标分布中的因子 f_i，Z 是归一化因子。为了便于计算，一般假设变分因子 $\tilde{f}_i$ 属于指数族分布（如常用的高斯分布），因此，变分因子的乘积仍然属于指数族，可以用充分统计量刻画。

为了寻找最优的变分近似，EP 算法选择最小化 KL-散度：

$$\mathrm{KL}(p\|q) = \mathrm{KL}\left(\frac{1}{p(\mathcal{D})}\prod_i f_i(\boldsymbol{\theta})\|\frac{1}{Z}\prod_i \tilde{f}_i(\boldsymbol{\theta})\right). \tag{13.46}$$

这与前文的变分推断最小化 $\mathrm{KL}(q\|p)$ 有所不同。EP 算法用到如下例子的一个基本事实。

例 13.5.1 (指数族分布) 给定目标分布 $p(\boldsymbol{\theta})$，假设变分分布属于指数族：$q(\boldsymbol{\theta}) = h(\boldsymbol{\theta})g(\boldsymbol{\eta})\exp(\boldsymbol{\eta}^\top \boldsymbol{T}(\boldsymbol{\theta}))$。通过最小化 KL-散度 $\mathrm{KL}(p\|q)$，可以得到最优解的条件为

$$\mathbb{E}_q[\boldsymbol{T}(\boldsymbol{\theta})] = \mathbb{E}_p[\boldsymbol{T}(\boldsymbol{\theta})]. \tag{13.47}$$

即充分统计量 $\boldsymbol{T}(\boldsymbol{\theta})$ 在变分分布下的期望与其在目标分布下的期望相等。这种条件称为矩匹配。例如，如果假设 $q(\boldsymbol{\theta}) = \mathcal{N}(\boldsymbol{\mu}, \boldsymbol{\Sigma})$，则最优近似的高斯分布满足 $\boldsymbol{\mu}$ 等于目标分布的均值（一阶矩），$\boldsymbol{\Sigma}$ 等于目标分布的协方差（二阶矩）。

EP 算法是一种交替更新每个因子 $\tilde{f}_i$ 的算法。具体地，EP 算法初始化每个因子 $\tilde{f}_i$，然后循环迭代更新每个因子。在更新因子 $\tilde{f}_i$ 时，首先从当前的变分分布中去掉该因子得到 $q_{\neg i}(\boldsymbol{\theta}) = \prod_{j\neq i} \tilde{f}_j(\boldsymbol{\theta})$，并定义新的变分分布

$$q_i(\boldsymbol{\theta}) \propto \tilde{f}_i(\boldsymbol{\theta})q_{\neg i}(\boldsymbol{\theta}), \tag{13.48}$$

在固定其他因子时，$q_{\neg i}(\boldsymbol{\theta})$ 是固定的，因此，该变分分布 $q_i(\boldsymbol{\theta})$ 是因子 $\tilde{f}_i$ 的函数。为了寻找最优的因子 $\tilde{f}_i$，类似地构造目标分布

$$p_i(\theta) = \frac{1}{Z_i} f_i(\boldsymbol{\theta})q_{\neg i}(\boldsymbol{\theta}). \tag{13.49}$$

注意：p_i 和 q_i 的区别在于前者使用真实的因子，而后者希望用变分因子近似前者。

给定上述 p_i 和 q_i，EP 算法通过求解如下的最小化 KL-散度问题得到最优的 $\tilde{f}_i$：

$$\tilde{f}_i^*(\boldsymbol{\theta}) \leftarrow \underset{\tilde{f}_i}{\operatorname{argmin}}\, \mathrm{KL}\left(\frac{1}{Z_i} f_i(\boldsymbol{\theta})q_{\neg i}(\boldsymbol{\theta})\|q_i\right). \tag{13.50}$$

该问题的求解可以分两步完成。首先，由于变分分布 q_i 属于指数族，利用例 13.5.1中矩匹配的结论，容易求解出 q_i。例如，如果 q_i 为高斯分布，则它的均值和协方差等于 $p_i(\boldsymbol{\theta})$ 的均值和协方差。得到最优的 q_i 之后，从 q_i 的定义可以得到：

$$\tilde{f}_i^*(\boldsymbol{\theta}) = \kappa\frac{q_i(\boldsymbol{\theta})}{q_{\neg i}(\boldsymbol{\theta})}. \tag{13.51}$$

两边同时乘以 $q_{\neg i}(\boldsymbol{\theta})$ 并对 $\boldsymbol{\theta}$ 求积分，可以得到 $\kappa=\int\tilde{f}_i^*(\boldsymbol{\theta})q_{\neg i}(\boldsymbol{\theta})\mathrm{d}\boldsymbol{\theta}=\int f_i(\boldsymbol{\theta})q_{\neg i}(\boldsymbol{\theta})\mathrm{d}\boldsymbol{\theta}=Z_i$，其中第二等式成立是因为矩匹配的条件——两边都是零阶矩。

在 EP 算法满足收敛条件时，利用最优的因子 $\tilde{f}_i^*(\boldsymbol{\theta})$ 可以近似数据的似然 $p(\mathcal{D})\approx\int\prod_i\tilde{f}_i^*(\boldsymbol{\theta})\mathrm{d}\boldsymbol{\theta}$。EP 算法的一个缺点是没有一般性的理论保证收敛，但当 $q(\boldsymbol{\theta})$ 是指数族分布时，如果算法收敛，那么得到的解为某个能量函数的稳定点。

13.5.2 图模型的 EP 算法

EP 算法通过在节点以及边上定义高斯分布的方式构造变分分布族 $\mathcal{Q}$，即

$$q(\boldsymbol{x})=\prod_{d\in V}\eta_d(x_d)\prod_{(s,t)\in E}\eta_{st}(x_s,x_t)\eta_{ts}(x_t,x_s),\tag{13.52}$$

其中所有的 η_d、η_{st} 及 η_{ts} 均为高斯分布。与 BP 算法类似，EP 算法也采用以随机或以某个遍历顺序的方式对 η_d、η_{st} 及 η_{ts} 进行更新，直至收敛或达到迭代上限。但与 BP 算法的不同之处在于，EP 算法每步迭代只更新变分分布 q 中的一小部分而保证变分分布 q 的其余部分不变，这种更新方式是通过如下的优化目标实现的。

$$\underset{\eta_d}{\operatorname{argmin}}\,\mathrm{KL}\left(\frac{q_{\backslash d}(\boldsymbol{x})\psi_d(x_d)}{Z_d}\|q(\boldsymbol{x})\right),\tag{13.53}$$

其中 $q_{\backslash d}(\boldsymbol{x})=q(\boldsymbol{x})/\eta_d(x_d)$ 为排除了与节点 d 对应的分布 η_d 后的剩余部分，Z_d 为保证 $q_{\backslash d}(\boldsymbol{x})\psi_d(x_d)$ 仍为概率分布的归一化系数。假设高斯分布 η_d 的均值为 μ_d，方差为 σ_d^2，则式 (13.53) 的最优解满足

$$\begin{aligned}\mu_d&=\int_{\mathcal{X}}x_d\frac{q_{\backslash d}(\boldsymbol{x})\psi_d(x_d)}{Z_d}\mathrm{d}\boldsymbol{x}\\&\propto\int_{\mathcal{X}_d}x_d\psi_d(x_d)\left(\int_{\mathcal{X}_{\Gamma_d}}\prod_{t\in\Gamma_d}\eta_{td}(x_t,x_d)\eta_{dt}(x_d,x_t)\mathrm{d}\boldsymbol{x}_{\Gamma_d}\right)\mathrm{d}x_d\\\sigma_d^2&=\int_{\mathcal{X}}(x_d-\mu_d)^2\frac{q_{\backslash d}(\boldsymbol{x})\psi_d(x_d)}{Z_d}\mathrm{d}\boldsymbol{x}\\&\propto\int_{\mathcal{X}_d}(x_d-\mu_d)^2\psi_d(x_d)\left(\int_{\mathcal{X}_{\Gamma_d}}\prod_{t\in\Gamma_d}\eta_{td}(x_t,x_d)\eta_{dt}(x_d,x_t)\mathrm{d}\boldsymbol{x}_{\Gamma_d}\right)\mathrm{d}x_d\end{aligned}\tag{13.54}$$

式 (13.54) 表明，EP 算法每次更新实际上是让 η_d 的均值和方差（对应一阶矩和二阶矩）与结合了目标分布信息的变分分布 $\dfrac{q_{\backslash d}(\boldsymbol{x})\psi_d(x_d)}{Z_d}$ 在对应节点 d 上的均值与方差做匹配，且该更新过程同样只依赖马尔可夫毯中的节点所对应的随机变量。此外，在迭代更新中传递的信息实际上是通过概率分布的期望计算的，这也是该算法名称的由来。

对 η_{st} 及 η_{ts} 的更新也可以按照类似的方式进行，具体细节可参见文献 [280]。

13.6 延伸阅读

本章主要介绍变分推断的基本原理和方法。变分推断的思想可以从多个角度进行扩展。

首先，在度量分布之间的“距离”时，KL 散度是最常用的，但从更广义的角度看，KL 散度是瑞利阿尔法散度（Rényi α-divergence）的特例[29]，其具体定义为

$$D_\alpha(p\|q) = \frac{1}{\alpha-1}\log\int p(\boldsymbol{\theta})^\alpha q(\boldsymbol{\theta})^{1-\alpha}\mathrm{d}\boldsymbol{\theta}. \tag{13.55}$$

当 $\alpha \to 1$ 时，退化为 KL 散度。论文[281] 推导了基于瑞利阿尔法散度的变分推断方法，通过调节 α 的取值可以复现已有基于 KL 散度的变分方法，并且可以推导出新的推断算法。

其次，在定义变分分布 $\mathcal{Q}$ 时，平均场假设是最简单易算的，同时也是假设最严格的。为了放松变分分布的约束，多种改进的策略被提出，基本思想是通过利用目标分布的结构，设计更加合理的变分分布。例如，在信念传播算法中，变分分布（13.26）考虑概率图模型的一些局部结构（即满足边上的局部边缘分布特性）；论文[266] 提出了进一步的改进算法。更多内容推荐读者参阅文献 [244]，它基于指数族分布和凸共轭的特性，为变分推断提供了一个统一的框架和视角，并对概率图模型的变分推断算法进行了系统的梳理。

再次，基于贝叶斯公式的变分优化描述[277]，可以灵活地引入后验约束项对目标后验分布进行约束，以提高后验分布的某些性能，这种方法称为正则化贝叶斯[278]。例如，通过引入最大间隔的后验正则化项，可以提升贝叶斯模型的预测性能[117, 282]；通过引入领域知识，可以得到更加可解释的隐含表示[283]。

最后，为了处理大规模数据集，研究者们提出了多个基于随机梯度和分布式计算的变分推断算法（如随机变分推断[284]），更多的内容请参阅文献 [285]。同时，变分推断与第 14 章介绍的蒙特卡洛方法具有互补的特点，但也密切相关，例如，在变分推断中需要计算某个分布的期望，在一些没有解析形式的情况下，蒙特卡洛方法成为有效的近似手段。

13.7 习题

习题 1 验证例 13.1.1中的结论。

习题 2 证明函数 $f(x) = x - \log(1+\mathrm{e}^x)$ 的共轭函数为 $H(\lambda) = \max_x(\lambda x - f(x)) = -\lambda\log\lambda - (1-\lambda)\log(1-\lambda)$。

习题 3 假设 $p(\boldsymbol{x})$ 是给定的分布，选择 $q(\boldsymbol{x}) = \mathcal{N}(\boldsymbol{\mu}, \boldsymbol{\Sigma})$ 为变分分布，通过最小化 KL 散度 $\min_q \mathrm{KL}(p\|q)$，推导 $\boldsymbol{\mu}$ 和 $\boldsymbol{\Sigma}$ 的估计。

习题 4 给定目标分布 $p(\boldsymbol{x}) = \mathcal{N}(\boldsymbol{\mu}, \boldsymbol{\Sigma})$，其中 $\boldsymbol{x} \in \mathbb{R}^d$，假设变分分布 $q(\boldsymbol{z}) = \prod_{i=1}^d q(z_i)$：

(1) 通过求解 $\min_q \mathrm{KL}(q\|p)$ 推导 $q(z_i)$ 的更新公式。

(2) 通过求解 $\min_q \mathrm{KL}(p\|q)$ 推导 $q(z_i)$ 的更新公式。

(3) 令 $d=2$、$\boldsymbol{\mu}=[1.0,1.0]^\top$、$\Sigma=[0.1,0.3;0.5,0.2]$，分别画出上述两种情况下近似分布的等密度线图。

习题 5　证明问题（13.27）存在最优解，且求解该最优解的不动点迭代算法就等价于式 (13.22) 中的消息传递过程。

习题 6　给定数据集 $\mathcal{D}=\{x_i\}_{i=1}^N$，其中 $x_i \sim \mathcal{N}(\mu,\tau^{-1})$，假设模型参数的先验分布为

$$\begin{aligned}\tau &\sim \mathrm{Gamma}(a_0,b_0)\\ \mu|\tau &\sim \mathcal{N}(\mu_0,(\lambda_0\tau)^{-1}),\end{aligned}$$

其中 $\mathrm{Gamma}(a_0,b_0)=\dfrac{\tau^{a_0-1}\mathrm{e}^{-b_0\tau}b_0^{a_0}}{\Gamma(a_0)}$ 为伽马分布。令变分分布 $q(\mu,\tau)=q(\mu)q(\tau)$，利用平均场法推导 $q(\mu)$ 和 $q(\tau)$ 的更新公式。

习题 7　给定一个贝叶斯隐变量模型和数据集 $\mathcal{D}$，$\boldsymbol{z}$ 表示所有隐变量，$\boldsymbol{\theta}$ 表示模型参数。假设变分分布为 $q(\boldsymbol{z},\boldsymbol{\theta})=q(\boldsymbol{z})q(\boldsymbol{\theta})$，且 $q(\boldsymbol{\theta})=\delta(\boldsymbol{\theta}-\boldsymbol{\theta}_0)$，其中 $\boldsymbol{\theta}_0$ 是未知参数。证明该模型的变分推断算法等价于 EM 算法，其中 E 步推断 $q(\boldsymbol{z})$，M 步优化 $\boldsymbol{\theta}_0$。

习题 8　完成概率潜在语义分析（pSLA）模型的 EM 算法推导过程。

习题 9　推导高斯混合模型 $p(\boldsymbol{x})=\sum_{k=1}^K \pi_k\mathcal{N}(\boldsymbol{\mu}_k,\boldsymbol{\Sigma}_k)$ 的随机 EM 算法，其中每次更新时随机选取一个数据点。

习题 10　对于第 13.3.3 节的概率潜在语义分析模型，采用式 (13.32) 表达的数据产生过程，假设其先验分布为 $p(\boldsymbol{\theta}_d)=\mathrm{Dir}(\boldsymbol{\theta}_d;K,\alpha')$、$p(\boldsymbol{\phi}_k)=\mathrm{Dir}(\boldsymbol{\phi}_k;V,\beta')$，该贝叶斯模型称为潜在狄利克雷分配（latent Dirichlet allocation，LDA）模型，假设变分分布 $q(\boldsymbol{\theta},\boldsymbol{\Phi},\boldsymbol{Z})=q(\boldsymbol{\theta})q(\boldsymbol{\Phi})q(\boldsymbol{Z})$，请推导其变分贝叶斯推断算法。

第 14 章　蒙特卡洛方法

第 13 章介绍的变分推断是一种确定性的优化算法，其优点是一般比较高效，容易检验是否收敛以及收敛解的性质。但变分推断因为引入了额外的假设，所以一般会引入近似误差。蒙特卡洛方法提供了另一种通用的推断方法，它是基于随机的粒子采样，在计算时间足够的情况下，可以保证收敛到目标分布。因此，蒙特卡洛方法一定程度上与变分推断互补。本章介绍蒙特卡洛方法的原理和典型算法，包括基础采样算法、马尔可夫链蒙特卡洛方法、基于动力系统的采样方法等。

14.1　概述

蒙特卡洛方法是一种使用多次随机模拟进行近似计算的方法，常应用于无法直接用确定性算法计算出准确解的情形。下面举一个经典例子①。

例 **14.1.1**（估计圆周率）　在二维平面上画一个 $[0,1]\times[0,1]$ 的正方形，并以原点为中心画一个半径为 1 的四分之一圆。然后在这个平面上均匀地洒点，设落在半圆内的点个数为 m，落在正方形内的点个数为 N。于是有 $\frac{\pi}{4}\approx\frac{m}{N}$，如图 14.1所示，当 $N=10000$ 时，一次估算的结果为 $\hat{\pi}=3.1452$。

从这个简单的例子可以看到，蒙特卡洛方法分为以下几个步骤：①构造概率过程；②从已知概率分布中采样；③建立统计量进行估计。蒙特卡洛方法被越来越多地应用于数值估计，其核心思想是，通过某种方式对给定的目标分布 $p(\boldsymbol{x})$ 进行采样，并将得到的独立同分布的样本 $\{\boldsymbol{x}^i\}_{i=1}^M$ 构建一个经验分布：

$$\hat{q}(\boldsymbol{x})=\frac{1}{M}\sum_{i=1}^{M}\mathbb{I}(\boldsymbol{x}^i=\boldsymbol{x}),\tag{14.1}$$

并将其作为目标分布 $p(\boldsymbol{x})$ 的近似。基于这种近似，蒙特卡洛方法可用于估计某个函数 $f(\boldsymbol{x})$ 在目标分布 $p(\boldsymbol{x})$ 下的期望 $\mathbb{E}_p[f(\boldsymbol{x})]=\int p(\boldsymbol{x})f(\boldsymbol{x})\mathrm{d}\boldsymbol{x}$：

$$\hat{f}=\int\hat{q}(\boldsymbol{x})f(\boldsymbol{x})\mathrm{d}\boldsymbol{x}=\frac{1}{M}\sum_{i=1}^{M}f(\boldsymbol{x}^i).\tag{14.2}$$

---

① 布冯（Buffon，1707—1788）投针实验估计圆周率是另一个经典的蒙特卡洛方法。

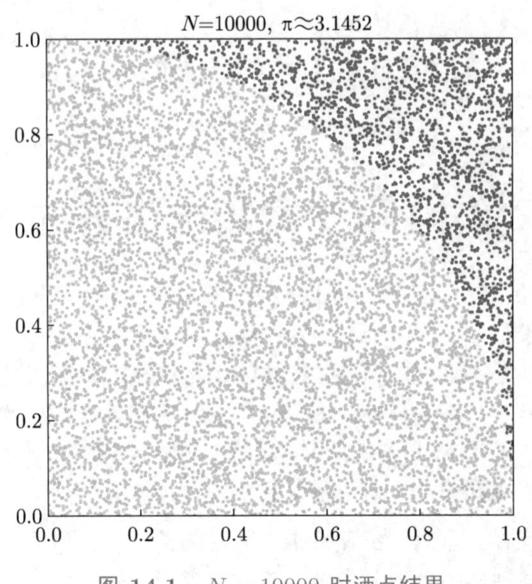

图 14.1　$N = 10000$ 时洒点结果

可以证明 $\hat{f}$ 是 $\mathbb{E}_p[f]$ 的无偏估计，即 $\mathbb{E}_p[\hat{f}] = \mathbb{E}_p[f]$，同时可以得到该估计的方差：

$$\mathrm{Var}(\hat{f}) = \frac{1}{M}\mathbb{E}_p\left[(f - \mathbb{E}_p[f])^2\right] = \frac{1}{M}\mathrm{Var}(f). \tag{14.3}$$

因此，该估计的精度（方差）是采样个数的逆线性函数。因为 $\mathrm{Var}(f)$ 是固定的，所以可以看到，该估计的精度与 $\boldsymbol{x}$ 的维度无关。在实际使用时，通常选取适当大小的 M（如几十）就可以得到比较准确的估计。

在某些情况下（如 $p(\boldsymbol{x})$ 为高斯分布），这种采样可以直接进行，得到独立的样本。但在大多数情况下，目标分布 $p(\boldsymbol{x})$ 无法直接采样，只能通过近似的方式间接采样。这些间接采样的算法包括：拒绝采样、重要性采样，以及马尔可夫链蒙特卡洛（Markov chain Monte Carlo, MCMC）算法等。下面具体介绍。

14.2　基础采样算法

本节首先介绍一些基础采样算法，这些算法虽然一般只能处理低维空间的简单分布，但却是很多复杂算法的基础。

14.2.1　基于重参数化的采样

利用第 2.1.3 节的结论，给定一个简单分布的变量 $\boldsymbol{z}$，定义一个变换函数 $\boldsymbol{x} = f(\boldsymbol{z})$，当 f 是可逆变换（即一一映射）时，$\boldsymbol{x}$ 的概率分布可以写成：

$$p(\boldsymbol{x}) = p(\boldsymbol{z})\left|\det\frac{\partial \boldsymbol{z}}{\partial \boldsymbol{x}}\right|, \tag{14.4}$$

其中 $\dfrac{\partial \boldsymbol{z}}{\partial \boldsymbol{x}}$ 为雅克比矩阵，$\det \boldsymbol{A}$ 为矩阵 $\boldsymbol{A}$ 的行列式。

式 (14.4) 提供了一个从给定概率分布中采样的方法——对于给定的分布 $p(\boldsymbol{x})$，只要能构造出合适的变换函数 f，就可以先从简单分布中采样 $\boldsymbol{z}$，经过变换后即可得到 $\boldsymbol{x}=f(\boldsymbol{z})$ 的样本。这种变换称为重参数化（reparametrization）。这种想法对于一些常见的分布（如高斯分布等）是可行的，已经被用于从这些分布中进行采样（见下文例子），在后文介绍的深度生成模型中，会看到如何利用给定的数据自动学习变换函数 f。

首先考虑一维的简单情况，对于给定的概率分布 $p(x)$，可以求出累积分布函数 $F(x)=\int_{-\infty}^{x}p(x')\mathrm{d}x'$，该函数是一个单调函数。然后，求它的逆函数 F^{-1}，并将其作为式 (14.4) 中的变换函数。也就是说，首先从均匀分布 $U(0,1)$ 中采样 z，然后经过变换 $x=F^{-1}(z)$ 得到样本 x。可以验证，这样得到的样本 x 服从分布 $p(x)$。这里，一般假设从 $(0,1)$ 区间进行均匀采样是可行的，事实上，很多软件都提供这个基本功能生成 $(0,1)$ 区间上的伪随机数，因此后文默认可以从均匀分布中采样。

例 14.2.1 (从指数分布中采样)　设随机变量 x 的概率分布是 $p(x)=\mathrm{e}^{-x}(x\geqslant 0)$。我们先计算出它的累积分布函数 $F(x)=1-\mathrm{e}^{-x}=y(x\geqslant 0)$，它的逆函数为 $F^{-1}(y)=-\log(1-y)$。然后，构造一个随机变量 $U\sim U(0,1)$，并从这个分布中采样一个点 u，计算 $x=F^{-1}(u)=-\log(1-u)$，于是我们就获得了从这个指数分布中采样的数据 x。

例 14.2.2 (从二维标准正态分布中采样，Box-Muller 方法[286])　设二维随机变量 (x_1,x_2) 的概率分布是 $p(x_1,x_2)=\frac{1}{\sqrt{2\pi}}\mathrm{e}^{-\frac{1}{2}x_1^2}\frac{1}{\sqrt{2\pi}}\mathrm{e}^{-\frac{1}{2}x_2^2}$。若直接求它的累积分布函数并求逆，则无法得到一个闭式解。Box-Muller 方法首先从半径为 1 的圆内随机均匀取点 (z_1,z_2)，这个过程可以通过先在 $[-1,1]\times[-1,1]$ 的区域上均匀洒点 (z_1,z_2)，并去掉 $r^2=z_1^2+z_2^2>1$ 的这些点实现。然后令 $x_i=z_i\left(\frac{-2\log(r^2)}{r^2}\right)^{-\frac{1}{2}}$ $(i=1,2)$，则 $p(x_1,x_2)=p(z_1,z_2)|\frac{\partial(z_1,z_2)}{\partial(x_1,x_2)}|=\frac{1}{\sqrt{2\pi}}\mathrm{e}^{-\frac{1}{2}x_1^2}\frac{1}{\sqrt{2\pi}}\mathrm{e}^{-\frac{1}{2}x_2^2}$ 即为我们想要采样的目标分布。

Box-Muller 方法可以很轻松地适用到高维分布，对于多元高斯分布，我们也可以通过变换到 $\mathcal{N}(0,\boldsymbol{I})$ 进行采样。

例 14.2.3 (从多元正态分布中采样)　对于 d 维空间中的随机向量 $\boldsymbol{x}$，它服从多元高斯分布 $\boldsymbol{x}\sim\mathcal{N}(\boldsymbol{\mu},\boldsymbol{\Sigma})$。通过引入标准正态分布的随机向量 $\boldsymbol{\epsilon}\sim\mathcal{N}(0,\boldsymbol{I})$，可以将 $\boldsymbol{x}$ 重新写作：

$$\boldsymbol{x}=\boldsymbol{\mu}+\boldsymbol{L}\boldsymbol{\epsilon}, \tag{14.5}$$

其中 $\boldsymbol{\Sigma}=\boldsymbol{L}\boldsymbol{L}^{\top}$，即对协方差矩阵进行 Cholesky 分解。容易验证，这样得到的 $\boldsymbol{x}$ 服从目标高斯分布。因此，可以先采样 $\boldsymbol{\epsilon}$，再通过上述函数变换得到 $\boldsymbol{x}$ 的样本。

这种重参数化的技巧在后文介绍具体算法时还会经常用到。同时，我们能观察到，用分布函数进行采样对于分布有较高的要求——其累积分布函数的逆需要有比较好的数学形式，能够较为方便地求解。否则，如果要对累积分布函数的逆进行近似，则会有很多问题，如数值的方法可能效率不高，也难以保证其正确性。下面介绍一些更普适的采样算法，它们能从某种程度上解决用分布函数进行采样所面临的问题。

14.2.2 拒绝采样

拒绝采样（rejection sampling）可以对更复杂的分布进行采样，甚至包括一些约束条件。考虑一般情况，假设 $p(\boldsymbol{x}) = \frac{1}{Z}\tilde{p}(\boldsymbol{x})$，其中 $\tilde{p}$ 容易计算但可能没有归一化，Z 是相应的归一化因子，且 Z 可能是未知的。拒绝采样引入一个提议分布（proposal distribution）$q(\boldsymbol{x})$，这个分布往往具有比目标分布更好的性质，通常是易于采样的。同时，选取一个系数 κ，使得对于任意的 $\boldsymbol{x}$ 值，满足不等式：

$$\kappa q(\boldsymbol{x}) \geqslant \tilde{p}(\boldsymbol{x}) \tag{14.6}$$

给定上述条件之后，拒绝采样的过程包括以下三个步骤。

(1) 从提议分布 $q(\boldsymbol{x})$ 中采样 $\boldsymbol{x}_0$；

(2) 从均匀分布 $U(0, \kappa q(\boldsymbol{x}_0))$ 中随机采样出一个数 u_0；

(3) 若 $u_0 \geqslant \tilde{p}(\boldsymbol{x}_0)$，则拒绝采样 $\boldsymbol{x}_0$，否则接受采样 $\boldsymbol{x}_0$。

该采样过程如图 14.2 所示，在一维的情况下，第一步采样得到 x 轴上的一个位置 x_0，第二步是在 x_0 点对应的曲线 $\kappa q(x)$ 下面的区域（垂直线）上均匀采样。因此，第一、二步实际上是在曲线 $\kappa q(x)$ 下面的二维区域中均匀采样。第三步拒绝掉落在灰色区域的样本，因此保留下来的样本服从目标分布。

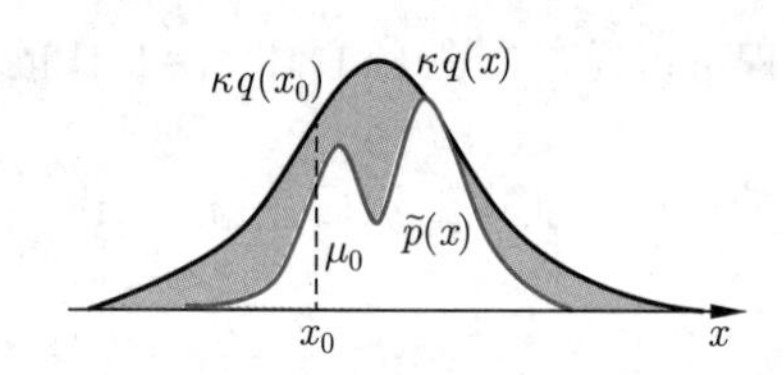

图 14.2 一维情况下的拒绝采样示意图

拒绝采样简单，易于实现，但存在两个主要问题。首先，上述过程第三步，样本 $\boldsymbol{x}_0$ 被接受的概率为 $\frac{\tilde{p}(\boldsymbol{x}_0)}{\kappa q(\boldsymbol{x}_0)}$。考虑到 $\boldsymbol{x}_0$ 是从 $q(\boldsymbol{x})$ 中采样得到的，总体上每个样本被接收的概率为

$$p(\text{accept}) = \int \frac{\tilde{p}(\boldsymbol{x})}{\kappa q(\boldsymbol{x})} q(\boldsymbol{x}) \mathrm{d}\boldsymbol{x} = \frac{1}{\kappa} \int \tilde{p}(\boldsymbol{x}) \mathrm{d}\boldsymbol{x}. \tag{14.7}$$

由此可见，拒绝采样的样本接收率与系数 κ 成反比。对于一个复杂的分布（例如，在某个局部区域具有非常大的概率值），为了满足不等式 (14.6)，κ 可能需要很大，从而导致样本接收效率低。一种改进的方法是自适应拒绝采样[287]，构造分段的提议分布，以提高采样效率。

其次，在高维数据中，用拒绝采样的方法效率极低，面临维数灾的问题。考虑这样一种情形：假设用拒绝采样对一个正态分布 $\boldsymbol{x} \sim N(0, \sigma_p^2 \boldsymbol{I})$ 进行采样，我们选择提议分布 $q(\boldsymbol{x}) = N(0, \sigma_q^2 \boldsymbol{I})$。可以看到，两者的均值相等。为了满足条件（14.6），需要 $\sigma_p^2 \leqslant \sigma_q^2$。在 d 维空间中，最小的 κ 值为 $(\sigma_q/\sigma_p)^d$，与维度呈指数关系。因此，即使 $\sigma_q = 1.01\sigma_p$，在数据维度为 1000 时，最后的接受率也只有大约 $\dfrac{1}{20000}$，这显然是非常低效的。

14.2.3 重要性采样

如前所述，在很多任务中，我们需要估计在给定分布 $p(\boldsymbol{x})$ 下函数 $f(\boldsymbol{x})$ 的期望 $\mathbb{E}_p[f] = \int f(\boldsymbol{x})p(\boldsymbol{x})\mathrm{d}\boldsymbol{x}$。重要性采样（importance sampling）提供了一种直接估计期望的方法。

和拒绝采样类似，重要性采样也需要选择一个易于采样的提议分布 $q(\boldsymbol{x})$，然后对这个 $q(\boldsymbol{x})$ 进行采样，得到蒙特卡洛估计：

$$\mathbb{E}_p[f(\boldsymbol{x})] = \int f(\boldsymbol{x})p(\boldsymbol{x})\mathrm{d}\boldsymbol{x} = \int f(\boldsymbol{x})\frac{p(\boldsymbol{x})}{q(\boldsymbol{x})}q(\boldsymbol{x})\mathrm{d}\boldsymbol{x} \approx \frac{1}{M}\sum_{i=1}^{M} w_i f(\boldsymbol{x}^i), \tag{14.8}$$

其中 $w_i = \dfrac{p(\boldsymbol{x}^i)}{q(\boldsymbol{x}^i)}$ 为重要性采样权重，其作用是纠正提议分布与目标分布之间的偏差。

当 $p(\boldsymbol{x})$ 不太容易计算，但未归一化的 $\tilde{p}(\boldsymbol{x})$ 容易计算时，我们同样可以用重要性采样进行估计。具体地，假设 $p(\boldsymbol{x}) = \tilde{p}(\boldsymbol{x})/Z_p$ 且 Z_p 未知，不失一般性，我们假设提议分布 $q(\boldsymbol{x}) = \dfrac{\tilde{q}(\boldsymbol{x})}{Z_q}$，重要性采样可以按如下方式进行。

$$\begin{aligned}\mathbb{E}_p[f] &= \frac{Z_q}{Z_p}\int f(\boldsymbol{x})\frac{\tilde{p}(\boldsymbol{x})}{\tilde{q}(\boldsymbol{x})}q(\boldsymbol{x})\mathrm{d}\boldsymbol{x} \\ &\approx \frac{Z_q}{Z_p}\left(\frac{1}{M}\sum_{i=1}^{M} r_i f(\boldsymbol{x}^i)\right),\end{aligned} \tag{14.9}$$

其中重要性权重为 $r^i = \dfrac{\tilde{p}(\boldsymbol{x}^i)}{\tilde{q}(\boldsymbol{x}^i)}$。对于未知的归一化因子，我们同样可以用这组样本来估计：

$$\begin{aligned}\frac{Z_p}{Z_q} &= \frac{1}{Z_q}\int \tilde{p}(\boldsymbol{x})\mathrm{d}\boldsymbol{x} \\ &= \int \frac{\tilde{p}(\boldsymbol{x})}{\tilde{q}(\boldsymbol{x})}q(\boldsymbol{x})\mathrm{d}\boldsymbol{x} \\ &\approx \frac{1}{M}\sum_{i=1}^{M} r^i.\end{aligned} \tag{14.10}$$

因此，$\frac{Z_q}{Z_p}=\frac{M}{\sum_{i=1}^{M}r^i}$。将其代入式 (14.10)，可以得到期望的估计：

$$\mathbb{E}_p[f]\approx\sum_{i=1}^{M}w_i f(\boldsymbol{x}^i), \tag{14.11}$$

其中重要性权重为

$$w_i=\frac{r^i}{\sum_{j=1}^{M}r^j}=\frac{\tilde{p}(\boldsymbol{x}^i)/\tilde{q}(\boldsymbol{x}^i)}{\sum_j \tilde{p}(\boldsymbol{x}^j)/\tilde{q}(\boldsymbol{x}^j)}. \tag{14.12}$$

该权重是归一化的，即 $\sum_{i=1}^{M}w_i=1$，因此，描述了 M 个样本上的一个概率分布。同时，我们可以看到提议分布的选择会影响采样的效率。当 $q(\boldsymbol{x})$ 与 $p(\boldsymbol{x})$ 比较接近时，对应的权重 w_i 比较大；反之，权重比较小。对于实际应用中的复杂分布，往往会出现只有少数样本对应的权重相对大，大部分样本对应的权重很小。

14.2.4 重要性重采样

重要性重采样的方法如下：首先，从提议分布 $q(\boldsymbol{x})$ 中采样 M 个样本 $\boldsymbol{x}^1,\boldsymbol{x}^2,\cdots,\boldsymbol{x}^M$，并根据式 (14.12) 计算它们的归一化权重 $w_1,w_2,\cdots,w_M$；然后，以上述 M 个样本为元素，以 w_i 为概率值定义多项式分布 $\mathrm{Mult}(w_1,w_2,\cdots,w_M)$，并从中采样出一组新样本作为目标分布的采样。

下面在一维情形下证明这种采样方式是正确的（高维同理）：

$$\begin{aligned}P(x\leqslant a)&=\sum_i \mathbb{I}(x^i\leqslant a)w^i\\&=\frac{\sum_i \mathbb{I}(x^i\leqslant a)\tilde{p}(x^i)/\tilde{q}(x^i)}{\sum_j \tilde{p}(x^j)/\tilde{q}(x^j)}\end{aligned} \tag{14.13}$$

当 $M\to\infty$ 时，式（14.13）中基于 $q(x)$ 采样的加和可以被积分运算替代，得到：

$$\begin{aligned}P(x\leqslant a)&=\frac{\int_{-\infty}^{\infty}\mathbb{I}(y\leqslant a)(\tilde{p}(y)/\tilde{q}(y))\tilde{q}(y)\mathrm{d}y}{\int_{-\infty}^{\infty}(\tilde{p}(y)/\tilde{q}(y))\tilde{q}(y)\mathrm{d}y}\\&=\frac{\int_{-\infty}^{\infty}\mathbb{I}(y\leqslant a)\tilde{p}(y)\mathrm{d}y}{\int_{-\infty}^{\infty}\tilde{p}(y)\mathrm{d}y}\\&=\int\mathbb{I}(y\leqslant a)p(y)\mathrm{d}y.\end{aligned} \tag{14.14}$$

因此，重要性重采样算法得到的样本服从目标分布 $p(x)$。

14.2.5 原始采样

如第 12 章介绍，概率图模型提供了一种简洁、直观的语言，描述多个变量的联合分布。例如，贝叶斯网络的联合分布为 $p(\boldsymbol{x})=\prod_{i=1}^{d} p(x_i|\boldsymbol{x}_{\pi_i})$，其中 $\boldsymbol{X}_{\pi_i}$ 为节点 X_i 的父节点变量。基于上述基本分布的采样方法，可以对贝叶斯网络中的多个随机变量进行采样，这种方法称为原始采样（ancestral sampling）。首先，将所有变量排成一个偏序序列 $(X_1, X_2, \cdots, X_d)$，其中每个变量 X_i 的父节点都出现在它的左边。然后，按照该偏序关系从左到右依次从条件概率分布 $p(x_i|\boldsymbol{x}_{\pi_i})$ 中采样，如果 π_i 为空集，则直接从分布 $p(x_i)$ 中采样。很显然，对于有向无环图的贝叶斯网络，这种偏序关系总是存在的。原始采样算法利用了贝叶斯网络的图结构，每次只需要对单个变量进行采样，因此可以一定程度克服维数灾难问题。

当贝叶斯网络中存在部分观测的离散变量，例如变量 X_j 的值已知为 e，仍然可以使用原始采样算法对所有变量进行采样，当采样到 X_j 时，如果 $x_j \neq \mathrm{e}$，则该样本被拒绝，否则继续该算法，完成对所有样本的采样。可以验证，这样得到的样本服从后验分布 $p(x_1, x_2, \cdots, x_{j-1}, x_{j+1}, \cdots, x_d|x_j=\mathrm{e})$。该方法可以直接扩展到多个可观测离散变量的情况，当然，可观测的变量越多，一个样本被拒绝的概率越高。

14.3 马尔可夫链蒙特卡洛

除了利用贝叶斯网络结构的原始采样，已经介绍的拒绝采样、重要性采样等基础采样算法一般都面临维数灾的问题，在高维空间中采样的效率极低。马尔可夫链蒙特卡洛（Markov chain Monte Carlo，MCMC）是一种通用的采样方法，适用于处理高维空间中几乎所有的常见分布。

14.3.1 马尔可夫链

一阶马尔可夫链是一个随机变量序列 $\boldsymbol{X}^{(1)}, \boldsymbol{X}^{(2)}, \cdots, \boldsymbol{X}^{(t)}, \cdots$，满足条件独立性

$$p\left(\boldsymbol{x}^{(t+1)}|\boldsymbol{x}^{(t)}, \cdots, \boldsymbol{x}^{(1)}\right)=p\left(\boldsymbol{x}^{(t+1)}|\boldsymbol{x}^{(t)}\right). \tag{14.15}$$

即给定当前状态 $\boldsymbol{x}^{(t)}$，下一时刻的状态与历史状态无关。这种条件独立性已经在隐马尔可夫模型中见过。变量 $\boldsymbol{X}^{(t)}$ 的取值空间称为状态空间。通常称 $p(\boldsymbol{x}^{(0)})$ 为初始概率，$\boldsymbol{T}_t(\boldsymbol{x}^{(t)}, \boldsymbol{x}^{(t+1)}) \triangleq p(\boldsymbol{x}^{(t+1)}|\boldsymbol{x}^{(t)})$ 为转移概率。如果转移概率 $\boldsymbol{T}_t$ 与 t 无关，则称其为齐次（homogeneous）马尔可夫链。

例 **14.3.1** (天气状态转移矩阵)　给定今天的天气状态（假设有三种：晴天、阴天、雨天），假设明天的天气状态服从一阶马尔可夫链，则其状态转移矩阵如图 14.3所示，若今天是晴天，则明天还是晴天的概率是 0.6，是雨天的概率是 0.3，是阴天的概率是 0.1，依次类推。

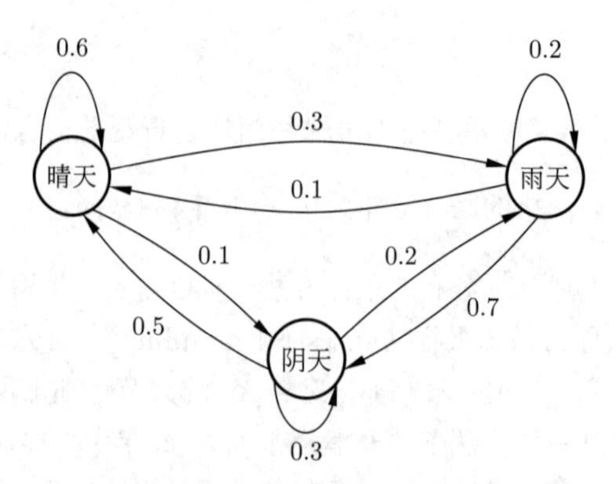

图 14.3　给定今天的天气情况，明天天气状态的转移概率示意图

根据马尔可夫链的定义，相邻两个时刻的状态分布（即状态的边缘概率分布）满足如下关系：

$$p(\boldsymbol{x}^{(t+1)}) = \sum_{\boldsymbol{x}^{(t)}} p(\boldsymbol{x}^{(t+1)}|\boldsymbol{x}^{(t)})p(\boldsymbol{x}^{(t)}). \tag{14.16}$$

如果用列向量 $\boldsymbol{p}_t$ 表示 t 时刻的状态分布，则式 (14.16) 可以表示为矩阵向量乘的形式：$\boldsymbol{p}_{t+1} = \boldsymbol{T}\boldsymbol{p}_t$。从初始状态开始，可以迭代地计算出多步之后的状态分布：$\boldsymbol{p}_t = \boldsymbol{T}^t\boldsymbol{p}_0$。对于一些性质良好的马尔可夫链，通过有限步的状态转移，最终可以收敛到一个稳定的概率分布，且与初始状态分布无关，这种分布称为平稳分布，具体定义如下。

定义 14.3.1（平稳分布）　对于转移概率为 $\boldsymbol{T}(\boldsymbol{x}', \boldsymbol{x})$ 的齐次马尔可夫链，若分布 $p(\boldsymbol{x})$ 满足等式：

$$p(\boldsymbol{x}) = \sum_{\boldsymbol{x}'} \boldsymbol{T}(\boldsymbol{x}', \boldsymbol{x})p(\boldsymbol{x}'), \tag{14.17}$$

则称 $p(\boldsymbol{x})$ 为该马尔可夫链的平稳分布。

利用平稳分布的特性，可以构造合适的马尔可夫链，以实现从给定分布 $p(\boldsymbol{x})$ 中随机采样。其基本过程如图 14.4所示，在每个状态 $\boldsymbol{x}^{(t)}$ 构造一个提议分布，即转移概率，并从该分布中采样，按照一定的策略决定是否接收该样本（具体内容见后文）。这里要满足以下两个条件。

(1) $p(\boldsymbol{x})$ 是该马尔可夫链的平稳分布；

(2) 当 $t \to \infty$ 时，$p^{(t)}(\boldsymbol{x})$ 收敛到目标分布 $p(\boldsymbol{x})$。

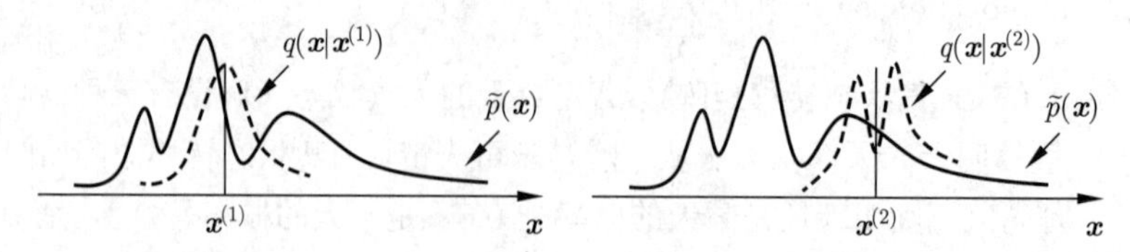

图 14.4　**MCMC** 采样示意图，其中 $\tilde{p}(x)$ 为未归一化的目标分布，虚线表示每个状态下的转移概率分布

细致平衡（detailed balance）是满足（1）的充分条件。对于一个分布 $p(\boldsymbol{x})$ 和一条转移概率为 $\boldsymbol{T}(\boldsymbol{x}',\boldsymbol{x})$ 的马尔可夫链，细致平衡条件定义为

$$p(\boldsymbol{x})\boldsymbol{T}(\boldsymbol{x},\boldsymbol{x}') = p(\boldsymbol{x}')\boldsymbol{T}(\boldsymbol{x}',\boldsymbol{x}), \tag{14.18}$$

也称为马尔可夫链的可逆性。若一条马尔可夫链对于目标分布 $p(\boldsymbol{x})$ 满足细致平衡条件，那么这个目标分布是该马尔可夫链的稳态分布。事实上，可以验证 $\sum_{\boldsymbol{x}} p(\boldsymbol{x})\boldsymbol{T}(\boldsymbol{x},\boldsymbol{x}') = \sum_{\boldsymbol{x}} p(\boldsymbol{x}')\boldsymbol{T}(\boldsymbol{x}',\boldsymbol{x}) = p(\boldsymbol{x}')\sum_{\boldsymbol{x}} p(\boldsymbol{x}|\boldsymbol{x}') = p(\boldsymbol{x}')$。

为了满足条件（2），需要马尔可夫链是可遍历的（ergodic），满足不可约、正常返、非周期的性质，具体如下。

(1) 不可约性：如果一个马尔可夫链的状态空间仅有一个连通类（即状态空间的全体成员），则该马尔可夫链是不可约的，否则马尔可夫链具有可约性。马尔可夫链的不可约性意味着在其状态转移过程中，随机变量可以在任意状态间转移。对于一个状态数量有限的马尔可夫链，若它是不可约的，则它就有唯一的稳态分布 π；

(2) 正常返性：若马尔可夫链到达一个状态后，在演变中能反复回到该状态，则该状态是正常返状态。具体地，对状态空间中的某个状态 i，马尔可夫链对该状态的返回时间 T_i 是其所有可能返回时间的下确界，即 $T_i = \inf\{t \geqslant 1 : \boldsymbol{x}^{(t)} = i|\boldsymbol{x}^{(0)} = i\}$。对于正常返状态 i，如果平均返回时间 $\mathbb{E}[T_i] < \infty$，则该状态是“正常返”的，否则为“零常返”的；

(3) 非周期性：一个正常返的马尔可夫链可能具有周期性，即在其演变中，马尔可夫链能够按大于 1 的周期正常返其状态。具体地，对于正常返状态 i，计算返回步数的最大公约数：$k_i = \gcd\{t : p(\boldsymbol{x}^{(t)} = i|\boldsymbol{x}^{(0)} = i) > 0\}$，若 $k_i > 1$，则该状态具有周期性；若 $k_i = 1$，则该状态具有非周期性。

若一个马尔可夫链是不可约、正常返、非周期的，则存在唯一的稳态分布 p，使得 $p = \boldsymbol{T}p$，$\lim_{t\to\infty} p_t = p$。这种马尔可夫链称为遍历链。遍历链有长时间尺度下的稳态行为，因此是被广泛研究和应用的马尔可夫链。

同时，从上述性质中可以看到，当在一条马尔可夫链上进行状态转移时，如果希望转移后状态的分布还是转移前的分布，则需要选择一个满足良好性质的转移概率。马尔可夫链蒙特卡洛方法的核心在于设计性质良好的转移矩阵，下文将介绍若干具体的例子。

14.3.2 Metropolis Hastings 采样

这里给出一种通用的转移概率设计方法，称为 Metropolis Hastings 方法，简称 MH 采样。考虑一般情况，给定的目标分布为 $p(\boldsymbol{x}) = \frac{1}{Z}\tilde{p}(\boldsymbol{x})$，其中 $\tilde{p}(\boldsymbol{x})$ 是易于计算的，归一化因子 Z 可能是未知的。给定当前的状态 $\boldsymbol{x}^{(t)}$，构建一个提议分布 $q_k(\boldsymbol{x}|\boldsymbol{x}^{(t)})$ 并采样 $\boldsymbol{x}$，我们以概率

$$A_k(\boldsymbol{x},\boldsymbol{x}^{(t)}) = \min\left(1, \frac{\tilde{p}(\boldsymbol{x})q_k(\boldsymbol{x}^{(t)}|\boldsymbol{x})}{\tilde{p}(\boldsymbol{x}^{(t)})q_k(\boldsymbol{x}|\boldsymbol{x}^{(t)})}\right) \tag{14.19}$$

接受 $\boldsymbol{x}$，即令 $\boldsymbol{x}^{(t+1)}=\boldsymbol{x}$；若不接受，则保持 $\boldsymbol{x}^{(t+1)}=\boldsymbol{x}^{(t)}$。换句话说，在 MH 采样中，如果一个样本遭到了拒绝，则这次采样的结果将会是上次采样的样本。这和拒绝采样不同，在拒绝采样中，如果拒绝了一个样本，它将被丢掉。实际实现时，为了判断是否接受一个样本，可以通过采样一个 $\mu\sim U(0,1)$，如果 $A_k>\mu$，就接受样本，反之拒绝。另外，这里的下标 k 表示可能存在不同类型的提议分布（如高斯分布、混合高斯等）。

MH 采样算法的一个特殊形式是 Metropolis 采样，它选取的提议分布 q_k 是对称的，即 $q_k(\boldsymbol{x}|\boldsymbol{x}^{(t)})=q_k(\boldsymbol{x}^{(t)}|\boldsymbol{x})$。因此，该接收概率简化为

$$A_k(\boldsymbol{x},\boldsymbol{x}^{(t)})=\min\left(1,\frac{\tilde{p}(\boldsymbol{x})}{\tilde{p}(\boldsymbol{x}^{(t)})}\right). \tag{14.20}$$

这里考虑非对称提议分布的一般情况，该马尔可夫链的转移概率是 $\boldsymbol{T}(\boldsymbol{x}',\boldsymbol{x})=q_k(\boldsymbol{x}'|\boldsymbol{x})A_k(\boldsymbol{x}',\boldsymbol{x})$。可以验证，这个马尔可夫链满足细致平衡条件：

$$\begin{aligned}\tilde{p}(\boldsymbol{x})\boldsymbol{T}(\boldsymbol{x},\boldsymbol{x}')&=\tilde{p}(\boldsymbol{x})q_k(\boldsymbol{x}'|\boldsymbol{x})\min\left(1,\frac{\tilde{p}(\boldsymbol{x}')q_k(\boldsymbol{x}|\boldsymbol{x}')}{\tilde{p}(\boldsymbol{x})q_k(\boldsymbol{x}'|\boldsymbol{x})}\right)\\&=\min\left(\tilde{p}(\boldsymbol{x})q_k(\boldsymbol{x}'|\boldsymbol{x}),\tilde{p}(\boldsymbol{x}')q_k(\boldsymbol{x}|\boldsymbol{x}')\right)\\&=\tilde{p}(\boldsymbol{x}')q_k(\boldsymbol{x}|\boldsymbol{x}')\min\left(1,\frac{\tilde{p}(\boldsymbol{x})q_k(\boldsymbol{x}'|\boldsymbol{x})}{\tilde{p}(\boldsymbol{x}')q_k(\boldsymbol{x}|\boldsymbol{x}')}\right)\\&=\tilde{p}(\boldsymbol{x}')\boldsymbol{T}(\boldsymbol{x},\boldsymbol{x}').\end{aligned} \tag{14.21}$$

在 MH 采样中，提议分布的选取通常分为两种：一种是随机游走 Metropolis；另一种是独立 Metropolis。

例 14.3.2 (随机游走 Metropolis) 随机游走 Metropolis 的提议分布满足 $q_k(\boldsymbol{x}'|\boldsymbol{x})=q_k(\boldsymbol{x}|\boldsymbol{x}'),\forall\boldsymbol{x},\boldsymbol{x}'$。如 $q_k(\boldsymbol{x}'|\boldsymbol{x})=\mathcal{N}(\boldsymbol{x}'|\boldsymbol{x},\nu^2\boldsymbol{H}^{-1})$ 就是一个随机游走 Metropolis 的提议分布，其中 $\boldsymbol{H}$ 是 $\boldsymbol{x}$ 处的海森矩阵。注意到，在这种情况下，提议分布的方差 ν^2 非常重要。如果方差过小，如 $\nu^2\to 0$，就会使得所采的样本过于集中于初始值，这会使得对分布的刻画不准确。而如果方差过大，如 $\nu^2\to\infty$，就会使得提议分布遍布整个空间，这会使得接受概率大大降低，采样效率非常低。于是需要选取一个较为合理的 ν，论文[288] 建议 ν^2 的合理取值是 $\dfrac{2.38^2\boldsymbol{H}^{-1}}{d}$，其中 d 是采样数据的维数。

例 14.3.3 (独立 Metropolis) 独立 Metropolis 的提议分布满足 $q_k(\boldsymbol{x}'|\boldsymbol{x})=q_k(\boldsymbol{x}')$。相应地，接受概率为 $\min\left(1,\dfrac{\tilde{p}(\boldsymbol{x}')q_k(\boldsymbol{x})}{\tilde{p}(\boldsymbol{x})q_k(\boldsymbol{x}')}\right)$。如果提议分布在某些区域中有 $p(\boldsymbol{x})\gg q_k(\boldsymbol{x})$，那么若上一个样本 $\boldsymbol{x}$ 落在这个区域中，则下一次即使采出的样本有 $p(\boldsymbol{x}')\approx q_k(\boldsymbol{x}')$，我们有 $r=\min\left(1,\dfrac{\tilde{p}(\boldsymbol{x}')q_k(\boldsymbol{x})}{\tilde{p}(\boldsymbol{x})q_k(\boldsymbol{x}')}\right)\approx 0$，也意味着接受概率会非常低，即采样效率非常低。所以，在独立 Metropolis 中一般不采用重尾分布作为提议分布。

值得注意的是，不同于基础采样算法，在马尔可夫链达到稳态分布之前，MCMC 采样得到的样本序列 $\boldsymbol{x}^{(1)},\boldsymbol{x}^{(2)},\cdots,\boldsymbol{x}^{(T)}$ 并不是独立的。实际应用中，可以将一开始

的样本丢弃，直接保留一段时间后（收敛到稳定分布时）的样本并将其作为最终采样的样本。这个丢弃一些样本的过程称为 burn-in 阶段。另外，可以按一定间隔选取序列中的样本，当间隔足够大时，得到的样本近似独立。此外，对于 $\boldsymbol{x}$ 维数较高的场景，构建一个合适的提议分布可能面临困难，而 Gibbs 采样提供了一个可行的方案。

14.3.3　Gibbs 采样

Gibbs 采样[289] 是 MH 采样的一种特例，它主要应用于高维随机变量的采样。考虑目标分布 $p(\boldsymbol{x})$，其中 $\boldsymbol{x} \in \mathbb{R}^d$，Gibbs 采样的基本过程如下。

(1) 初始化所有变量的值 $\boldsymbol{x}^{(1)}$；

(2) 迭代 $t = 1, 2, \cdots, T$：

① 采样 $x_1^{(t+1)} \sim p(x_1|x_2^{(t)}, \cdots, x_d^{(t)})$；

② $\forall j = 2, 3, \cdots, d-1$：采样 $x_j^{(t+1)} \sim p(x_j|x_1^{(t+1)}, \cdots, x_{j-1}^{(t+1)}, x_{j+1}^{(t)}, \cdots, x_d^{(t)})$；

③ 采样 $x_d^{(t+1)} \sim p(x_d|x_1^{(t+1)}, \cdots, x_{d-1}^{(t+1)})$。

当所有变量被遍历更新一次，Gibbs 采样就完成一次完整的采样，图 14.5展示了二维空间采样的例子。可以看到，该算法每次只需要从单变量的条件分布中采样，因此，可以应用前文讲的基础采样算法实现。举一个简单的三维的例子，Gibbs 采样的过程为

$$
\begin{aligned}
x_1^{(t+1)} &\sim p(x_1|x_2^{(t)}, x_3^{(t)}) \\
x_2^{(t+1)} &\sim p(x_2|x_1^{(t+1)}, x_3^{(t)}) \\
x_3^{(t+1)} &\sim p(x_3|x_1^{(t+1)}, x_2^{(t+1)}).
\end{aligned} \tag{14.22}
$$

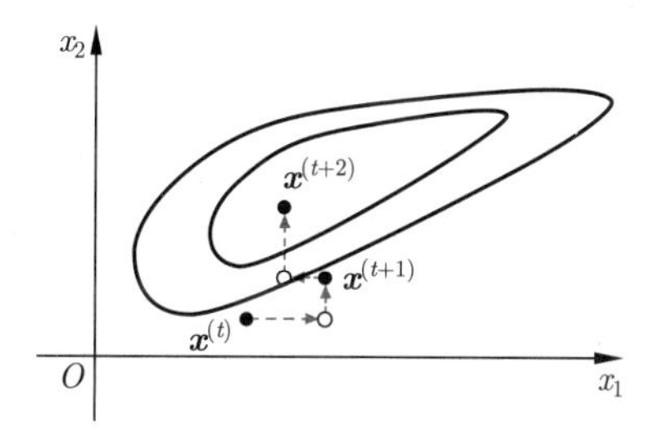

图 14.5　二维空间中 Gibbs 采样示意图，其中实心黑点表示完成一次完整的采样，空心点表示中间状态，虚线表示转移的方向

Gibbs 采样可以理解成 MH 算法的一种特殊形式。具体地，我们把 Gibbs 采样的每一步更新变量 $\boldsymbol{X}_i$ 看作 MH 采样的一次状态更新，给定当前状态 $\boldsymbol{x}^{(t)}$，下一步更新 $\boldsymbol{x}_i^{(t+1)}$ 的转移概率为

$$
\boldsymbol{T}(\boldsymbol{x}^{(t)}, \boldsymbol{x}^{(t+1)}) = q(\boldsymbol{x}^{(t+1)}|\boldsymbol{x}^{(t)}) = p(x_i|\boldsymbol{x}_{\neg i}^{(t)}), \tag{14.23}
$$

这是因为 $\boldsymbol{x}_{\neg i}^{(t)}$ 保持不变。令 $\boldsymbol{x}^{(t+1)}$ 为更新后的变量（即只有第 i 维被更新了），则样本被接受的概率为

$$A(\boldsymbol{x}^{(t+1)},\boldsymbol{x}^{(t)})=\frac{p(\boldsymbol{x}^{(t+1)})q(\boldsymbol{x}^{(t)}|\boldsymbol{x}^{(t+1)})}{p(\boldsymbol{x}^{(t)})q(\boldsymbol{x}^{(t+1)}|\boldsymbol{x}^{(t)})}$$
$$=\frac{p(x_i^{(t+1)}|\boldsymbol{x}_{\neg i}^{(t+1)})p(\boldsymbol{x}_{\neg i}^{(t+1)})p(x_i^{(t)}|\boldsymbol{x}_{\neg i}^{(t+1)})}{p(x_i^{(t)}|\boldsymbol{x}_{\neg i}^{(t)})p(\boldsymbol{x}_{\neg i}^{(t)})p(x_i^{(t+1)}|\boldsymbol{x}_{\neg i}^{(t)})}$$
$$=1,$$

其中最后一个等式成立是因为 $\boldsymbol{x}_{\neg i}^{(t+1)}=\boldsymbol{x}_{\neg i}^{(t)}$。

基于上述理解，可以验证：在每一步更新变量 X_i 的过程中，$p(\boldsymbol{x})$ 在转移概率（14.23）下保持不变：

$$\sum_{\boldsymbol{x}'}p(\boldsymbol{x}|\boldsymbol{x}')p(\boldsymbol{x}')=\sum_{\boldsymbol{x}'}p(x_i|\boldsymbol{x}_{\neg i},\boldsymbol{x}')p(\boldsymbol{x}_{\neg i}|\boldsymbol{x}')p(\boldsymbol{x}')$$
$$=p(x_i|\boldsymbol{x}_{\neg i})\sum_{\boldsymbol{x}'}p(\boldsymbol{x}_{\neg i}|\boldsymbol{x}')p(\boldsymbol{x}')$$
$$=p(x_i|\boldsymbol{x}_{\neg i})p(\boldsymbol{x}_{\neg i}),$$

其中第二个等式成立是因为从 $\boldsymbol{x}'$ 转移到状态 $\boldsymbol{x}$ 的过程中 $\boldsymbol{x}_{\neg i}$ 保持不变，所以，在给定 $\boldsymbol{x}_{\neg i}$ 的情况下，x_i 的分布与 $\boldsymbol{x}'$ 无关。因此，可以得到 $p(\boldsymbol{x})=\sum_{\boldsymbol{x}'}\boldsymbol{T}(\boldsymbol{x}',\boldsymbol{x})p(\boldsymbol{x}')$。

如果每一步的条件概率分布都不存在概率为 0 的状态，则这个马尔可夫链是可遍历的，当采样的轮次足够长时，不论初始状态如何设置，都可以保证最终的样本是从目标分布中采样的。

14.3.4 Gibbs 采样的变种

基本的 Gibbs 采样每次只考虑一维随机变量的采样，这个过程虽然简单，易于实现，但是往往需要很多轮迭代才能收敛到符合目标分布的样本，总体来说，在高维空间中采样效率较低。为此，Gibbs 采样的变种被提出。

一种改进的策略是分块 Gibbs 采样（blocking Gibbs sampling，BGS）。具体地，在很多常见的概率模型中，随机变量之间往往存在强相关性，且自然地划分成一些不相交的分组，例如 $\boldsymbol{X}=\cup_{i=1}^{K}\boldsymbol{X}_i$，其中 $\boldsymbol{X}_i\cap\boldsymbol{X}_j=\phi$，$\forall i\neq j$。分块 Gibbs 采样每次对某一组 $\boldsymbol{X}_i$ 的所有变量同时进行采样，即 $\boldsymbol{x}_i\sim p(\boldsymbol{x}_i|\boldsymbol{x}_{\neg i})$，这里 $\boldsymbol{x}_{\neg i}$ 表示除 $\boldsymbol{x}_i$ 之外的其他变量。在很多场景的模型中，分块 Gibbs 采样可以获得更高的采样效率，同时满足一定的易实现的要求。

另一种改进的策略是坍缩 Gibbs 采样（collapsed Gibbs sampling, CGS）。CGS 利用第 2.4.4 节中介绍的共轭性，将联合分布 $p(\boldsymbol{x})$ 中的部分变量积分掉（即计算边缘分布），然后在“坍缩”的更低维空间中进行 Gibbs 采样。这种策略在很多场景下是有效的，例如贝叶斯话题模型[290]。

14.4 辅助变量采样

很多时候我们可以通过引入辅助变量的办法帮助采样，这种方法可以提高采样的效率，或者将一个比较难采样的问题变成易于采样的问题。这里介绍切片采样（slice sampling）[291] 和辅助变量采样[292]。

14.4.1　切片采样

不失一般性，考虑一元变量目标分布 $p(x) = \frac{1}{Z}\tilde{p}(x)$，其中 $\tilde{p}(x)$ 是未归一化的概率分布，Z 是未知的归一化因子。切片采样通过引入辅助变量 z，并构造联合概率分布：

$$p(x,z) = \begin{cases} \frac{1}{Z}, & 0 \leqslant z \leqslant \tilde{p}(x) \\ 0, & 其他 \end{cases} \tag{14.24}$$

这实际上是一个在分布曲线 $\tilde{p}(x)$ 以内区域的均匀分布，如图 14.6所示。可以验证其关于变量 X 的边缘分布为给定的目标分布 $p(x)$：

$$\int p(x,z)\mathrm{d}z = \int_0^{\tilde{p}(x)} \frac{1}{Z}\mathrm{d}z = p(x). \tag{14.25}$$

同时，可以推导条件概率分布：

$$\begin{aligned} p(z|x) &= \frac{p(x,z)}{p(x)} = \frac{1}{\tilde{p}(x)}\ (0 \leqslant z \leqslant \tilde{p}(x)) \\ p(x|z) &= \frac{p(x,z)}{p(z)} = \frac{1}{Zp(z)}\ (x \geqslant \tilde{p}^{-1}(z)). \end{aligned} \tag{14.26}$$

可以看出，两个条件分布实际上都是均匀分布——给定 x 时，辅助变量 z 服从均匀分布 $U(0,\tilde{p}(x))$；给定辅助变量 z 时，x 服从在切片（slice）（即集合 $\{x:\tilde{p}(x)\geqslant z\}$）上的均匀分布。

基于上述条件分布，可以采用 Gibbs 采样获得 (x,z) 的样本①，然后丢掉 z 部分，即可获得 x 的样本。具体实现时，给定当前的状态 $x^{(t)}$，从 $p(z|x^{(t)})$ 中采样是很直接的。但是给定 $z^{(t)}$ 时，如何从水平切片上均匀采样 x 却不是那么直接，这是因为集合 $S_z = \{x:\tilde{p}(x)\geqslant z\}$ 不容易表示出来，同时它可能包括多个片段，如图 14.6 所示。一种常用的启发式方法是步出收缩法（stepping out and shrinkage），给定当前的辅助变量 $z^{(t)}$，采样 $x^{(t)}$ 的具体过程如下。

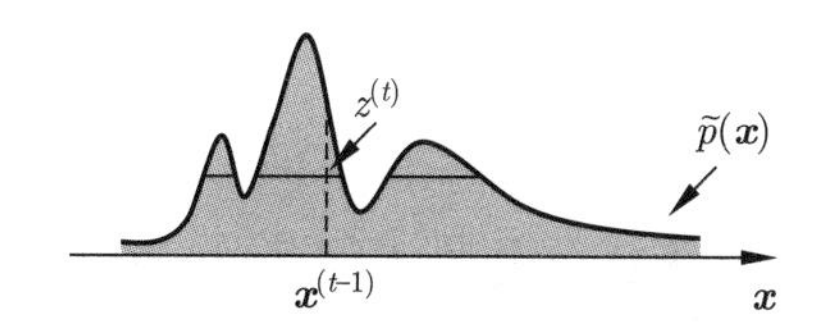

图 14.6　一维空间中切片采样示意图，其中水平直线为切片

首先，选取一个包含 $x^{(t-1)}$ 的区间 $[a,b]$，其中 a 不小于 x 的极小值，b 不大于 x 的极大值。如果坐标 $(a,z^{(t)})$ 落在曲线 $\tilde{p}(x)$ 的下面，则将该区间相应地向左延长 w 长度，得到区间 $(a-w,b)$，再检查 $(a-w,z^{(t)})$ 是否落在曲线下面，如果是，则继续

w 是一个可调的参数。

① 切片采样可以看作一种特殊的 Gibbs 采样。

延长 w 直到得到区间 $(a-Kw,b)$ 使得 $(a-Kw,z^{(t)})$ 落在曲线的上面；同理，如果坐标 $(b,z^{(t)})$ 落在曲线 $\tilde{p}(x)$ 的下面，则将该区间向右延长 w，直到满足 $(b+K'w,z^{(t)})$ 落在曲线的上面，这个扩展的过程称为步出（stepping out）。当该过程完成时，得到区间 $(a^*,b^*)\triangleq(a-Kw,b+K'w)$，其中 K 和 K' 是非负整数。然后在该区间上均匀采样 x^*，如果 $\tilde{p}(x^*)>z^{(t)}$，则接受该样本，否则拒绝该样本并再次采样，直到有一个采样被接受。实际上，还可以更聪明一些。当一个样本 x^* 被拒绝时，即 $\tilde{p}(x^*)<z^{(t)}$，说明该样本落在切片外面（切片过长），我们可以调整切片的大小——若 $x^*>a^*$，则令 $a^*=x^*$；若 $x^*<b^*$，则令 $b^*=x^*$。这个过程称为收缩（shrinkage）。

14.4.2 辅助变量采样

给定一个目标分布 $p(\boldsymbol{x})$，辅助变量（auxiliary variable）采样算法[①]通过引入适当的辅助变量 $\boldsymbol{z}$，并构造联合概率分布 $p(\boldsymbol{x},\boldsymbol{z})$，满足条件 $\int p(\boldsymbol{x},\boldsymbol{z})\mathrm{d}\boldsymbol{z}=p(\boldsymbol{x})$。通过构造马尔可夫链 $(\boldsymbol{x}^{(t)},\boldsymbol{z}^{(t)})$ 获得联合分布的样本，从而得到目标分布的样本 $\boldsymbol{x}^{(t)}$。给定当前状态 $(\boldsymbol{x}^{(t-1)},\boldsymbol{z}^{(t-1)})$，从联合分布中采样包括以下两个步骤。

(1) 采样辅助变量：$\boldsymbol{z}^{(t)}\sim p(\boldsymbol{z}|\boldsymbol{x}^{(t-1)})$；

(2) 采样目标变量：$\boldsymbol{x}^{(t)}\sim p(\boldsymbol{x}|\boldsymbol{z}^{(t)})$。

在很多情况下，每一步从条件概率采样都易于实现，下面举一个例子。

例 14.4.1 （贝叶斯对数几率回归的采样算法[293]） 考虑 $\mathbb{R}^d$ 空间中的贝叶斯对数几率回归（Bayesian logistic regression）模型：$p(y=1|\boldsymbol{x},\boldsymbol{w})=\dfrac{1}{1+\exp(-\boldsymbol{w}^\top\boldsymbol{x})}$，其中参数服从高斯先验 $p_0(\boldsymbol{w})=\mathcal{N}(\boldsymbol{\mu}_0,\boldsymbol{\Sigma}_0)$。给定训练数据 $\mathcal{D}=\{(\boldsymbol{x}_i,y_i)\}_{i=1}^N$，推断的目标分布为后验分布 $p(\boldsymbol{w}|\mathcal{D})\propto p_0(\boldsymbol{w})\prod_{i=1}^N p(y_i|\boldsymbol{x}_i,\boldsymbol{w})$。由于先验分布是非共轭的，因此不能直接写出后验分布的解析形式。通过引入适当的辅助变量，可以得到一个简单的采样算法，具体地，令 $\psi_i=\boldsymbol{w}^\top\boldsymbol{x}_i$，可以将似然函数写成：

$$\frac{\mathrm{e}^{y_i\psi_i}}{1+\mathrm{e}^{\psi_i}}=\frac{1}{2}\exp\left(\kappa_i\psi_i\right)\int_0^\infty\exp\left(-\frac{1}{2}\alpha_i\psi_i^2\right)p(\alpha_i)\mathrm{d}\alpha_i,\tag{14.27}$$

其中 $\kappa_i=y_i-1/2$，$p(\alpha_i)=\mathrm{PG}(1,0)$ 为 Polya-Gamma 先验分布。基于上述等式，可以构造一个含辅助变量 $\boldsymbol{\alpha}=(\alpha_1,\alpha_2,\cdots,\alpha_N)^\top$ 的联合后验分布：

$$p(\boldsymbol{\alpha},\boldsymbol{w}|\mathcal{D})\propto p_0(\boldsymbol{w})\prod_{i=1}^N\left(\exp\left(\kappa_i\psi_i\right)\exp\left(-\frac{1}{2}\alpha_i\psi_i^2\right)p(\alpha_i)\right).\tag{14.28}$$

很显然，目标分布 $p(\boldsymbol{w}|\mathcal{D})$ 是该联合分布的边缘分布。基于该联合分布，可以构造一个马尔可夫链并从中采样，每步包括两个阶段：给定当前 $\boldsymbol{w}^{(t-1)}$，采样 $\boldsymbol{\alpha}^{(t)}$，可以推导其条件分布分解为

$$p(\alpha_i|\mathcal{D},\boldsymbol{w}^{(t-1)})\propto p(\alpha_i)\exp\left(-\frac{1}{2}\alpha_i\psi_i^2\right)=\mathrm{PG}(1,\boldsymbol{x}^\top\boldsymbol{w}^{(t-1)}).\tag{14.29}$$

① 在统计中也称为数据增广（data augmentation），但与深度神经网络训练中常用的数据增广含义不同。

给定 $\boldsymbol{\alpha}^{(t)}$，从如下的条件概率分布中采样 $\boldsymbol{w}^{(t)}$：

$$\begin{aligned}
p(\boldsymbol{w}|\mathcal{D},\boldsymbol{\alpha}^{(t)}) &\propto p_0(\boldsymbol{w})\prod_{i=1}^{N}\left(\exp\left(\kappa_i\psi_i\right)\exp\left(-\frac{1}{2}\alpha_i\psi_i^2\right)\right)\\
&= p_0(\boldsymbol{w})\prod_{i=1}^{N}\exp\left(\kappa_i\boldsymbol{w}^\top\boldsymbol{x}_i-\frac{1}{2}\alpha_i(\boldsymbol{w}^\top\boldsymbol{x}_i)^2\right)\\
&\propto p_0(\boldsymbol{w})\prod_{i=1}^{N}\exp\left(-\frac{\alpha_i}{2}(\boldsymbol{w}^\top\boldsymbol{x}_i-\kappa_i/\alpha_i)^2\right)\\
&\propto p_0(\boldsymbol{w})\exp\left(-\frac{1}{2}(\boldsymbol{\rho}-\boldsymbol{X}\boldsymbol{w})^\top\boldsymbol{\Lambda}(\boldsymbol{\rho}-\boldsymbol{X}\boldsymbol{w})\right),
\end{aligned}$$

其中 $\boldsymbol{\rho}=(\kappa_1/\alpha_1,\cdots,\kappa_N/\alpha_N)^\top$，$\boldsymbol{\Lambda}=\mathrm{diag}(\alpha_1,\alpha_2,\cdots,\alpha_N)$，$\boldsymbol{X}$ 为输入数据矩阵，第 i 行对应数据 $\boldsymbol{x}_i^\top$。利用共轭先验的性质，可以得到：

$$p(\boldsymbol{w}|\mathcal{D},\boldsymbol{\alpha}^{(t)})=\mathcal{N}(\boldsymbol{\mu},\boldsymbol{\Sigma}),\tag{14.30}$$

其中 $\boldsymbol{\Sigma}^{-1}=\boldsymbol{\Sigma}_0^{-1}+\boldsymbol{X}^\top\boldsymbol{\Lambda}\boldsymbol{X}$，$\boldsymbol{\mu}=\boldsymbol{\Sigma}(\boldsymbol{X}^\top\boldsymbol{\kappa}+\boldsymbol{\Sigma}_0^{-1}\boldsymbol{\mu}_0)$。

基于同样的思想，可以对一些非共轭贝叶斯模型进行后验分布的采样，习题 6是另一个例子。这些例子主要是为了解决一些复杂分布的采样。但辅助变量的技术不止能带来便利，同时，在一些情况下通过精心设计的辅助变量，也可以提升采样的效率，例如 14.4.1 节介绍的切片采样算法，详情可进一步阅读论文[294]。

14.5 基于动力学系统的 MCMC 采样

基于动力学系统的 MCMC 采样是一种融合了动力学方程的更加高效的 MCMC 采样算法。

14.5.1 动力学系统

令 $\boldsymbol{x}$ 表示 d 维空间的位置向量，$\boldsymbol{r}$ 表示 d 维空间的动量向量。哈密尔顿动力系统是通过在 $\boldsymbol{x}$ 和 $\boldsymbol{r}$ 上的哈密尔顿量 $H(\boldsymbol{x},\boldsymbol{r})$ 定义的，其中哈密尔顿量的偏分函数决定了 $\boldsymbol{x}$ 和 $\boldsymbol{r}$ 随时间 t 演化的过程：

$$\begin{aligned}
\frac{\mathrm{d}x_i}{\mathrm{d}t}&=\frac{\partial H}{\partial r_i}\\
\frac{\mathrm{d}r_i}{\mathrm{d}t}&=-\frac{\partial H}{\partial x_i}.
\end{aligned}\tag{14.31}$$

在哈密尔顿蒙特卡洛采样中，哈密尔顿函数一般写成两项和的形式：

$$H(\boldsymbol{x},\boldsymbol{r})=U(\boldsymbol{x})+K(\boldsymbol{r})\tag{14.32}$$

其中 $U(\boldsymbol{x})$ 称为势能，$K(\boldsymbol{r})$ 称为动能。势能一般对应目标分布的对数，动能经常定义为

$$K(\boldsymbol{r})=\frac{1}{2}\boldsymbol{r}^\top\boldsymbol{M}^{-1}\boldsymbol{r},\tag{14.33}$$

其中 $\boldsymbol{M}$ 是一个对称的正定矩阵，称为质量矩阵（mass matrix）。$\boldsymbol{M}$ 一般是对角矩阵，且每个维度的方差相同。因此，对应的哈密尔顿方程为

$$\begin{aligned}\frac{\mathrm{d}x_i}{\mathrm{d}t}&=[\boldsymbol{M}^{-1}\boldsymbol{r}]_i \\ \frac{\mathrm{d}r_i}{\mathrm{d}t}&=-\frac{\partial U}{\partial x_i}.\end{aligned} \tag{14.34}$$

哈密尔顿动力系统具有如下两个性质。

(1) 不变性：哈密尔顿函数 H 是一个常数，这是因为

$$\frac{\mathrm{d}H}{\mathrm{d}t}=\sum_i\left(\frac{\partial H}{\partial x_i}\frac{\mathrm{d}x_i}{\mathrm{d}t}+\frac{\partial H}{\partial r_i}\frac{\mathrm{d}r_i}{\mathrm{d}t}\right)=\sum_i\left(\frac{\partial H}{\partial x_i}\frac{\partial H}{\partial r_i}-\frac{\partial H}{\partial r_i}\frac{\partial H}{\partial x_i}\right)=0.$$

(2) 保持体积（Liouville 定理）：哈密尔顿动力系统在 $(\boldsymbol{x},\boldsymbol{r})$ 空间中保持体积，换句话说，在 $(\boldsymbol{x},\boldsymbol{r})$ 空间中的一个区域，如果遵循哈密尔顿方程进行演化，那么它的体积将保持不变。这个性质可以通过向量场（或流场，flow field）的散度来验证——散度为 0 的向量场，保持体积。事实上，在 $(\boldsymbol{x},\boldsymbol{r})$ 空间的向量场为 $V=\left(\frac{\mathrm{d}\boldsymbol{x}}{\mathrm{d}t},\frac{\mathrm{d}\boldsymbol{r}}{\mathrm{d}t}\right)$，它的散度为

$$\mathrm{div}V=\sum_i\left(\frac{\partial}{\partial x_i}\frac{\mathrm{d}x_i}{\mathrm{d}t}+\frac{\partial}{\partial r_i}\frac{\mathrm{d}r_i}{\mathrm{d}t}\right)=\sum_i\left(\frac{\partial}{\partial x_i}\frac{\partial H}{\partial r_i}-\frac{\partial}{\partial r_i}\frac{\partial H}{\partial x_i}\right)=0.$$

基于上述性质，哈密尔顿动力系统保持分布 $p(\boldsymbol{x},\boldsymbol{r})=\frac{1}{Z}\exp(-H(\boldsymbol{x},\boldsymbol{r}))$ 稳定（invariant）。

14.5.2 哈密尔顿方程的离散化

在用计算机实现时，哈密尔顿方程需要根据离散的时间点进行近似。设离散的步长为 ϵ，需要（近似）计算在时间点 ϵ，2ϵ，3ϵ 等上的状态。

欧拉法是一种著名的近似微分方程的方法。对于式 (14.32) 和式 (14.33) 定义的哈密尔顿方程，可以得到欧拉法近似：

$$\begin{aligned}r_i(t+\epsilon)&=r_i(t)+\epsilon\frac{\mathrm{d}r_i}{\mathrm{d}t}(t)=r_i(t)-\epsilon\frac{\partial U}{\partial x_i}(\boldsymbol{x}(t)) \\ x_i(t+\epsilon)&=x_i(t)+\epsilon\frac{\mathrm{d}x_i}{\mathrm{d}t}(t)=x_i(t)+\boldsymbol{\epsilon}[\boldsymbol{M}^{-1}\boldsymbol{r}(t)]_i.\end{aligned}$$

假设从时间 $t=0$ 开始，给定初始状态 $\boldsymbol{x}(0)$ 和 $\boldsymbol{r}(0)$，利用该欧拉近似可以迭代地计算在 ϵ，2ϵ，3ϵ 等时间点上的状态，直到计算出目标时刻的状态 $\boldsymbol{x}(t)$ 和 $\boldsymbol{r}(t)$。直接用欧拉法近似往往出现发散的现象，一种改进的欧拉法如下：

$$\begin{aligned}r_i(t+\epsilon)&=r_i(t)-\epsilon\frac{\partial U}{\partial x_i}(\boldsymbol{x}(t)) \\ x_i(t+\epsilon)&=x_i(t)+\epsilon[\boldsymbol{M}^{-1}\boldsymbol{r}(t+\epsilon)]_i.\end{aligned}$$

注意，和欧拉法相比，这里细微的变化是在更新 $\boldsymbol{x}$ 时使用了最新的 $\boldsymbol{r}$ 值。

跳蛙法（leapfrog）是另外一种更好的方法，它的离散化计算过程如下。

$$
\begin{aligned}
r_i(t+\epsilon/2) &= r_i(t) - \frac{\epsilon}{2}\frac{\partial U}{\partial x_i}(\boldsymbol{x}(t)) \\
x_i(t+\epsilon) &= x_i(t) + \epsilon[\boldsymbol{M}^{-1}\boldsymbol{r}(t+\epsilon/2)]_i \\
r_i(t+\epsilon) &= r_i(t+\epsilon/2) - \frac{\epsilon}{2}\frac{\partial U}{\partial x_i}(\boldsymbol{x}(t+\epsilon)).
\end{aligned}
$$

即动量变量 $\boldsymbol{r}$ 先做半步长的更新，然后位置变量 $\boldsymbol{x}$ 做一次完全步长的更新，最后 $\boldsymbol{r}$ 再做一次半步长的更新。值得注意的是，当连续两次应用跳蛙法 $t \to t+\epsilon \to t+2\epsilon$，会发现第一次跳蛙的第二个半步长更新与第二次跳蛙的第一个半步长更新实际上可以合并成一个全步长的更新，如图 14.7所示。

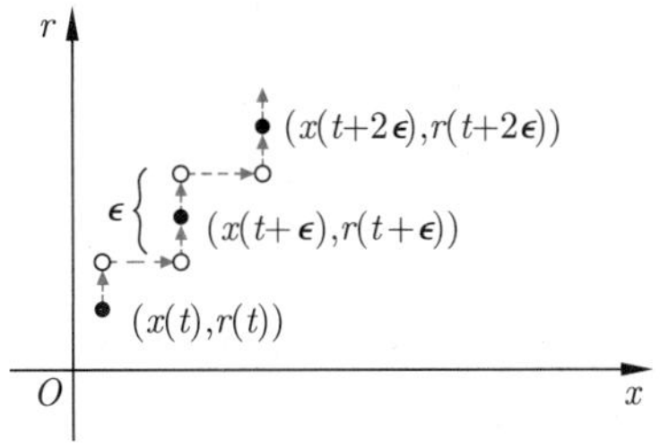

图 14.7　跳蛙法示意图：实心节点表示完成一次跳蛙更新后的状态，空心节点表示中间步骤

跳蛙法和改进的欧拉法均保持体积不变，这是因为它们每一步的变换属于剪切变换（shear transform），即每次只有部分变量（x_i 或者 r_i）更新，且变化量只依赖于其他变量的固定值。通过计算该变换的雅克比矩阵，可以发现它的行列式为 1，因此该变换保持体积不变。

14.5.3　哈密尔顿蒙特卡洛

哈密尔顿蒙特卡洛（Hamiltonian Monte Carlo，HMC）（也称混合蒙特卡洛，Hybrid Monte Carlo）方法是将哈密尔顿动力系统与 Metropolis 算法融合的一种 MCMC 方法。不失一般性，假设目标分布具有如下形式：

$$
p(\boldsymbol{x}) = \frac{1}{Z}\exp(-E(\boldsymbol{x})/T), \tag{14.35}
$$

其中 T 为温度参数（默认取值为 1），Z 是归一化因子。通过引入动量变量 $\boldsymbol{r}$，同时令 $U(\boldsymbol{x}) = E(\boldsymbol{x})$，可以构造对应的哈密尔顿动力系统。HMC 的采样过程为应用跳蛙法对 $(\boldsymbol{x}, \boldsymbol{r})$ 进行更新，形成一个马尔可夫链，保持联合分布 $p(\boldsymbol{x}, \boldsymbol{r}) \propto \exp(-E(\boldsymbol{x})/T + K(\boldsymbol{r}))$ 为稳态分布。具体地，HMC 算法的每次迭代包括以下两个步骤。

(1) 采样动量变量：对于常用的动能函数 $K(\boldsymbol{r}) = \dfrac{1}{2}\boldsymbol{r}^\top \boldsymbol{M}^{-1}\boldsymbol{r}$，从联合分布 $p(\boldsymbol{x}, \boldsymbol{r})$ 中可以得到 $\boldsymbol{r}$ 的边缘分布（同时也是给定 $\boldsymbol{x}$ 的条件分布）为 $\mathcal{N}(0, \boldsymbol{M})$。该步骤从高斯分布中采样 $\boldsymbol{r}$ 的值。

(2) Metropolis 更新：设当前状态为 $(\boldsymbol{x}, \boldsymbol{r})$，该步骤应用跳蛙法得到一个新状态 $(\hat{\boldsymbol{x}}, \hat{\boldsymbol{r}})$。因为离散化通常引入偏差，为此，HMC 采用 Metropolis 算法的思路对每次

更新的状态进行接受或拒绝，接受的概率为

$$\min(1, \exp(H(\boldsymbol{x}, \boldsymbol{r}) - H(\hat{\boldsymbol{x}}, \hat{\boldsymbol{r}}))). \tag{14.36}$$

值得注意的是，在 HMC 算法中，第一步随机采样 $\boldsymbol{r}$ 是很关键的。这是因为第二步不论使用跳蛙法或者欧拉法，在离散化的过程中，哈密尔顿函数 H（即联合概率分布）基本保持不变。为了让该马尔可夫链收敛到目标分布，需要联合分布在状态更新的过程中发生变化，这种变化是通过第一步随机采样实现的。另外，从 $H(\boldsymbol{x}, \boldsymbol{r}) = U(\boldsymbol{x}) + K(\boldsymbol{r})$ 的定义也能看出：第二步保持 H 基本不变，如果没有第一步随机采样，由于 $K(\boldsymbol{r})$ 的非负性，$U(\boldsymbol{x})$ 将总是小于或等于初始的哈密尔顿量，这种限制可能使得该马尔可夫链无法收敛到目标分布 $p(\boldsymbol{x})$。

下面证明 HMC 满足细致平衡的性质。首先，跳蛙法是沿时间轴可逆的——使用步长 $-\epsilon$ 进行 L 步跳蛙更新将会完全抵消使用步长为 ϵ 的 L 步跳蛙。然后，考虑将 $(\boldsymbol{x}, \boldsymbol{r})$ 空间分成一些体积为 V 的区域 A_k，经过 L 步跳蛙更新之后，A_k 被变换为 B_k。由于蛙跳法的可逆性和保持体积的性质，因此 B_k 也是 $(\boldsymbol{x}, \boldsymbol{r})$ 空间的一个划分且体积为 V。细致平衡的条件为

$$P(A_i)T(B_j|A_i) = P(B_j)T(A_i|B_j), \tag{14.37}$$

其中 $P(A)$ 表示事件 A 的概率，$T(A|B)$ 表示给定区域 B 中的一个点转移到区域 A 的概率。很明显，当 $i \neq j$ 时，由于跳蛙法的可逆性 $T(A_i|B_j) = T(B_j|A_i) = 0$，因此式 (14.37) 成立。下面只需要考虑 $i = j = k$ 的情况。在区域 A_k、B_k 足够小时，每个区域内的 H 函数值为常数，因此，细致平衡的条件可以写成：

$$\frac{V}{Z}\exp(-H_{A_k})\min\left(1, \exp(H_{A_k} - H_{B_k})\right) = \frac{V}{Z}\exp(-H_{B_k})\min\left(1, \exp(H_{B_k} - H_{A_k})\right).$$

很显然，左右两边的概率值是相等的。

基于该细致平衡的性质，HMC 保持联合分布 $p(\boldsymbol{x}, \boldsymbol{r})$ 为稳态分布。一般情况下，HMC 算法也是可遍历的，因此渐进收敛到稳态分布。前文介绍到，在 MCMC 算法中使用随机游走的方式将使得马尔可夫链收敛于目标分布的效率不高。相比于随机游走，HMC 算法在更新状态时利用了目标分布势能函数的梯度信息，通过这种方式，能够更加高效地分析状态空间，从而更快地收敛。

14.5.4 随机梯度 MCMC 采样

基于动力学系统的 MCMC 方法中有一类值得专门加以介绍，即具有可扩展性的随机梯度 MCMC 方法。注意，独立同分布数据 $\mathcal{D} = \{\boldsymbol{x}_d\}_{d=1}^N$ 对应的后验分布的对数梯度为

$$\nabla_{\boldsymbol{\theta}} \log p(\boldsymbol{\theta}|\mathcal{D}) = \nabla_{\boldsymbol{\theta}} \log p_0(\boldsymbol{\theta}) + \sum_{d=1}^{N} \nabla_{\boldsymbol{\theta}} \log p(\boldsymbol{x}_d|\boldsymbol{\theta}), \tag{14.38}$$

其中 $\boldsymbol{\theta}$ 表示连续型隐含变量（如模型参数）。因此，对它的一次准确计算需要遍历整个数据集 $\mathcal{D}$。当 N 非常大时，此计算代价是巨大的。为使 MCMC 方法能够以亚线性于 N 的时间复杂度高效地处理大规模数据，一个可行的方法是采用随机梯度，即

在每次需要计算梯度时，转而在原数据集 $\mathcal{D}$ 的一个随机选出的子集 $\tilde{\mathcal{D}}$ 上进行对梯度的估计：

$$\tilde{\nabla}_{\boldsymbol{\theta}} \log p(\boldsymbol{\theta}|\mathcal{D}) \triangleq \nabla_{\boldsymbol{\theta}} \log p_0(\boldsymbol{\theta}) + \frac{N}{|\tilde{\mathcal{D}}|} \sum_{d \in \tilde{\mathcal{D}}} \nabla_{\boldsymbol{\theta}} \log p(\boldsymbol{x}_d|\boldsymbol{\theta}). \tag{14.39}$$

由于子集 $\tilde{\mathcal{D}}$ 具有随机性，此估计也是一个随机变量，因此这个估计便称为随机梯度。一方面，随机梯度的计算代价可显著小于准确梯度的代价，且随机子集大小 $|\tilde{\mathcal{D}}|$ 的选择对原数据集大小 N 是不敏感的，因而可以使用随机梯度的方法（只要保证可正确收敛）实现可扩展性。另一方面，随机梯度具有清楚的理论描述，这极大地方便了对使用随机梯度的方法的分析，使这些方法的正确性和高效性有了理论保证。具体地，由数据点 $\{\boldsymbol{x}_d\}_{d=1}^N$ 的独立同分布性质，当子数据集 $\tilde{\mathcal{D}}$ 是均匀随机挑选而来时，可知随机梯度是准确梯度的无偏估计。进一步，由中心极限定理，可将随机梯度视作服从以准确梯度为期望的高斯分布，因而可形式化地写出关系：

$$\tilde{\nabla}_{\boldsymbol{\theta}} \log p(\boldsymbol{\theta}|\mathcal{D}) = \nabla_{\boldsymbol{\theta}} \log p(\boldsymbol{\theta}|\mathcal{D}) + \mathcal{N}(\mathbf{0}, \boldsymbol{\Sigma}(\boldsymbol{\theta})).$$

这两方面好处使得随机梯度已在机器学习领域中得到广泛应用。它最早在基于优化的学习任务中受到关注，其中最有名的优化方法是随机梯度下降方法[76]。随后，在贝叶斯推理领域，同样基于优化的变分推断方法中也逐渐有了可使用随机梯度的方法[284, 295]。

值得注意的是，在 MCMC 领域中，随机梯度所带来的噪声有可能从根本上破坏原动力学系统的平稳分布。随机梯度 MCMC 方法最早由 Welling 等[296] 提出。他们在朗之万动力学系统的模拟过程中使用随机梯度，并将对应方法称为随机梯度方法（stochastic gradient Langevin dynamics, SGLD）。此方法之后被发现是可以在使用小步长时直接使用随机梯度进行模拟的[297–299]。但是对于 HMC 方法，使用随机梯度进行模拟则会带来根本性的问题[300–301]，即无论后验分布如何，对应的模拟过程的平稳分布都会变得无限接近均匀分布。为解决此问题，必须构造新的动力学系统。随机梯度哈密顿蒙特卡洛方法（stochastic gradient Hamiltonian Monte Carlo, SGHMC）[300] 为原来的哈密顿动力学系统加入了随机扩散项，以及用来平衡随机梯度噪声影响的摩擦力项，使所得动力学系统在使用随机梯度时仍然可以正确采样。随后，SGHMC 方法被不断改进[302–303]，其中值得一提的是随机梯度诺泽–胡佛恒温器方法（stochastic gradient Nosé-Hoover thermostats, SGNHT）[304]。它为 SGHMC 动力学系统引入了恒温器变量（thermostats），使得摩擦力项可以更好地匹配随机梯度噪声以抵消其扰动，从而提高采样效率。最后，Ma 等[305] 为这些 MCMC 方法的动力学系统给出了一个统一的完备表示形式，特别是这一形式中的动力学系统都可以后验分布为平稳分布。

14.6　延伸阅读

对 MCMC 方法最根本的要求是它可保持目标分布 p 在它的作用下不变，即 p 是其平稳分布。Ma 等[305] 针对欧氏空间 $\mathbb{R}^m$ 中以分布 p 为平稳分布的一般动力学系统，给出了一个完备的表示形式。这个表示形式以欧氏空间 $\mathbb{R}^m$ 中的一个扩散过程描述这样的动力学系统：

$$\begin{aligned} \mathrm{d}x &= H(x)\mathrm{d}t + \sqrt{2\boldsymbol{D}(x)}\mathrm{d}B_t(x), \\ H^i(x) &= \frac{1}{p(x)}\partial_j\Big(p(x)\big(\boldsymbol{D}^{ij}(x)+\boldsymbol{Q}^{ij}(x)\big)\Big), \end{aligned} \tag{14.40}$$

其中 $\boldsymbol{D}_{m\times m}$ 是一个半正定矩阵，称为扩散矩阵，$\boldsymbol{Q}_{m\times m}$ 是一个反对称（skew-symmetric）矩阵，称为卷曲矩阵（curl matrix），而 $B_t(x)$ 表示 $\mathbb{R}^m$ 中的标准布朗运动。第一项 $H(x)\mathrm{d}t$ 代表一个确定性的漂移（drift），而第二项 $\sqrt{2\boldsymbol{D}(x)}\mathrm{d}B_t(x)$ 则代表了随机性的扩散。当 $\boldsymbol{D}$ 是（严格）正定时，式 (14.40) 所描述的动力学系统将只有 p 这一个平稳分布。另外，这个表示形式是完备的，这是说任何能够以分布 p 为平稳分布的扩散过程都可以表示成这个形式。该表示是对 MCMC 动力学系统的一个统一表达，同时也方便了对 MCMC 动力学系统做统一分析。在大规模贝叶斯推理任务中，随机梯度这个在一个随机选取的子数据集上所得到的梯度的有噪估计，对于数据方面的可扩展性具有关键作用。利用上述表示形式可以发现，当 $\boldsymbol{D}\neq 0$ 时，MCMC 动力学系统是可以与随机梯度相容的，因为由随机梯度给漂移项带来的噪声的方差是扩散项所带来的噪声的方差的高阶小量[298,305]。另外，对于许多 MCMC 方法，变量被取为所采样变量 Z 的增广变量 $x=(Z,r)$，其中 r 是一个新引入的辅助变量。进而通过引入条件分布 $p(r|Z)$，可得增广变量的目标分布 $p(x)=p(Z)p(r|Z)$。这个做法可以促进对应的动力学系统探索样本空间中更加广阔的区域，从而降低样本之间的自相关性并提高收敛效率[304,306–307]。

14.7 习题

习题 1 证明式 (14.3) 的蒙特卡洛估计 $\hat{f}$ 是真实期望 $\mathbb{E}_p[f]$ 的无偏估计。

习题 2 给定目标分布 $p(x)$，其累积分布函数 $F(x)$ 的逆函数为 F^{-1}。假设 $z\sim U(0,1)$，证明变量 $x=F^{-1}(z)$ 服从分布 $p(x)$。

习题 3 假设天气状态的转移满足一阶马尔可夫链，且转移概率如图 14.3所示。给定初始状态分布 $\boldsymbol{p}_0=[0.3,0.3,0.4]^\top$，计算该马尔可夫链的稳态分布。

习题 4 给定二维空间的高斯分布 $p(\boldsymbol{x})=\mathcal{N}(\boldsymbol{0},\boldsymbol{\Sigma})$，其中 $\boldsymbol{\Sigma}_{ii}=1$，$\boldsymbol{\Sigma}_{ij}=0.95$，$i\neq j$。实现 Gibbs 采样算法，并画图展示采样过程。

习题 5 对第 13.4.2节的贝叶斯高斯混合模型，将所有随机变量划分为 $\boldsymbol{\pi}$、$\boldsymbol{\mu}$、$\boldsymbol{\Lambda}$ 和 $\boldsymbol{Z}_i$ $(i=1,2,\cdots,N)$ 等小块，请推导其分块 Gibbs 采样算法的更新步骤。

习题 6 已知拉普拉斯先验分布可以写成如下形式：

$$p(w)=\frac{\sqrt{\lambda}}{2}\exp(-\sqrt{\lambda}w)=\int\mathcal{N}(0,\tau)p(\tau|\lambda)\mathrm{d}\tau,$$

其中 $p(\tau|\lambda) = \frac{\lambda}{2}\exp\left(-\frac{\lambda}{2}\tau\right)$ 为指数分布。对于贝叶斯线性回归模型 $p(y|\boldsymbol{x}) = \mathcal{N}(\boldsymbol{w}^\top\boldsymbol{x}, \sigma^2\boldsymbol{I})$，其中先验分布是各维独立的拉普拉斯分布 $p_0(\boldsymbol{w}) = \prod_{i=1}^{d} p_0(w_i)$。推导对该模型的辅助变量采样算法。

习题 7 给定一维空间中的哈密尔顿函数 $H(\boldsymbol{x},\boldsymbol{r}) = U(\boldsymbol{x}) + K(\boldsymbol{r})$，其中 $U(\boldsymbol{x}) = \boldsymbol{x}^2/2$、$K(\boldsymbol{r}) = \boldsymbol{r}^2/2$。写出它对应的哈密尔顿方程，并证明该方程的解为 $\boldsymbol{x}(t) = \boldsymbol{r}\cos(a+t)$, $\boldsymbol{r}(t) = -b\sin(a+t)$，其中 a 和 b 是常数。

习题 8 对习题 7中的动力学系统，分别使用欧拉法、修正欧拉法、跳蛙法进行离散化近似，并画图比较三者之间的结果。

习题 9 给定二维空间的高斯分布 $p(\boldsymbol{x}) = \mathcal{N}(\boldsymbol{0}, \boldsymbol{\Sigma})$，其中 $\boldsymbol{\Sigma}_{ii} = 1$，$\boldsymbol{\Sigma}_{ij} = 0.95$, $i \neq j$。假设 HMC 算法采用动能函数 $K(\boldsymbol{r}) = \boldsymbol{r}^\top\boldsymbol{r}/2$，实现 HMC 算法，并画图分别显示 $\boldsymbol{x}$ 变量和 $\boldsymbol{r}$ 变量的演化过程。

第15章　高 斯 过 程

本章介绍高斯过程（Gaussian processes，GP）——一种表示函数的概率分布的模型。高斯过程可以看作多元高斯分布在无穷维的扩展，通常用于对函数进行贝叶斯建模和估计。本章主要内容包括贝叶斯神经网络、用于回归任务的高斯过程、用于分类任务的高斯过程以及稀疏高斯过程等。

15.1　贝叶斯神经网络

高斯过程与贝叶斯神经网络紧密相关。以回归任务为例，设训练数据集为 $\mathcal{D}=\{(\boldsymbol{x}_i,y_i)\}_{i=1}^N$，其中 $\boldsymbol{x}\in\mathbb{R}^d$、$y\in\mathbb{R}$。回归任务的目标是学习映射函数 $f:\boldsymbol{x}\mapsto y$。

15.1.1　贝叶斯线性回归

首先回顾一下第 3 章介绍的最基本的线性回归模型 $y=f(\boldsymbol{x})+\epsilon$，其中 $f(\boldsymbol{x})=\boldsymbol{w}^\top\boldsymbol{x}$ 是线性函数，$\epsilon\sim\mathcal{N}(0,\sigma^2)$ 为高斯噪声。对该线性模型进行贝叶斯推断，假设先验分布 $p_0(\boldsymbol{w})=\mathcal{N}(\boldsymbol{0},\boldsymbol{\Sigma})$，根据高斯分布的共轭性质，可以得到如下结论。

(1) 后验分布是高斯分布：给定训练集 $\mathcal{D}$，后验分布为

$$p(\boldsymbol{w}|\mathcal{D})=\mathcal{N}\left(\frac{1}{\sigma^2}\boldsymbol{A}^{-1}\boldsymbol{X}\boldsymbol{y},\boldsymbol{A}^{-1}\right),\tag{15.1}$$

其中 $\boldsymbol{A}=\sigma^{-2}\boldsymbol{X}\boldsymbol{X}^\top+\boldsymbol{\Sigma}^{-1}$ 是后验分布的协方差矩阵，$\boldsymbol{X}\in\mathbb{R}^{d\times N}$ 是输入数据矩阵——每一列对应一个数据点，$\boldsymbol{y}\triangleq(y_1,y_2,\cdots,y_N)^\top$ 表示训练数据中 y 的向量。

(2) 预测分布是高斯分布：给定一个测试数据 $\boldsymbol{x}_*$，它对应的预测输出 f_* 的分布为

$$p(f_*|\boldsymbol{x}_*,\mathcal{D})=\int p(f_*|\boldsymbol{x}_*,\boldsymbol{w})p(\boldsymbol{w}|\mathcal{D})\mathrm{d}\boldsymbol{w}=\mathcal{N}\left(\frac{1}{\sigma^2}\boldsymbol{x}_*^\top\boldsymbol{A}^{-1}\boldsymbol{X}\boldsymbol{y},\boldsymbol{x}_*^\top\boldsymbol{A}^{-1}\boldsymbol{x}_*\right).\tag{15.2}$$

为了对输入数据具有更强的拟合能力，一种扩展方法是采用一组基函数 $\{\phi_k(\boldsymbol{x})\}_{k=1}^K$，定义广义的线性回归模型：

$$f(\boldsymbol{x})=\sum_{k=1}^K w_k\phi_k(\boldsymbol{x}).\tag{15.3}$$

当基函数是 $\boldsymbol{x}$ 的非线性函数时，该回归模型关于 $\boldsymbol{x}$ 是非线性的。常见的基函数包括：①多项式函数，例如 $\phi_k(\boldsymbol{x})=x_i^p x_j^q$，其中 p 和 q 是整数；②径向基函数，例如

$\phi_k(\boldsymbol{x}) = \exp\left(-\frac{(\boldsymbol{x}-\boldsymbol{\mu}_k)^\top(\boldsymbol{x}-\boldsymbol{\mu}_k)}{2r^2}\right)$，其中 $\boldsymbol{\mu}_k$ 是给定的中心点，r 表示基函数的宽度。

该模型对于 $\boldsymbol{w}$ 仍是线性的，因此，在同样的高斯噪声和高斯先验的情况下，可以计算其后验分布和预测分布。令 $\boldsymbol{\phi} = (\phi_1, \phi_2, \cdots, \phi_K)^\top$ 表示基函数组成的向量函数，$\boldsymbol{\Phi}$ 表示经过基函数变换之后的数据矩阵——第 i 列对应 $\boldsymbol{\phi}(\boldsymbol{x}_i)$，则该模型的后验分布为 $p(\boldsymbol{w}|\mathcal{D}) = \mathcal{N}\left(\frac{1}{\sigma^2}\hat{\boldsymbol{A}}^{-1}\boldsymbol{\Phi}\boldsymbol{y}, \hat{\boldsymbol{A}}^{-1}\right)$，其中协方差矩阵 $\hat{\boldsymbol{A}} = \sigma^{-2}\boldsymbol{\Phi}\boldsymbol{\Phi}^\top + \boldsymbol{\Sigma}^{-1}$。预测分布为 $p(f_*|\boldsymbol{x}_*, \mathcal{D}) = \mathcal{N}\left(\frac{1}{\sigma^2}\phi_*^\top\hat{\boldsymbol{A}}^{-1}\boldsymbol{\Phi}\boldsymbol{y}, \phi_*^\top\boldsymbol{A}^{-1}\phi_*\right)$，其中 $\boldsymbol{\phi}_* = \boldsymbol{\phi}(\boldsymbol{x}_*)$。

值得注意的是，这里需要对矩阵 $\boldsymbol{A} \in \mathbb{R}^{K\times K}$ 求逆，K 比较大时，时间复杂度较高。利用矩阵运算的性质，可以将预测分布重写为

$$p(f_*|\boldsymbol{x}_*, \mathcal{D}) = \mathcal{N}\left(\boldsymbol{\phi}_*^\top\boldsymbol{\Sigma}\boldsymbol{\Phi}(K+\sigma^2\boldsymbol{I})^{-1}\boldsymbol{y}, \boldsymbol{\phi}_*^\top\boldsymbol{\Sigma}\boldsymbol{\phi}_* - \boldsymbol{\phi}_*^\top\boldsymbol{\Sigma}\boldsymbol{\Phi}(K+\sigma^2\boldsymbol{I})^{-1}\boldsymbol{\Phi}^\top\boldsymbol{\Sigma}\boldsymbol{\phi}_*\right).$$

其中 $K = \boldsymbol{\Phi}^\top\boldsymbol{\Sigma}\boldsymbol{\Phi}$。当 $N < K$ 时，只需要对 $N\times N$ 的矩阵进行求逆。当然，在数据集较大时，这种运算的复杂度也往往过高。另外，在这个重写形式中，可以发现输入数据只出现在 $\boldsymbol{\Phi}^\top\boldsymbol{\Sigma}\boldsymbol{\Phi}$、$\boldsymbol{\phi}_*^\top\boldsymbol{\Sigma}\boldsymbol{\Phi}$ 和 $\boldsymbol{\phi}_*^\top\boldsymbol{\Sigma}\boldsymbol{\phi}_*$ 这些项中，它们有一个共同的特点：每个元素可以写成 $\boldsymbol{\phi}(\boldsymbol{x})^\top\boldsymbol{\Sigma}\boldsymbol{\phi}(\boldsymbol{x}')$ 的形式——这实际上是一种点积运算。定义函数 $\kappa(\boldsymbol{x}, \boldsymbol{x}') = \boldsymbol{\phi}(\boldsymbol{x})\boldsymbol{\Sigma}\phi(\boldsymbol{x}')$。因为 $\boldsymbol{\Sigma}$ 是正定矩阵，所以可以写成 $k(\boldsymbol{x}, \boldsymbol{x}') = \boldsymbol{\psi}(\boldsymbol{x})^\top\boldsymbol{\psi}(\boldsymbol{x}')$，其中 $\boldsymbol{\psi}(\boldsymbol{x}) = \boldsymbol{\Sigma}^{1/2}\boldsymbol{\phi}(\boldsymbol{x})$ 为诱导出的基函数。基于这种理解，该模型的计算都可以看作在数据上的某种点积运算，正如在支持向量机中看到的一样，这种方法称为核方法。类似地，只要能定义合适的核函数 $k(\cdot,\cdot)$，上述运算就仍然可以进行。

总体上，上述后验分布和预测分布均为高斯分布，因此计算相对简单。但仍存在一个问题，即如何选择基函数（或核函数）。

15.1.2　贝叶斯神经网络

更进一步，可以允许基函数依赖于一些额外的参数，通过给定的数据学习一组合适的基函数。为了方便，仍然用 $\boldsymbol{w}$ 表示所有参数。例如，可以定义一个两层的前向网络（全连接的多层感知机），包含一个非线性隐含层和一个输出层，回归函数定义为

$$f(\boldsymbol{x}) = \sum_{k=1}^{K} w_k^{(2)} \tanh\left(\sum_{i=1}^{d} w_i^{(1)} x_i + w_0^{(1)}\right) + w_0^{(2)}, \tag{15.4}$$

其中 $w_0^{(1)}$ 和 $w_0^{(2)}$ 表示偏置参数。这里每个隐含神经元实际上定义了一个基函数 $\phi_k(\boldsymbol{x}) = \tanh\left(\sum_{i=1}^{d} w_i^{(1)} x_i + w_0^{(1)}\right)$。

在相同的高斯噪声模型 $y = f(\boldsymbol{x}) + \epsilon$ 下，数据的似然仍然是高斯分布 $p(y|\boldsymbol{x}, \boldsymbol{w}) = \mathcal{N}(f(\boldsymbol{x}), \sigma^2)$。第 6 章已经介绍了如果对神经网络模型进行训练，学习最优的参数 $\boldsymbol{w}^*$。但是，单一参数的神经网络往往对错误预测赋予过高的置信度[308]。贝叶斯神经网络通过考虑模型的不确定性，可以更准确地刻画预测的不确定性。具体地，贝叶斯神经网络的基本过程包括：①假设先验分布 $p_0(\boldsymbol{w})$，计算后验分布为

$p(\boldsymbol{w}|\mathcal{D}) \propto p_0(\boldsymbol{w})p(\boldsymbol{y}|\boldsymbol{X},\boldsymbol{w})$；②利用后验分布，对新来的数据 $\boldsymbol{x}_*$ 进行预测，计算预测概率 $p(y_*|\mathcal{D},\boldsymbol{x}_*) = \int p(y_*|\boldsymbol{x}_*,\boldsymbol{w})p(\boldsymbol{w}|\mathcal{D})\mathrm{d}\boldsymbol{w}$。但是，与基函数固定的情况不同，这里因为 f 关于 $\boldsymbol{w}$ 是非线性的，即使采用高斯先验分布，后验分布也不再是高斯分布，因此，精确的贝叶斯推断是困难的。常见的近似推断算法包括前文介绍的最大后验估计（MAP）、变分近似以及蒙特卡洛等基础方法。当采用深度的神经网络时，后验推断变得更加有挑战性，为此，更加准确高效的近似推断算法成为研究热点，已有典型算法包括概率反向传播（probabilistic back propagation，PBP）[309]、隐式变分推断[310]、函数空间粒子优化[84] 等。

15.1.3 无限宽贝叶斯神经网络

神经网络的万有逼近理论表明，即使是只包含一个隐含层的 MLP 网络，当隐含层的宽度（即隐含神经元的个数）趋于无穷时，也可以以任意精度近似一个连续函数。因此，无限宽的网络可以看成一种非参数化的方法①。在贝叶斯框架下，当选取合理的先验分布时，无限宽的贝叶斯神经网络等价于后文要介绍的高斯过程[48]。

具体地，对于式 (15.4) 定义的两层神经网络，假设网络权重服从独立的高斯先验分布：$w_k^{(2)} \sim \mathcal{N}(0,\sigma_2^2)$，$w_0^{(2)} \sim \mathcal{N}(0,\sigma_b^2)$，$w_k^{(1)} \sim \mathcal{N}(0,\sigma_1^2)$，$w_0^{(1)} \sim \mathcal{N}(0,\sigma_a^2)$。首先考虑给定一个输入 $\boldsymbol{x}$ 的情况，我们检查函数值 $f(\boldsymbol{x})$ 的分布。$f(\boldsymbol{x})$ 是 K 个基函数 ϕ_k 的线性组合，由于先验分布是独立的，因此，每个基函数对 $f(\boldsymbol{x})$ 的贡献是独立的。第 k 个隐含神经元对 f 函数的贡献的期望为

$$\mathbb{E}_p[w_k^{(2)}\phi_k(\boldsymbol{x})] = \mathbb{E}[w_k^{(2)}]\mathbb{E}[\phi_k(\boldsymbol{x})] = 0. \tag{15.5}$$

贡献的方差为

$$\mathbb{E}_p[(w_k^{(2)}\phi_k(\boldsymbol{x}))^2] = \mathbb{E}[(w_k^{(2)})^2]\mathbb{E}[(\phi_k(\boldsymbol{x}))^2] = \sigma_2^2 V(\boldsymbol{x}), \tag{15.6}$$

其中 $V(\boldsymbol{x}) \triangleq \mathbb{E}[(\phi_k(\boldsymbol{x}))^2]$，取值与 k 无关。由于 $\phi_k(\boldsymbol{x})$ 是有界函数（如 Sigmoid 或 tanh 函数），因此该方差是有限的。利用中心极限定理，当 K 足够大时，所有隐含神经元（即基函数）对 $f(\boldsymbol{x})$ 的总体贡献服从高斯分布，方差为 $K\sigma_2^2V(\boldsymbol{x})$。由于偏置项 $w_0^{(2)}$ 服从独立高斯分布，方差为 σ_b^2，因此，当 K 足够大时，$f(\boldsymbol{x})$ 服从高斯分布，方差为 $\sigma_b^2 + K\sigma_2^2V(\boldsymbol{x})$。如果令 $\sigma_2^2 = \rho/K$，其中 ρ 为某个固定值，当 $K \to \infty$ 时，$f(\boldsymbol{x})$ 服从高斯分布：

$$f(\boldsymbol{x}) \sim \mathcal{N}(0, \sigma_b^2 + \rho V(\boldsymbol{x})).$$

上述分析可以扩展到任意 N 个输入 $\boldsymbol{x}_1,\boldsymbol{x}_2,\cdots,\boldsymbol{x}_N$ 的情况，对应的函数值 $(f(\boldsymbol{x}_1),f(\boldsymbol{x}_2),\cdots,f(\boldsymbol{x}_N))$ 组成一个随机向量。可以验证，在同样的方差设定下，其联合分布为均值为零的多元高斯分布，协方差为

$$\mathrm{Cov}[f(\boldsymbol{x}_i),f(\boldsymbol{x}_j)] = \sigma_b^2 + \sum_k \sigma_2^2\mathbb{E}[\phi_k(\boldsymbol{x}_i)\phi_k(\boldsymbol{x}_j)] = \sigma_2^2 + \rho C(\boldsymbol{x}_i,\boldsymbol{x}_j), \tag{15.7}$$

其中 $C(\boldsymbol{x}_i,\boldsymbol{x}_j) \triangleq \mathbb{E}[\phi_k(\boldsymbol{x}_i)\phi_k(\boldsymbol{x}_j)]$，取值与 k 无关。因此，这种贝叶斯神经网络等价于一个高斯过程，下面具体介绍高斯过程的定义和算法。

① 非参数化模型并不是没有参数，而是指参数个数可以是无穷多个，可以随数据而变化。

15.2 高斯过程回归

高斯过程是对高斯分布的推广，是一种刻画函数 $f(\boldsymbol{x})$ 概率分布的非参数化方法，即不再假设 $f(\boldsymbol{x})$ 具有某种参数化的形式。

15.2.1 定义

直观上，为了刻画一个函数 $f(\boldsymbol{x})$，当我们不知道它的具体函数形式时，可以将其看成一个“黑箱”，通过给定一些输入 $\boldsymbol{X}=\{\boldsymbol{x}_i\}_{i=1}^N$，观察对应的函数值 $\boldsymbol{f}\triangleq f(\boldsymbol{X})=(f(\boldsymbol{x}_1),f(\boldsymbol{x}_2),\cdots,f(\boldsymbol{x}_N))^\top$。由于 f 是随机函数，$f(\boldsymbol{x}_i)$ 是一个随机变量，因此函数值 $\boldsymbol{f}$ 是一个随机向量。图 15.1展示了 $\mathbb{R}$ 空间上的例子。

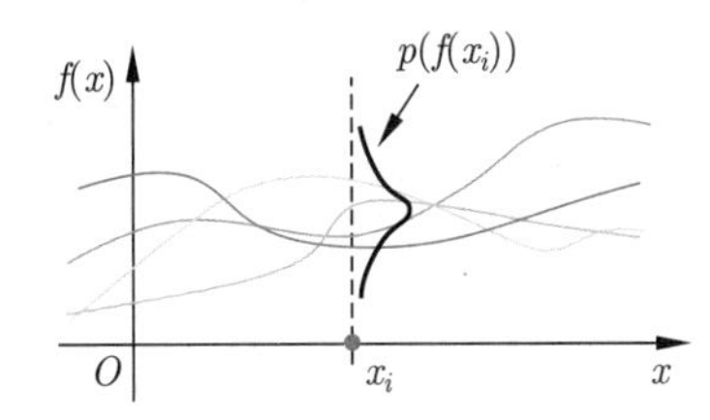

图 15.1 每条曲线对应随机函数 $f(x)$ 的一个实例，固定点 x_i，函数值 $f(x_i)$ 是服从某种分布的随机变量

当采用熟悉的高斯分布刻画任意 $\boldsymbol{f}$ 向量的概率分布时，这实际上定义了一个高斯过程。具体地，高斯过程的完整定义如下。

定义 15.2.1 (高斯过程) 随机过程 $\{f(\boldsymbol{x});\boldsymbol{x}\in\mathcal{X}\subset\mathbb{R}^d\}$ 是高斯过程，当且仅当对任意有限的索引 $\boldsymbol{x}_1,\boldsymbol{x}_2,\cdots,\boldsymbol{x}_N\in\mathcal{X}$，对应的随机向量 $f(\boldsymbol{X})=(f(\boldsymbol{x}_1),f(\boldsymbol{x}_2),\cdots,f(\boldsymbol{x}_N))^\top$ 服从多元高斯分布。

高斯过程由均值函数（mean function）和协方差函数（covariance function）：

$$
\begin{aligned}
m(\boldsymbol{x})&=\mathbb{E}[f(\boldsymbol{x})]\\
k(\boldsymbol{x},\boldsymbol{x}')&=\mathrm{Cov}[f(\boldsymbol{x}),f(\boldsymbol{x}')]
\end{aligned}
$$

定义，记为

$$
f\sim\mathcal{GP}(m(\boldsymbol{x}),k(\boldsymbol{x},\boldsymbol{x}')),
$$

其中协方差函数 k 是正定核。

从定义中可以看到，高斯过程自然地蕴含着一致性（consistency）：若 $(\boldsymbol{f}_1,\boldsymbol{f}_2)$ 在高斯过程下符合多元高斯分布 $\mathcal{N}(\boldsymbol{\mu},\boldsymbol{\Sigma})$，则必然有 $\boldsymbol{f}_1\sim\mathcal{N}(\boldsymbol{\mu}_1,\boldsymbol{\Sigma}_{11})$，其中 $\boldsymbol{\mu}_1$ 是 $\boldsymbol{\mu}$ 中与 $\boldsymbol{f}_1$ 相关的子向量，$\boldsymbol{\Sigma}_{11}$ 是 $\boldsymbol{\Sigma}$ 中与 $\boldsymbol{f}_1$ 相关的子矩阵。换句话说，在高斯过程中，假设已知一个变量集合的分布，再观测更多的变量，不会改变原集合的概率分布。

例 15.2.1 (贝叶斯回归模型是一个高斯过程) 第 15.1.1 节介绍的贝叶斯回归模型 $f(\boldsymbol{x}) = \boldsymbol{w}^\top \boldsymbol{\phi}(\boldsymbol{x})$，其中 $p_0(\boldsymbol{w}) = \mathcal{N}(\boldsymbol{0}, \boldsymbol{\Sigma})$，实际上是一个简单的高斯过程。它的均值函数和协方差函数为

$$\mathbb{E}[f(\boldsymbol{x})] = \boldsymbol{\phi}(\boldsymbol{x})\mathbb{E}[\boldsymbol{w}] = 0$$
$$\mathbb{E}[f(\boldsymbol{x})f(\boldsymbol{x}')] = \boldsymbol{\phi}(\boldsymbol{x})^\top \mathbb{E}[\boldsymbol{w}\boldsymbol{w}^\top]\boldsymbol{\phi}(\boldsymbol{x}') = \boldsymbol{\phi}(\boldsymbol{x})\boldsymbol{\Sigma}\boldsymbol{\phi}(\boldsymbol{x}').$$

高斯过程定义了函数的分布，如何从给定的高斯过程中采样 f 呢？这里要用到高斯过程的定义。如上所述，表示一个形式未知的函数，可以通过给定输入点，观察对应的函数值。对于高斯过程，给定任意的输入点集合 $\boldsymbol{X} = \{\boldsymbol{x}_i\}_{i=1}^N$，对应的函数值向量 $\boldsymbol{f} = (f(\boldsymbol{x}_1), f(\boldsymbol{x}_2), \cdots, f(\boldsymbol{x}_N))^\top$ 服从高斯分布：

$$\boldsymbol{f} \sim \mathcal{N}(m(\boldsymbol{X}), \boldsymbol{K}(\boldsymbol{X}, \boldsymbol{X})),$$

其中 $m(\boldsymbol{X}) = (m(\boldsymbol{x}_1), m(\boldsymbol{x}_2), \cdots, m(\boldsymbol{X}_N))^\top$，$[\boldsymbol{K}(\boldsymbol{X}, \boldsymbol{X})]_{ij} = k(\boldsymbol{x}_i, \boldsymbol{x}_j)$。从该多元高斯中进行采样，可以得到随机函数 f 的形状，如图 15.2所示，N 越大，函数描述越准确。

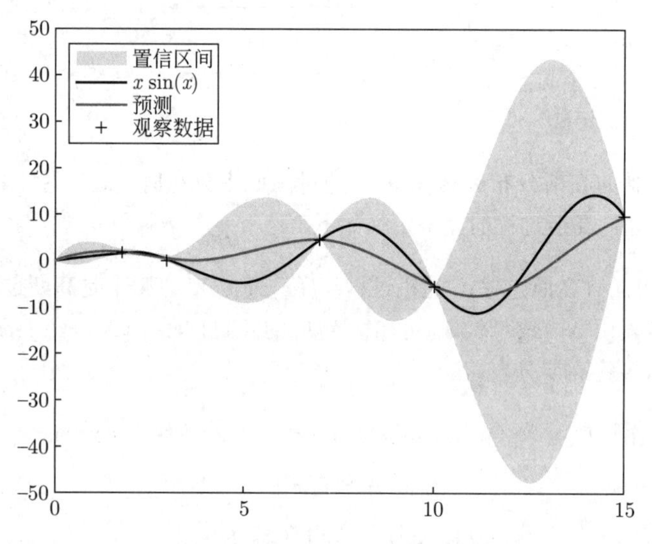

图 15.2 无噪声情况下的后验高斯过程示意图，其中蓝色线为后验高斯过程的均值函数

另外，在第 15.2.5 节将看到，高斯过程可以等价看成一个具有无限个基函数的广义贝叶斯线性回归模型。

15.2.2 无噪声情况下的预测

高斯过程被广泛用于回归、分类等预测任务，这里首先考虑观察数据无噪声的回归问题，即 $y = f(\boldsymbol{x})$，在训练集中我们知道 f 的真实函数值 $\mathcal{D} = \{(\boldsymbol{x}_i, f_i)\}_{i=1}^N$，用 $\boldsymbol{X} = [\boldsymbol{x}_1, \boldsymbol{x}_2, \cdots, \boldsymbol{x}_N] \in \mathbb{R}^{d\times N}$ 表示训练集中的输入数据矩阵，$\boldsymbol{f} \in \mathbb{R}^N$ 表示训练集中的函数值向量。用 $\boldsymbol{X}_*$ 表示测试数据集，包括 N_* 个测试数据点，对应的函数值记为

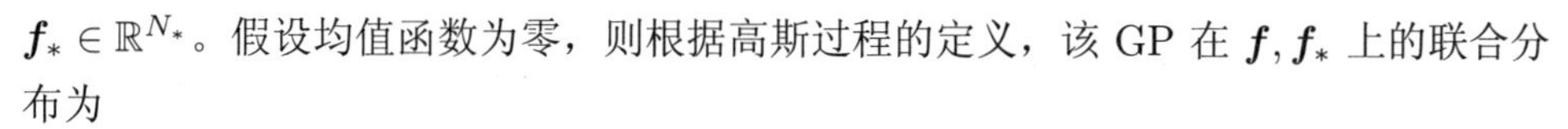

$\boldsymbol{f}_* \in \mathbb{R}^{N_*}$。假设均值函数为零，则根据高斯过程的定义，该 GP 在 $\boldsymbol{f}, \boldsymbol{f}_*$ 上的联合分布为

$$\begin{bmatrix} \boldsymbol{f} \\ \boldsymbol{f}_* \end{bmatrix} \sim \mathcal{N}\left(\mathbf{0}, \begin{bmatrix} \boldsymbol{K} & \boldsymbol{K}_{\boldsymbol{f}*} \\ \boldsymbol{K}_{*\boldsymbol{f}} & \boldsymbol{K}_{**} \end{bmatrix}\right), \tag{15.8}$$

其中 $\boldsymbol{K}$ 是第 (i,j) 项为 $k(\boldsymbol{x}_i, \boldsymbol{x}_j)$ 的 $N \times N$ 的矩阵。类似地，$[\boldsymbol{K}_{\boldsymbol{f}*}]_{ij} = k(\boldsymbol{x}_i, \boldsymbol{x}_j^*)$，$[\boldsymbol{K}_{**}]_{ij} = k(\boldsymbol{x}_i^*, \boldsymbol{x}_j^*)$。

根据高斯分布的性质，从 $\boldsymbol{f}, \boldsymbol{f}_*$ 的联合高斯分布中可以得到未知函数值的后验分布仍为高斯分布：

$$\boldsymbol{f}_* | \boldsymbol{f}, \boldsymbol{X}, \boldsymbol{X}_* \sim \mathcal{N}(\boldsymbol{K}_{*\boldsymbol{f}} \boldsymbol{K}^{-1} \boldsymbol{f},\ \boldsymbol{K}_{**} - \boldsymbol{K}_{*\boldsymbol{f}} \boldsymbol{K}^{-1} \boldsymbol{K}_{\boldsymbol{f}*}). \tag{15.9}$$

因此，通过计算在测试数据点上的均值向量和协方差矩阵，可以通过采样的方式获得预测函数值 $\boldsymbol{f}_*$。图 15.2展示了由函数 $y = x\sin(x)$ 产生的观察样本点，以及对应的后验高斯过程。

值得注意的是，给定任意的测试集合，都可以得到式 (15.9) 中的高斯分布，因此它实际上也是一个高斯过程，称为后验高斯过程。同时可以观察到，在后验高斯过程中，对于训练集中出现的数据点，其对应函数值的方差为 0。

15.2.3　有噪声的预测

在实际应用中，通常观察到训练集函数值的有噪声版本 $\boldsymbol{y}$，在模型中一般通过似然函数 $p(\boldsymbol{y}|\boldsymbol{f})$ 描述噪声。对于回归问题，似然函数一般选为独立的高斯测量噪声：

$$y_n = f_n + \epsilon_n,\ \epsilon_n \sim \mathcal{N}(0, \sigma^2).$$

同样，假设高斯过程先验 $f \sim \mathcal{GP}(0, k(\boldsymbol{x}, \boldsymbol{x}'))$，可以得到 $\boldsymbol{f}, \boldsymbol{f}_*$ 服从 $N + N_*$ 维的多元高斯分布。再利用高斯分布的性质——两个独立的高斯变量相加，仍然服从高斯分布，可以得到：

$$\begin{bmatrix} \boldsymbol{y} \\ \boldsymbol{f}_* \end{bmatrix} = \begin{bmatrix} \boldsymbol{f} + \boldsymbol{\epsilon} \\ \boldsymbol{f}_* \end{bmatrix} \sim \mathcal{N}\left(\mathbf{0}, \begin{bmatrix} \boldsymbol{K} + \sigma^2 \boldsymbol{I} & \boldsymbol{K}_{\boldsymbol{f}*} \\ \boldsymbol{K}_{*\boldsymbol{f}} & \boldsymbol{K}_{**} \end{bmatrix}\right). \tag{15.10}$$

与分布（15.8）比较，可以看到区别主要体现在加性噪声带来的额外方差。同样，从联合高斯分布（15.10）中可以计算出后验分布 $p(\boldsymbol{f}^* | \boldsymbol{y}, \boldsymbol{X}, \boldsymbol{X}_*)$ 的精确闭式解：

$$\boldsymbol{f}^* | \boldsymbol{y}, \boldsymbol{X}, \boldsymbol{X}_* \sim \mathcal{N}\left(\boldsymbol{K}_{*\boldsymbol{f}}(\boldsymbol{K} + \sigma^2 \boldsymbol{I})^{-1} \boldsymbol{y}, \boldsymbol{K}_{**} - \boldsymbol{K}_{*\boldsymbol{f}}(\boldsymbol{K} + \sigma^2 \boldsymbol{I})^{-1} \boldsymbol{K}_{\boldsymbol{f}*}\right). \tag{15.11}$$

考虑只有一个测试样本 $\boldsymbol{x}_*$ 的特例，用 $\boldsymbol{k}_* = \boldsymbol{K}(\boldsymbol{X}, \boldsymbol{x}_*)$ 表示测试样本与训练集中每个数据之间的核函数值向量。根据分布（15.11），可以得到预测均值和方差为

$$\begin{aligned} \bar{f}_* &= \boldsymbol{k}_*^\top (\boldsymbol{K} + \sigma^2 \boldsymbol{I})^{-1} \boldsymbol{y}, \\ \mathrm{Var}[f_*] &= k(\boldsymbol{x}_*, \boldsymbol{x}_*) - \boldsymbol{k}_*^\top (\boldsymbol{K} + \sigma^2 \boldsymbol{I})^{-1} \boldsymbol{k}_*. \end{aligned} \tag{15.12}$$

由此可见，预测的均值实际上是训练数据 $\boldsymbol{y}$ 的一个线性组合——但与线性模型不同，这里关于输入数据 $\boldsymbol{x}$ 仍然是非线性的。令 $\boldsymbol{\alpha} = (\boldsymbol{K} + \sigma^2 \boldsymbol{I})^{-1} \boldsymbol{y}$，则该预测均值可以

写成：

$$\bar{f}_* = \sum_{i=1}^{N} \alpha_i k(\boldsymbol{x}_i, \boldsymbol{x}_*). \tag{15.13}$$

因此，预测均值与核支持向量机的预测函数在形式上是一样的。因此，高斯过程通常被视为核方法的贝叶斯扩展。如果希望预测有噪声的 y 值，通过简单分析可以发现，噪声预测的均值和方差分别为：$\bar{y}_* = \bar{f}_*$，$\mathrm{Var}[y_*] = \mathrm{Var}[f_*] + \sigma^2$。

高斯过程除可以分析每个测试数据的预测值方差外，还可以分析多个测试数据预测值之间的协方差，如分布（15.11）所示。

图 15.3展示了高斯过程的图模型表示，其中函数值 $f(\boldsymbol{x})$ 之间为全连接的无向图，由高斯过程定义——任意有限的子集都对应一个高斯马尔可夫随机场，在训练集中标注数据 y 是可观测的。根据高斯过程的性质，添加任意新的数据 $\boldsymbol{x}_*$，不会影响其他变量的联合分布。

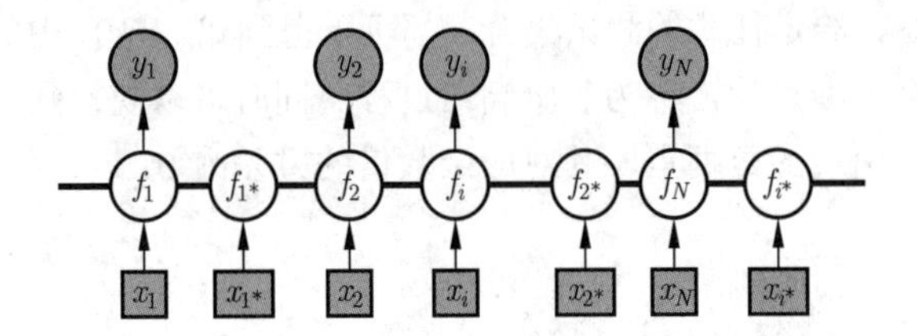

图 15.3 高斯过程的图模型表示：粗线表示全连接的马尔可夫随机场，方框表示输入数据 x，圆圈表示建模的随机变量，灰色表示训练集中的已观测变量值，空白表示未观察变量

给定有噪声观测数据的高斯过程，还可以计算数据的似然函数 $p(\boldsymbol{y}|\boldsymbol{X}) = \int p(\boldsymbol{y}|\boldsymbol{f},\boldsymbol{X})p(\boldsymbol{f}|\boldsymbol{X})\mathrm{d}\boldsymbol{f}$。根据高斯过程的性质，可以得到 $p(\boldsymbol{y}|\boldsymbol{X}) = \mathcal{N}(\boldsymbol{0}, \boldsymbol{K} + \sigma^2\boldsymbol{I})$。因此，对数似然为

$$\log p(\boldsymbol{y}|\boldsymbol{X}) = -\frac{1}{2}\boldsymbol{y}^\top(\boldsymbol{K} + \sigma^2\boldsymbol{I})^{-1}\boldsymbol{y} - \frac{1}{2}\log\det(\boldsymbol{K} + \sigma^2\boldsymbol{I}) - \frac{N}{2}\log(2\pi). \tag{15.14}$$

15.2.4 残差建模

在先验假设中，高斯过程的均值函数一般设定为零，但这不是必须的。在实际应用中，往往通过对均值函数进行适当的建模以提升表达能力，例如，将领域知识引入高斯过程中。

假设给定一组基函数 $\boldsymbol{h}(\boldsymbol{x})$，定义回归函数为

$$f(\boldsymbol{x}) = g(\boldsymbol{x}) + \boldsymbol{\beta}^\top\boldsymbol{h}(\boldsymbol{x}), \tag{15.15}$$

其中 $g(\boldsymbol{x}) \sim \mathcal{GP}(0, k(\boldsymbol{x}, \boldsymbol{x}'))$。实际上，该定义是用高斯过程对回归模型 $\boldsymbol{\beta}^\top\boldsymbol{h}(\boldsymbol{x})$ 的残差进行建模。如果进一步假设 $\boldsymbol{\beta}$ 服从高斯先验 $\mathcal{N}(\boldsymbol{b}, \boldsymbol{B})$，则容易验证 $f(\boldsymbol{x})$ 也服从高斯过程：

$$f(\boldsymbol{x}) \sim \mathcal{GP}\left(\boldsymbol{b}^\top\boldsymbol{h}(\boldsymbol{x}), k(\boldsymbol{x}, \boldsymbol{x}') + \boldsymbol{h}(\boldsymbol{x})^\top\boldsymbol{B}\boldsymbol{h}(\boldsymbol{x}')\right). \tag{15.16}$$

类似地，在有噪声的回归任务 $y=f(\boldsymbol{x})+\epsilon$ 中，可以推导对输入数据 $\boldsymbol{X}_*$ 的预测，后验分布仍然是高斯过程，其预测函数值的均值和协方差矩阵为

$$\bar{\boldsymbol{f}}(\boldsymbol{X}_*)=\boldsymbol{H}_*^\top\bar{\boldsymbol{\beta}}+\boldsymbol{K}_*^\top\boldsymbol{K}_y^{-1}(\boldsymbol{y}-\boldsymbol{H}^\top\bar{\boldsymbol{\beta}})=\bar{\boldsymbol{g}}(\boldsymbol{X}_*)+\boldsymbol{R}^\top\bar{\boldsymbol{\beta}},$$

$$\mathrm{Cov}[\boldsymbol{f}_*]=\mathrm{Cov}(\boldsymbol{g}_*)+\boldsymbol{R}^\top(\boldsymbol{B}^{-1}+\boldsymbol{H}\boldsymbol{K}_y^{-1}\boldsymbol{H}^\top)^{-1}\boldsymbol{R},$$

其中 $\boldsymbol{H}=[\boldsymbol{h}(\boldsymbol{x}_1)\cdots\boldsymbol{h}(\boldsymbol{x}_N)]\in\mathbb{R}^{K\times N}$ 表示训练集的数据矩阵（$\boldsymbol{H}_*$ 是测试集的数据矩阵），$\boldsymbol{K}_y=\boldsymbol{K}+\sigma^2\boldsymbol{I}$，$\bar{\boldsymbol{\beta}}=(\boldsymbol{B}^{-1}+\boldsymbol{H}\boldsymbol{K}_y^{-1}\boldsymbol{H}^\top)^{-1}(\boldsymbol{H}\boldsymbol{K}_y^{-1}\boldsymbol{y}+\boldsymbol{B}^{-1}\boldsymbol{b})$，$\boldsymbol{R}=\boldsymbol{H}_*-\boldsymbol{H}\boldsymbol{K}_y^{-1}\boldsymbol{K}_*$。

一种极端的情况是 $\boldsymbol{B}^{-1}$ 趋近于零矩阵，表示 $\boldsymbol{\beta}$ 先验分布的每一维方差趋于无穷，即先验比较模糊。在这种情况下，预测函数值的均值和协方差简化为

$$\bar{\boldsymbol{f}}(\boldsymbol{X}_*)=\bar{\boldsymbol{g}}(\boldsymbol{X}_*)+\boldsymbol{R}^\top\bar{\boldsymbol{\beta}},$$

$$\mathrm{Cov}[\boldsymbol{f}_*]=\mathrm{Cov}(\boldsymbol{g}_*)+\boldsymbol{R}^\top(\boldsymbol{H}\boldsymbol{K}_y^{-1}\boldsymbol{H}^\top)^{-1}\boldsymbol{R},$$

其中 $\bar{\boldsymbol{\beta}}=(\boldsymbol{H}\boldsymbol{K}_y^{-1}\boldsymbol{H}^\top)^{-1}\boldsymbol{H}\boldsymbol{K}_y^{-1}\boldsymbol{y}$。

15.2.5　协方差函数

在高斯过程中，协方差函数的选择也至关重要。一个协方差函数是稳态的（stationary），如果它是 $\boldsymbol{x}-\boldsymbol{x}'$ 的函数，例如常用的平方指数协方差函数：

$$k(\boldsymbol{x},\boldsymbol{x}')=\exp\left(-\frac{1}{2}\|\boldsymbol{x}-\boldsymbol{x}'\|^2\right),$$

这里用 $\|\cdot\|$ 表示 ℓ_2-范数。这类函数对输入空间的平移保持不变。进一步地，该函数还是 $r=\|\boldsymbol{x}-\boldsymbol{x}'\|$ 的函数，因此是各向同性的（isotropic）。

如果一个协方差函数只通过点积运算 $\boldsymbol{x}^\top\boldsymbol{x}'$ 依赖输入 $\boldsymbol{x}$ 和 $\boldsymbol{x}'$，就称它为点积协方差函数。例如，多项式核函数 $k(\boldsymbol{x},\boldsymbol{x}')=(\boldsymbol{x}^\top\boldsymbol{x}'+b)^p$，其中 p 是一个正整数，b 是偏置参数。这类协方差函数对坐标轴的旋转保持不变。

协方差函数也称为核函数。给定一组输入数据 $\{\boldsymbol{x}_i\}_{i=1}^N$，可以计算其格拉姆矩阵 $\boldsymbol{K}$，其中 $\boldsymbol{K}_{ij}=k(\boldsymbol{x}_i,\boldsymbol{x}_j)$，在高斯过程中，也称为协方差矩阵。一个核函数是半正定的，如果对任意的 N，对应的格拉姆矩阵是半正定的，即 $\boldsymbol{\nu}^\top\boldsymbol{K}\boldsymbol{\nu}\geqslant 0,\ \forall\boldsymbol{\nu}\in\mathbb{R}^N$。

定义 15.2.2 (特征函数)　给定核函数 $k(\cdot,\cdot)$，函数 $\phi(\cdot)$ 被称为 k 的特征函数（eigenfunction），如果它满足等式：

$$\int k(\boldsymbol{x},\boldsymbol{x}')\phi(\boldsymbol{x})\mathrm{d}\mu(\boldsymbol{x})=\lambda\phi(\boldsymbol{x}'),\tag{15.17}$$

其中 μ 是一个测度，λ 为对应的特征值。

通常考虑存在概率密度 $p(\boldsymbol{x})$ 的情况，这时我们将 $\mathrm{d}\mu(\boldsymbol{x})$ 写成 $p(\boldsymbol{x})\mathrm{d}\boldsymbol{x}$。一个核函数一般有无穷多个特征函数 $\phi_1(\boldsymbol{x}),\phi_2(\boldsymbol{x}),\cdots$，这里假设按照特征值降序排列，即 $\lambda_1\geqslant\lambda_2\geqslant\cdots$。另外，假设这组特征函数是归一化和正交的，即 $\int\phi_i(\boldsymbol{x})\phi_j(\boldsymbol{x})\mathrm{d}\mu(\boldsymbol{x})=\mathbb{I}(i=j)$。根据 Mercer's 定理，核函数可以写成这组正交基函数的组合：

$$k(\boldsymbol{x},\boldsymbol{x}')=\sum_{i=1}^{\infty}\lambda_i\phi_i(\boldsymbol{x})\phi_i^*(\boldsymbol{x}'),\tag{15.18}$$

其中 ϕ_i^* 是 ϕ_i 的复共轭（complex conjugate）。对于有些核函数，只有有限个非零的特征值，在这种情况下，加和项为有限多个，这种情况被称为退化核函数。

基于这种分解，可以把高斯过程理解成一个贝叶斯线性回归模型，其中有无穷多个基函数：

$$f(\boldsymbol{x}) = \sum_{i=1}^{\infty} \tilde{w}_i \phi_i(\boldsymbol{x}) + m(\boldsymbol{x}), \quad \tilde{w}_i \sim \mathcal{N}(0, \lambda_i), \tag{15.19}$$

容易验证，$f(\boldsymbol{x})$ 对应的协方差函数为 $k(\boldsymbol{x}, \boldsymbol{x}') = \sum_{i=1}^{\infty} \lambda_i \phi_i(\boldsymbol{x}) \phi_i^*(\boldsymbol{x}')$。

对于一些特定的核函数及分布，可以显式计算出特征函数和特征值，如例 15.2.2 所示。

例 **15.2.2** (径向基函数) 给定核函数 $k(x, x') = \exp(-(x-x')^2/2\ell^2)$ 及概率分布 $p(x) = \mathcal{N}(0, \sigma^2)$，可以显式写出特征函数和特征值：

$$\lambda_k = \frac{2a}{A} B^k$$

$$\phi_k(x) = \exp(-(c-a)x^2) H_k(\sqrt{2c}x),$$

其中 $H_k = (-1)^k \exp(x^2) \frac{d^k}{dx^k} \exp(-x^2)$ 是第 k 阶的埃尔米特多项式 (Hermite polynomial) 函数，$a = \frac{1}{4\sigma^2}$，$b = \frac{1}{2\ell^2}$，$c = \sqrt{a^2 + 2ab}$，$A = a + b + c$，$B = \frac{b}{A}$。

但是，一般情况下没有解析的形式，往往需要求数值近似解。基于等式 (15.17)，可以通过蒙特卡洛法进行近似：

$$\lambda_i \phi_i(\boldsymbol{x}') = \int k(\boldsymbol{x}, \boldsymbol{x}') \phi_i(\boldsymbol{x}) p(\boldsymbol{x}) \mathrm{d}\boldsymbol{x} \approx \frac{1}{L} \sum_{l=1}^{L} k(\boldsymbol{x}_l, \boldsymbol{x}') \phi_i(\boldsymbol{x}_l), \tag{15.20}$$

其中 $\{\boldsymbol{x}_l\}$ 服从分布 $p(\boldsymbol{x})$ 的采样。将每个样本 $\boldsymbol{x}_l$ 代入式 (15.20)，可以得到 L 个近似方程，将它们合并可写成矩阵的形式：

$$\boldsymbol{K} \boldsymbol{\mu}_i = \tilde{\lambda}_i \boldsymbol{\mu}_i, \tag{15.21}$$

其中 $\boldsymbol{K}$ 是 $L \times L$ 的格拉姆矩阵。这实际上转化为求矩阵的特征值和特征向量的问题，同样，假设 $\boldsymbol{\mu}_i$ 是归一化的，令

$$\phi_i(\boldsymbol{x}_j) = \sqrt{L} (\boldsymbol{\mu}_i)_j, \tag{15.22}$$

则 $\hat{\lambda}_i \triangleq \frac{1}{L} \tilde{\lambda}_i$ 是 λ_i 的一个近似估计。可以证明[311]，当 $L \to \infty$ 时，$\hat{\lambda}_i$ 收敛到 λ_i。

将方程 (15.20) 两边同时除以 λ_i，并替代为其估计 $\hat{\lambda}_i$，可以得到一种近似特征函数的方法：

$$\phi_i(\boldsymbol{x}') \approx \frac{\sqrt{L}}{\tilde{\lambda}_i} \boldsymbol{k}(\boldsymbol{x}')^\top \boldsymbol{\mu}_i, \tag{15.23}$$

其中 $\boldsymbol{k}(\boldsymbol{x}') = (k(\boldsymbol{x}_1, \boldsymbol{x}'), \cdots, k(\boldsymbol{x}_L, \boldsymbol{x}'))^\top$。这种方法称为 Nystrom 法。与估计 (15.22) 相比，Nystrom 估计的优点在于可以适用于任意的 $\boldsymbol{x}$，而前者只在有限个样本点 $\boldsymbol{x}_1, \boldsymbol{x}_2, \cdots, \boldsymbol{x}_L$ 上有值。

15.3 高斯过程分类

本节考虑分类任务，输入变量 $\boldsymbol{x} \in \mathbb{R}^d$，输出变量 $y \in \{1, 2, \cdots, L\}$ 是离散的，其中 L 表示类别的个数。

15.3.1 基本模型

前文介绍过贝叶斯对数几率回归模型，它是一种判别式的概率模型，即直接定义类别变量的条件分布 $p(y|\boldsymbol{x})$。在二分类的情况下（$y \in \{1, -1\}$），$p(y=1|\boldsymbol{x}) = \sigma(\boldsymbol{w}^\top \boldsymbol{x})$，其中 $\sigma(x) = \dfrac{1}{1+\mathrm{e}^{-x}}$ 为 Sigmoid 函数。当假设 $\boldsymbol{w}$ 服从先验分布（如高斯分布）时，可以对其做贝叶斯推断。

在对数几率回归模型中，定义了回归函数 $\log \dfrac{p(y=1|\boldsymbol{x})}{p(y=-1|\boldsymbol{x})} = f(\boldsymbol{x}; \boldsymbol{w}) = \boldsymbol{w}^\top \boldsymbol{x}$。在高斯过程中，去掉参数化假设，直接用高斯过程建模 $f(\boldsymbol{x})$。对于二分类的情况，类别条件概率为

$$p(y=1|\boldsymbol{x}) = \sigma(f(\boldsymbol{x})),\ f(\boldsymbol{x}) \sim \mathcal{GP}(m(\boldsymbol{x}), k(\boldsymbol{x}, \boldsymbol{x}')). \tag{15.24}$$

这里，σ 函数将隐函数 $f(\boldsymbol{x}) \in \mathbb{R}$ 进行收缩变换到 $(0,1)$ 区间。Sigmoid 函数不是唯一的选择，比如标准高斯分布的累积分布函数 $\varPhi(x) = \int_{-\infty}^{x} \mathcal{N}(z|0,1)\mathrm{d}z$ 也是常用的。

用 $\mathcal{D} = \{(\boldsymbol{x}_i, y_i)\}_{i=1}^N$ 表示给定的训练集。给定上述高斯过程分类模型，推断任务的目标是计算给定输入 $\boldsymbol{x}_*$，对应的类别分布为

$$p(y_* = 1|\mathcal{D}, \boldsymbol{x}_*) = \int \sigma(f_*) p(f_*|\mathcal{D}, \boldsymbol{x}_*) \mathrm{d}f_*, \tag{15.25}$$

其中隐函数 f_* 的条件分布为

$$p(f_*|\mathcal{D}, \boldsymbol{x}_*) = \int p(f_*|\boldsymbol{X}, \boldsymbol{x}_*, \boldsymbol{f}) p(\boldsymbol{f}|\mathcal{D}) \mathrm{d}\boldsymbol{f}. \tag{15.26}$$

式中的 $p(\boldsymbol{f}|\mathcal{D})$ 为隐变量 $\boldsymbol{f}$ 的后验分布，利用贝叶斯公式可得 $p(\boldsymbol{f}|\mathcal{D}) = \dfrac{p(\boldsymbol{y}|\boldsymbol{f})p(\boldsymbol{f}|\boldsymbol{X})}{p(\boldsymbol{y}|\boldsymbol{X})}$。

在回归模型中，利用高斯分布的性质，可以解析地写出预测函数的分布，但是，在分类任务中，似然函数与高斯先验不再共轭，不能解析地计算这里的后验分布 $p(\boldsymbol{f}|\mathcal{D})$ 以及预测分布 $p(y|\boldsymbol{x}_*, \mathcal{D})$。因此，需要用近似推断的方法。下面介绍拉普拉斯近似推断和期望传播近似推断。

15.3.2 拉普拉斯近似推断

拉普拉斯方法用一个高斯分布 $q(\boldsymbol{f}|\mathcal{D})$ 近似目标后验分布 $p(\boldsymbol{f}|\mathcal{D})$。首先，计算后验分布的 MAP 估计值：

$$\hat{\boldsymbol{f}} = \underset{\boldsymbol{f}}{\operatorname{argmax}}\, p(\boldsymbol{f}|\mathcal{D}). \tag{15.27}$$

然后以 $\hat{\boldsymbol{f}}$ 为均值，构造高斯分布：

$$q(\boldsymbol{f}|\mathcal{D})=\mathcal{N}(\boldsymbol{f}|\hat{\boldsymbol{f}},\boldsymbol{A}^{-1})\propto\exp\left(-\frac{1}{2}(\boldsymbol{f}-\hat{\boldsymbol{f}})^\top\boldsymbol{A}(\boldsymbol{f}-\hat{\boldsymbol{f}})\right),\tag{15.28}$$

其中 $\boldsymbol{A}=-\nabla\nabla\log p(\boldsymbol{f}|\mathcal{D})|_{\boldsymbol{f}=\hat{\boldsymbol{f}}}$ 为负对数后验在均值 $\hat{\boldsymbol{f}}$ 处的海森矩阵。

具体地，对数后验为 $\mathcal{L}(\boldsymbol{f})=\log p(\boldsymbol{y}|\boldsymbol{f})+\log p(\boldsymbol{f}|\boldsymbol{X})$，展开得到具体形式：

$$\mathcal{L}(\boldsymbol{f})=\log p(\boldsymbol{y}|\boldsymbol{f})-\frac{1}{2}\boldsymbol{f}^\top\boldsymbol{K}\boldsymbol{f}-\frac{1}{2}\log\det(\boldsymbol{K})-\frac{N}{2}\log 2\pi.\tag{15.29}$$

对目标函数求一阶梯度可得 $\nabla\mathcal{L}(\boldsymbol{f})=\nabla\log p(\boldsymbol{y}|\boldsymbol{f})-\boldsymbol{K}^{-1}\boldsymbol{f}$，进而计算海森矩阵 $\nabla\nabla\mathcal{L}(\boldsymbol{f})=\nabla\nabla\log p(\boldsymbol{y}|\boldsymbol{f})-\boldsymbol{K}^{-1}=-\boldsymbol{\Lambda}-\boldsymbol{K}^{-1}$，其中 $\boldsymbol{\Lambda}=-\nabla\nabla\log p(\boldsymbol{y}|\boldsymbol{f})$ 是一个对角矩阵。当 $p(\boldsymbol{y}|\boldsymbol{f})$ 的对数是凹函数（如常用的 Sigmoid 函数）时，$\boldsymbol{\Lambda}$ 的对角线元素是非负的，因此，海森矩阵是负定矩阵，目标函数 $\mathcal{L}(\boldsymbol{f})$ 是凹函数，具有唯一的极大值。

由于 MAP 问题（15.27）没有解析解，因此需要用数值优化的方法求解。这里以牛顿法为例，迭代更新公式为

$$\begin{aligned}\boldsymbol{f}^{\text{new}}&=\boldsymbol{f}-(\nabla\nabla\mathcal{L})^{-1}\nabla\mathcal{L}\\&=\boldsymbol{f}+(\boldsymbol{K}^{-1}+\boldsymbol{\Lambda})^{-1}\left(\nabla\log p(\boldsymbol{y}|\boldsymbol{f})-\boldsymbol{K}^{-1}\boldsymbol{f}\right)\\&=(\boldsymbol{K}^{-1}+\boldsymbol{\Lambda})^{-1}\left(\boldsymbol{\Lambda}\boldsymbol{f}+\nabla\log p(\boldsymbol{y}|\boldsymbol{f})\right).\end{aligned}\tag{15.30}$$

给定最优解 $\hat{\boldsymbol{f}}$，可以得到拉普拉斯近似的高斯分布：

$$q(\boldsymbol{f}|\mathcal{D})=\mathcal{N}(\hat{\boldsymbol{f}},(\boldsymbol{K}^{-1}+\boldsymbol{\Lambda})^{-1}).\tag{15.31}$$

在近似分布 $q(\boldsymbol{f}|\mathcal{D})$ 下，可以计算预测函数值的均值为

$$\mathbb{E}_q[f_*|\mathcal{D},\boldsymbol{x}_*]=\boldsymbol{k}(\boldsymbol{x}_*)^\top\boldsymbol{K}^{-1}\hat{\boldsymbol{f}}=\boldsymbol{k}(\boldsymbol{x}_*)^\top\boldsymbol{\beta}.\tag{15.32}$$

其中 $\boldsymbol{k}(\boldsymbol{x}_*)=(k(\boldsymbol{x}_*,\boldsymbol{x}_1),\cdots,k(\boldsymbol{x}_*,\boldsymbol{x}_N))^\top$，$\boldsymbol{\beta}=\nabla\log p(\boldsymbol{y}|\hat{\boldsymbol{f}})$。对于属于正类 1 的样本 $\boldsymbol{x}_i$，可以得到 $\beta_i=\nabla\log p(y_i=1|f_i)=1-p(y_i=1|f_i)>0$，因此，式 (15.32) 中的系数为正；而对于类别为 −1 的样本 $\boldsymbol{x}_j$，可以得到 $\beta_j=\nabla\log p(y_i=-1|f_i)=-p(y_i=1|f_i)<0$，因此，式 (15.32) 中的系数为负。这与使用核函数的支持向量机类似。

同样，在拉普拉斯近似下，可以计算 f_* 的方差：

$$\begin{aligned}\text{Var}_q[f_*|\mathcal{D},\boldsymbol{x}_*]&=k(\boldsymbol{x}_*,\boldsymbol{x}_*)-\boldsymbol{k}_*^\top\boldsymbol{K}^{-1}\boldsymbol{k}_*+\boldsymbol{k}_*^\top\boldsymbol{K}^{-1}(\boldsymbol{K}^{-1}+\boldsymbol{\Lambda})^{-1}\boldsymbol{K}^{-1}\boldsymbol{k}_*\\&=k(\boldsymbol{x}_*,\boldsymbol{x}_*)-\boldsymbol{k}_*^\top(\boldsymbol{K}+\boldsymbol{\Lambda}^{-1})^{-1}\boldsymbol{k}_*.\end{aligned}$$

然后，可以近似计算预测类别的概率：

$$p(y=1|\boldsymbol{x}_*,\mathcal{D})\approx\int\sigma(f_*)q(f_*|\mathcal{D},\boldsymbol{x}_*)\mathrm{d}f_*.\tag{15.33}$$

对于一些特殊情况，这里的积分运算可以解析求出，例如 σ 是高斯分布的累积分布函数。如果 σ 是 Sigmoid 函数，这里的积分运算可以通过多次采样来估算或者数值近似。另外，若只关心最大概率的预测值，则可以通过计算:

$$\hat{p}(y=1|\boldsymbol{x}_*,\mathcal{D})=\sigma(\mathbb{E}_q[f_*|\mathcal{D},\boldsymbol{x}_*])\tag{15.34}$$

获得。事实上，预测分布（15.33）和分布（15.34）对应的决策边界是相同的。这是因为，预测分布（15.34）对应的决策面为 $\mathbb{E}_q[f_*|\mathcal{D},\boldsymbol{x}_*]=0$；而预测分布（15.33）对应的决策面为 $\int\sigma(f_*)q(f_*|\mathcal{D},\boldsymbol{x}_*)\mathrm{d}f_*=1/2$，由于 $q(f_*|\mathcal{D},\boldsymbol{x}_*)$ 是以均值为中心对称的高斯分布，而 $\sigma(f_*)-1/2$ 是反对称的，因此可以得到 $\mathbb{E}_q[f_*|\mathcal{D},\boldsymbol{x}_*]=0$。

文献 [312] 中给出了拉普拉斯近似方法的一些实现技巧，同时也将拉普拉斯方法扩展到多分类的任务。读者可以参考该文献了解详细内容。

15.3.3 期望传播近似推断

如前所述，高斯过程分类模型的目标后验分布为

$$p(\boldsymbol{f}|\mathcal{D})=\frac{1}{Z}p(\boldsymbol{f}|\boldsymbol{X})\prod_{i=1}^{N}p(y_i|f_i), \tag{15.35}$$

其中 $p(\boldsymbol{f}|\boldsymbol{X})$ 为多元高斯分布，$Z=p(\boldsymbol{y}|\boldsymbol{X})$ 为训练数据的条件似然。这里以高斯分布的累积分布函数 $p(y_i|f_i)=\Phi(y_if_i)$ 为例，由于其的非共轭性，因此后验分布不能解析计算。

利用期望传播算法的原理，引入局部因子（未归一化的高斯分布）：

$$t_i(f_i|\tilde{Z}_i,\tilde{\mu}_i,\tilde{\sigma}^2)=\tilde{Z}_i\mathcal{N}(f_i|\tilde{\mu}_i,\tilde{\sigma}^2),$$

来近似难以计算的似然函数 $p(y_i|f_i)$。这里的参数 $\boldsymbol{\theta}_i\triangleq(\tilde{Z}_i,\tilde{\mu}_i,\tilde{\sigma}^2)$ 为局部参数。令 $\tilde{\boldsymbol{\mu}}=(\tilde{\mu}_1,\tilde{\mu}_2,\cdots,\tilde{\mu}_N)$，$\tilde{\boldsymbol{\Sigma}}=\mathrm{diag}(\tilde{\sigma}_1^2,\tilde{\sigma}_2^2,\cdots,\tilde{\sigma}_N^2)$，将这些局部因子连乘起来，定义变分后验：

$$q(\boldsymbol{f})\triangleq\frac{1}{Z}p(\boldsymbol{f}|\boldsymbol{X})\prod_{i=1}^{N}t_i(f_i|\boldsymbol{\theta}_i)=\mathcal{N}(\boldsymbol{\mu},\boldsymbol{\Sigma}), \tag{15.36}$$

其中 $\boldsymbol{\mu}=\boldsymbol{\Sigma}\tilde{\boldsymbol{\Sigma}}^{-1}\tilde{\boldsymbol{\mu}}$，$\boldsymbol{\Sigma}=(\boldsymbol{K}^{-1}+\tilde{\boldsymbol{\Sigma}}^{-1})^{-1}$。这里利用了 $p(\boldsymbol{f}|\boldsymbol{X})$ 是高斯分布的性质。

EP 算法的目标是最小化 $\mathrm{KL}(p(\boldsymbol{f}|\mathcal{D})\|q(\boldsymbol{f}))$。为了简化计算，EP 算法交替更新每个局部因子 t_i。具体地，首先初始化每个局部因子 t_i 及变分分布 $q(\boldsymbol{f})$。在更新因子 t_i 时，固定其他因子 t_j，$j\neq i$，得到分布

$$q_{\neg i}(\boldsymbol{f})=p(\boldsymbol{f}|\boldsymbol{X})\prod_{j\neq i}t_j(f_j|\boldsymbol{\theta}_j), \tag{15.37}$$

该分布仍然是高斯分布。对其求积分得到 $q_{\neg i}(f_i)\propto\int q_{\neg i}(\boldsymbol{f})\mathrm{d}\boldsymbol{f}_{\neg i}$，通过计算可以得到 $q_{\neg i}(f_i)=\mathcal{N}(f_i|\mu_{\neg i},\sigma_{\neg i}^2)$，其中 $\mu_{\neg i}=\sigma_{\neg i}^2(\sigma_i^{-2}\mu_i-\tilde{\sigma}_i^{-2}\tilde{\mu}_i)$，$\sigma_{\neg i}^2=(\sigma_i^{-2}-\tilde{\sigma}_i^{-2})^{-1}$。EP 算法更新的目标是找到 t_i，近似 $q_{\neg i}(f_i)p(y_i|f_i)$。由于 t_i 是高斯分布，因此可以通过矩匹配的方法得到，其中分布 $q_{\neg i}(f_i)p(y_i|f_i)$ 的零阶矩、一阶矩和二阶矩分别为

$$\begin{aligned}
\hat{Z}_i&=\Phi(z_i)\\
\hat{\mu}_i&=\mu_{\neg i}+\frac{y_i\sigma_{\neg i}^2\mathcal{N}(z_i)}{\Phi(z_i)\sqrt{1+\sigma_{\neg i}^2}}\\
\hat{\sigma}_i^2&=\sigma_{\neg i}^2-\frac{\sigma_{\neg i}^4\mathcal{N}(z_i)}{(1+\sigma_{\neg i}^2)\Phi(z_i)}\left(z_i+\frac{\mathcal{N}(z_i)}{\Phi(z_i)}\right),
\end{aligned}$$

其中 $z_i = \frac{y_i \mu_{\neg i}}{\sqrt{1+\sigma_{\neg i}^2}}$。利用矩匹配可以求解出：

$$\begin{aligned}
\tilde{\mu}_i &= \tilde{\sigma}_i^2(\hat{\sigma}_i^{-2}\hat{\mu}_i - \sigma_{\neg i}^{-2}\mu_{\neg i}) \\
\tilde{\sigma}_i^2 &= (\hat{\sigma}_i^{-2} - \sigma_{\neg i}^{-2})^{-1} \\
\tilde{Z}_i &= \hat{Z}_i\sqrt{2\pi}\sqrt{\sigma_{\neg i}^2 + \tilde{\sigma}_i^2}\exp\left(\frac{(\mu_{\neg i} - \tilde{\mu}_i)^2}{2(\sigma_{\neg i}^2 + \tilde{\sigma}_i^2)}\right).
\end{aligned} \tag{15.38}$$

上述公式的具体推导过程可以参考文献 [312]。

由于 EP 采用的变分分布仍然为高斯（15.36），因此，对新数据 $\boldsymbol{x}_*$ 的预测方法与拉普拉斯方法类似，具体地，预测函数值的均值和方差为

$$\begin{aligned}
\mathbb{E}_q[f_*|\mathcal{D}, \boldsymbol{x}_*] &= \boldsymbol{k}_*^\top \boldsymbol{K}^{-1}(\boldsymbol{K}^{-1} + \tilde{\boldsymbol{\Sigma}}^{-1})^{-1}\tilde{\boldsymbol{\Sigma}}^{-1}\tilde{\boldsymbol{\mu}} = \boldsymbol{k}_*^\top(\boldsymbol{K} + \tilde{\boldsymbol{\Sigma}})^{-1}\tilde{\boldsymbol{\mu}} \\
\mathrm{Var}_q[f_*|\mathcal{D}, \boldsymbol{x}_*] &= k(\boldsymbol{x}_*, \boldsymbol{x}_*) - \boldsymbol{k}_*^\top(\boldsymbol{K} + \tilde{\boldsymbol{\Sigma}})^{-1}\boldsymbol{k}_*.
\end{aligned}$$

类别的预测分布近似为 $q(y_* = 1|\mathcal{D}, \boldsymbol{x}_*) = \int \varPhi(f_*)q(f_*|\mathcal{D}, \boldsymbol{x}_*)\mathrm{d}f_*$，由于 $\varPhi$ 是标准高斯的累积分布函数，因此该积分运算可以解析求出：

$$q(y_* = 1|\mathcal{D}, \boldsymbol{x}_*) = \varPhi\left(\frac{\boldsymbol{k}_*^\top(\boldsymbol{K} + \tilde{\boldsymbol{\Sigma}})^{-1}\tilde{\boldsymbol{\mu}}}{\sqrt{1 + k(\boldsymbol{x}_*, \boldsymbol{x}_*) - \boldsymbol{k}_*^\top(\boldsymbol{K} + \tilde{\boldsymbol{\Sigma}})^{-1}\boldsymbol{k}_*}}\right). \tag{15.39}$$

15.3.4 与支持向量机的关系

考虑二分类的问题 $y \in \{+1, -1\}$。在第 7 章，已知软约束核支持向量机的优化问题为

$$\min_{\boldsymbol{f}} \frac{1}{2}\boldsymbol{f}^\top \boldsymbol{K}^{-1}\boldsymbol{f} + C\sum_{i=1}^N (1 - y_i f_i)_+, \tag{15.40}$$

其中 $(x)_+ = \max(0, x)$ 为合页损失函数。对于高斯过程分类器，如式 (15.29)，从后验分布 $p(\boldsymbol{f}|\mathcal{D})$ 中求最大后验概率估计（MAP）的问题为

$$\min_{\boldsymbol{f}} \frac{1}{2}\boldsymbol{f}^\top \boldsymbol{K}^{-1}\boldsymbol{f} - \sum_{i=1}^N \log p(y_i|f_i), \tag{15.41}$$

这里忽略了一些和 $\boldsymbol{f}$ 无关的常数项（核是给定的）。

因此，从形式上，二者具有很强的相似性。对于通常选用的似然函数 $p(y_i|f_i)$（如对数几率回归或者累积高斯分布函数），它的对数是凹函数，因此，二者的优化目标都为凸函数，存在全局最优解。令 $z_i = y_i f_i$，SVM 采用的合页损失（Hinge Loss）函数为 $h_{\text{hinge}}(z) = (1-z)_+$。相应地，高斯过程 MAP 估计的对数损失为 $h_\varPhi(z) = -\log\varPhi(z)$ 或者 $h_l(z) = \log(1 + \mathrm{e}^{-z})$。

值得注意的是，SVM 中使用的合页损失函数并不能直接对应某个似然函数的对数，这是因为假如存在 $p(y|f) \propto \exp(-Ch_{\text{hinge}}(yf))$，由于归一化条件 $p(y = 1|f) + p(y = -1|f) = 1$，则必须要求 $\exp(-Ch_{\text{hinge}}(f)) + \exp(-Ch_{\text{hinge}}(-f))$ 为常

数。但事实上后者并不是常数。虽然存在一些启发式方法将 SVM 的函数值 $f(\boldsymbol{x})$ 转化为 $(0,1)$ 区间上的概率值，能够显式输出预测概率恰恰是高斯过程分类器的一个优点，而且从前文近似推断的过程可以看到，高斯过程分类器在（近似）计算预测考虑时充分考虑了函数 $f(\boldsymbol{x})$ 的不确定性（即方差）。

15.4 稀疏高斯过程

从式(15.11) 可见，后验分布的精确闭式解涉及对 $N \times N$ 的矩阵 $\boldsymbol{K} + \sigma^2\boldsymbol{I}$ 进行求逆运算，该操作具有 $O(N^3)$ 的计算复杂度。对于大规模数据集，很明显我们需要通过近似来避免这样的立方复杂度。

15.4.1 基于诱导点的稀疏近似

基于诱导点（inducing point）的稀疏近似是一种提升高斯过程可扩展性的有效方法。基本想法是用小部分变量 $\boldsymbol{u} = f(\boldsymbol{Z})$ 总结 $\boldsymbol{f}$，以避免 $O(N^3)$ 的复杂度。其中 $\boldsymbol{Z} = [\boldsymbol{z}_1, \boldsymbol{z}_2, \cdots, \boldsymbol{z}_M] \in \mathbb{R}^{d\times M}$ 是一组输入空间中的参数，通常称为诱导点。由于高斯过程的特性，$\boldsymbol{f}$ 和 $\boldsymbol{u}$ 服从多元高斯分布：

$$p(\boldsymbol{f}, \boldsymbol{u}) = \mathcal{N}\left(\boldsymbol{0}, \begin{bmatrix} \boldsymbol{K_{ff}} & \boldsymbol{K_{fu}} \\ \boldsymbol{K_{uf}} & \boldsymbol{K_{uu}} \end{bmatrix}\right). \tag{15.42}$$

这里，下标显式写出了协方差矩阵所依赖的数据，例如，$\boldsymbol{K_{ff}}$ 表示训练数据对应的协方差矩阵，$\boldsymbol{K_{uu}}$ 表示诱导点集合对应的协方差矩阵，其中第 (i,j) 项为 $k(\boldsymbol{z}_i, \boldsymbol{z}_j)$。如果进一步考虑测试数据点 $\boldsymbol{X}_*$，则在 $\boldsymbol{u}, \boldsymbol{f}, \boldsymbol{f}^*$ 上形成的联合分布是 $p(\boldsymbol{f}, \boldsymbol{f}^*|\boldsymbol{u})p(\boldsymbol{u})$，其中 $p(\boldsymbol{u}) = \mathcal{N}(\boldsymbol{0}, \boldsymbol{K_{uu}})$。

基于高斯过程的性质，引入变量 $\boldsymbol{u}$ 不会改变我们使用的高斯过程先验——它在 $(\boldsymbol{f}, \boldsymbol{f}_*)$ 上的边际分布仍然保持不变，因此也不会改变数据的似然：

$$p(\boldsymbol{f}_*, \boldsymbol{f}) = \int p(\boldsymbol{f}_*, \boldsymbol{f}, \boldsymbol{u})\mathrm{d}\boldsymbol{u} = \int p(\boldsymbol{f}_*, \boldsymbol{f}|\boldsymbol{u})p(\boldsymbol{u})\mathrm{d}\boldsymbol{u}. \tag{15.43}$$

但通过诱导点的选择，可以对计算过程进行加速。

事实上，使用基于诱导点的稀疏近似方法加速高斯过程后验推断已有很长的历史。许多工作都考虑在条件分布 $p(\boldsymbol{f}, \boldsymbol{f}_*|\boldsymbol{u})$ 中引入不同的独立性假设来降低计算成本，具体地，定义近似的先验分布：

$$q(\boldsymbol{f}_*, \boldsymbol{f}) \triangleq \int q(\boldsymbol{f}_*|\boldsymbol{u})q(\boldsymbol{f}|\boldsymbol{u})p(\boldsymbol{u})\mathrm{d}\boldsymbol{u} \approx p(\boldsymbol{f}_*, \boldsymbol{f}), \tag{15.44}$$

可以看到，q 先验分布中引入了条件独立性假设——给定诱导点 $\boldsymbol{u}$，训练集上的函数 $\boldsymbol{f}$ 与测试集上的 $\boldsymbol{f}_*$ 是条件独立的，如图 15.4所示。因此，$\boldsymbol{f}$ 和 $\boldsymbol{f}_*$ 之间的依赖关系是通过 $\boldsymbol{u}$ 诱导（induced）的。通过对 $q(\boldsymbol{f}|\boldsymbol{u})$ 和 $q(\boldsymbol{f}_*|\boldsymbol{u})$ 做一些额外假设，可以得到不同的近似算法。下面举两个例子，更多的例子请阅读文献 [313]。

例 15.4.1 (确定性诱导条件分布近似) 给定诱导点集合，对任意的输入 $\boldsymbol{x}_*$，函数值 $\boldsymbol{f}_*$ 通过式 (15.45) 近似计算：

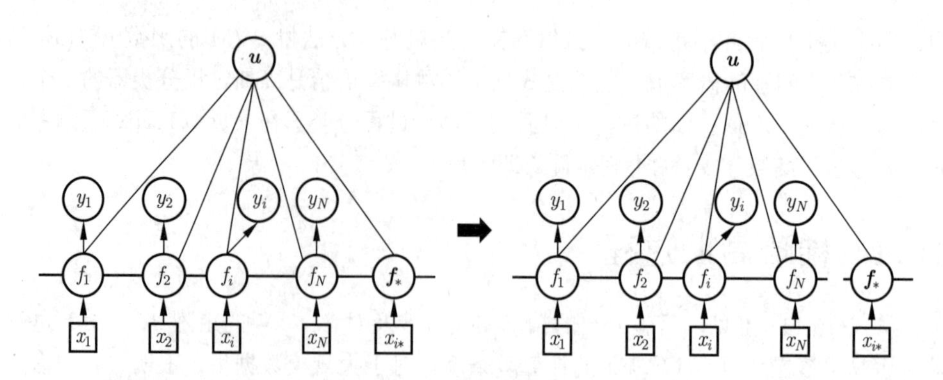

图 15.4　条件独立性假设：给定诱导变量 $\boldsymbol{u}$，$\boldsymbol{f}$ 和 $\boldsymbol{f}_*$ 条件独立

$$\boldsymbol{f}_* = \boldsymbol{K}_{*\boldsymbol{u}}\boldsymbol{w}_{\boldsymbol{u}},\ \boldsymbol{w}_{\boldsymbol{u}} \sim \mathcal{N}(0, \boldsymbol{K}_{\boldsymbol{uu}}^{-1}). \tag{15.45}$$

这里每个诱导点对应一个核回归函数，因此称为回归函数子集（subset of regressors，SoR）。定义 $\boldsymbol{u} = \boldsymbol{K}_{\boldsymbol{uu}}\boldsymbol{w}_{\boldsymbol{u}}$，可以得到 SoR 的等价形式：

$$\boldsymbol{f}_* = \boldsymbol{K}_{*\boldsymbol{u}}\boldsymbol{K}_{\boldsymbol{uu}}^{-1}\boldsymbol{u},\ \boldsymbol{u} \sim \mathcal{N}(\boldsymbol{0}, \boldsymbol{K}_{\boldsymbol{uu}}). \tag{15.46}$$

由于 $\boldsymbol{f}_*$ 和 $\boldsymbol{u}$ 之间的确定函数关系，式 (15.44) 中的近似条件分布都是协方差为 0 的高斯分布：

$$q_{sr}(\boldsymbol{f}|\boldsymbol{u}) = \mathcal{N}(\boldsymbol{K}_{\boldsymbol{fu}}\boldsymbol{K}_{\boldsymbol{uu}}^{-1}\boldsymbol{u}, \boldsymbol{0}),\ q_{sr}(\boldsymbol{f}_*|\boldsymbol{u}) = \mathcal{N}(\boldsymbol{K}_{*\boldsymbol{u}}\boldsymbol{K}_{\boldsymbol{uu}}^{-1}\boldsymbol{u}, \boldsymbol{0}). \tag{15.47}$$

因此，可以得到近似先验分布：

$$q_{sr}(\boldsymbol{f}, \boldsymbol{f}_*) = \mathcal{N}\left(\boldsymbol{0}, \begin{pmatrix} \boldsymbol{Q}_{\boldsymbol{ff}} & \boldsymbol{Q}_{\boldsymbol{f}_*} \\ \boldsymbol{Q}_{*\boldsymbol{f}} & \boldsymbol{Q}_{**} \end{pmatrix}\right), \tag{15.48}$$

其中 $\boldsymbol{Q}_{\boldsymbol{ab}} = \boldsymbol{K}_{\boldsymbol{au}}\boldsymbol{K}_{\boldsymbol{uu}}^{-1}\boldsymbol{K}_{\boldsymbol{ub}}$。由此可以看到，该近似先验分布是一个退化的高斯过程，它的协方差函数为 $k_{sr}(\boldsymbol{x}, \boldsymbol{x}') = k(\boldsymbol{x}, \boldsymbol{Z})\boldsymbol{K}_{\boldsymbol{uu}}^{-1}k(\boldsymbol{Z}, \boldsymbol{x}')$，由于该协方差函数的秩不超过 M，因此该高斯过程只有 M 维自由度——从先验分布中只能采样 M 个线性无关的函数。这种退化往往会导致"过于自信"的预测——即使给定足够多的训练数据，后验分布仍然只能考虑非常受限的函数族。

基于近似先验分布 $q_{sr}(\boldsymbol{f}, \boldsymbol{f}_*)$，参考式 (15.11)，可以推导出预测分布：

$$\begin{aligned} q_{sr}(\boldsymbol{f}_*|\mathcal{D}, \boldsymbol{X}_*) &= \mathcal{N}(\boldsymbol{Q}_{*\boldsymbol{f}}(\boldsymbol{Q}_{\boldsymbol{ff}} + \sigma^2\boldsymbol{I})^{-1}\boldsymbol{y}, \boldsymbol{Q}_{**} - \boldsymbol{Q}_{*\boldsymbol{f}}(\boldsymbol{Q}_{\boldsymbol{ff}} + \sigma^2\boldsymbol{I})^{-1}\boldsymbol{Q}_{\boldsymbol{f}_*}) \\ &= \mathcal{N}(\sigma^{-2}\boldsymbol{K}_{*\boldsymbol{u}}\boldsymbol{\Sigma}\boldsymbol{K}_{\boldsymbol{uf}}\boldsymbol{y}, \boldsymbol{K}_{*\boldsymbol{u}}\boldsymbol{\Sigma}\boldsymbol{K}_{*\boldsymbol{u}}^{\top}), \end{aligned} \tag{15.49}$$

其中 $\boldsymbol{\Sigma} = (\sigma^{-2}\boldsymbol{K}_{\boldsymbol{uf}}\boldsymbol{K}_{\boldsymbol{fu}} + \boldsymbol{K}_{\boldsymbol{uu}})^{-1}$。该近似算法的训练复杂度为 $O(NM^2)$，对每个测试数据计算预测均值和方差的复杂度分别是 $O(M)$ 和 $O(M^2)$。

例 15.4.2（确定性训练条件分布近似）对于近似先验 $q(\boldsymbol{f}, \boldsymbol{f}_*)$，假设条件分布如下：

$$q_{\text{dtc}}(\boldsymbol{f}|\boldsymbol{u}) = \mathcal{N}(\boldsymbol{K}_{\boldsymbol{fu}}\boldsymbol{K}_{\boldsymbol{uu}}^{-1}\boldsymbol{u}, \boldsymbol{0}),\ q_{\text{dtc}}(\boldsymbol{f}_*|\boldsymbol{u}) = p(\boldsymbol{f}_*|\boldsymbol{u}), \tag{15.50}$$

即训练数据对应的条件分布用确定性的近似分布（协方差为 0），测试数据对的条件分布用精确的分布。这种近似方法称为确定性训练条件分布近似（deterministic training conditional，DTC）。因此，可以推导出近似先验分布为

$$q_{\mathrm{dtc}}(\boldsymbol{f},\boldsymbol{f}_*)=\mathcal{N}\left(\boldsymbol{0},\begin{bmatrix}\boldsymbol{Q}_{\boldsymbol{ff}} & \boldsymbol{Q}_{\boldsymbol{f}*}\\ \boldsymbol{Q}_{*\boldsymbol{f}} & \boldsymbol{K}_{**}\end{bmatrix}\right). \tag{15.51}$$

DTC 和 SoR 的区别在于，DTC 使用精确的测试条件分布，因此预测函数 $\boldsymbol{f}_*$ 对应的协方差子矩阵变成了 $\boldsymbol{K}_{**}$，从而保留了预测的不确定性。进一步地，可以计算出预测概率分布为

$$\begin{aligned}q_{\mathrm{dtc}}(\boldsymbol{f}_*|\mathcal{D},\boldsymbol{X}_*)&=\mathcal{N}(\boldsymbol{Q}_{*\boldsymbol{f}}(\boldsymbol{Q}_{\boldsymbol{ff}}+\sigma^2\boldsymbol{I})^{-1}\boldsymbol{y},\boldsymbol{K}_{**}-\boldsymbol{Q}_{*\boldsymbol{f}}(\boldsymbol{Q}_{\boldsymbol{ff}}+\sigma^2\boldsymbol{I})^{-1}\boldsymbol{Q}_{\boldsymbol{f}*})\\&=\mathcal{N}(\sigma^{-2}\boldsymbol{K}_{*\boldsymbol{u}}\boldsymbol{\Sigma}\boldsymbol{K}_{\boldsymbol{uf}}\boldsymbol{y},\boldsymbol{K}_{**}-\boldsymbol{Q}_{**}+\boldsymbol{K}_{*\boldsymbol{u}}\boldsymbol{\Sigma}\boldsymbol{K}_{*\boldsymbol{u}}^\top),\end{aligned} \tag{15.52}$$

其中 $\boldsymbol{\Sigma}$ 和式 (15.49) 中的 $\boldsymbol{\Sigma}$ 相同。对比可以发现，与 SoR 的预测分布（15.49）的差别在于协方差——将 $\boldsymbol{Q}_{**}$ 替换成 $\boldsymbol{K}_{**}$。由于 $\boldsymbol{K}_{**}-\boldsymbol{Q}_{**}$ 是半正定矩阵，因此，DTC 近似方法得到的预测函数 f_* 的方差不小于 SoR 方法得到的。在计算复杂度上，DTC 和 SoR 一样。但是，DTC 近似先验不像 SoR 那样可以写成某个高斯过程，这是因为协方差依赖于数据是来自训练集还是来自测试集，这违反了高斯过程的一致性。

这些方法通常会通过最大化边际似然（marginal likelihood）选择诱导位置 $\boldsymbol{Z}$。然而，由于这些方法都对 GP 的先验进行了修改，因此它们都具有不同程度的分布退化和过拟合问题。

15.4.2　稀疏变分高斯过程

稀疏变分高斯过程（sparse variational GP，SVGP）方法为这些问题提供了一个良好的解决方案。该方法最早由 Titsias[314] 提出，后来扩展到小批量训练和非共轭似然函数的高斯过程分类。具体地，给定训练数据 $\mathcal{D}$，在引入诱导点变量 $\boldsymbol{u}$ 后，①模型的真实后验分布为

$$p(\boldsymbol{f},\boldsymbol{u}|\boldsymbol{y})=\frac{p(\boldsymbol{f}|\boldsymbol{u})p(\boldsymbol{u})p(\boldsymbol{y}|\boldsymbol{f})}{p(\boldsymbol{y})}, \tag{15.53}$$

这里为了简洁，将 $\boldsymbol{X}$ 省略。引入变分分布 $q(\boldsymbol{f},\boldsymbol{u})$，利用变分推断的原理可以得到对数似然下界（ELBO）：

$$\mathcal{L}_{\mathrm{ELBO}}=\mathbb{E}_q[\log p(\boldsymbol{y},\boldsymbol{f},\boldsymbol{u})]-\mathbb{E}_q[\log q(\boldsymbol{f},\boldsymbol{u})]. \tag{15.54}$$

关于变分分布 $q(\boldsymbol{f},\boldsymbol{u})$ 的选择，常用如下形式：

$$q(\boldsymbol{f},\boldsymbol{u})=q(\boldsymbol{u})p(\boldsymbol{f}|\boldsymbol{u}), \tag{15.55}$$

这里，$p(\boldsymbol{f}|\boldsymbol{u})$ 是从真实先验分布 $p(\boldsymbol{f},\boldsymbol{u})$ 得到的条件概率。在这个变分假设下，数据 $\boldsymbol{y}$ 只能通过辅助变量 $\boldsymbol{u}$ 影响函数值 $\boldsymbol{f}$。将 $q(\boldsymbol{f},\boldsymbol{u})$ 代入 ELBO，可以得到：

$$\begin{aligned}\mathcal{L}_{\mathrm{ELBO}}&=\mathbb{E}_q\left[\log\frac{p(\boldsymbol{f}|\boldsymbol{u})p(\boldsymbol{u})p(\boldsymbol{y}|\boldsymbol{f})}{p(\boldsymbol{f}|\boldsymbol{u})q(\boldsymbol{u})}\right]\\&=\mathbb{E}_q\left[\log\frac{p(\boldsymbol{u})p(\boldsymbol{y}|\boldsymbol{f})}{q(\boldsymbol{u})}\right]\\&=\sum_{n=1}^{N}\mathbb{E}_{q(\boldsymbol{u})p(f_n|\boldsymbol{u})}\left[\log p(y_n|f_n)\right]-\mathrm{KL}(q(\boldsymbol{u})\|p(\boldsymbol{u})).\end{aligned} \tag{15.56}$$

① 这是一种辅助变量的变分贝叶斯。

对 $q(\boldsymbol{u})$ 进行优化，可以得到更新公式：

$$q(\boldsymbol{u}) \propto p(\boldsymbol{u}) \exp\left(\int \log p(\boldsymbol{y}|\boldsymbol{f}) p(\boldsymbol{f}|\boldsymbol{u}) \mathrm{d}\boldsymbol{f}\right). \tag{15.57}$$

利用高斯分布的性质，可以直接对指数函数内部的积分进行计算，得到：

$$\int \log p(\boldsymbol{y}|\boldsymbol{f}) p(\boldsymbol{f}|\boldsymbol{u}) \mathrm{d}\boldsymbol{f} = -\frac{1}{2\sigma^2}\mathrm{Tr}(\boldsymbol{B}) + \log \mathcal{N}(\boldsymbol{y}|A, \sigma^2 \boldsymbol{I}), \tag{15.58}$$

其中 $A = \boldsymbol{K_{fu}} \boldsymbol{K_{uu}^{-1}} \boldsymbol{u}$，$\boldsymbol{B} = \boldsymbol{K_{ff}} - \boldsymbol{K_{fu}} \boldsymbol{K_{uu}^{-1}} \boldsymbol{K_{uf}}$。代入 $q(\boldsymbol{u})$，并利用归一化条件，可以得到：

$$\begin{aligned} q(\boldsymbol{u}) &= \mathcal{N}\left(\boldsymbol{K_{uf}}(\boldsymbol{Q_{ff}} + \sigma^2 \boldsymbol{I})\boldsymbol{y}, \boldsymbol{K_{uu}} - \boldsymbol{K_{uf}}(\boldsymbol{Q_{ff}} + \sigma^2 \boldsymbol{I})\boldsymbol{K_{fu}}\right) \\ &= \mathcal{N}(\sigma^{-2}\boldsymbol{K_{uu}} \boldsymbol{\Sigma} \boldsymbol{K_{uf}} \boldsymbol{y}, \boldsymbol{K_{uu}} \boldsymbol{\Sigma} \boldsymbol{K_{uu}}), \end{aligned} \tag{15.59}$$

其中 $\boldsymbol{Q_{ff}} = \boldsymbol{K_{fu}} \boldsymbol{K_{uu}^{-1}} \boldsymbol{K_{uf}}$，$\boldsymbol{\Sigma} = (\boldsymbol{K_{uu}} + \sigma^{-2} \boldsymbol{K_{uf}} \boldsymbol{K_{fu}})^{-1}$。

将 $q(\boldsymbol{u})$ 的解代入 ELBO，可以得到该下界的坍缩（collapsed）形式：

$$\mathcal{L}_{\mathrm{ELBO}} = \log \mathcal{N}(\boldsymbol{y}|\boldsymbol{0}, \boldsymbol{Q_{ff}} + \sigma^2 \boldsymbol{I}) - \frac{1}{2\sigma^2}\mathrm{Tr}\left(\boldsymbol{K_{ff}} - \boldsymbol{Q_{ff}}\right), \tag{15.60}$$

其中第一项为 DTC 近似方法的对数似然函数，①第二项是一个正则项，以避免过拟合。诱导点的位置可以通过最大化该变分下界学习得到。计算该下界的复杂度是 $O(M^2N + M^3)$，远小于精确闭式解 $O(N^3)$ 的复杂度。

在更一般的情况中，如果我们不坍缩 $q(\boldsymbol{u})$ 并让 $q(\boldsymbol{u}) = \mathcal{N}(\mathbf{m}_{\boldsymbol{u}}, \mathbf{S}_{\boldsymbol{u}})$，其中 $\mathbf{m}_{\boldsymbol{u}}, \mathbf{S}_{\boldsymbol{u}}$ 为可训练的参数，那么此时该变分下界可用于小批量训练[315] 和非高斯似然函数的模型[316]。

15.5 延伸阅读

高斯过程可以看作多元高斯分布的无穷维扩展，继承了高斯分布的良好性质，给概率推断带来了便利，因此，其在机器学习中广受欢迎。高斯过程已广泛用于机器学习中的不确定性估计，包括有监督学习 [317–318]、序列决策[319]、基于模型的强化学习[320] 以及无监督数据分析[321–322] 等。读者可以参考文献 [312] 学习更多的内容。

贝叶斯神经网络与高斯过程的等价关系存在多种网络架构。本章介绍了只有一层隐含层的例子，其他例子还包括：多层全连接网络——每层的神经元个数趋于无穷 [323–324]；卷积神经网络——通道个数趋于无穷 [325–326]；变换网络（transformer networks）——注意力头数趋于无穷[327]；以及循环神经网络——单元个数趋于无穷[328] 等。它们的共同特点是同一层神经元（或隐含计算单元）的个数（称为宽度）趋于无穷。这种等价关系可以给贝叶斯神经网络的计算带来便利，特别是在回归任务下，可以有简单的解析形式。此外，对于有限宽度的神经网络，增加宽度往往能提升性能，因此这种“无限宽”网络是有意义的。

此外，在很多应用场景下，可能存在一些领域知识，例如，描述物理规律的偏微分方程、使用逻辑规则表达的约束等。虽然处理一般性的约束比较困难，但对于线性

① 根据式 (15.14) 和 DTC 先验分布的定义。

约束的情况，利用高斯过程在线性变换下仍然是高斯过程的特性，可以通过适当的函数变换将线性约束吸收到高斯过程的均值函数和协方差函数中[329]，由于高斯过程在线性变换下仍然是高斯过程的特性，因此可以通过适当的函数变换将线性约束吸收到高斯过程的均值函数和协方差函数中。

最后，高斯过程是定义在函数空间上的随机过程，是非参数化贝叶斯方法的一个典型特例。其他典型的非参数化贝叶斯方法还包括狄利克雷过程（Dirichlet Process）[330–331] 和印度自助餐过程（Indian buffet process，IBP）[332]。狄利克雷过程是一种定义在概率测度空间上的随机过程，一种等价形式是中国餐馆过程（Chinese restaurant process，CRP）。因其独特的离散特性，狄利克雷过程被用于构建混合模型，称为狄利克雷过程混合模型（Dirichlet process mixtures，DPM）[136]，该模型可以看作高斯混合模型在 K 趋于无穷的扩展，可以通过贝叶斯推断自动确定所需混合成分的个数。印度自助餐过程是一个定义在无限维隐特征矩阵上的随机过程，广泛用于无监督和有监督任务中，学习隐含特征向量，并自动确定特征向量的维度。限于篇幅，本书不再展开介绍，感兴趣的读者可以参阅文献 [333–334]。

15.6 习题

习题 1 对于式 (15.3) 所定义的广义线性模型，在高斯先验分布 $\boldsymbol{w} \sim \mathcal{N}(\boldsymbol{0}, \boldsymbol{\Sigma})$ 和高斯噪声 $\epsilon \sim \mathcal{N}(0, \sigma^2)$ 的情况下，完成其后验分布和预测分布的推导过程。

习题 2 完成式 (15.7) 的推导过程。

习题 3 证明第 15.2.2 节的结论：在无噪声情况下的后验高斯过程，对于训练集中的数据点，其对应函数值的方差为 0。

习题 4 完成式 (15.10) 的推导过程。

习题 5 证明第 15.2.3 节的结论：在噪声情况下的后验高斯过程，噪声预测的均值和方差分别为 $\bar{y}_* = \bar{f}_*$，$\mathrm{Var}[y_*] = \mathrm{Var}[f_*] + \sigma^2$。

习题 6 对于高斯过程回归模型，给定一组训练数据

$$\mathcal{D} = \{(-1.5, -1.65), (-1, -1.15), (-0.75, -0.25), (-0.45, 0.5), (-0.1, 0.75)\},$$

其中噪声方差为 $\sigma^2 = 0.09$。假设采用协方差函数 $k(x, x') = \exp\left(-\dfrac{1}{2\ell}(x - x')^2\right)$，其中 $\ell = 0.5$，计算在 $x^* = 0.2$ 处预测值的均值和方差，并比较当 $\ell = 0.1$ 和 $\ell = 1$ 时的均值和方差。

习题 7 完成式 (15.16) 的推导过程。

习题 8 当 σ 是高斯分布的累积分布函数时，推导公式 (15.33) 的解析形式。

第 16 章　深度生成模型

前文已介绍了多个具有隐变量的生成式概率模型，如高斯混合模型、隐马尔可夫网络等。随着深度神经网络的进展，具有多层次结构的深度生成模型（deep generative models，DGMs）也得到快速发展。本章介绍深度生成模型的基本原理和典型例子，包括基于可逆变换的流模型、自回归生成模型、变分自编码器、生成对抗网络以及扩散概率模型。

16.1　基本框架

首先介绍生成模型的概念以及两种常见的构造深度生成模型的方法。

16.1.1　生成模型基本概念

如前所述，生成模型是实现无监督学习的一类重要方法，可用于密度估计、数据生成、表示学习、聚类、降维等任务。用 $\boldsymbol{x}$ 表示输入数据中可观察到的所有变量，生成模型定义了一个概率分布 $p_{\text{model}}(\boldsymbol{x})$ 来刻画数据 $\boldsymbol{x}$ 的特性。学习的目标是希望习得的模型分布 $p_{\text{model}}(\boldsymbol{x})$ 在某种度量下尽量逼近真实的数据分布 $p_{\text{data}}(\boldsymbol{x})$。

具体地，模型概率分布的选择是根据数据的特性决定的，通常用一个参数化的形式描述 $p(\boldsymbol{x};\boldsymbol{\theta})$，其中 $\boldsymbol{\theta}$ 是模型的参数，例如，描述离散数据的多项式分布或者描述连续型数据的高斯分布等。给定一个独立同分布的训练数据集 $\mathcal{D}=\{\boldsymbol{x}_i\}_{i=1}^N$，模型参数可以通过常用的最大似然估计获得：$\hat{\boldsymbol{\theta}}=\text{argmax}_{\boldsymbol{\theta}}\log p(\mathcal{D};\boldsymbol{\theta})$, 其中 $\log p(\mathcal{D};\boldsymbol{\theta})=\sum_{i=1}^N \log p(\boldsymbol{x}_i;\boldsymbol{\theta})$。

概率模型的一个优点在于能够通过引入隐变量，灵活地刻画复杂数据的分布，这类模型称为隐变量模型，典型的例子包括第 8 章介绍的混合高斯模型以及第 12 章介绍的隐马尔可夫网络和受限玻尔兹曼机等。用 $\boldsymbol{z}$ 表示数据 $\boldsymbol{x}$ 对应的隐变量，生成模型定义了一个包括所有变量的联合分布 $p(\boldsymbol{z},\boldsymbol{x};\boldsymbol{\theta})$，通常写成 $p(\boldsymbol{z};\boldsymbol{\theta})p(\boldsymbol{x}|\boldsymbol{z};\boldsymbol{\theta})$，其中 $p(\boldsymbol{z};\boldsymbol{\theta})$ 称为先验分布，$p(\boldsymbol{x}|\boldsymbol{z};\boldsymbol{\theta})$ 为给定隐变量的似然函数。给定一个具体的观察数据 $\boldsymbol{x}$，后验分布 $p(\boldsymbol{z}|\boldsymbol{x};\boldsymbol{\theta})$ 揭示了该数据的隐含特性，例如，在混合模型中，这个后验分布表示数据 $\boldsymbol{x}$ 属于 K 个成分的概率分布值。

隐变量模型具有很强的表达能力，但是，这种模型的参数学习也相应地变得更有

挑战性。以最大似然估计为例，训练集 $\mathcal{D}$ 的对数似然为

$$\mathcal{L}(\boldsymbol{\theta}) = \log p(\mathcal{D};\boldsymbol{\theta}) = \sum_{i=1}^{N} \log \int_{\boldsymbol{z}} p(\boldsymbol{z}, \boldsymbol{x}_i;\boldsymbol{\theta}),$$

其中需要对隐含变量 $\boldsymbol{z}$ 进行积分运算。一般情况下，最大似然估计是比较困难的，需要用到期望最大化（EM）算法以及广义的变分推断等。变分推断的基本流程是引入一个变分后验分布 $q(\boldsymbol{z}|\boldsymbol{x};\boldsymbol{\phi})$，其中 $\boldsymbol{\phi}$ 是未知参数，并且使用 Jensen 不等式获得一个对数似然函数的变分下界：

$$\hat{\mathcal{L}}(\boldsymbol{\theta},\boldsymbol{\phi}) \triangleq \sum_{i=1}^{N} \mathbb{E}_q[\log p(\boldsymbol{z}, \boldsymbol{x}_i;\boldsymbol{\theta}) - \log q(\boldsymbol{z}|\boldsymbol{x}_i;\boldsymbol{\phi})] \leqslant \mathcal{L}(\boldsymbol{\theta}). \tag{16.1}$$

通过对变分下界寻优，获得最优的参数估计以及最优的变分后验分布——对真实后验分布的一种近似。此外，为了处理大规模的数据，变分推断和 EM 算法被广泛扩展，包括第 13.3.4 节介绍的随机 EM 算法[276] 等。

16.1.2　基于层次化贝叶斯的建模

混合模型、受限玻尔兹曼机等隐变量模型一般认为是浅层模型——只具有一层的隐含变量。随着深度神经网络的进展，一些更好的算法被提出，它们能够有效地训练具有多层隐变量的模型。相应地，具有多层隐变量的生成模型也受到越来越多的关注。但是，具有多层隐变量的生成模型在机器学习中存在已久。一种典型的构造方式是层次化贝叶斯建模[335]，图 16.1展示了经典的 LDA（latent dirichlet allocation）主题模型[272] 的结构，LDA 是第 13.3.3 节介绍的 pLSA 模型的贝叶斯版本。这里输入的每个数据 $\boldsymbol{x}$ 是一个用词向量表示的文本，模型假设有 K 个主题，每个主题 k 是在所有单词上的一个概率分布 $\boldsymbol{\beta}_k$。模型定义了一个层次化的生成文本的过程：

(1) 采样 K 个主题：$\boldsymbol{\beta}_k \sim \mathrm{Dir}(\boldsymbol{\eta})$；

(2) 对每个文档 d，采样一个主题分布 $\boldsymbol{\theta}_d \sim \mathrm{Dir}(\boldsymbol{\alpha})$；

① 对文档 d 中的每个单词 n，采样一个主题 $Z_{d,n} \sim \mathrm{Mult}(\boldsymbol{\theta}_d)$；

② 生成单词 $X_{d,n} \sim \mathrm{Mult}(\boldsymbol{\beta}_{Z_{d,n}})$。

其中 Dir() 表示狄利克雷分布；Mult() 表示多项式分布；$Z_{d,n} \in \{1, 2, \cdots, K\}$ 表示某个具体的主题。这里，$\boldsymbol{\alpha}$ 和 $\boldsymbol{\eta}$ 可以当作超参数，或者也可以假设服从某个先验分布。

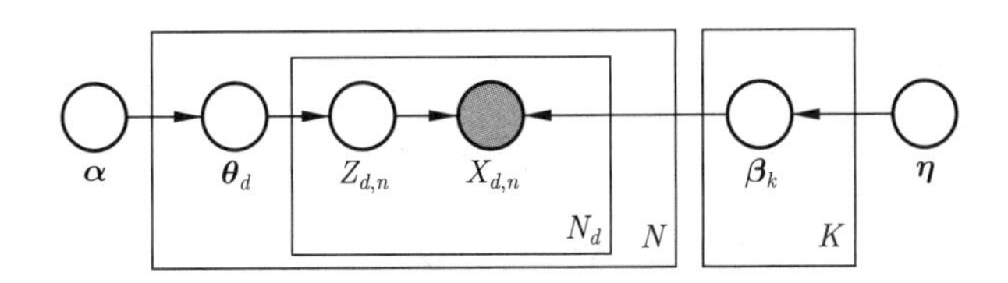

图 16.1　LDA 主题模型：一个层次化隐变量模型

LDA 模型具有多层的隐含变量 $\{\boldsymbol{\theta}_d, Z_{d,n}, \boldsymbol{\beta}_k\}$，这些隐变量之间通过一个贝叶斯网络描述它们之间的依赖关系。上述过程定义了一个联合分布：

$$p(\boldsymbol{\theta},\boldsymbol{\beta},Z,X;\boldsymbol{\alpha},\boldsymbol{\eta})=\prod_{k=1}^{K}p(\boldsymbol{\beta}_k;\boldsymbol{\eta})\prod_{d=1}^{N}p(\boldsymbol{\theta}_d;\boldsymbol{\alpha})\prod_{n=1}^{N_d}p(Z_{d,n}|\boldsymbol{\theta}_d)p(X_{d,n}|Z_{d,n},\boldsymbol{\beta}).$$

LDA 模型可以从大规模数据中学习主题，分析每个文档甚至每个单词的主题分布，因此被广泛研究和应用。关于 LDA 模型的学习和推断，有很多性能良好的算法被提出，包括变分推断[272]、Gibbs 采样[290]、缓存高效的分布式算法[336]，以及面向 GPU 硬件高效的算法[337] 等。读者可参考第 13.3.3 节的 pLSA 模型自行推导 LDA 的变分推断算法。

16.1.3 基于深度神经网络的建模

基于层次贝叶斯的构造方法虽然灵活——可以根据需要选择模型的深度和宽度，但是随机变量之间的依赖关系比较简单，通常用常见的概率分布（如多项式分布、高斯分布等）描述。本节介绍另外一种构建深度生成模型的方法——利用可学习的神经网络刻画变量之间的复杂函数关系。

具体地，利用第 2.1.3 节介绍的变量变换准则：当一个简单分布的随机变量 $\boldsymbol{z}$ 经过一个函数变换之后 $\boldsymbol{x}=f(\boldsymbol{z})$，便可以得到一个复杂分布的变量 $\boldsymbol{x}$，当 $f(\cdot)$ 为可逆函数时，记逆函数为 $\boldsymbol{z}=g(\boldsymbol{x})$，则 $\boldsymbol{x}$ 的概率密度函数为

$$p(\boldsymbol{x})=p(\boldsymbol{z})\left|\det\frac{\partial\boldsymbol{z}}{\partial\boldsymbol{x}}\right|, \tag{16.2}$$

其中 $\det\dfrac{\partial\boldsymbol{z}}{\partial\boldsymbol{x}}$ 表示函数 $g(\cdot)$ 的雅克比矩阵的行列式。

该结论已经广泛用于一些常见分布的采样（如在第 14 章的高斯分布采样）。对于这些常见分布，函数 $f(\cdot)$ 及其逆函数通常比较简单，具有解析的形式。深度生成模型利用神经网络强大的函数拟合能力，进一步扩展上述结论，构建灵活的概率模型，通常具有多层的结构。具体地，可以用一个深度神经网络刻画变换函数 $f(\cdot)$，并且通过训练获得函数中的未知参数。这种基于数据驱动的学习变换函数的方式给深度生成模型带来很多好处。图 16.2(a) 展示了基本思路；图 16.2(b) 展示了一个具体的例子。

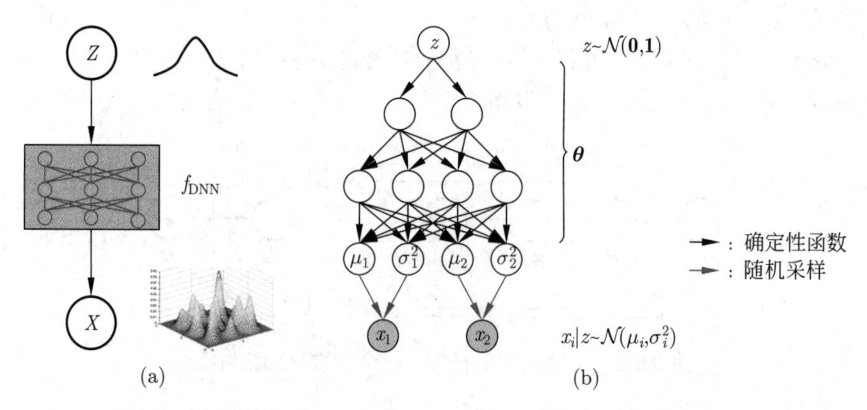

图 16.2 (a) 基于神经网络的深度生成模型示意图；(b) 标准高斯分布的随机变量 z 通过一个两层的 MLP，输出神经元的值为数据 x_1 和 x_2 的高斯分布的均值和方差

例 16.1.1 (具有显式概率密度函数的生成模型) 简单变量 z 服从一元标准高斯分布，每一个 z 的采样都经过两层全连接的 MLP 网络（参数为 $\boldsymbol{\theta}$）变换，该神经网络的四个输出神经元的值被用来定义数据分布，在这里我们假设数据中的两个维度 x_1 和 x_2 是独立的，分别服从高斯分布：$p(x_i|z;\boldsymbol{\theta}) \sim \mathcal{N}(\mu_i, \sigma_i^2), i = 1, 2$。

值得注意的是，这里的均值和方差都是随机变量 z 的函数，不同的 z 值得到不同的均值和方差。由于 z 是随机的、有无穷多个可能的取值，即使在同样的神经网络下（即网络结构和参数 $\boldsymbol{\theta}$ 固定），这个简单模型也相当于无穷多个高斯分布的混合，因此能够拟合复杂的分布。

上述模型显式定义了生成数据的概率分布 $p(\boldsymbol{x}|\boldsymbol{z};\boldsymbol{\theta})$，因此，可以使用最大似然估计学习未知参数（详见 16.2 节）。另一种构建方式是去掉这些“显式”假设，直接用一个随机过程定义深度生成模型。如图 16.2(a) 所示，随机变量 $\boldsymbol{z}$ 通过一个函数变换直接定义变量 $\boldsymbol{x} = f(\boldsymbol{z};\boldsymbol{\theta})$，其中 f 为变换函数。通过这个隐式的生成过程，可以通过采样 $\boldsymbol{z}$ 变量获得 $\boldsymbol{x}$ 变量的样本：

$$
\begin{aligned}
\boldsymbol{z}_i &\sim p(\boldsymbol{z}) \\
\boldsymbol{x}_i &= f(\boldsymbol{z}_i;\boldsymbol{\theta}).
\end{aligned}
$$

同样，这里可以利用深度神经网络学习 f 函数，以期获得 $\boldsymbol{x}$ 变量的灵活分布；但与此同时，我们往往不能显式地写出 $\boldsymbol{x}$ 的概率密度函数，因此，这种模型称为隐式深度生成模型。对于隐式生成模型，最大似然估计不能直接应用，因此需要其他的参数学习方法。

如上所述，有两种主要的深度生成模型：一种具有显式地描述数据生成的概率分布函数；另一种没有显式地描述数据生成的概率分布函数。对于这两种模型，参数估计存在差别。下面分别介绍几类代表性的深度生成模型及其参数估计方法。

16.2　流模型

流模型，也称规整流（normalizing flow），是一类精巧设计的深度生成模型，其变换函数是可逆的，且易于计算变量变换后的概率密度函数。

具体地，流模型利用变量变换准则 (16.2)，通过合理构造可逆变换函数 $f: \mathbb{R}^d \to \mathbb{R}^d$，将一个简单的隐变量 $\boldsymbol{z}$ 通过可逆映射变换至复杂的数据变量 $\boldsymbol{x}$，并可以基于变量替换原理准确地计算数据变量的概率密度函数。一般而言，我们选择 $p(\boldsymbol{z})$ 为标准高斯分布（即 $\mathcal{N}(\boldsymbol{0}, \boldsymbol{I})$）或均匀分布（即 $\mathcal{U}[0,1]^d$），使得容易计算 $p(\boldsymbol{z})$ 的概率密度以及从 $p(\boldsymbol{z})$ 中采样。

流模型需要满足以下两大基本要求。

(1) $f(\cdot)$ 是可逆函数；

(2) 雅克比矩阵的行列式 (即 $\det \dfrac{\partial \boldsymbol{z}}{\partial \boldsymbol{x}}$) 易于计算。

一般而言，计算一个 $d \times d$ 矩阵的行列式的时间复杂度为 $O(d^3)$。在实际问题中，数据维度 d 可能非常大，$O(d^3)$ 的时间复杂度往往是不可接受的。因此，流模型需要巧妙地构造可逆函数 f，使得 f 的雅克比矩阵具有一定的特殊结构，从而可以以接近 $O(d)$ 的时间复杂度计算（或近似）其行列式。本节介绍两种典型的设计方法——仿射耦合流模型和残差流模型。

16.2.1 仿射耦合流模型

仿射耦合（affine coupling）流模型[338–339] 将 $\boldsymbol{x}$ 向量划分成 $\boldsymbol{x}_1$ 和 $\boldsymbol{x}_2$ 两部分，相应地，$\boldsymbol{y}$ 向量也划分成同样维度的 $\boldsymbol{y}_1$ 和 $\boldsymbol{y}_2$ 两部分，并定义如下变换：

$$\begin{cases} \boldsymbol{y}_1 = \boldsymbol{x}_1 \\ \boldsymbol{y}_2 = h(\boldsymbol{x}_2, m(\boldsymbol{x}_1)), \end{cases} \tag{16.3}$$

其中 $h(\cdot)$ 是一个可逆函数，其输出维度与 $\boldsymbol{y}_2$ 相同。于是可以得到其逆变换为

$$\begin{cases} \boldsymbol{x}_1 = \boldsymbol{y}_1 \\ \boldsymbol{x}_2 = h^{-1}(\boldsymbol{y}_2, m(\boldsymbol{y}_1)), \end{cases} \tag{16.4}$$

且可以证明 $\det \dfrac{\partial \boldsymbol{y}}{\partial \boldsymbol{x}} = \det \dfrac{\partial \boldsymbol{y}_2}{\partial \boldsymbol{x}_2}$。因此，当 $\det \dfrac{\partial \boldsymbol{y}_2}{\partial \boldsymbol{x}_2}$ 比较容易计算时，整个变换的雅克比矩阵行列式也是容易计算的。常见的几种 $h(\cdot,\cdot)$ 函数有“求和”“逐元素相乘”以及“仿射变换”，具体形式分别为

$$\begin{aligned} h(\boldsymbol{a}, \boldsymbol{b}) &= \boldsymbol{a} + \boldsymbol{b}, \\ h(\boldsymbol{a}, \boldsymbol{b}) &= \boldsymbol{a} * \boldsymbol{b}_1, \\ h(\boldsymbol{a}, \boldsymbol{b}) &= \boldsymbol{a} * \boldsymbol{b}_1 + \boldsymbol{b}_2, \end{aligned} \tag{16.5}$$

其中 $\boldsymbol{b}_1 \neq 0$，$*$ 表示逐元素相乘.

以上述可逆神经网络作为基本模块，可以构造深度生成模型，其生成过程和推断过程如下。

(1) 生成过程：设 $\boldsymbol{z}_0$ 是服从简单分布的随机向量（如标准高斯或均匀分布），通过叠加多个可逆神经网络模块 f_i（$i = 1, 2, \cdots L$），构造复合函数：

$$f(\cdot) = f_L \circ \cdots \circ f_2 \circ f_1(\cdot). \tag{16.6}$$

初始变量 $\boldsymbol{z}_0$ 经过一系列函数变换，记中间变量为 $\boldsymbol{z}_i = f_i(\boldsymbol{z}_{i-1}) = f_i \circ \cdots \circ f_2 \circ f_1(\boldsymbol{z}_0)$。如图 16.3所示，在逐层叠加 f_i 时，初始分布 $p(\boldsymbol{z}_0)$ 变换成更加复杂的分布。利用这种方式将多个可逆函数复合叠加，并且通过寻优每个 f_i 的参数，可以期望 $f(\cdot)$ 具有足够的表达能力，使得模型的输出 $\boldsymbol{z}_L = f(\boldsymbol{z}_0)$ 的分布（近似）等于输入数据 $\boldsymbol{x}$ 的分布。令 $\boldsymbol{x} = \boldsymbol{z}_L$，其概率密度函数为

$$p(\boldsymbol{x}) = p(\boldsymbol{z}_0) \left| \det \frac{\partial \boldsymbol{z}_0}{\partial \boldsymbol{x}} \right|. \tag{16.7}$$

上述变换过程定义了一个变量变换的序列，同时，由于每一步变换之后得到的变量都具有良好定义的概率密度函数，故称这种模型为规整流（normalizing flow）。

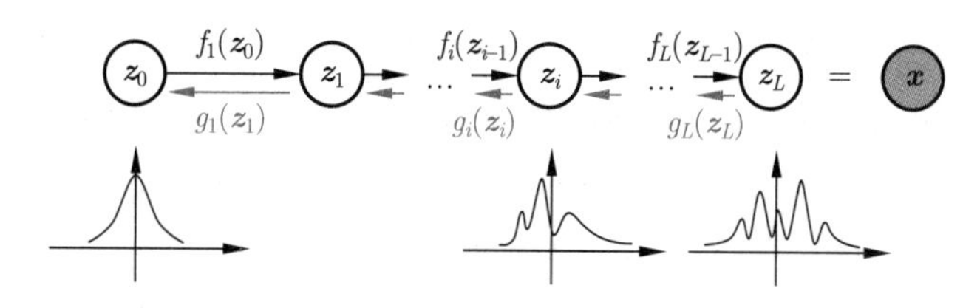

图 16.3 流模型示意图，其中蓝色部分表示逆变换

(2) 推断过程：令 $g_i(\cdot) = f_i^{-1}(\cdot)$ 是 f_i 的逆函数，则该复合函数的逆函数为 $g(\cdot) = g_1 \circ \cdots \circ g_{L-1} \circ g_L(\cdot)$，也是一个复合函数，如图 16.3中蓝色箭头所示，$\boldsymbol{z}_{i-1} = g_i(\boldsymbol{z}_i) = g_i \circ \cdots \circ g_L(\boldsymbol{x})$（$i = L, L-1, \cdots, 1$），$\boldsymbol{z}_0 = g(\boldsymbol{x})$。因此，对于流模型，从输入数据 $\boldsymbol{x}$ 到隐含变量 $\boldsymbol{z}_0$ 的推断过程也是直接可以计算的，不需要变分推断等近似方法。

对于复合函数 f，利用链式法则，其雅可比矩阵的行列式等于每个函数 f_i 的雅可比矩阵行列式的乘积：

$$\det \frac{\partial \boldsymbol{z}_0}{\partial \boldsymbol{x}} = \prod_{i=1}^{L} \det \frac{\partial \boldsymbol{z}_{i-1}}{\partial \boldsymbol{z}_i}. \tag{16.8}$$

对于参数的学习，自然选择最大似然估计。给定任一数据 $\boldsymbol{x}$，其对数似然为

$$\begin{aligned} \log p(\boldsymbol{x}) &= \log p(\boldsymbol{z}_0) + \sum_{i=1}^{L} \log\left(\left|\det \frac{\partial \boldsymbol{z}_{i-1}}{\partial \boldsymbol{z}_i}\right|\right) \\ &= \log \mathcal{N}(g(\boldsymbol{x}); \boldsymbol{0}, \boldsymbol{I}) + \sum_{i=1}^{L} \log\left(\left|\det \frac{\partial g_i}{\partial g_{i-1}}\right|\right). \end{aligned} \tag{16.9}$$

给定一组训练数据 $\mathcal{D} = \{\boldsymbol{x}_i\}_{i=1}^N$，可以采用随机梯度下降的方法进行参数优化，这里的梯度计算过程需要用到反向传播算法，具体可以参照深度神经网络的优化过程，这里不再赘述。

值得注意的是，在仿射耦合模型中，由于每个可逆函数 f_i 特殊的“分块”设计，因此在叠加时需要特殊处理才能得到更加复杂的变换函数。具体地，如果 f_1 和 f_2 采用如式 (16.3) 中的固定划分方式，则复合函数 $f_2 \circ f_1$ 对于 $\boldsymbol{x}_1$ 部分仍然是恒等变换！解决的办法是在相邻的两层复合时交换 $\boldsymbol{x}_1$ 和 $\boldsymbol{x}_2$ 的角色，如图 16.4所示，这里以从 $\boldsymbol{x}$ 变换到 $\boldsymbol{z}$ 的过程为例，上标表示层次。一般需要三层以上的交替复合，才能让 $\boldsymbol{x}$ 的各个维度之间相互影响。通过这种交替复合，可以获得复杂的变换函数。

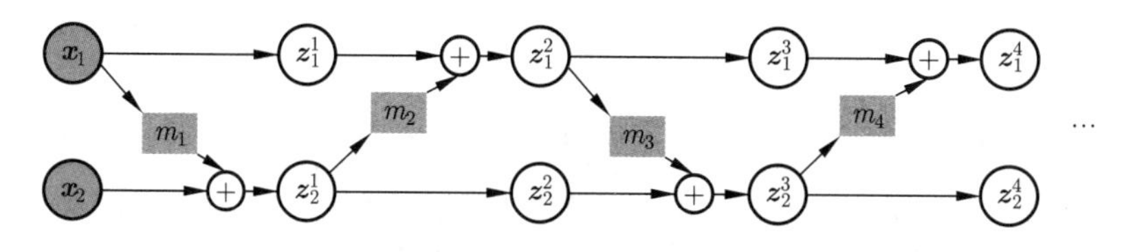

图 16.4 交替复合的示意图，这里用上标表示层次

16.2.2 残差流模型

残差流（residual flows）模型[340–341]将第 6.2.3 节介绍的残差网络（ResNet）通过对权重做归一化来保证映射的可逆性。具体地，可逆残差网络（invertible ResNet）也是由多个残差块叠加（复合）而成 (如式 (16.6))。这里主要介绍基本的可逆残差块，对向量 $\boldsymbol{x}$ 定义变换 $\boldsymbol{y}=f(\boldsymbol{x})$ 如下。

$$\boldsymbol{y}=f(\boldsymbol{x})=\boldsymbol{x}+g(\boldsymbol{x}), \tag{16.10}$$

其中 $g(\boldsymbol{x})$ 为神经网络定义的函数。$f(\boldsymbol{x})$ 对应的逆变换 $f^{-1}(\boldsymbol{y})$ 由如下方程定义：

$$\boldsymbol{x}=\boldsymbol{y}-g(\boldsymbol{x}). \tag{16.11}$$

对于给定的 $\boldsymbol{y}$，记 $F_{\boldsymbol{y}}(\boldsymbol{x})=\boldsymbol{y}-g(\boldsymbol{x})$，上述方程等价于求函数 $F_{\boldsymbol{y}}(\boldsymbol{x})$ 的不动点（即方程 $F_{\boldsymbol{y}}(\boldsymbol{x})=\boldsymbol{x}$ 的解）。因此，$f(\boldsymbol{x})$ 可逆等价于对任意 $\boldsymbol{y}$，$F_{\boldsymbol{y}}(\boldsymbol{x})$ 对 $\boldsymbol{x}$ 都存在唯一的不动点。根据巴拿赫不动点定理（Banach fixed-point theorem），函数具有唯一不动点的一个充分条件是函数为压缩映射（contraction mapping）。特别地，若函数 $g(\boldsymbol{x})$ 的 Lipschitz 常数 $L<1$，那么对任意的 $\boldsymbol{y}$ 和任意的 $\boldsymbol{x}_1\neq\boldsymbol{x}_2$，都有：

$$\|F_{\boldsymbol{y}}(\boldsymbol{x}_1)-F_{\boldsymbol{y}}(\boldsymbol{x}_2)\|=\|g(\boldsymbol{x}_1)-g(\boldsymbol{x}_2)\|\leqslant L\|\boldsymbol{x}_1-\boldsymbol{x}_2\|, \tag{16.12}$$

因此 $F_{\boldsymbol{y}}(\boldsymbol{x})$ 为压缩映射，从而 $f(\boldsymbol{x})$ 可逆。所以，设计残差流模型的关键在于保证函数 $g(\boldsymbol{x})$ 的 Lipschitz 常数 $L<1$。

对于连续可微的函数而言，函数的 Lipschitz 常数为其雅可比矩阵的谱范数（矩阵的 L_2 范数）。根据链式法则，前馈神经网络的雅可比矩阵等于每一层权重矩阵与激活函数的导数的连乘，因此我们可以控制每一个乘项的谱范数来控制神经网络整体的 Lipschitz 常数，这种方法称为谱归一化（spectral normalization）[342]。具体而言，谱归一化方法对神经网络每一层的权重矩阵 $\boldsymbol{W}$ 做归一化，在每一步训练迭代后令 $\boldsymbol{W}$ 除以其谱范数（矩阵的 L_2 范数），从而保证 $\boldsymbol{W}$ 的谱范数始终小于或等于 1。此外，神经网络每一层的激活函数选择导数有界的激活函数并除以其导数的绝对值的上界，从而保证整个神经网络函数的 Lipschitz 常数小于 1。读者可以参考文献 [342] 了解其详细的原理。

将可逆残差网络用于生成模型，还需要解决以下两个技术问题。

(1) 求解逆函数：虽然每个残差块是可逆的，但其逆函数没有简单的解析形式。一种求解办法是使用不动点迭代法，具体而言，对于给定的输出 $\boldsymbol{y}$，初始化 $\boldsymbol{x}_0=\boldsymbol{y}$，然后使用式 (16.11) 迭代更新：$\boldsymbol{x}_{t+1}=\boldsymbol{y}-g(\boldsymbol{x}_t)$，该算法具有指数的收敛速度。

(2) 估计雅可比矩阵行列式：根据变量替换准则（16.2），$\boldsymbol{x}$ 的概率密度满足：

$$\log p(\boldsymbol{x})=\log p(\boldsymbol{y})+\log\left|\det\left(\boldsymbol{I}+\frac{\partial g(\boldsymbol{x})}{\partial\boldsymbol{x}}\right)\right|. \tag{16.13}$$

该行列式的精确计算需要 $O(d^3)$ 的时间复杂度。为了在 $O(d)$ 的时间复杂度内近似该行列式，文献 [340] 给出了一种基于有限截断的随机近似估计方法，但该方法是有偏的。进一步，残差流模型[341] 证明了上述表达式可以等价地展开成随机变量求和的期

望形式：

$$\log p(\boldsymbol{x}) = \log p(\boldsymbol{y}) + \mathbb{E}_{n,\boldsymbol{v}}\left[\sum_{k=1}^{n}\frac{(-1)^{k+1}}{k}\frac{\boldsymbol{v}^\top\left(\frac{\partial g(\boldsymbol{x})}{\partial \boldsymbol{x}}\right)^k\boldsymbol{v}}{p(n\geqslant k)}\right], \tag{16.14}$$

其中 $n\sim p(n)$ 为一个定义在正整数集上的随机变量（通常取 $p(n)=\mathrm{Geom}(0.5)$，参数为 0.5 的几何分布），$\mathbb{P}(n\geqslant k)$ 为 $n\geqslant k$ 的概率值，$\boldsymbol{v}\sim\mathcal{N}(\boldsymbol{0},\boldsymbol{I})$ 为一个服从标准高斯分布的随机变量。在实际估计 $\log p(\boldsymbol{x})$ 时，可以采用蒙特卡洛方法得到一个无偏的估计，从而在估计精度与计算速度之间取得较好的平衡。

最后，在模型的训练中，假设 $g(\boldsymbol{x})$ 由参数 $\boldsymbol{\theta}$ 定义，记为 $g_{\boldsymbol{\theta}}(\boldsymbol{x})$，理论上可以直接对估计（16.14）求梯度，得到目标函数梯度的无偏估计，并采用随机梯度下降法优化参数。但这种方法的存储复杂度过高，为此，文献 [341] 进一步构造了一种存储高效的（无偏）梯度估计方法，具体内容请读者阅读相关文献，这里不再展开。

16.2.3　去量化

对于连续变量 $\boldsymbol{z}_0$，经过可逆变换得到的随机变量也是连续型的。对于离散数据，需要首先进行“去量化”（dequantization）的特殊处理将其转换为连续变量。例如，数字图像在采集过程中，其像素值被量化为 $0\sim255$ 的整数值，并不适合直接使用基于连续变量的流模型。为此，我们需要“去量化”的操作。下面举两个例子。

例 16.2.1 (均匀去量化)　一种简单的去量化是添加均匀噪声，具体地，给定 d 维的离散输入向量 $\boldsymbol{x}$，假设 $\boldsymbol{x}$ 的取值范围为整数，定义变量：

$$\boldsymbol{y} = \boldsymbol{x} + \boldsymbol{u}, \tag{16.15}$$

其中 $\boldsymbol{u}\sim\mathrm{Uniform}([0,1)^d)$ 服从均匀分布的噪声。这种“去量化”的过程在将像素值变成连续型的同时，保持了区分度——不同像素值之间可以区分开，如图 16.5所示。

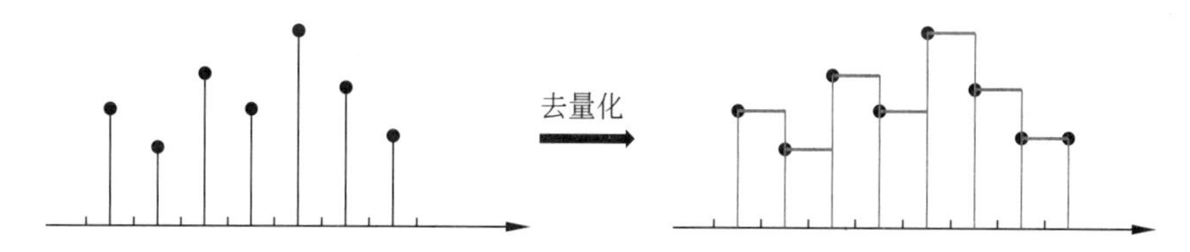

图 16.5　均匀去量化的示意图，其中每一段蓝色水平线条表示在此区间内的均匀分布

上述做法的一种理论解释如下：用 p_{model} 表示在去量化后的连续变量 $\boldsymbol{y}$ 上学习到的概率密度函数，同时定义原始离散变量 $\boldsymbol{x}$ 的分布为

$$P_{\mathrm{model}}(\boldsymbol{x}) \triangleq \int_{[0,1)^d} p_{\mathrm{model}}(\boldsymbol{x}+\boldsymbol{u})\mathrm{d}\boldsymbol{u}. \tag{16.16}$$

则可以证明，在去量化数据 $\boldsymbol{y}$ 上的最大似然估计是最优化原始离散数据模型 $P_{\mathrm{model}}(\boldsymbol{x})$

的对数似然的一个下界：

$$\begin{aligned}\mathbb{E}_{\boldsymbol{y}\sim p_{\text{data}}}[\log p_{\text{model}}(\boldsymbol{y})] &= \sum_{\boldsymbol{x}} P_{\text{data}}(\boldsymbol{x}) \int_{[0,1)^d} \log p_{\text{model}}(\boldsymbol{x}+\boldsymbol{u})\mathrm{d}\boldsymbol{u} \\ &\leqslant \sum_{\boldsymbol{x}} P_{\text{data}}(\boldsymbol{x}) \log \int_{[0,1)^d} p_{\text{model}}(\boldsymbol{x}+\boldsymbol{u})\mathrm{d}\boldsymbol{u} \\ &= \sum_{\boldsymbol{x}} P_{\text{data}}(\boldsymbol{x}) \log P_{\text{model}}(\boldsymbol{x}),\end{aligned}$$

其中，$P_{\text{data}}(\boldsymbol{x})$ 表示离散数据 $\boldsymbol{x}$ 的真实数据分布；$p_{\text{data}}(\boldsymbol{y})$ 表示去量化后数据 $\boldsymbol{y}$ 的真实分布。

例 16.2.2 (变分去量化) 与例 16.2.1相同，定义离散数据的模型分布 $P_{\text{model}}(\boldsymbol{x})$。参数估计的目标是最大化离散数据上的对数似然 $\mathcal{L}(\boldsymbol{\theta}) = \mathbb{E}_{\boldsymbol{x}\sim P_{\text{data}}(\boldsymbol{x})} \log P_{\text{model}}(\boldsymbol{x})$，其中 $\boldsymbol{\theta}$ 表示模型的参数。通过引入定义在集合 $[0,1)^d$ 上的变分分布 $q(\boldsymbol{u}|\boldsymbol{x})$，可以得到如下的变分下界：

$$\begin{aligned}\mathcal{L}(\boldsymbol{\theta}) &= \mathbb{E}_{\boldsymbol{x}\sim P_{\text{data}}(\boldsymbol{x})}\left[\log \int_{[0,1)^d} q(\boldsymbol{u}|\boldsymbol{x}) \frac{p_{\text{model}}(\boldsymbol{x}+\boldsymbol{u})}{q(\boldsymbol{u}|\boldsymbol{x})}\mathrm{d}\boldsymbol{u}\right] \\ &\geqslant \mathbb{E}_{\boldsymbol{x}\sim P_{\text{data}}(\boldsymbol{x})}\left[\int_{[0,1)^d} q(\boldsymbol{u}|\boldsymbol{x}) \log \frac{p_{\text{model}}(\boldsymbol{x}+\boldsymbol{u})}{q(\boldsymbol{u}|\boldsymbol{x})}\mathrm{d}\boldsymbol{u}\right] \\ &= \mathbb{E}_{\boldsymbol{x}\sim P_{\text{data}}(\boldsymbol{x})}\mathbb{E}_{\boldsymbol{u}\sim q(\boldsymbol{u}|\boldsymbol{x})}\left[\log p_{\text{model}}(\boldsymbol{x}+\boldsymbol{u}) - \log q(\boldsymbol{u}|\boldsymbol{x})\right] \\ &\triangleq \mathcal{L}(\boldsymbol{\theta}, q).\end{aligned}$$

通过合理定义变分分布 q，联合优化 $\mathcal{L}(\boldsymbol{\theta}, q)$，可以得到目标似然的一个近似最优解。同时，容易看到，当 $q(\boldsymbol{u}|\boldsymbol{x})$ 取与 $\boldsymbol{x}$ 无关的均匀分布时，该变分下界退化为均匀去量化的目标函数。因此，变分去量化通常能得到比均匀去量化更好的性能。

受益于良好的理论性质和实验性能，流模型有很多扩展的版本，包括使用可逆卷积运算的 Glow[343]、提出变分去量化的 Flow++[344]、解决可逆运算维度约束的 VFlow[345]，以及基于隐函数的流模型[346] 等。此外，还包括直接建模离散数据的流模型，如离散流（discrete flow）[347]、整数离散流模型（integer discrete flows，IDF）[348–350] 等，读者可以阅读相关论文。

16.3 自回归生成模型

自回归生成模型（auto-regressive generative models）是另外一类具有显示似然函数的生成模型。

16.3.1 神经自回归密度估计器

假设给定数据集 $\mathcal{D}$，每个数据点 $\boldsymbol{x} \in \mathbb{R}^d$。这里首先考虑二值的特征，即 $\boldsymbol{x} \in \{0,1\}^d$。记 $\boldsymbol{x}$ 按维度展开为 $\boldsymbol{x} = (x_1, x_2, \cdots, x_d)^\top$。根据全概率公式，可以将 $p(\boldsymbol{x})$

因子化成如下的连乘形式：

$$p(\boldsymbol{x}) = \prod_{i=1}^{d} p(x_i|x_1, x_2, \cdots, x_{i-1}) = \prod_{i=1}^{d} p(x_i|\boldsymbol{x}_{<i}), \tag{16.17}$$

其中 $\boldsymbol{x}_{<i} = (x_1, x_2, \cdots, x_{i-1})^\top$ 表示下标小于 i 的随机变量组成的向量。如图 16.6所示，变量之间的依赖关系构成一个贝叶斯网络，其中，每个变量都是后面变量的父亲节点，这种结构称为自回归（auto-regressive）。自回归的概念来自时间序列分析——利用之前时刻的观察值预测（回归）当前时刻的变量。值得注意的是，在这个贝叶斯网络中，由于变量之间没有条件独立性，因此并不能像其他贝叶斯网络一样更加紧致地刻画概率分布 $p(\boldsymbol{x})$，但是，当适当约束每个条件分布 $p(x_i|\boldsymbol{x}_{<i})$ 时，可以显著减少参数的个数。

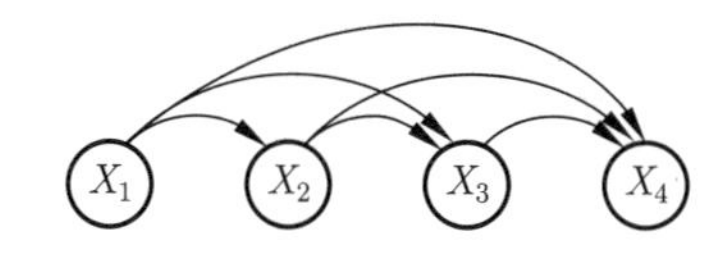

图 16.6　自回归生成模型示意图：四个变量之间构成一个贝叶斯网络

以离散变量为例，如果直接用表格描述条件概率分布 $p(x_i|\boldsymbol{x}_{<i})$，虽然很通用，可以描述任意分布，但缺点是需要指数多个参数，例如，对于二值变量，这里需要 $2^i - 1$ 个参数。为了避免维数灾难，自回归生成模型采用参数化模型定义每个条件概率，其中参数的个数是固定的。具体地，对于二值变量，我们定义：

$$p(x_i|\boldsymbol{x}_{<i}) = \text{Bernoulli}(f_i(x_1, x_2, \cdots, x_{i-1}; \boldsymbol{\theta}_i)), \tag{16.18}$$

其中 $f_i(\cdot) \in [0, 1]$ 是定义在变量 $\boldsymbol{x}_{<i}$ 上的函数，$\boldsymbol{\theta}_i$ 是函数 f_i 的参数，是可以从数据中学习的。

由上述定义可知，自回归生成模型的参数个数为 $\sum_{i=1}^{d} \dim(\boldsymbol{\theta}_i)$，通常远小于使用表格形式所需要的参数个数。这种表述更简洁，但缺点是不能像表格那样灵活、丰富。下面举几个具体的例子。

例 16.3.1 (完全可观测 Sigmoid 置信网络[351])　函数 f_i 是输入变量线性组合的 Sigmoid 函数：

$$f_i = \sigma(\alpha_1^{(i)} x_1 + \alpha_2^{(i)} x_2 + \cdots + \alpha_{i-1}^{(i)} x_{i-1}).$$

这实际上可以看作一个对数几率回归模型——将 $\boldsymbol{x}_{<i}$ 当作输入特征，x_i 作为二值的目标变量。该模型的参数总量为 $\sum_{i=1}^{d} i = O(d^2)$，显著小于表格表示所需的指数多个参数。

例 16.3.2 (多层感知机)　为了进一步提升模型的表达能力，一个自然的选择是使用更加灵活的函数定义 f_i。例如，使用具有一个隐含层的 MLP，函数 f_i 的定义为

$$\boldsymbol{h}_i = \sigma(\boldsymbol{A}_i \boldsymbol{x}_{<i} + \boldsymbol{b}_i)$$
$$f_i(x_1, x_2, \cdots, x_{i-1}) = \sigma(\boldsymbol{\alpha}_i^\top \boldsymbol{h}_i + c_i),$$

其中 $\boldsymbol{h}_i \in \mathbb{R}^L$ 表示 MLP 的隐含层表示，矩阵 $\boldsymbol{A}_i \in \mathbb{R}^{L\times(i-1)}$ 是隐含层的参数，$\alpha_i \in \mathbb{R}^L$。因此，模型的参数总数为 $O(d^2L)$。

例 16.3.3 (神经自回归密度估计器) 神经自回归密度估计器（neural autoregressive density estimator，NADE）[352] 提供了一种比 MLP 更加高效的参数化方法。具体地，NADE 在条件概率之间共享参数：

$$\boldsymbol{h}_i = \sigma(\boldsymbol{W}_{\cdot,<i}\boldsymbol{x}_{<i} + \boldsymbol{b})$$

$$f_i(x_1, x_2, \cdots, x_{i-1}) = \sigma(\boldsymbol{\alpha}_i^\top \boldsymbol{h}_i + c_i),$$

其中权重矩阵 $\boldsymbol{W} \in \mathbb{R}^{L\times d}$ 和偏置向量 $\boldsymbol{b} \in \mathbb{R}^d$ 是共享的，$\boldsymbol{W}_{\cdot,<i}$ 表示矩阵 $\boldsymbol{W}$ 的前 $i-1$ 列组成的子矩阵。可以验证，相对于 MLP，模型的参数降低为 $O(dL)$。此外，隐含层的计算可以通过递归的方式高效实现：

$$\begin{aligned}\boldsymbol{h}_i &= \sigma(\boldsymbol{a}_i)\\ \boldsymbol{a}_{i+1} &= \boldsymbol{a}_i + \boldsymbol{W}_{\cdot,i}x_i,\end{aligned} \tag{16.19}$$

其中初始值 $\boldsymbol{a}_1 = \boldsymbol{b}$，$\boldsymbol{W}_{\cdot,i}$ 表示 $\boldsymbol{W}$ 矩阵的第 i 列。

给定训练集 $\mathcal{D} = \{\boldsymbol{x}_i\}_{i=1}^N$，可以用最大似然估计学习模型参数，其中数据的对数似然为

$$\mathcal{L}(\boldsymbol{\theta}|\mathcal{D}) = \sum_{\boldsymbol{x}\in\mathcal{D}} \log p(\boldsymbol{x}|\boldsymbol{\theta}) = \sum_{\boldsymbol{x}\in\mathcal{D}}\sum_{i=1}^{d} \log p(x_i|\boldsymbol{x}_{<i}, \boldsymbol{\theta}).$$

通常采用随机梯度下降法进行优化，具体地，在第 t 次迭代，随机选取子集 $B_t \subseteq \mathcal{D}$，更新模型参数：

$$\boldsymbol{\theta}_{t+1} = \boldsymbol{\theta}_t + \eta_t \nabla_{\boldsymbol{\theta}} \mathcal{L}(\boldsymbol{\theta}_t|B_t),$$

其中 η_t 为学习率，一般参照深度神经网络的设置方式进行设置。由于每一项条件分布 $p(x_i|\boldsymbol{x}_{<i}, \boldsymbol{\theta})$ 的条件变量都是完全可观测的，因此，可以并行地计算目标函数及其梯度。同时，自回归模型的数据生成过程也是比较直接的，可以通过序列采样完成：首先生成 x_1，然后依次生成 $x_2, x_3, \cdots, x_d$，每次只从条件分布 $p(x_i|\boldsymbol{x}_{<i}, \boldsymbol{\theta})$ 中进行采样即可。

16.3.2 连续型神经自回归密度估计器

上述介绍的是离散变量的自回归生成模型，对于连续变量，也有相应的模型被提出。例如，NADE 被扩展到建模连续变量的 RNADE[353]，采用混合模型定义条件概率，具体如下。

每个条件概率分布用混合高斯建模，即 $p(x_i|\boldsymbol{x}_{<i}) = p_{\text{MoG}}(x_i|\boldsymbol{\theta}_i)$，其中 $\boldsymbol{\theta}_i$ 是混合高斯的参数。RNADE 利用式 (16.19) 计算向量 $\boldsymbol{a}_i$，然后使用激活函数（如 ReLU）得到 $\boldsymbol{h}_i = \max(0, \rho_i\boldsymbol{a}_i)$，其中 ρ_i 是一个额外的超参数。混合高斯的具体定义为

$p(x_i|\boldsymbol{x}_{<i}) = \sum_{k=1}^{K} \pi_k \mathcal{N}(x_i|\mu_{ik}, \sigma_{ik}^2)$，其中混合分布、均值和方差的具体形式如下。

$$\boldsymbol{\pi} = \text{softmax}\left((\boldsymbol{V}_i^{\pi})^\top \boldsymbol{h}_i + \boldsymbol{b}_i^{\pi}\right) \tag{16.20}$$

$$\boldsymbol{\mu}_i = (\boldsymbol{V}_i^{\mu})^\top \boldsymbol{h}_i + \boldsymbol{b}_i^{\mu} \tag{16.21}$$

$$\boldsymbol{\sigma}_i = \exp\left((\boldsymbol{V}_i^{\sigma})^\top \boldsymbol{h}_i + \boldsymbol{b}_i^{\sigma}\right), \tag{16.22}$$

其中参数矩阵 $\boldsymbol{V}_i^{\pi}$、$\boldsymbol{V}_i^{\mu}$ 和 $\boldsymbol{V}_i^{\sigma}$ 均是 $L \times K$ 的矩阵，偏置参数 $\boldsymbol{b}_i^{\pi}$、$\boldsymbol{b}_i^{\mu}$ 和 $\boldsymbol{b}_i^{\sigma}$ 都是 K 维向量。该模型的参数估计仍然可以采用上述随机梯度优化的方法。

值得注意的是，自回归生成模型并不直接学习数据的特征表示，这是与 16.4 节要介绍的变分自编码的一个区别。

16.4　变分自编码器

变分自编码器（variational auto-encoder，VAE）是另外一种典型的深度生成模型[354]，它具有与流模型类似的显式数据生成概率函数，但神经网络一般不满足可逆性，因此，在后验推断和参数学习时更复杂一些。

16.4.1　模型定义

具体地，VAE 用最大似然估计学习模型参数，即 $\boldsymbol{\theta}^* = \text{argmax}_{\boldsymbol{\theta}} \mathcal{L}(\boldsymbol{\theta})$。如前所述，这里的主要挑战在于模型中具有隐变量 $\boldsymbol{z}$。因此，变分方法成为最常用的一类方法。如式 (16.1) 所示，要实现一个变分学习算法，首先需要定义一个合适的变分后验分布 $q(\boldsymbol{z}|\boldsymbol{x}_i; \boldsymbol{\phi})$。对于传统的浅层模型，变分后验分布的定义一般选择具有较好解析形式的分布，如高斯分布或者更广义的指数族分布等。但是，对于深度生成模型，简单的变分后验分布很难刻画模型中存在复杂函数变换，也不能很好地逼近真实的模型后验 $p(\boldsymbol{z}|\boldsymbol{x}_i; \boldsymbol{\theta})$。为此需要引入更加灵活的变分后验分布。

VAE 的基本思路是构造另外一个深度生成模型，刻画变分后验分布 $q(\boldsymbol{z}|\boldsymbol{x}_i; \boldsymbol{\phi})$。以图 16.2(b) 中的模型为例，一种较好的定义方式如图 16.7(a) 所示：可观察的输入变量 $\boldsymbol{x}$ 通过一个两层的全连接 MLP 网络，两个输出神经元的值分别定义为一维隐变量 z 的高斯分布的均值和方差：

$$q(z|\boldsymbol{x}_i; \boldsymbol{\phi}) = \mathcal{N}(\mu(\boldsymbol{x}_i; \boldsymbol{\phi}), \sigma^2(\boldsymbol{x}_i; \boldsymbol{\phi})). \tag{16.23}$$

这种定义有以下两个好处。

(1) 非线性：神经网络可以描述从输入数据到隐含变量的非线性变换，这点与流模型类似，区别在于神经网络不一定是可逆的；

(2) 参数共享：固定网络的参数 $\boldsymbol{\phi}$，给定不同的 $\boldsymbol{x}_i$ 会得到不同的高斯分布（即均值与方差不同）。

这种通过共享同一网络的方式可以减少参数的个数。这种用于定义变分后验分布的网络称为推断网络或者识别网络。将生成网络与推断网络放在一起，其结构类似一个自编码器，如图 16.7(b) 所示，其中左边的推断网络为编码器，右边的生成网络为解码器。这里的区别在于，编码和解码的过程都是随机的，因此称为变分自编码器。

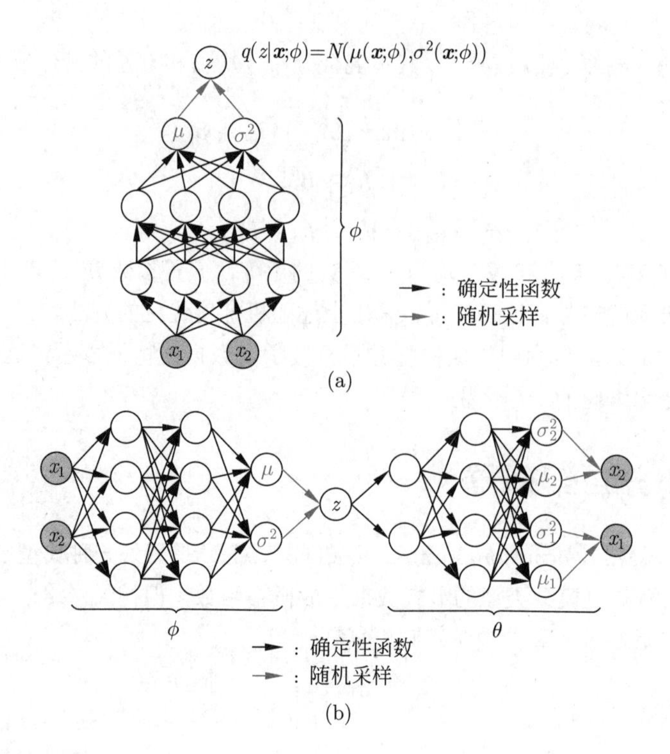

图 16.7 (a) 基于深度生成模型的变分分布示意图，输入变量 x 通过一个两层的 MLP，输出神经元的值为隐变量 z 的高斯分布的均值和方差；(b)VAE 的基本架构示意图

16.4.2 基于重参数化的参数估计

有了上述定义的变分后验分布，我们需要对变分下界 $\hat{\mathcal{L}}(\boldsymbol{\theta},\boldsymbol{\phi})$(如式 (16.1)) 进行数值优化。目前，最有效的方法是随机梯度下降法。首先，我们需要计算变分下界的值。由于模型和变分后验分布的复杂性，因此我们需要用蒙特卡洛方法构造一个无偏的近似估计。下面以一个特定样本 $\boldsymbol{x}$ 为例，其对应的变分下界的估计为

$$\hat{\mathcal{L}}(\boldsymbol{\theta},\boldsymbol{\phi};\boldsymbol{x})\approx\frac{1}{L}\sum_{k=1}^{L}\left[\log p(\boldsymbol{z}^{(k)},\boldsymbol{x};\boldsymbol{\theta})-\log q(\boldsymbol{z}^{(k)}|\boldsymbol{x};\boldsymbol{\phi})\right]$$

$$\boldsymbol{z}^{(k)}\sim q(\boldsymbol{z}|\boldsymbol{x};\boldsymbol{\phi}).\tag{16.24}$$

这种估计比较直接，但是存在一个问题——如何计算参数 $\boldsymbol{\phi}$ 的梯度？参数 $\boldsymbol{\phi}$ 出现在变分后验分布中，因此 $\boldsymbol{z}$ 变量是 $\boldsymbol{\phi}$ 的一个函数。但是当我们从变分后验分布 q 中采样之后，获得的是 $\boldsymbol{z}$ 变量的一些具体取值，如 $\{0.5,-0.1,0.3,\cdots,1.0\}$。这种情况下，我们没办法应用反向传播算法计算梯度 $\partial_{\boldsymbol{\phi}}\hat{\mathcal{L}}(\boldsymbol{\theta},\boldsymbol{\phi};\boldsymbol{x})$，因为 $\partial_{\boldsymbol{\phi}}\boldsymbol{z}^{(k)}=0$，如图 16.8(a) 所示。

为了克服上述困难，一种有效的方法是利用概率论中的重参数化（reparametrization），即由变量变换引理可知，一个复杂分布 $q(\boldsymbol{z}|\boldsymbol{x};\boldsymbol{\phi})$ 可以通过一个简单分布和函数变换获得。假设 $\boldsymbol{\epsilon}\sim p(\boldsymbol{\epsilon})$ 是一个简单分布的随机变量，比如均匀分布或者标准高斯分布，我们可以通过一个函数变换得到 $\boldsymbol{z}$ 的分布：$\boldsymbol{z}=g(\boldsymbol{\phi},\boldsymbol{x},\boldsymbol{\epsilon})$。首先对 $\boldsymbol{\epsilon}$ 采

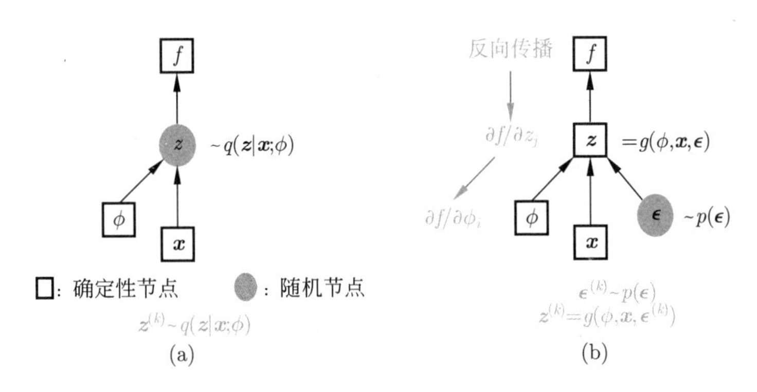

图 16.8 (a) 直接用蒙特卡洛采样，z 变量的取值固定，不能反向传播梯度；(b) 采用重参数化技巧，ϵ 是简单分布的随机变量，z 变成一个确定的函数，因此可以用反向传播计算梯度

样多次，再对每个 $\boldsymbol{\epsilon}^{(k)}$ 做函数变换得到相应的 $\boldsymbol{z}^{(k)}$，这样就获得了 $\boldsymbol{z}$ 变量的样本，之后即可用于蒙特卡洛估计。如图 16.8(b) 所示，由于随机变量变成了 $\boldsymbol{\epsilon}$，因此 $\boldsymbol{z}$ 变量是一个确定的函数。可以通过使用链式法则（即 BP）计算任意函数 f 对 $\boldsymbol{\phi}$ 的梯度：

$$\frac{\partial f}{\partial_{\boldsymbol{\phi}}} = \frac{\partial f}{\partial \boldsymbol{z}}\frac{\partial \boldsymbol{z}}{\partial_{\boldsymbol{\phi}}}.$$

以上述高斯分布为例，可以选择 $\boldsymbol{\epsilon}$ 为标准高斯，g 函数相应地是一个简单的线性函数：

$$g(\boldsymbol{\phi}, \boldsymbol{x}, \boldsymbol{\epsilon}) = \mu(\boldsymbol{x}, \boldsymbol{\phi}) + \sigma(\boldsymbol{x}, \boldsymbol{\phi}) \cdot \boldsymbol{\epsilon}.$$

这样，我们要计算的梯度为

$$\partial_{\boldsymbol{\phi}} \hat{\mathcal{L}}(\boldsymbol{\theta}, \boldsymbol{\phi}, \boldsymbol{x}) = \mathbb{E}_{p(\boldsymbol{\epsilon})}\left[\partial_{\boldsymbol{\phi}} \log p(g(\boldsymbol{x}, \boldsymbol{\epsilon}, \boldsymbol{\phi}), \boldsymbol{x}; \boldsymbol{\theta}) - \partial_{\boldsymbol{\phi}} \log q(g(\boldsymbol{x}, \boldsymbol{\epsilon}, \boldsymbol{\phi})|\boldsymbol{x}; \boldsymbol{\phi})\right]. \quad (16.25)$$

这里的期望运算可以通过蒙特卡洛估计来无偏逼近。有了上述计算梯度的方法，我们可以用随机梯度下降算法对参数 $(\boldsymbol{\theta}, \boldsymbol{\phi})$ 进行优化。

16.5 生成对抗网络

生成对抗网络（generative adversarial networks，GAN) 是一种对隐式深度生成模型的参数估计方法[355]。从数据生成的角度而言，GAN 可以生成高分辨率的清晰图片，因此，此估计方法得到广泛关注。

16.5.1 基本模型

生成对抗网络的基本思想是将学习过程模拟成一对抗式的二人游戏，如图 16.9所示。游戏中一方是生成器 G, 另一方是判别器 D。其中，G 用来生成样本，D 用来判断一个样本 $\boldsymbol{x}$ 是否来自数据真实分布。模型的训练过程是 G 与 D 不断升级的过程：G 不断提升以期生成与真实数据尽量相似的图片，使得 D 分辨不出 G 生成的数据和真实数据；D 不断地提升自己的判别力，以区分真实数据与 G 生成的数据。

生成器和判别器的具体定义如下。

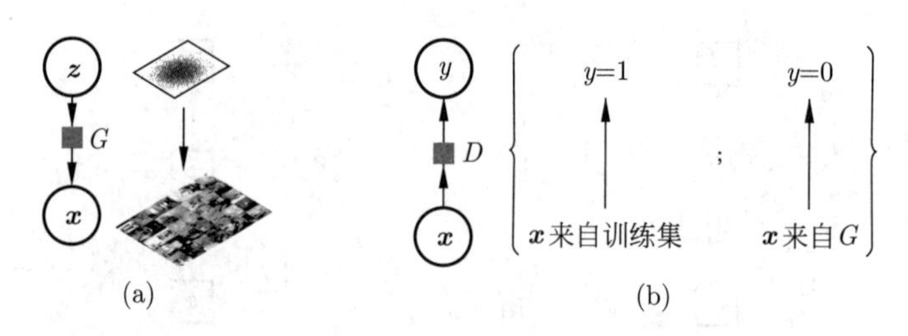

图 16.9 GAN 模型结构示意：(a) 一个隐式的深度生成网络 G，隐变量 z 通过任意复杂的网络结构前向传播得到样本 x；(b) 判别器 D，其输入是一个样本 x，输出其是否为真实数据

(1) 生成器：生成器 $G(\boldsymbol{z},\boldsymbol{\theta}_g)$ 是一个如第 16.1.3 节所述的隐式深度生成网络，如图 16.9(a) 所示，其中 $\boldsymbol{z}$ 是隐变量，服从先验分布 $p(\boldsymbol{z})$，这里的 $\boldsymbol{z}$ 描述了生成器的随机性，类比于伪随机数生成器的种子。我们可以通过采样 $\boldsymbol{z}\sim p(\boldsymbol{z})$，利用变量变换 $\boldsymbol{x}=G(\boldsymbol{z},\boldsymbol{\theta}_g)$ 生成样本 $\boldsymbol{x}$，但并不一定可以计算概率密度 $p(\boldsymbol{x})$。这里，先验分布 $p(\boldsymbol{z})$ 一般是无结构的，常见选择是标准高斯或某个集合上的均匀分布；

(2) 判别器：判别器 $D(\boldsymbol{x},\boldsymbol{\theta}_d)$ 是一个分类器，接受一个输入样本 $\boldsymbol{x}$，输出值表示 $\boldsymbol{x}$ 是真实数据的概率。判别器通常在此也用深度神经网络建模。如果将真实数据标注为类别“1”，将 G 生成的数据标注成类别“0”，我们可以将给定的真实训练数据以及模型 G 生成的数据放在一起，构造一个有标注的训练集，如图 16.9(b) 所示，用于学习判别器的参数。

实际上，判别器 D 就是一个二分类的神经网络。自然地，我们要训练 D，使得其尽量满足：

$$D(\boldsymbol{x})=\begin{cases}1, & \boldsymbol{x}\ \text{是真实数据}\\ 0, & \boldsymbol{x}\ \text{是由}\ G\ \text{生成}\end{cases} \tag{16.26}$$

与此同时，在给定 D 的情况下，需要训练 G 使得 $D(G(\boldsymbol{z}))$ 尽量大，从而达到“以假乱真”“欺骗”判别器的目的。于是，D 和 G 之间的相互学习构成了一个极小极大游戏（minimax game）：

$$\min_G \max_D V(D,G)=\mathbb{E}_{\boldsymbol{x}\sim p_{\text{data}}(\boldsymbol{x})}[\log D(\boldsymbol{x})]+\mathbb{E}_{\boldsymbol{z}\sim p(\boldsymbol{z})}[\log(1-D(G(\boldsymbol{z})))]. \tag{16.27}$$

从该目标函数中能够看出，对于判别器 D 而言，实际上是在最大化有标注训练数据的似然，即最小化交叉熵损失函数。

上述极小极大问题 (16.27) 在理论上有良好的性质，我们将其总结如下。

定理 16.5.1 假设 G 和 D 网络具有无限的表达能力，对于固定的 G，最优的判别器 D 为

$$D_G^*(\boldsymbol{x})=\frac{p_{\text{data}}(\boldsymbol{x})}{p_{\text{data}}(\boldsymbol{x})+p_{\text{model}}(\boldsymbol{x})}. \tag{16.28}$$

记 $C(G)=\max_D V(G,D)$，则 $C(G)$ 取最小值当且仅当 $p_{\text{data}}=p_{\text{model}}$，此时 $C(G)=-\log 4$。

为了加深理解，这里做一些简单的推导。对于给定的 G，最优的判别器是求解如下问题：

$$\max_D \mathbb{E}_{\boldsymbol{x}\sim p_{\text{data}}(\boldsymbol{x})}[\log D(\boldsymbol{x})] + \mathbb{E}_{\boldsymbol{x}\sim p_{\text{model}}}[\log(1-D(\boldsymbol{x}))]. \tag{16.29}$$

将目标函数对 $D(\boldsymbol{x})$ 求偏导，并令其等于零，可以得到如下等式对任意 $\boldsymbol{x}$ 都成立：

$$\frac{p_{\text{data}}(\boldsymbol{x})}{D(\boldsymbol{x})} - \frac{p_{\text{model}}(\boldsymbol{x})}{1-D(\boldsymbol{x})} = 0. \tag{16.30}$$

由此可得到最优解 $D_G^*(\boldsymbol{x})$ 如式 (16.28) 所示。

将最优解 $D_G^*(\boldsymbol{x})$ 代入目标函数，可以得到：

$$C(G) = \mathbb{E}_{\boldsymbol{x}\sim p_{\text{data}}(\boldsymbol{x})}\left[\log \frac{p_{\text{data}}(\boldsymbol{x})}{p_{\text{data}}(\boldsymbol{x}) + p_{\text{model}}(\boldsymbol{x})}\right] + \mathbb{E}_{\boldsymbol{x}\sim p_{\text{model}}}\left[\log \frac{p_{\text{model}}(\boldsymbol{x})}{p_{\text{data}}(\boldsymbol{x}) + p_{\text{model}}(\boldsymbol{x})}\right].$$

由此可见，该目标函数 $C(G) = 2D_{\text{JSD}}(p_{\text{data}}\|p_{\text{model}}) - \log 4$，其中

$$D_{\text{JSD}}(p\|q) = \frac{1}{2}\left(\text{KL}\left(p, \frac{p+q}{2}\right) + \text{KL}\left(q, \frac{p+q}{2}\right)\right)$$

为分布 p 与 q 之间的 Jensen-Shannon 散度。利用该散度的性质，当且仅当 $p_{\text{data}} = p_{\text{model}}$ 时，目标函数 $C(G)$ 取最小值 $-\log 4$。

在实际应用中，我们可以采用随机梯度下降的方法迭代更新 G 与 D。对于当前 G, 我们更新 D 使得其能够识别出由 G 生成的样本；之后对此 D, 我们相应地升级 G。图 16.10展示了用 GAN 拟合一元高斯分布的基本过程。

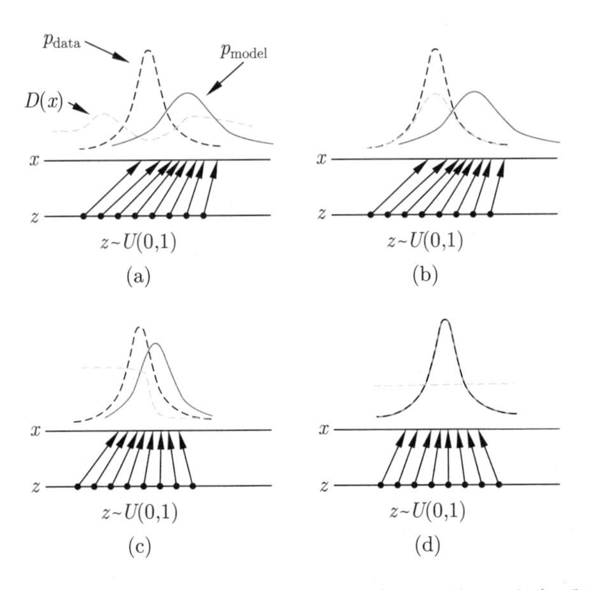

图 16.10　GAN 训练示意图：(a) 初始模型分布为高斯，判别器的权重随机取值；(b) 固定模型分布，更新判别器得到新的 $D(x)$ 值；(c) 经过多轮迭代，模型分布逐渐逼近数据分布；(d) 收敛时，模型分布与数据分布一致，判别器的值 $D(x) = 0.5$

值得注意的是，在实践中，标准的 GAN 网络通常也存在一些问题，例如训练过程不稳定，会丢掉一些概率密度大的区域等，为此，有很多后续的扩展被提出，

包括使用 f-散度作为目标函数的 f-GAN[356]、使用沃瑟斯坦度量的深度生成模型（Wasserstein GAN，WGAN）[357]、利用控制理论理解和稳定 GAN 的训练过程[358]等。下面介绍 WGAN 的基本思想。

16.5.2 沃瑟斯坦生成对抗网络

沃瑟斯坦生成对抗网络（WGAN）采用沃瑟斯坦距离衡量模型分布与数据分布之间的差别。

定义 16.5.1 (沃瑟斯坦距离) 给定两个分布 p 和 q，其沃瑟斯坦距离为

$$W(p,q) = \inf_{\gamma \in \Pi(p,q)} \mathbb{E}_{(\boldsymbol{x},\boldsymbol{y})\sim\gamma}[d(\boldsymbol{x},\boldsymbol{y})], \tag{16.31}$$

其中 $\Pi(p,q)$ 表示联合分布 $\gamma(\boldsymbol{x},\boldsymbol{y})$ 的集合，满足 p 和 q 是 $\gamma(\boldsymbol{x},\boldsymbol{y})$ 的边缘分布；$d(\boldsymbol{x},\boldsymbol{y})$ 表示距离度量。

沃瑟斯坦距离也称为地面移动距离（earth mover distance，EMD），直观上，它描述了将分布 p 变换为 q 所需付出的工作量，其中 $\gamma(\boldsymbol{x},\boldsymbol{y})$ 表示在转换过程中需要从 $\boldsymbol{x}$ 处搬运到 $\boldsymbol{y}$ 处的“质量”；而 $d(\boldsymbol{x},\boldsymbol{y})$ 表示从 $\boldsymbol{x}$ 处搬运单位质量到 $\boldsymbol{y}$ 处的工作量。度量 $d(\boldsymbol{x},\boldsymbol{y})$ 可以有多种选择，如 L_1 范数 $d(\boldsymbol{x},\boldsymbol{y}) = \|\boldsymbol{x}-\boldsymbol{y}\|$。

对于两个分布 p 和 q，不同的度量方式可能会对学习产生重要影响。下面举例说明。

例 16.5.1 (学习垂直平行线[357]) 令 $Z \sim U(0,1)$ 表示均匀分布，p_0 表示 $(0,Z)\in\mathbb{R}^2$ 的概率分布，定义变换函数 $g_\theta(z)=(\theta,z)$，其中 $\theta\in\mathbb{R}$ 为未知参数，p_θ 表示 $g_\theta(z)$ 的分布。目标是学习 θ 使得 p_θ 逼近 p_0。通过计算，可以得到 Jensen-Shannon 散度的值：

$$D_{\text{JSD}}(p_0\|p_\theta) = \begin{cases} \log 2, & \theta \neq 0 \\ 0, & \theta = 0 \end{cases} \tag{16.32}$$

可见，该目标函数关于 θ 是一个常数，且在 $\theta=0$ 处不可导。因此，关于 θ 的梯度几乎处处等于 0，不能用于基于梯度的方法学习 θ。与之相对比，沃瑟斯坦距离为

$$W(p_0,p_\theta) = |\theta|. \tag{16.33}$$

该距离可以作为目标函数对 θ 进行基于梯度的优化，最优解为 $\theta^*=0$。

进一步的理论分析表明[357]，对于变换函数 g 为神经网络的更一般情况，沃瑟斯坦距离仍然是一个比 Jensen-Shannon 散度更合理的目标函数。同时，利用 Kantorovich-Rubinstein 对偶理论，沃瑟斯坦距离可以表示为

$$W(p,q) = \sup_{\|f\|_L \leqslant 1} \mathbb{E}_{\boldsymbol{x}\sim p}[f(\boldsymbol{x})] - \mathbb{E}_{\boldsymbol{x}\sim q}[f(\boldsymbol{x})], \tag{16.34}$$

其中 $\|f\|_L \leqslant 1$ 表示利普希茨常数不大于 1 的函数。

基于上述结果，沃瑟斯坦生成对抗模型优化如下的目标函数：

$$\min_G \max_D \mathbb{E}_{\boldsymbol{x}\sim p_{\text{data}}(\boldsymbol{x})}[\log D(\boldsymbol{x})] + \mathbb{E}_{\boldsymbol{z}\sim p(\boldsymbol{z})}[\log D(G(\boldsymbol{z}))], \tag{16.35}$$

其中 D 是利普希茨常数不大于 1 的函数。实际实现时，当 D 是神经网络时，可以通过修剪权重的方式，控制住神经网络表示函数的利普希茨常数。WGAN 的求解过程与 GAN 类似，通过随机梯度下降交替地优化判别器 D 和生成器 G。

16.6　扩散概率模型

扩散概率模型（diffusion probabilistic models,DPM）是一类深度生成模型[359–361]。其基本思想是学习一个马尔可夫链，模拟一个逐步的去噪过程。该模型的训练简单、稳定，在许多模态的数据（如图像、语音、视频等）上都取得了很好的生成效果。

16.6.1　模型定义

扩散概率模型首先定义一个前向过程，该前向过程建模了一个逐步加噪的过程。假设 $\boldsymbol{x}$ 是一个数据点，那么对 $\boldsymbol{x}$ 加入一个方差为 β 的高斯噪声可表示为：

$$\boldsymbol{x}' = \sqrt{\alpha}\boldsymbol{x} + \sqrt{\beta}\boldsymbol{\epsilon}, \tag{16.36}$$

其中 $\boldsymbol{\epsilon} \sim \mathcal{N}(\boldsymbol{0}, \boldsymbol{I})$ 来自标准高斯分布，α 为对数据点 $\boldsymbol{x}$ 的一个缩放系数。这样，一个单步加噪声的过程可表示为一个高斯转移概率：

$$q(\boldsymbol{x}'|\boldsymbol{x}) = \mathcal{N}(\sqrt{\alpha}\boldsymbol{x}, \beta\boldsymbol{I}), \tag{16.37}$$

即一个以 $\sqrt{\alpha}\boldsymbol{x}$ 为均值，以 $\beta\boldsymbol{I}$ 为协方差矩阵的高斯分布。

扩散概率模型的前向过程则是上述单步加噪的叠加。具体地，从干净的数据样本 $\boldsymbol{x}_0 \sim p_{\text{data}}(\boldsymbol{x}_0)$ 开始，重复 N 次式 (16.36) 所描述的加噪过程，其中第 n 次加噪的缩放系数为 α_n，噪声方差为 β_n，第 n 次加噪后的状态为 $\boldsymbol{x}_n$，这样我们便得到一个前向的马尔可夫链：

$$q(\boldsymbol{x}_0, \boldsymbol{x}_1, \cdots, \boldsymbol{x}_N) = q(\boldsymbol{x}_0)\prod_{n=1}^{N} q(\boldsymbol{x}_n|\boldsymbol{x}_{n-1}), \tag{16.38}$$

其中 $q(\boldsymbol{x}_0) = p_{\text{data}}(\boldsymbol{x}_0)$ 为数据分布，$q(\boldsymbol{x}_n|\boldsymbol{x}_{n-1}) = \mathcal{N}(\sqrt{\alpha_n}\boldsymbol{x}, \beta_n\boldsymbol{I})$ 为第 n 步加噪对应的高斯转移概率。图 16.11展示了该马尔可夫链的一条轨迹，每一步迭代都加入一定量的高斯噪声，最终的状态 $\boldsymbol{x}_N$ 近似于白噪声。

值得注意的是，利用高斯分布的良好性质，这个前向的马尔可夫链从状态 0 到状态 n 的转移概率 $q(\boldsymbol{x}_n|\boldsymbol{x}_0)$ 可以直接计算出来，它仍然是一个高斯分布：

$$q(\boldsymbol{x}_n|\boldsymbol{x}_0) = \mathcal{N}(\sqrt{\overline{\alpha}_n}\boldsymbol{x}_0, \overline{\beta}_n\boldsymbol{I}), \tag{16.39}$$

其中 $\overline{\alpha}_n = \prod_{i=1}^{n}\alpha_i$, $\overline{\beta}_n = \sum_{i=1}^{n}\beta_i\overline{\alpha}_n/\overline{\alpha}_i$。

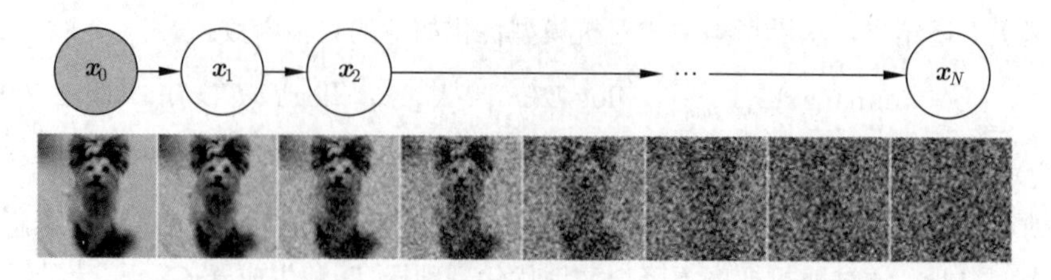

图 16.11 前向过程的一条轨迹：从干净的数据样本出发，不断加入高斯噪声，最终的状态 x_N 近似于白噪声。示意图来自文献 [361]

至此，我们便定义完了前向过程。由于马尔可夫链的逆向过程仍为马尔可夫链，因此式 (16.38) 的联合分布也可分解为

$$q(\boldsymbol{x}_0, \boldsymbol{x}_1, \cdots, \boldsymbol{x}_N) = q(\boldsymbol{x}_N) \prod_{n=1}^{N} q(\boldsymbol{x}_{n-1}|\boldsymbol{x}_n). \tag{16.40}$$

这种分解的原始采样对应了一个去噪过程：它从最后的状态 $\boldsymbol{x}_N$ 出发，不断地去噪（即从 $q(\boldsymbol{x}_{n-1}|\boldsymbol{x}_n)$ 中采样），最后得到干净的数据样本 $\boldsymbol{x}_0 \sim q(\boldsymbol{x}_0)$。因此，我们只要知道每个去噪转移概率 $q(\boldsymbol{x}_{n-1}|\boldsymbol{x}_n)$，以及去噪的初始分布 $q(\boldsymbol{x}_N)$，便能通过不断的去噪迭代得到干净的数据样本 $\boldsymbol{x}_0$。但通常 $q(\boldsymbol{x}_{n-1}|\boldsymbol{x}_n)$ 和 $q(\boldsymbol{x}_N)$ 都是未知的，因此我们需要近似这两个概率分布。由于当 N 足够大的时候，$q(\boldsymbol{x}_N)$ 几乎为一个纯高斯分布（见图 16.11中的状态 $\boldsymbol{x}_N$），因此我们可以直接用一个高斯分布 $p(\boldsymbol{x}_N) = \mathcal{N}(\mathbf{0}, \overline{\beta}_N \boldsymbol{I})$ 近似 $q(\boldsymbol{x}_N)$。对于 $q(\boldsymbol{x}_{n-1}|\boldsymbol{x}_n)$，通常也用一个高斯分布 $p(\boldsymbol{x}_{n-1}|\boldsymbol{x}_n) = \mathcal{N}(\boldsymbol{\mu}_n(\boldsymbol{x}_n), \sigma_n^2 \boldsymbol{I})$ 近似，其中 $\boldsymbol{\mu}_n(\boldsymbol{x}_n)$ 为均值，它是一个由状态 $\boldsymbol{x}_n$ 决定的函数，σ_n^2 为方差。用这些近似分布替代真实分布，我们得到一个逆向的马尔可夫链：

$$p(\boldsymbol{x}_0, \boldsymbol{x}_1, \cdots, \boldsymbol{x}_N) = p(\boldsymbol{x}_N) \prod_{n=1}^{N} p(\boldsymbol{x}_{n-1}|\boldsymbol{x}_n) \tag{16.41}$$

这个马尔可夫链便是扩散概率模型的生成模型。

16.6.2 模型训练

我们希望式 (16.41) 刻画的生成过程尽可能近似式 (16.40) 中真实的去噪过程，因此需要最小化它们两者之间的 KL 散度：

$$\min_{\boldsymbol{\mu}_n(\cdot), \sigma_n^2} \mathrm{KL}(q(\boldsymbol{x}_0, \boldsymbol{x}_1, \cdots, \boldsymbol{x}_N) \| p(\boldsymbol{x}_0, \boldsymbol{x}_1, \cdots, \boldsymbol{x}_N)). \tag{16.42}$$

注意，这里只优化生成模型中的均值函数 $\boldsymbol{\mu}_n(\cdot)$ 和方差。对于前向过程的参数 α_n 和 β_n，我们通常将它们看作超参数，在训练前就固定好它们。和大部分工作不同，文献 [362]给出了优化问题（16.42）最优解 $\boldsymbol{\mu}_n^*(\cdot)$ 和 σ_n^{*2} 的一个解析形式：

$$\begin{aligned} \boldsymbol{\mu}_n^*(\boldsymbol{x}_n) &= \frac{1}{\sqrt{\alpha_n}}(\boldsymbol{x}_n + \beta_n \nabla_{\boldsymbol{x}_n} \log q_n(\boldsymbol{x}_n)) \\ \sigma_n^{*2} &= \frac{\beta_n}{\alpha_n}\left(1 - \beta_n \mathbb{E}_{q_n(\boldsymbol{x}_n)} \frac{\|\nabla_{\boldsymbol{x}_n} \log q_n(\boldsymbol{x}_n)\|_2^2}{d}\right) \end{aligned} \tag{16.43}$$

其中 $q_n(\boldsymbol{x}_n)$ 为前向马尔可夫链状态 $\boldsymbol{x}_n$ 的边缘分布，它的对数梯度 $\nabla_{\boldsymbol{x}_n}\log q_n(\boldsymbol{x}_n)$ 通常称作得分函数（score function），d 为数据的维度。式 (16.43) 表明无论是最优均值或是最优方差，均由得分函数决定。我们使用一个神经网络 $\boldsymbol{s}_n(\boldsymbol{x}_n)$ 近似得分函数 $\nabla_{\boldsymbol{x}_n}\log q_n(\boldsymbol{x}_n)$。具体地，我们最小化它们之间的均方误差：

$$\min_{\boldsymbol{s}_n(\cdot)} \mathbb{E}_{q_n(\boldsymbol{x}_n)}\|\boldsymbol{s}_n(\boldsymbol{x}_n)-\nabla_{\boldsymbol{x}_n}\log q_n(\boldsymbol{x}_n)\|_2^2 \tag{16.44}$$

由于得分函数未知，因此式 (16.44) 无法直接计算。但是我们可以利用得分函数的性质，将式 (16.44) 转换为可计算的形式。首先，得分函数可做如下变换：

$$\nabla_{\boldsymbol{x}_n}\log q_n(\boldsymbol{x}_n)=\mathbb{E}_{q(\boldsymbol{x}_0|\boldsymbol{x}_n)}\nabla_{\boldsymbol{x}_n}\log q(\boldsymbol{x}_n|\boldsymbol{x}_0) \tag{16.45}$$

展开式 (16.44)，将式 (16.45) 代入，并将和 $\boldsymbol{s}_n(\cdot)$ 无关的量舍弃，可以得到如下结果：

$$\begin{aligned}
&\mathbb{E}_{q_n(\boldsymbol{x}_n)}\|\boldsymbol{s}_n(\boldsymbol{x}_n)-\nabla_{\boldsymbol{x}_n}\log q_n(\boldsymbol{x}_n)\|_2^2\\
\equiv&\mathbb{E}_{q_n(\boldsymbol{x}_n)}\|\boldsymbol{s}_n(\boldsymbol{x}_n)\|_2^2-\mathbb{E}_{q_n(\boldsymbol{x}_n)}\left\langle\boldsymbol{s}_n(\boldsymbol{x}_n),\nabla_{\boldsymbol{x}_n}\log q_n(\boldsymbol{x}_n)\right\rangle\\
\equiv&\mathbb{E}_{q_n(\boldsymbol{x}_n)}\|\boldsymbol{s}_n(\boldsymbol{x}_n)\|_2^2-\mathbb{E}_{q_n(\boldsymbol{x}_n)}\left\langle\boldsymbol{s}_n(\boldsymbol{x}_n),\mathbb{E}_{q(\boldsymbol{x}_0|\boldsymbol{x}_n)}\nabla_{\boldsymbol{x}_n}\log q(\boldsymbol{x}_n|\boldsymbol{x}_0)\right\rangle\\
\equiv&\mathbb{E}_{q(\boldsymbol{x}_0,\boldsymbol{x}_n)}[\|\boldsymbol{s}_n(\boldsymbol{x}_n)\|_2^2-\langle\boldsymbol{s}_n(\boldsymbol{x}_n),\nabla_{\boldsymbol{x}_n}\log q(\boldsymbol{x}_n|\boldsymbol{x}_0)\rangle]\\
\equiv&\mathbb{E}_{q(\boldsymbol{x}_0,\boldsymbol{x}_n)}\|\boldsymbol{s}_n(\boldsymbol{x}_n)-\nabla_{\boldsymbol{x}_n}\log q(\boldsymbol{x}_n|\boldsymbol{x}_0)\|_2^2,
\end{aligned} \tag{16.46}$$

其中≡链接的两个式子只相差一个和 $\boldsymbol{s}_n(\cdot)$ 无关的量，$\nabla_{\boldsymbol{x}_n}\log q(\boldsymbol{x}_n|\boldsymbol{x}_0)=-\dfrac{\boldsymbol{x}_n-\sqrt{\overline{\alpha}_n}\boldsymbol{x}_0}{\overline{\beta}_n}$ 可直接计算。因此，不可计算的优化问题（16.44）便转换为一个可计算的优化问题：

$$\min_{\boldsymbol{s}_n(\cdot)} \mathbb{E}_{q(\boldsymbol{x}_0,\boldsymbol{x}_n)}\|\boldsymbol{s}_n(\boldsymbol{x}_n)-\nabla_{\boldsymbol{x}_n}\log q(\boldsymbol{x}_n|\boldsymbol{x}_0)\|_2^2 \tag{16.47}$$

最后，将 $\boldsymbol{s}_n(\boldsymbol{x}_n)$ 替换到式 (16.43) 的得分函数，并对最优方差中的期望做蒙特卡洛估计，便得到了最优均值和方差的估计：

$$\begin{aligned}
\hat{\boldsymbol{\mu}}_n(\boldsymbol{x}_n)&=\frac{1}{\sqrt{\alpha_n}}(\boldsymbol{x}_n+\beta_n\boldsymbol{s}_n(\boldsymbol{x}_n))\\
\hat{\sigma}_n^2&=\frac{\beta_n}{\alpha_n}\left(1-\beta_n\frac{1}{M}\sum_{m=1}^{M}\frac{\|\boldsymbol{s}_n(\boldsymbol{x}_{n,m})\|_2^2}{d}\right)
\end{aligned} \tag{16.48}$$

其中 $\{\boldsymbol{x}_{n,m}\}_{m=1}^M$ 为 M 个来自分布 $q_n(\boldsymbol{x}_n)$ 独立同分布的样本。

16.6.3　共享参数

现在剩余的一个问题便是神经网络 $\boldsymbol{s}_n(\boldsymbol{x}_n)$ 的参数化。原则上，对于每一个转移概率 $p(\boldsymbol{x}_{n-1}|\boldsymbol{x}_n)$，我们都需要一个神经网络，总计需要 N 个神经网络，这是不可接受的。一个解决方案便是不同的 $\boldsymbol{s}_n(\boldsymbol{x}_n)$ 共享网络参数，即 $\boldsymbol{s}(\boldsymbol{x}_n,n)=\boldsymbol{s}(\boldsymbol{x}_n,n;\boldsymbol{\theta})$，其中 $\boldsymbol{\theta}$ 为网络参数，n 被当作一个神经网络输入。这样，我们便只需要一个神经网络。该神经网络的训练目标函数为式 (16.47) 关于 n 的加权平均，即

$$\min_{\boldsymbol{\theta}} \mathbb{E}_n\lambda_n\mathbb{E}_{q(\boldsymbol{x}_0,\boldsymbol{x}_n)}\|\boldsymbol{s}(\boldsymbol{x}_n,n;\boldsymbol{\theta})-\nabla_{\boldsymbol{x}_n}\log q(\boldsymbol{x}_n|\boldsymbol{x}_0)\|_2^2 \tag{16.49}$$

其中 n 从集合 $\{1,2,\cdots,N\}$ 中随机采样，λ_n 为 n 对应的权重。

最后，扩散概率模型是当前的一个研究热点，主要包括两方面。首先是扩散概率模型的加速，根据式 (16.41)，可知扩散概率模型需要迭代地从转移概率 $p(\boldsymbol{x}_{n-1}|\boldsymbol{x}_n)$ 里采样，因此计算复杂度正比于迭代总数 N。在实际中，N 通常为一个较大的数字（如 1000），因此，扩散概率模型的采样是非常慢的。一种加速采样的方法为增加转移概率 $p(\boldsymbol{x}_{n-1}|\boldsymbol{x}_n)$ 的表达能力，例如使用一般的高斯协方差[363]，或使用隐式生成模型，例如 GAN[364]。另一种加速采样的方式为基于常微分方程（ODE），扩散概率模型可以转换为一个等价的 ODE[361,365]，然后设计出针对此 ODE 的特殊求解器[366]，以使用更少的离散化步数。由于 ODE 为确定性的变换，因此也可以直接使用一个神经网络蒸馏这种变换[367]，此时采样只需要一次神经网络前传，无须迭代。其次是带约束的生成，实际需求中的生成通常都是带约束的，例如根据一段文本描述，生成符合描述的图像，此时这段文本描述便是约束。通常，扩散概率模型通过修正转移概率 $p(\boldsymbol{x}_{n-1}|\boldsymbol{x}_n)$ 的均值引入约束条件。例如，文献 [368] 在均值里引入了分类器，从而实现固定类别的图像生成；文献 [369] 通过在均值里引入代表先验知识的能量项，从而实现图像翻译。

16.7 延伸阅读

随着算力与网络结构的提升与改良，当前先进的深度生成模型网络已经能够生成高质量的高分辨率（例如 1024×1024 像素）的图片，如 StyleGAN[370]、BigGAN[371] 等。此外，深度生成模型可以用来做图片增强，如超分辨率生成 [372–373]、跨模态生成（例如，给定一段描述文字，生成指定场景的图片或者音频）[374–375]，其中大规模的跨模态生成模型包括 DALL· E2[4]、稳定扩散（stable diffusion）模型[5] 等。

除了生成任务，深度生成模型还广泛用于其他任务，包括半监督学习、迁移学习、强化学习等。对于半监督学习，深度生成模型通过利用大量的无标注数据学习数据的分布 $p(\boldsymbol{x})$，帮助学习类别变量 y 的条件分布 $p(y|\boldsymbol{x})$，提升分类器的泛化能力，同时也可以利用少量标注数据学到条件化的生成模型 $p(\boldsymbol{x}|y,\boldsymbol{z})$。典型的深度生成模型均被扩展到半监督的任务，包括半监督的 VAE[376] 和半监督的 GAN [377–378] 等。和基于 VAE 的模型相比，基于 GAN 的模型可以生成更清晰、真实的自然场景图片，从而更好地帮助提升半监督分类性能，例如，Triple GAN[378] 把判别器 D 和分类器 C 分开，构造了三个玩家——分类器 C、生成器 G 和判别器 D 之间的博弈。Triple GAN 在理论上有唯一的全局最优解，且取得了很好的分类效果和图片的条件化生成。

深度生成模型在迁移学习（如图片风格迁移）中也取得了显著成效 [379–380]。CycleGAN[380] 采用对抗生成网络的思想，提出了循环损失函数，使得在一些需要图片进行两两配对生成的任务中，即使不提供配对的训练样本，也能进行有效的训练。CycleGAN 可以在任意两幅配对图片间进行高质量的风格转化。深度生成模型在图片与视频风格转化问题上的成功应用也带来了一些问题，例如 DeepFake 问题，后者通过将图片或者视频中的人脸替换为给定的其他人，达到以假乱真的效果，这对网络安

全等领域提出了新的挑战。最后，生成模型还可以用在强化学习中做模仿学习[381]，例如，生成对抗模仿学习（generative adversarial imitation learning，GAIL）[382] 及其多智能体[383]、不完全专家演示[384] 等场景下的变种。

最后，深度生成模型（如变分自编码器）的学习过程往往需要使用近似贝叶斯推断算法，如变分推断（第 13 章）和马尔可夫链蒙特卡洛（MCMC）方法（第 14 章）。通常这些算法要求使用者具有一定的贝叶斯理论基础，对普通开发者而言仍然具有一定挑战性。为了降低学习成本，提升易用性，概率编程（probabilistic programming）成为一个很受关注的方向，特别地，可微分概率编程扩展了概率编程的能力，可以有效支持深度生成模型的编程，典型的工作包括笔者团队的“珠算”编程库[385]、早期的 Edward[386] 以及后期开发的 Pyro[387] 等。关于可微分概率编程的详细原理和设计思路，请参考文献 [385]。

16.8　习题

习题 1　参考第 13.3.3 节，推导 LDA 模型的变分推断算法。

习题 2　对式 (16.5) 中的 h 函数，分别计算变换 (16.3) 的雅可比矩阵行列式。

习题 3　对于例 16.5.1定义的分布 p_0 和 p_θ，计算其 KL 散度。

习题 4　请证明扩散概率模型中，前向的马尔可夫链从状态 0 到状态 n 的转移概率 $q(\boldsymbol{x}_n|\boldsymbol{x}_0)$ 仍然是一个高斯分布，即

$$q(\boldsymbol{x}_n|\boldsymbol{x}_0) = \mathcal{N}(\sqrt{\overline{\alpha}_n}\boldsymbol{x}_0, \overline{\beta}_n\boldsymbol{I}),$$

并且 $\overline{\alpha}_n = \prod_{i=1}^{n}\alpha_i$, $\overline{\beta}_n = \sum_{i=1}^{n}\beta_i\overline{\alpha}_n/\overline{\alpha}_i$。

习题 5　请证明得分函数的变换公式：

$$\nabla_{\boldsymbol{x}_n}\log q_n(\boldsymbol{x}_n) = \mathbb{E}_{q(\boldsymbol{x}_0|\boldsymbol{x}_n)}\nabla_{\boldsymbol{x}_n}\log q(\boldsymbol{x}_n|\boldsymbol{x}_0)$$

第17章 强 化 学 习

决策是机器学习的重要任务，需要有效地对未知信息进行推断和优化。本章介绍用于决策任务的机器学习方法，具体包括单步决策的多臂老虎机模型和相关算法，以及用于序列决策的马尔可夫决策过程和强化学习方法，其中，强化学习通过与环境进行多轮交互，学习得到最优的决策策略。

17.1 决策任务

决策（decision-making）是机器学习的一个基本任务，例如，中午去食堂吃饭，需要决定去哪个食堂；骑车去教室，需要决定走哪条路线；与同学下棋，需要决定下一步如何走。计算机决策是通过一定的算法（或程序）完成决策任务，我们将做决策的主体称为智能体（agent），将智能体之外的部分称为环境（environment），智能体可感知环境的状态，并通过采取适当的动作（action）与环境进行交互。智能体每次选取动作之后，环境会给出反馈信息，称为奖励（reward）。智能体与环境不断交互直到完成决策任务。

决策任务可以简单分为单步决策和序列决策（sequential decision-making），前者在智能体每次做出动作后完成任务，得到相应的奖励，例如，对于去食堂吃饭的决策任务，选择某个食堂，奖励可以是为对菜品的满意程度。而后者相对更复杂，需要智能体完成一系列的动作才能得到收益，例如，下象棋或围棋，往往需要数十步的决策才能够获得收益（胜负）。针对单步决策，将主要介绍多臂老虎机模型和相应的求解算法；针对序列决策，将主要介绍强化学习的方法。

图 17.1[①]展示了一个典型的强化学习过程，我们用 t 表示决策的步骤（也称时刻），智能体根据观察到的当前环境状态 S_t，选择适当的动作 A_t，该动作作用到环境上，使得环境状态发生变化（即进入下一个状态 S_{t+1}），同时，环境反馈一个奖励信号 R_{t+1}。智能体根据当前状态选择动作的方式称为策略（policy）。强化学习的目标是寻找一个最优策略，使得在完成任务的过程中获得的（期望）累积奖励最大。

强化学习具有一些特点。首先，整个任务需要有一个明确的目标，用来判断每一步决策的效果以及是否完成任务。其次，智能体需要与环境进行交互，通过交互获得信息实现某个目标，因此，智能体需要能够感知环境的状态并根据状态采取相应的动

① 与图 1.5相同，这里为了便于阅读，重复展示。

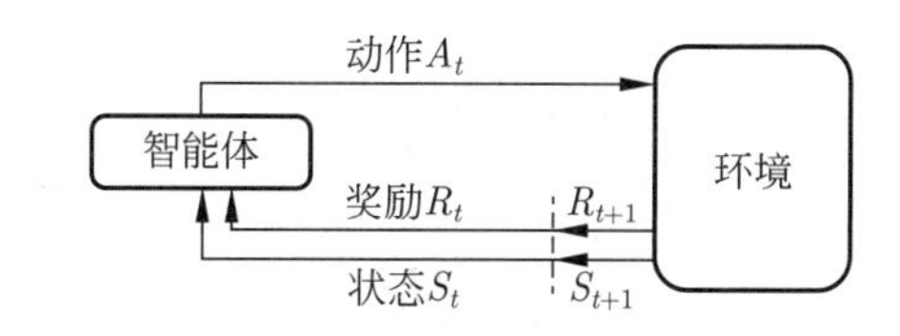

图 17.1　强化学习的基本要素及相互关系

作。再次，智能体的动作会对环境产生影响，一般体现在环境的状态发生变化（例如棋盘状态、机器人的位置等）。再次，环境可能存在不确定性、不完全信息等，例如，无人车驾驶的道路是开放动态，路上人或车的行为是不确定的。最后，智能体在当前时刻的动作选择需要考虑未来的延迟影响，例如，下棋游戏中，需要考虑若干步走子之后的结果。

强化学习与有监督学习存在本质的区别，同时也存在很多相似性。如图 17.2所示，有监督学习的过程是一个开环，利用从环境中获得的数据学习得到一个模型，其中数据是独立同分布的；而强化学习则为闭环，利用从环境中获得的数据学习得到一个模型，而模型采取的策略也反过来影响环境，获得的数据也具有序列性。相似之处在于，二者均需要对环境信息进行表征，同时需要进行泛化。由于有监督学习需人类给出数据的标注，人类的智力实际上决定了智能体的上限；而具有强化学习能力的智能体能够一定程度上自主地在策略空间中探索，从而有超过人类的可能。

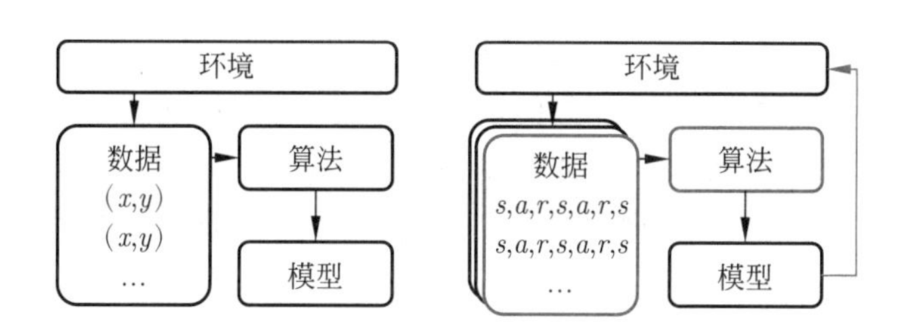

图 17.2　强化学习与有监督学习的异同

17.2　多臂老虎机

首先用单步决策的多臂老虎机作为一个相对简单的例子，说明决策任务中的不确定性刻画的必要性以及平衡“利用”和“探索”的重要性。

17.2.1　伯努利多臂老虎机

设多臂老虎机有 K 个臂，其中每个臂关联一个未知的奖励。决策者（玩家）依次拉动 T 次臂，设第 t 次拉动的臂为 I_t，得到奖励 r_{I_t}。如果假设每次的收益是取值为 0 或 1 的随机变量，且第 k 个臂的平均奖励为 θ_k，则该问题称为伯努利多臂老虎机。由于玩家并不知道 θ_k 的真实值，只有通过观察每次拉臂后的收益，估计每个臂的价值，从而最大化期望累积收益 $\sum_{t=1}^{T}\theta_{I_t}$。在第 t 轮，θ_k 的一种自然的估计是臂 k 被选择时产生奖励的均值：

$$\hat{\theta}_{tk}=\frac{1}{N_t^k}\sum_{t'\leqslant t}\mathbb{I}(I_{t'}=k)r_{I_{t'}}, \tag{17.1}$$

其中 N_t^k 为臂 k 被选中的次数。根据大数定律，当 $N_t^k\to\infty$ 时，估计 $\hat{\theta}_{tk}$ 收敛到真实值 θ_k。

很多问题都可以用伯努利多臂老虎机进行建模。例如，当一个网站希望向用户推荐广告时，网站需要从多个不同的广告中选择最适合用户的那个。每一个广告对应伯努利多臂老虎机中的一个“臂”，而用户点击被推荐的广告该网站便收到收益。网站可以根据用户的点击数据估计每个广告所对应的期望点击率，从而进一步提升推荐策略。

求解多臂老虎机的一种最简单方法是每一步都根据当前估计的 $\hat{\theta}_{tk}$ 选择估计值最大的臂：

$$I_t=\operatorname*{argmax}_k\hat{\theta}_{tk}. \tag{17.2}$$

这是一种贪心策略，我们称这种选择为“利用”（exploitation）——利用当前对 θ 的估计。相对应地，如果决策者选取了非贪心的臂，则称之为“探索”（exploration）——这将可能获得对其他臂的奖励值更好的估计。考虑一种极端的情况，如果每个臂的奖励都是确定的（即方差为 0），贪心算法在将所有臂尝试一遍之后，可以获得最优解。但在实际应用中，奖励的分布是未知的，虽然“利用”可以最大化当前步的收益，但是，“探索”有可能获得更大的长期累积收益。因此，决策者需要决定何时去拉被尝试次数很少的臂，何时去拉目前的数据看起来表现得很好的臂，这个选择的过程称为探索与利用的平衡。同时，由于每一步只能从利用和探索二者中选其一，因此，这也被称为利用与探索的折中/冲突。

一种最直接的平衡探索与利用的方法是 ϵ-贪心算法，它的做法是每个回合有 ϵ 的概率去探索——随机地选择一个臂去拉，在剩余的 $1-\epsilon$ 的概率中，ϵ-贪心算法会拉动目前看来最优的臂。在总轮次 T 趋于无穷时，每一个臂都会被选中无穷多次，即 $N_t^k\to\infty$，因此，所有臂的估计 $\hat{\theta}_{tk}$ 都收敛到真实值，从而最大化累积收益。当然，这只是一种理论上渐进的理想结果，在实际应用中，当一个臂已经明显不是最优的时候，ϵ-贪心算法依旧会去拉动这个臂，因此，ϵ-贪心算法会在次优臂上浪费很多采样数。

给定一个多臂老虎机的算法 $\mathcal{A}$，其性能的好坏取决于它在 T 轮决策之后的总收益的期望。但是，直接考虑收益的期望无法完全评估 $\mathcal{A}$ 的性能，这是因为如果多臂老虎机的参数（即每个臂上面收益的分布）不同，同一个算法 $\mathcal{A}$ 的收益也是不一样的。因此，为了排除多臂老虎机具体参数的影响，通常使用遗憾值（regret）评价算法 $\mathcal{A}$ 性能的好坏。遗憾值的具体定义如下。

定义 17.2.1 （遗憾值） 遗憾值是指决策者可能获得的最大收益的期望值与他/她实际上获得的收益的期望值之间的差：

$$R_{\mathcal{A}}^T = \max_{i \in [K]} T\theta_i - \sum_{t \leqslant T} \theta_{I^t}. \tag{17.3}$$

由定义可知，使用遗憾值可排除多臂老虎机参数的影响。同时，由于决策者收到的数据具有随机性，因此，我们关注的也是遗憾值的期望值。

从另一个角度讲，我们也可以用最好的算法在某个多臂老虎机上的性能（即遗憾值下界）评估该多臂老虎机问题的难度。

定理 17.2.1 (文献 [388]) 令伯努利多臂老虎机中的第 i 个臂的收益期望值为 θ_i，且存在 i^* 使得 $\theta_{i^*} > \theta_i$ 对于所有 $i \neq i^*$ 成立。如果一个算法 $\mathcal{A}$ 在任意伯努利多臂老虎机上的遗憾值都是 $o(T)$，那么有：

$$\mathbb{E}R_{\mathcal{A}}^T \geqslant \sum_{i \neq i^*} \frac{2\log T}{\theta_{i^*} - \theta_i}. \tag{17.4}$$

定理 17.2.1中给出的遗憾值下界为之后的算法设计提供了目标：如果一个算法的遗憾值上界与该遗憾值下界一致，便可认为该算法理论上达到了最优。ϵ-贪心算法能够进行探索，但是它对不同的动作并不具有“判别性”——不能有效区分已经接近充分尝试的动作和欠缺尝试的动作。上置信度区间算法和汤普森采样算法是理论上近乎最优的经典算法，在没有歧义的情况下，后文中将使用 R^T 代替 $R_{\mathcal{A}}^T$ 以简化符号。

17.2.2　上置信度区间算法

上置信度区间（upper confidence bound，UCB）算法[389] 的设计原则又被称为*乐观地面对不确定性*（optimism in face of uncertainty，OFU）：当对一个臂的收益均值估计得不准的时候，UCB 算法会在一定限度内高估这个臂的收益，即用上置信度区间作为对这个臂的收益的估计。然后 UCB 算法再在下一回合拉动上置信度区间较大的臂。具体而言，UCB 算法在第 t 轮选的臂是：

$$I_t = \underset{k \in [K]}{\operatorname{argmax}}\, \hat{\theta}_{tk} + C(t, N_t^k). \tag{17.5}$$

其中 $C(t, N) > 0$ 为置信度函数，表示估计的不确定性（方差）。直观上，UCB 算法通过设计置信度函数 $C(t, N)$ 平衡探索和利用。因此，对于采样次数较小的臂，需要设计较大的 C。UCB 算法采用的置信度函数如下。

$$C(t, N) = \sqrt{\frac{2\text{log}t}{N}}. \tag{17.6}$$

可以看出，$C(t, N)$ 随 t 单调递增，随 N 单调递减——在每次决策时，被选中的臂的不确定性将下降；没有选中的臂在下一轮的不确定性将上升，而上升的幅度随着轮次增加在减小。因此，使用式 (17.6) 中的置信度函数之后，尽管 UCB 算法会高估一个臂的收益，但是高估超过一定程度的次数不会很多。具体地，利用 Chernoff 集中不等式，得到 $p(|\theta - \hat{\theta}_{tk}| > C(t, N_t^k))$ 的值很小，进一步地，期望意义下的遗憾值具有上界[389]：$\mathbb{E}R^T \leqslant \sum_{i \neq i^*} \frac{8\log T}{\theta_{i^*} - \theta_i}$。与定理 17.2.1中的下界相比较，可知 UCB 算法从理

论上来讲是近乎最优的算法。UCB 算法是第一个在理论上达到近乎最优的多臂老虎机算法①。在实践中，UCB 算法也取得了非常不错的效果，乐观地面对不确定性这一原则也启发了后续的很多问题上的算法设计与分析工作。

17.2.3 汤普森采样算法

汤普森采样（Thompson sampling，TS）算法[390] 是最早的多臂老虎机算法，其思路虽与 UCB 算法有根本区别，却同样能够取得近乎最优的性能。TS 算法以贝叶斯的视角看待每个臂上的收益，也就是说，它会维护每个臂上面的收益的后验分布，再根据后验分布决定下一轮拉哪个臂。

具体地，设在前 t 轮采样中，在第 i 个臂上的实验收益为 0 的次数是 a_i^t，收益为 1 的次数是 b_i^t，那么汤普森采样用贝塔分布 $\mathrm{Beta}(a_i^t+1, b_i^t+1)$ 作为第 i 个臂的收益的后验分布。汤普森采样每轮会从后验分布中采出一个样本 $\hat{\theta}_i^t \sim \mathrm{Beta}(a_i^t+1, b_i^t+1)$，最后再拉动臂 $I_t = \mathrm{argmax}_{i\in[K]}\,\hat{\theta}_i^t$。

从算法流程可以看出，如果一个臂被选择的次数足够多，那么 $\hat{\theta}_i^t$ 也会收敛到 θ_i 附近；同时，由于后验分布依旧带有随机性且采样次数越少，随机性越大，因此，汤普森采样也能够有效地平衡利用与探索。理论分析表明，在伯努利多臂老虎机上，汤普森采样算法的遗憾值上界是近乎最优的[391]：$\mathbb{E}R^T = O\left(\sum\limits_{i\in[K]} \dfrac{\log T}{\theta_{i^*}-\theta_i}\right)$。现有的实验结果显示，汤普森采样算法的实际性能一般优于 UCB 算法。

17.2.4 上下文多臂老虎机

上下文多臂老虎机（contextual bandit）是多臂老虎机的一个扩展。在上下文多臂老虎机中，决策者在每轮决策时会看到一个上下文 c^t，且决策者的收益不仅取决于所选择的臂，同时也取决于所见到的上下文。在上下文多臂老虎机中，我们通常假设每个臂对应一个未知的特征向量 $\boldsymbol{\theta}_i \in \mathbb{R}^d$，在此基础上进一步假设每个臂的收益由一个函数 $f(c^t, \boldsymbol{\theta}_i)$ 决定。这里考虑最基本的线性上下文多臂老虎机，其收益函数为

$$f(c^t, \boldsymbol{\theta}_i) = \langle c^t, \boldsymbol{\theta}_i \rangle, \tag{17.7}$$

其中 $\langle ., . \rangle$ 为向量的内积。在上下文多臂老虎机中，决策者收到的收益反馈是带有噪声的，即在拉动臂 i 之后，决策者收到的收益是 $\langle c^t, \boldsymbol{\theta}_i \rangle + \epsilon$，其中 $\epsilon \sim \mathcal{N}(0,1)$ 是一个标准高斯随机变量。上下文多臂老虎机的遗憾值如下。

$$R^T = T \max_{i\in[K]} \sum_{t\leqslant T} \langle c^t, \boldsymbol{\theta}_i \rangle - \sum_{t=1}^{T} \langle c^t, \theta_{I^t} \rangle. \tag{17.8}$$

上下文多臂老虎机可以对一些实际问题进行很好的建模，例如，在互联网的广告推荐中，广告推荐者在给用户推荐广告时能够看到一些用户信息，这些信息包括性

① 在 UCB 算法之前，也有算法能在渐近意义上达到理论最优，但是这些算法往往在 $T \to +\infty$ 时才能有效，因此也限制了这些算法的应用。

别、年龄等。我们可以把这些信息抽象成一个特征向量，广告推荐者可以利用这个特征向量对用户进行更为个性化的广告推荐。

在上下文多臂老虎机中，决策者需要通过反馈估计向量 $\boldsymbol{\theta}_i$。因此，如何平衡探索与利用的关键就变成了：何时去拉预计收益更大的臂，何时去拉探索次数更少的臂来更好地估计参数？在上下文多臂老虎机中的遗憾值分析比伯努利多臂老虎机中要困难，这是因为决策者的收益不仅取决于选择的臂，也取决于决策者所看到的上下文。我们以最坏情况的遗憾值作为评价算法性能的标准，即

$$\max_{\|c^t\|\leqslant 1} \mathbb{E}R^T. \tag{17.9}$$

在上下文多臂老虎机中，遗憾值下界满足[392]：$\max_{\|c^t\|\leqslant 1} \mathbb{E}R^T \geqslant \frac{\mathrm{e}^{-2}}{4}d\sqrt{T}$。

对于上下文多臂老虎机问题，也可以沿用伯努利多臂老虎机的思路，将 UCB 算法和汤普森采样进行扩展，使它们能达到近乎最优的性能。

(1) 上下文多臂老虎机的 UCB 算法：与伯努利多臂老虎机相比，在上下文多臂老虎机中平衡探索与利用需要解决两个额外的问题：①如何根据历史信息估计参数的均值；②由于收益向量也取决于上下文 c^t，因此在这种情况下应该考虑如何衡量 $c^t\theta_i$ 的不确定性。对于第一个问题，可以用常用的线性回归解决。具体地，用 $X_i=\{(c^{t_{i,j}},r_{i,j})\}_{j=1}^{n_i}$ 表示在第 i 个臂上的数据集，其中 n_i 表示拉臂 i 的次数，$t_{i,j}$ 表示第 j 次拉臂 i 的轮次，$r_{i,j}$ 表示第 j 次拉臂 i 所收到的收益。令 $\boldsymbol{C}_i=[c^{t_{i,1}},c^{t_{i,2}},\cdots,c^{t_{i,n_i}}]$ 表示上下文组成的矩阵，$\boldsymbol{r}_i=[r_{i,1},r_{i,2},\cdots,r_{i,n_i}]$ 表示臂 i 收到的收益组成的向量，求解如下的线性回归问题：

$$\hat{\theta}_i=\operatorname*{argmin}_{\theta}\|\boldsymbol{C}_i^\top\theta-\boldsymbol{r}_i\|^2+\|\theta\|^2. \tag{17.10}$$

解得 $\hat{\theta}_i=(\boldsymbol{C}_i^\top\boldsymbol{C}_i+\boldsymbol{I})^{-1}\boldsymbol{C}_i\boldsymbol{r}_i$，并用作参数的估计。对于第二个问题，与 UCB 算法类似，也可以设计出 $\boldsymbol{\theta}_i$ 在 $\boldsymbol{c}^t$ 方向上的上置信区间：

$$C(\boldsymbol{c}^t,X_i)=\alpha\sqrt{(\boldsymbol{c}^t)^\top(\boldsymbol{C}_i^\top\boldsymbol{C}_i+\boldsymbol{I})^{-1}c_t}. \tag{17.11}$$

其中 α 是一个常数。在第 t 轮，拉动的臂为

$$I_i=\operatorname*{argmax}_{i\in[K]}\langle\hat{\theta}_i,\boldsymbol{c}^t\rangle+C(\boldsymbol{c}^t,X_i). \tag{17.12}$$

该算法称为 LinUCB 算法（线性上置信度区间算法），其遗憾值为 $R^T=O(d\sqrt{T})$[393]。因此，LinUCB 算法的遗憾值在最坏情况下是近乎最优的。

(2) 上下文多臂老虎机的汤普森采样算法：将汤普森采样算法扩展到上下文多臂老虎机上，我们仅需要设计对 $\boldsymbol{\theta}_i$ 进行后验推理的算法。当 $f(\boldsymbol{c}^t,\boldsymbol{\theta}_i)=\langle\boldsymbol{c}^t,\boldsymbol{\theta}_i\rangle$ 且噪声 $\epsilon\sim\mathcal{N}(0,1)$ 时，若先验分布是 $\mathcal{N}(0,\boldsymbol{I})$，那么显然后验分布也是一个高斯分布。具体而言，后验分布如下。

$$\boldsymbol{\theta}_i\sim\mathcal{N}(\hat{\theta}_i,(\boldsymbol{I}+\boldsymbol{C}_i^\top\boldsymbol{C}_i)^{-1}). \tag{17.13}$$

我们称该算法为 LinTS 算法。尽管将汤普森采样扩展到上下文多臂老虎机上的方式十分直接，但它在上下文多臂老虎机上的性能也十分优异。Agrawal[394] 等证明汤普森采样在上下文多臂老虎机上的遗憾值最坏情况下不超过 $O(d\sqrt{T})$。同时，在实验中，汤普森采样在上下文多臂老虎机上也表现突出。

17.3 马尔可夫决策过程

多臂老虎机只考虑单一状态。本节介绍用于序列决策的马尔可夫决策过程，它是强化学习的一个基本模型，考虑每一时刻的决策对状态转移的影响，其中智能体所做的决策会通过交互的形式作用于环境。

17.3.1 基本定义

强化学习包括智能体和环境，二者之间进行交互。如图 17.1所示，智能体和环境的交互过程可以用一个序列描述，令 $t = 0, 1, 2, \cdots$ 表示离散的时间点，在每个时间点 t，智能体获得环境的状态 $S_t \in \mathcal{S}$，并基于该状态选择一个动作 $A_t \in \mathcal{A}$。在下一个时刻，智能体收到一个反馈信息（即奖励信号）$R_{t+1} \in \mathcal{R} \subset \mathbb{R}$ 并且发现环境状态变为 S_{t+1}。在每个时间点 t，智能体选取动作的过程是通过一个策略函数 π 实现的，策略函数是从状态到动作的概率分布的映射：

t 可以指具体的时间，也可以指决策任务中任何交替的步骤。

$$\pi : \mathcal{S} \times \mathcal{A} \to \mathbb{R}_+, \quad \sum_{a \in \mathcal{A}} \pi(a|s) = 1, \tag{17.14}$$

其中 $\pi(a|s)$ 表示在状态 $S_t = s$ 下选取动作 $A_t = a$ 的概率。这里为了简化，假设状态集合和动作集合都是有限的，且动作集合与状态无关。一种退化的情况是确定策略——根据当前状态直接选择最有可能的行为 $a^* = \arg\max_a \pi(a|s)$。

更一般地，$\mathcal{A}$ 可以根据状态变化。

智能体在做决策的过程中，产生一个决策序列，对于时刻 t，定义历史：

$$H_t = S_0, A_0, R_1, \cdots, S_{t-1}, A_{t-1}, R_t, S_t, A_t. \tag{17.15}$$

描述强化学习任务还需要刻画状态的转移。如图 17.1所示，在 t 时刻选择动作 A_t 之后，环境进行响应——产生奖励信号 R_{t+1} 并转移到状态 S_{t+1}。直观上，环境的响应应该与所有过去发生的事情（即历史 H_t）有关，表示为概率分布：

$$p(R_{t+1} = r, S_{t+1} = s'|H_t),\ \forall r, s'. \tag{17.16}$$

上述定义虽然普适，但一般很难求解。为此，需要对模型进行适当的假设，既保持一定的普适性，同时也有高效的求解算法。结合概率图模型的知识，一种合理的假设是状态转移概率 p 满足一阶马尔可夫性：

$$p(R_{t+1} = r, S_{t+1} = s'|H_t) = p(R_{t+1} = r, S_{t+1} = s'|S_t, A_t),\ \forall r, s'. \tag{17.17}$$

即当前的状态 S_t 和采取的动作 A_t 代表了所有的历史信息，是状态转移的充分统计量。马尔可夫性是强化学习决策过程的一个基本假设，使得决策过程存在高效的求解算法，同时，这种假设也意味着状态表示对于决策问题的求解很关键。

满足上述马尔可夫性的决策模型称为马尔可夫决策过程（Markov decision process，MDP），其具体定义如下。

定义 17.3.1（马尔可夫决策过程，MDP） MDP 由五元组 $<\mathcal{S}, \mathcal{A}, p, \mathcal{R}, \gamma>$ 组成，其中，$\mathcal{S}$ 为状态空间，$\mathcal{A}$ 为动作空间，转移矩阵

$$p(s', r|s, a) = p(R_{t+1} = r, S_{t+1} = s'|S_t = s, A_t = a), \tag{17.18}$$

决定了 MDP 的动态过程，$\mathcal{R}$ 为可能奖励的集合，$\gamma \in (0, 1)$ 是折扣系数。

图 17.3展示了一个 MDP 的例子。给定转移概率分布（17.18），可以计算环境相关的变量。例如，给定状态和采取的动作时，期望的奖励：

$$r(s,a)=\mathbb{E}[R_{t+1}|S_t=s,A_t=a]=\sum_{r\in\mathcal{R}}r\sum_{s'\in\mathcal{S}}p(s',r|s,a). \tag{17.19}$$

这里为了简化符号，假设奖励信号是离散的——对于连续奖励，相应的加和替换为积分。此外，状态转移概率为

$$p(s'|s,a)=p(S_{t+1}=s'|S_t=s,A_t=a)=\sum_{r\in\mathcal{R}}p(s',r|s,a). \tag{17.20}$$

在一些 MDP 模型中，进一步假设 $p(s',r|s,a)=p(s'|s,a)p(r|s,a)$，上述计算会变得更简单。

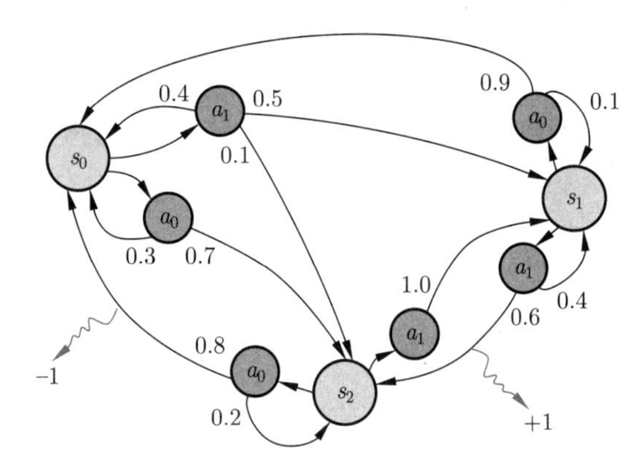

图 17.3　一个包含 3 个状态和 2 个动作的 MDP 例子

强化学习的目标为最大化长期的收益回报。回报的一种常用定义为

$$G_t=R_{t+1}+\gamma R_{t+2}+\gamma^2R_{t+3}+\cdots=\sum_{k=0}^{\infty}\gamma^kR_{t+k+1}, \tag{17.21}$$

其中折扣系数 γ 决定了未来奖励在当前的价值。从数值上看，k 步之后的未来奖励在当前的价值是直接奖励的 γ^{k-1} 倍。同时，由于 $\gamma<1$，当奖励值 R_t 是有界的，G_t 的无穷序列加和收敛到有限值。如果 $\gamma=0$，智能体将只考虑直接奖励，是短视的；γ 接近 1 时，智能体将更多考虑未来收益，是远见的。对于有限步完成的决策任务，G_t 的计算只到终止步骤即可。

另外一个重要概念是值函数（value function），它是衡量智能体在特定状态（或在特定状态选择特定动作）的期望回报。由于期望回报与智能体所采取的动作有关，因此，一般关心给定特定策略下的值函数。相应地，两种值函数的定义如下。

定义 17.3.2 (状态值函数)　在给定策略 π 下，智能体在状态 s 的值函数为

$$V_\pi(s)=\mathbb{E}_\pi[G_t|S_t=s]=\mathbb{E}_\pi\left[\sum_{k=0}^{\infty}\gamma^kR_{t+k+1}|S_t=s\right], \tag{17.22}$$

其中 $\mathbb{E}_\pi[\cdot]$ 表示当智能体采用策略 π 时对相关随机变量的期望。

定义 17.3.3 (动作值函数) 在给定策略 π 下，智能体在状态 s 下采取动作 a 的值函数（即期望回报）为

$$Q_\pi(s,a)=\mathbb{E}_\pi[G_t|S_t=s,A_t=a]=\mathbb{E}_\pi\left[\sum_{k=0}^{\infty}\gamma^k R_{t+k+1}|S_t=s,A_t=a\right]. \tag{17.23}$$

作为一个概率模型，MDP 有两类基本的推断任务。

(1) 预测：给定 MDP 和策略 π，计算状态值函数 $V_\pi(s)$；

(2) 控制：给定 MDP，计算最优状态值函数 V_* 和最优策略 π_*。

对于这两类任务，如果暴力计算，将费时、费力，对于存在多个策略的问题，甚至是不可行的；另外，计算中涉及求期望，即使可以使用蒙特卡洛方法，也可能因为方差过大，很难得到有效估计。下面介绍多种求解 MDP 的高效算法。

17.3.2 贝尔曼方程

首先推导 MDP 模型的一些良好性质。事实上，MDP 的值函数满足基本的递归性质：

$$\begin{aligned}
V_\pi(s)&=\mathbb{E}_\pi[G_t|S_t=s]\\
&=\mathbb{E}_\pi\left[\sum_{k=0}^{\infty}\gamma^k R_{t+k+1}|S_t=s\right]\\
&=\mathbb{E}_\pi\left[R_{t+1}+\gamma\sum_{k=0}^{\infty}\gamma^k R_{(t+1)+k+1}|S_t=s\right]\\
&=\sum_a\pi(a|s)\sum_{s',r}p(s',r|s,a)\left[r+\gamma\mathbb{E}_\pi\left[\sum_{k=0}^{\infty}\gamma^k R_{(t+1)+k+1}|S_{t+1}=s'\right]\right]\\
&=\sum_a\pi(a|s)\sum_{s',r}p(s',r|s,a)\left[r+\gamma V_\pi(s')\right].
\end{aligned} \tag{17.24}$$

该等式的左、右两边都是状态值函数的函数，称为状态值函数的贝尔曼方程（Bellman equation）。类似地，动作值函数 Q_π 也满足贝尔曼方程：

$$\begin{aligned}
Q_\pi(s,a)&=\mathbb{E}_\pi[G_t|S_t=s,A_t=a]\\
&=\mathbb{E}_\pi\left[R_{t+1}+\gamma\sum_{k=0}^{\infty}\gamma^k R_{(t+1)+k+1}|S_t=s,A_t=a\right]\\
&=R_{t+1}+\gamma\sum_{s',a'}p(s'|s,a)\pi(a'|s')\mathbb{E}_\pi\left[\sum_{k=0}^{\infty}\gamma^k R_{(t+1)+k+1}|S_{t+1}=s' A_{t+1}=a'\right]\\
&=R_{t+1}+\gamma\sum_{s',a'}p(s'|s,a)\pi(a'|s')Q_\pi(s',a').
\end{aligned} \tag{17.25}$$

上述递归式描述了一个状态的值函数与后续状态的值函数之间的关系。如图 17.4所示，从状态 s 出发，采取动作 a，转移到状态 s'，这种转移有很多种可能性，

贝尔曼方程实际上是对各种可能性的平均——根据每个转移发生的概率。图 17.4称为“回溯图”（backup diagram）——展示了如何通过后续状态（或状态-动作对）的价值“回溯”计算当前状态（或状态-动作对）的价值。这种特性实际上是一种“分治”，后文将基于该性质推导高效的计算值函数的动态规划方法。

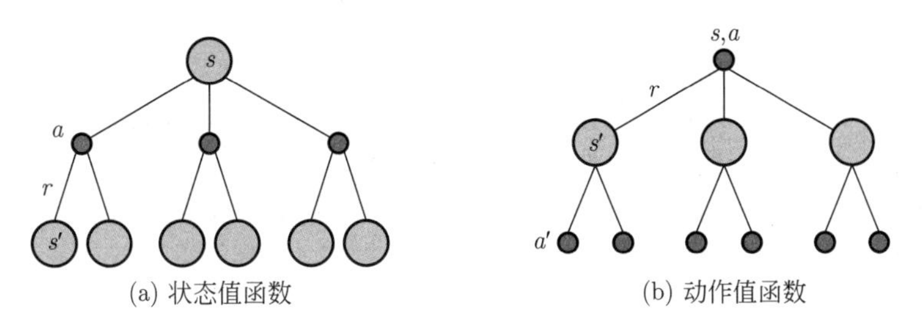

(a) 状态值函数　　(b) 动作值函数

图 17.4　马尔可夫决策过程的分治示意图

如果对强化学习的动态转移概率做一些额外假设，上述计算过程还可以得到进一步简化，如例 17.3.1。

例 17.3.1　假设 $p(s',r|s,a)=p(s'|s,a)p(r|s,a)$，则贝尔曼方程（17.24）可以简化为

$$V_\pi(s)=r_\pi(s)+\gamma\sum_{s'}\mathcal{P}^\pi_{ss'}V_\pi(s'), \tag{17.26}$$

其中 $r_\pi(s)=\sum_a\pi(a|s)\sum_r p(r|s,a)r$ 为在策略 π 下状态 s 的未来期望回报，$\mathcal{P}^\pi_{ss'}=p(S_{t+1}=s'|S_t=s)=\sum_a\pi(a|s)p(s'|s,a)$ 为状态转移的概率。将式 (17.26) 写成矩阵的形式为

$$V_\pi=r_\pi+\gamma\mathcal{P}^\pi V_\pi. \tag{17.27}$$

假设状态数为 n，则可以具体展开为

$$\begin{bmatrix}V_\pi(1)\\ \vdots\\ V_\pi(n)\end{bmatrix}=\begin{bmatrix}r_\pi(1)\\ \vdots\\ r_\pi(n)\end{bmatrix}+\gamma\begin{bmatrix}P^\pi_{11}&\cdots&P^\pi_{1n}\\ \vdots&\ddots&\vdots\\ P^\pi_{n1}&\cdots&P^\pi_{nn}\end{bmatrix}\begin{bmatrix}V_\pi(1)\\ \vdots\\ V_\pi(n)\end{bmatrix}. \tag{17.28}$$

17.3.3 最优化值函数与最优策略

根据值函数，可以定义最优策略 π_* 如下。

定义 17.3.4 (最优策略)　π_* 是最优策略当且仅当 $V_{\pi_*}(s)\geqslant V_{\pi'}(s)$ 对任意的 π' 和任意 $s\in\mathcal{S}$ 成立。

对于一个强化学习问题，总存在一个最优策略。最优策略的值函数称为最优值函数，分别简记为 V_* 和 Q_*:

$$V_*(s) = \max_{\pi} V_{\pi}(s) = V_{\pi_*}$$
$$Q_*(s,a) = \max_{\pi} Q_{\pi}(s,a) = Q_{\pi_*}(s,a).$$

根据定义，$Q_*(s,a)$ 表示的是在状态 s 下采取动作 a 且后续步骤按照最优策略进行，所能获得的期望回报。因此，可以得到二者的关系：

$$Q_*(s,a) = \mathbb{E}[R_{t+1} + \gamma V_*(S_{t+1})|S_t = s, A_t = a].$$

由于 V_* 是某一个策略的值函数，因此满足贝尔曼方程（17.24），称为贝尔曼最优化方程。具体地，在最优解条件下，显然满足等式 $V_*(s) = \max_a Q_{\pi_*}(s,a)$，即在最优策略下的状态 s 的值函数 V_* 等于在该状态选择最优动作的期望回报。因此，可以推导如下等式：

贝尔曼最优化方程

$$\begin{aligned}
V_*(s) &= \max_a Q_{\pi_*}(s,a) \\
&= \max_a \mathbb{E}_{\pi_*}\left[R_{t+1} + \gamma \sum_{k=0}^{\infty} \gamma^k R_{(t+1)+k+1}|S_t = s, A_t = a\right] \\
&= \max_a \mathbb{E}\left[R_{t+1} + \gamma V_*(S_{t+1})|S_t = s, A_t = a\right] \\
&= \max_a \sum_{s',r} p(s',r|s,a)[r + \gamma V_*(s')].
\end{aligned} \tag{17.29}$$

同理，可以得到 Q_* 的贝尔曼最优化方程：

$$\begin{aligned}
Q_*(s,a) &= \mathbb{E}[R_{t+1} + \gamma \max_{a'} Q_*(S_{t+1},a')|S_t = a, A_t = a] \\
&= \sum_{s',r} p(s',r|s,a)\left[r + \gamma \max_{a'} Q_*(s',a')\right].
\end{aligned} \tag{17.30}$$

对于有限状态的 MDP 问题，贝尔曼最优化方程（17.29）实际上是包括 $n = |\mathcal{S}|$ 个未知参数，n 个方程的方程组。因此，从理论上可以获得最优解。同理，对于 Q_*，贝尔曼最优化方程（17.30）是由 $|\mathcal{S}| \times |\mathcal{A}|$ 个未知变量构成的方程组。

得到最优的 Q_* 值函数之后，可以很容易地获得最优策略：对任意状态 s，最优的策略是选择动作 $a_* = \mathrm{argmax}_a Q_*(s,a)$，即 $\pi^*(a|s) = \delta_a(a_*)$。如果只得到最优的 V_* 值，也可以通过一步搜索的方法获得最优策略：对每个状态 s，存在一个或多个动作使得贝尔曼最优化方程（17.29）取得最大值，记这些动作的集合为 $\mathcal{A}'$，则任何一个只在 $\mathcal{A}'$ 上取非零概率的策略 $\pi(\cdot|s)$ 都是最优策略。

17.3.4 策略评估

策略评估（也称为预测任务）是计算给定策略 π 对应的值函数 V_π。式 (17.24) 给出了 V_π 应该满足的方程，在给定环境信息的情况下，该方程组包括 n 个未知参数、n 个线性方程，因此，理论上该方程组的解是可以直接求出来的，如例 17.3.2。

例 17.3.2 对于例 17.3.1的简化 MDP，从式 (17.27) 可以得到 V_π 的闭式解：

$$V_\pi = (\boldsymbol{I} - \gamma \mathcal{P}^\pi)^{-1} r_\pi. \tag{17.31}$$

但需要注意的是，直接解法的计算复杂度为 $O(n^3)$，仅能对小规模 MDP 问题得到准确解，但对大规模 MDP 问题，这样的直接解法并不现实。许多强化学习问题都等效为求 V 的解。通常，可以通过迭代法计算。

迭代法的基本流程为初始化 V_0，然后迭代更新：

$$\begin{aligned}V_{t+1}(s) &= \mathbb{E}_\pi\left[R_{t+1} + \gamma V_t(S_{t+1})|S_t = s\right] \\ &= \sum_a \pi(a|s) \sum_{s',r} p(s',r|s,a)\left[r + \gamma V_t(s')\right],\end{aligned} \tag{17.32}$$

其中迭代更新的过程遵循贝尔曼方程（17.24）；V_0 可以初始为任意值，但终止状态的初始值函数为 0。在迭代次数足够多（$t \to \infty$）时，该算法保证收敛到不动点 V_π。在实际实现中，当值函数的变化小于一定阈值 τ 时，终止迭代。

17.3.5 策略迭代算法

欲求最优值函数 $V^*(s)$ 与最优策略 π^*，可通过“预测-贪婪”的策略迭代算法得到——首先对目前的 π 进行预测，得到 V_π；然后采用贪婪法以 V_π 对策略 π 进行优化。策略迭代算法的基本流程如下。

(1) 随机初始化策略 π。

(2) 迭代如下步骤，直至满足收敛条件。

① 策略评估：计算当前策略的值函数 V_π；

② 策略提升：利用贪心法提升当前的策略：

$$\begin{aligned}\pi'(s) &= \underset{a}{\operatorname{argmax}}\, Q_\pi(s,a) \\ &= \underset{a}{\operatorname{argmax}}\, \mathbb{E}[R_{t+1} + \gamma V_\pi(S_{t+1})|S_t = s, A_t = a] \\ &= \underset{a}{\operatorname{argmax}} \sum_{s',r} p(s',r|s,a)\left[r + \gamma V_\pi(s')\right].\end{aligned} \tag{17.33}$$

从式 (17.33) 可以看到，贪心策略根据当前的值函数 V_π，通过向前看一步，选择（局部）“最优”的动作。理论上可以保证这种贪心法更新得到的新策略比原策略更好或者一样好。当新策略 π' 与原策略 π 一样好时，则有 $V_\pi = V_{\pi'}$，同时结合式 (17.33)，可以得到如下的等式：

$$\begin{aligned}V_{\pi'}(s) &= \max_a \mathbb{E}[R_{t+1} + \gamma V_\pi(S_{t+1})|S_t = s, A_t = a] \\ &= \max_a \sum_{s',r} p(s',r|s,a)\left[r + \gamma V_\pi(s')\right].\end{aligned} \tag{17.34}$$

因此，$V_{\pi'}$ 满足贝尔曼最优化方程（17.29），所以，π 和 π' 都是最优策略。

17.3.6 值函数迭代算法

策略迭代算法每一轮迭代都需要对当前策略进行评估，而后者本身的计算可能也需要一个迭代算法来完成。一种更加轻量的实现是值函数迭代算法，它每次只对值函数做一步更新。其基本过程如下。

(1) 随机初始化（例如：$V(s)=0 \quad \forall s \in \mathcal{S}$）。

(2) 按下式迭代更新值函数，直到满足终止条件：

$$V(s) \leftarrow \max_a \sum_{s',r} p(s',r|s,a)[r+\gamma V(s')].$$

这里的终止条件可以设为每轮迭代时 V 值最大变化量小于某个阈值。当算法收敛后，输出的最优策略 π^* 为

$$\pi^*(s) = \operatorname*{argmax}_a \sum_{s',r} p(s',r|s,a)[r+\gamma V(s')].$$

17.4 强化学习

前文假设 MDP 的环境动态变化信息 $p(s',r|s,a)$ 已知，但在实际应用中，$p(s',r|s,a)$ 往往是未知的。强化学习能够在与环境的不断交互中得到经验数据学习环境的属性。本节主要介绍两种常用的学习方法——蒙特卡洛采样法和时序差分学习，以及处理大规模状态空间的值函数近似方法等。

17.4.1 蒙特卡洛采样法

对于完成序列决策任务的智能体而言，经验数据是一个决策序列，表示为 $\{S_1, A_1, R_1, \cdots, S_T, A_T, R_T\}$，这里一般假设智能体在有限步能够完成任务。遵循第 14 章的基本原理，蒙特卡洛算法的基本思想是通过采样多个经验决策序列，构造期望回报的估计。

以估计给定策略 π 的状态值函数 V_π 为例，它实际上是一个期望：

$$V_\pi(s) = \mathbb{E}_{\tau\sim\pi}[G_t|S_t=s]. \tag{17.35}$$

利用蒙特卡洛估计的方法，可以通过给定的策略 π 获得一组决策序列的样本，计算每一个访问了状态 s 的决策序列 τ 对应的回报，它的平均值即可作为 $V_\pi(s)$ 的良好估计。具体而言，在采样中对于 $\forall s \in \mathcal{S}$，统计出在采样中 s 出现的次数 $N(s)$，以及它对应的回报的总和 $S(s)$，蒙特卡洛估计为 $V(s)=\dfrac{S(s)}{N(s)}$。由大数定律可知，当 $N(s)\to\infty$ 时，$V(s)\to V_\pi(s)$。

在具体实现时，通常采用顺序更新的方式计算 $N(s)$ 和 $V(s)$：

$$\begin{aligned} N(S_t) &\leftarrow N(S_t)+1 \\ V(S_t) &\leftarrow V(S_t)+\frac{1}{N(S_t)}(G_t-V(S_t)), \end{aligned} \tag{17.36}$$

其中 $\dfrac{1}{N(S_t)}$ 可用动态平均系数 α 代替，写成一般的更新公式：

$$V(S_t) \leftarrow V(S_t)+\alpha(G_t-V(S_t)), \tag{17.37}$$

其中 G_t 为从时间 t 开始的实际回报。

动态规划需要穷举所有可能的状态与行为，通过分治的策略得到期望回报，而蒙特卡洛方法则是通过不断的采样得到对期望回报的近似估计，本身并不涉及求期望。蒙特卡洛法在 MDP 模型未知时，或在状态空间较大时仍然可以有良好的效果。

如前文所述，当环境动态变化的模型已知时，通过状态值函数可以确定策略；但是，在环境动态变化的模型未知时，只有状态值函数是不充分的。因此，蒙特卡洛方法的首要目标是估计动作值函数 Q，具体的扩展如下。

(1) 对于策略评估问题——给定策略 π，估算 $Q_\pi(s,a)$，上述蒙特卡洛方法可以直接扩展过来，唯一区别在于：这里需要计算访问状态-动作对 (s,a) 的决策序列样本，及其对应的回报总和。类似地，这种估计方法会收敛到目标期望 $Q_\pi(s,a)$。

(2) 对于控制问题——寻找最优策略 π_*，蒙特卡洛方法也可以扩展用于策略迭代算法中。具体地，在策略迭代算法中，对当前策略的评估可以利用上述蒙特卡洛方法进行计算。然后，给定当前估算的值函数，可以通过贪心法更新策略。这种更新同样可以保证是对当前策略的改进（或者已经收敛到最优策略）。蒙特卡洛版本的策略迭代算法如算法 1 所示。

算法 1 蒙特卡洛版本的策略迭代算法

1. **初始化：** 随机初始 π 和 $Q(s,a)$，令 $N(s,a)=0$, $k=1$.
2. **loop**
3. 在第 k 次迭代中对事件轨迹进行采样 $(S_1, A_1, R_2, \cdots, S_T) \sim \pi_k$
4. **for** 对于事件轨迹中的所有 S_t, A_t **do**
5. $N(S_t, A_t) \leftarrow N(S_t, A_t) + 1$
6. $Q(S_t, A_t) \leftarrow Q(S_t, A_t) + \dfrac{1}{N(S_t, A_t)}(G_t - Q(S_t, A_t))$
7. **end for**
8. $k \leftarrow k+1$
9. 对任意 s，$\pi_k(s) = \operatorname{argmax}_a Q(s,a)$
10. **end loop**
11. **输出:** 最优化策略 π^*

17.4.2 时序差分学习

时序差分（temporal-difference，TD）学习是一种融合了蒙特卡洛采样与动态规划的强化学习方法。TD 算法与蒙特卡洛方法相似的地方在于它们都是用决策过程的经验数据进行估计和学习，二者的不同之处在于蒙特卡洛方法需要执行决策过程，直到结束以获得如式 (17.37) 的 G_t，而 TD 算法不需要对整个决策轨迹采样。

具体而言，最简单的时序差分算法为 TD(0)（或称 1 阶 TD），其更新公式为

$$V(S_t) \leftarrow V(S_t) + \alpha(R_{t+1} + \gamma V(S_{t+1}) - V(S_t)), \tag{17.38}$$

其中 $R_{t+1} + \gamma V(S_{t+1})$ 称为 TD 目标，$\delta_t = R_{t+1} + \gamma V(S_{t+1}) - V(S_t)$ 称为 TD 误差。这种利用当前 V 估计值更新 V 本身的方法称为“自举”（bootstrapping）。根据 V_π

的定义，可得：

$$\begin{aligned} V_\pi(s) &= \mathbb{E}_\pi[G_t|S_t = s] \\ &= \mathbb{E}_\pi\left[R_{t+1} + \gamma \sum_{k=0}^{\infty} \gamma^k R_{(t+1)+k+1} | S_t = s\right] \\ &= \mathbb{E}_\pi\left[R_{t+1} + \gamma V_\pi(S_{t+1}) | S_t = s\right]. \end{aligned} \tag{17.39}$$

因此，TD 目标实际上是对式 (17.39) 中期望的一个蒙特卡洛估计，并且采用了“自举”的方法——用当前估计的 $V(S_{t+1})$ 代替真实但未知的 $V_\pi(S_{t+1})$。

相对于蒙特卡洛方法，TD 学习具有在线性，可以在每一步对结果进行更新，而不需要等待序列决策完成。事实上，我们可以考虑接下来 n 个时刻的 $V(S_i)$，用以更新 $V(S_t)$，这种方法称为 n 阶 TD。具体地，定义 n 步收益返回值：

$$G_t^n = R_{t+1} + \gamma R_{t+2} + \cdots + \gamma^{n-1} R_{t+n} + \gamma^n V(S_{t+n}). \tag{17.40}$$

仿照 TD(0) 的形式，可以将 n 阶 TD 定义为

$$V(S_t) \leftarrow V(S_t) + \alpha(G_t^n - V(S_t)). \tag{17.41}$$

可以观察到，当 $n \to \infty$ 时，实际上等同于蒙特卡洛采样法。

在实际应用中，往往采用不同阶数的回报的线性组合作为实际的回报，这样的好处是它可以利用更多的信息，在实践中能够取得更高的精度，最简单的是直接对不同阶数的回报求平均，例如：$G_t = \dfrac{1}{2}G_t^2 + \dfrac{1}{2}G_t^4$。更有效的方法为 λ-收益返回值，用 $(1-\lambda)\lambda^{n-1}$ 的权重将 1 至 ∞ 阶的收益返回值进行级数求和，这样的权重设置是为了保证归一化：

$$G_t^\lambda = (1-\lambda)\sum_{n=1}^{\infty} \lambda^{n-1} G_t^n. \tag{17.42}$$

相应地，λ-TD 算法的更新公式为

$$V(S_t) \leftarrow V(S_t) + \alpha(G_t^\lambda - V(S_t)). \tag{17.43}$$

17.4.3 Sarsa 算法

本节介绍 TD 算法的一个变种——Sarsa 算法。类似于蒙特卡洛方法，在“预测-贪婪”的策略迭代框架下，基于策略评估的 TD 算法，可以进一步寻找最优的策略（即控制问题），在贪婪环节则用 ϵ-贪婪探索替代原本的贪婪法，其中 ϵ-贪婪探索的具体实现如下。

(1) 所有动作均有非 0 的概率被选择；

(2) 在每一次选择时有 $1-\epsilon$ 概率选择目前最优解，ϵ 概率在所有动作中随机选择。

这样的好处是能够均衡“探索”和“利用”，在实践中往往将 ϵ 初始化为一个较大的值，使得在初期鼓励智能体进行探索，在后期逐渐减小 ϵ，以使在策略已经较优之后倾向于利用已知最优策略。

为了便于求解最优策略，我们利用 TD 算法估计动作值函数 $Q(s,a)$。具体地，在每一次序列决策中，Sarsa 算法利用序列决策中的每一步对 Q-值函数进行更新：

$$Q(S_t,A_t) \leftarrow Q(S_t,A_t) + \alpha[R_{t+1} + \gamma Q(S_{t+1},A_{t+1}) - Q(S_t,A_t)]. \tag{17.44}$$

每次从一个非终止状态 S_t 选取动作 A_t 之后，都利用该式对 Q 值进行更新。如果 S_{t+1} 为终止状态，则 $Q(S_{t+1},A_{t+1})=0$。由于该算法每次更新利用了“状态-动作-奖励-状态-动作”五元组 $(S_t,A_t,R_{t+1},S_{t+1},A_{t+1})$ 的信息，故得名 Sarsa 算法（state-action-reward-state-action）。Sarsa 算法具体如算法 2 所示。

算法 2　Sarsa 算法

随机初始化 $Q(s,a)$, $\forall s \in \mathcal{S}, a \in \mathcal{A}$，对于序列决策终态 s_T，$Q(s_T,\cdot)=0$
for 对于每一个训练周期 **do**
　1. 初始化 S 为初态
　2. 根据 S 与由 Q-值函数导出的策略（如贪婪法）选择行动 A
　repeat
　　3. 采用行动 A 后观测状态转移 S' 与收益 R
　　4. 根据 S' 与由 Q-值函数导出的策略（如贪婪法）选择行动 A'
　　5. 更新 $Q(S,A) \leftarrow Q(S,A) + \alpha[R + \gamma Q(S',A') - Q(S,A)]$
　　6. $S \leftarrow S', A \leftarrow A'$
　until S 为终态
end for
输出: $Q(S,A)$

Sarsa 算法本质上为 1 阶 TD 算法，我们同样可以采用上文介绍的 λ-TD 对 Q-值函数进行更新：

$$\begin{aligned} Q_t^{(n)} &= R_{t+1} + \gamma R_{t+2} + \cdots + \gamma^{n-1} R_{t+n-1} + \gamma^n Q(S_{t+n},A_{t+n}) \\ Q_t^{\lambda} &= (1-\lambda)\sum_{n=1}^{\infty} \lambda^{n-1} Q_t^{(n)} \\ Q(S_t,A_t) &\leftarrow Q(S_t,A_t) + \alpha(Q_t^{\lambda} - Q(S_t,A_t)). \end{aligned} \tag{17.45}$$

相应地，称改进后的算法为 Sarsa(λ) 算法。

17.4.4　Q-学习

Sarsa 算法为在线策略学习算法，生成数据的策略与所进行优化的策略相同。为了均衡探索-利用，在线策略学习算法需要采用非最优的策略以探索尽可能多的策略空间，随后在策略成熟时转向利用现有最优解。

Q-学习算法收敛到最优的动作值函数 Q_*，独立于所采用的获得经验数据的策略，因此也被称为离线策略（off-policy）强化学习。离线策略学习算法采用了两种不同的策略，用于生成数据的策略 μ 更加鼓励探索，称为行为策略；而用于优化的策略 π 则最终成为所求的最优策略，称为目标策略。

在 Q-学习算法中，目标策略 π 对 $Q(s,a)$ 采用贪婪法：

$$\pi(S_{t+1}) = \underset{a'}{\operatorname{argmax}}\, Q(S_{t+1}, a')$$

行为策略 μ 可以完全随机，也可以采用 ϵ-贪婪法对它的表现缓慢提升。Q-学习算法的目标为

$$\begin{aligned} R_{t+1} + \gamma Q(S_{t+1}, A') &= R_{t+1} + \gamma Q(S_{t+1}, \underset{a'}{\operatorname{argmax}}\, Q(S_{t+1}, a')) \\ &= R_{t+1} + \gamma \max_{a'} Q(S_{t+1}, a'). \end{aligned} \tag{17.46}$$

因此，Q-学习算法对 Q-值函数的更新公式为

$$Q(S_t, A_t) \leftarrow Q(S_t, A_t) + \alpha[R_{t+1} + \gamma \max_{a} Q(S_{t+1}, a) - Q(S_t, A_t)]. \tag{17.47}$$

具体流程如算法 3 所示。

算法 3　Q-学习

随机初始化$Q(s,a)$, $\forall s \in \mathcal{S}, a \in \mathcal{A}$，对于序列决策终态 s_T，$Q(s_T, \cdot\,) = 0$
for 对于每一个训练周期 **do**
　1. 初始化 S 为初态
　repeat
　　2. 根据 S 与由 Q-值函数导出的策略（例如贪婪法）选择行动 A
　　3. 采用行动 A 后观测状态转移 S' 与收益 R
　　4. $Q(S_t, A_t) \leftarrow Q(S_t, A_t) + \alpha[R_{t+1} + \gamma \max_a Q(S_{t+1}, a) - Q(S_t, A_t)]$
　　5. $S \leftarrow S'$
　until S 为终态
end for
输出： $Q(S, A)$

17.4.5 值函数近似

对于状态和动作均有限的 MDP，动作值函数（及状态值函数）可以用矩阵表示，通过给定的状态-动作对 (s,a) 查找对应的回报。但当 MDP 问题规模变大时，内存和时间复杂度的限制使得这样的方法变得不可行。为了避免显式地存储值函数矩阵，可以采用参数化的方式近似表示值函数与策略。首先，以给定策略 π 计算状态值函数 V_π 为例，参数化的近似为

$$V_\pi(s) \approx \hat{V}(s, \boldsymbol{w}), \tag{17.48}$$

这里，$\boldsymbol{w}$ 为权重向量。在这里也可以采用常见的函数拟合的网络，如基于给定特征的线性回归，自动学习特征表示的神经网络，以及决策树等。一般情况下，参数 $\boldsymbol{w}$ 的维度远小于状态的个数，对参数的更新可以作用到所有状态上，因此，这种方法可以在状态之间进行泛化。

对于未知参数 $\boldsymbol{w}$，可以使用蒙特卡洛或 TD 学习的方式进行更新。具体地，假设给定值函数 V_π 的真实值，最优的函数近似可以通过最小化均方误差获得：

$$J(\boldsymbol{w}) = \mathbb{E}_\pi[(V_\pi(s) - \hat{V}(s,\boldsymbol{w}))^2].$$

利用梯度下降的方法可以对该问题进行求解：

$$\boldsymbol{w}_{t+1} = \boldsymbol{w}_t - \frac{1}{2}\alpha\nabla_{\boldsymbol{w}}J(\boldsymbol{w}),$$

其中 α 为非负的学习步长参数。

但实际应用中 $V_\pi(s)$ 是未知的，因此需要用某种估计 V_t 替代，得到更新公式：

$$\Delta\boldsymbol{w} = -\frac{1}{2}\alpha(V_t - \hat{V}(s,\boldsymbol{w}))\nabla_{\boldsymbol{w}}\hat{V}(s,\boldsymbol{w}). \tag{17.49}$$

对于蒙特卡洛方法，可以采用 $V_t = G_t$ 替代 $V_\pi(s)$；而对于 1 阶 TD，则采用 $V_t = R_{t+1} + \gamma\hat{V}(s_{t+1},\boldsymbol{w})$。当 V_t 是无偏估计时，在合适的步长设置下，该梯度迭代算法收敛到局部最优解。

下面具体分析一些特例。

例 17.4.1 (线性函数近似) 对于每个状态，可以用一个特征向量表示：

$$\boldsymbol{x}(s) = (x_1(s), x_2(s), \cdots, x_n(s))^\top. \tag{17.50}$$

例如，对于过山车而言，可以用位置和速度描述它的状态；对于摇杆游戏而言，可以通过摇杆的位置、速度、角度、角速度等对摇杆的状态进行描述。利用特征向量的线形组合可以得到值函数的近似：

$$\hat{V}(s,\boldsymbol{w}) = \boldsymbol{w}^\top\boldsymbol{x}(s) = \sum_{j=1}^{n} x_j(s)w_j. \tag{17.51}$$

对应的梯度下降的更新项可以简写为

$$\Delta\boldsymbol{w} = -\frac{1}{2}\alpha(V_\pi(s) - \hat{V}(s,\boldsymbol{w}))\boldsymbol{x}(s). \tag{17.52}$$

对于线性函数近似的例子，在合适的步长设置下，梯度下降算法收敛到全局最优解。在特征表示设置合适的情况下，该方法一般比较高效。

上述函数近似的思想可以直接扩展，用于估计动作值函数，以及求解最优策略。具体地，对动作值函数进行参数化近似 $\hat{Q}(s,a,\boldsymbol{w}) \approx Q_\pi(s,a)$。同样，可以通过定义回归任务估计未知参数 $\boldsymbol{w}$：

$$J(\boldsymbol{w}) = \mathbb{E}_\pi[(Q_t - \hat{Q}(s,a,\boldsymbol{w}))^2], \tag{17.53}$$

其中回归任务的目标输出 Q_t 可以是真实值 $Q_\pi(S_t,A_t)$ 的任何估计。例如，在蒙特卡洛方法中，$Q_t = G_t$；在一步的 Sarsa 方法中，$Q_t = R_{t+1} + \gamma\hat{Q}(S_{t+1},A_{t+1},\boldsymbol{w}_t)$。参数的梯度更新的一般形式为

$$\Delta\boldsymbol{w} = \alpha(Q_t - \hat{Q}(S_t,A_t,\boldsymbol{w}_t))\nabla_{\boldsymbol{w}}\hat{Q}(S_t,A_t,\boldsymbol{w}_t). \tag{17.54}$$

基于动作值函数的估计，可以进一步结合策略提升的方法获得最优策略 π^*，具体地，在当前状态 S_t 下，利用上述估计可以得到 $\hat{Q}(S_t,a,\boldsymbol{w}_t)$，然后利用贪心策略找到 $a_t^* = \mathrm{argmax}_a\,\hat{Q}(S_t,a,\boldsymbol{w}_t)$，并更新当前的策略 π_t。

线性的函数近似一般需要手动设计特征向量，而非线性函数近似可以直接从状态中学习特征，例如神经网络。深度强化学习采用深度神经网络拟合值函数、策略与环境模型，并采用随机梯度下降对神经网络进行优化。一个成功的例子为 Deep Q-Networks（简称 DQN）[395]，它采用神经网络对动作值函数进行拟合，采用同样的网络与超参数设置，能够在多种雅达利游戏上取得超过人类玩家的表现。

在采用值函数近似的 Q-学习方法中，往往存在如下两个问题：①连续采样的样本之间存在关联；②所优化目标函数为非静态。DQN 网络对此问题的解决方法为：①经验回放；②在一定时间周期内固定目标函数。经验回放指将所收集的序列决策历史存储起来，从中随机提取某一步决策的数据对网络进行更新，因而可以破坏原本连续采样的决策步之间较强的相关性，使之更接近独立同分布的数据。第二点是由于神经网络需要对原本的值函数估计值进行拟合，但随着神经网络的优化，采用神经网络估计的值函数值也会对应发生变化，这将导致训练不稳定，因此，在一定时间内固定对值函数的估计，使得神经网络对值函数的近似值进行拟合，在一定时间之后重新更新值函数的估计。

17.4.6 策略搜索

最后简单介绍一下直接求得参数化的策略 $\pi_{\boldsymbol{\theta}}(a|s)$ 的方法，其中 $\boldsymbol{\theta}$ 为在学习中调整的参数，对应的输出 $\pi_{\boldsymbol{\theta}}(a|s)$ 为在状态 s 下选择动作 a 的概率。我们的目标为通过调整参数 $\boldsymbol{\theta}$ 使得 $\pi_{\boldsymbol{\theta}}(a|s)$ 拟合于最优策略。而衡量一个策略的好坏，可以仿照式 (17.35)，以策略 $\pi_{\boldsymbol{\theta}}(a|s)$ 生成的事件轨迹 τ 上的收益和的期望进行衡量。值得注意的是，这里没有衰减系数 γ：

$$J(\boldsymbol{\theta}) = \mathbb{E}_{\tau\sim\pi_{\boldsymbol{\theta}}}[\sum_t r(s_t, a_t^{\tau})] \approx \frac{1}{m}\sum_m\sum_t r(s_{t,m}, a_{t,m}), \tag{17.55}$$

其中 τ 为事件轨迹，m 为采集到的轨道数目。基于策略的强化学习目标为 $\boldsymbol{\theta}^* = \operatorname{argmax}_{\boldsymbol{\theta}} J(\boldsymbol{\theta})$。

若 $J(\boldsymbol{\theta})$ 可微，则可采用基于梯度的方式进行优化，包括梯度下降法、共轭梯度法、牛顿法等。若 $J(\boldsymbol{\theta})$ 不可微，或梯度难以计算，则可采用不依赖梯度的算法进行优化，例如爬山法、遗传算法等。这里重点介绍梯度优化的方法。对于 $\nabla_{\boldsymbol{\theta}}\pi_{\boldsymbol{\theta}}(s,a)$，可以使用如下技巧，利用似然比求出它的值：

$$\begin{aligned}\nabla_{\boldsymbol{\theta}}\pi_{\boldsymbol{\theta}}(s,a) &= \pi_{\boldsymbol{\theta}}(s,a)\frac{\nabla_{\boldsymbol{\theta}}\pi_{\boldsymbol{\theta}}(s,a)}{\pi_{\boldsymbol{\theta}}(s,a)} \\ &= \pi_{\boldsymbol{\theta}}(s,a)\nabla_{\boldsymbol{\theta}}\log\pi_{\boldsymbol{\theta}}(s,a).\end{aligned} \tag{17.56}$$

由此，$\nabla_{\boldsymbol{\theta}}\log\pi_{\boldsymbol{\theta}}(s,a)$ 也被称为得分函数。这种技巧在概率推断中也较为常见，将原本函数的梯度转化为求函数的值与它的对数函数的梯度。由此，我们得到概率密度的梯度场，可以在此基础上进行优化。接下来给出两个实例。

例 **17.4.2 (Softmax 策略)** 对于各个动作的权重，Softmax 策略使用特征的

线性组合 $\boldsymbol{\phi}(s,a)^\top\boldsymbol{\theta}$ 进行刻画。而选择某个动作的概率则正比于对应的权重的指数：

$$\pi_{\boldsymbol{\theta}}(s,a)=\frac{\exp(\boldsymbol{\phi}(s,a)^\top\boldsymbol{\theta})}{\sum_{a'}\exp(\boldsymbol{\phi}(s,a')^\top\boldsymbol{\theta}}. \tag{17.57}$$

对应的得分函数为

$$\nabla_{\boldsymbol{\theta}}\log\pi_{\boldsymbol{\theta}}(s,a)=\boldsymbol{\phi}(s,a)-\mathbb{E}_{\pi_{\boldsymbol{\theta}}}[\boldsymbol{\phi}(s,\cdot)]. \tag{17.58}$$

例 17.4.3 (正态策略) 若动作空间连续，则可自然地定义选择某项动作的概率服从正态分布。定义权重 $\mu(s)=\boldsymbol{\phi}(s)^\top\boldsymbol{\theta}$，方差 σ^2 通常固定或采用参数化设定，则自然地 $a\sim\mathcal{N}(\mu(s),\sigma^2)$；对应的得分函数为

$$\nabla_{\boldsymbol{\theta}}\log\pi_{\boldsymbol{\theta}}(s,a)=\frac{(a-\mu(s))\phi(s)}{\sigma^2}. \tag{17.59}$$

17.5 延伸阅读

限于篇幅，本章介绍了经典的 MDP 模型，其中智能体可观测完整的环境状态。当智能体只能观测部分状态或者观测的状态带有噪声时，这类任务一般建模成部分可观测马尔可夫决策过程（partially observed Markov decision process，POMDP）[396–397]。与 MDP 相比，POMDP 通过构建一个概率模型对实际观察值 $o\in\Omega$ 的产生方式进行建模，描述其在给定（未知）状态下的概率分布（如 $p(o|s,a)$ 或者 $p(o|s)$）；因此，在求解 POMDP 问题时，需要额外推断环境状态的“后验概率分布”。作为一个概率模型，MDP 与概率图模型紧密相关，事实上，最大熵强化学习可以等价为概率图模型的推断问题[398]。相应地，POMDP 模型也可以描述为概率图模型的推断问题[399]。

在强化学习中利用神经网络表示策略或值函数的思想早在 20 世纪 90 年代就存在，其中一个成功案例是玩西洋双陆棋游戏的 TD-Gammon 算法[400]。2012 年之后，随着深度学习的快速进展，越来越多的人关注使用深度神经网络来近似值函数或策略。代表性的进展包括玩 Atari 游戏的深度 Q-学习网络[395]、下围棋的 AlphaGo[25] 和 AlphaZero[401] 等算法。

关于强化学习的其他方向，包括逆强化（inverse RL）[402]、安全强化学习（safe RL）[403] 等。逆强化学习是指奖励函数未知，通过给定的专家行为数据推断奖励函数，因此，需要模仿观察到的行为来获得（近似）最优的策略。安全强化学习是指寻找最优策略时，在需要保证性能的前提下，遵循一些安全性约束；这些约束可以定义在训练阶段或部署阶段。

最后，强化学习分为无模型（model-free）的方法和基于模型（model-based）的方法。后者是指已知或学习 MDP 动力学模型（如状态转移概率）[404]，并基于该模型进行强化学习。对于 MDP 动力学模型的建模和估计，存在多种方法，既包括参数化的模型（如贝叶斯网络或神经网络），也包括非参数化的方法（如高斯过程[320]）。更多内容请读者参阅强化学习的经典教材[405]。

17.6 习题

习题 1　若所有臂的收益均为常数（即没有随机性），证明在该设定中 UCB 算法的遗憾值满足 $R^T \leqslant \sum_{i \neq i^*} \frac{2\log T}{\theta_{i^*} - \theta_i}$.

习题 2　(1) 若在伯努利多臂老虎机中，UCB 算法运行的过程满足 $\forall t, |\theta_k - \hat{\theta}_{tk}| < C(t, N_t^k)$，证明此时 UCB 算法的遗憾值满足 $R^T \leqslant \sum_{i \neq i^*} \frac{8\log T}{\theta_{i^*} - \theta_i}$。

(2) 利用 (1) 中的结论和 Chernoff-Hoeffding 不等式，证明一般情况下，UCB 算法在伯努利多臂老虎机的遗憾值满足 $\mathbb{E}R^T \leqslant \sum_{i \neq i^*} \frac{8\log T}{\theta_{i^*} - \theta_i} + c$，其中 c 是和 T 无关的常数。

习题 3　在汤普森采样算法中，假设 θ_i 的先验分布为 $\mathcal{N}(0,1)$，且每次观测得到的收益 r_i 服从分布 $\mathcal{N}(\theta_i, 1)$，求当第 i 个臂观测到收益为 $[x_1, x_2, \cdots, x_n]$ 时 θ_i 的后验分布。

习题 4　给定如图 17.5所示的 MDP 模型，其中包括三个状态（S_0, S_1, S_2）和两个动作（a_0, a_1），假设折扣因子 $\gamma = 0.9$。使用值函数迭代算法求解最优值函数，记 $\boldsymbol{V}^k$ 为三个状态在值函数迭代算法的第 k 步的值，并设初始值函数向量为 $\boldsymbol{V}^0 = 0$（即每个状态对应的值函数均为 0），试回答如下问题。

(1) 计算值函数向量 $\boldsymbol{V}^1$ 和 $\boldsymbol{V}^2$；

(2) 编写代码计算 $\boldsymbol{V}^k$，并报告它们的收敛结果；

(3) 尝试不同的初始值 $\boldsymbol{V}^0$，判断它们是否都收敛到同一最优值函数？

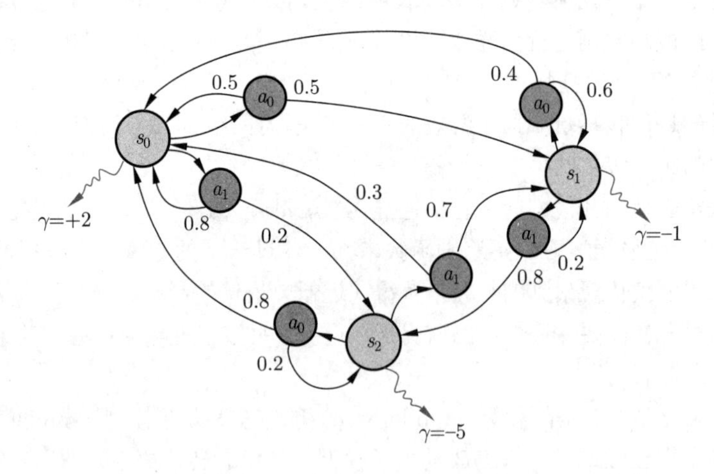

图 17.5　一个包含三个状态、两个动作的 MDP 模型

习题 5　证明：不论在如 17.2.3节中使用贝塔分布还是在如题 3 中使用高斯分布

的汤普森采样算法中，均有 $p(|\hat{\theta}_i^t - \hat{\theta}_{ti}| > C(t, N_t^k)) < \dfrac{2}{t}$，其中 $C(t, N_t^k)$ 的定义如式 (17.6)。

习题 6 (1) 定义算子 $\mathcal{T}^\pi$：$(\mathcal{T}^\pi \boldsymbol{V})(s) = \sum\limits_{s',r}[r + \gamma V(s')]p(s', r|s, \pi(s))$，证明对任意两个值函数 $\boldsymbol{V}$ 和 $\boldsymbol{V}'$，都满足 $|\mathcal{T}^\pi V(s) - \mathcal{T}^\pi V'(s)| \leqslant \gamma\|\boldsymbol{V} - \boldsymbol{V}'\|_\infty$，其中 $\boldsymbol{V}$ 表示 $V(s)$ 组成的值函数向量。

(2) 利用 (1) 中的结论以及压缩映射定理，证明利用式 (17.32) 对值函数 $\boldsymbol{V}$ 进行策略评估会收敛到策略的真实值函数 V_π。

习题 7 (1) 定义算子 $\mathcal{T}^\pi$：$(\mathcal{T}^\pi \boldsymbol{V})(s) = \max_a \sum\limits_{s',r}[r + \gamma V(s')]p(s', r|s, a)$，证明对任意两个值函数 $\boldsymbol{V}$ 和 $\boldsymbol{V}'$，满足 $|\mathcal{T}^\pi V(s) - \mathcal{T}^\pi V'(s)| \leqslant \gamma\|\boldsymbol{V} - \boldsymbol{V}'\|_\infty$，其中 $\boldsymbol{V}$ 表示 $V(s)$ 组成的值函数向量。

(2) 利用 (1) 中的结论以及压缩映射定理，证明 17.3.6节的值函数迭代算法收敛到最优值函数 V_*。

习题 8 证明蒙特卡洛估计误差 $m_t = G_t - V(S_t)$ 可以写成一系列 TD 估计误差的和，其中 $G_t = R_{t+1} + R_{t+2} + \cdots + R_T$；在 t 时刻，TD 估计误差为 $\delta_t = R_{t+1} + \gamma V(S_{t+1}) - V(S_t)$。

习题 9 假设一个赌徒在赌场赌博，起始为 2 枚金币，每次赌注为 1 枚金币，若赌输，则减一枚金币，若赌赢，则加一枚金币，每次胜率为 0.5。赌徒获得 5 枚金币或者输完所有金币后，游戏结束。

(1) 把该问题建模成 MDP 问题；

(2) 根据蒙特卡洛采样法和 1 阶 TD 方法分别编写代码估计赌徒获得 5 枚金币的概率，并报告动态平均系数 α 对收敛性和结果的影响。

参 考 文 献

[1] Marx V. Biology: The big challenges of big data[J]. Nature, 2013(498): 255–260.

[2] Dayaratna A. Ibm releases big data software on smartcloud; cognos for ipad[EB/OL]. [2023-01-10]. https://www.huffingtonpost.com/arnal-dayaratna/ibm-releases-big-data-sof_b_1031951.html, 2011.

[3] Mitchell T M. The discipline of machine learning[EB/OL].[2023-02-05]. http://www.cs.cmu.edu/~tom/pubs/MachineLearning.pdf.

[4] Ramesh A, Dhariwal P, Nichol A. Hierarchical text-conditional image generation with clip latents[C]. arXiv:2204.06125, 2022.

[5] Rombach R, Blattmann A, Dominik L, et al. High-resolution image synthesis with latent diffusion models[C]. IEEE Conference on Computer Vision and Pattern Recognition, 2022.

[6] Cover T, Hart P. Nearest neighbor pattern classification[J]. IEEE Transactions on Information Theory, 1967, 13(1): 21–27.

[7] Lee D T, Wong C K. Worst-case analysis for region and partial region searches in multidimensional binary search trees and balanced quad trees[J]. Acta Informatica, 1977, 9(1): 23–29.

[8] Arya S, Mount D. Approximate nearest neighbor queries in fixed dimensions[C]// Annual ACM/SIGACT-SIAM Symposium on Discrete Algorithms, 1993: 271–280.

[9] Malkov Y A, Yashunin D A. Efficient and robust approximate nearest neighbor search using hierarchical navigable small world graphs[J]. IEEE Transactions on Pattern Analysis and Machine Intelligence (TPAMI), 2020, 42(4): 824–836.

[10] Suarez J L, García S, Herrera F. A tutorial on distance metric learning: Mathematical foundations, algorithms, experimental analysis, prospects and challenges[J]. Neurocomputing, 2021, 425(15): 300–322.

[11] Turing A M. Computing machinery and intelligence[J]. Mind, 1950, LIX(236): 433–460.

[12] Samuel A L. Some studies in machine learning using the game of checkers[J]. IBM Journal of Research and Development, 1959, 3(3):210–229.

[13] 张钹，朱军，苏航. 迈向第三代人工智能 [J]. 中国科学：信息科学, 2020, 50(9): 1281–1302.

[14] Rosenblatt F. The perceptron: a probabilistic model for information storage and organization in the brain[J]. Psychological Review, 1958, 65(6): 386.

[15] Rumelhart D, Hinton G, Williams R. Learning representations by back-propagating errors[J]. Nature, 1986, 323(6088): 533–536.

[16] Barker V E, O'Connor D E, Bachant J, et al. Expert systems for configuration at digital: Xcon and beyond[J]. Communications of the ACM, 1989, 32(3): 298–318.

[17] Pearl J. Probabilistic reasoning in intelligent systems: networks of plausible inference[M]. San Francisco: Morgan Kaufmann, 1988.

[18] Schapire R, Freund Y. Boosting: Foundations and Algorithms[M]. Cambridge: MIT Press, 2012.

[19] Cortes C, Vapnik V N. Support-vector networks[J]. Machine learning, 1995, 20(3): 273–297.

[20] Hinton G E, Salakhutdinov R R. Reducing the dimensionality of data with neural networks[J]. Science, 2006, 313(5786): 504–507.

[21] Hinton G E, Osindero S, Teh Y W. A fast learning algorithm for deep belief nets[J]. Neural Computation, 2006, 18(7): 1527–1554.

[22] Mikolov T, Karafiát M, Burget L, et al. Recurrent neural network based language model[C]. Eleventh Annual Conference of the International Speech Communication Association, 2010.

[23] Krizhevsky A, Sutskever I, Hinton G E. Imagenet classification with deep convolutional neural networks[C]//Advances in Neural Information Processing Systems, 2012: 1097–1105.

[24] Hinton G, Deng L, Yu D, et al. Deep neural networks for acoustic modeling in speech recognition: The shared views of four research groups[J]. IEEE Signal Processing Magazine, 2012, 29(6): 82–97.

[25] Silver D, Huang A, Maddison C J, et al. Tmastering the game of go with deep neural networks and tree search[J]. Nature, 2016, 529(7587): 484–489.

[26] Nilsson N J. Learning Machines: Foundations of Trainable Pattern-Classifying Systems[M]. New York: McGraw-Hill Companies, 1965.

[27] Duda R, Hart P. Pattern Recognition and Scene Analysis[J]. Computer Science, 1974, 7(4): 370.

[28] Mitchell T. Machine Learning[M]. New York: McGraw Hill, 1997.

[29] Bishop C M. Pattern Recognition and Machine Learning[M]. Berlin: Springer, 2006.

[30] Friedman J, Hastie T, Tibshirani R. The elements of statistical learning[M]. New York: Springer series in statistics New York, 2001.

[31] Murphy K P. Machine Learning: A Probabilistic Perspective[M]. Cambridge: MIT Press, 2012.

[32] Murphy K P. Probabilistic Machine Learning: An Introduction[M]. Cambridge: MIT Press, 2022.

[33] Koller D, Friedman N. Probabilistic graphical models: principles and techniques[M]. Cambridge: MIT press, 2009.

[34] 周志华. 机器学习 [M]. 北京：清华大学出版社, 2016.

[35] 李航. 统计机器学习 [M]. 北京：清华大学出版社, 2012.

[36] Efron B. Bayes' theorem in the 21st century[J]. Science, 2013, 340(6137): 1177–1178.

[37] Kadane J B, Lazar N A. Methods and criteria for model selection[J]. Journal of the American statistical Association, 2004, 99(465): 279–290.

[38] MacKay D J. Bayesian methods for adaptive models[D]. Pasadena: California Institute of Technology, 1992.

[39] Tibshirani R. Regression shrinkage and selection via the lasso[J]. Journal of the Royal Statistical Society Series B, 1996, 58(1): 267–288.

[40] Chen S B, Donoho D. Basis pursuit[C]. The 28th Asilomar Conference on Signals, Systems and Computers, 1994.

[41] Beck A, Teboulle M. A fast iterative shrinkage-thresholding algorithm for linear inverse problems[J]. SIAM Journal on Imaging Sciences, 2009, 2(1): 183–202.

[42] Blumensath T, Davies M E. Iterative hard thresholding for compressed sensing[J]. Applied and Computational Harmonic Analysis, 2009(27): 265–274.

[43] Xu Z B, Chang X Y, Xu F M, et al. L1/2 regularization: a thresholding representation theory and a fast solver[J]. IEEE Transactions on Neural Networks Learning Systems, 2012, 23(7): 1013–1027.

[44] Li H, Lin Z C. Accelerated proximal gradient methods for nonconvex programming[C]. Advances in Neural Information Processing Systems, 2015.

[45] Andrews D F, Mallows C L. Scale mixtures of normal distributions[J]. Journal of the Royal Statistical Society: Series B (Methodological), 1974, 36(1): 99–102.

[46] Qazaz C, Williams C I, Bishop C M. An upper bound on the bayesian error bars for generalized linear regression[M]//Ellacott S W, Mason J C, Anderson I J. Mathematics of Neural Networks: Models, Algorithms and Applications. Berlin: SSBM, 1997: 295–299.

[47] Tipping M E. Sparse Bayesian learning and the relevance vector machine[J]. Journal of Machine Learning Research, 2001(1): 211–244.

[48] Neal R M. Bayesian learning for neural networks[D]. Toronto: University of Toronto, 1995.

[49] Stigler S M. Gauss and the invention of least squares[J]. Annals of Statistics, 1981, 9(3): 465–474.

[50] Zou H, Hastie T. Regularization and variable selection via the elastic net[J]. Journal of the Royal Statistical Society: Series B (statistical Methodology), 2005, 67(2): 301–320.

[51] Yuan M, Lin Y. Model selection and estimation in regression with grouped variables[J]. Journal of the Royal Statistical Society: Series B (statistical Methodology), 2006, 68(1): 49–67.

[52] Jacob L, Obozinski G, Vert J P. Group lasso with overlap and graph lasso[C]. International Conference on Machine Learning, 2009.

[53] Tibshirani R, Saunders M, Rosset S, et al. Sparsity and smoothness via the fused lasso[J]. Journal of the Royal Statistical Society: Series B (statistical Methodology), 2005, 67(1): 91–108.

[54] Friedman J, Hastie T, Tibshirani R. Sparse inverse covariance estimation with the graphical lasso[J]. Biostatistics, 2008, 9(3): 432–441.

[55] George E I, McCulloch R E. Approaches for Bayesian variable selection[J]. Statistica Sinica, 1997, 7(2): 339–373.

[56] Ishwaran H, Rao J S. Spike and slab variable selection: frequentist and bayesian strategies[J]. The Annals of Statistics, 2005, 33(2): 730–773.

[57] O'Hara R B, Sillanpää M J. A review of bayesian variable selection methods: What, how and which[J]. Bayesian Analysis, 2009, 4(1): 85–118.

[58] Park T, Casella G. The bayesian lasso[J]. Journal of the American Statistical Association, 2008, 103(482): 681–686.

[59] Mitchell T J, Beauchamp J J. Bayesian variable selection in linear regression[J]. Journal of the American Statistical Association, 1988, 83(404): 1023–1032.

[60] Wu G, Zhu J. Multi-label classification: do hamming loss and subset accuracy really conflict with each other[C]. Advances in Neural Information Processing Systems, 2020.

[61] Domingos P, Pazzani M. On the optimality of the simple bayesian classifier under zero-one loss[J]. Machine learning, 1997, 29(2-3): 103–130.

[62] Nigam K, McCallum A, Thrun S, et al. Text classification from labeled and unlabeled documents using EM[J]. Machine Learning, 2000(39): 103–134.

[63] Friedman N, Geiger D, Goldszmidt M. Bayesian network classifiers[J]. Machine Learning, 1997(29): 131–163.

[64] Domingos P, Pazzani M. Beyond independence: Conditions for the optimality of the simple bayesian classifier[C]. International Conference on Machine Learning, 1996.

[65] Frank E, Trigg L, Holmes G, et al. Naive Bayes for regression[J]. Machine Learning, 2000(41): 5–15.

[66] Zhang H. The optimality of Naive Bayes[C]. American Association for Artificial Intelligence, 2004.

[67] Boyd S, Vandenberghe L. Convex Optimization[M]. Cambridge: Cambridge University Press, 2004.

[68] Nocedal J. Updating quasi-newton matrices with limited storage[J]. Mathematics of Computation, 1980, 35(151): 773–782.

[69] Andrew G, Gao J F. Scalable training of l -regularized log-linear models[C]. International Conference on Machine Learning, 2007.

[70] Ng A Y, Jordan M I. On discriminative vs. generative classifiers: A comparison of logistic regression and naive Bayes[C]. Advances in Neural Information Processing Systems, 2001.

[71] Bottou L. Online Algorithms and Stochastic Approximations[M]. Cambridge: Cambridge University Press, 1998.

[72] Duchi J, Hazan E, Singer Y. Adaptive subgradient methods for online learning and stochastic optimization[J]. Journal of Machine Learning Research, 2011(12): 2121–2159.

[73] Kingma D P, Ba J. Adam: A method for stochastic optimization[C]. International Conference for Learning Representations, 2015.

[74] Cramer J S. The origins of logistic regression[N]. Tinbergen Institute Discussion Paper, 2002-12-119(4).

[75] Zhu J, Hastie T. Kernel logistic regression and the import vector machine[C]. Advances in Neural Information Processing Systems, 2001.

[76] Robbins H, Monro S. A stochastic approximation method[J]. The Annals of Mathematical Statistics, 1951, 22(3): 400–407.

[77] Polyak B T, Juditsky A B. Acceleration of stochastic approximation by averaging[J]. SIAM Journal of Control Optimization, 1992, 30(4): 838–855.

[78] Johnson R, Zhang T. Accelerating stochastic gradient descent using predictive variance reduction[C]. Advances in Neural Information Processing Systems, 2013.

[79] Roux N L, Schmidt M, Bach F. A stochastic gradient method with an exponential convergence rate for finite training sets[C]. Advances in Neural Information Processing Systems, 2012.

[80] Byrd R H, Hansen S L, Nocedal J, et al. A stochastic quasi-newton method for large-scale optimization[J]. SIAM Journal on Optimization, 2016, 26(2): 1008–1031.

[81] Cybenko G. Approximation by superpositions of a sigmoidal function[J]. Mathematics of Control, Signals, and Systems, 1989, 2(4): 303–314.

[82] Hornik K, Stinchcombe M, White H. Multilayer feedforward networks are universal approximators[J]. Neural Networks, 1989, 2(5): 359–366.

[83] Hornik K. Approximation capabilities of multilayer feedforward networks[J]. Neural Networks, 1991, 4(2): 251–257.

[84] Wang Z Y, Ren T Z, Zhu J, et al. Function space particle optimization for Bayesian neural networks[C]. International Conference on Learning Representations, 2019.

[85] Baydin A G, Pearlmutter B A, Radul A A, et al. Automatic differentiation in machine learning: a survey[J]. Journal of Machine Learning Research, 2018, 18(153): 1–43.

[86] Ioffe S, Szegedy C. Batch normalization: Accelerating deep network training by reducing internal covariate shift[C]. International Conference on Machine Learning, 2015.

[87] Hinton G E, Srivastava N, Krizhevsky A, et al. Improving neural networks by preventing co-adaptation of feature detectors[C]. arXiv preprint arXiv:1207.0580, 2012.

[88] Santurkar S, Tsipras D, Ilyas A, et al. How does batch normalization help optimization[C]. Advances in Neural Information Processing Systems, 2018.

[89] He K M, Zhang X Y, Ren S Q, et al. Deep residual learning for image recognition[C]. IEEE Conference on Computer Vision and Pattern Recognition, 2016.

[90] Zagoruyko S, Komodakis N. Wide residual networks[C]. IEEE Conference on Computer Vision and Pattern Recognition, 2016.

[91] Huang G, Liu Z, van der Maaten L, et al. Densely connected convolutional networks[C]. IEEE Conference on Computer Vision and Pattern Recognition, 2017.

[92] Bengio Y, Simard P, Frasconi P. Learning long-term dependencies with gradient descent is difficult[J]. IEEE Transactions on Neural Networks, 1994, 5(2): 157–166.

[93] Pascanu R, Mikolov T, Bengio Y. On the difficulty of training recurrent neural networks[C]. International Conference on Machine Learning, 2013.

[94] Hochreiter S, Schmidhuber J. Long short-term memory[J]. Neural Computation, 1997, 9(8): 1735–1780.

[95] McCulloch W S, Pitts W. A logical calculus of the ideas immanent in nervous activity[J]. The Bulletin of Mathematical Biophysics, 1943, 5(4): 115–133.

[96] Minsky M, Papert S. Perceptrons: an introduction to computational geometry[M]. Cambridge: MIT Press, 1969.

[97] Kelley H J. Gradient theory of optimal flight paths[J]. ARS Journal, 1960, 30(10): 947–954.

[98] Bryson A E. A gradient method for optimizing multi-stage allocation processes[C]. Proceedings of the Harvard Univ. Symposium on digital computers and their applications, 1961.

[99] Dreyfus S. The numerical solution of variational problems[J]. Journal of Mathematical Analysis and Applications, 1962, 5(1): 30–45.

[100] Linnainmaa S. The representation of the cumulative rounding error of an algorithm as a taylor expansion of the local rounding errors[D]. Helsinki: University of Helsinki, 1970.

[101] Werbos P. Beyond regression: New tools for prediction and analysis in the behavioral sciences[D]. Cambridge: Harvard University, 1974.

[102] Parker D B. Learning logic: Casting the cortex of the Human Brain in Silicon[R]. Cambridge: MIT Press, 1985.

[103] Abadi M, Barham P, Chen J M, et al. Tensorflow: A system for large-scale machine learning[C]//12th USENIX Symposium on Operating Systems Design and Implementation, 2016: 265–283.

[104] Paszke A, Gross S, Chintala S, et al. Automatic differentiation in pytorch[C]. Neural Information Processing System, 2017.

[105] Hubel D H, Wiesel T N. Receptive fields of single neurones in the cat's striate cortex[J]. Journal of Physiology, 1959, 148(3): 574–591.

[106] LeCun Y, Boser B, Denker J S, et al.Backpropagation applied to handwritten zip code recognition[J]. Neural Computation, 1989, 1(4): 541–551.

[107] Vaswani A, Shazeer N, Parmar N, et al. Attention is all you need[C]. Advances in Neural Information Processing Systems, 2017.

[108] Dosovitskiy A, Beyer L, Kolesnikov A, et al. An image is worth 16×16 words: Transformers for image recognition at scale[C]. International Conference on Learning Representations, 2021.

[109] Xu H, Zhang Z Y, Ding N, et al. Pre-trained models: Past, present and future[J]. AI Open, 2021(2): 225–250.

[110] Goodfellow I, Bengio Y, Courville A. Deep Learning[M]. Cambridge: MIT Press, 2016.

[111] Kimeldorf G S, Wahba G. A correspondence between bayesian estimation on stochastic processes and smoothing by splines[J]. The Annals of Mathematical Statistics, 1970, 41(2): 495–502.

[112] Schölkopf B, Herbrich R, Smola A. A generalized representer theorem[J]. Lecture Notes in Computer Science, 2001(2111): 416–426.

[113] Jebara T, Kondor R, Howard A. Probability product kernels[J]. Journal of Machine Learning Research, 2004(5): 819–844.

[114] Jacot A, Gabriel F, Hongler C. Neural tangent kernel: Convergence and generalization in neural networks[C]. Advances in Neural Information Processing Systems, 2018.

[115] Platt J. Probabilistic outputs for support vector machines and comparisons to regularized likelihood methods[M]. Cambridge: MIT Press, 1999.

[116] Jebara T. Discriminative, generative and imitative learning[D]. Cambridge: MIT, 2012.

[117] Zhu J, Ahmed A, Xing E P. MedLDA: Maximum margin supervised topic models[J]. Journal of Machine Learning Research, 2012(13): 2237–2278.

[118] Vapnik V N, Chervonenkis A Y. The theory of pattern recognition[M]. Moscow: Nauka, 1974.

[119] Boser B E, Guyon I M, Vapnik V N. A training algorithm for optimal margin classifiers[C]. The fifth Annual Workshop on Computational Learning Theory, 1992.

[120] Ferris M C, Munson T S. Interior-point methods for massive support vector machines[J]. SIAM Journal on Optimization, 2002, 13(3): 783–804.

[121] Platt J C. Sequential minimal optimization: A fast algorithm for training support vector machines[C]. Advances in Neural Information Processing Systems, 1998.

[122] Joachims T. Training linear svms in linear time[C]. ACM Conference on Knowledge Discovery and Data Mining, 2006.

[123] Shalev-Shwartz S, Singer Y, Srebro N, et al. Pegasos: primal estimated sub-gradient solver for svm[J]. Mathematical Programming, 2010, 127(1): 3–30.

[124] Hsieh C J, Chang K W, Lin C J, et al. A dual coordinate descent method for large-scale linear svm[C]. International Conference on Machine Learning, 2008.

[125] Taskar B, Guestrin C, Koller D. Max-margin markov networks[C]. Advances in Neural Information Processing Systems, 2003.

[126] Joachims T, Finley T, Yu C N. Cutting-plane training of structural svms[J]. Machine Learning, 2009(77): 27–59.

[127] Zhu J, Xing E P. Maximum entropy discrimination markov networks[J]. Journal of Machine Learning Research, 2009(10): 2531–2569.

[128] Lloyd S P. Least squares quantization in PCM[J]. IEEE Transactions on Information Theory, 1982(28): 129–137.

[129] Gonzalez T F. Clustering to minimize the maximum intercluster distance[J]. Theoretical Computer Science, 1985(38): 293–306.

[130] Arthur D, Vassilvitskii S. K-means++: The advantages of careful seeding[C]. the Eighteenth Annual ACM-SIAM Symposium on Discrete Algorithms (SODA), 2007.

[131] Kulis B, Jordan M I. Revisiting k-means: New algorithms via bayesian nonparametrics[C]. International Conference on Machine Learning, 2012.

[132] Dempster A, Laird N, Rubin D. Maximum likelihood from incomplete data via the EM algorithm[J]. Journal of the Royal Statistical Society: Series B (Methodological), 1977, 39(1): 1–38.

[133] Wu C F. On the convergence properties of the EM algorithm[J]. Annals of Statistics, 1983, 11(1): 95–103.

[134] Pearson K. Contributions to the mathematical theory of evolution[J]. Philosophical Transactions of the Royal Society of London, 1894(185): 71–110.

[135] Redner A R, Walker F H. Mixture densities, maximum likelihood and the em algorithm[J]. SIAM Review, 1984, 26(2): 195–239.

[136] Antoniak C. Mixtures of dirichlet processes with applications to bayesian nonparametric problems[J]. The Annals of Statistics, 1974, 2(6): 1152–1174.

[137] Davies D L, Bouldin D W. A cluster separation measure[J]. IEEE Transactions on Pattern Analysis and Machine Intelligence, 1979, 1(2): 224–227.

[138] Dunn J C. Well-separated clusters and optimal fuzzy partitions[J]. Journal of Cybernetics, 1973, 4(1): 95–104.

[139] Sibson R. SLINK: an optimally efficient algorithm for the single-link cluster method[J]. The Computer Journal. British Computer Society, 1973, 16(1): 30–34.

[140] Defays D. An efficient algorithm for a complete-link method[J]. The Computer Journal. British Computer Society, 1977, 20(4): 364–366.

[141] Ester M, Kriegel H P, Sander J, et al. A density-based algorithm for discovering clusters in large spatial databases with noise[C]//International Conference on Knowledge Discovery and Data Mining, 1996: 226–231.

[142] Schubert E, Sander J, Ester M, et al. Dbscan revisited, revisited: Why and how you should (still) use dbscan[J]. ACM Trans. Database Syst, 2017(42): 1–21.

[143] Ng A Y, Jordan M I, Weiss Y. On spectral clustering: analysis and an algorithm[C]. Advances in Neural Information Processing Systems, 2002.

[144] Shi J B, Malik J. Normalized cuts and image segmentation[J]. IEEE Transactions on PAMI, 2000, 22(8): 888–905.

[145] Xie J Y, Girshick R, Farhadi A. Unsupervised deep embedding for clustering analysis[C]. International Conference on Machine Learning, 2016.

[146] Yang J W, Parikh D, Batra D. Joint unsupervised learning of deep representations and image clusters[C]. IEEE Conference on Computer Vision and Pattern Recognition, 2016.

[147] Bishop C M. Mixture density networks[R]. Neural Computing Research Group Report: NCRG/94/004, Birmingham: Aston University, 1994.

[148] Tsai T W, Li C X, Zhu J. MiCE: Mixture of contrastive experts for unsupervised image clustering[C]. International Conference on Learning Representations, 2021.

[149] Tipping M E, Bishop C M. Probabilistic principal component analysis[J]. Journal of the Royal Statistical Society: Series B (Statistical Methodology), 1999, 61(3): 611–622.

[150] Vincent P, Larochelle H. Stacked denoising autoencoders: Learning useful representations in a deep network with a local denoising criterion[J]. Journal of Machine Learning Research, 2010(11): 3371–3408.

[151] Roweis S T, Saul L K. Nonlinear dimensionality reduction by locally linear embedding[J]. Science, 2000, 290(5500): 2323–2326.

[152] Goldberg Y, Ritov Y. Local procrustes for manifold embedding: a measure of embedding quality and embedding algorithms[J]. Machine Learning, 2009(77): 1–25.

[153] Harris Z. Distributional structure[J]. Word, 1954, 10(32): 146–162.

[154] Firth J R. A synopsis of linguistic theory 1930-1955[C]//Studies in Linguistic Analysis, 1957: 1–32.

[155] Mikolov T, Sutskever I, Chen K, et al. Distributed representations of words and phrases and their compositionality[C]// Advances in Neural Information Processing Systems, 2013: 3111–3119.

[156] Tenenbaum J B, de Silva V, Langford J C. A global geometric framework for nonlinear dimensionality reduction[J]. Science, 2000(290): 2319–2323.

[157] Belkin M, Niyogi P. Laplacian eigenmaps for dimensionality reduction and data representation[J]. Neural Computation, 2003(15): 1373–1396.

[158] He X F, Niyogi P. Locality preserving projections[C]. Advances in Neural Information Processing Systems, 2003.

[159] Mead A. Review of the development of multidimensional scaling methods[J]. Journal of the Royal Statistical Society: Series D, 1992, 41(1): 27–39.

[160] Guyon I, Elisseeff A. An introduction to variable and feature selection[J]. Journal of Machine Learning Research, 2003(3): 1157–1182.

[161] Quinlan J R. Induction of decision trees[J]. Machine Learning, 1986(1): 81–106.

[162] Quinlan J R. C4.5: Programs for Machine Learning[M]. Burlington: Morgan Kaufmann Publishers, 1993.

[163] Breiman L, Friedman J H, Olshen R A, et al. Classification and regression trees[M]. London: Chapman & Hall/CRC, 1984.

[164] Breiman L. Bagging predictors[J]. Machine Learning, 1996, 24(2): 123–140.

[165] Breiman L. Random forests[J]. Machine Learning, 2001, 45(1): 5–32.

[166] Friedman J, Hastie T, Tibshirani R. Additive logistic regression: A statistical view of boosting[J]. Annals of Statistics, 2000, 28(2): 237–407.

[167] Hastie T, Tibshirani R, Friedman J. The Elements of Statistical Learning[M]. New York: Springer, 2009.

[168] Friedman J H. Stochastic gradient boosting[J]. Computational Statistics and Data Analysis, 2002, 38(4): 367–378.

[169] Chen T Q, Guestrin C. Xgboost: A scalable tree boosting system[C]. ACM SIGKDD International Conference on Knowledge Discovery and Data Mining, 2016.

[170] Shahbaba B, Neal R. Nonlinear models using dirichlet process mixtures[J]. *Journal of Machine Learning Research*, 2009(10): 1829–1850.

[171] Srivastava N, Hinton G, Krizhevsky A, et al. Dropout: A simple way to prevent neural networks from overfitting[J]. Journal of Machine Learning Research, 2014(15): 1929–1958.

[172] Lakshminarayanan B, Pritzel A, Blundell C. Simple and scalable predictive uncertainty estimation using deep ensembles[C]. Advances in Neural Iinformation Processing Systems, 2017.

[173] Szegedy C, Zaremba W, Sutskever I, et al. Intriguing properties of neural networks[C]. International Conference on Learning Representations, 2014.

[174] Goodfellow I J, Shlens J, Szegedy C. Explaining and harnessing adversarial examples[C]. International Conference on Learning Representations, 2015.

[175] Dong Y P, Liao F Z, Pang T Y, et al. Boosting adversarial attacks with momentum[C]//Proceedings of the IEEE conference on computer vision and pattern recognition, 2018: 9185–9193.

[176] Liao F Z, Liang M, Dong Y P, et al. Defense against adversarial attacks using high-level representation guided denoiser[C]. Proceedings of the IEEE Conference on Computer Vision and Pattern Recognition, 2018.

[177] Pang T Y, Xu K, Du C, et al. Improving adversarial robustness via promoting ensemble diversity[C]. Proceedings of the International Conference on Machine Learning, 2019.

[178] Estlund D M. Opinion leaders, independence, and condorcet's jury theorem[J]. Theory and Decision, 1994(36): 131–162.

[179] Schapire R. The strength of weak learnability[J]. Machine Learning, 1990, 5(2): 197–227.

[180] Freund Y. Boosting a weak learning algorithm by majority[J]. Information and Computation, 1995, 121(2): 256–285.

[181] Freund Y, Schapire R. Experiments with a new boosting algorithm[C]. International Conference on Machine Learning, 1996.

[182] Schapire R, Freund Y, Bartlett P, et al. Boosting the margin: a new explanation for the effectiveness of voting methods[J]. Annals of Statistics, 1998, 26(5): 1651–1686.

[183] Wang L W, Sugiyama M, Jing Z X, et al. A refined margin analysis for boosting algorithms via equilibrium margin[J]. Journal of Machine Learning Research, 2011(12): 1835–1863.

[184] Jiang W X. Process consistency for adaboost[J]. The Annals of Statistics, 2004(32): 13–29.

[185] Bartlett P, Jordan M, McAuliffe J D. Convexity, classification, and risk bounds[J]. Journal of the American Statistical Association, 2006(101): 138–156.

[186] Zhou Z H. Ensemble Methods: Foundations and Algorithms[M]. London: Chapman and Hall/CRC, 2012.

[187] Rokach L. Ensemble Learning: Pattern Classification Using Ensemble Methods[M]. New Jersey: World Scientific Publishing, 2019.

[188] Vikas C Raykar, Yu S P, Zhao L, et al. Learning from crowds[J]. Journal of Machine Learning Research, 2010(11): 1297–1322.

[189] Dawid A P, Skene A M. Maximum likelihood estimation of observer error-rates using the EM algorithm[J]. Journal of the Royal Statistical Society: Series C, 1979, 28(1): 20–28.

[190] Tian T, Zhu J, You Q B. Max-margin majority voting for learning from crowds[J]. IEEE Transactions on Pattern Analysis and Machine Intelligence, 2019, 41(10): 2480–2494.

[191] Gal Y, Ghahramani Z. Dropout as a bayesian approximation: Representing model uncertainty in deep learning[C]//International Conference on Machine Learning, 2016: 1050–1059.

[192] Wager S, Wang S, Liang P. Dropout training as adaptive regularization[C]. Advances in Neural Information Processing Systems, 2013.

[193] Chen N, Zhu J, Zhang B. Dropout training for support vector machines[C]. AAAI Conference on Artificial Intelligence, 2014.

[194] Wolpert D H. The lack of a prior distinctions between learning algorithms and the existence of a priori distinctions between learning algorithms[J]. Neural Computation, 1996(8): 1341–1390, 1391–1421.

[195] Geman S, Bienenstock E, Doursat R. Neural networks and the bias/variance dilemma[J]. Neural Computation, 1992, 4(1): 1–58.

[196] Valiant L G. A theory of the learnable[J]. Communications of the ACM, 1984, 27(11): 1134–1142.

[197] Vapnik V N, Chervonenkis A Y. On the uniform convergence of relative frequencies of events to their probabilities[J]. Theory of Probability and its Applications, 1971, 16(2): 264.

[198] Bartlett P L, Mendelson S. Rademacher and gaussian complexities: Risk bounds and structural results[J]. Journal of Machine Learning Research, 2002, 3(11): 463–482.

[199] Mohri M, Rostamizadeh A, Talwalkar A. Foundations of machine learning[M]. Cambridge: MIT press, 2018.

[200] Ledoux M, Talagrand M. Probability in Banach Spaces: isoperimetry and processes[M]. Berlin: Springer-Verlag, 1991.

[201] Langford J, Shawe-Taylor J. Pac-bayes & margins[C]. Advances in Neural Information Processing Systems, 2002.

[202] McAllester D A. Some PAC-Bayesian theorems[J]. Machine Learning, 1999, 37(3): 355–363.

[203] Shalev-Shwartz S, Ben-David S. Understanding machine learning: From theory to algorithms[M]. Cambridge: Cambridge university press, 2014.

[204] Zhang C Y, Bengio S, Hardt M, et al. Understanding deep learning (still) requires rethinking generalization[J]. Communications of the ACM, 2021, 64(3): 107–115.

[205] Belkin M, Hsu D, Ma S Y, et al. Reconciling modern machine-learning practice and the classical bias–variance trade-off[J]. Proceedings of the National Academy of Sciences, 2019, 116(32): 15849–15854.

[206] Hastie T, Montanari A, Rosset S, et al. Surprises in high-dimensional ridgeless least squares interpolation[J]. The Annals of Statistics, 2022, 50(2): 949–986.

[207] Mei S, Montanari A. The generalization error of random features regression: Precise asymptotics and the double descent curve[J]. Communications on Pure and Applied Mathematics, 2022, 75(4): 667–766.

[208] Rahimi A, Recht B. Random features for large-scale kernel machines[C]. Advances in Neural Information Processing Systems, 2007.

[209] Chen L, Min Y F, Belkin M, et al. Multiple descent: Design your own generalization curve[C]. Advances in Neural Information Processing Systems, 2021(34): 8898–8912.

[210] Bartlett P L, Long P M, Lugosi G, et al. Benign overfitting in linear regression[J]. Proceedings of the National Academy of Sciences, 2020, 117(48): 30063–30070.

[211] Bartlett P L, Montanari A, Rakhlin A. Deep learning: a statistical viewpoint[J]. Acta Numerica, 2021(30): 87–201.

[212] Cao Y, Gu Q Q, Belkin M. Risk bounds for over-parameterized maximum margin classification on sub-gaussian mixtures[C]//Advances in Neural Information Processing Systems, 2021(34): 8407–8418.

[213] Wang K, Vidya Muthukumar, Christos Thrampoulidis. Benign overfitting in multiclass classification: All roads lead to interpolation[C]// Advances in Neural Information Processing Systems, 2021(34): 24164–24179.

[214] Nagarajan V, Kolter J Z. Uniform convergence may be unable to explain generalization in deep learning[C]. Advances in Neural Information Processing Systems, 2019.

[215] Bartlett P L, Long P M. Failures of model-dependent generalization bounds for least-norm interpolation[J]. Journal of Machine Learning Research, 2021, 22(204): 1–15.

[216] Vapnik V N. The nature of statistical learning theory[M]. New York: Springer, 2000.

[217] Koehler F, Sutherland D J, Srebro N, et al. Uniform convergence of interpolators: Gaussian width, norm bounds and benign overfitting[C]// Advances in Neural Information Processing Systems, 2021(34): 20657–20668.

[218] Gunasekar S, Woodworth B E, Srinadh Bhojanapalli, et al. Implicit regularization in matrix factorization[C]. Advances in Neural Information Processing Systems, 2017.

[219] Soudry D, Hoffer E, Srebro N, et al. The implicit bias of gradient descent on separable data[J]. Journal of Machine Learning Research, 2018, 19(1): 2822–2878.

[220] Ji Z W, Telgarsky M. The implicit bias of gradient descent on nonseparable data[C]// Conference on Learning Theory, PMLR, 2019: 1772–1798.

[221] Lyu K F, Li J. Gradient descent maximizes the margin of homogeneous neural networks[C]. International Conference on Learning Representations, 2019.

[222] Chizat L, Bach F. Implicit bias of gradient descent for wide two-layer neural networks trained with the logistic loss[C]//Conference on Learning Theory, PMLR, 2020: 1305–1338.

[223] Kearns M J, Vazirani U V, Vazirani U. An introduction to computational learning theory[M]. Cambridge: MIT press, 1994.

[224] Vapnik V N. Estimation of dependences based on empirical data[M]. Berlin: Springer-Verlag, 2006.

[225] Blumer A, Ehrenfeucht A, Haussler D, et al. Learnability and the vapnik-chervonenkis dimension[J]. Journal of the ACM (JACM), 1989, 36(4): 929–965.

[226] Dudley R M. Uniform Central Limit Theorems[M]. Cambridge: Cambridge University Press, 1999.

[227] Koltchinskii V. Rademacher penalties and structural risk minimization[J]. IEEE Transactions on Information Theory, 2001, 47(5): 1902–1914.

[228] Bartlett P L, Bousquet O, Mendelson S. Local rademacher complexities[J]. The Annals of Statistics, 2005, 33(4): 1497–1537.

[229] Dudley R M. Universal donsker classes and metric entropy[J]. The Annals of Probability, 1987, 15(4): 1306–1326.

[230] Anthony M, Bartlett P L. Neural network learning: Theoretical foundations[M]. Cambridge: Cambridge University Press, 1999.

[231] Bousquet O, Elisseeff A. Stability and generalization[J]. Journal of Machine Learning Research, 2002(2): 499–526.

[232] Bartlett P, Freund Y, Lee W S, et al. Boosting the margin: A new explanation for the effectiveness of voting methods[J]. The Annals of Statistics, 1998, 26(5): 1651–1686.

[233] Gao W, Zhou Z H. On the doubt about margin explanation of boosting[J]. Artificial Intelligence, 2013(203): 1–18.

[234] McAllester D A. PAC-Bayesian model averaging[C]//Proceedings of the twelfth Annual Conference on Computational Learning Theory, 1999: 164–170.

[235] McAllester D A. Simplified PAC-Bayesian margin bounds[C]//Learning Theory and Kernel Machines, Springer, 2003: 203–215.

[236] Seeger M. Pac-bayesian generalisation error bounds for Gaussian process classification[J]. Journal of Machine Learning Research, 2002, 3(10): 233–269.

[237] Germain P, Lacoste A, Laviolette F, et al. PAC-Bayesian learning of linear classifiers[C]. International Conference on Machine Learning, 2009.

[238] Cherkassky V, Shao X H, Mulier F M, et al. Model complexity control for regression using vc generalization bounds[J]. IEEE Transactions on Neural Networks, 1999, 10(5): 1075–1089.

[239] Natarajan B K. On learning sets and functions[J]. Machine Learning, 1989, 4(1): 67–97.

[240] 周志华，王魏，高尉，等. 机器学习理论导引 [M]. 北京: 机械工业出版社, 2020.

[241] Boucheron S, Lugosi G, Massart P. Concentration inequalities: A nonasymptotic theory of independence[M]. Oxford: Oxford University Press, 2013.

[242] Belkin M. Fit without fear: remarkable mathematical phenomena of deep learning through the prism of interpolation[J]. Acta Numerica, 2021(30): 203–248.

[243] Pearl J. Causality[M]. Cambridge, Eng: Cambridge University Press, 2009.

[244] Wainwright M J, Jordan I M. Graphical models, exponential families, and variational inference[J]. Foundations and Trends® in Machine Learning, 2008, 1(1–2): 1–305.

[245] Arnborg S, Corneil D G, Proskurowski A. Complexity of finding embeddings in a k-tree[J]. SIAM Journal on Algebraic and Discrete Methods, 1987, 8(2): 277–284.

[246] Lafferty J, McCallum A, Pereira F C N. Conditional random fields: Probabilistic models for segmenting and labeling sequence data[C]. International Conference on Machine Learning, 2001.

[247] Chow C K, Liu C N. Approximating discrete probability distributions with dependence trees[J]. IEEE Transactions on Information Theory, 1968, 14(3): 462–467.

[248] Cai T T, Liu W D, Zhou H H. Estimating sparse precision matrix: Optimal rates of convergence and adaptive estimation[J]. The Annals of Statistics, 2016, 44(2): 455–488.

[249] Bayes T, Price R. An essay towards solving a problem in the doctrine of chances[J]. Philosophical Transactions of the Royal Society of London, 1763(53): 370–418.

[250] Efron B. A 250-year argument: Belief, behavior, and the bootstrap[J]. Bulletin of The American Mathematical Society, 2012, 50(1): 129–146.

[251] Ghahramani Z. Probabilistic machine learning and artificial intelligence[J]. Nature, 2015, 521(7553): 452.

[252] Gibbs J. Elementary Principles of Statistical Mechanics[M]. New Haven, Connecticut: Yale University Press, 1902.

[253] Bartlett M. Contingency table interactions[J]. Journal of the Royal Statistical Society, Series B, 1935(2): 248–252.

[254] Warner H, Toronto A, Veasey L, et al. A mathematical approach to medical diagnosis: application to congenital heart disease[J]. Journal of the American Madical Association, 1961(177): 177–184.

[255] Leaper D, Staniland J, McCann A, et al. Computer-aided diagnosis of acute abdominal pain[J]. British Medical Journal, 1972(2): 9–13.

[256] Lauritzen S L, Spiegelhalter D J. Local computations with probabilities on graphical structures and their application to expert systems[J]. Journal of the Royal Statistical Society, Series B, 1988, 50(2): 157–224.

[257] Lauritzen S. Graphical Models[M]. New York: Oxford University Press, 1996.

[258] Heckerman D, Nathwani B. An evaluation of the diagnostic accuracy of pathfinder[J]. Computers and Biomedical Research, 1992, 25(1): 56–74.

[259] Heckerman D, Nathwani B. Toward normative expert systems. ii. probability-based representations for efficient knowledge acquisition and inference[J]. Methods of Information in Medicine, 1992(31): 106–116.

[260] Cooper G F. The computational complexity of probabilistic inference using bayesian belief networks[J]. Artificial Intelligence, 1990(42): 393–405.

[261] Shimony S E. Finding maps for belief networks is NP-hard[J]. Artificial Intelligence, 1994(68): 399–410.

[262] Jordan M I, Ghahramani Z, Jaakkola T, et al. An introduction to variational methods for graphical models[J]. Machine Learning, 1999(37): 183–233.

[263] Liu Q, Wang D L. Stein variational gradient descent: A general purpose bayesian inference algorithm[C]// Advances In Neural Information Processing Systems: 2378–2386, 2016.

[264] Murphy K P, Weiss Y, Jordan M I. Loopy belief propagation for approximate inference: An empirical study[C]// Proceedings of the Fifteenth conference on Uncertainty in Artificial Intelligence, 1999: 467–475.

[265] Yedidia J S, Freeman W T, Weiss Y. Generalized belief propagation[C]// Advances in Neural Information Processing Systems, 2001: 689–695.

[266] Yedidia J S, Freeman W T, Weiss Y. Constructing free-energy approximations and generalized belief propagation algorithms[J]. IEEE Transactions on Information Theory, 2005, 51(7): 2282–2312.

[267] Bethe H A. Statistical theory of superlattices[J]. Proceedings of the Royal Society of London: Series A-Mathematical and Physical Sciences, 1935, 150(871): 552–575.

[268] Sudderth E B, Ihler A T, Freeman W T, et al. Nonparametric belief propagation[C]. IEEE Conference on Computer Vision and Pattern Recognition, 2003.

[269] Ihler A T, Mcallester D A. Particle belief propagation[C]. Proceedings of the International Conference on Artificial Intelligence and Statistics, 2009.

[270] Lienart T, Teh Y W, Doucet A. Expectation particle belief propagation[C]. Advances in Neural Information Processing Systems, 2015.

[271] Hofmann T. Probabilistic latent semantic analysis[C]// Proceedings of the Fifteenth Conference on Uncertainty in Artificial Intelligence, Stockholm, Sweden, 1999: 289–296.

[272] Blei D, Ng A Y, Jordan M I. Latent Dirichlet Allocation[J]. Journal of Machine Learning Research, 2003, 3(1): 993–1022.

[273] Blei D, Lafferty J. Correlated topic models[C]. Advances in Neural Information Processing Systems. NIPS Foundation, 2006.

[274] Blei D, Lafferty J. Dynamic topic models[C]. Proceedings of the International Conference on Machine Learning, Pittsburgh, USA, 2006. IMLS.

[275] Cappé O, Moulines E. On-line expectation–maximization algorithm for latent data models[J]. Journal of the Royal Statistical Society: Series B (Statistical Methodology), 2009, 71(3):593–613.

[276] Chen J F, Zhu J, Teh Y W, et al. Stochastic expectation maximization with variance reduction[C]. Advances in Neural Information Processing Systems (NeurIPS), 2018.

[277] Williams P M. Bayesian conditionalisation and the principle of minimum information[J]. The British Journal for the Philosophy of Science, 1980, 31(2): 131–144.

[278] Zhu J, Chen N, Xing E P. Bayesian inference with posterior regularization and applications to infinite latent SVMS[J]. Journal of Machine Learning Research, 2014(15): 1799–1847.

[279] Minka T. Expectation propagation for approximate Bayesian inference[C]. Proceedings of the Conference on Uncertainty in Artificial Intelligence, 2001.

[280] Minka T. Divergence measures and message passing[R]. Cambridge: Microsoft Research, 2005.

[281] Li Y Z, Richard E Turner. Rényi divergence variational inference[C]. Advances in Neural Information Processing Systems, 2016.

[282] Zhu J, Chen N, Perkins H, et al. Gibbs max-margin topic models with data augmentation[J]. Journal of Machine Learning Research, 2014, 15(5): 1073–1110.

[283] Shike M, Zhu J, Zhu X J. Robust regbayes: Selectively incorporating first-order logic domain knowledge into bayesian models[C]. International Conference on Machine Learning, 2014.

[284] Hoffman M D, Blei D M, Wang C, et al. Stochastic variational inference[J]. Journal of Machine Learning Research, 2013, 14(4): 1303–1347.

[285] Zhu J, Chen J F, Hu W B. Big learning with Bayesian methods[J]. National Science Review (NSR), 2017, 4(4): 627–651.

[286] Box G E P, Muller M E. A note on the generation of random normal deviates[J]. The Annals of Mathematical Statistics, 1958, 29(2): 610–611.

[287] Gilks W R, Wild P. Adaptive rejection sampling for gibbs sampling[J]. Journal of the Royal Statistical Society: Series C (Applied Statistics), 1992, 41(2): 337–348.

[288] Roberts G O, Rosenthal J S. Optimal scaling for various metropolis-hastings algorithms[J]. Statistical Science, 2001, 16(4): 351–367.

[289] Geman S, Geman D. Stochastic relaxation, gibbs distributions, and the bayesian restoration of images[J]. IEEE Transactions on Pattern Analysis and Machine Intelligence, 1984, 6(6): 721–741.

[290] Griffiths T L, Steyvers M. Finding scientific topics[J]. Proceedings of the National Academy of Sciences, 2004, 101(sup 1): 5228–5235.

[291] Neal R M. Slice sampling[J]. Annals of Statistics, 2003, 31(3): 705–767.

[292] Tanner M A, Wong W H. The calculation of posterior distributions by data augmentation[J]. Journal of the American Statistical Association, 1987(82): 528–550.

[293] Polson N G, Scott J G, Windle J. Bayesian inference for logistic models using pólya-gamma latent variables[J]. Journal of the American Statistical Association, 2013(108): 1339–1349.

[294] van Dyk D, Meng X L. The art of data augmentation[J]. Journal of Computational and Graphical Statistics, 2001, 10(1): 1–50.

[295] Li Y Z, Hernández-Lobato J M, Turner R E. Stochastic expectation propagation[C]// Advances in Neural Information Processing Systems, 2015: 2323–2331.

[296] Welling M, Teh Y W. Bayesian learning via stochastic gradient Langevin dynamics[C]. Proceedings of the 28th International Conference on Machine Learning (ICML 2011), 681–688, Bellevue, Washington USA, 2011. IMLS.

[297] Sato I, Nakagawa H. Approximation analysis of stochastic gradient Langevin dynamics by using Fokker-Planck equation and I to process[C]// Proceedings of the 31st International Conference on Machine Learning (ICML 2014), Beijing, China, 2014: 982–990.

[298] Chen C Y, Ding N, Carin L. On the convergence of stochastic gradient MCMC algorithms with high-order integrators[C]//Advances in Neural Information Processing Systems, Montréal, Canada, 2015: 2269–2277.

[299] Teh Y W, Thiery A H, Vollmer S J. Consistency and fluctuations for stochastic gradient Langevin dynamics[J]. The Journal of Machine Learning Research, 2016, 17(1): 193–225.

[300] Chen T Q, Fox E, Guestrin C. Stochastic gradient Hamiltonian Monte Carlo[C]// Proceedings of the 31st International Conference on Machine Learning (ICML 2014), Beijing, China, 2014: 1683–1691.

[301] Betancourt M. The fundamental incompatibility of scalable Hamiltonian Monte Carlo and naive data subsampling[C]//Proceedings of the 32nd International Conference on Machine Learning (ICML 2015), Lille, France, 2015: 533–540.

[302] Gan Z, Chen C Y, Henao R, et al. Scalable deep Poisson factor analysis for topic modeling[C]. Proceedings of the 32nd International Conference on Machine Learning (ICML 2015), Lille, France, 2015. IMLS.

[303] Lu X Y, Perrone V, Hasenclever L, et al. Relativistic Monte Carlo[C]. arXiv preprint arXiv:1609.04388, 2016.

[304] Ding N, Fang Y H, Babbush R, et al. Bayesian sampling using stochastic gradient thermostats[C]//Advances in Neural Information Processing Systems, Montréal, Canada, 2014: 3203–3211.

[305] Ma Y A, Chen T Q, Fox E. A complete recipe for stochastic gradient MCMC[C]. Advances in Neural Information Processing Systems, Montréal, Canada, 2015: 2899–2907.

[306] Neal R M. MCMC using Hamiltonian dynamics[EB/OL]. [2023-01-10]. https://arxiv.org/pdf/1206.1901v1.pdf.

[307] Betancourt M, Byrne S, Livingstone S, et al. The geometric foundations of Hamiltonian Monte Carlo[J]. Bernoulli, 2017, 23(4A): 2257–2298.

[308] Guo C, Pleiss G, Sun Y, et al. Weinberger. On calibration of modern neural networks[C]. International Conference on Machine Learning, 2017.

[309] Hernandez-Lobato J M, Adams R. Probabilistic backpropagation for scalable learning of bayesian neural networks[C]// Proceedings of The 32nd International Conference on Machine Learning, 2015: 1861–1869.

[310] Shi J X, Sun S Y, Zhu J. Kernel implicit variational inference[C]. International Conference on Learning Representations, 2018.

[311] Christopher T Baker. The Numerical Treatment of Integral Equations[M]. Oxford: Clarendon Press, 1997.

[312] Rasmussen C E, Williams C K. Gaussian processes for machine learning[M]. Cambridge: MIT Press, 2006.

[313] nonero-Candela J Q, Rasmussen C E. A unifying view of sparse approximate Gaussian process regression[J]. Journal of Machine Learning Research, 2005, 6(12): 1939–1959.

[314] Titsias M. Variational learning of inducing variables in sparse Gaussian processes[C]// International Conference on Artificial Intelligence and Statistics, 2009: 567–574.

[315] Hensman J, Fusi N, Lawrence N D. Gaussian processes for big data[C]//Uncertainty in Artificial Intelligence, 2013: 282–290.

[316] Hensman J, Matthews A, Ghahramani Z. Scalable variational Gaussian process classification[C]//International Conference on Artificial Intelligence and Statistics, 2015: 351–360.

[317] Williams C KI, Rasmussen C E. Gaussian processes for regression[C]// Advances in Neural Information Processing Systems, 1996: 514–520.

[318] Williams C KI, Barber D. Bayesian classification with Gaussian processes[J]. IEEE Transactions on Pattern Analysis and Machine Intelligence, 1998, 20(12): 1342–1351.

[319] Srinivas N, Krause A, Kakade S, et al. Gaussian process optimization in the bandit setting: no regret and experimental design[C]//International Conference on Machine Learning, 2010: 1015–1022.

[320] Deisenroth M, Rasmussen C E. PILCO: A model-based and data-efficient approach to policy search[C]//International Conference on Machine Learning, 2011: 465–472.

[321] Lawrence N. Probabilistic non-linear principal component analysis with Gaussian process latent variable models[J]. Journal of Machine Learning Research, 2005, 6(11): 1783–1816.

[322] Damianou A C, Titsias M K, Lawrence N D. Variational inference for latent variables and uncertain inputs in Gaussian processes[J]. Journal of Machine Learning Research, 2016, 17(42): 1–62.

[323] Alexander G. de G. M, Jiri Mark R, Turner H R E, et al. Gaussian process behaviour in wide deep neural networks[C]. International Conference on Learning Representations, 2017.

[324] Lee J, Bahri Y, Novak R, et al. Deep neural networks as Gaussian processes[C]. International Conference on Learning Representations, 2017.

[325] Novak R, Xiao L, Lee J, et al. Bayesian deep convolutional networks with many channels are gaussian processes[C]. International Conference on Learning Representations, 2018.

[326] Garriga-Alonso A, Aitchison L, Rasmussen C E. Deep convolutional networks as shallow gaussian processes[C]. International Conference on Learning Representations, 2018.

[327] Hron J, Bahri Y, Sohl-Dickstein J, et al. Infinite attention: Nngp and ntk for deep attention networks[C]. International Conference on Machine Learning, 2020.

[328] Yang G. Tensor programs i: Wide feedforward or recurrent neural networks of any architecture are gaussian processes[C]. Advances in Neural Information Processing Systems, 2019.

[329] Jidling C, Wahlström N, Wills A, et al. Linearly constrained Gaussian processes[C]. Advances in Neural Information Processing Systems, 2017.

[330] Ferguson T S. A bayesian analysis of some nonparametric problems[J]. Annals of Statistics, 1973, 1(2): 209–230.

[331] Sethuraman J. A constructive definition of dirichlet priors[J]. Statistica Sinica, 1994(4): 639–650.

[332] Griffiths T L, Ghahramani Z. The Indian buffet process: An introduction and review[J]. Journal of Machine Learning Research, 2011(12): 1185–1224.

[333] Gershman S J, Blei D. A tutorial on bayesian nonparametric models[J]. Journal of Mathematical Psychology, 2012, 56(1): 1–12.

[334] Ghosal S, van der Vaart A. Fundamentals of Nonparametric Bayesian Inference[M]. Cambridge: Cambridge University Press, 2017.

[335] Lee T S, Mumford D. Hierarchical bayesian inference in the visual cortex[J]. JOSA A, 2003, 20(7): 1434–1448.

[336] Chen J F, Li K W, Zhu J, et al. Warplda: a cache efficient o (1) algorithm for latent dirichlet allocation[C]. International Conference on Very Large Data Bases (VLDB), 2016.

[337] Li K W, Chen J F, Chen W G, et al. SaberLDA: Sparsity-aware learning of topic models on GPUs[C]. Architectural Support for Programming Languages and Operating Systems (ASPLOS), 2017.

[338] Dinh L, Krueger D, Bengio Y. Nice: Non-linear independent components estimation[C]. Workshop at International Conference on Learning Representations, 2015.

[339] Dinh L, Sohl-Dickstein J, Bengio S. Density estimation using real NVP[C]. International Conference on Learning Representations, 2017.

[340] Behrmann J, Grathwohl W, Chen R T, et al. Invertible residual networks[C]//International Conference on Machine Learning, 2019: 573–582.

[341] Chen R T, Behrmann J, Duvenaud D K, et al. Residual flows for invertible generative modeling[C]. Advances in Neural Information Processing Systems, 2019.

[342] Miyato T, Kataoka T, Koyama M, et al. Spectral normalization for generative adversarial networks[C]. International Conference on Learning Representations, 2018.

[343] Kingma D P, Dhariwal P. Glow: Generative flow with invertible 1x1 convolutions[C]. Conference on Neural Information Processing Systems, 2018.

[344] Ho J, Chen X, Srinivas A, et al. Flow++: Improving flow-based generative models with variational dequantization and architecture design[C]. International Conference on Machine Learning, 2019.

[345] Chen J F, Cheng L, Zhu J, et al. VFlow: More expressive generative flows with variational data augmentation[C]. International Conference on Machine Learning, 2020.

[346] Cheng L, Chen J F, Zhu J, et al. Implicit normalizing flows[C]. International Conference on Learning Representations, 2021.

[347] Tran D, Vafa K, Agrawal K, et al. Discrete flows: Invertible generative models of discrete data[C]. Advances in Neural Information Processing Systems, 2019.

[348] Hoogeboom E, Peters J WT, van den Berg R, et al. Integer discrete flows and lossless compression[C]. Advances in Neural Information Processing Systems, 2019.

[349] van den Berg R, Gritsenko A A, Dehghani M, et al. Idf++: Analyzing and improving integer discrete flows for lossless compression[C]. International Conference on Learning Representations, 2020.

[350] Wang S Y, Chen J F, Zhu J, et al. Fast lossless neural compression with integer-only discrete flows[C]. International Conference on Machine Learning, 2022.

[351] Frey B J, Hinton G E, Dayan P. Does the wake-sleep algorithm produce good density estimators[C]. Advances in Neural Information Processing Systems, 1995.

[352] Larochelle H, Murray I. The neural autoregressive distribution estimator[C]. International Conference on Artificial Intelligence and Statistics, 2011.

[353] Uria B, Murray I, Larochelle H. RNADE: The real-valued neural autoregressive density-estimator[C]. Advances in Neural Information Processing Systems, 2013.

[354] Kingma D P, Welling M. Auto-encoding variational Bayes[C]. International Conference on Learning Representations, 2013.

[355] Goodfellow I J, Pouget-Abadie J, Mirza M, et al. Generative adversarial networks[C]//Advances in Neural Information Processing Systems, 2014(3): 2672–2680.

[356] Nowozin S, Cseke B, Tomioka R. f-GAN: Training generative neural samplers using variational divergence minimization[C]. Advances in Neural Information Processing Systems, 2016.

[357] Arjovsky M, Chintala S, Bottou L. Wasserstein generative adversarial networks[C]. International Conference on Machine Learning, 2017.

[358] Xu K, Li C X, Wei H S, et al. Understanding and stabilizing GANs' training dynamics with control theory[C]. International Conference on Machine Learning, 2019.

[359] Sohl-Dickstein J, Weiss E, Maheswaranathan N, et al. Deep unsupervised learning using nonequilibrium thermodynamics[C]//International Conference on Machine Learning. PMLR, 2015: 2256–2265.

[360] Ho J, Jain A, Abbeel P. Denoising diffusion probabilistic models[C]. Advances in Neural Information Processing Systems, 2020.

[361] Song Y, Sohl-Dickstein J, Kingma D P, et al. Score-based generative modeling through stochastic differential equations[C]. International Conference on Learning Representations, 2021.

[362] Bao F, Li C X, Zhu J, et al. Analytic-dpm: an analytic estimate of the optimal reverse variance in diffusion probabilistic models[C]. International Conference on Learning Representations, 2022.

[363] Bao F, Li C X, Sun J C, et al. Estimating the optimal covariance with imperfect mean in diffusion probabilistic models[C]. International Conference on Machine Learning, 2022.

[364] Xiao Z S, Kreis K, Vahdat A. Tackling the generative learning trilemma with denoising diffusion gans[C]. International Conference on Learning Representations, 2022.

[365] Song J M, Meng C L, Ermon S. Denoising diffusion implicit models[C]. International Conference on Learning Representations, 2021.

[366] Lu C, Zhou Y H, Bao F, et al. DPM-Solver: A fast ode solver for diffusion probabilistic model sampling in around 10 steps[C]. Advances in Neural, 2022.

[367] Salimans T, Ho J. Progressive distillation for fast sampling of diffusion models[C]. International Conference on Learning Representations, 2022.

[368] Dhariwal P, Nichol A. Diffusion models beat Gans on image synthesis[C]//Advances in Neural Information Processing Systems, 2021: 8780–8794.

[369] Zhao M, Bao F, Li C X, et al. Egsde: Unpaired image-to-image translation via energy-guided stochastic differential equations[C]. Information Processing Systems, 2022.

[370] Karras T, Laine S, Aila T. A style-based generator architecture for generative adversarial networks[C]//Proceedings of the IEEE Conference on Computer Vision and Pattern Recognition, 2019: 4401–4410.

[371] Brock A, Donahue J, Simonyan K. Large scale GAN training for high fidelity natural image synthesis[C].International Conference on Learning Representations, 2019.

[372] Ledig C, Theis L, Huszár F, et al. Photo-realistic single image super-resolution using a generative adversarial network[C].arXiv:1609.04802, 2016.

[373] Wang X T, Yu K, Wu S X, et al. Esrgan: Enhanced super-resolution generative adversarial networks[C].Proceedings of the European Conference on Computer Vision (ECCV), 2018.

[374] Reed S, Akata Z, Yan X C, et al. Generative adversarial text to image synthesis[C]//International Conference on Machine Learning, 2016: 1060–1069.

[393] Li L H, Chu W, Langford J, et al. A contextual-bandit approach to personalized news article recommendation[C]// Proceedings of the 19th International Conference on World Wide Web, 2010: 661–670.

[394] Agrawal S, Goyal N. Thompson sampling for contextual bandits with linear payoffs[C]//International Conference on Machine Learning, 2013: 127–135.

[395] Mnih V, Kavukcuoglu K, Silver D, et al. Human-level control through deep reinforcement learning[J]. Nature, 2015, 518(7540): 529–533.

[396] Åstrōm K J. Optimal control of markov processes with incomplete state information[J]. Journal of Mathematical Analysis and Applications, 1965(10): 174–205.

[397] Kaelbling L P, Littman M L, Cassandra A R. Planning and acting in partially observable stochastic domains[J]. Artificial Intelligence, 1998, 101(1): 99–134.

[398] Levine S. Reinforcement learning and control as probabilistic inference: Tutorial and review[EB/OL].[2023-02-05]. http://arxiv.org/abs/1805.00909.

[399] Huang S, Su H, Zhu J, et al. SVQN: Sequential variational soft q-learning networks[C]. International Conference on Learning Representations, 2020.

[400] Tesauro G. Temporal difference learning and TD-Gammon[J]. Communications of the ACM, 1995, 38(3): 58–68.

[401] Silver D, Hubert T, Schrittwieser J, et al. A general reinforcement learning algorithm that masters chess, shogi, and go through self-play[J]. Science, 2018, 362(6419): 1140–1144.

[402] Ng A, Russell S. Algorithms for inverse reinforcement learning[C]. International Conference on Machine Learning, 2000.

[403] García J, Fernández F. A comprehensive survey on safe reinforcement learning[J]. Journal of Machine Learning Research, 2015, 16(1): 1437–1480.

[404] Moerland T M, Broekens J, Jonker C M. Model-based reinforcement learning: A survey[C]. arXiv:2006.16712, 2020.

[405] Sutton R S, Barto A G. Reinforcement learning: An introduction[M]. Cambridge: MIT press, 2018.

[375] van den Oord A, Dieleman S, Zen H, et al. Wavenet: A generative model for raw audio[C]. arXiv:1609.03499, 2016.

[376] Kingma D P, Mohamed S, Rezende D J, et al. Semi-supervised learning with deep generative models[C]//Advances in Neural Information Processing Systems, 2014: 3581–3589.

[377] Salimans T, Goodfellow I, Zaremba W, et al. Improved techniques for training GANS[C]//Advances in Neural Information Processing Systems, 2016: 2234–2242.

[378] Li C X, Xu K, Zhu J, et al. Triple generative adversarial nets[C]. Advances in Neural Information Processing Systems, 2017.

[379] Gatys L A, Ecker A S, Bethge M. Image style transfer using convolutional neural networks[C]//Proceedings of the IEEE Conference on Computer Vision and Pattern Recognition, 2016: 2414–2423.

[380] Zhu J Y, Park T, Isola P, et al. Unpaired image-to-image translation using cycle-consistent adversarial networks[C]//Proceedings of the IEEE international conference on computer vision, 2017: 2223–2232.

[381] Sokolov A. Introduction into Imitation Learning[R/OL].(2018-10-08)[2023-02-10]. https://www.cl.uni-heidelberg.de/courses/ws18/iml/L1.pdf.

[382] Ho J, Ermon S. Generative adversarial imitation learning[C]//Advances in Neural Information Processing Systems, 2016: 4565–4573.

[383] Song J M, Ren H Y, Sadigh D, et al. Multi-agent generative adversarial imitation learning[C]//Advances in Neural Information Processing Systems, 2018: 7461–7472.

[384] Wu Y H, Charoenphakdee N, Bao H, et al. Imitation learning from imperfect demonstration[C]. arXiv:1901.09387, 2019.

[385] 石佳欣，陈键飞，朱军. 珠算: 可微概率编程库的设计与实现 [J]. 中国科学: 信息科学, 2022, 52(5): 804–821.

[386] Tran D, Kucukelbir A, Dieng A B, et al. Edward: A library for probabilistic modeling, inference, and criticism[C]. arXiv:1610.09787, 2016.

[387] Bingham E, Chen J P, Jankowiak M, et al. Pyro: Deep universal probabilistic programming[J]. The Journal of Machine Learning Research, 2019, 20(1): 973–978.

[388] Lai T L, Robbins H. Asymptotically efficient adaptive allocation rules[J]. Advances in Applied Mathematics, 1985, 6(1): 4–22.

[389] Auer P, Cesa-Bianchi N, Fischer P. Finite-time analysis of the multiarmed bandit problem[J]. Machine Learning, 2002, 47(2–3): 235–256.

[390] Russo D J, Roy B V, Kazerouni A, et al. A tutorial on thompson sampling[J]. Foundations and Trends® in Machine Learning, 2018, 11(1): 1–96.

[391] Agrawal S, Goyal N. Near-optimal regret bounds for thompson sampling[J]. Journal of the ACM (JACM), 2017, 64(5): 30.

[392] Shamir O. On the complexity of bandit linear optimization[C]//Conference on Learning Theory, 2015: 1523–1551.